"十二五"普通高等教育本科国家级规划教材

无机及分析化学

（第三版）

浙江大学 编

主 编 邬建敏
副主编 沈 宏 刘 润

U0236069

高等教育出版社·北京

内容提要

本书为"十二五"普通高等教育本科国家级规划教材,是在浙江大学编"无机及分析化学"第二版基础上修订而成的。本次修订保留了第二版教材的主体内容,但对教材的编排体系作了较大幅度的重组和调整,并对第二版中的一些细节和表述也作了相应的修正。教材前四章为无机化学教学内容,包括物质的聚集状态、化学反应的一般原理、物质结构基础(包含配合物结构),以及溶液中的化学平衡。教材第五至十章主要为分析化学内容,其中定量分析基础包括定量分析基本方法、数据处理和分析方法及四大滴定分析内容,适当扩充了仪器分析的教学内容,将分子光谱分析、原子光谱分析、电位分析、色谱分析单独成章。此外也对采样与试样预处理进行了适当的扩充。为适应互联网时代需求,教材仍保留了化学信息的网络检索一章,并将相关拓展资源以二维码方式编排到教材中。编排体系的调整扩大了本教材的适用面,可满足设置不同化学基础课程体系的高等学校教学需求。

本书是近化类专业的通用型化学基础课教材,适用于生物科学类、化工与制药类、材料类、生物工程类、环境科学与工程类、农学类、医学类、药学类、轻工类、食品科学与工程、动物科学等专业。

图书在版编目(CIP)数据

无机及分析化学/浙江大学编;邬建敏主编. --3版. --北京:高等教育出版社,2019.7(2022.12重印)
ISBN 978-7-04-051408-7

Ⅰ.①无… Ⅱ.①浙…②邬… Ⅲ.①无机化学-高等学校-教材 ②分析化学-高等学校-教材 Ⅳ.①O61②O65

中国版本图书馆 CIP 数据核字(2019)第 036072 号

WUJI JI FENXI HUAXUE

| 策划编辑 | 殷 英 | 责任编辑 | 殷 英 | 封面设计 | 王 鹏 | 版式设计 | 徐艳妮 |
| 插图绘制 | 于 博 | 责任校对 | 张 薇 | 责任印制 | 刘思涵 | | |

出版发行	高等教育出版社		网 址	http://www.hep.edu.cn
社 址	北京市西城区德外大街 4 号			http://www.hep.com.cn
邮政编码	100120		网上订购	http://www.hepmall.com.cn
印 刷	三河市华润印刷有限公司			http://www.hepmall.com
开 本	787mm×1092mm 1/16			http://www.hepmall.cn
印 张	28			
字 数	630 千字		版 次	2003 年 7 月第 1 版
插 页	1			2019 年 7 月第 3 版
购书热线	010-58581118		印 次	2022 年 12 月第 5 次印刷
咨询电话	400-810-0598		定 价	53.00 元

本书如有缺页、倒页、脱页等质量问题,请到所购图书销售部门联系调换
版权所有 侵权必究
物料号 51408-00

第三版前言

本书自 2003 年出版第一版以来，一直深受广大师生好评，第二版于 2012 年入选首批"十二五"普通高等教育本科国家级规划教材，许多高校的近化类专业选用本书作为教材或主要教学参考书。

为适应当前高校近化类专业教学体系改革需要，本教材编写组于 2017 年启动了本次修订工作。此次修订依然坚持通用性、适用性、实用性和先进性有机结合的原则，在保持原有体系基础上对第二版的内容进行了一定的重组和修正，具体如下：

（1）将原第七章"物质结构基础"前移为第三章，原第八章"配位化合物与配位滴定"中有关配位化合物结构的内容并入第三章。将第二版中分散在多个章节的溶液平衡知识合并为第四章"溶液中的化学平衡"，以便学生了解四大溶液平衡的共性和个性，综合掌握复杂溶液平衡的处理方法。电化学基础知识也列在第四章中一并讲述。调整后的第一至第四章为传统意义的无机化学知识。

（2）将第二版中分散在多个章节的滴定分析方法及原第三章合并为第五章"定量分析基础"，内容包括定量分析的基本方法、数据分析统计与表达、滴定分析的基本原理及方法与应用。调整后的该章为传统意义的化学分析知识。

（3）由于仪器分析在分析与测量科学中占有越来越重要的地位，故此次修订对原第九章"仪器分析法选介"内容进行较大程度的扩充，用四个单列章节（第六至第九章）分别介绍分子光谱分析、原子光谱分析、电位分析法和色谱分析基础。调整后的该部分内容为传统上的仪器分析知识。

（4）由于很多高校近化类专业在"无机及分析化学"课程中取消了元素化学的教学，故删除原第十章"元素化学"。原第十一章"复杂物质的分离与富集"在增加了各种试样的采样技术相关内容后，更名为第十章"采样与试样预处理"。由于目前计算机已经普及，且大多数学生的计算机应用能力较强，故将原第十二章"化学信息的网络检索"相关内容作为二维码拓展资源供读者参考。

经过上述调整后，本书既可便于作为"无机及分析化学"课程教材，又可便于作为"普通化学"和"分析化学"课程教材，进一步扩大了本书的适用面。考虑到不同学校和专业的教学要求和学时有所不同，教材中的部分内容可作为选学，用"＊"表示。

为充分利用信息技术，本此修订还增加了相关多媒体资源，通过扫描书中的二维码，可以用手机浏览彩色插图等有助于加深理解和巩固所学知识的素材。与本书配套的《无机及分析化学学习指导》（第三版）也将同步出版。

本书绪论及第四、八、十、十一章由邬建敏负责修订，第一章由岳林海负责修订，第二章由商志才负责修订，第三章由刘润负责修订，第五章由曾秀琼研究员负责修订，第六、七、九章由沈宏负责编写。全书由邬建敏负责统稿，沈宏、刘润两位副主编协助统稿。

本书在编写过程中得到了高等教育出版社的支持和指导，在修订过程中得到了浙江大学"国家人才培养和基础课程教学基地"课程建设项目和浙江大学本科教学大类课程建设项目的资助,在此表示衷心的感谢。本书是在第二版基础上修订的,在此也由衷感谢《无机及分析化学》第二版的所有编者,特别是第二版主编贾之慎教授对本书编写做出的重要贡献。

限于编者水平,书中仍会有疏漏甚至错误之处,恳请读者和专家批评指正。

编者

2018 年 12 月于浙江大学

第一版前言

在我国非化学专业化学基础课教学内容和课程体系的改革中,把无机化学和分析化学两门课程合并成无机及分析化学一门课程是一种有益的尝试。通过知识和理论体系的重组,达到了删繁就简、避免重复、减少学时的目的,经过近20年的改革实践,这一课程已逐步得到了认可,且适用于理、工、农、医等专业的各类无机及分析化学课程的教材先后问世。

近年来,我国高等教育的结构发生了巨大的变革。一些大学通过合并使专业、学科更为齐全,成为真正意义上的综合性大学;许多单科性学院也发展成了多科性的大学。同时,高等教育应该是宽口径的专业基础教育的新型高教理念已逐步深入人心。在这种形势下,一些基础课若仍按理、工、农、医分门别类采用不同的教材进行教学,既不利于巩固高等教育结构改革的成果,也不利于对学生的培养。因此适时地编写一些适用于不同专业的通用公共基础课教材,是21世纪初我国高等教育教学改革的一个重要内容。

在新浙江大学化学基础课的教学实践中,我们认识到编写非化学类理、工、农、医等相关专业本科生通用的无机及分析化学教材,符合当前综合性大学和多科性院校的化学基础课教学的需要。在化学系领导的指导和支持下,抽调了具有多年教学经验的教师成立了编写小组。编写者中有些曾主编或参编过工、农、医科的《无机及分析化学》教材。为了使教材具有更广泛的适用性,特邀请浙江工业大学的倪哲明老师参加本书的编写工作。经过多次的研讨,我们认为理、工、农、医有关专业对化学的要求是基本相同的,对人才的素质和能力的培养要求是一致的,通用教材的编写应以培养创新型人才为目标,贯彻本科教学素质、知识、能力并重和少而精的原则。本教材的编写指导思想得到了高等教育出版社的认可和支持。

本教材的主要目的是使非化学类专业的学生在学习无机及分析化学课程后,能掌握最基本的化学原理和定量化学分析的方法,并能用这些原理和方法来观察、思考和处理实际问题,为今后的专业学习、科学研究和生产实践打下基础。因此,本教材首先从宏观上介绍分散体系(稀溶液,胶体)的基本性质和化学反应的基本原理(能量变化,反应速率,反应方向,反应的平衡移动),进而从微观上介绍物质结构(原子,分子,晶体)的基本知识。然后简述定量化学分析的基础知识,论述溶液中各种类型的化学平衡以及在滴定分析中的应用,并对最常用的几种仪器分析法做了简介。最后介绍重要的元素和复杂物质的分离和富集。本教材突破原有无机及分析化学教材中无机化学、分析化学理论分段编排的体系,将无机化学中的化学平衡原理和定量(滴定)分析有机地结合,减少不必要的重复或脱节。各类滴定分析不单独设章后,特设定量分析基础一章,以加强分析化学中量的概念。同时增加了仪器分析的内容,以适应当前分析化学的发展趋势。另外,为了突出基础知识和基本理论的内在联系,本教材将原子结构和分子结构合并成物质结构一章;化学热力学、化学动力学和化学平衡合并成化学反应基本原理一章。合并相关章节后,突出了主题,减少了篇幅,能适应一个学期内完成本课程的学时需求。各专业对化学的要求侧重面会有所不同,教师可以根据实际情况对教材进行适当的取舍,部分内容可安排学生自学。

我们认为作为公共基础课教材,应该具有科学性、完整性和系统性,同时应拓宽教材覆盖的知识面。在教材的编排形式上应力求有所创新,强调概念准确,重在对知识的掌握,精简繁琐的数学推导,理论阐述简明扼要。同时注意教材的易读性,以便于学生自学。在例题和习题的选编上兼顾到理、工、农、医各专业的需要,内容尽量结合实际,增加学生的学习兴趣。在每章后都编有"化学视窗",介绍一些诸如"离子溶液"、"绿色化学"等能反映化学科学的新进展以及和相关学科联系的内容,目的在于拓宽学生的视野,提高学习兴趣,并为课外阅读提供窗口。书中每章前有学习要求,章后有数量较多的思考题和习题,以加深读者对基本概念、原理的理解和灵活应用。部分习题附有答案。

为适应高等教育与国际接轨发展趋势,本教材中的绝大部分专业术语以中英文两种文字给出。部分"化学视窗"和习题也用英文编写。希望这种编写方式能为本课程的"双语教学"提供方便。

本教材贯彻中华人民共和国国家法定计量单位,采用国家标准(GB3102.8—93)所规定的符号和单位。

参加本书编写工作的有贾之慎(绪论、第一章、第五章、第八章)、张仕勇(第二章、第七章)、何巧红(第三章、第十二章)、倪哲明(第四章、第六章)、宣贵达(第九章、第十一章)、陈恒武(第十章)。全书由贾之慎主编,张仕勇收集整理了附录的数据。

本书承张孙玮审阅,提出了宝贵的修改意见,在此深表谢意。

限于编者水平,书中定会有诸多不尽如人意甚至错误之处,敬希读者和专家不吝指正。

编者

2002 年 6 月于杭州

第二版前言

　　《无机及分析化学》是一本近化类专业通用型的化学基础课教材,适用于生命科学、化工、材料、生物工程、环境科学、农学、医学、药学、轻工、食品、动物科学等专业,自2003年问世以来得到许多高校的关注和使用,并取得了良好的教学效果。2006年《无机及分析化学》第二版被列入了教育部普通高等教育"十一五"国家级规划教材[①],为了更好地修订教材,我们向全国30余所院校发出了修订意见征求表。2006年8月在杭州召开的全国无机及分析化学课程建设与教学研讨会上,我们又和来自全国40所院校的代表交流了无机及分析化学教材建设的经验与体会。浙江工业大学、南昌大学、南京林业大学、宁波大学、华中农业大学、重庆工商大学、西安科技大学、桂林工学院、嘉兴学院等院校教师对教材的修订提出了许多宝贵的建议和修改意见,在此表示衷心的感谢。

　　在总结了近年来课程改革和教材建设经验的基础上,《无机及分析化学》第二版根据通用性、适用性和先进性有机结合的原则进行修订。为优化课程内容结构,在保持原课程体系的基础上对教学内容进行一定的补充、删除和重组。第一章补充物质的聚集状态、理想气体状态方程、分压定律。第二章删除用燃烧焓求反应焓变的方法,补充简单反应级数反应的半衰期、浓度与速率常数的计算。第三章对分析方法的分类做了修改。第四章删除活度系数的计算,增强了质子平衡式的内容,增加酸碱电子理论简介。第五章删除了重量分析法。第六章删除了条件电极电势的计算。第七章删除了原子的组成、离子键强弱的库仑定律判断式、晶格能理论计算式、原子轨道和分子轨道的中心对称与反对称、键矩的概念;对核外电子的运动状态的内容进行了重组;增加了大 π 键的内容。第八章增加了配位化合物的分类和异构现象。第九章紫外-可见分光光度法和第十章现代仪器分析法选介合并为仪器分析法选介。第十章元素化学增加了 f 区元素,介绍了元素化学的新进展。第十一章简化了共沉淀分离法,新增常用的生化沉淀分离法,简单介绍了盐析法和等电点沉淀分离法;薄层色谱分离法改为层析分离法,介绍了柱层析、纸层析和薄层层析三种方法。考虑到互联网上丰富的信息资源已成为人们获取信息的重要来源之一,增加了第十二章化学信息的网络检索。介绍了利用互联网搜索专业化学网站和化学数据的方法,为学生提供更便捷的检索化学文献的手段。附录中的部分数据也进行了更新。在修订过程中注意更新理论、概念、内容及方法,同时将化学现代科技成果恰当地融入基础课的教学之中,用新的科技发展的内容去改造、替代和充实旧的教学内容。修改、补充了部分例题和习题,突出理论、规律的研究过程及其应用。将习题分为基本题和提高题,基本题表达了课程的基本要求,提高题则要求学生进一步应用化学知识,以适应不同学校和专业的需要。在无机化学部分的例题和习题中强调有效数字的运算法则,使全书统一。为便于教师开

---

　　① 本书2012年入选第一批"十二五"普通高等教育本科国家级规划教材。

展多媒体教学和学生的主动性学习,本教材还提供《无机及分析化学》电子教案。该电子教案配合本教材,参考其他同类教材,用优秀的教本、简单的平台提供给教师一个教授的基本素材,并为教师留下可以各自充分发挥特色的空间。考虑到不同学校和专业的教学要求和学时有所不同,教材中的部分内容可作为选学,用 * 表示。我们还将修订《无机及分析化学学习指导》,使其与《无机及分析化学》(第二版)相配套。

本书绪论及第一、五、八、十二章由贾之慎(主编,浙江大学)编写,第二、七章由张仕勇(副主编,浙江大学)编写,第三、十一章由何巧红(浙江大学)编写,第四、六章由倪哲明(浙江工业大学)编写,第十章由宣贵达(浙江大学城市学院)编写,第九章由陈恒武(浙江大学)、宣贵达编写。

本教材在普通高等教育"十一五"国家级教材立项过程中得到高等教育出版社的支持和指导,在修订过程中得到了浙江大学"国家人才培养和基础课程教学基地"课程建设项目和浙江大学本科教学大类课程建设项目的资助,在此表示衷心的感谢。

限于编者水平,书中仍会有疏漏甚至错误之处,恳请读者和专家批评指正。

编者

2007 年 10 月于浙江大学

绪论

化学是在原子、分子水平上研究物质的组成、结构和性能及相互转化的学科。作为自然科学中的一门基础学科,化学是促进当代科学技术进步和人类物质文明飞速发展的基础和动力。化学是一门中心、实用、创造性的科学,化学也是一门古老而又生机勃勃的科学。

人类从懂得用火开始,就开始从野蛮进入了文明。燃烧是人类最早利用的化学反应,燃烧不仅改善了人类的饮食条件,而且也改善了人类的生活条件,人们利用燃烧反应制作了陶器、冶炼了青铜等金属。古代的炼丹家更是在寻求长生不老之药的过程之中使用了燃烧、煅烧、蒸馏、升华等化学基本操作。造纸、染色、酿造、火药等使人类生活质量提高的生产技术的发明无一不是经历无数化学反应的结果。因此,化学从一开始就和人类的生活密切相关。当然,在古代,化学表现出的是一种经验性、零散性和实用性的技术,化学尚没有成为一门科学。

17世纪中叶以后,随着生产的迅速发展,人类积累了有关物质变化的知识。同时,数学、物理学、天文学等相关学科的发展促进了化学的发展。1661年玻义耳(Boyle R)首次指出"化学研究的对象和任务就是寻找和认识物质的组成和性质",他明确地把化学作为一门认识自然的科学,而不是一种以实用为目的技艺。恩格斯对此给予了高度的评价,指出:"是玻义耳把化学确立为科学"。

18世纪末,化学实验室开始有了较精密的天平,使化学科学从对物质变化的简单定性研究进入到准确的定量研究。随后科学家相继发现了质量守恒定律、定组成定律、倍比定律等定律,为化学新理论的诞生打下了基础。19世纪初,为了说明这些定律的内在联系,道尔顿(Daltan J)和阿伏加德罗(Avogadro)分别创立了原子论和原子-分子论。从此进入了近代化学的发展时期。19世纪下半叶,物理学的热力学理论被引入化学,从宏观角度解决了化学平衡的问题。随着工业化的进程,出现了生产酸、碱、合成氨、染料及其他有机化合物的大工厂,化工工业的发展更促使了化学科学的深入发展。化学开始形成了无机化学、分析化学、有机化学和物理化学四大基础学科。

20世纪是化学取得巨大成就的世纪,化学的研究对象从宏观世界到微观世界,从人类社会到宇宙空间,并不断地发展。无论在化学的理论、研究方法、实验技术及应用等方面都发生了巨大的变化。原来的四大基础化学学科衍生出新的学科分支,例如,生物化学、分子生物学、环境化学、材料化学、药物化学、地球化学和化学生物学等。现代科学中能源、环境、材料、生物、信息技术等跨世纪学科无一例外地与化学密切相关,化学已成为促进社会及科学发展的基础学科之一。

化学向其他学科的渗透和交融的趋势在 21 世纪将更加明显。更多的化学工作者会投身到研究生命科学、材料科学的工作中去,研究生命科学、材料科学的工作者也将更多地应用化学的原理和手段来从事各自的研究。化学的发展已经并还将带动和促进其他相关学科的发展,同时其他学科的发展和技术的进步也会反过来推动化学学科的不断前进。物理科学的发展使得化学家不但能够描述慢过程,亦能用激光、分子束和脉冲等技术跟踪超快过程。这些进步将有助于化学家在更深层次揭示物质的性质及物质变化的规律。数学的非线性理论和混沌理论对化学多元复杂体系的研究产生深刻的影响。随着计算机技术的发展,化学与数学方法、计算机技术的结合,形成了化学计量学,实现了计算机模拟化学过程。应用量子力学方法处理分子结构与性能的关系,有可能按照预定性能要求设计新型分子。应用数学方法和计算机确定新型分子的合成路线,使分子设计摆脱纯经验的摸索,为材料科学研究开辟了新的方向。近代生物学已把生命过程当作化学过程来认识,化学家和生物学家正在携手合作从分子水平研究生命科学。随着生物工程研究的进展,化学家将更多地和生物学家一起利用细胞来进行物质的合成,同时将更多地应用仿生技术来研制模拟酶催化剂。

化学与社会的多方面的需求有关,也有人称"化学是一门使人类生活得更美好的学科"。因此化学的基础和应用研究与国民经济各部门的紧密结合将产生巨大的生产力,并影响到每个人的生活。化学将在研制高效肥料和高效农药、特别是与环境友好的生物肥料和生物农药,以及开发新型农业生产资料等方面发挥巨大作用。化学将在发展新能源和资源的合理开发和高效安全利用中起关键作用;在研制大规模、大功率的光电转换材料和推广太阳能的开发利用等方面发挥特别的作用,这些将改变人类能源消费的方式,同时提高人类生态环境的质量。化学也将在电子信息材料、生物医用材料、新型能源材料、生态环境材料和航空航天材料及复合材料的研究中发挥重大的作用。在发展量子计算机、生物计算机、分子器件和生物芯片等新技术中化学都将作出自己的贡献。化学将在克服疾病和提高人们的生存质量等方面进一步发挥重大的作用。在攻克高死亡率和高致残的心脑血管病、肿瘤、糖尿病及艾滋病的进程中,化学家将和医学工作者一起不断研究和创造包括基因疗法和靶向治疗在内的新药物和新方法。化学研究也将使人们从分子水平了解病理过程,提出预警生物标志物的检测方法。化学研究也将在揭示中药的有效成分、揭示多组分药物的协同作用机理方面发挥巨大作用,从而加速中医药走向世界。

总之,化学是与国民经济各部门、人民生活各个方面、科学技术各领域都有密切联系的基础学科。它不仅是化学工作者的必备专业知识,而且是理、工、农、医各相关学科专业人士所必须掌握的专业基础知识。为培养基础扎实、知识面宽、能力强、具有创新精神的高级人才,较为系统地学习化学基本原理、掌握化学基本技能,了解它们在现代科学各个领域的应用是十分必要的。同时,化学是一门充满活力和创造性的学科,通过化学课程的学习,不但能使学生掌握一定的化学专业知识,而且能培养学生的创新思维能力和辩证唯物主义观点。化学是一门以实验为基础的科学,化学实验是人们认识物质化学性质,揭示化学变化规律和检验化学理论的基本手段。学生在实验室模拟各种实验条件,细致地对实验现象进行观察比较,并从中得出有用的结论。因此,通过化学实验可以培养学生的动手能力、认真细致的工作习惯、分析和解决一些实际问题的思想方法和工作方法。

　　无机及分析化学包含了无机化学和定量分析的基本内容。本书首先从宏观上介绍物质的聚集状态(气体、稀溶液、胶体)的基本性质和化学反应的基本原理(能量变化、反应速率、反应方向、反应的平衡移动),进而从微观上介绍物质结构(原子、分子、晶体)的基本知识。由于大多数化学反应在溶液体系中进行,本书对溶液中的化学反应、化学平衡及电化学知识进行了系统的介绍。定量分析是科学研究的重要手段,本书阐述了科学研究中定量分析的基本方法、误差及数据统计的方法、滴定分析基本原理及应用,并介绍了常用的仪器分析方法。最后介绍复杂物质的分离和富集方法,以便学生了解实际试样分析中应注意的问题。在网络信息化时代,学生掌握知识的渠道不仅来源于课堂教学和书本,还将来源于各种期刊,数据库,专业网站等。本书在最后一章介绍了化学信息的网络检索方法、网络资源库,有助于提高学生自主获取化学信息及自主学习的能力。

　　学生通过无机及分析化学课程的学习,应了解化学变化的基本规律,学会从化学反应产生的能量、反应的方向、反应的速率、反应进行的程度等方面来分析化学反应的条件,从而优化化学反应的条件;学会用原子分子结构的观点解释元素及其化合物的性质;正确处理各类化学平衡(酸碱平衡、沉淀溶解平衡、氧化还原平衡、配位平衡)的移动及平衡之间的转换;学会用定量分析的方法来测定物质的量,从而解决生产、科研中的实际问题;了解常用分析仪器的原理并掌握其使用的方法;为进一步学习各门有关的专业课程打下基础。

第一章 物质的聚集状态

(Collective State of Matter)

学习要求

1. 了解分散系的分类及主要特征。
2. 掌握理想气体状态方程和气体分压定律。
3. 掌握稀溶液的通性及其应用。
4. 熟悉胶体的基本概念、结构及其性质等。
5. 了解高分子溶液、表面活性物质、乳状液的基本概念和特征。

在通常的温度和压强条件下,物质的聚集状态有气体(gas),液体(liquid)和固体(solid),这三种聚集状态各有其特点,且在一定条件下可以相互转化。在特殊的条件下,物质还可以等离子状态存在。当物质处于不同的聚集状态时,其物理性质和化学性质是不同的。物质聚集状态的变化虽然是物理变化,但常与化学反应相伴而发生,所以了解和掌握有关物质的聚集状态的知识对解决各种化学问题是十分重要的。

本章将讨论气体、液体和溶液的基本性质和变化规律,晶体的分类和性质将在第三章中介绍。

1.1 分散系

物质除了以气态、液态和固态的形式单独存在以外,还常常以一种(或多种)物质分散于另一种物质中的形式存在,这种形式称之为分散系(disperse system)。例如,黏土微粒分散在水中成为泥浆;乙醇分子分散在水中成为乙醇水溶液;奶粉分散在水中成为牛奶等。在分散系中,被分散了的物质称为分散质(也称为分散相,disperse phase),而容纳分散质的物质称为分散剂(也称为分散介质,disperse medium)。分散质处于分割成粒子的不连续状态,而分散剂则处于连续的状态。在分散系内,分散质和分散剂可以是固体、液体或气体。按分散质和分散剂的聚集状态分类,分散系可分为九种,见表1-1。由于大部分的化学反应和生物体内的各种生理、生化反应都是在液体介质中进行的,因此,本章主要讨论分散剂是液体的液态分散系的一些基本性质。按分散质粒子的大小,常把液态分散系分为三类:粗分散系、胶体分散系和低分子或离子分散系,见表1-2。虽然这三类分散系的性质有明显差异,但是划分它们的界线是相对的,因此分散系之间性质和状态的差异也是逐步过渡的。

表 1-1　按聚集状态分类的各种分散系

分散质	分散剂	实例
气	气	空气、家用煤气
液	气	云、雾
固	气	烟、飞尘
气	液	泡沫、汽水
液	液	牛奶、豆浆、农药乳状液
固	液	泥浆、油漆、墨水
气	固	泡沫塑料、木炭、浮石
液	固	硅胶、珍珠
固	固	红宝石、合金、有色玻璃

表 1-2　按分散质粒子大小分类的各种分散系

分散质粒子直径/nm	分散系类型		分散质	主要性质	实例
<1	低分子或离子分散系		小分子或离子	均相,稳定,扩散快,颗粒可以透过半透膜	氯化钠、氢氧化钠、葡萄糖水溶液
1～100	胶体分散系	高分子溶液	高分子	均相,稳定,扩散慢,颗粒不能透过半透膜	蛋白质、核酸水溶液,橡胶的苯溶液
		溶胶	分子、离子、原子的聚集体	多相,较稳定,扩散慢,颗粒不能透过半透膜	氢氧化铁、硫化砷、碘化银溶胶
>100	粗分散系	乳状液、悬浮液	分子的大集合体	多相,不稳定,扩散很慢,颗粒不能透过滤纸	乳汁,泥浆

　　系统中任何一个均匀的(组成均一)部分称为一个相(phase)。在同一相内,其物理性质和化学性质完全相同,相与相之间有明确的界面分隔。只有一个相的系统称为单相系统或均相系统(homogeneous phase system),有两个或两个以上相的系统称为多相系统(multiple phase system)。所以,低分子或离子分散系为均相系统,胶体分散系中的溶胶和粗分散系属于多相系统。

1.2　气体

1.2.1　理想气体状态方程

　　气态物质的基本特征是它的扩散性和可压缩性。一定温度下的气体常用其压力或体积进行计量。当压力不太高(小于 101.325 kPa)、温度不太低(大于 0 ℃)的情况下,气体分子本身的体积和分子之间的作用力可以忽略,气体的压力(pressure)、体积(volume)、温度(temperature)及物质的量之间的关系可近似地用式(1-1)来表示:

$$pV = nRT \qquad (1-1)$$

式(1-1)称为理想气体状态方程(ideal or perfect gas equation)。

式中:p 为气体的压力,SI 单位为 Pa;V 为气体的体积,SI 单位为 m^3;n 为物质的量,SI 单位为 mol;T 为气体的热力学温度,SI 单位为 K;R 为摩尔气体常数。

在标准状况($p = 101.325 \times 10^3$ Pa,$T = 273.15$ K)下,1 mol 气体的体积为 22.414×10^{-3} m^3,因此可以确定 R 的数值及单位为

$$R = \frac{pV}{nT} = \frac{101\,325 \text{ Pa} \times 22.414 \times 10^{-3} \text{ m}^3}{1 \text{ mol} \times 273.15 \text{ K}}$$

$$= 8.314 \text{ Pa} \cdot \text{m}^3 \cdot \text{mol}^{-1} \cdot \text{K}^{-1}$$

$$= 8.314 \text{ J} \cdot \text{mol}^{-1} \cdot \text{K}^{-1} \qquad (1 \text{ Pa} \cdot \text{m}^3 = 1 \text{ J})$$

例 1-1　某氢气钢瓶容积为 50.0 L,25.0 ℃时,压力为 500 kPa,计算钢瓶中氢气的质量。

解:根据式(1-1)

$$n = \frac{pV}{RT} = \frac{500 \times 10^3 \text{ Pa} \times 50.0 \times 10^{-3} \text{ m}^3}{8.314 \text{ Pa} \cdot \text{m}^3 \cdot \text{mol}^{-1} \cdot \text{K}^{-1} \times 298.15 \text{ K}}$$

$$= 10.1 \text{ mol}$$

氢气的摩尔质量为 2.01 $g \cdot mol^{-1}$,钢瓶中氢气的质量为:10.1 mol × 2.01 $g \cdot mol^{-1}$ = 20.3 g

1.2.2　分压定律

在实际工作中常遇到由几种气体组成的混合气体,如果将几种互不发生化学反应的气体放入同一容器中,其中某一组分气体 B 对容器壁所施加的压力,称为该气体的分压(p_B),它等于相同温度下该气体单独占有与混合气体相同体积时所产生的压力。1801 年英国物理学家道尔顿(Dalton J)通过实验发现,混合气体的总压等于组成混合气体的各组分气体的分压之和,这一关系被称为分压定律(low of partial pressure)。可表示为

$$p = \sum p_B \qquad (1-2)$$

式中:p 为气体的总压;p_B 为组分气体 B 的分压。

如组分气体 B 和混合气体的物质的量分别为 n_B 和 n,它们的压力分别为

$$p_B = n_B \frac{RT}{V} \qquad (1-2a)$$

$$p = n \frac{RT}{V} \qquad (1-2b)$$

将式(1-2a)除以式(1-2b),可得下式:

$$\frac{p_B}{p} = \frac{n_B}{n}$$

或

$$p_B = \frac{n_B}{n} p \qquad (1-3)$$

令
$$x_B = \frac{n_B}{n}$$

则
$$p_B = x_B p \tag{1-4}$$

x_B表示 B 的物质的量与混合物的物质的量之比,称为 B 的摩尔分数(mole fraction),x_B的 SI 单位为 1。

对于一个二组分的系统来说,两个组分的摩尔分数分别为

$$x_B = \frac{n_B}{n_A + n_B}; \quad x_A = \frac{n_A}{n_A + n_B}$$

所以

$$x_A + x_B = 1$$

若将这个关系推广到任何一个多组分系统中,则 $\sum x_i = 1$。

式(1-4)是分压定律的另一种表达形式,它表明混合气体组分 B 的分压等于组分 B 的摩尔分数与混合气体总压之乘积。

实际工作中常用各组分气体的体积分数表示混合气体的组成。在同温同压的条件下,气态物质的量与它的体积成正比,因此混合气体中组分气体 B 的体积分数等于物质 B 的摩尔分数,即

$$\frac{V_B}{V} = \frac{n_B}{n} \tag{1-5}$$

式中:V_B 和 V 分别表示组分气体 B 的体积和混合气体的总体积。

将式(1-5)代入式(1-3),可得

$$p_B = \frac{V_B}{V} p \tag{1-6}$$

该式表明在同温同压的条件下,混合气体组分 B 的分压等于组分 B 的体积分数与混合气体总压之乘积。

严格地讲,分压定律只适用于理想气体混合物,但对压力不太高的真实混合气体,在温度不太低的情况下也可以近似使用。

例 1-2 冬季草原上的空气主要含氮气(N_2)、氧气(O_2)和氩气(Ar)。在压力为 $9.7×10^4$ Pa 及温度为-22 ℃时,收集的一份空气试样经测定其中氮气、氧气和氩气的体积分数依次为 0.78、0.21、0.010。计算收集试样时各气体的分压。

解:根据式(1-6)

$$p_B = \frac{V_B}{V} p$$

$$p(N_2) = 0.78p = 0.78×9.7×10^4 \text{ Pa} = 7.6×10^4 \text{ Pa}$$

$$p(O_2) = 0.21p = 0.21×9.7×10^4 \text{ Pa} = 2.0×10^4 \text{ Pa}$$

$$p(Ar) = 0.010p = 0.010×9.7×10^4 \text{ Pa} = 970 \text{ Pa}$$

1.3 溶液浓度的表示方法

溶液作为物质存在的一种形式,广泛存在于自然界之中。因此它与生物体的生存、发展有着很密切的关系。例如,人们的日常生活用水就是含有一定矿物质的水溶

液;生物体内的各种生理、生化反应也都是在以水为主要溶剂的溶液系统中进行的。此外,科学研究和工农业生产也都与溶液密不可分。溶液的性质与溶质和溶剂的相对含量有关,为了研究和生产的不同需要,溶液的浓度(the concentrations of solution)有很多方法表示,最常见的有物质的量浓度、质量摩尔浓度和质量分数等。

1.3.1 物质的量浓度

物质 B 的物质的量除以混合物的体积,称为物质 B 的物质的量浓度。在不可能混淆时,可简称为浓度。用符号 c_B 表示,即

$$c_B = \frac{n_B}{V} \tag{1-7}$$

式中:n_B 为物质 B 的物质的量,SI 单位为 mol;V 为混合物的体积,SI 单位为 m^3。体积常用的非 SI 单位为 L,故浓度的常用单位为 $mol \cdot L^{-1}$。

根据 Sl 规定,使用物质的量单位 mol 时,应指明物质的基本单元。而物质的量浓度单位是由基本单位 mol 推导得到的,所以在使用物质的量浓度时也必须注明物质的基本单元。

例如,$c(KMnO_4) = 0.10\ mol \cdot L^{-1}$ 与 $c\left(\frac{1}{5}KMnO_4\right) = 0.10\ mol \cdot L^{-1}$ 的两个溶液,它们浓度数值虽然相同,但是,它们所表示 1 L 溶液中所含 $KMnO_4$ 的物质的量是不同的,分别为 0.10 mol 与 0.020 mol。

1.3.2 质量摩尔浓度

溶液中溶质 B 的物质的量除以溶剂的质量,称为溶质 B 的质量摩尔浓度。其数学表达式为

$$b_B = \frac{n_B}{m_A} \tag{1-8}$$

式中:b_B 为溶质 B 的质量摩尔浓度,其 SI 单位为 $mol \cdot kg^{-1}$;n_B 是溶质 B 的物质的量,SI 单位为 mol;m_A 是溶剂的质量,SI 单位为 kg。

由于物质的质量不受温度的影响,所以溶液的质量摩尔浓度是一个与温度无关的物理量。

1.3.3 质量分数

物质 B 的质量与混合物的质量之比,称为 B 的质量分数,其数学表达为

$$w_B = \frac{m_B}{m} \tag{1-9}$$

式中:m_B 为物质 B 的质量;m 为混合物的质量;w_B 为物质 B 的质量分数,SI 单位为 1。

例 1-3 求 $w(NaCl) = 10\%$ 的 NaCl 水溶液中溶质和溶剂的摩尔分数。

解:根据题意,100 g 溶液中含有 NaCl 10 g,水 90 g。

即 $m(NaCl) = 10\ g$,而 $m(H_2O) = 90\ g$,因此

$$n(NaCl) = \frac{m(NaCl)}{M(NaCl)} = \frac{10\ g}{58\ g \cdot mol^{-1}} = 0.17\ mol$$

$$n(\text{H}_2\text{O}) = \frac{m(\text{H}_2\text{O})}{M(\text{H}_2\text{O})} = \frac{90 \text{ g}}{18.0 \text{ g}\cdot\text{mol}^{-1}} = 5.0 \text{ mol}$$

所以

$$x(\text{NaCl}) = \frac{n(\text{NaCl})}{n(\text{NaCl}) + n(\text{H}_2\text{O})} = \frac{0.17 \text{ mol}}{(0.17 + 5.0) \text{ mol}} = 0.033$$

$$x(\text{H}_2\text{O}) = \frac{n(\text{H}_2\text{O})}{n(\text{NaCl}) + n(\text{H}_2\text{O})} = \frac{5.0 \text{ mol}}{(0.17 + 5.0) \text{ mol}} = 0.97$$

1.3.4 几种溶液浓度之间的关系

1. 物质的量浓度与质量分数

如果已知溶液的密度 ρ 和溶质 B 的质量分数 w_B，则该溶液的浓度可表示为

$$c_B = \frac{n_B}{V} = \frac{m_B}{M_B V} = \frac{m_B}{M_B m/\rho} = \frac{\rho m_B}{M_B m} = \frac{w_B \rho}{M_B} \tag{1-10}$$

式中：M_B 为溶质 B 的摩尔质量。

2. 物质的量浓度与质量摩尔浓度

如果已知溶液的密度 ρ 和溶液的质量 m，则有

$$c_B = \frac{n_B}{V} = \frac{n_B}{m/\rho} = \frac{n_B \rho}{m}$$

若该系统是一个二组分系统，且 B 组分的含量较少，则 m 近似等于溶剂的质量 m_A，上式可近似成为

$$c_B = \frac{n_B \rho}{m} = \frac{n_B \rho}{m_A} = b_B \rho \tag{1-11}$$

若该溶液是稀的水溶液，则在数值上，c_B 约等于 b_B。

例 1-4 已知浓硫酸的密度 $\rho = 1.84 \text{ g}\cdot\text{mL}^{-1}$，硫酸质量分数为 96.0%，如何配制 $c(\text{H}_2\text{SO}_4) = 0.10 \text{ mol}\cdot\text{L}^{-1}$ 的硫酸溶液 500 mL？

解：根据式（1-10），则有

$$c(\text{H}_2\text{SO}_4) = \frac{w(\text{H}_2\text{SO}_4)\times\rho}{M(\text{H}_2\text{SO}_4)} = \frac{0.960\times1.84 \text{ g}\cdot\text{mL}^{-1}\times1\,000 \text{ mL}\cdot\text{L}^{-1}}{98.0 \text{ g}\cdot\text{mol}^{-1}} = 18.0 \text{ mol}\cdot\text{L}^{-1}$$

$$V(\text{H}_2\text{SO}_4) = \frac{0.10 \text{ mol}\cdot\text{L}^{-1}\times0.500 \text{ L}}{18.0 \text{ mol}\cdot\text{L}^{-1}} = 0.002\,8 \text{ L} = 2.8 \text{ mL}$$

所以需量取 2.8 mL 浓硫酸，将浓硫酸慢慢加入到 400 mL 的蒸馏水中，然后稀释至 500 mL。

1.4　稀溶液的通性

溶液有两大类性质，一类性质与溶液中溶质的本性有关，比如溶液的颜色、密度、酸碱性和导电性等；另一类性质与溶液中溶质的独立质点数有关，而与溶质的本性无关，如溶液的蒸气压、凝固点、沸点和渗透压等。特别值得注意的是后一类性质，对于难挥发的非电解质稀溶液来说，它们表现出一定的共同性和规律性。我们把这一类性质称为稀溶液的通性，或者称为依数性（colligative property）。这些性质具体包括：稀溶液蒸气压下降、沸点升高、凝固点降低和稀溶液的渗透压。

1.4.1 溶液蒸气压下降

将一种纯溶剂置于一个密封容器中,在溶剂表面存在着一个蒸发与凝聚的动态平衡。当蒸发为气态的溶剂粒子数目与气态粒子凝聚成液态的溶剂粒子数目相等时,这时液体上方的蒸气所具有的压力称为溶剂在该温度下的饱和蒸气压(saturated vapor pressure),简称蒸气压(p^0)。任何溶剂在一定温度下,都存在一个确定的饱和蒸气压,而且随着温度的升高而增大。饱和蒸气压与物质的种类有关,有些物质的蒸气压很大,如乙醚、汽油等;有些物质的蒸气压很小,如甘油、硫酸等。蒸气压的大小,与液体分子间的吸引力有关,吸引力越大,蒸气压越小。极性分子之间的吸引力强,蒸气压小。非极性分子之间的吸引力小,蒸气压大。分子量越大,分子间的作用力越强,蒸气压越小。

如果在纯溶剂中加入一定量的难挥发性溶质,溶剂的表面就会被溶质粒子部分占据,溶剂的表面积相对减小,所以单位时间内逸出液面的溶剂分子数相对比纯溶剂要少。因此,达到平衡时溶液的蒸气压就要比纯溶剂的饱和蒸气压低,这种现象称为溶液蒸气压下降(vapor pressure lowing)。

法国物理学家拉乌尔(Raoult F M)总结出一条关于溶液蒸气压的规律。他指出:在一定的温度下,稀溶液的蒸气压等于纯溶剂的饱和蒸气压与溶液中溶剂的摩尔分数的乘积。其数学表达式为

$$p = p^0 \cdot x_A \tag{1-12}$$

式中:p 为溶液的蒸气压,SI 单位为 Pa;p^0 为溶剂的饱和蒸气压,SI 单位为 Pa;x_A 为溶剂的摩尔分数。

由于 $x_A + x_B = 1$,即 $x_A = 1 - x_B$,得

$$p = p^0 \times (1 - x_B) = p^0 - p^0 \cdot x_B$$

$$p^0 - p = p^0 \cdot x_B$$

而 $p^0 - p$ 为溶剂蒸气压的下降值 Δp,所以

$$\Delta p = p^0 \cdot x_B \tag{1-13}$$

式中:x_B 为溶质的摩尔分数。

因此,拉乌尔的结论又可表示为"在一定温度下,难挥发非电解质稀溶液的蒸气压的下降值与溶质的摩尔分数成正比",通常称这个结论为拉乌尔定律。

1.4.2 溶液沸点升高和凝固点降低

液体的蒸气压随温度升高而增大,当温度升到蒸气压等于外界压力时,液体就沸腾了,这个温度称为该液体的沸点(boiling point)。在前面我们曾经讨论过溶液的蒸气压要比纯溶剂的蒸气压低,也就是说在某一温度,纯溶剂已经开始沸腾,而溶液由于蒸气压低却还未能沸腾。为了使溶液也能在常压下沸腾,就必须给溶液加热,促使溶剂分子热运动,以增加溶液的蒸气压。当溶液的蒸气压达到外界压力时,溶液开始沸腾,此时溶液的温度就要比纯溶剂的温度来得高(见图1-1)。图中曲线 AA' 和 BB' 分别表示纯溶剂和溶液的蒸气压随温度变化的关系。T_b' 和 T_b 分别为纯溶剂和溶液的沸点。

如纯水在 373.15 K 时,其蒸气压为 101.3 kPa(与大气压相等),开始沸腾。如果在同样温度的纯水中加入难挥发的非电解质,溶液不再沸腾,这是由于溶液的蒸气压下降造成的。只有温度大于 373.15 K 时,其蒸气压等于 101.3 kPa,水溶液重新开始沸腾。溶液浓度越大,其蒸气压下降越多,则溶液沸点升高越多,其关系为

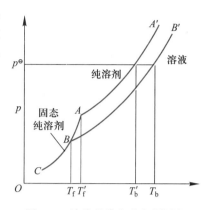

图 1-1 溶液的沸点升高凝固点降低示意图

$$\Delta T_b = K_b \times b_B \qquad (1-14)$$

式中:ΔT_b 为溶液沸点的变化值,单位为 K 或 ℃;K_b 为溶剂的沸点升高常数,单位为 K·kg·mol^{-1} 或 ℃·kg·mol^{-1};b_B 为溶质的质量摩尔浓度,单位为 mol·kg^{-1}。K_b 只与溶剂的性质有关,而与溶质的本性无关。不同的溶剂有不同的 K_b 值,它们可以理论推算,也可以由实验测得。表 1-3 中列举了几种常见溶剂的 K_b。

固体和液体一样,在一定的温度下也有一定的蒸气压。当固态纯溶剂的蒸气压与溶液中溶剂的蒸气压相等时,溶液的固相与液相达到平衡,此时的温度称为溶液的凝固点(freezing point)。溶液的凝固点比纯溶剂的凝固点低是一个常见的自然现象,例如,海水由于含有大量的盐分,因此要在比纯水更低的温度下才结冰。图 1-1 中,曲线 AC 和 AA' 分别表示固态纯溶剂和液态纯溶剂的蒸气压随温度变化的关系,曲线 AC 和 AA' 相交于 A 点,A 点所对应的温度 T_f' 表示纯溶剂的凝固点。曲线 BB' 表示溶液的蒸气压随温度变化的关系,加入溶质以后,溶剂的蒸气压就会下降,曲线 AC 和 BB' 相交于 B 点,在交点处,固态纯溶剂的蒸气压与溶液的蒸气压相等,此时系统的温度 T_f 为溶液的凝固点。很明显,溶液的凝固点 T_f 要比纯溶剂的凝固点 T_f' 低。与溶液沸点升高一样,溶液凝固点降低也与溶质的含量有关,即

$$\Delta T_f = K_f \cdot b_B \qquad (1-15)$$

式中:ΔT_f 为溶液凝固点降低值,单位为 K 或 ℃;K_f 为溶剂的凝固点降低常数,单位为 K·kg·mol^{-1} 或 ℃·kg·mol^{-1};b_B 为溶质的质量摩尔浓度,单位为 mol·kg^{-1}。

K_f 只与溶剂的性质有关,而与溶质的本性无关。不同的溶剂有不同的 K_f 值,几种常见溶剂的 K_f 值见表 1-3。

表 1-3　几种溶剂的 K_b 和 K_f

溶剂	T_b/K	K_b/(K·kg·mol^{-1})	T_f/K	K_f/(K·kg·mol^{-1})
水	373.15	0.52	273.15	1.86
苯	353.35	2.53	278.66	5.12
萘	491.15	5.80	353.45	6.94
醋酸	391.45	3.07	289.75	3.90
四氯化碳	351.65	4.88	—	—
环己烷	—	—	279.65	20.2

溶液的沸点升高和凝固点降低(boiling point elevation and freezing point depression of solution)都与加入的溶质的质量摩尔浓度成正比,而质量摩尔浓度又与溶质的分子量有关。因此,可以通过对溶液沸点升高和凝固点降低的测定来估算溶质的相对分子质量大小。由于溶液凝固点降低常数要比沸点升高常数来得大,而且溶液凝固点的测定也要比沸点测定容易,因此通常用测定凝固点的方法来估算溶质的相对分子质量。同时凝固点的测定是在低温下进行的,所以被测试样的组成与结构不会遭到破坏。因此,该方法通常用于生物体液及易被破坏的试样系统中可溶性物质浓度的测定。

例 1-5   有一质量分数为 1.00% 的水溶液,测得其凝固点为 273.05 K。计算溶质的相对分子质量。

解:根据式(1-15)

$$\Delta T_f = K_f \cdot b_B$$

而

$$b_B = \frac{n_B}{m_A}; \quad n_B = \frac{m_B}{M_B}$$

则有

$$\Delta T_f = K_f \cdot \frac{m_B}{m_A \cdot M_B}$$

所以有

$$M_B = \frac{K_f \cdot m_B}{m_A \cdot \Delta T_f}$$

由于该溶液的浓度较小,所以 $m_A + m_B \approx m_A$,
即 $m_B/m_A \approx 1.00\%$

$$M_B = \frac{1.86 \text{ K} \cdot \text{kg} \cdot \text{mol}^{-1} \times 1.00\%}{273.15 \text{ K} - 273.05 \text{ K}} = 0.186 \text{ kg} \cdot \text{mol}^{-1} = 186 \text{ g} \cdot \text{mol}^{-1}$$

所以溶质的相对分子质量为 186。

研究表明,植物的抗旱性和抗寒性与溶液蒸气压下降和凝固点降低规律有关。当植物所处的环境温度发生较大改变时,植物细胞中的有机体就会产生大量的可溶性的糖类来提高细胞液的浓度,细胞液浓度越大,其凝固点降低越大,使细胞液能在较低的温度环境中不结冻,从而表现出一定的抗寒能力。同样在高温时,由于细胞液浓度增加,细胞液的蒸气压下降较大,使得细胞的水分蒸发减少,因此表现出植物的抗旱能力。利用溶液凝固点降低的性质,还可以将冰盐等混合物作为降温之用。如在冰的表面撒上盐,盐就溶解在冰表面上的少量水中,形成盐溶液,而造成溶液的蒸气压下降,这样冰就要融化,以此来增加液相的蒸气压,从而使系统重新达到平衡。在冰融化过程中,要吸收系统的热量,于是冰盐混合物的温度降低。利用盐和冰混合而成的冷冻剂,温度可降低到 -22.4 ℃,广泛应用于水产品等食品的保存和运输。若用 $CaCl_2 \cdot 2H_2O$ 和冰混合,可使系统温度降低到 -55 ℃。在冬天,汽车的水箱中加入甘油、乙二醇或乙醇,可以防止水结冰。

1.4.3   溶液的渗透压

溶质在溶剂中的溶解是由于溶质粒子扩散运动的结果,这种粒子的热扩散运动使得溶质从高浓度处向低浓度处迁移,同时溶剂粒子也发生类似的迁移。当双向迁移达到平衡时,溶质在溶剂中的溶解达到最大程度。将这种物质自发地由高浓度处向低浓度处迁移的现象称为扩散(diffusion)。扩散现象不但存在于溶质与溶剂之间,它也存在于任何不同浓度的溶液之间。如果在两个不同浓度的溶液之间,存在一种多孔分离膜,它可以选择性地让一部分物质通过,而不让某些物质通过,这种膜称为半透膜(semi-permeable membrane),那么在两溶液之间会出现什么现象?现以蔗糖水溶液与纯水形成的系统为例加以说明。在一个连通器的两边各装着蔗糖溶液与纯水,中间用半透膜将它们隔开(见图 1-2)。

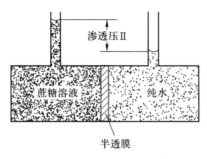

渗透压示意图

图 1-2　渗透压示意图

在扩散开始之前,连通器两边的玻璃柱中的液面高度是相同的。经过一段时间的扩散以后,玻璃柱内的液面高度不再相同,蔗糖溶液一边的液面比纯水的液面要高。这是因为半透膜能够阻止蔗糖分子向纯水一边扩散,却不能阻止水分子向蔗糖溶液的扩散。由于单位体积内纯水中水分子比蔗糖溶液中的水分子多,因此进入溶液中的水分子比离开的水分子多,所以蔗糖溶液的液面升高。这种由物质粒子通过半透膜扩散的现象称为渗透(osmosis)。随着蔗糖溶液液面的升高,液柱的静压力增大,使蔗糖溶液中水分子通过半透膜的速率加快。当压力达到一定值时,在单位时间内从两个相反方向通过半透膜的水分子数相等,此时渗透达到平衡,两侧液面不再发生变化。半透膜两边水位差所表示的静压就称为溶液的渗透压(osmotic pressure)。换句话说,渗透压是为了阻止溶剂渗透而必须在溶液上方所需要施加的最小额外压力。对于由两个不同浓度溶液构成的系统来说,渗透现象也会发生。稀溶液的渗透压与浓度、温度的关系可以用式(1-16)表示:

$$\Pi V = n_B RT$$

即
$$\Pi = c_B RT \tag{1-16}$$

式中:Π 是溶液的渗透压,单位为 Pa;c_B 是溶液的浓度,单位为 $mol \cdot L^{-1}$;R 是摩尔气体常数,为 $8.314 \times 10^3\ Pa \cdot L \cdot mol^{-1} \cdot K^{-1}$;$T$ 是系统的温度,单位为 K。

通过对溶液渗透压的测定,也能计算出溶质的相对分子质量的大小。

例 1-6　有一蛋白质的饱和水溶液,每升含有蛋白质 5.18 g,已知在 298.15 K 时,溶液的渗透压为 413 Pa,求此蛋白质的相对分子质量。

解:根据式(1-16)　　　　　　　　　$\Pi = c_B RT$

得　$M_B = \dfrac{m_B \cdot R \cdot T}{\Pi \cdot V} = \dfrac{5.18\ g \times 8.314 \times 10^3\ Pa \cdot L \cdot mol^{-1} \cdot K^{-1} \times 298.15\ K}{413\ Pa \times 1\ L} = 3.11 \times 10^4\ g \cdot mol^{-1}$

即该蛋白质的相对分子质量为 3.11×10^4。

渗透作为一种自然现象,广泛地存在于动、植物的生理活动之中。生物体内所占比例最高、作用最大的是水分,生物体中的细胞液和体液都是水溶液,它们具有一定的渗透压,而且生物体内的绝大部分膜都是半透膜。因此渗透压的大小与生物的生存与发展有着密切的关系。例如,将淡水鱼放入海水中,由于其细胞液浓度较低,因而渗透压较小。它在海水中就会因细胞大量失去水分而死亡。植物也一样,当在它的根部施肥过多,就会造成作物细胞脱水而枯萎。人体也是如此,在正常情况下,人体内血液和细胞液具有的渗透压大小相近。当人体发烧时,由于体内水分的大量蒸发,血液浓度增加,其渗透压加大。若此时不及时补充水分,细胞中的水分就会因为渗透压低而向血液渗透,于是就会造成细胞脱水,给生命带来危险。所以人体发高烧时,需要及时喝水或通过静脉注射与细胞液具有相同的渗透压的生理盐水和葡萄糖溶液以补充水分。在生物学和医学科学中这类溶液称为等渗溶液(isotonic solution)。

渗透作用在工业上的应用也是很广泛的,例如,"反渗透技术"就是一个例子,所谓反渗透(reverse osmosis)就是在渗透压较大的溶液一边加上比其渗透压还要大的压力,迫使溶剂从高浓度溶液处向低浓度处扩散,从而达到浓缩溶液的目的。一些不能或不适合在高温条件下浓缩的物质,可以利用常温反渗透浓缩的方法进行浓缩。比如速溶咖啡和速溶茶的制造就利用到这种方法。同时,"反渗透技术"还可以用于海水的淡化和工业废水的处理。

通过以上有关稀溶液的一些性质的讨论,可以总结出一条关于稀溶液的定理:难挥发、非电解质稀溶液的某些性质(蒸气压下降、沸点升高、凝固点降低和渗透压)与一定量的溶剂中所含溶质的物质的量成正比,而与溶质的本性无关。这就是稀溶液的依数性定律。

应该指出,稀溶液的依数性定律不能简单地用于浓溶液和电解质。因为在浓溶液中情况比较复杂,溶质浓度大,使溶质粒子之间的相互影响大为增加,使简单的依数性的定量关系不再适用。电解质溶液的蒸气压、凝固点、沸点和渗透压的变化要比相同浓度的非电解质都大。这是因为相同浓度的电解质溶液在溶液中会解离产生正、负离子,因此其总的粒子数就大为增加。此时稀溶液的依数性取决于溶质分子、离子的总组成浓度,稀溶液通性所指定的定量关系不再存在,必须加以校正。表 1-4 列出了不同浓度的 NaCl 溶液和 HAc 溶液的凝固点降低的实验值和计算值。由此可见,对于稀电解质溶液,其依数性取决于独立运动的粒子数。对于强电解质,独立运动粒子数与电解质的正、负离子比例有关,而对于弱电解质,则与解离度有关。

表 1-4　NaCl 溶液和 HAc 溶液的凝固点降低

$b_B/(\mathrm{mol \cdot kg^{-1}})$	$\Delta T_f(\mathrm{NaCl})/\mathrm{K}$			$\Delta T_f(\mathrm{HAc})/\mathrm{K}$		
	实验值	计算值	实验值/计算值	实验值	计算值	实验值/计算值
0.100 0	0.348	0.186	1.87	0.188	0.186	1.01
0.050 0	0.176	0.093 0	1.89	0.094 9	0.093 0	1.02
0.010 0	0.035 9	0.018 6	1.93	0.019 5	0.018 6	1.05
0.005 00	0.018 0	0.009 3	1.94	0.009 8	0.009 3	1.06

1.5 胶体溶液

胶体分散系是由颗粒直径在 $10^{-9} \sim 10^{-7}$ m 的分散质组成的系统,它可分为两类:一类是胶体溶液(colloidal solution),又称溶胶。它是由一些小分子化合物聚集成一个单独的大颗粒多相集合系统,如 $Fe(OH)_3$ 胶体和 As_2S_3 胶体等。另一类是高分子溶液,它是由一些高分子化合物所组成的溶液。高分子化合物由于其分子结构较大,其整个分子大小属于胶体分散系,因此它表现出许多与胶体相同的性质,所以把高分子化合物溶液看作是胶体的一部分,如淀粉溶液和蛋白质溶液等。事实上,它们是一个均相的真溶液。

1.5.1 分散度和表面吸附

由于胶体溶液是一个多相系统,因此相与相之间就会存在界面,有时也将相与相之间的界面也称为表面。分散系的分散度(dispersion degree)常用比表面积(specific surface)来衡量,所谓比表面积就是单位体积分散质的总表面积。其数学表达式为

$$s = \frac{S}{V} \tag{1-17}$$

式中:s 为分散质的比表面积,单位是 m^{-1};S 为分散质的总表面积,单位是 m^2;V 为分散质的体积,单位是 m^3。

从式(1-17)可以看出,单位体积的分散质表面积越大,即分散质的颗粒越小,则比表面积越大,因而系统的分散度越高。例如,一个 1.0 cm^3 的立方体,其表面积为 6.0 cm^2,比表面积为 6.0×10^2 m^{-1}。如果将其分成边长为 10^{-7} cm 的小立方体,共有 10^{21} 个,则其总面积为 6.0×10^7 cm^2,比表面积为 6.0×10^9 m^{-1}。由此可见,其表面积增加了 10^7 倍。胶体的粒子大小处在 $10^{-9} \sim 10^{-7}$ m,所以溶胶粒子的比表面积非常大,正是由于这个原因使溶胶具有某些特殊的性质。

处在物质表面的质点,如分子、原子、离子等,其所受的作用力与处在物质内部的相同质点所受的作用力大小和方向并不相同。对于处在体相中的质点来说,其内部质点由于同时受到来自其周围各个方向,并且大小相近的作用力,因此它所受到的总的作用力为零。而处在物质表面的质点就不同,由于在它周围并非都是相同的质点,所以它受到的来自各个方向的作用力的合力就不等于零。该表面质点总是受到一个与界面垂直方向的作用力。这个作用力的方向可根据质点所处的状态及性质,可以是指向物质的内部,也可以是指向外部。所以,物质表面的质点处在一种力不稳定状态,它有要减小自身所受作用力的趋势。换句话说,就是处在物质表面的质点比处在内部的质点能量要高。表面质点进入物质内部就要释放出部分能量,使其变得相对稳定。而内部质点要迁移到物质表面则就需要吸收能量,因而处在物质表面的质点自身变得相对不稳定。这些表面质点比内部质点所多余的能量就称为表面能(surface energy)。不难看出,若物质的表面积越大,表面分子越多,其表面能越高,表面质点就越不稳定。而物质的表面质点要减小其表面能,除了进入物质内部以外,它还可以通过吸附其他质点,以降低表面能。

1.5.2　胶团的结构

溶胶是一个具有很大比表面积的系统,所以它具有较高的表面能。溶胶粒子为了降低其表面能,就会吸附系统中的其他离子,使自己能在系统中稳定存在。一旦溶胶粒子吸附了其他离子,它的表面就会带电荷,而带电荷的表面又会通过静电引力去与系统中其他带相反电荷的离子发生作用。现以 $AgNO_3$ 和 KI 制备碘化银溶胶为例,对溶胶的结构做一解释。首先 Ag^+ 与 I^- 反应后生成 AgI 分子,由大量的 AgI 分子聚集成直径为在 $1\sim100$ nm 的颗粒,该颗粒称为胶核。由于胶核颗粒很小,分散度很高,因此具有较高的表面能。如果此时系统中存在过剩的离子时,胶核就要有选择地吸附这些离子。胶核具有选择性地吸附与其组成相类似的离子的趋势,若此时系统中 KI 过量,胶核优先吸附与其组成有关的 I^-,因此在胶核表面就会因吸附 I^- 而带负电荷。被胶核吸附的离子称为电位离子。此时,由于胶核表面带有较为集中的负电荷,所以它就会通过静电引力而吸引带有正电荷的 K^+,通常将这些带相反电荷的离子称为反离子(counter ion)。电位离子和一部分反离子构成了吸附层,电泳时吸附层和胶核一起移动。因此,我们把胶核与被其吸附的电位离子,以及部分被较强吸附的反离子统称为胶粒,胶粒所带电荷与电位离子符号相同。其余的反离子分散在溶液中,构成扩散层,胶粒和扩散层的整体称为胶团,胶团是不带电荷的。AgI 胶团的结构如图 1-3 所示,也可以用如下结构式表示:

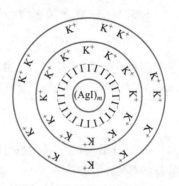

图 1-3　KI 过量时形成的 AgI 胶团结构示意图

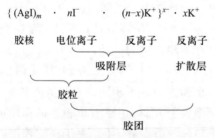

$$\{(AgI)_m \cdot nI^- \cdot (n-x)K^+\}^{x-} \cdot xK^+$$

(问题:如果 $AgNO_3$ 过量,那么其胶团结构式如何表示?)

氢氧化铁、三硫化二砷和硅胶的胶团结构式可表示如下:

$$\{(Fe(OH)_3)_m \cdot nFeO^+ \cdot (n-x)Cl^-\}^{x+} \cdot xCl^-$$

$$\{(As_2S_3)_m \cdot nHS^- \cdot (n-x)H^+\}^{x-} \cdot xH^+$$

$$\{(H_2SiO_3)_m \cdot nHSiO_3^- \cdot (n-x)H^+\}^{x-} \cdot xH^+$$

1.5.3　胶体溶液的性质

胶体的许多性质都与其分散质高度分散和多相共存的特点有关。溶胶的性质主要包括:光学性质、动力学性质和电化学性质。

1. 光学性质

早在 1869 年,丁铎尔(Tyndall)在研究胶体时,将一束光线照射到透明的溶胶上,在与光线垂直方向上观察到一条发亮的光柱。后人为了纪念他的发现,将这一现象称为丁铎尔效应(Tyndall effect)。由于丁铎尔效应是胶体所特有的现象,因此,可以通过此效应来鉴别溶液与胶体。

丁铎尔效应是如何产生的呢? 我们知道当光线照射到物体表面时,可能产生两种情况:如果物质颗粒的直径远远大于入射光的波长,此时入射光被完全反射,不出现丁铎尔效应;如果物质的颗粒直径比入射光的波长小的话,则发生光的散射作用而出现丁铎尔现象。因为溶胶的粒子直径在 1~100 nm,而一般可见光的波长范围在 400~760 nm,所以可见光通过溶胶时便产生明显的散射作用。如果分散质颗粒太小(<1 nm),对光的散射太弱,则发生光的透射现象。

2. 动力学性质

在超显微镜下看到溶胶的散射现象的同时,还可以看到溶胶中的发光点并非是静止不动的,它们是在做无休止、无规则的运动。这一现象与花粉在液体表面的运动情况很相似,由于该现象是由植物学家布朗(Brown)首先发现,所以就被称为溶胶的布朗运动。

产生布朗运动的原因是分散质粒子不断地受到分散剂粒子从各个方向的碰撞。在粗分散系中,由于分散质粒子的质量和体积比分散剂粒子大得多。因此,它受到的碰撞力与其本身的重力相比可以忽略,位移不明显。由于溶胶粒子的体积较小,所以容易在瞬间受到冲击后产生某方向一合力,又因为本身质量小,所以受力后会产生较大的位移。由于粒子热运动的方向和大小是无法预测的,所以溶胶粒子的运动是无规则的。

溶胶的光散射性质和布朗运动特性可使溶胶粒子产生动态光散射特性(dynamic light scattering, DLS),根据 DLS 原理可测量溶胶的粒径分布。

3. 电学性质

在电场中,溶胶系统的溶胶粒子在分散介质中能发生定向迁移,这种现象称为溶胶的电泳(electrophoresis),可以通过溶胶粒子在电场的迁移方向来判断溶胶粒子的带电性。图 1-4 表示电泳的实验装置。

在 U 形管中装入棕红色的氢氧化铁溶胶,并在溶胶的表面小心滴入少量蒸馏水,使溶胶表面与水之间有一明显的界面。然后在两边管子的蒸馏水中插入铂电极,并给电极加上电压。经过一段时间的通电,可以观察到 U 形管中溶胶的液面不再相同,在负极一端溶胶界面比正极端高。说明该溶胶在电场中往负极一端迁移,溶胶粒子带正电荷,这就是氢氧化铁溶胶的电泳。使溶胶粒子带电荷的主要原因如下。

① 吸附作用 溶胶系统具有较高的表面能,而这些小颗粒为了减小其表面能,就要选择性地吸附与其组成相类似的离子。以氢氧化铁溶胶为例,该溶胶是用 $FeCl_3$ 溶液在沸水中水解而制成的。在整个水解过程中,反应系统中除了生成 $Fe(OH)_3$ 外,有大量的副产物 FeO^+ 生成:

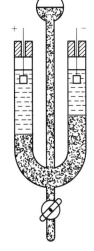

图 1-4　电泳管

$$FeCl_3 + 2H_2O \Longrightarrow Fe(OH)_2Cl + 2HCl$$

$$Fe(OH)_2Cl \Longrightarrow FeO^+ + Cl^- + H_2O$$

$Fe(OH)_3$ 胶粒在溶液中选择吸附了与自身组成有关的 FeO^+，而使 $Fe(OH)_3$ 溶胶带正电荷。又如硫化砷溶胶的制备通常是将 H_2S 气体通入饱和 H_3AsO_3 溶液中，经过一段时间以后，生成淡黄色 As_2S_3 溶胶。由于 H_2S 在溶液中电离产生大量的 HS^-，所以 As_2S_3 吸附 HS^-，使 As_2S_3 溶胶带负电荷。

② 解离作用　有部分溶胶粒子带电荷是由于自身表面解离所造成的。例如，硅胶粒子带电荷就是因为 H_2SiO_3 解离形成 $HSiO_3^-$ 或 SiO_3^{2-}，并附着在表面而带负电荷。其反应式为

$$H_2SiO_3 \Longrightarrow HSiO_3^- + H^+ \qquad\qquad HSiO_3^- \Longrightarrow SiO_3^{2-} + H^+$$

应该指出，溶胶粒子带电荷原因十分复杂，以上两种情况只能说明溶胶粒子带电荷的某些规律。至于溶胶粒子究竟怎样带电荷，或者带什么电荷都还需要通过实验来证实。

1.5.4　溶胶的稳定性和聚沉

1. 溶胶的稳定性

溶胶是多相、高分散系统，具有很大表面能，有自发聚集成较大颗粒的趋势。但事实上许多溶胶往往可以长期稳定存在，其主要原因是溶胶具有动力学稳定性和聚结稳定性。

溶胶的动力学稳定性(kinetic stability)是指分散粒子在重力作用下，不会从分散剂中分离出来。在溶胶系统中，溶胶粒子由于布朗运动，不断地在做无规则的运动。因为溶胶粒子的质量较小，其受重力的作用也较小，溶胶粒子主要受布朗运动的控制。因此，溶胶粒子在系统中做无规则运动，而不发生沉淀。对粗分散系来说，由于其分散质粒子质量较大，因此它所受重力的作用要比布朗运动来得大。所以，粗分散系就会发生沉淀。例如，在 20 ℃的水中，直径为 1 mm 的石英砂在 25 s 内，在分散剂中沉降2.5 cm，而将其分散成 100 nm 时，沉降同样的高度需一个月时间。当石英砂被分散成为 1 nm 时，沉降 2.5 cm 需要 280 年。由此可见，布朗运动是溶胶稳定存在的重要因素。

溶胶的聚结稳定性(coagulation stability)是指溶胶在放置过程中，不会发生分散质粒子的相互聚结而产生沉淀。由于胶粒带电荷，当两个带同种电荷的胶粒相互靠近时，胶粒之间就会产生静电排斥作用，从而阻止胶粒的相互碰撞，使溶胶趋向稳定。另外，由于溶胶粒子中的带电离子和极性溶剂通过静电引力的相互作用，使得溶剂分子在胶粒表面形成一个溶剂化膜，该溶剂化膜也起到阻止胶粒相互碰撞的作用。在纳米材料的制备过程中，为了防止纳米材料聚沉，通常也需要在纳米材料表面结合或修饰带电荷的基团。例如，纳米金合成中通常在溶液中加入过量的柠檬酸，使得纳米金表面带上负电荷。

2. 溶胶的聚沉

若溶胶的动力学稳定性与聚结稳定性遭到破坏，胶粒就会因碰撞而聚结沉淀，澄清透明的溶胶就会变得浑浊。这种胶体分散系中的分散质从分散剂中分离出来的过

程称为聚沉(coagulation)。

造成溶胶聚沉的因素很多,如溶胶本身浓度过高;溶胶被长时间的加热;在溶胶中加入强电解质等。溶胶的浓度过高,单位体积中胶粒的数目较多,胶粒间的空间相对减小,因而胶粒的碰撞机会就会增加,溶胶容易发生聚沉。将溶胶长时间的加热,会增强溶胶粒子的热运动,而且使得胶粒周围原来的溶剂化膜被破坏,胶粒暴露在溶剂当中;同时由于胶粒的热运动,使胶粒表面的电位离子和反离子数目减小,吸附层变薄,胶粒间的碰撞聚结的可能性就会大大增加。如果在溶胶中加入大量的电解质,由于离子总浓度的增加、大量的离子进入扩散层内,迫使扩散层中的反离子向胶粒靠近,由于吸附层中反离子浓度的增加,相对减小了胶粒所带电荷,使胶粒之间的静电斥力减弱,胶粒之间的碰撞变得更加容易,聚沉的机会就增加了。

电解质对溶胶的聚沉作用主要是那些与胶粒所带电荷相反的离子,一般来说,离子电荷越高,对溶胶的聚沉作用就越大。例如,要使带负电荷的硫化砷溶胶聚沉,所需 Al^{3+} 的浓度比 Ba^{2+} 的浓度小。对带有相同电荷的离子来说,它们的聚沉能力与离子在水溶液中的实际大小有关。离子在水溶液中都会形成水合离子,水合离子半径越大,其聚沉能力越小。在同价离子中,离子半径越小,电荷密度越大,其水化半径也越大,因而离子的聚沉能力就越小。例如,碱金属离子在相同阴离子的条件下,对带负电荷溶胶的聚沉能力大小为:$Rb^+ > K^+ > Na^+ > Li^+$,Li^+ 的离子半径最小,相应的水化半径最大,因此它的聚沉能力最小。同样,碱土金属离子的聚沉能力大小为:$Ba^{2+} > Sr^{2+} > Ca^{2+} > Mg^{2+}$。

电解质的聚沉能力通常用聚沉值的大小来表示。所谓聚沉值是指在一定时间内,使一定量的溶胶完全聚沉所需的电解质的最低浓度。不难看出,电解质的聚沉值越大,则其聚沉能力越小;而电解质聚沉值越小,则其聚沉能力越大。表 1-5 列出了电解质对 AgI 负溶胶的聚沉值。

表 1-5　电解质对 AgI 负溶胶的聚沉值

电解质	聚沉值 mmol·L^{-1}	水化离子半径 10^{-10} m	电解质	聚沉值 mmol·L^{-1}	水化离子半径 10^{-10} m
LiNO$_3$	165	231	Mg(NO$_3$)$_2$	2.60	332
NaNO$_3$	140	176	Ca(NO$_3$)$_2$	2.40	300
KNO$_3$	136	119	Sr(NO$_3$)$_2$	2.38	300
RbNO$_3$	126	113	Ba(NO$_3$)$_2$	2.26	278

如果将两种带有相反电荷的溶胶按适当比例相互混合,溶胶同样会发生聚沉。这种现象称为溶胶的互聚。然而,溶胶的互聚必须按照等电荷量原则进行,即两种互聚的溶胶离子所带的总电荷数必须相等,否则其中的一种溶胶的聚沉会不完全。

由于溶胶具有某些溶液所没有的特殊性质,因此在许多情况下需要对溶胶进行保护。保护溶胶的方法有很多,可以通过对溶胶进行渗析,以减小溶胶中所含电解质的浓度;另外也可以通过加入适量的保护剂,如蛋白质、动物胶等大分子化合物,以增加胶粒的溶剂化保护膜,从而防止胶粒的碰撞聚沉。

有时溶胶的生成也会带来许多麻烦。例如,分离沉淀时,如果该沉淀是一胶状的沉淀,它不但能够透过滤纸,而且还会使过滤时间大为增加。因此,有时我们要设法破坏已形成的胶体。一些工厂烟囱排放的气体中的碳粒和尘粒呈胶体状态,这些粒子都带有电荷。为了消除这些粒子对大气的污染,可让气体在排放前经过一个带电的平板,中和烟尘的电荷,使其聚沉。

1.6   高分子溶液和乳状液

高分子溶液和乳状液都属于液态分散系,前者为胶体分散系,后者为粗分散系,下面简单介绍它们的一些特性。

1.6.1   高分子溶液

1. 高分子溶液的特性

高分子化合物(polymer)是指相对分子质量在 10 000 以上的有机化合物。许多天然有机化合物如蛋白质、纤维素、淀粉、橡胶及人工合成的各种塑料等都是高分子化合物。它们的分子中主要含有千百个碳原子彼此以共价键相结合的物质,由一种或多种小的结构单元联结而成。例如,淀粉或纤维素是由许多葡萄糖分子缩合而成,蛋白质分子中最小的单元是各种氨基酸。

大多数高分子化合物的分子结构呈线状或线状带支链。虽然它们分子的长度有的可达几百纳米,但它们的截面积却只有普通分子的大小。当高分子化合物溶解在适当的溶剂中,就形成高分子化合物溶液,简称高分子溶液。高分子物质在适当的溶剂中可以达到较高的浓度,其渗透压可以测定,进一步可以计算出它的平均相对分子质量,这是高分子化合物相对分子质量测定的一种重要方法。

高分子溶液由于其溶质的颗粒大小与溶胶粒子相近,属于胶体分散系,所以它表现出某些溶胶的性质,例如,不能透过半透膜、扩散速率慢等。然而,它的分散质粒子为单个大分子,是一个分子分散的单相均匀系统,因此,它又表现出溶液的某些性质,与溶胶的性质有许多不同之处。

高分子化合物像一般溶质一样,在适当溶剂中其分子能强烈自发溶剂化而逐步溶胀,形成很厚的溶剂化膜,使它能稳定地分散于溶液中而不凝结,最后溶解成溶液,具有一定溶解度。例如,蛋白质、淀粉溶于水,天然橡胶溶于苯都能形成高分子溶液。除去溶剂后,重新加入溶剂时仍可溶解,因此高分子溶液是一种热力学稳定系统。与此相反,溶胶的胶核是不溶于溶剂的,溶胶是用特殊的方法制备而成的,溶胶凝结后不能用再加入溶剂的方法而使它复原,因此是一种热力学不稳定系统。高分子溶液溶质与溶剂之间没有明显的界面,因而对光的散射作用很弱,丁铎尔效应不像溶胶那样明显。另外高分子化合物还具有很大的黏度,这与它的链状结构和高度溶剂化的性质有关。

2. 高分子溶液的盐析和保护作用

高分子溶液具有一定的抗电解质聚沉能力,加入少量的电解质,它的稳定性并不受影响。这是因为在高分子溶液中,本身带有较多的可解离或已解离的亲水基团,例如,—OH、—COOH、—NH$_2$ 等。这些基团具有很强的水化能力,它们能使高分子化合物表面形成一个较厚的水化膜,能稳定地存在于溶液之中,不易聚沉。要使高分子化合物从溶液中聚沉出来,除中和高分子化合物所带的电荷外,更重要的是破坏其水化膜,因此,必须加入大量的电解质。电解质的离子要实现其自身的水化,就要大量夺取高分子化合物水化膜上的溶剂化水,从而破坏其水化膜,使高分子溶液失去稳定性,发生聚沉。像这种通过加入大量电解质使高分子化合物聚沉的作用称为盐析(salting out)。加入乙醇、丙酮等溶剂,也能将高分子溶质沉淀出来。这是因为这些溶剂也像电解质离子一样有强的亲水性,会破坏高分子化合物的水化膜。在研究天然产物时,常常用盐析和加入乙醇等溶剂的方法来分离蛋白质和其他的物质。

在溶胶中加入适量的高分子化合物,就会提高溶胶对电解质的稳定性,这就是高分子化合物对溶胶的保护作用(protective effect)。在溶胶中加入高分子,高分子化合物附着在胶粒表面,一来可以使原先憎液的胶粒变成亲液,从而提高胶粒的溶解度;二来可以在胶粒表面形成一个高分子保护膜,以增强溶胶的抗电解质的能力。所以高分子化合物经常被用来作胶体的保护剂。保护作用在生理过程中具有重要的意义,例如,在健康人的血液中所含的碳酸镁、磷酸钙等难溶盐,都是以溶胶状态存在,并被血清蛋白等保护着。当生病时,保护物质在血液中的含量减少了,这样就有可能使溶胶发生聚沉而堆积在身体的各个部位,使新陈代谢作用发生故障,形成肾脏、肝脏等结石。

如果溶胶中加入的高分子化合物较少,就会出现一个高分子化合物同时附着几个胶粒的现象。此时非但不能保护胶粒,反而使得胶粒互相粘连形成大颗粒,从而失去动力学稳定性而聚沉。像这种由于高分子溶液的加入,使得溶胶稳定性减弱的作用称为絮凝作用。生产中常利用高分子对溶胶的絮凝作用进行污水处理和净化、回收矿泥中的有效成分及产品的沉淀分离。

1.6.2 乳状液

乳状液(emulsion)是分散质和分散剂均为液体的粗分散系。牛奶、某些植物茎叶裂口渗出的白浆(例如橡胶树的胶乳)、人和动物机体中的血液、淋巴液及乳白鱼肝油和发乳都是乳状液。在乳状液中被分散的液滴的直径在 $0.1 \sim 50 \mu m$。根据分散质与分散剂的不同性质,乳状液又可分为两大类:一类是"油"(通常指有机化合物)分散在水中所形成的系统,以油/水(O/W)型表示,如牛奶、农药乳化剂等;另一类是水分散在"油"中形成的水/油(W/O)型乳状液,如石油。

将油和水一起放在容器内猛烈震荡,可以得到乳状液。但是这样得到的乳状液并不稳定,停止震荡后,分散的液滴相碰后会自动合并,油水会迅速分离成两个互不相溶的液层。因为两种极性相差很大的物质,通过机械分散方式很难形成一个均匀混合的稳定单相系统,这两种物质只有在它们接触表面积最小时才能够稳定存在,即两物质各成一相。水和油就是如此,水是一种强极性的化合物,而油通常是直链碳氢化合物,其极性较弱。因此,将这两种物质通过机械方式混在一起后,无需多时,油水就会自动分层。在油水混合时加入少量肥皂,则形成的乳状液在停止震荡后分层很慢,肥皂就起了一种稳定剂的作用。乳状液的稳定剂称为乳化剂(emulsifying agent),许多乳化剂都是表面活性剂(surface active substance)。这种能够显著降低表面张力,从而使一些极性相差较大的物质也能相互均匀分散、稳定存在的物质称为表面活性剂。

表面活性剂的分子由极性基团(亲水)和非极性基团(疏水)两大部分构成。极性部分通常是由—OH,—COOH,—NH$_2$,=NH,—NH$_3^+$等基团构成。而非极性部分主要是由碳氢组成的长链或芳香基团所构成。由于表面活性剂特殊的分子结构,所以它具有一种既能进入水相,又能进入油相的能力。因此,它能很好地在水相或油相的表面形成一个保护膜,降低水相或油相的表面能,起到防止被分散的物质重新碰撞而聚结的作用。

乳化剂可根据其亲和能力的差别分为亲水性乳化剂和亲油性乳化剂。常用的亲水性乳化剂有:钾肥皂、钠肥皂、蛋白质、动物胶等。亲油性乳化剂有钙肥皂、高级醇类、高级酸类、石墨等。

在制备不同类型的乳状液时,要选择不同类型的乳化剂。例如,亲水性乳化剂适合制备油/水型乳状液,不适合制备水/油型乳状液。这是因为亲水性乳化剂的亲水基团结合能力比亲油基团的结合能力来得大,乳化剂分子的大部分分布在油滴表面。因此,它在油滴表面形成一较厚的保护膜,防止油滴之间相互碰撞而聚结。相反该乳化剂不能在水滴表面较好地形成保护膜,因为表面活性剂分子大部分被拉入水滴中,因此水滴表面的保护膜厚度不够,水滴之间碰撞后,容易聚结而分层。同理,在制备水/油型乳状液时,最好选用亲油性乳化剂。可以用通过向乳状液中加水的方法来区分不同类型的乳状液。加水稀释后,乳状液不出现分层,说明水是一种分散介质,则为油/水型乳状液;加水稀释后,乳状液出现分层,则为水/油型乳状液。牛奶是一种油/水型乳状液,所以加水稀释后不出现分层。

极细的固体粉末也可以起乳化剂的作用,非极性的亲油固体粉末,例如,炭黑是一种水/油型乳化剂,而二氧化硅等亲水粒子是油/水型乳化剂。去污粉(主要是碳酸钙细粉)或细炉灰(碳酸盐或二氧化硅细粉)等擦洗器皿油污后,用水一冲器皿便很干净,就是因为形成了油/水型乳状液。

乳状液及乳化剂在生产中的应用非常广泛,绝大多数有机农药、植物生长调节剂的使用都离不开乳化剂。例如,有机农药水溶性较差,不能与水均匀混合。为了能使农药与水较好地混合,加入适量的乳化剂,以减小它们的表面张力,从而达到均匀喷洒、降低成本提高杀虫治病的目的。在人体的生理活动中,乳状液也有重要的作用。例如,食物中的脂肪在消化液(水溶液)中是不溶解的,但经过胆汁中胆酸的乳化作用和小肠的蠕动,使脂肪形成微小的液滴,其表面积大大增加,有利于肠壁的吸收。此外,乳状液在日用化工、制药、食品、制革、涂料、石油钻探等工业生产中都有许多应用。

根据生活、生产的需要,有时又必须设法破坏天然形成的乳状液。例如,在溶液萃取、处理石油和橡胶类植物的乳浆时,为了使水、油两相分层完全,就要通过破坏乳化剂的方法来破坏乳状液。常用的方法有,加入不能生成牢固的保护膜的表面活性剂来取代原来的乳化剂,例如,加入异戊醇等就能起到这种作用。加入无机酸,可以破坏皂类乳化剂,使皂类变成脂肪酸而析出。此外,升高温度等方法也能破坏乳状液。

 思考题

1-1   为什么稀溶液依数性不适用于浓溶液和电解质溶液?

1-2 难挥发物质的溶液,在不断沸腾时,它的沸点是否恒定?在冷却过程中它的凝固点是否恒定?为什么?

1-3 把一块冰放在温度为 273.15 K 的水中,另一块冰放在 273.15 K 的盐水中,问有什么现象?

1-4 什么是渗透压?产生渗透压的原因和条件是什么?

1-5 什么是分散系?液体分散系可以分为哪几类?

1-6 如何解释胶粒的带电性?

1-7 盐析作用和聚沉作用有什么区别?

1-8 说明表面活性剂用作乳化剂的原理。

1-9 解释下列现象:

(1)明矾为什么能净水?

(2)用井水洗衣服时,为什么肥皂的去污能力比较差?

(3)江河入海口为什么常形成三角洲?

1-10 利用溶液的依数性设计一个测定溶质相对分子质量的方法。

1-11 什么是表面活性物质?它在结构上有什么特点?

1-12 胶体溶液和真溶液有什么区别?

1-13 在实验中常用冰、盐混合物做制冷剂。解释当把食盐放入 0 ℃的冰-水平衡系统中时,系统为什么会自动降温?降温的程度是否有限制?为什么?

 习题

基本题

1-1 有一混合气体,总压为 150 Pa,其中 N_2 和 H_2 的体积分数分别为 0.25 和 0.75,求 H_2 和 N_2 的分压。

1-2 液化气主要成分是甲烷。某 10.0 m^3 贮罐能贮存-164 ℃、100 kPa 下的密度为 415 $kg \cdot m^{-3}$ 的液化气。计算此气罐容纳的液化气在 20 ℃、100 kPa 下的气体的体积。

1-3 用作消毒剂的过氧化氢溶液中过氧化氢的质量分数为 0.030,这种水溶液的密度为 1.0 $g \cdot mL^{-1}$,计算这种水溶液中过氧化氢的质量摩尔浓度、物质的量浓度和摩尔分数。

1-4 计算 5.0% 的蔗糖($C_{12}H_{22}O_{11}$)水溶液与 5.0% 的葡萄糖($C_6H_{12}O_6$)水溶液的沸点。

1-5 比较下列各水溶液的指定性质的高低(或大小)次序。

(1)凝固点:0.1 $mol \cdot kg^{-1}$ $C_{12}H_{22}O_{11}$ 溶液,0.1 $mol \cdot kg^{-1}$ CH_3COOH 溶液,0.1 $mol \cdot kg^{-1}$ KCl 溶液;

(2)渗透压:0.1 $mol \cdot L^{-1}$ $C_6H_{12}O_6$ 溶液,0.1 $mol \cdot L^{-1}$ $CaCl_2$ 溶液,0.1 $mol \cdot L^{-1}$ KCl 溶液,1 $mol \cdot L^{-1}$ $CaCl_2$ 溶液。(提示:从溶液中的粒子数考虑)

1-6 在 20 ℃时,将 5 g 血红素溶于适量水中,然后稀释到 500 mL 测得渗透压为

0.366 kPa,试计算血红素的相对分子质量。

1-7   在严寒的季节里,为了防止仪器中的水结冰,欲使其凝固点降低到 -3.00 ℃,问在 500 g 水中应加甘油($C_3H_8O_3$)多少克?

1-8   硫化砷溶胶是通过将硫化氢气体通到 H_3AsO_3 溶液中制备得到:

$$2H_3AsO_3 + 3H_2S \longrightarrow As_2S_3 + 6H_2O$$

试写出该溶胶的胶团结构式。

1-9   将 10.0 mL 0.01 mol·L^{-1} 的 KCl 溶液和 10.0 mL 0.05 mol·L^{-1} 的 $AgNO_3$ 溶液混合以制备 AgCl 溶胶。试问该溶胶在电场中向哪极运动?并写出胶团结构。

1-10   用 0.1 mol·L^{-1} 的 KI 和 0.08 mol·L^{-1} 的 $AgNO_3$ 两种溶液等体积混合,制成溶胶,在 4 种电解质 NaCl、Na_2SO_4、$MgCl_2$、Na_3PO_4 中,对溶胶的聚沉能力最强的是哪一种?

提高题

1-11   为了节约宇宙飞船中水的供应,有人建议用氢气来还原呼出的 CO_2,使其转变为水。每个宇航员每天呼出的 CO_2 约 1.00 kg。气体转化器以 600 mL·min^{-1}(标准状态下)的速率还原 CO_2。为了及时转化一个宇航员每天呼出的 CO_2,此转化器的工作时间百分比为多少?

1-12   人体肺泡气中 N_2,O_2,CO_2 的体积分数分别为 80.5%、14.0% 和 5.50%,假如肺泡总压力为 100 kPa,在人体正常温度下,水的饱和蒸气压为 6.28 kPa,计算人体肺泡中各组分气体的分压。

1-13   将某绿色植物经光合作用产生的干燥纯净气体收集在 65.301 g 的容器中,在 30 ℃ 及 106.0 kPa 下称量为 65.971 g,若已知该容器的体积为 0.500 L,计算此种气体的相对分子质量,并判断可能是何种气体。

1-14   医学上用的葡萄糖($C_6H_{12}O_6$)注射液是血液的等渗溶液,测得其凝固点比纯水降低了 0.543 ℃,

(1)计算葡萄糖溶液的质量分数;

(2)如果血液的温度为 37 ℃,血液的渗透压是多少?

1-15   孕甾酮是一种雌性激素,它含有 9.5% H、10.2% O 和 80.3% C,在 5.00 g 苯中含有 0.100 g 的孕甾酮的溶液在 5.18 ℃ 时凝固。问孕甾酮的相对分子质量是多少? 分子式是什么?

1-16   海水中含有下列离子,它们的质量摩尔浓度分别为

$b(Cl^-) = 0.57$ mol·kg^{-1};$b(SO_4^{2-}) = 0.029$ mol·kg^{-1};$b(HCO_3^-) = 0.002$ mol·kg^{-1};

$b(Na^+) = 0.49$ mol·kg^{-1};$b(Mg^{2+}) = 0.055$ mol·kg^{-1};$b(K^+) = 0.011$ mol·kg^{-1};

$b(Ca^{2+}) = 0.011$ mol·kg^{-1};试计算海水的近似凝固点和沸点。

1-17   取同一种溶胶各 20.00 mL 分别置于三支试管中。欲使该溶胶聚沉,至少在第一支试管加入 4.0 mol·L^{-1} 的 KCl 溶液 0.53 mL,在第二支试管中加入 0.05 mol·L^{-1} 的 Na_2SO_4 溶液 1.25 mL,在第三支试管中加入 0.003 3 mol·L^{-1} 的 Na_3PO_4 溶液 0.74 mL,计算每种电解质溶液的聚沉值,并确定该溶胶的电性。

1-18   The sugar fructose contains 40.0% C, 6.7% H, and 53.3% O by mass. A solution of 11.7 g of fructose in 325 g of ethanol has a boiling point of 78.59 ℃. The boiling point of ethanol is 78.35 ℃, and K_b for ethanol is 1.20 K·kg·mol^{-1}. What is the molecular formula of fructose?

1-19　A sample of $HgCl_2$ weighing 9.41 g is dissolved in 32.75 g of ethanol, C_2H_5OH. The boiling-point elevation of the solution is 1.27 ℃. Is $HgCl_2$ an electrolyte in ethanol? Show your calculations. ($K_b = 1.20$ K·kg·mol^{-1})

1-20　Calculate the percent by mass and the molality in terms of $CuSO_4$ for a solution prepared by dissolving 11.5 g of $CuSO_4 \cdot 5H_2O$ in 0.100 0 kg of water. Remember to consider the water released from the hydrate.

1-21　The cell walls of red and white blood cells are semipermeable membranes. The concentration of solute particles in the blood is about 0.6 mol·L^{-1}. What happens to blood cells that are placed in pure water? In a 1 mol·L^{-1} sodium chloride solution?

1-22　1946 年, George Scatchard 用溶液的渗透压测定了牛血清蛋白的相对分子质量。他将 9.63 g 牛血清蛋白配成 1.00 L 水溶液, 测得该溶液在 25 ℃时的渗透压为 0.353 kPa, 计算牛血清蛋白的相对分子质量。如果该溶液的密度近似为 1.00 g·mL^{-1}, 能否用凝固点降低法测定牛血清蛋白的相对分子质量？为什么？

习题参考答案

第二章 化学反应的一般原理

(The General Principle of Chemical Reaction)

学习要求

1. 理解反应进度 ξ、系统与环境、状态与状态函数的概念。

2. 掌握热与功的概念和计算,掌握热力学第一定律的概念。

3. 掌握 Q_p, ΔU, $\Delta_r H_m$, $\Delta_r H_m^{\ominus}$, $\Delta_f H_m^{\ominus}$, $\Delta_r S_m$, $\Delta_r S_m^{\ominus}$, $S_m^{\ominus}$, $\Delta_r G_m$, $\Delta_r G_m^{\ominus}$, $\Delta_f G_m^{\ominus}$ 的概念及有关计算和应用。

4. 掌握标准平衡常数 $K^{\ominus}$ 的概念及表达式的书写;掌握 $\Delta_r G_m^{\ominus}$ 与 $K^{\ominus}$ 的关系及有关计算。

5. 掌握反应速率、基元反应、反应级数的概念;掌握质量作用定律;掌握简单反应级数的反应物浓度与时间的关系及半衰期;掌握温度对反应速率影响的阿伦尼乌斯方程。

6. 理解活化分子、活化能、催化剂的概念。

在化学反应的研究中,常遇到哪些物质之间能发生化学反应,哪些物质之间不能发生化学反应,即反应的方向问题;如果反应能够进行,则能进行到什么程度,反应物的转化程度如何,即反应的平衡问题;反应过程的能量如何变化,是吸热还是放热,即反应的热效应问题;反应是快还是慢,即反应的速率问题。本章将讨论这些问题。

2.1 基本概念

2.1.1 化学反应进度

1. 化学反应计量方程式

在化学反应方程式中,满足质量守恒定律的化学反应方程式又称为化学反应计量方程式。一般用规定的化学符号①和相应的化学式将反应物(reactant)与生成物(product)联系起来。

对任意化学反应方程式其化学反应计量方程式可用通式表示

---

① 只简单涉及反应方程式的配平问题,使用等号"══";要强调反应的平衡状态或反应的可逆性,使用两个半箭头号"⇌";要强调反应的方向性,或认为是基元反应,则使用单个全箭头号"⟶"。

$$0 = \sum_{B} \nu_B B \qquad (2-1)$$

式中:B 为该化学反应方程式中任一反应物或生成物的化学式;ν_B 为物质 B 的化学计量数(stoichiometric number),是化学反应计量方程式中的物质 B 的系数(整数或简分数),其量纲为 1。按规定,反应物的化学计量数为负值,而生成物的化学计量数为正值。例如,反应:

$$\frac{1}{2}N_2 + \frac{3}{2}H_2 \mathrel{=\!=\!=\!=} NH_3$$

其化学反应计量方程式可写成 $\quad 0 = NH_3 - \frac{1}{2}N_2 - \frac{3}{2}H_2$

化学计量数 ν_B 分别为

$$\nu(NH_3) = 1, \nu(N_2) = -\frac{1}{2}, \nu(H_2) = -\frac{3}{2}$$

2. 化学反应进度

为了表示化学反应进行的程度,国家标准 GB3102.8—93 规定了一个物理量——化学反应进度(extent of reaction),其符号为 ξ,单位为 mol。虽然 ξ 的单位与物质的量 n 的单位相同,但其含义却不同。ξ 是不同于物质的量 n 的一种新的物理量。化学反应进度 ξ 的定义式为

$$d\xi = \nu_B^{-1} dn_B \quad \text{或} \quad dn_B = \nu_B d\xi \qquad (2-2)$$

式(2-2)是化学反应进度的微分定义式。

若系统发生有限的化学反应,则

$$n_B(\xi) - n_B(\xi_0) = \nu_B(\xi - \xi_0) \quad \text{或} \quad \Delta n_B = \nu_B \Delta \xi \qquad (2-3)$$

式中:$n_B(\xi)$、$n_B(\xi_0)$ 分别代表反应进度为 ξ 和 ξ_0 时的物质 B 的物质的量;ξ_0 为反应起始的反应进度,一般为 0,则式(2-3)变为

$$\Delta n_B = \nu_B \xi \quad \text{即} \quad \xi = \nu_B^{-1} \Delta n_B \qquad (2-4)$$

随着反应的进行,反应进度逐渐增大,当反应进行到 Δn_B 的数值恰好等于 ν_B 值时,反应进度 $\xi = \nu_B^{-1} \Delta n_B = 1$ mol,我们说发生了反应进度为 1 mol 的反应,即通常说的单位反应进度。在后面的各热力学函数变的计算中,都是以单位反应进度为计量基础的。

例如,对任意符合 $0 = \sum_{B} \nu_B B$ 的化学反应,若能按化学反应计量方程式定量完成,其反应为

$$aA + bB \longrightarrow gG + dD$$

若发生了反应进度为 1 mol 的反应,则

$$\xi = \nu_A^{-1} \Delta n_A = \nu_B^{-1} \Delta n_B = \nu_G^{-1} \Delta n_G = \nu_D^{-1} \Delta n_D = 1 \text{ mol} \qquad (2-5)$$

根据 $\Delta n_B = \nu_B \xi$,即指 $a$mol 物质 A 与 $b$mol 物质 B 反应,生成 $g$mol 物质 G 和 $d$mol 物质 D。反应式中单箭头符号表示反应的方向。

反应进度的定义式表明,反应进度与化学反应计量方程式的写法有关。因此,在应用反应进度这一物理量时,必须指明具体的化学反应方程式。如合成氨的化学反应计量方程式为

$$N_2(g) + 3H_2(g) \longrightarrow 2NH_3(g)$$

当 $\Delta n(NH_3) = 1$ mol 时,其反应进度

$$\xi = \Delta n(NH_3)/\nu(NH_3) = 1 \text{ mol}/2 = 0.5 \text{ mol}$$

而若化学反应计量方程式为

$$\frac{1}{2}N_2(g) + \frac{3}{2}H_2(g) \longrightarrow NH_3(g)$$

则当 $\Delta n(NH_3) = 1$ mol 时,反应进度

$$\xi = \Delta n(NH_3)/\nu(NH_3) = 1 \text{ mol}$$

对于指定的化学反应计量方程式,反应进度与物质 B 的选择无关,反应物和生成物诸物质的 Δn_B 可能各不相同,但按 Δn_B 计算的反应进度却总是相同的。

例 2-1 用 0.020 00 mol·L^{-1} K$_2$Cr$_2$O$_7$ 溶液滴定 25.00 mL 0.120 0 mol·L^{-1} 酸性 FeSO$_4$ 溶液,其反应式为

$$6Fe^{2+} + Cr_2O_7^{2-} + 14H^+ \Longrightarrow 6Fe^{3+} + 2Cr^{3+} + 7H_2O$$

滴定至终点共消耗 25.00 mL K$_2$Cr$_2$O$_7$ 溶液,求滴定至终点的反应进度?

解: 该反应中

$$\begin{aligned}
\Delta n(Fe^{2+}) &= 0 - c(Fe^{2+}) \cdot V(Fe^{2+}) \\
&= 0 - 0.120\ 0 \text{ mol·L}^{-1} \times 25.00 \times 10^{-3} \text{ L} \\
&= -3.000 \times 10^{-3} \text{ mol} \\
\xi &= \nu^{-1}(Fe^{2+}) \cdot \Delta n(Fe^{2+}) \\
&= -\frac{1}{6} \times (-3.000 \times 10^{-3}) \text{ mol} \\
&= 5.000 \times 10^{-4} \text{ mol}
\end{aligned}$$

或

$$\begin{aligned}
\Delta n(Cr_2O_7^{2-}) &= 0 - c(Cr_2O_7^{2-}) \cdot V(Cr_2O_7^{2-}) \\
&= 0 - 0.020\ 00 \text{ mol·L}^{-1} \times 25.00 \times 10^{-3} \text{ L} \\
&= -5.000 \times 10^{-4} \text{ mol} \\
\xi &= \nu^{-1}(Cr_2O_7^{2-}) \cdot \Delta n(Cr_2O_7^{2-}) \\
&= -1 \times (-5.000 \times 10^{-4}) \text{ mol} \\
&= 5.000 \times 10^{-4} \text{ mol}
\end{aligned}$$

显然,反应进度与物质 B 的选择无关,而与化学反应计量方程式的写法有关。

2.1.2 系统和环境

为了研究问题的方便,人们常常把一部分物体和周围的其他物体划分开来作为研究的对象,这部分划分出来的物体称为系统(以前称体系)。而系统以外与系统密切相关的部分则称为环境。例如,在 298.15 K、100 kPa 压力下测定烧杯中 HAc 水溶液的 pH,则烧杯中的 HAc 水溶液就是系统;而烧杯和烧杯以外的其余部分,如溶液上方空气的压力、温度、湿度等都属于环境。一般热力学中所说的环境,是指那些与系统密切相关的部分。

由于人们常常研究系统中的能量变化关系、系统中化学反应的方向及系统中物质的组成和变化等属于热力学性质范畴的问题,故常常把系统称为热力学系统(thermodynamic system)。

可以根据系统与环境之间能量与物质的交换情况,把系统分为下列三种类型:

敞开系统(open system)　系统与环境之间有物质、有能量的交换;

封闭系统(closed system)　系统与环境之间有能量的交换,但无物质交换;

隔离系统(isolated system)　也称孤立系统,该系统完全不受环境的影响,与环境之间既无物质的交换,也无能量的交换,是一种理想系统。绝对的隔离系统实际上是不存在的,为了研究的方便,在某些条件下可近似地把一个系统视为隔离系统。

2.1.3　状态和状态函数

系统的状态(state)是系统所有宏观性质如压力(p)、温度(T)、密度(ρ)、体积(V)、物质的量(n)及本章将要介绍的热力学能(U)、焓(H)、熵(S)、吉布斯函数(G)等宏观物理量的综合表现。当所有这些宏观物理量都不随时间改变时,我们称系统处于一定状态。反之,当系统处于一定状态时,这些宏观物理量也都具有确定值。我们把这些确定系统存在状态的宏观物理量称之为系统的状态函数(state function)。系统的某个状态函数或若干状态函数发生变化时,系统的状态也随之发生变化。状态函数之间是相互联系、相互制约的,具有一定的内在联系。因此确定了系统的几个状态函数后,系统其他的状态函数也随之而定。例如:理想气体的状态就是 p、V、n、T 这些状态函数的综合表现,它们的内在联系就是理想气体状态方程 $pV=nRT$。

状态函数的最重要特点是它的数值仅仅取决于系统的状态,当系统状态发生变化时,状态函数的数值也随之改变。但状态函数的变化值只取决于系统的始态与终态,而与系统变化的途径无关。即系统由始态 1 变化到终态 2 所引起的状态函数的变化值如 $\Delta_1^2 n$、$\Delta_1^2 T$ 等均为终态与始态相应状态函数的差值,$\Delta_1^2 n = (n_2-n_1)$、$\Delta_1^2 T = (T_2-T_1)$ 等。

状态函数按其性质可分为两类:一类与物质的数量有关,如 n,V 等;另一类与物质的数量无关,如 T,p 等。前一类物理量具有容量性质(capacity property),有加和性;后一类物理量具有强度性质(intensive property),没有加和性。

2.1.4　过程与途径

当系统的状态发生变化时,这种变化称为过程(process),完成这种变化的具体步骤,称之为途径(path)。

例如,气体的液化、固体的溶解、化学反应等,经历这些过程,系统的状态都发生了变化。如系统和环境温度均不变的过程,称等温过程(isothermal process);系统和环境压力均不变的过程,称等压过程(isobaric process);系统的体积不发生变化的过程,称等容过程(isochoric process)。

系统从始态到终态的变化,可以由各种不同的途径(具体步骤)来实现。例如,某系统由始态(p_1,V_1)变到终态(p_2,V_2),可由先等压后等容的途径Ⅰ实现;也可由先等容后等压的途径Ⅱ实现,如图 2-1 所示。无论采用何种途径,状态函数的增量仅取决于系统的始、终态,而与状态变化的途径无关。

2.1.5　热和功

热(heat)和功(work)是系统状态发生变化时与环境之间的两种能量交换形式,单位均为焦耳或千焦,符号为 J 或 kJ。

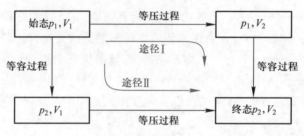

图 2-1 系统状态变化的不同途径

系统与环境之间因存在温度差异而发生的能量交换形式称为热(或热量),量符号为 Q。热力学中规定:

系统向环境吸热,Q 取正值(系统能量升高,$Q>0$);

系统向环境放热,Q 取负值(系统能量下降,$Q<0$)。

系统与环境之间除热以外的其他各种能量交换形式统称为功,量符号为 W。国家标准 GB3102—93 规定:

环境对系统做功,功取正值(系统能量升高,$W>0$);

系统对环境做功,功取负值(系统能量降低,$W<0$)。

功有多种形式,通常把功分为两大类,由于系统体积变化而与环境产生的功称体积功(volume work)或膨胀功(expansion work),用 $-p\Delta V$ 表示;除体积功以外的所有其他功都称为非体积功 W_f(也叫有用功)。因此

$$W = -p\Delta V + W_f \tag{2-6}$$

在化学反应中,系统一般只做体积功(因非体积功如电功需特殊的原电池装置),所以在本章的讨论中系统做功除特别指明一般均指体积功。

必须指出,热和功都不是系统的状态函数,除了与系统的始态、终态有关以外还与系统状态变化的具体途径有关。

2.1.6 热力学能与热力学第一定律

热力学能(thermodynamic energy)以前称内能(internal energy),它是系统内部各种形式能量的总和,其量符号为 U,具有能量单位(J 或 kJ)。热力学能包括了系统中分子的平动能、转动能、振动能、电子运动和原子核内的能量及系统内部分子与分子间的相互作用的位能等,但不包括系统整体运动的动能和系统整体处于外力场中具有的势能。

由于人们对物质运动认识的不断深化,新的粒子不断被发现,以及系统内部粒子的运动方式及相互作用极其复杂,到目前为止,还无法确定系统某状态下热力学能 U 的绝对值。但可以肯定,从宏观上讲处于一定状态下的系统,其热力学能应有定值。所以热力学能 U 是系统的状态函数,系统状态变化时热力学能变 ΔU 仅与始、终态有关而与过程的具体途径无关。$\Delta U>0$,表明系统在状态变化过程中热力学能增加;$\Delta U<0$,表明系统在状态变化过程中热力学能减少。在实际化学反应过程中,人们关心的是系统在状态变化过程中的热力学能变 ΔU,而不是系统热力学能 U 的绝对值。

"自然界的一切物质都具有能量,能量有各种不同的形式,能够从一种形式转

化为另一种形式,在转化的过程中,能量的总值不变"。这就是能量守恒和转化定律(law of energy conservation and transformation)。能量守恒和转化定律是人类长期实践的总结,把它应用于热力学系统,就是热力学第一定律(first law of thermodynamics)。即在隔离系统中,能的形式可以相互转化,但能量的总值不变。如一个隔离系统中的热能、光能、电能、机械能和化学能之间可以相互转换,但其总能量是不变的。

根据热力学第一定律,系统热力学能的改变值 ΔU 等于系统与环境之间的能量传递,这就是热力学第一定律的数学表达式:

$$\Delta U = Q + W \tag{2-7}$$

例 2-2 某系统从环境吸收热量并膨胀做功,已知从环境吸收热量 200 kJ,对环境做功 120 kJ,求该过程中系统的热力学能变和环境的热力学能变。

解:由热力学第一定律式(2-7),得

$$\Delta U(系统) = Q + W$$
$$= 200 \text{ kJ} + (-120) \text{ kJ} = 80 \text{ kJ}$$
$$\Delta U(环境) = Q + W$$
$$= (-200) \text{ kJ} + 120 \text{ kJ} = -80 \text{ kJ}$$

即完成这一过程后,系统净增了 80 kJ 的热力学能,而环境减少了 80 kJ 的热力学能,系统与环境的总和(隔离系统)保持能量守恒。即

$$\Delta U(系统) + \Delta U(环境) = 0$$

2.2 热化学

热化学就是把热力学理论与方法应用于化学反应,研究化学反应的热效应及其变化规律的科学。

2.2.1 化学反应热效应

化学反应热效应是指系统发生化学反应时,在只做体积功不做非体积功的等温过程中吸收或放出的热量。化学反应常在定容或定压等条件下进行,因此化学反应热效应常分为定容热效应与定压热效应,即定容反应热与定压反应热。

1. 定容反应热 Q_V

在等温条件下,若系统发生化学反应是在容积恒定的容器中进行,且为不做非体积功的过程,则该过程中与环境之间交换的热量就是定容反应热,其量符号为 Q_V。

因为是定容过程,所以 $\Delta V = 0$,则过程的体积功 $-p\Delta V = 0$;同时系统不做非体积功,所以,此过程的总功 $W = -p\Delta V + W_f = 0$。根据热力学第一定律式(2-7)可得

$$\Delta U = Q_V$$

所以
$$Q_V = \Delta U = U_2 - U_1 \tag{2-8}$$

式(2-8)说明,定容反应热 Q_V 在量值上等于系统状态变化的热力学能变。因此,虽然热力学能 U 的绝对值无法知道,但可通过测定系统状态变化的定容反应热 Q_V 得到热力学能变 ΔU。

2. 定压反应热 Q_p 与焓变 ΔH

在等温条件下,若系统发生化学反应是在恒定压力下进行,且为不做非体积功的过程,则该过程中与环境之间交换的热量就是定压反应热,其量符号为 Q_p。

定压过程 $p(环)=p_2=p_1=p$,由热力学第一定律得

$$\Delta U = Q_p - p\Delta V \qquad (2-9)$$

所以
$$\begin{aligned}
Q_p &= \Delta U + p\Delta V \\
&= U_2 - U_1 + p(V_2 - V_1) \\
&= (U_2 + p_2 V_2) - (U_1 + p_1 V_1) \qquad (2-10)
\end{aligned}$$

式(2-10)中 U、p、V 都是状态函数,其组合函数 $(U+pV)$ 也是状态函数。热力学中将 $(U+pV)$ 定义为焓(enthalpy),量符号为 H,单位为"J 或 kJ",即

$$H = U + pV \qquad (2-11)$$

焓具有能量的量纲,但没有明确的物理意义。由于热力学能 U 的绝对值无法确定,所以新组合的状态函数焓 H 的绝对值也无法确定。但可通过式(2-10)求得 H 在系统状态变化过程中的变化值——焓变 ΔH,即

$$Q_p = H_2 - H_1 = \Delta H \qquad (2-12)$$

式(2-12)有较明确的物理意义,即在定温定压只做体积功的系统中,系统吸收的热全部用于增加系统的焓。

定温定压只做体积功的过程中,$\Delta H > 0$,表明系统是吸热的;$\Delta H < 0$,表明系统是放热的。焓变 ΔH 在特定条件下等于 Q_p,并不意味着焓就是系统所含的热。热是系统在状态发生变化时与环境之间的能量交换形式之一,不能说系统在某状态下含多少热。若非定温定压过程,焓变 ΔH 仍有确定数值,但不能用 $\Delta H = Q_p$ 求算 ΔH。

将式(2-12)代入式(2-9),得

$$\Delta U = \Delta H - p\Delta V \qquad (2-13)$$

当反应物和生成物都为固态和液态时,反应的 ΔV 很小,$p\Delta V$ 可忽略不计,故 $\Delta H \approx \Delta U$。

对有气体参与的化学反应,$p\Delta V$ 值较大,假设为理想气体,则式(2-13)可化为

$$\Delta H = \Delta U + \Delta n(g) RT \qquad (2-14)$$

其中
$$\Delta n(g) = \xi \sum_B \nu_{B(g)} \qquad (2-15)$$

式中:$\sum_B \nu_{B(g)}$ 为化学反应计量方程式中反应前后气体物质化学计量数之和(注意反应物 ν_B 为负值)。

例 2-3 在 298.15 K 和 100 kPa 下,$2H_2(g) + O_2(g) \rightleftharpoons 2H_2O(g)$,燃烧 2 mol H_2 放出 483.64 kJ 的热量,假设均为理想气体,求该反应的 ΔH 和 ΔU。

解:该反应在定温定压下进行,所以

$$\Delta H = Q_p = -483.64 \text{ kJ}$$

$$\begin{aligned}
\Delta n(g) &= \xi \sum_B \nu_{B(g)} = \nu_B^{-1} \Delta n_B \sum_B \nu_{B(g)} \\
&= (-2 \text{ mol}/-2) \times (2-2-1) = -1 \text{ mol}
\end{aligned}$$

$$\begin{aligned}
\Delta U &= \Delta H - \Delta n(g) RT \\
&= (-483.64) \text{ kJ} - (-1) \text{ mol} \times 8.314 \times 10^{-3} \text{ kJ} \cdot \text{mol}^{-1} \cdot \text{K}^{-1} \times 298.15 \text{ K} \\
&= -481.16 \text{ kJ}
\end{aligned}$$

显然,即使有气体参与的反应,$p\Delta V$[即 $\Delta n(g)RT$]与 ΔH 相比也只是一个较小的值。因此,在一般情况下,可认为 ΔH 在数值上近似等于 ΔU,在缺少 ΔU 的数据的情况下可用 ΔH 的数值近似。

2.2.2 盖斯定律

俄国化学家盖斯(Hess G H)从大量热化学实验数据中得出结论:"任一化学反应,不论是一步完成的,还是分几步完成的,其热效应都是一样的"。盖斯定律的完整表述为:任何一个化学反应,在不做其他功和处于定压或定容的情况下,不论该反应是一步完成还是分几步完成的,其化学反应的热效应总值相等。即在不做其他功和定压或定容时,化学反应热效应仅与反应的始、终态有关而与具体途径无关。盖斯定律的热力学依据是 $Q_V = \Delta U$(系统不做非体积功的定容途径)和 $Q_p = \Delta H$(系统不做非体积功的定压途径)两个关系式,热虽然是一种途径函数,两关系式却表明 Q_V 与 Q_p 分别与状态函数增量相等,因此它们的数值就只与系统的始、终状态有关而与途径无关,即具有状态函数增量的性质。

盖斯定律表明,热化学反应方程式也可以像普通代数方程式一样进行加减运算,利用一些已知的(或可测量的)反应热数据,间接地计算那些难以测量的化学反应的反应热。

例如,C 与 O_2 化合生成 CO 的反应热无法直接测定(难以控制 C 只生成 CO 而不生成 CO_2),但可通过相同反应条件下的反应(1)与(2)间接求得

$$C(s) + O_2(g) \longrightarrow CO_2(g) \qquad \Delta H_1 \tag{1}$$

$$CO(g) + \frac{1}{2}O_2(g) \longrightarrow CO_2(g) \qquad \Delta H_2 \tag{2}$$

反应(1)-(2)得 $\quad C(s) + \frac{1}{2}O_2(g) \longrightarrow CO(g) \qquad \Delta H_3 = \Delta H_1 - \Delta H_2 \tag{3}$

在相同反应条件下进行的三个化学反应之间,存在着如图 2-2 所示的关系。$C(s) + O_2(g)$ 除可经途径 I 反应成 $CO_2(g)$ 外,也可以经途径 II 先反应生成 $CO(g) + \frac{1}{2}O_2(g)$,然后 $CO(g) + \frac{1}{2}O_2(g)$ 再反应成 $CO_2(g)$。按照状态函数的增量不随途径改变的性质,途径 I 和 II 的反应焓变应相等,即

$$\Delta H_1 = \Delta H_2 + \Delta H_3$$

所以
$$\Delta H_3 = \Delta H_1 - \Delta H_2$$

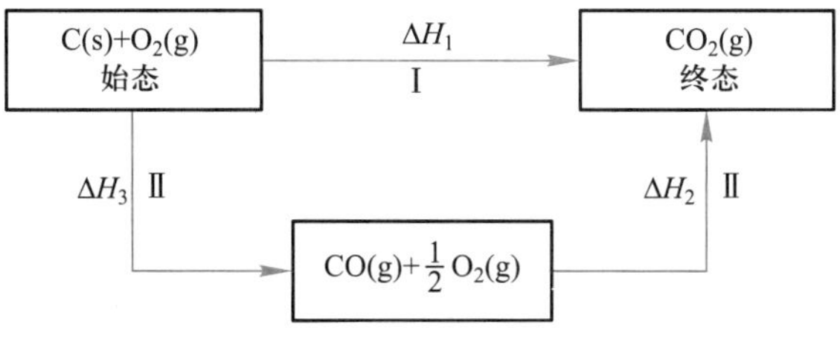

图 2-2 三个恒压反应热之间的关系

2.2.3 反应焓变的计算

1. 物质的标准态

前面提到的热力学函数 U、H 及后面的 S、G 等均为状态函数,不同的系统或同一系统的不同状态均有不同的数值,同时它们的绝对值又无法确定。为了比较不同的系统或同一系统不同状态的这些热力学函数的变化,需要规定一个状态作为比较的标准,这就是热力学的标准状态(standard state)。热力学中规定:标准状态是在温度 T 及标准压力 $p^{\ominus}(p^{\ominus}=100 \text{ kPa})$ 下的状态,简称标准态,用右上标"$\ominus$"表示。当系统处于标准态时,指系统中诸物质均处于各自的标准态。对具体的物质而言,相应的标准态如下。

● 纯理想气体物质的标准态是该气体处于标准压力 $p^{\ominus}$ 下的状态;混合理想气体中任一组分的标准态是该气体组分的分压为 $p^{\ominus}$ 时的状态(在常温常压下的气体均近似作理想气体)。

● 纯液体(或纯固体)物质的标准态就是标准压力 $p^{\ominus}$ 下的纯液体(或纯固体)。

● 溶液中溶质的标准态是指标准压力 $p^{\ominus}$ 下溶质的浓度为 $c^{\ominus}(c^{\ominus}=1 \text{ mol} \cdot \text{L}^{-1})$ 的溶液[①]。

必须注意,在标准态的规定中只规定了压力 $p^{\ominus}$,并没有规定温度。处于标准状态的不同温度下的系统的热力学函数有不同的值。一般的热力学函数值均为 298.15 K(即 25 ℃)时的数值,若非 298.15 K 须特别指明。

*生化标准态 生物化学反应多在中性、稀溶液中进行,生化标准态除热力学上标准态的规定外,还附加规定系统的 pH=7 的条件,生化标准态用符号"$\oplus$"表示。

2. 反应的摩尔焓变 $\Delta_r H_m$ 与反应的标准摩尔焓变 $\Delta_r H_m^{\ominus}$

若某化学反应当反应进度为 ξ 时的反应焓变为 $\Delta_r H$,则反应的摩尔焓变 $\Delta_r H_m$ 为

$$\Delta_r H_m = \frac{\Delta_r H}{\xi} \tag{2-16}$$

$\Delta_r H_m$ 单位为 $\text{J} \cdot \text{mol}^{-1}$ 或 $\text{kJ} \cdot \text{mol}^{-1}$。因此,反应的摩尔焓变 $\Delta_r H_m$ 为按所给定的化学反应计量方程式当反应进度 ξ 为 1 mol 时的反应焓变。

由于反应进度 ξ 与具体化学反应计量方程式有关,因此计算一个化学反应的 $\Delta_r H_m$ 必须明确写出其化学反应计量方程式。

当化学反应处于温度为 T 的标准状态时,该反应的摩尔焓变称为反应的标准摩尔焓变,以 $\Delta_r H_m^{\ominus}(T)$ 表示,T 为反应的热力学温度。

3. 热化学反应方程式

表示化学反应与反应热关系的化学反应方程式叫热化学反应方程式。如:

$$C(\text{石墨})+O_2(g) \longrightarrow CO_2(g) \qquad \Delta_r H_m^{\ominus}=-393.509 \text{ kJ} \cdot \text{mol}^{-1}$$

$$N_2(g)+3H_2(g) \longrightarrow 2NH_3(g) \qquad \Delta_r H_m^{\ominus}=-92.22 \text{ kJ} \cdot \text{mol}^{-1}$$

$$H_2(g)+\frac{1}{2}O_2(g) \longrightarrow H_2O(l) \qquad \Delta_r H_m^{\ominus}=-285.830 \text{ kJ} \cdot \text{mol}^{-1}$$

---

① 溶液中溶质的标准态比较复杂,详尽的讨论在后续课程物理化学中。

$\Delta_r H_m^{\ominus}$ 为相应化学反应计量方程式的恒压反应热。大多数反应都是在恒压下进行的,通常所讲的反应热,如果不加注明,都是指恒压反应热。

由于反应热效应不仅与反应条件(T,p)有关,而且与物质 B 的量及物质 B 的存在状态有关。因此,书写热化学反应方程式必须注意以下几点[①]:

• 正确写出化学反应计量方程式。因为反应热效应常指反应进度 ξ 为 1 mol 时反应所放出或吸收的热量,而反应进度与化学反应计量方程式有关。同一反应,以不同的化学计量方程式表示,其反应热效应的数值不同。

• 注明参与反应的物质 B 的聚集状态,如气、液、固态分别以 g,l,s 表示。物质的聚集状态不同,其反应热亦不同。当固体有多种晶形时,还应注明不同的晶型。溶液中的溶质则需注明浓度,以 aq 表示水溶液。

• 注明反应温度。书写热化学反应方程式时必须标明反应温度,如 $\Delta_r H_m^{\ominus}$(298.15 K)。如果为 298.15 K,习惯上可不注明。

• 热化学反应方程式表示按给定的计量方程式从反应物完全反应为生成物。如

$$H_2(g)+I_2(g) \longrightarrow 2HI(g) \qquad \Delta_r H_m^{\ominus} = -52.96 \ kJ \cdot mol^{-1}$$

表示在标准状态、298.15 K 时 1 mol $H_2(g)$ 和 1 mol $I_2(g)$ 完全反应生成 2 mol HI(g)。这是一个假想的过程,因为实际上反应还没完全就达到了平衡,反应在宏观上已经"停止"了。

4. 标准摩尔生成焓 $\Delta_f H_m^{\ominus}$

在温度 T 及标准态下,由参考状态的单质生成物质 B 的反应,其单位反应进度时的反应的标准摩尔焓变即为物质 B 在温度 T 时的标准摩尔生成焓(standard molar enthalpy of formation),用 $\Delta_f H_m^{\ominus}(B,\beta,T)$ 表示,单位为 $kJ \cdot mol^{-1}$。符号中的下标 f 表示生成反应(formation),括号中的 β 表示物质 B 的相态(如 g,l,s 等)。这里所谓的参考状态一般是指在温度 T 及标准态下单质的最稳定状态。同时在书写反应方程式时,应使物质 B 为唯一生成物,且物质 B 的化学计量数 $\nu_B = 1$。

例如,$H_2O(l)$ 的标准摩尔生成焓 $\Delta_f H_m^{\ominus}(H_2O,l) = -285.830 \ kJ \cdot mol^{-1}$ 是下面反应的标准摩尔焓变

$$H_2(g,298.15 \ K,p^{\ominus})+\frac{1}{2}O_2(g,298.15 \ K,p^{\ominus}) \longrightarrow H_2O(l,298.15 \ K,p^{\ominus});$$

$$\Delta_r H_m^{\ominus} = -285.830 \ kJ \cdot mol^{-1}$$

根据标准摩尔生成焓的定义,可知参考状态单质的标准摩尔生成焓等于零。因为从单质生成单质,系统根本没有发生反应,不存在反应热效应。当一种元素有两种或两种以上单质时,通常规定最稳定的单质为参考状态[②],其标准摩尔生成焓为零。例如,石墨和金刚石是碳的两种同素异形体,石墨是碳的最稳定单质,是 C 的参考状态,它的标准摩尔生成焓等于零。由最稳定单质转变为其他形式的单质时,要吸收热量。例如,石墨转变成金刚石:

$$C(石墨) \longrightarrow C(金刚石) \qquad \Delta_r H_m^{\ominus} = +1.895 \ kJ \cdot mol^{-1}$$

---

① 书写化学反应的其他热力学函数,如 $\Delta_r U_m,\Delta_r S_m,\Delta_r G_m$ 也应注意这几点。

② 一些常见气体的参考状态是气态;卤素单质的参考状态 F_2、Cl_2 是气态,Br_2 是液态,而 I_2 是固体;个别情况下,按习惯指定参考状态,例如,单质磷的参考状态是白磷 P_4(s,白),而实际上白磷不及红磷和黑磷稳定。

所以

$$\Delta_f H_m^{\ominus}(C,金刚石) = +1.895 \ kJ \cdot mol^{-1}$$

对于水溶液中进行的离子反应,常涉及水合离子标准摩尔生成焓。水合离子标准摩尔生成焓是指:在温度 T 及标准状态下由参考状态纯态单质生成溶于大量水(形成无限稀薄溶液)的水合离子 B(aq)反应的标准摩尔焓变。量符号为 $\Delta_f H_m^{\ominus}(B,\infty,aq,T)$,单位为 $kJ \cdot mol^{-1}$。符号"∞"表示"在大量水中"或"无限稀薄水溶液中",常常省略。同样,在书写反应方程式时,应使离子 B 为唯一生成物,且离子 B 的化学计量数 $\nu_B = 1$。并规定水合氢离子的标准摩尔生成焓为零,即在 298.15 K,标准状态时由单质 $H_2(g)$ 生成水合氢离子的标准摩尔反应焓变为零:

$$\frac{1}{2}H_2(g) + aq \longrightarrow H^+(aq) + e^-$$

$$\Delta_r H_m^{\ominus} = \Delta_f H_m^{\ominus}(H^+,\infty,aq,298.15 \ K) = 0 \ kJ \cdot mol^{-1}$$

本书附录Ⅲ列出了在 298.15 K、100 kPa 下常见物质与水合离子的标准摩尔生成焓 $\Delta_f H_m^{\ominus}$ 数据。

5. 标准摩尔燃烧焓 $\Delta_c H_m^{\ominus}$

在温度 T 及标准态下物质 B 完全燃烧(或完全氧化)的化学反应,在单位反应进度时反应的标准摩尔焓变为物质 B 的标准摩尔燃烧焓(standard molar enthalpy of combustion),简称燃烧焓,用符号 $\Delta_c H_m^{\ominus}$ 表示,单位为 $kJ \cdot mol^{-1}$。在书写燃烧反应方程式时,应使物质 B 的化学计量数 $\nu_B = -1$。所谓完全燃烧(或完全氧化)是指物质 B 中的 C 变为 $CO_2(g)$,H 变为 $H_2O(l)$,S 变为 $SO_2(g)$,N 变为 $N_2(g)$,Cl_2 变为 HCl(aq)。由于反应物已完全燃烧,所以反应后的生成物显然不能燃烧。因此标准摩尔燃烧焓的定义中隐含"燃烧反应中所有生成物的燃烧焓为 0"。由于有机化合物大多易燃、易氧化,标准摩尔燃烧焓在有机化学中应用较广。计算化学反应焓变时,在缺少标准摩尔生成焓的数据时也可用标准摩尔燃烧焓进行计算。

有机化合物的标准摩尔燃烧焓具有重要意义,如石油、天然气及煤炭等的热值(燃烧热)是判断其质量好坏的一个重要指标;又如脂肪、蛋白质、糖类等的热值是评判其营养价值的重要指标。

6. 标准摩尔反应焓变的计算

在温度 T 及标准状态下同一个化学反应的反应物和生成物存在如图 2-3 所示的关系,它们均可由等物质的量、同种类的参考状态单质生成。

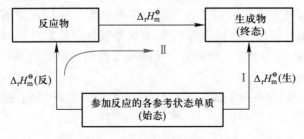

图 2-3 标准摩尔生成焓与反应的标准摩尔焓变的关系

根据盖斯定律,若把参加反应的各参考状态单质定为始态,把反应的生成物定为

终态,则途径Ⅰ和途径Ⅱ的反应焓变应相等,所以

$$\Delta_r H_m^{\ominus} + \Delta_r H_m^{\ominus}(\text{反}) = \Delta_r H_m^{\ominus}(\text{生})$$

即

$$\Delta_r H_m^{\ominus} + \sum_B (-\nu_B)\Delta_f H_m^{\ominus}(\text{反应物}) = \sum_B \nu_B \Delta_f H_m^{\ominus}(\text{生成物})$$

所以有

$$\Delta_r H_m^{\ominus} = \sum_B \nu_B \Delta_f H_m^{\ominus}(\text{生成物}) + \sum_B \nu_B \Delta_f H_m^{\ominus}(\text{反应物})$$

$$= \sum_B \nu_B \Delta_f H_m^{\ominus}(B)$$

因而,对任一化学反应

$$0 = \sum_B \nu_B B$$

其标准摩尔反应焓变为

$$\Delta_r H_m^{\ominus} = \sum_B \nu_B \Delta_f H_m^{\ominus}(B) \tag{2-17}$$

例 2-4 甲烷在 298.15 K、100 kPa 下与 $O_2(g)$ 的燃烧反应如下,求甲烷的标准摩尔燃烧焓 $\Delta_c H_m^{\ominus}(CH_4, g)$。

$$CH_4(g) + 2O_2(g) \longrightarrow CO_2(g) + 2H_2O(l)$$

解: 由标准摩尔燃烧焓的定义

得
$$\Delta_c H_m^{\ominus}(CH_4, g) = \Delta_r H_m^{\ominus}$$
$$= \sum_B \nu_B \Delta_f H_m^{\ominus}(B)$$
$$= \Delta_f H_m^{\ominus}(CO_2, g) + 2\Delta_f H_m^{\ominus}(H_2O, l) - 2\Delta_f H_m^{\ominus}(O_2, g) - \Delta_f H_m^{\ominus}(CH_4, g)$$
$$= [(-393.51) + 2\times(-285.83) - 2\times 0 - (-74.81)] \text{ kJ·mol}^{-1}$$
$$= -890.36 \text{ kJ·mol}^{-1}$$

例 2-5 已知乙烷的标准摩尔燃烧焓 $\Delta_c H_m^{\ominus}(C_2H_6, g) = -1\,560$ kJ·mol^{-1},根据 CO_2,H_2O 的标准摩尔生成焓,计算乙烷的标准摩尔生成焓。

解: 已知燃烧反应为

$$C_2H_6(g) + \frac{7}{2}O_2(g) = 2CO_2(g) + 3H_2O(l) \qquad \Delta_c H_m^{\ominus} = -1\,560 \text{ kJ·mol}^{-1}$$

$$\Delta_r H_m^{\ominus} = \Delta_c H_m^{\ominus}(C_2H_6, g) = \sum_B \nu_B \Delta_f H_m^{\ominus}(B)$$
$$= 2\Delta_f H_m^{\ominus}(CO_2, g) + 3\Delta_f H_m^{\ominus}(H_2O, l) - \Delta_f H_m^{\ominus}(C_2H_6, g)$$

所以
$$\Delta_f H_m^{\ominus}(C_2H_6, g) = 2\Delta_f H_m^{\ominus}(CO_2, g) + 3\Delta_f H_m^{\ominus}(H_2O, l) - \Delta_c H_m^{\ominus}(C_2H_6, g)$$
$$= [2\times(-393.5) + 3\times(-285.8) - (-1\,560)] \text{ kJ·mol}^{-1}$$
$$= -84.40 \text{ kJ·mol}^{-1}$$

2.3 化学反应的方向与限度

2.3.1 化学反应的自发性

自然界发生的过程都有一定的方向性。如水总是从高处流向低处,直至两处水位相等;热可以从高温物体传导到低温物体,直至两者温度相等;电流总是从高电势流向低电势,直至电势差为零;又如铁在潮湿的空气中能被缓慢氧化变成铁锈等;这些不需要借助外力就能自动进行的过程称为自发过程,相应的化学反应叫自发反应。自发反

应有如下特征：

● 自发反应不需要环境对系统做功就能自动进行，并借助于一定的装置能对环境做功；

● 自发反应的逆过程是非自发的；

● 自发反应与非自发反应均有可能进行，但只有自发反应能自动进行，非自发反应必须借助一定方式的外部作用才能进行。

● 在一定的条件下，自发反应能一直进行直至达到平衡，即自发反应的最大限度是系统的平衡状态。

那么化学反应的自发性是由什么因素决定的呢？化学反应自发性的判据又是什么呢？在 19 世纪 70 年代，法国化学家贝特洛（Berthelot P E M）和丹麦化学家汤姆森（Thomson J）提出：自发反应的方向是系统的焓减少的方向（即 $\Delta_r H < 0$），也即自发反应是放热反应的方向。从能量的角度看，放热反应系统能量下降，放出的热量越多，系统能量降得越低，反应越完全。也就是说，系统有趋于最低能量状态的倾向，称为最低能量原理。如：

$$2Fe(s) + \frac{3}{2}O_2(g) \longrightarrow Fe_2O_3(s) \qquad \Delta_r H_m^{\ominus} = -824.2 \ kJ \cdot mol^{-1}$$

$$H_2(g) + \frac{1}{2}O_2(g) \longrightarrow H_2O(l) \qquad \Delta_r H_m^{\ominus} = -285.8 \ kJ \cdot mol^{-1}$$

$$HCl(g) + NH_3(g) \longrightarrow NH_4Cl(s) \qquad \Delta_r H_m^{\ominus} = -176.0 \ kJ \cdot mol^{-1}$$

$$NO(g) + \frac{1}{2}O_2(g) \longrightarrow NO_2(g) \qquad \Delta_r H_m^{\ominus} = -57.0 \ kJ \cdot mol^{-1}$$

上述放热反应均为自发反应。然而，进一步的研究发现，许多吸热反应（$\Delta_r H > 0$）虽然使系统能量升高，也能自发进行。例如，在 101.3 kPa、0 ℃ 以上时，冰能从环境吸收热量自动融化为水；碳酸钙在高温下吸收热量自发分解为氧化钙和二氧化碳：

$$CaCO_3(s) \longrightarrow CaO(s) + CO_2(g) \qquad \Delta_r H_m^{\ominus} = 178.5 \ kJ \cdot mol^{-1}$$

显然仅把焓变作为自发反应的判据是不准确或不全面的，想必还有其他影响因素的存在。进一步的研究发现，物质的宏观性质与其内部的微观结构有着内在联系。如在冰的晶体中，H_2O 分子有规则地排列在冰的晶格结点上，也即 H_2O 分子的排列是有序的。当冰吸热融化时，液态水中 H_2O 分子运动较为自由，处于较为无序的状态，或者说较为混乱的状态。系统这种从有序到无序的状态变化，其内部微观离子排列的混乱程度增加了。人们把系统内微观离子排列的混乱程度称为混乱度。又如碳酸钙的吸热分解，由于产生气体 CO_2，也使系统的混乱度增大。人们发现，那些自发的吸热反应系统的混乱度都是增大的。如下列自发反应：

$$N_2O_5(s) \longrightarrow 2NO_2(g) + \frac{1}{2}O_2(g) \qquad \Delta_r H_m^{\ominus} = 109.5 \ kJ \cdot mol^{-1}$$

$$Ag_2CO_3(s) \xrightarrow{T>484.8 \ K} Ag_2O(s) + CO_2(g) \qquad \Delta_r H_m^{\ominus} = 81.3 \ kJ \cdot mol^{-1}$$

显然，在一定条件下，系统混乱度增加的反应也能自发进行。因此系统除了有趋于最低能量的趋势外，还有趋于最大混乱度的趋势，实际化学反应的自发性是由这两种因素共同作用的结果。

2.3.2 熵

1. 熵的概念

系统混乱度的大小可以用一个新的热力学函数熵(entropy)来量度,量符号为 S,单位为 $J \cdot mol^{-1} \cdot K^{-1}$。若以 Ω 代表系统内部的微观状态数,则熵 S 与微观状态数 Ω 有如下关系:

$$S = \kappa \ln \Omega \qquad (2-18)$$

式中:κ 为玻耳兹曼常量。由于在一定状态下,系统的微观状态数有确定值,所以熵也有定值,因而熵也是状态函数。系统的微观状态数 Ω 越大,熵值越大。

在 0 K 时,系统内的一切热运动全部停止了,纯物质完美晶体的微观粒子排列是整齐有序的,其微观状态数 $\Omega = 1$,此时系统的熵值 $S^*(0\ K) = 0$,这就是热力学第三定律。其中"*"表示完美晶体。以此为基准,可以确定其他温度下物质的熵值。即以 $S^*(0\ K) = 0$ 为始态,以温度为 T 时的指定状态 $S(B, T)$ 为终态,此时单位反应进度的物质 B 的熵变 $\Delta_r S_m(B)$ 即为物质 B 在该指定状态下的摩尔规定熵 $S_m(B, T)$(物质 B 的化学计量数 $\nu_B = 1$):

$$\Delta_r S_m(B) = S_m(B, T) - S_m^*(B, 0\ K) = S_m(B, T)$$

在标准状态下的摩尔规定熵称标准摩尔熵,用 $S_m^{\ominus}(B, T)$ 表示,在 298.15 K 时,可简写为 $S_m^{\ominus}(B)$。注意,在 298.15 K 及标准状态下,参考状态的单质其标准摩尔熵 $S_m^{\ominus}(B)$ 有确定值并不等于零,这与标准状态时参考状态的单质其标准摩尔生成焓 $\Delta_f H_m^{\ominus}(B) = 0$ 不同。

水合离子的标准摩尔熵是以 $S_m^{\ominus}(H^+, aq) = 0$ 为基准而求得的相对值。一些物质在 298.15 K 的标准摩尔熵和一些常见水合离子的标准摩尔熵见附录Ⅲ。

通过对熵的定义和物质标准摩尔熵值 $S_m^{\ominus}(B, T)$ 的分析可得如下规律:

- 物质的熵值与系统的温度、压力有关。一般温度升高,系统的混乱度增加,熵值增大;压力增大,微粒被限制在较小体积内运动,熵值减小(压力对液体和固体的熵值影响较小);

- 熵与物质的聚集状态有关。对同一种物质的熵值 $S^{\ominus}$,有气态>液态>固态,如:

H_2O	气态	液态	固态
$S^{\ominus}(298\ K)/(J \cdot mol^{-1} \cdot K^{-1})$	188.83	69.91	39.33

- 相同状态下,分子结构相似的物质,随分子量的增大,熵值增大,如:

HX(g)	HF	HCl	HBr	HI
$S^{\ominus}(g, 298K)/(J \cdot mol^{-1} \cdot K^{-1})$	173.8	186.9	198.7	206.5

当分子结构相似且分子量相近时,熵值相近。例如:

$S^{\ominus}(O_3, g, 298\ K) = 238.9\ J \cdot mol^{-1} \cdot K^{-1}$;$S^{\ominus}(SO_2, g, 298\ K) = 248.2\ J \cdot mol^{-1} \cdot K^{-1}$

当物质的分子量相近时,分子结构复杂的分子其熵值大于简单分子。例如:

$$S^{\ominus}(CH_3CH_2OH, g, 298\ K) = 282.7\ J \cdot mol^{-1} \cdot K^{-1};$$

$$S^{\ominus}(CH_3OCH_3,g,298\ K) = 266.4\ J\cdot mol^{-1}\cdot K^{-1}$$

2. 反应的标准摩尔熵变 $\Delta_r S_m^{\ominus}(T)$

由于熵是状态函数，因而反应的熵变只与系统的始态和终态有关，而与途径无关。反应的标准摩尔熵变 $\Delta_r S_m^{\ominus}$ 的计算与反应的标准摩尔焓变 $\Delta_r H_m^{\ominus}$ 的计算类似。

对任一反应 $\qquad\qquad 0 = \sum_B \nu_B B$

其反应的标准摩尔熵变为 $\qquad \Delta_r S_m^{\ominus} = \sum_B \nu_B S_m^{\ominus}(B)$ $\qquad$ (2-19)

例 2-6 计算 298.15 K、标准状态下下列反应反应的标准摩尔熵变 $\Delta_r S_m^{\ominus}$。

$$CaCO_3(s) \longrightarrow CaO(s) + CO_2(g)$$

解： $\quad \Delta_r S_m^{\ominus} = \sum_B \nu_B S_m^{\ominus}(B) = S_m^{\ominus}(CaO,s) + S_m^{\ominus}(CO_2,g) - S_m^{\ominus}(CaCO_3,s)$

$$= [39.75 + 213.7 - 92.9]\ J\cdot mol^{-1}\cdot K^{-1}$$

$$= 160.6\ J\cdot mol^{-1}\cdot K^{-1}$$

2.3.3 化学反应方向的判据

从上面讨论可知，判断化学反应自发进行的方向要考虑系统趋于最低能量和最大混乱度两个因素，即综合考虑反应的焓变 $\Delta_r H$ 和熵变 $\Delta_r S$ 两个因素。1878 年美国物理化学家吉布斯(Gibbs J W)由热力学定律证明，在恒温恒压非体积功等于零的自发过程中，其焓变、熵变和温度三者的关系为

$$\Delta H - T\Delta S < 0$$

热力学定义一个新的状态函数：

$$G = H - T\cdot S \qquad (2-20)$$

式中：G 称为吉布斯函数(Gibbs function)，也称吉布斯自由能，单位为 J 或 kJ。由于焓 H 的绝对值无法确定，因而吉布斯函数 G 的绝对值也无法确定。

系统在状态变化中，状态函数 G 的改变 ΔG 称吉布斯函数变。在恒温恒压非体积功等于零的状态变化中，吉布斯函数变

$$\Delta G = G_2 - G_1 = \Delta H - T\Delta S \qquad (2-21)$$

ΔG 可以作为在恒温恒压非体积功等于零条件下反应能否自发进行的判据。即

$\qquad\qquad \Delta G < 0$ 自发进行

$\qquad\qquad \Delta G = 0$ 平衡状态

$\qquad\qquad \Delta G > 0$ 不能自发进行(其逆过程是自发的)

从式(2-21)可以看出，ΔG 的值取决于 $\Delta H, \Delta S$ 和 T，按 $\Delta H, \Delta S$ 的符号及温度 T 对化学反应 ΔG 的影响，可归纳为表 2-1 的四种情况。

表 2-1 温度对反应自发性的影响

ΔH	ΔS	T	ΔG	反应的自发性	反应实例
−	+	任意	−	自发进行	$2N_2O(g) \longrightarrow 2N_2(g) + O_2(g)$
+	−	任意	+	非自发进行	$3O_2(g) \longrightarrow 2O_3(g)$
+	+	低温	+	低温非自发	$CaCO_3(s) \longrightarrow CaO(s) + CO_2(g)$
		高温	−	高温自发	

ΔH	ΔS	T	ΔG	反应的自发性	反应实例
$-$	$-$	低温 高温	$-$ $+$	低温自发 高温非自发	$NH_3(g)+HCl(g)\longrightarrow NH_4Cl(s)$

必须指出,表 2-1 中的低温、高温仅相对而言,对实际反应应具体计算温度。

2.3.4　标准摩尔生成吉布斯函数与反应的标准摩尔吉布斯函数变

与标准摩尔生成焓 $\Delta_f H_m^{\ominus}$ 的定义类似,在温度 T 及标准态下,由参考状态的单质生成物质 B 的反应,其反应进度为 1 mol 时反应的标准摩尔吉布斯函数变 $\Delta_r G_m^{\ominus}$ 即为物质 B 在温度 T 时的标准摩尔生成吉布斯函数,用 $\Delta_f G_m^{\ominus}(B,\beta,T)$ 表示,单位为 $kJ\cdot mol^{-1}$。同样,在书写生成反应方程式时,物质 B 应为唯一生成物,且物质 B 的化学计量数 $\nu_B=1$。

显然,根据物质 B 的标准摩尔生成吉布斯函数 $\Delta_f G_m^{\ominus}(B,\beta,T)$ 的定义,在标准状态下所有参考状态的单质其标准摩尔生成吉布斯函数 $\Delta_f G_m^{\ominus}(B,298\ K)=0\ kJ\cdot mol^{-1}$。

同样,水合离子的标准摩尔生成吉布斯函数 $\Delta_f G_m^{\ominus}(B,aq)$ 也是以水合氢离子的 $\Delta_f G_m^{\ominus}(H^+,aq,298\ K)$ 等于零为基准而求得的相对值。附录Ⅲ中列出了常见物质的标准摩尔生成吉布斯函数和一些常见水合离子的标准摩尔生成吉布斯函数。

同样,对任一化学反应

$$0=\sum_B \nu_B B$$

其 $\Delta_r G_m^{\ominus}$ 可由物质 B 的 $\Delta_f G_m^{\ominus}(B,298\ K)$ 计算:

$$\Delta_r G_m^{\ominus}=\sum_B \nu_B \Delta_f G_m^{\ominus}(B) \qquad (2-22)$$

也可从吉布斯函数的定义式(2-21)计算。

必须指出,随着温度的升高,系统的状态函数 H,S,G 都将发生变化。但在大多数情况下,当反应确定后,因温度改变而引起生成物所增加的焓、熵值与反应物所增加的焓、熵值相差不多,所以化学反应的焓变与熵变受温度的影响并不明显。在无机及分析化学中,计算化学反应的焓变与熵变时可不考虑温度的影响,即当反应温度不在 298 K 时,可近似用 $\Delta_r H(298\ K)$ 和 $\Delta_r S(298\ K)$ 代替。但是,反应的 $\Delta_r G$ 随温度变化很大,不能用 $\Delta_r G(298\ K)$ 代替,即此时不能用式(2-22)计算 $\Delta_r G(T)$,而应用式(2-21)计算。即

$$\Delta_r G_m^{\ominus}(T)\approx \Delta_r H_m^{\ominus}(298\ K)-T\Delta_r S_m^{\ominus}(298\ K)$$

例 2-7　计算反应 $2NO(g)+O_2(g)=\!=\!=2NO_2(g)$ 在 298.15 K 时反应的标准摩尔吉布斯函数变 $\Delta_r G_m^{\ominus}$,并判断此时反应的方向。

解:$\Delta_r G_m^{\ominus}=\sum_B \nu_B \Delta_f G_m^{\ominus}(B)$

$=2\times \Delta_f G_m^{\ominus}(NO_2)-2\times \Delta_f G_m^{\ominus}(NO)-\Delta_f G_m^{\ominus}(O_2)$

$=[2\times 51.31-2\times 86.55]\ kJ\cdot mol^{-1}$

$=-70.48\ kJ\cdot mol^{-1}<0$,所以此时反应正向进行。

例 2-8　估算反应　$2NaHCO_3(s) \longrightarrow Na_2CO_3(s) + CO_2(g) + H_2O(g)$ 在标准状态下的最低分解温度。

解：要使 $NaHCO_3(s)$ 分解反应进行，须 $\Delta_r G_m^{\ominus} < 0$，即

$$\Delta_r H_m^{\ominus} - T\Delta_r S_m^{\ominus} < 0$$

$$
\begin{aligned}
\Delta_r H_m^{\ominus} &= \sum_B \nu_B \Delta_f H_m^{\ominus}(B) \\
&= \Delta_f H_m^{\ominus}(Na_2CO_3,s) + \Delta_f H_m^{\ominus}(CO_2,g) + \Delta_f H_m^{\ominus}(H_2O,g) - 2\Delta_f H_m^{\ominus}(NaHCO_3,s) \\
&= [(-1\,130.68) + (-393.509) + (-241.818) - 2\times(-950.81)]\ kJ \cdot mol^{-1} \\
&= 135.61\ kJ \cdot mol^{-1}
\end{aligned}
$$

$$
\begin{aligned}
\Delta_r S_m^{\ominus} &= \sum_B \nu_B S_m^{\ominus}(B) \\
&= S_m^{\ominus}(Na_2CO_3,s) + S_m^{\ominus}(CO_2,g) + S_m^{\ominus}(H_2O,g) - 2S_m^{\ominus}(NaHCO_3,s) \\
&= [134.98 + 213.74 + 188.825 - 2\times101.7]\ J \cdot mol^{-1} \cdot K^{-1} \\
&= 334.14\ J \cdot mol^{-1} \cdot K^{-1}
\end{aligned}
$$

$$
\begin{aligned}
\Delta_r G_m^{\ominus} &= \Delta_r H_m^{\ominus} - T\Delta_r S_m^{\ominus} \\
&= 135.61\times10^3\ J \cdot mol^{-1} - T\times334.14\ J \cdot mol^{-1} \cdot K^{-1} < 0
\end{aligned}
$$

$$T_{分解} > \frac{135.61\times10^3\ J \cdot mol^{-1}}{334.14\ J \cdot mol^{-1} \cdot K^{-1}} = 405.85\ K$$

所以 $NaHCO_3(s)$ 的最低分解温度为 405.85 K。

必须指出，对恒温恒压下不做非体积功的化学反应，$\Delta_r G_m^{\ominus}$ 只能判断其处于标准状态时的反应方向；若反应处于任意状态时，不能用 $\Delta_r G_m^{\ominus}$ 来判断，必须计算 $\Delta_r G_m$ 才能判断反应方向，这将在下一节中讨论。

2.4　化学平衡

化学平衡涉及大多数的化学反应及相变化等，如无机及分析化学中的酸碱平衡、沉淀溶解平衡、氧化还原平衡和配位解离平衡等。本节通过对化学平衡共同特点和规律的探讨，并通过热力学基本原理的应用，讨论化学平衡建立的条件及化学平衡移动的方向与化学反应的限度等重要问题。

2.4.1　可逆反应与化学平衡

1. 可逆反应

可逆反应（reversible reaction）：在一定的反应条件下，一个化学反应既能从反应物变为生成物，在相同条件下也能由生成物变为反应物，即在同一条件下能同时向正、逆两个方向进行的化学反应。习惯上，把从左向右进行的反应称为正反应，把从右向左进行的反应称为逆反应。

原则上所有的化学反应都具有可逆性，只是不同的反应其可逆程度不同而已。反应的可逆性和不彻底性是一般化学反应的普遍特征。由于正、逆反应同处一个系统中，所以在密闭容器中可逆反应不能进行到底，即反应物不能全部转化为生成物。

在反应式中用双向半箭头号强调反应的可逆性。如 $H_2(g)$ 与 $I_2(g)$ 的可逆反应可写成：

$$H_2(g) + I_2(g) \rightleftharpoons 2HI(g)$$

2. 化学平衡

在恒温恒压且非体积功为零时,可用化学反应的吉布斯函数变 $\Delta_r G_m$ 来判断化学反应进行的方向。随着反应的进行,系统吉布斯函数在不断变化,直至最终系统的吉布斯函数 G 值不再改变,此时反应的 $\Delta_r G_m = 0$,化学反应达到最大限度,系统内物质 B 的组成不再改变。我们称该系统达到了热力学平衡态,简称化学平衡(chemical equilibrium)。只要系统的温度和压力保持不变,同时没有物质加入到系统中或从系统中移走,这种平衡就能持续下去。

例如,反应 $H_2(g) + I_2(g) \rightleftharpoons 2HI(g)$ 不管起始反应正向从反应物开始,还是逆向从生成物开始,最后达平衡时,$\Delta_r G_m = 0$,反应物和生成物的分压都不再变化。

化学平衡具有以下特征:

● 化学平衡是一个动态平衡(dynamic equilibrium) 表面上反应似乎已停止,实际上正、逆反应仍在进行,只是单位时间内正反应消耗的分子数恰好等于逆反应生成的分子数。

● 化学平衡是相对的、有条件的。一旦维持平衡的条件发生了变化(例如,温度、压力的变化),系统的宏观性质和物质的组成都将发生变化。原有的平衡将被破坏,代之以新的平衡。

● 在一定温度下每一化学平衡都有特定的平衡常数。化学平衡一旦建立,以化学反应方程式中化学计量数为幂指数的各物种的浓度(或分压)的乘积为一常数,叫平衡常数。在同一温度下,同一反应的化学平衡常数相同。

2.4.2 平衡常数

1. 实验平衡常数

实验事实表明,在一定的反应条件下,任何一个可逆反应经过一定时间后,都会达到化学平衡。此时反应系统中以反应方程式中的化学计量数(ν_B)为幂指数的各物种的浓度(或分压)的乘积为一常数。这个常数叫实验平衡常数(或经验平衡常数),简称平衡常数(equilibrium constant),用 K_c(或 K_p 表示)。

对于任一可逆反应

$$0 = \sum_B \nu_B B$$

在一定温度下,达到平衡时,各组分浓度之间的关系为

$$K_c = \prod_B (c_B)^{\nu_B} \tag{2-23}$$

K_c 称为浓度平衡常数,c_B 为物质 B 的平衡浓度。

对于气相反应,在恒温下,气体的分压与浓度成正比($p = cRT$),因此,在平衡常数表达式中,可以用平衡时的气体分压来代替浓度,用 K_p 表示压力平衡常数,其表达式为

$$K_p = \prod_B (p_B)^{\nu_B} \tag{2-24}$$

式中:p_B 为物质 B 的平衡分压。

对气相反应,平衡常数可用 K_c 表示,也可用 K_p 表示,但通常情况下二者并不相等。由于平衡常数表达式中各组分的浓度(或分压)量纲不为 1,所以实验平衡常数的单位通常也不为 1。实验平衡常数的单位取决于化学反应计量方程式中生成物与反应物的单位及相应的化学计量数。

例如,反应 $2NO_2(g) \rightleftharpoons N_2O_4(g)$,$K_p = \prod_B (p_B)^{\nu_B} = p(N_2O_4) \cdot p^{-2}(NO_2)$

单位为 Pa^{-1} 或 kPa^{-1}。

2. 标准平衡常数[①]

国家标准 GB3102—93 中给出了标准平衡常数的定义,在标准平衡常数表达式中,有关组分的浓度(或分压)都必须用相对浓度[②](或相对分压)来表示,即反应方程式中各物种的浓度(或分压)均须分别除以其标准态的量,即除以 $c^\ominus$($c^\ominus = 1 \; mol \cdot L^{-1}$)或 $p^\ominus$($p^\ominus = 100 \; kPa$)。由于相对浓度(或相对分压)的量纲为 1,所以标准平衡常数的量纲为 1。

例如,对气相反应 $\qquad\qquad 0 = \sum_B \nu_B B(g)$

$$K^\ominus = \prod_B (p_B/p^\ominus)^{\nu_B} \qquad\qquad (2-25)$$

若为溶液中溶质的反应 $\qquad 0 = \sum_B \nu_B B(aq)$

$$K^\ominus = \prod_B (c_B/c^\ominus)^{\nu_B} \qquad\qquad (2-26)$$

式中:$\prod_B (p_B/p^\ominus)^{\nu_B}$、$\prod_B (c_B/c^\ominus)^{\nu_B}$ 为平衡时化学反应计量方程式中各反应组分 $(p_B/p^\ominus)^{\nu_B}$、$(c_B/c^\ominus)^{\nu_B}$ 的连乘积(注意反应物的计量系数 ν_B 为负值)。由于 $c^\ominus = 1 \; mol \cdot L^{-1}$,为简单起见式(2-26)中 $c^\ominus$ 在与 $K^\ominus$ 有关的数值计算中常予以省略。

对于多相反应的标准平衡常数表达式,反应组分中的气体用相对分压($p_B/p^\ominus$)表示;溶液中的溶质用相对浓度($c_B/c^\ominus$)表示;固体和纯液体为"1",可省略。

例如,实验室中制取 $Cl_2(g)$ 的反应

$$MnO_2(s) + 2Cl^-(aq) + 4H^+(aq) \rightleftharpoons Mn^{2+}(aq) + Cl_2(g) + 2H_2O(l)$$

其标准平衡常数为

$$K^\ominus = \frac{\dfrac{c(Mn^{2+})}{c^\ominus} \cdot \dfrac{p(Cl_2)}{p^\ominus}}{\left(\dfrac{c(Cl^-)}{c^\ominus}\right)^2 \cdot \left(\dfrac{c(H^+)}{c^\ominus}\right)^4}$$

通常如无特殊说明,平衡常数一般均指标准平衡常数。在书写和应用平衡常数表达式时应注意:

● 平衡常数表达式中各组分的分压(或浓度)应为平衡状态时的分压(或浓度);

● 标准平衡常数根据化学反应计量方程式写出,所以 $K^\ominus$ 与化学反应方程式有关;同一化学反应,反应方程式不同,其 $K^\ominus$ 值也不同。

---

① 以前称热力学平衡常数,现根据国家标准称标准平衡常数,以区别于实验平衡常数。

② 严格地讲应用活度(或逸度),在无机及分析化学中采用相对浓度(或相对分压)是一种近似处理。

例如，合成氨反应

$$N_2 + 3H_2 \rightleftharpoons 2NH_3$$

$$K_1^{\ominus} = [p(NH_3)/p^{\ominus}]^2 \cdot [p(H_2)/p^{\ominus}]^{-3} \cdot [p(N_2)/p^{\ominus}]^{-1}$$

$$\frac{1}{2}N_2 + \frac{3}{2}H_2 \rightleftharpoons NH_3$$

$$K_2^{\ominus} = [p(NH_3)/p^{\ominus}]^1 \cdot [p(H_2)/p^{\ominus}]^{-\frac{3}{2}} \cdot [p(N_2)/p^{\ominus}]^{-\frac{1}{2}}$$

显然 $K_1^{\ominus} \neq K_2^{\ominus}$，$K_1^{\ominus} = (K_2^{\ominus})^2$。因此使用和查阅平衡常数时，必须注意它们所对应的化学反应方程式。

3. 多重平衡规则

一个给定化学反应计量方程式的平衡常数，与该反应所经历的途径无关。无论反应是一步完成还是分若干步完成，其平衡常数表达式完全相同，这就是多重平衡规则。也就是说当某总反应为若干个分步反应之和（或之差）时，则总反应的平衡常数为这若干个分步反应平衡常数的乘积（或商）。例如，将 $CO_2(g)$ 通入 $NH_3(aq)$ 中，发生如下反应：

$$CO_2(g) + 2NH_3(aq) + H_2O(l) \rightleftharpoons 2NH_4^+(aq) + CO_3^{2-}(aq) \tag{1}$$

$$K_1^{\ominus} = \frac{[c(NH_4^+)/c^{\ominus}]^2 \cdot [c(CO_3^{2-})/c^{\ominus}]}{[p(CO_2)/p^{\ominus}] \cdot [c(NH_3)/c^{\ominus}]^2}$$

反应（1）是 $CO_2(g)$ 与 $NH_3(aq)$ 的总反应，实际上溶液中存在（a）、（b）、（c）、（d）四种平衡关系。也就是说，总反应（1）是（a）、（b）、（c）、（d）四步反应的总和：

$$2NH_3(aq) + 2H_2O(l) \rightleftharpoons 2NH_4^+(aq) + 2OH^-(aq) \tag{a}$$

$$CO_2(g) + H_2O(l) \rightleftharpoons H_2CO_3(aq) \tag{b}$$

$$H_2CO_3(aq) \rightleftharpoons CO_3^{2-}(aq) + 2H^+(aq) \tag{c}$$

$$+) \quad 2H^+(aq) + 2OH^-(aq) \rightleftharpoons 2H_2O(l) \tag{d}$$

$$\overline{\qquad\qquad\qquad\qquad\qquad\qquad\qquad\qquad\qquad\qquad\qquad\qquad}$$

$$CO_2(g) + 2NH_3(aq) + H_2O(l) \rightleftharpoons 2NH_4^+(aq) + CO_3^{2-}(aq) \tag{1}$$

$$K_1^{\ominus} = K_a^{\ominus} \cdot K_b^{\ominus} \cdot K_c^{\ominus} \cdot K_d^{\ominus}$$

式中：OH^- 既参与平衡（a）又参与平衡（d）的反应，H_2CO_3 参与平衡（b）和（c）的反应。在同一平衡系统中，一个物种的平衡浓度只能有一个数值。所以 OH^- 和 H_2CO_3 的浓度项可消去。

多重平衡规则说明 $K^{\ominus}$ 值与系统达到平衡的途径无关，仅取决于系统的状态——反应物（始态）和生成物（终态）。

4. 化学反应的限度

化学反应达到平衡时，系统中物质 B 的浓度不再随时间而改变，此时反应物已最大限度地转变为生成物。平衡常数具体反映出平衡时各物种相对浓度、相对分压之间的关系，通过平衡常数可以计算化学反应进行的最大限度，即化学平衡组成。在化工生产中常用转化率（α）来衡量化学反应进行的限度。某反应物的转化率是指该反应物已转化为生成物的百分数。即

$$\alpha = \frac{\text{某反应物已转化的量}}{\text{某反应物的总量}} \times 100\% \qquad\qquad (2-27)$$

化学反应达平衡时的转化率称平衡转化率。显然,平衡转化率是理论上该反应的最大转化率,实际的转化率要低于平衡转化率。工业生产中所说的转化率一般指实际转化率,而一般教材中所说的转化率是指平衡转化率。

例 2-9　已知下列反应(1)、(2)在 700 K 时的标准平衡常数,计算反应(3)在同一温度下的 $K^\ominus$。

$$(1)\quad PCl_5(g) \rightleftharpoons PCl_3(g) + Cl_2(g) \qquad K_1^\ominus = 11.5$$

$$(2)\quad P(s) + \frac{3}{2}Cl_2(g) \rightleftharpoons PCl_3(g) \qquad K_2^\ominus = 1.00 \times 10^{20}$$

$$(3)\quad P(s) + \frac{5}{2}Cl_2(g) \rightleftharpoons PCl_5(g)$$

解:反应(3)=(2)-(1),根据多重平衡规则

$$K_3^\ominus = K_2^\ominus / K_1^\ominus$$
$$= 1.00 \times 10^{20} / 11.5 = 8.70 \times 10^{18}$$

例 2-10　$N_2O_4(g)$ 的分解反应为　$N_2O_4(g) \rightleftharpoons 2NO_2(g)$,该反应在 298 K 的 $K^\ominus = 0.116$,试求该温度下当系统的平衡总压为 200 kPa 时 $N_2O_4(g)$ 的平衡转化率?

解:设起始反应 $N_2O_4(g)$ 的物质的量为 1 mol,平衡转化率为 α。

	$N_2O_4(g) \rightleftharpoons$	$2NO_2(g)$
起始时物质的量/mol	1	0
平衡时物质的量/mol	$1-\alpha$	2α
平衡时总物质的量/mol	$n_\text{总}=1-\alpha+2\alpha=1+\alpha$	
平衡分压/kPa	$\dfrac{1-\alpha}{1+\alpha}\cdot p_\text{总}$	$\dfrac{2\alpha}{1+\alpha}\cdot p_\text{总}$

$$K^\ominus = [p(NO_2)/p^\ominus]^2 \cdot [p(N_2O_4)/p^\ominus]^{-1}$$
$$= \left[\frac{2\alpha}{1+\alpha}\cdot p_\text{总}/p^\ominus\right]^2 \left[\frac{1-\alpha}{1+\alpha}\cdot p_\text{总}/p^\ominus\right]^{-1}$$
$$= 0.116$$

解得 $\qquad\qquad\qquad\qquad\qquad \alpha = 0.12 = 12\%$

例 2-11　在容积为 10.00 L 的密闭容器中装有等物质的量的 $PCl_3(g)$ 和 $Cl_2(g)$。已知在 523 K 发生以下反应:

$$PCl_3(g) + Cl_2(g) \rightleftharpoons PCl_5(g)$$

达平衡时,$p(PCl_5) = 100$ kPa,$K^\ominus = 0.57$。求:

(1) 起始装入的 $PCl_3(g)$ 和 $Cl_2(g)$ 的物质的量;

(2) $Cl_2(g)$ 的平衡转化率。

解:(1) 设 $PCl_3(g)$ 和 $Cl_2(g)$ 的起始分压为 x kPa

	$PCl_3(g) + Cl_2(g) \rightleftharpoons$		$PCl_5(g)$
起始分压/kPa	x	x	0
平衡分压/kPa	$x-100$	$x-100$	100

$$K^\ominus = [p(PCl_5)/p^\ominus] \cdot [p(Cl_2)/p^\ominus]^{-1} \cdot [p(PCl_3)/p^\ominus]^{-1}$$

$$0.57 = \frac{100/100}{\left(\dfrac{x-100}{100}\right)^2}; \qquad x = 232$$

起始 $\quad n(\text{PCl}_3) = n(\text{Cl}_2)$

$$= \frac{p(\text{PCl}_3) \cdot V}{RT}$$

$$= \frac{232 \times 10^3 \text{ Pa} \times 10.00 \times 10^{-3} \text{ m}^3}{8.314 \text{ Pa} \cdot \text{m}^3 \cdot \text{mol}^{-1} \cdot \text{K}^{-1} \times 523 \text{ K}} = 0.534 \text{ mol}$$

（2）$\quad \alpha(\text{Cl}_2) = \frac{n_{\text{转化}}(\text{Cl}_2)}{n_{\text{起始}}(\text{Cl}_2)} \times 100\% = \frac{p_{\text{转化}}(\text{Cl}_2)}{p_{\text{起始}}(\text{Cl}_2)} \times 100\%$

$$= \frac{100}{232} \times 100\% = 43.1\%$$

2.4.3 标准平衡常数与反应的标准摩尔吉布斯函数变

1. 标准平衡常数与反应的标准摩尔吉布斯函数变

从 2.3.3 可知, 在恒温恒压不做非体积功条件下的化学反应方向判据为

$\Delta_r G_m < 0 \qquad$ 正向反应

$\Delta_r G_m = 0 \qquad$ 平衡态

$\Delta_r G_m > 0 \qquad$ 逆向反应

热力学研究证明, 在恒温恒压、任意状态下化学反应的 $\Delta_r G_m$ 与其标准态 $\Delta_r G_m^{\ominus}$ 有如下关系：

$$\Delta_r G_m = \Delta_r G_m^{\ominus} + RT \ln Q \qquad (2-28)$$

式（2-28）中 Q 称为化学反应的反应商, 简称反应商。反应商 Q 的表达式与标准平衡常数 $K^{\ominus}$ 的表达式完全一致, 不同之处在于 Q 表达式中的浓度或分压为任意态的（包括平衡态）, 而 $K^{\ominus}$ 表达式中的浓度或分压是平衡态的。

从式（2-28）可以看出, 若 $\Delta_r G_m^{\ominus}$ 的代数值足够小, 则 $\Delta_r G_m < 0$[1], 反之亦然。

根据化学反应方向判据, 当反应达到化学平衡时, 反应的 $\Delta_r G_m = 0$, 此时反应方程式中物质 B 的浓度或分压均为平衡态的浓度或分压。所以, 此时反应商 Q 即为 $K^{\ominus}$, $Q = K^{\ominus}$, 所以有

$$0 = \Delta_r G_m^{\ominus} + RT \ln K^{\ominus}$$

或 $\qquad\qquad\qquad \Delta_r G_m^{\ominus} = -RT \ln K^{\ominus} \qquad (2-29)$

式（2-29）即为化学反应的标准平衡常数与化学反应的标准摩尔反应吉布斯函数变之间的关系。因此, 只要知道温度 T 时的 $\Delta_r G_m^{\ominus}$, 就可求得该反应在温度 T 时的平衡常数。298.15 K 的 $\Delta_r G_m^{\ominus}$ 值可查热力学函数表计算, 其他温度可根据 $\Delta_r G_m^{\ominus}(T) \approx \Delta_r H_m^{\ominus}(298 \text{ K}) - T\Delta_r S_m^{\ominus}(298 \text{ K})$ 近似计算。

从式（2-29）可以看出, 在一定温度下, 化学反应的 $\Delta_r G_m^{\ominus}$ 值越小, 则 $K^{\ominus}$ 值越大, 反应就进行得越完全；反之, 若 $\Delta_r G_m^{\ominus}$ 值越大, 则 $K^{\ominus}$ 值越小, 反应进行的程度亦越小。因此, $\Delta_r G_m^{\ominus}$ 反映了指定温度下化学反应进行的完全程度, 即化学反应的限度。

2. 化学反应等温式

将式（2-29）代入式（2-28）可得

---

① 这是 4.5.3 节述及的半经验规则 $E^{\ominus} > 0.2$ V 的理论依据。

$$\Delta_r G_m = -RT\ln K^{\ominus} + RT\ln Q \qquad (2-30)$$

式(2-30)称为化学反应等温式,也可简称反应等温式(reaction isotherm)。它表明恒温恒压下,化学反应的摩尔吉布斯函数变 $\Delta_r G_m$ 与反应的平衡常数 $K^{\ominus}$ 及化学反应的反应商 Q 之间的关系。根据式(2-30)可得

$$\Delta_r G_m = -RT\ln \frac{K^{\ominus}}{Q}$$

将 $K^{\ominus}$ 与 Q 进行比较,可以得出判断化学反应进行方向的判据:

$$Q < K^{\ominus} \qquad \Delta_r G_m < 0 \qquad \text{反应正向进行}$$
$$Q = K^{\ominus} \qquad \Delta_r G_m = 0 \qquad \text{平衡状态}$$
$$Q > K^{\ominus} \qquad \Delta_r G_m > 0 \qquad \text{反应逆向进行}$$

上述判据称为化学反应进行方向的反应商判据。

例 2-12 计算反应 $HI(g) \rightleftharpoons \frac{1}{2}I_2(g) + \frac{1}{2}H_2(g)$ 在 320 K 时的平衡常数 $K^{\ominus}$。若此时系统中 $p(HI,g) = 40.5 \text{ kPa}, p(I_2,g) = p(H_2,g) = 1.01 \text{ kPa}$,判断此时的反应方向。

解: $\Delta_r G_m^{\ominus}(T) = \Delta_r H_m^{\ominus}(298 \text{ K}) - T\Delta_r S_m^{\ominus}(298 \text{ K})$

$$= \left[\frac{1}{2}\Delta_f H_m^{\ominus}(I_2,g) - \Delta_f H_m^{\ominus}(HI,g)\right] - T\left[\frac{1}{2}S_m^{\ominus}(I_2,g) + \frac{1}{2}S_m^{\ominus}(H_2,g) - S_m^{\ominus}(HI,g)\right]$$

$$= [(62.438/2) - 26.48] \text{ kJ·mol}^{-1} - 320 \times [(260.69/2) + (130.684/2) - 206.549] \times 10^{-3} \text{ kJ·mol}^{-1}$$

$$= 8.21 \text{ kJ·mol}^{-1}$$

$$\ln K^{\ominus} = -\frac{\Delta_r G_m^{\ominus}}{RT}$$

$$= -8.21 \text{ kJ·mol}^{-1}/(8.314 \times 10^{-3} \text{ kJ·mol}^{-1}\text{·K}^{-1} \times 320 \text{ K}) = -3.09$$

$$K^{\ominus} = 4.6 \times 10^{-2}$$

$$Q = [p(I_2,g)/p^{\ominus}]^{1/2} \cdot [p(H_2,g)/p^{\ominus}]^{1/2} \cdot [p(HI,g)/p^{\ominus}]^{-1}$$

$$= (1.01/100) \times (40.5/100)^{-1}$$

$$= 2.49 \times 10^{-2}$$

$$Q < K^{\ominus} \qquad \text{反应正向进行;}$$

或 $\Delta_r G_m = -RT\ln K^{\ominus} + RT\ln Q$

$$= \{-8.314 \times 10^{-3} \times 320 \times (-3.09) + 8.314 \times 10^{-3} \times 320 \times \ln[(1.01/100) \times (40.5/100)^{-1}]\} \text{ kJ·mol}^{-1}$$

$$= -1.60 \text{ kJ·mol}^{-1} < 0 \qquad \text{反应正向进行。}$$

例 2-13 乙苯($C_6H_5C_2H_5$)脱氢制苯乙烯有两个反应:

(1)氧化脱氢 $C_6H_5C_2H_5(g) + 1/2 \ O_2(g) \rightleftharpoons C_6H_5CH=CH_2(g) + H_2O(g)$

(2)直接脱氢 $C_6H_5C_2H_5(g) \rightleftharpoons C_6H_5CH=CH_2(g) + H_2(g)$

若反应在 298.15 K 进行,计算两反应的标准平衡常数,试问哪一种方法可行?

已知 $\qquad\qquad\qquad C_6H_5C_2H_5(g) \rightleftharpoons C_6H_5CH=CH_2(g) + H_2O(g)$

$\Delta_f G_m^{\ominus}(298.15 \text{ K})/(\text{kJ·mol}^{-1}) \qquad 130.6 \qquad\qquad 213.8 \qquad\qquad -228.58$

解: 对反应(1): $\Delta_r G_m^{\ominus} = \sum_B \nu_B \Delta_f G_m^{\ominus}(B)$

$$= \Delta_f G_m^{\ominus}(C_6H_5CH=CH_2,g) + \Delta_f G_m^{\ominus}(H_2O,g) - \Delta_f G_m^{\ominus}(C_6H_5C_2H_5,g)$$

$$= (213.8 - 228.58 - 130.6) \text{ kJ·mol}^{-1} = -145.4 \text{ kJ·mol}^{-1} < 0 \text{ 反应自发}$$

$$\ln K^{\ominus} = -\frac{\Delta_r G_m^{\ominus}}{RT}$$

$$= -(-145.4 \times 10^3)/(8.314 \times 298.15) = 58.66$$

$$K^{\ominus} = 2.99 \times 10^{25}$$

对反应(2)：
$$\begin{aligned}
\Delta_r G_m^{\ominus} &= \sum_B \nu_B \Delta_f G_m^{\ominus}(B) \\
&= \Delta_f G_m^{\ominus}(C_6H_5CH{=\!\!=}CH_2, g) - \Delta_f G_m^{\ominus}(C_6H_5C_2H_5, g) \\
&= (213.8 - 130.6)\,kJ \cdot mol^{-1} = 83.2\ kJ \cdot mol^{-1} > 0 \qquad 反应非自发
\end{aligned}$$

$$\begin{aligned}
\ln K^{\ominus} &= -\frac{\Delta_r G_m^{\ominus}}{RT} \\
&= -83.2 \times 10^3 / (8.314 \times 298.15) = -33.56
\end{aligned}$$

$$K^{\ominus} = 2.66 \times 10^{-15}$$

反应(1)可行。

2.4.4 影响化学平衡的因素——平衡移动原理

化学平衡是相对的,有条件的,一旦维持平衡的条件发生了变化(如浓度、压力、温度的变化),系统的宏观性质和物质的组成都将发生变化。原有的平衡将被破坏,代之以新的平衡。这种因外界条件的改变而使化学反应从一种平衡状态向另一种平衡状态转变的过程称为化学平衡的移动。

可以根据化学反应等温式(2-30)得出化学平衡移动方向的判据:

$$Q < K^{\ominus} \qquad 平衡正向移动(向右)$$
$$Q = K^{\ominus} \qquad 平衡状态(不移动)$$
$$Q > K^{\ominus} \qquad 平衡逆向移动(向左)$$

对已经达到平衡的系统($Q = K^{\ominus}$),外界条件的改变使得 $Q \neq K^{\ominus}$,平衡移动的方向就是最终使得 $Q = K^{\ominus}$。

1. 浓度(或气体分压)对化学平衡的影响

对于一个在一定温度下已达化学平衡的反应系统($Q = K^{\ominus}$),增加反应物的浓度(或其分压)或降低生成物的浓度(或其分压)(使 Q 值变小),则 $Q < K^{\ominus}$,此时,平衡要向正反应方向移动,直到 Q 重新等于 $K^{\ominus}$,系统又建立起新的平衡。不过在新的平衡系统中各组分的平衡浓度已发生了变化。

反之,若在已达平衡的系统中降低反应物浓度(或其分压)或增加生成物浓度(或其分压),则 $Q > K^{\ominus}$,此时平衡将向逆反应方向移动,使反应物浓度增加,生成物浓度降低,直到建立新的平衡。

在考虑平衡问题时,应该注意:

● 在实际反应时,人们为了尽可能地充分利用某一种原料,往往使用过量的另一种原料(廉价、易得)与其反应,以使平衡尽可能向正反应方向移动,提高前者的转化率。

● 如果从平衡系统中不断降低生成物的浓度(或分压),则平衡将不断地向生成物方向移动,直至某反应物基本上被消耗完,使可逆反应进行得比较完全。

● 如果系统中存在多个平衡,则服从多重平衡规则。

2. 压力对化学平衡的影响

对气相反应 $\qquad a\text{A}(g) + b\text{B}(g) \longrightarrow g\text{G}(g) + d\text{D}(g)$

在一定温度、压力($p_{总_1}$)下达到平衡:

$$K^{\ominus} = \prod_{\mathrm{B}} (p_{\mathrm{B}}/p^{\ominus})^{\nu_{\mathrm{B}}} = (p_{\mathrm{G}_1}/p^{\ominus})^{g} \cdot (p_{\mathrm{D}_1}/p^{\ominus})^{d} \cdot (p_{\mathrm{A}_1}/p^{\ominus})^{-a} \cdot (p_{\mathrm{B}_1}/p^{\ominus})^{-b}$$

若改变系统压力,如压缩体积至 $1/x$,使新的总压 $p_{总_2} = x\, p_{总_1}$

此时 $\qquad p_{\mathrm{A}_2} = xp_{\mathrm{A}_1}; \qquad p_{\mathrm{B}_2} = xp_{\mathrm{B}_1}; \qquad p_{\mathrm{G}_2} = xp_{\mathrm{G}_1}; \qquad p_{\mathrm{D}_2} = xp_{\mathrm{D}_1}$

则
$$\begin{aligned}
Q &= (p_{\mathrm{G}_2}/p^{\ominus})^{g} \cdot (p_{\mathrm{D}_2}/p^{\ominus})^{d} \cdot (p_{\mathrm{A}_2}/p^{\ominus})^{-a} \cdot (p_{\mathrm{B}_2}/p^{\ominus})^{-b} \\
&= (xp_{\mathrm{G}_1}/p^{\ominus})^{g} \cdot (xp_{\mathrm{D}_1}/p^{\ominus})^{d} \cdot (xp_{\mathrm{A}_1}/p^{\ominus})^{-a} \cdot (xp_{\mathrm{B}_1}/p^{\ominus})^{-b} \\
&= x^{(g+d)-(a+b)} \cdot K^{\ominus}
\end{aligned}$$
$$Q = x^{\sum \nu_{\mathrm{B}}} \cdot K^{\ominus}$$

式中: $\sum \nu_{\mathrm{B}}(\mathrm{g}) = (g+d) - (a+b)$ 为反应前后气态物质化学计量数之和。

当 $\sum \nu_{\mathrm{B}}(\mathrm{g}) = 0$ 时,无论增大还是减小系统压力, $Q = K^{\ominus}$,因此改变系统压力对平衡无影响;

当 $\sum \nu_{\mathrm{B}}(\mathrm{g}) > 0$ 时, $Q > K^{\ominus}$,则平衡向左移动,即向气体分子数减少的方向移动;

当 $\sum \nu_{\mathrm{B}}(\mathrm{g}) < 0$ 时, $Q < K^{\ominus}$,则平衡向右移动,即向气体分子数减少的方向移动。

由此可得,对一个已经达到平衡的系统,若增大系统压力,平衡向气体分子数减少的方向移动;反之若减小压力,平衡向气体分子数增加的方向移动。

对有固体或液体参与的多相反应,压力的改变一般也不会影响溶液中各组分的浓度。通常只要考虑反应前后气态物质分子数的变化即可。例如,反应:

$$\mathrm{C(s)} + \mathrm{H_2O(g)} \Longleftrightarrow \mathrm{CO(g)} + \mathrm{H_2(g)}$$

如果增加压力,平衡向左移动;降低压力,则平衡向右移动。

例 2-14 已知反应 $\mathrm{N_2O_4(g)} \Longleftrightarrow 2\mathrm{NO_2(g)}$ 在总压为 101.3 kPa、温度为 325 K 时达平衡, $\mathrm{N_2O_4(g)}$ 的转化率为 50.2%。试求:

(1) 该反应的 $K^{\ominus}$;

(2) 相同温度、总压为 5×101.3 kPa 时 $\mathrm{N_2O_4(g)}$ 的平衡转化率 α 。

解:(1) 设反应起始时, $n(\mathrm{N_2O_4}) = 1$ mol, $\mathrm{N_2O_4(g)}$ 的平衡转化率为 α 。

	$\mathrm{N_2O_4(g)}$	$\Longleftrightarrow$	$2\mathrm{NO_2(g)}$
起始时物质的量 n_{B}/mol	1		0
平衡时物质的量 n_{B}/mol	$1-\alpha = 0.498$		$2\alpha = 2 \times 0.502$

平衡总物质的量 $n_{总}$/mol $\qquad 1+\alpha = 0.498 + 2 \times 0.502 = 1.502$

平衡分压 p_{B}/kPa $\qquad \dfrac{1-\alpha}{1+\alpha} \cdot p_{总} = \dfrac{0.498}{1.502} \times 101.3 = 33.6 \qquad \dfrac{2\alpha}{1+\alpha} \cdot p_{总} = \dfrac{2 \times 0.502}{1.502} \times 101.3 = 67.7$

标准平衡常数 $\qquad K^{\ominus} = [p(\mathrm{NO_2})/p^{\ominus}]^2 \cdot [p(\mathrm{N_2O_4})/p^{\ominus}]^{-1}$

$$= (67.7/100)^2 \times (33.6/100)^{-1} = 1.36$$

(2) 温度不变, $K^{\ominus}$ 不变。

$$K^{\ominus} = \frac{4\alpha^2}{1-\alpha^2} \times \frac{5 \times 101.3}{100} = 1.36$$

$$\alpha = 0.251 = 25.1\%$$

计算结果表明增加总压,平衡向气体分子数减少的方向移动。

若系统压力通过引入不参与反应的稀有气体而改变,则会对已达平衡的系统产生不同的影响:

● 在恒温恒压下引入稀有气体。引入前 $p_{总} = \sum p_i$;引入后 $p_{总} = \sum p_i' + p_{惰}$ 。由于恒压 $p_{总}$ 不变,而 $p_{惰} > 0$,所以 $\sum p_i' < \sum p_i$,相当于系统的总压减小了,平衡向气体分子数增

加的方向移动。

- 在恒温恒容下引入稀有气体。引入前 $p_{总}=\sum p_i$；引入后 $p'_{总}=\sum p_i+p_{惰}$。各组分气体分压不变，相当于总压不变，$Q=K^{\ominus}$，所以对平衡没有影响。

系统压力变化对化学平衡的影响应视化学反应的具体情况而定。对只有液体或固体参与的反应而言，改变压力对平衡影响很小，可以不予考虑。

3. 温度对化学平衡的影响

温度对化学平衡的影响与浓度、压力的影响有本质上的区别。浓度、压力改变时，平衡常数不变，只是由于系统中组分浓度（或分压）发生变化而导致反应商 Q 发生变化，使得 $Q\neq K^{\ominus}$，导致平衡的移动；而温度改变使平衡常数的数值发生变化，使得 $K^{\ominus}\neq Q$，从而引起平衡的移动。

由式（2-21）
$$\Delta_r G_m^{\ominus}=\Delta_r H_m^{\ominus}-T\Delta_r S_m^{\ominus}$$

及式（2-29）
$$\Delta_r G_m^{\ominus}=-RT\ln K^{\ominus}$$

得
$$\ln K^{\ominus}=-\frac{\Delta_r H_m^{\ominus}}{RT}+\frac{\Delta_r S_m^{\ominus}}{R} \tag{2-31}$$

在温度变化不大时，$\Delta_r H_m^{\ominus}$ 和 $\Delta_r S_m^{\ominus}$ 可看作不随温度变化的常数。若反应在 T_1 和 T_2 时的平衡常数分别为 $K_1^{\ominus}$ 和 $K_2^{\ominus}$，则近似地有

$$\ln K_1^{\ominus}=-\frac{\Delta_r H_m^{\ominus}}{RT_1}+\frac{\Delta_r S_m^{\ominus}}{R}$$

$$\ln K_2^{\ominus}=-\frac{\Delta_r H_m^{\ominus}}{RT_2}+\frac{\Delta_r S_m^{\ominus}}{R}$$

两式相减有

$$\ln\frac{K_1^{\ominus}(T_1)}{K_2^{\ominus}(T_2)}=-\frac{\Delta_r H_m^{\ominus}}{R}\left(\frac{1}{T_1}-\frac{1}{T_2}\right) \tag{2-32}$$

如果是放热反应，$\Delta_r H_m^{\ominus}<0$，当温度 T 升高时，$K_1^{\ominus}>K_2^{\ominus}$，即平衡常数减小（使得 $Q>K^{\ominus}$），平衡向逆反应方向移动（即吸热反应方向）。如果是吸热反应，$\Delta_r H_m^{\ominus}>0$，当温度 T 升高时，$K_1^{\ominus}<K_2^{\ominus}$，所以平衡常数增大（使得 $Q<K^{\ominus}$），平衡向正反应方向移动（即吸热反应方向）。因此在不改变浓度、压力的条件下，升高平衡系统的温度时，平衡向着吸热反应的方向移动；反之，降低温度时，平衡向着放热反应的方向移动。

例 2-15 反应 $BeSO_4(s)\Longrightarrow BeO(s)+SO_3(g)$ 在 600 K 时，平衡常数 $K^{\ominus}=1.61\times10^{-8}$，反应的标准摩尔熵变 $\Delta_r H_m^{\ominus}=175\ kJ\cdot mol^{-1}$，求反应在 400 K 时的平衡常数？

解： 按式（2-32）

$$\ln\frac{K_1^{\ominus}(T_1)}{K_2^{\ominus}(T_2)}=-\frac{\Delta_r H_m^{\ominus}}{R}\left(\frac{1}{T_1}-\frac{1}{T_2}\right)$$

$$\ln\frac{1.61\times10^{-8}}{K_2^{\ominus}}=-\frac{175\times10^3}{8.314}\left(\frac{1}{600}-\frac{1}{400}\right)$$

$$K_2^{\ominus}=3.88\times10^{-16}$$

4. 勒夏特列原理

早在 1907 年,在总结大量实验事实的基础上,勒夏特列(Le Chatelier H L)就定性得出平衡移动的普遍原理,即任何一个处于化学平衡的系统,当某一确定系统状态的因素(如浓度、压力、温度等)发生改变时,系统的平衡将发生移动。平衡移动的方向总是向着减弱外界因素的改变对系统影响的方向。例如增加反应物的浓度或反应物气体的分压,平衡向生成物方向移动,以减弱反应物浓度或反应物气体分压的增加的影响;如果增加平衡系统的总压(不包括充入不参与反应的气体),平衡向气体分子数减少的方向移动,以减小总压的影响;如果升高温度,平衡向吸热反应方向移动,减弱温度升高对系统的影响。因此,平衡移动的规律可以归纳为:如果改变平衡系统的条件之一(如浓度、压力或温度),平衡就向着能减弱这个改变的方向移动。这就是勒夏特列原理(Le Chatelier's principle)。用更简洁的语言来描述即:如果对平衡系统施加外力,则平衡将沿着减小外力影响的方向移动。

必须注意,勒夏特列原理只适用于已经处于平衡状态的系统,而对于未达平衡状态的系统则不适用。

2.5 化学反应速率

在化学反应的研究中,人们除了要考虑化学反应进行的方向、程度等热力学问题以外,还得考虑化学反应进行的快慢及反应从始态到终态所经历的途径等动力学问题。本节首先介绍化学反应速率的概念,再讨论影响反应速率的因素,并给予简要的理论解释。

2.5.1 化学反应速率的概念

化学反应速率(rate of reaction)是指化学反应过程进行的快慢,即化学反应方程式中物质 B 的数量(通常用物质的量的变化表示)随时间的变化率。

对于任一化学反应 $0 = \sum\limits_{B} \nu_B B$

根据国家标准(GB 3102.8—93)反应速率定义及式(2-2),反应速率 $\dot{\xi}$ 为

$$\dot{\xi} = \frac{d\xi}{dt}$$

$$= \frac{1}{\nu_B} \times \frac{dn_B}{dt} \tag{2-33}$$

即反应速率为反应进度随时间的变化率。由反应进度定义的化学反应速率叫转化速率,该反应速率不必指明具体物质 B,但必须注明相应的化学反应计量方程式。

对恒容反应,例如,密闭容器中的气相反应,或液相反应,体积值不变,所以反应速率(基于浓度的速率)的定义为

$$v = \frac{\dot{\xi}}{V} = \frac{1}{\nu_B} \times \frac{dn_B}{Vdt} \tag{2-34}$$

式中:V 为反应系统体积,因此反应速率是单位体积内反应进度随时间的变化率,反应

速率 v 的 SI 单位为 $mol \cdot L^{-1} \cdot s^{-1}$[①]。

若反应过程体积不变,则有

$$v = \frac{1}{\nu_B} \times \frac{dc_B}{dt} \qquad (2-35)$$

式中: dc_B/dt 对某一指定的反应物来说,它是该反应物的消耗速率;对某一指定的生成物来说是该生成物的生成速率。

式(2-33)、式(2-35)表示的是瞬时速率,本教材后面讨论的均为瞬时速率,一般均指式(2-35)中的等容反应速率。

而实验测定的反应速率往往是用化学或物理的方法测定在不同时刻的反应物(或生成物)的浓度(或分压)的变化,由此求得的速率为某个时间段内的平均速率,用 $\bar{v}$ 表示。可以通过作图法在 c-t 曲线上求得 t 时的曲线斜率即为该时刻的瞬时速率。

另外还有一种反应速率的表示方法就是半衰期($t_{1/2}$)[②],即反应物消耗一半所需的时间。

例 2-16 已知 40 ℃时 N_2O_5 在 CCl_4 溶液中的分解反应如下:

$$2N_2O_5(CCl_4) \longrightarrow 2N_2O_4(CCl_4) + O_2(g)$$

产物 O_2 不溶于 CCl_4,可以收集并准确测定其体积,有关实验数据如下:

40 ℃时在 CCl_4 溶液中不同时间测定的 N_2O_5 浓度

t/s	0	300	600	900	1 200	1 800	2 400	3 000	4 200	5 400	6 600	7 800	∞
$c(N_2O_5)/(mol \cdot L^{-1})$	0.200	0.180	0.161	0.144	0.130	0.104	0.084	0.068	0.044	0.028	0.018	0.012	0.00

计算:(1) 反应从 300 s 到 900 s 的平均反应速率;

(2) 反应在 2 700 s 时的瞬时速率。

解:(1) 由式(2-35) $v = \frac{1}{\nu_B} \times \frac{dc_B}{dt}$ 得

$$\bar{v} = \frac{1}{\nu_B} \cdot \frac{\Delta c_B}{\Delta t} = \frac{1}{-2} \cdot \frac{c_2 - c_1}{t_2 - t_1}$$

$$= \frac{1}{-2} \cdot \frac{0.144 - 0.180}{900 - 300} \ mol \cdot L^{-1} \cdot s^{-1}$$

$$= 3.00 \times 10^{-5} \ mol \cdot L^{-1} \cdot s^{-1}$$

(2) 以 c 为纵坐标、t 为横坐标,画出 c-t 曲线。曲线上任意一点的切线的斜率的绝对值除以 ν_B 即为该点对应于横坐标上 t 时的瞬时速率。

A 点切线的斜率:

$$k = \frac{(0.149 - 0) \ mol \cdot L^{-1}}{(0 - 54.6 \times 10^2) \ s} = -2.73 \times 10^{-5} \ mol \cdot L^{-1} \cdot s^{-1}$$

所以,该反应在 A 点($t = 2\ 700$ s)的反应速率为 $1.37 \times 10^{-5} \ mol \cdot L^{-1} \cdot s^{-1}$。

---

① 如果反应速率比较慢,时间单位也可采用 min(分),h(小时),d(天)或 y(年)等。

② 半衰期原本用于表示放射性同位素的衰变特征,环境化学中常用来表示有机化合物、农药等在自然界中的降解速率,医学中常用于表示药物在体内的分解速率。

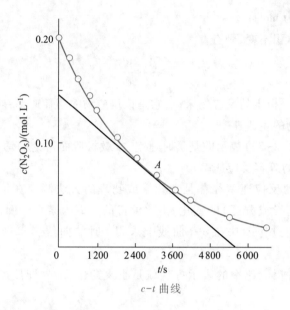

$c-t$ 曲线

2.5.2   反应历程与基元反应

1. 反应历程与基元反应

通常的化学反应方程式只是表明了热力学中的始态与终态及其计量关系,即宏观结果,并没有说明反应物是经过怎样的途径、步骤转变为生成物的,即并未表示出其微观过程。人们把反应物转变为生成物的具体途径、步骤称为反应历程。不同的反应有不同的反应历程,有的很简单,有的却相当复杂。如 H_2 与 Cl_2 的化合反应:

$$H_2(g) + Cl_2(g) \longrightarrow 2HCl(g)$$

并不能说明由一个 $H_2(g)$ 分子和一个 $Cl_2(g)$ 分子直接碰撞生成了两个 $HCl(g)$ 分子。已知该反应在光照条件下是经由下列 4 步反应完成的:

$$Cl_2(g) + B \longrightarrow 2Cl(g) + B \tag{1}$$

$$Cl(g) + H_2(g) \longrightarrow HCl(g) + H(g) \tag{2}$$

$$H(g) + Cl_2(g) \longrightarrow HCl(g) + Cl(g) \tag{3}$$

$$Cl(g) + Cl(g) + B \longrightarrow Cl_2(g) + B \tag{4}$$

式中:B 是惰性物质(反应器壁或其他不参与反应的物质),只起传递能量的作用。上述四步反应的每一步都是由反应物分子直接相互作用,一步转化为生成物分子的。这种由反应物分子(或离子、原子及自由基等)直接碰撞发生作用而生成产物的反应称为基元反应(elementary reaction),即基元反应为一步完成的简单反应。基元反应是组成一切化学反应的基本单元。大多数化学反应往往要经过若干个基元反应步骤使反应物最终转化为生成物。这些基元反应代表了反应所经过的历程。所谓反应历程(或反应机理)一般是指该反应是由哪些基元反应组成的。例如,上述四个基元反应就构成了 $H_2(g)$ 分子与 $Cl_2(g)$ 分子反应生成 $HCl(g)$ 分子的反应机理。

研究表明,只有少数化学反应是由反应物一步直接转化为生成物的基元反应。例如:

$$SO_2Cl_2 \longrightarrow SO_2 + Cl_2 \tag{1}$$

$$2NO_2 \longrightarrow 2NO + O_2 \tag{2}$$

$$NO_2 + CO \longrightarrow NO + CO_2 \tag{3}$$

反应(1)参加反应的分子数为1,这类基元反应称为单分子反应;而反应(2)和(3)中,参加反应的分子数为2,称为双分子反应。

2. 基元反应的速率方程

人们经过长期实践,总结出基元反应的反应速率与反应物浓度之间的定量关系:在一定温度下,化学反应速率与各反应物浓度幂($c^{-\nu_B}$)的乘积成正比,浓度的幂次为基元反应方程式中反应物组分的化学计量数的负值($-\nu_B$)。基元反应的这一规律称为质量作用定律。

设反应 $\qquad\qquad aA + bB + \cdots \longrightarrow gG + dD + \cdots$

为基元反应,则该基元反应的速率方程式为

$$v = kc_A^a c_B^b \cdots \tag{2-36}$$

式(2-36)就是质量作用定律的数学表达式,也称基元反应的速率方程式(rate equation)。

据此,前述三个基元反应的速率方程式可分别表示为

$$v_1 = k \cdot c(SO_2Cl_2)$$
$$v_2 = k \cdot c^2(NO_2)$$
$$v_3 = k \cdot c(NO_2) \cdot c(CO)$$

3. 反应级数

速率方程式(2-36)中各浓度项的幂次 $a, b, \cdots$ 分别称为反应组分 A, B, $\cdots$ 的反应级数。该反应总的反应级数(reaction order)n 则是各反应组分 A, B, $\cdots$ 的反应级数之和,即

$$n = a + b + \cdots$$

当 $n = 0$ 时称为零级反应,$n = 1$ 时称为一级反应,$n = 2$ 时称为二级反应,$n = 3$ 时称为三级反应,四级及以上反应不存在。

对于基元反应,反应级数与它们的化学计量数是一致的。而对于非基元反应,速率方程式中的反应级数一般不等于$(a + b + \cdots)$。例如,一氧化氮和氢气的反应为

$$2NO + 2H_2 \longrightarrow N_2 + 2H_2O$$

根据实验结果 $v = kc^2(NO)c(H_2)$,$v \neq kc^2(NO)c^2(H_2)$。

因此除非是基元反应,一般不能根据化学反应方程式就确定反应速率与浓度的关系,即确定反应速率方程式,必须通过实验来确定。通常可写成与式(2-36)相类似的幂乘积形式:

$$v = kc_A^x c_B^y \cdots \tag{2-37}$$

如果是基元反应,则 $x = a$、$y = b$;如果是非基元反应,则 x、y 的数值必须通过实验来测定;x、y 的值可以是整数、分数、也可以为零。

4. 反应速率常数

反应速率方程式中的比例系数 k 称为反应速率常数(rate constant)。不同的反应有不同的 k 值。k 值与反应物的浓度无关,而与温度的关系较大。温度一定,速率常数为定值。由式(2-37)可以看出,速率常数表示反应速率方程中各有关浓度项均为单位浓度时的反应速率。速率常数的单位随$(x + y)$的变化而变化,即随反应级数而变。因为反应速率的单位是 $mol \cdot L^{-1} \cdot s^{-1}$,故一级反应时速率常数的单位为 s^{-1},二级反应时为 $mol^{-1} \cdot$

$L \cdot s^{-1}$, n 级反应时为 $mol^{-(n-1)} \cdot L^{n-1} \cdot s^{-1}$。因此,也可从速率常数的单位判断反应的级数。在相同温度、浓度下,不同化学反应的 k 值可反映出反应进行的相对快慢。

书写速率方程式时还须注意:稀溶液中溶剂、固体或纯液体参加的化学反应,其速率方程式的数学表达式中不必列出它们的浓度项。

如蔗糖的水解反应

$$C_{12}H_{22}O_{11}(蔗糖) + H_2O \longrightarrow C_6H_{12}O_6(葡萄糖) + C_6H_{12}O_6(果糖)$$

是一个双分子反应,其速率方程式为

$$v = kc(H_2O)c(C_{12}H_{22}O_{11})$$

由于 H_2O 作为溶剂是大量的,蔗糖的量相对 H_2O 来说非常小,在反应过程中 H_2O 的浓度基本上可认为没有变化,其浓度视作常量并入 k 中,得

$$v = k'c(C_{12}H_{22}O_{11})$$

式中:$k' = kc(H_2O)$。所以蔗糖的水解反应是双分子反应,却是一级反应(也称假一级反应)。

例 2-17 在 298 K 时,反应 $2NO + O_2 \longrightarrow 2NO_2$ 的有关实验数据及反应速率如下:

实验序号	初始浓度/($mol \cdot L^{-1}$)		初始速率 $v/(mol \cdot L^{-1} \cdot s^{-1})$
	$c(NO)$	$c(O_2)$	
1	0.010	0.010	1.6×10^{-2}
2	0.010	0.020	3.2×10^{-2}
3	0.010	0.030	4.8×10^{-2}
4	0.020	0.010	6.4×10^{-2}
5	0.030	0.010	1.44×10^{-1}

求:(1)该反应的速率方程式和反应级数;

(2)反应的速率常数。

解:(1)根据式(2-37),该反应的速率方程式为

$$v = kc^x(NO)c^y(O_2)$$

从 1、2、3 号实验可知,当 $c(NO)$ 不变时,v 与 $c(O_2)$ 成正比,即 $v \propto c(O_2)$,所以 $y = 1$;

从 1、4、5 号实验可知,当 $c(O_2)$ 不变时,v 与 $c^2(NO)$ 成正比,即 $v \propto c^2(NO)$,所以 $x = 2$。

因此,该反应的速率方程式为

$$v = kc^2(NO)c(O_2)$$

该反应的级数为

$$n = x + y = 2 + 1 = 3$$

(2)将表中实验数据代入速率方程式,即可求得速率常数:

$$k = v/[c^2(NO)c(O_2)]$$
$$= 1.6 \times 10^{-2} mol \cdot L^{-1} \cdot s^{-1}/[(0.010 \, mol \cdot L^{-1})^2(0.010 \, mol \cdot L^{-1})]$$
$$= 1.6 \times 10^4 \, mol^{-2} \cdot L^2 \cdot s^{-1}$$

*2.5.3 简单反应级数的反应

1. 零级反应

反应速率与反应物浓度无关的反应为零级反应,反应过程中反应速率 v 为常数。例如,对零级反应:

$$B(反应物) \longrightarrow P(生成物)$$

其速率方程为

$$v = kc_B^0$$

$$k = -\frac{dc_B}{dt}$$

重排,得

$$dc_B = -k \cdot dt$$

设反应起始($t=0$)时反应物 B 的浓度为 c_0,反应进行到 t 时 B 的浓度为 c_B,对上式积分[1],有

$$\int_{c_0}^{c_B} dc_B = -k \int_0^t dt$$

$$c_B - c_0 = -k \cdot t \qquad (2-38)$$

以 $c_B = \dfrac{c_0}{2}$ 代入式(2-38)得零级反应的半衰期:

$$t_{\frac{1}{2}} = \frac{c_0}{2k} \qquad (2-39)$$

零级反应的半衰期与反应物起始浓度 c_0 有关,c_0 越大,半衰期 $t_{\frac{1}{2}}$ 越长。

零级反应并不多见,零级反应常见于固相表面发生的多相催化及一些酶催化反应。如 $NH_3(g)$ 在金属钨催化下的分解反应为零级反应:

$$NH_3(g) \xrightarrow{W} \frac{1}{2}N_2(g) + \frac{3}{2}H_2(g)$$

由于催化剂 W 表面活性位置有限,当活性位置被 $NH_3(g)$ 占满后,再增加气相 $NH_3(g)$ 的浓度对反应速率也不会有什么影响,从而呈现零级反应的特征。

2. 一级反应

反应速率与反应物浓度的一次方成正比的反应为一级反应。

设一级反应为

$$B \longrightarrow P$$

其速率方程为

$$v = kc_B = -\frac{dc_B}{dt}$$

即

$$\frac{dc_B}{c_B} = -kdt$$

对上式积分

$$\int_{c_0}^{c_B} \frac{dc_B}{c_B} = -k \int_0^t dt$$

$$\ln\frac{c_B}{c_0} = -kt$$

---

[1] 积分若暂时未学,可理解为连续求和,只记住积分结果便可。

即 $$\ln c_B = \ln c_0 - kt \tag{2-40}$$

式(2-40)是一级反应反应物浓度随时间变化的关系式。人们根据反应 $t=0$ 时的起始浓度 c_0 并从实验中测定 t 时的 c_B 即可求得反应的速率常数 k。若以 $\ln c_B$ 对时间 t 作图为一直线,说明该反应为一级反应,直线的斜率 $(-k)$ 的绝对值即为速率常数。

以 $c_B = \dfrac{c_0}{2}$ 代入式(2-40)得

$$\ln \frac{c_0}{2} = \ln c_0 - kt_{\frac{1}{2}}$$

整理,得一级反应的半衰期: $$t_{\frac{1}{2}} = \frac{\ln 2}{k} = \frac{0.693}{k} \tag{2-41}$$

一级反应的半衰期 $t_{\frac{1}{2}}$ 与反应物起始浓度无关,这是一级反应的特征。放射性同位素的衰变均为一级反应,例如:

$$^{226}_{88}\text{Ra} \longrightarrow\ ^{222}_{86}\text{Rn} + ^{4}_{2}\text{He}$$

3. 二级反应

反应速率与反应物浓度的二次方成正比的反应,以及反应速率与两种反应物浓度的一次方的乘积成正比的反应为二级反应。因此二级反应通常有两类,其通式分别为

(1) $2\text{B} \longrightarrow \text{P}$

(2) $\text{A} + \text{B} \longrightarrow \text{P}$

对反应(1) $$v = -\frac{dc_B}{2dt} = kc_B^2$$

对上式积分

$$\int_{c_0}^{c_B} \frac{dc_B}{c_B^2} = -2k \int_0^t dt$$

$$\frac{1}{c_B} - \frac{1}{c_0} = 2kt \tag{2-42}$$

半衰期 $$t_{\frac{1}{2}} = \frac{1}{2kc_0} \tag{2-43}$$

对第二类反应,若起始 $c_A = c_B$[①]:

$$v = -\frac{dc_B}{dt} = kc_A c_B = kc_B^2$$

对上式积分

$$\int_{c_0}^{c_B} \frac{dc_B}{c_B^2} = -k \int_0^t dt$$

$$\frac{1}{c_B} - \frac{1}{c_0} = kt \tag{2-44}$$

半衰期 $$t_{\frac{1}{2}} = \frac{1}{kc_0} \tag{2-45}$$

---

① $c_A \neq c_B$ 的二级反应较为复杂,将在后续物理化学课程中讨论。

例 2-18　已知 $C_{12}H_{22}O_{11}$(蔗糖)转化为 $C_6H_{12}O_6$(葡萄糖)和 $C_6H_{12}O_6$(果糖)的反应为一级反应 (假一级反应)

$$C_{12}H_{22}O_{11}(蔗糖) + H_2O \xrightarrow{H^+} C_6H_{12}O_6(葡萄糖) + C_6H_{12}O_6(果糖)$$

在 48 ℃ 和 0.1 mol·L⁻¹ 盐酸催化下,其反应的速率常数 $k = 0.019\ 3\ \text{min}^{-1}$。今有浓度为 0.250 mol·L⁻¹ 的蔗糖溶液,在上述条件下于有效容积为 5L 的反应容器中反应,试求:

(1) 该反应的初始速率 v_0 为多少?

(2) 反应至 25 min 时最多可得多少葡萄糖和果糖?

(3) 25 min 时蔗糖的转化率是多少?

(4) 当溶液中蔗糖浓度降为 0.125 mol·L⁻¹ 需多少时间?

解:(1)
$$v = kc(C_{12}H_{22}O_{11})$$
$$= 0.019\ 3\ \text{min}^{-1} \times 0.250\ \text{mol·L}^{-1} = 4.82 \times 10^{-3}\ \text{mol·L}^{-1} \cdot \text{min}^{-1}$$

(2) 根据式(2-40)
$$\ln c_B = \ln c_0 - kt$$
$$\ln c(C_{12}H_{22}O_{11}) = \ln 0.250 - 0.019\ 3 \times 25 = -1.869$$
$$c(C_{12}H_{22}O_{11}) = 0.154\ \text{mol·L}^{-1}$$
$$c(葡萄糖) = c(果糖) = c_0 - c(C_{12}H_{22}O_{11})$$
$$= (0.250 - 0.154)\ \text{mol·L}^{-1} = 0.096\ \text{mol·L}^{-1}$$

最多可得
$$n(葡萄糖) = n(果糖) = c \cdot V$$
$$= 0.096\ \text{mol·L}^{-1} \times 5\ \text{L} = 0.48\ \text{mol}$$

(3) 根据式(2-27)
$$\alpha = \frac{c(葡萄糖)}{c(蔗糖)} \times 100\%$$
$$= (0.096/0.250) \times 100\% = 38\%$$

(4)
$$\frac{c(C_{12}H_{22}O_{11})}{c_0} = \frac{0.125}{0.250} = \frac{1}{2}$$

根据式(2-41)
$$t_{\frac{1}{2}} = \frac{\ln 2}{k} = \frac{0.693}{k} = \frac{0.693}{0.019\ 3\ \text{min}^{-1}} = 35.9\ \text{min}$$

例 2-19　已知 $Br(g) + Br(g) \longrightarrow Br_2(g)$ 的反应为二级反应,若起始溴原子的浓度 $c_0(Br) = 12.26 \times 10^{-5}\ \text{mol·L}^{-1}$,经 320 μs 后,溴原子的浓度变为 $c(Br) = 1.04 \times 10^{-5}\ \text{mol·L}^{-1}$,求该反应的速率常数 k 及反应的半衰期 $t_{1/2}$。

解:根据式(2-42)
$$\frac{1}{c_B} - \frac{1}{c_0} = 2kt$$

$$k = \left(\frac{1}{c_B} - \frac{1}{c_0} \right) \times \frac{1}{2t}$$
$$= \left(\frac{1}{1.04 \times 10^{-5}\ \text{mol·L}^{-1}} - \frac{1}{12.26 \times 10^{-5}\ \text{mol·L}^{-1}} \right) \times \frac{1}{2 \times 320\ \mu s \times 10^{-6}\ \text{s·}\mu s^{-1}}$$
$$= 1.37 \times 10^8\ \text{L·mol}^{-1} \cdot \text{s}^{-1}$$

根据式(2-43)
$$t_{\frac{1}{2}} = \frac{1}{2kc_0}$$

$$= \frac{1}{2 \times 1.37 \times 10^{8} \text{ L} \cdot \text{mol}^{-1} \cdot \text{s}^{-1} \times 12.26 \times 10^{-5} \text{ mol} \cdot \text{L}^{-1}} = 2.98 \times 10^{-5} \text{ s}$$

2.5.4 反应速率理论

1. 碰撞理论

对不同的化学反应,反应速率的差别很大。爆炸反应在瞬间即可完成,而慢的反应数年后也不见得有什么变化。碰撞理论(collision theory)最早对此作出解释。

碰撞理论是以分子运动论为基础的,主要适用于气相双分子反应。碰撞理论认为发生化学反应的首要条件是反应物分子必须相互碰撞,反应速率与分子间的碰撞频率有关,与单位体积、单位时间内分子间的碰撞次数成正比。例如,HI(g)的分解反应,在 450 ℃时,若 HI(g)的起始浓度为 1×10^{-3} mol·L⁻¹,分子间的碰撞次数约为 3.5×10^{28} 次·L⁻¹·s⁻¹,如果每次碰撞都能发生反应,反应将在瞬间完成。而实际上只有极少数分子在碰撞时发生了反应,大多数的碰撞都没有发生反应。原因在哪里呢?碰撞理论认为可归结于下列两个原因。

第一是能量因素。碰撞理论把那些能够发生反应的碰撞称为有效碰撞。碰撞理论认为能发生有效碰撞的分子与普通分子的差异在于它们具有较高的能量,只有具有较高能量的分子在相互碰撞时才能克服电子云间的排斥作用而相互接近,从而打破原有的化学键,形成新的分子,即发生化学反应。碰撞理论把那些具有足够高的能量、能够发生有效碰撞的分子称为活化分子(activating molecular)。

图 2-4 是气体分子的能量分布示意图,横坐标为能量,纵坐标 $\Delta N/(N\Delta E)$ 表示具有能量在 E 到 $E+\Delta E$ 范围内单位能量区间的分子所占的分子百分数。E_k 为气体分子的平均能量,E_0 为活化分子的最低能量。曲线下的面积表示分子百分数总和为 100%,阴影部分的面积表示能量不小于 E_0 的分子百分数,即活化分子百分数。

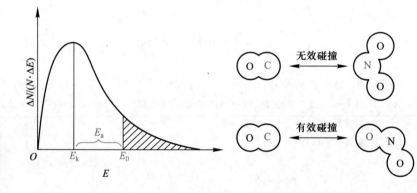

化学反应的
方位因素

图 2-4 气体分子的能量分布曲线

图 2-5 化学反应的方位因素

要使普通分子(即具有平均能量的分子)成为活化分子(即能量超出一定值 E_0 的分子)所需的最小能量称为活化能[①](activation energy),用 E_a 表示,单位 kJ·mol⁻¹。一

---

① 关于活化能的定义,通常有两种提法:a. 活化分子所具有的最低能量与反应物分子平均能量之差,即 $E_a = E_0 - E_k$;b. 活化分子的平均能量与反应物分子平均能量之差,即 $E_a = \overline{E}_0 - \overline{E}_k$。

一般化学反应的活化能在 $40\sim400\ kJ\cdot mol^{-1}$。在一定温度下,反应的活化能越大,其活化分子百分数越小,反应越慢;反之反应的活化能越小,其活化分子百分数就越大,反应则越快。

第二是方位因素(或概率因素),碰撞理论认为分子通过碰撞发生化学反应,不仅要求分子有足够的能量,而且要求这些分子要有适当的取向(或方位)。例如,CO 与 NO_2 的反应(图 2-5),只有 CO 中的 C 与 NO_2 中的 O 迎头相碰才有可能发生反应,为有效碰撞;如果 CO 中的 C 与 NO_2 中的 N 相碰,则不会发生反应,属无效碰撞。对复杂的分子,方位因素的影响更大。

因此,反应物分子必须具有足够的能量和适当的碰撞方向,才能发生反应。

碰撞理论较成功地解释了某些实验事实,但它把反应分子看成没有内部结构的刚性球体的模型过于简单,因而对一些分子结构比较复杂的反应如配位反应等不能予以很好解释。

2. 过渡态理论

过渡态理论(transition state theory)又称活化配合物理论,是 20 世纪 30 年代中期,在量子力学和统计力学的发展基础上由埃林(Eyring H)等人提出来的。该理论认为,化学反应并不是通过反应物分子之间的简单碰撞就完成的,其间必须经过一个中间过渡状态,即反应物分子间首先形成活化配合物(activating complex)。活化配合物的特点是能量高、不稳定、寿命短,它一经形成,就很快分解。该活化配合物只在反应过程中形成,很难分离出来,它既可分解成为生成物,也可以分解成为原来的反应物。

例如在

$$NO_2(g)+CO(g) \xrightarrow{>500\ K} NO(g)+CO_2(g)$$

的反应中,当 CO(g) 和 NO_2(g) 的活化分子按适当的取向碰撞后,首先形成活化配合物:

$$NO_2(g)+CO(g) \Longleftrightarrow [\ N\text{----}O\text{----}\overset{\displaystyle O}{\overset{\diagup}{C}}\text{---}O\ ] \longrightarrow NO(g)+CO_2(g)$$
$$\text{过渡态}$$

而后 N----O 键进一步减弱, O----C 键进一步加强,直至成为 NO(g)+CO_2(g)。

放热反应的反应历程(途径)与系统的能量关系见图 2-6。纵坐标为系统能量,横坐标表示反应历程。图中 a 点为反应物(NO_2 + CO)的平均能量,b 点为生成物(NO+CO_2)的平均能量,c 点为活化配合物的最低能量。E_{a_1},E_{a_2} 分别表示活化配合物与反应物分子间和活化配合物与生成物分子间的能量差,E_{a_1} 为正反应的活化能,E_{a_2} 为逆向反应的活化能。而正、逆反应的活化能差为反应的热效应 $\Delta_r H_m$,$\Delta_r H_m = E_{a_1} - E_{a_2}$。很明显,对于同一反应如果反应的活化

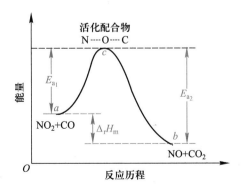

图 2-6　放热反应历程与能量变化示意图

能越大,c 点就越高,能达到该能量的反应物分子比例就越小,反应速率也就越慢;如果反应的活化能越小,则 c 点就越低,反应速率越快。

2.5.5 影响化学反应速率的因素

1. 浓度对反应速率的影响

化学反应速率随着反应物浓度的变化而改变。从化学反应的速率方程式看,反应物浓度对反应速率有明显影响,一般反应速率随反应物的浓度增大而增大。根据碰撞理论,对于一确定的化学反应,在一定温度下,系统中活化分子所占的百分数是一定的。因此单位体积内活化分子的数目与单位体积内反应分子的总数成正比,也即与反应物的浓度成正比。当反应物浓度增大时,单位体积内分子总数增加,活化分子的数目相应也增多,单位体积和单位时间内分子有效碰撞的次数也就增多,结果使反应速率加快。

反应速率与反应物浓度之间的定量关系,不能简单地从反应的计量方程式获得,它与反应进行的具体过程即反应历程有关。反应速率与反应物浓度的关系是通过反应速率方程式定量反映出来的。

2. 温度对反应速率的影响

温度对反应速率的影响,随具体的反应而异。一般来说,温度升高反应速率加快。当温度升高时,一方面分子的运动速率加快,单位时间内的碰撞频率增加,使反应速率加快;另一方面更主要的是温度升高,系统的平均能量增加,图 2-4 中分子的能量分布曲线明显右移,见图 2-7。从而有较多的分子获得能量成为活化分子,活化分子百分数明显增大。结果,单位时间内有效碰撞次数显著增加,因而反应速率大大加快。

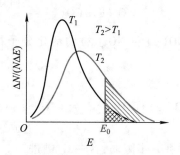

不同温度下反应的
活化分子百分数

图 2-7 不同温度下反应的
活化分子百分数

在速率方程式的一般形式 $v = k\, c_A^x c_B^y \cdots$ 中,速率常数 k 在一定温度下为一常数,温度改变,k 就要随之而变。因此速率常数 k 与温度 T 有一定的关系。1884 年范托夫(van't Hoff J H)根据实验事实总结出一条近似规则:对反应物浓度(或分压)不变的一般反应,温度每升高 10 K,反应速率约增加 2~4 倍。即

$$\frac{v(T+10\text{ K})}{v(T)} = \frac{k(T+10\text{ K})}{k(T)} = 2\sim4 \tag{2-46}$$

在温度变化不大或不需精确数值时,可用范托夫规则粗略估算。

1889 年,在大量实验事实的基础上,阿伦尼乌斯(Arrhenius S A)建立了速率常数与温度关系的经验式,称之为阿伦尼乌斯方程:

$$k = Ae^{-\frac{E_a}{RT}} \tag{2-47}$$

式中:A 为常数,称指前因子(以前称频率因子),A 与温度、浓度无关,不同反应 A 值不同,A 与 k 有相同的量纲;R 为摩尔气体常数,$R = 8.314 \times 10^{-3}$ kJ·mol^{-1}·K^{-1};T 为热力学温度;E_a 为活化能(单位为 kJ·mol^{-1}),对某一给定反应,E_a 为定值,在反应温度区间变化不大时,E_a 和 A 不随温度而改变。

对式(2-47)取对数,阿伦尼乌斯方程也可表示为

$$\ln k = -\frac{E_a}{RT} + \ln A \text{①} \tag{2-48}$$

若已知反应的活化能 E_a,

在温度 T_1 时:
$$\ln k_1 = -\frac{E_a}{RT_1} + \ln A$$

在温度 T_2 时:
$$\ln k_2 = -\frac{E_a}{RT_2} + \ln A$$

两式相减得

$$\ln \frac{k_1}{k_2} = -\frac{E_a}{R}\left(\frac{1}{T_1} - \frac{1}{T_2}\right) \tag{2-49}$$

例 2-20 反应 $NO_2(g) + CO(g) \Longrightarrow NO(g) + CO_2(g)$ 在 600 K 时的速率常数为 0.028 0 mol^{-1}·L·s^{-1},在 650 K 时的速率常数为 0.220 mol^{-1}·L·s^{-1},求此反应的活化能。

解:由式(2-49)
$$\ln \frac{k_1}{k_2} = -\frac{E_a}{R}\left(\frac{1}{T_1} - \frac{1}{T_2}\right)$$

得
$$\ln \frac{0.028\,0}{0.220} = -\frac{E_a}{8.314 \times 10^{-3} \text{ kJ·mol}^{-1}\text{·K}^{-1}}\left(\frac{1}{600 \text{ K}} - \frac{1}{650 \text{ K}}\right)$$
$$E_a = 134 \text{ kJ·mol}^{-1}$$

例 2-21 已知反应 $2N_2O_5(g) \longrightarrow 4NO_2(g) + O_2(g)$ 在 318 K 和 338 K 时的反应速率常数分别为 $k_1 = 4.98 \times 10^{-4}$ s^{-1} 和 $k_2 = 4.87 \times 10^{-3}$ s^{-1},求该反应的活化能 E_a 和 298 K 时的速率常数 k_3。

解:由
$$\ln \frac{k_1}{k_2} = -\frac{E_a}{R}\left(\frac{1}{T_1} - \frac{1}{T_2}\right)$$

得
$$\ln \frac{4.98 \times 10^{-4}}{4.87 \times 10^{-3}} = -\frac{E_a}{8.314 \times 10^{-3} \text{ kJ·mol}^{-1}\text{·K}^{-1}}\left(\frac{1}{318 \text{ K}} - \frac{1}{338 \text{ K}}\right)$$
$$E_a = 102 \text{ kJ·mol}^{-1}$$

设 298 K 时的速率常数为 k_3:

$$\ln \frac{4.98 \times 10^{-4} \text{ s}^{-1}}{k_3} = -\frac{102 \text{ kJ·mol}^{-1}}{8.314 \times 10^{-3} \text{ kJ·mol}^{-1}\text{·K}^{-1}}\left(\frac{1}{318 \text{ K}} - \frac{1}{298 \text{ K}}\right)$$
$$k_3 = 3.74 \times 10^{-5} \text{ s}^{-1}$$

3. 催化剂对反应速率的影响

催化剂与催化作用　催化剂(catalyst)是一种只要少量存在就能显著改变反应速

---

① 式(2-48)写成 $\ln \frac{k}{[k]} = -\frac{E_a}{RT} + \ln \frac{A}{[A]}$ 更确切,[ ]内为相应物理量的单位。

率,但不改变化学反应的平衡位置,而且在反应结束时,其自身的质量、组成和化学性质基本不变的物质。通常,能加快反应速率的催化剂称正催化剂简称为催化剂,而把减慢反应速率的催化剂称为负催化剂(negative catalyst),或阻化剂、抑制剂。催化剂对化学反应的作用称为催化作用(catalysis)。例如,合成氨生产中使用的铁,硫酸生产中使用的 V_2O_5,以及促进生物体化学反应的各种酶(如淀粉酶、蛋白酶、脂肪酶等)均为正催化剂;减慢金属腐蚀速率的缓蚀剂,防止橡胶、塑料老化的防老剂等均为负催化剂。人们通常所说的催化剂一般指正催化剂。

对可逆反应,催化剂既加快正反应速率也能加快逆反应速率,因此催化剂能缩短平衡到达的时间。但在一定温度下,催化剂并不能改变平衡混合物的浓度(反应限度),即不能改变平衡状态,反应的平衡常数不受影响。因为催化剂不能改变反应的标准摩尔吉布斯函数变 $\Delta_r G_m^{\ominus}$。催化剂不能启动热力学证明不能进行的反应(即 $\Delta_r G_m > 0$ 的反应)。

催化剂能显著地加快化学反应速率,是由于在反应过程中催化剂与反应物之间形成一种能量较低的活化配合物,改变了反应的途径,与无催化反应的途径相比较,所需的活化能显著地降低(如图2-8所示),从而使活化分子百分数和有效碰撞次数增多,导致反应速率加快。例如,在 503 K 时,反应

$$2HI(g) \Longleftrightarrow H_2(g) + I_2(g)$$

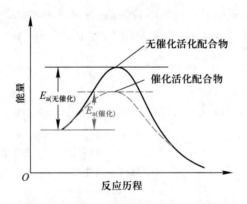

图 2-8 催化剂改变反应途径示意图

在无催化剂时,反应的活化能为 184.1 $kJ \cdot mol^{-1}$;当用 Au 作催化剂时,反应的活化能为 104.6 $kJ \cdot mol^{-1}$,活化能降低了 80 $kJ \cdot mol^{-1}$,可使反应速率增大 1 亿多倍。

均相催化与多相催化 I^- 催化 H_2O_2 分解的催化反应属均相催化(homogeneous catalysis)反应,催化剂与反应物同处于一个相中。I^- 叫均相催化剂,相应的催化作用叫均相催化。此外还有一类催化反应叫多相催化反应,催化剂与反应物处于不同相中,相应的催化反应称多相催化(heterogeneous catalysis)。例如合成氨反应中的铁催化剂。固体催化剂在化工生产中用得较多(气相反应和液-固相反应等)。多相催化反应发生在催化剂表面(或相界面),催化剂表面积愈大,催化效率越高,反应速率越快。在化工生产中,为了增大反应物与催化剂之间的接触表面,往往将催化剂的活性组分附着在一些多孔性的物质(载体)上,如硅藻土、高岭土、活性炭、硅胶等,这类催

化剂叫负载型催化剂,它们比普通催化剂往往有更高的催化活性和选择性。

酶及其催化作用　催化剂加快反应速率是一种相当普遍的现象,它不仅出现在化工生产中,而且在有生命的动、植物体内(包括人体)也广泛存在。生物体内几乎所有的化学反应都是由酶(enzyme)催化的。酶是一类结构和功能特殊的蛋白质,它在生物体内所起的催化作用称为酶催化(enzyme catalysis)。生物体内各种各样的生物化学变化几乎都要在各种不同的酶催化下才能进行。例如,食物中蛋白质的水解(即消化),在体外需在强酸(或强碱)条件下煮沸相当长的时间,而在人体内正常体温下,在胃蛋白酶的作用下短时间内即可完成。

酶催化作用有下列特点:

- 酶催化的特点之一是高效。酶的催化效率比普通无机或有机催化剂高 $10^6 \sim 10^{10}$ 倍。如 H^+ 可催化蔗糖水解,若用蔗糖转化酶催化,在 37 ℃ 时其速率常数 k 约为同温度下 H^+ 催化反应的 10^{10} 倍。

- 酶催化的另一特点是高度的专一性。催化剂一般都具有专一性,但作为生物催化剂的酶其专一性更强,一种酶往往只对一种特定的反应有效。如淀粉酶只能水解淀粉,磷酸酶只能水解磷酸酯,而尿酶只能将尿素转化为 NH_3 和 CO_2。

- 此外,酶催化反应需要较温和的环境条件。人体内的酶催化反应一般在体温 37 ℃ 和血液 pH = 7.35 ~ 7.45 的条件下进行,若遇到高温、强酸、强碱、重金属离子或紫外线照射等因素,都会使酶失去活性。

综上所述,催化剂主要有如下特点:

- 催化剂只对热力学上可能发生的反应($\Delta G < 0$)起作用;

- 催化剂只改变反应历程(机理),同时加快正、逆向反应速率,不改变平衡状态;

- 催化剂有选择性,不同的反应采用不同的催化剂,即每个反应有特定的催化剂。同一反应物若能生成多种不同的产物时,选用不同的催化剂会有不同的结果。

例如,乙醇的催化反应使用不同的催化剂有不同的结果:

$$C_2H_5OH \begin{cases} \xrightarrow[\text{Cu}]{473 \sim 523 \text{ K}} CH_3CHO + H_2 \\ \xrightarrow[\text{Al}_2\text{O}_3]{623 \sim 633 \text{ K}} C_2H_4 + H_2O \\ \xrightarrow[\text{H}_2\text{SO}_4]{413 \text{ K}} (C_2H_5)_2O + H_2O \\ \xrightarrow[\text{ZnO} \cdot \text{Cr}_2\text{O}_3]{673 \sim 773 \text{ K}} CH_2CHCHCH_2 + 2H_2O + H_2 \end{cases}$$

总之,催化剂及催化作用的研究,已引起化学家、工程技术专家、生物学家和医学家越来越多的关注,它是现代化学和现代生物学、医学的重要研究课题之一。

2.6　化学反应一般原理的应用

学习化学反应原理,目的在于将化学反应的一般原理应用于实际生产过程和科学研究。化学热力学和化学动力学属两个不同的概念却又互有联系。化学热力学告诉我们一个化学反应在给定条件下能否自发进行,进行的程度有多大,反应物的转化率是多少;而化学动力学则告诉我们在给定条件下该反应进行的快慢。而在实际生产或科学研究中必须同时兼顾这两个问题,综合考虑平衡与速率两方面的各种因素,选择最佳、最经济的生产工艺条件。

例如,H_2SO_4 生产中的关键 $SO_2(g)$ 氧化为 $SO_3(g)$ 的反应:

$$SO_2(g)+\frac{1}{2}O_2(g) \rightleftharpoons SO_3(g) \qquad \Delta_r H_m^{\ominus}=-98.89 \text{ kJ·mol}^{-1}$$

这是一个气体分子数减少($\Delta_r S_m^{\ominus}<0$)的放热反应($\Delta_r H_m^{\ominus}<0$),根据平衡移动原理,压力越高、温度越低越有利于平衡转化率的提高。实验结果也证明了这一点,见表 2-2。

表 2-2 SO$_2$ 平衡转化率与温度、压力的关系

T/K	673	723	773	823	873
$\alpha(SO_2)/\%^*$	99.2	97.5	93.5	85.6	73.7
p/kPa	101.3	506.5	1 013	2 533	5 065
$\alpha(SO_2)/\%^{**}$	97.5	98.9	99.2	99.5	99.6

原料气组成:7%SO$_2$,11%O$_2$,82%N$_2$; * 压力:101.3 kPa; ** 温度:723 K。

从 SO_2 的平衡转化率看,温度越低越好,压力越高越好。降低温度虽然有利于平衡转化率的提高,但温度太低反应速率明显下降,从而导致生产率的下降,在实际生产中失去意义。解决这一矛盾的最好办法是在低温下使用催化剂,以缩短平衡到达的时间,提高劳动生产率。

在 19 世纪人们发现并使用了 Pt 催化剂来催化上例反应。由于 Pt 价格昂贵且易中毒,在 20 世纪初,发现了钒催化剂。钒催化剂以 V_2O_5 为主,K_2O 为助催化剂,以 SiO_2 为载体以增大多相催化的表面积。在 673 K 与 773 K 之间使用 V_2O_5 催化剂,SO_2 的平衡转化率和反应速率均令人满意。此外,增加压力既能提高平衡转化率,又增加了气体浓度,对加快反应速率也有利。但由于常压平衡转化率已很高,而增加压力要消耗能源并相应增加对设备材料的要求,所以实际生产采用常压过程。同时,由于 SO_2 成本较高,O_2 可从空气中任意获取,为提高 SO_2 的转化率使用过量的 O_2。

所以,综合化学平衡和反应速率两方面的因素,SO_2 的转化反应条件为

压力:常压(101.3 kPa); 催化剂:V_2O_5(主)、K_2O(助),SiO_2 载体

温度:673~773 K; 原料气组成:SO$_2$7%~9%;O$_2$ 约 11%;N$_2$ 约 82%。

 思考题

2-1 试说明下列术语的含义:

反应进度;化学计量数;状态函数;自发反应;系统与环境;过程与途径;标准状态;热力学能;热与功;焓、熵、吉布斯函数;反应速率;基元反应;反应级数;半衰期;活化能;催化反应;酶与酶催化

2-2 指出下列等式成立的条件:

（1）$\Delta_r H = Q$　（2）$\Delta_r U = Q$　（3）$\Delta_r H = \Delta_r U$

2-3　恒压条件下，温度对反应的自发性有何影响？举例说明。

2-4　符号 ΔH，$\Delta_r H$，$\Delta_r H_m$，$\Delta_r H_m^\ominus$，$\Delta_f H_m^\ominus$，$S_B^\ominus$，ΔS，$\Delta_r S$，$\Delta_r S_m$，$\Delta_r S_m^\ominus$ 和 ΔG，$\Delta_r G$，$\Delta_r G_m$，$\Delta_r G_m^\ominus$，$\Delta_f G_m^\ominus$ 代表什么含义？相互间有何联系？

2-5　标准平衡常数与实验平衡常数的区别？

2-6　比较增加反应物压力、浓度、反应物温度和催化剂的使用对化学反应平衡常数和反应速率常数的影响。

2-7　反应速率理论主要有哪两种？其主要内容是什么？

2-8　某可逆反应 $A(g) + B(g) \rightleftharpoons 2C(g)$ 的 $\Delta_r H_m^\ominus < 0$，平衡时，若改变下述各项条件，试将其他各项发生的变化填入下表：

改变条件	正反应速率	速率常数 $k_{正}$	平衡常数	平衡移动方向
增加 A 的分压				
增加 C 的浓度				
降低温度				
使用催化剂				

2-9　比较反应 $N_2(g) + O_2(g) = 2NO(g)$ 和 $N_2(g) + 3H_2(g) = 2NH_3(g)$ 在 427 ℃时反应自发进行可能性的大小。联系反应速率理论，提出最佳的固氮反应的思路与方法。

 习题

基本题

2-1　苯和氧按下式反应：

$$C_6H_6(l) + \frac{15}{2}O_2(g) \longrightarrow 6CO_2(g) + 3H_2O(l)$$

在 25 ℃ 100 kPa 下，0.25 mol 苯在氧气中完全燃烧放出 817 kJ 的热量，求 C_6H_6 的标准摩尔燃烧焓 $\Delta_c H_m^\ominus$ 和该燃烧反应的 $\Delta_r U_m^\ominus$。

2-2　利用附录Ⅲ的数据，计算下列反应的 $\Delta_r H_m^\ominus$。

（1）$Fe_3O_4(s) + 4H_2(g) \longrightarrow 3Fe(s) + 4H_2O(g)$

（2）$2NaOH(s) + CO_2(g) \longrightarrow Na_2CO_3(s) + H_2O(l)$

（3）$4NH_3(g) + 5O_2(g) \longrightarrow 4NO(g) + 6H_2O(g)$

（4）$CH_3COOH(l) + 2O_2(g) \longrightarrow 2CO_2(g) + 2H_2O(l)$

2-3　已知下列化学反应的标准摩尔反应焓变，求乙炔（C_2H_2，g）的标准摩尔生成焓 $\Delta_f H_m^\ominus$。

（1）$C_2H_2(g) + \frac{5}{2}O_2(g) \longrightarrow 2CO_2(g) + H_2O(g)$　　　$\Delta_r H_m^\ominus = -1\,246.2\ kJ \cdot mol^{-1}$

（2）$C(石墨) + 2H_2O(g) \longrightarrow CO_2(g) + 2H_2(g)$　　　$\Delta_r H_m^\ominus = +90.9\ kJ \cdot mol^{-1}$

(3) $2H_2O(g) \longrightarrow 2H_2(g) + O_2(g)$ $\qquad\qquad$ $\Delta_r H_m^{\ominus} = +483.6$ kJ·mol^{-1}

2-4 求下列反应在 298.15 K 的标准摩尔反应焓变 $\Delta_r H_m^{\ominus}$。

(1) $Fe(s) + Cu^{2+}(aq) \longrightarrow Fe^{2+}(aq) + Cu(s)$

(2) $AgCl(s) + Br^-(aq) \longrightarrow AgBr(s) + Cl^-(aq)$

(3) $Fe_2O_3(s) + 6H^+(aq) \longrightarrow 2Fe^{3+}(aq) + 3H_2O(l)$

(4) $Cu^{2+}(aq) + Zn(s) \longrightarrow Cu(s) + Zn^{2+}(aq)$

2-5 计算下列反应在 298.15 K 的 $\Delta_r H_m^{\ominus}$，$\Delta_r S_m^{\ominus}$ 和 $\Delta_r G_m^{\ominus}$，并判断哪些反应能自发向右进行。

(1) $2CO(g) + O_2(g) \longrightarrow 2CO_2(g)$

(2) $4NH_3(g) + 5O_2(g) \longrightarrow 4NO(g) + 6H_2O(g)$

(3) $Fe_2O_3(s) + 3CO(g) \longrightarrow 2Fe(s) + 3CO_2(g)$

(4) $2SO_2(g) + O_2(g) \longrightarrow 2SO_3(g)$

2-6 由软锰矿二氧化锰制备金属锰可采取下列两种方法：

(1) $MnO_2(s) + 2H_2(g) \longrightarrow Mn(s) + 2H_2O(g)$

(2) $MnO_2(s) + 2C(s) \longrightarrow Mn(s) + 2CO(g)$

上述两个反应在 25 ℃，标准状态下是否能自发进行？如果考虑工作温度越低越好的话，则制备锰采用哪一种方法比较好？

2-7 不用热力学数据定性判断下列反应的 $\Delta_r S_m^{\ominus}$ 是大于零还是小于零。

(1) $Zn(s) + 2HCl(aq) \longrightarrow ZnCl_2(aq) + H_2(g)$

(2) $CaCO_3(s) \longrightarrow CaO(s) + CO_2(g)$

(3) $NH_3(g) + HCl(g) \longrightarrow NH_4Cl(s)$

(4) $CuO(s) + H_2(g) \longrightarrow Cu(s) + H_2O(l)$

2-8 计算 25 ℃，100 kPa 下反应 $CaCO_3(s) \longrightarrow CaO(s) + CO_2(g)$ 的 $\Delta_r H_m^{\ominus}$ 和 $\Delta_r S_m^{\ominus}$，并判断：

(1) 上述反应能否自发进行？

(2) 对上述反应，是升高温度有利？还是降低温度有利？

(3) 计算使上述反应自发进行的最低温度。

2-9 写出下列各化学反应的平衡常数 $K^{\ominus}$ 表达式。

(1) $CaCO_3(s) \rightleftharpoons CaO(s) + CO_2(g)$

(2) $2SO_2(g) + O_2(g) \rightleftharpoons 2SO_3(g)$

(3) $C(s) + H_2O(g) \rightleftharpoons CO(g) + H_2(g)$

(4) $AgCl(s) \rightleftharpoons Ag^+(aq) + Cl^-(aq)$

(5) $HAc(aq) \rightleftharpoons H^+(aq) + Ac^-(aq)$

(6) $SiO_2(s) + 6HF(aq) \rightleftharpoons H_2[SiF_6](aq) + 2H_2O(l)$

(7) $Hb(aq)(血红蛋白) + O_2(g) \rightleftharpoons HbO_2(aq)(氧合血红蛋白)$

(8) $2MnO_4^-(aq) + 5SO_3^{2-}(aq) + 6H^+(aq) \rightleftharpoons 2Mn^{2+}(aq) + 5SO_4^{2-}(aq) + 3H_2O(l)$

2-10 已知下列化学反应在 298.15 K 时的平衡常数，计算反应 $CuO(s) \rightleftharpoons Cu(s) + \frac{1}{2}O_2(g)$ 的平衡常数 $K^{\ominus}$。

（1）$CuO(s) + H_2(g) \Longleftrightarrow Cu(s) + H_2O(g)$ $K_1^{\ominus} = 2 \times 10^{15}$

（2）$\dfrac{1}{2}O_2(g) + H_2(g) \Longleftrightarrow H_2O(g)$ $K_2^{\ominus} = 5 \times 10^{22}$

2-11　已知下列反应在 298.15 K 的平衡常数,计算反应 $2CO(g) + SnO_2(s) \Longleftrightarrow Sn(s) + 2CO_2(g)$ 在 298.15 K 时的平衡常数 $K^{\ominus}$。

（1）$SnO_2(s) + 2H_2(g) \Longleftrightarrow 2H_2O(g) + Sn(s)$ $K_1^{\ominus} = 21$

（2）$H_2O(g) + CO(g) \Longleftrightarrow H_2(g) + CO_2(g)$ $K_2^{\ominus} = 0.034$

2-12　密闭容器中反应 $2NO(g) + O_2(g) \Longleftrightarrow 2NO_2(g)$ 在 1 500 K 条件下达到平衡。若始态 $p(NO) = 150$ kPa, $p(O_2) = 450$ kPa, $p(NO_2) = 0$; 平衡时 $p(NO_2) = 25$ kPa。试计算平衡时 $p(NO)$, $p(O_2)$ 的分压及平衡常数 $K^{\ominus}$。

2-13　密闭容器中的反应 $CO(g) + H_2O(g) \Longleftrightarrow CO_2(g) + H_2(g)$ 在 750 K 时其 $K^{\ominus} = 2.6$, 求:

（1）当原料气中 $H_2O(g)$ 和 $CO(g)$ 的物质的量之比为 $1:1$ 时, $CO(g)$ 的平衡转化率为多少?

（2）当原料气中 $H_2O(g):CO(g)$ 为 $4:1$ 时, $CO(g)$ 的平衡转化率为多少?说明什么问题?

2-14　在 317 K, 反应 $N_2O_4(g) \Longleftrightarrow 2NO_2(g)$ 的平衡常数 $K^{\ominus} = 1.00$。分别计算当系统总压为 400 kPa 和 800 kPa 时 $N_2O_4(g)$ 的平衡转化率, 并解释计算结果。

2-15　已知尿素 $CO(NH_2)_2$ 的 $\Delta_f G_m^{\ominus} = -197.15$ kJ·mol^{-1}, 求下列尿素的合成反应在 298.15 K 时的 $\Delta_r G_m^{\ominus}$ 和 $K^{\ominus}$。

$$2NH_3(g) + CO_2(g) \Longleftrightarrow H_2O(g) + CO(NH_2)_2(s)$$

2-16　25 ℃ 时, 反应 $2H_2O_2(g) \Longleftrightarrow 2H_2O(g) + O_2(g)$ 的 $\Delta_r H_m^{\ominus}$ 为 -210.9 kJ·mol^{-1}, $\Delta_r S_m^{\ominus}$ 为 131.8 J·mol^{-1}·K^{-1}。试计算该反应在 25 ℃ 和 100 ℃ 时的 $K^{\ominus}$, 计算结果说明问题?

2-17　在一定温度下 Ag_2O 的分解反应为 $Ag_2O(s) \Longleftrightarrow 2Ag(s) + \dfrac{1}{2}O_2(g)$。假定反应的 $\Delta_r H_m^{\ominus}$, $\Delta_r S_m^{\ominus}$ 不随温度的变化而改变, 估算 Ag_2O 在标准状态的最低分解温度。

2-18　已知反应 $2SO_2(g) + O_2(g) \longrightarrow 2SO_3(g)$ 在 427 ℃ 和 527 ℃ 时的 $K^{\ominus}$ 值分别为 1.0×10^5 和 1.1×10^2, 求该温度范围内反应的 $\Delta_r H_m^{\ominus}$。

2-19　已知反应 $2H_2(g) + 2NO(g) \longrightarrow 2H_2O(g) + N_2(g)$ 的速率方程 $v = kc(H_2) \cdot c^2(NO)$, 在一定温度下, 若使容器体积缩小到原来的 1/2 时, 问反应速率如何变化?

2-20　某基元反应 $A + B \longrightarrow C$, 在 1.20 L 溶液中, 当 A 为 4.0 mol, B 为 3.0 mol 时, v 为 0.004 2 mol·L^{-1}·s^{-1}, 计算该反应的速率常数, 并写出该反应的速率方程式。

2-21　某一级反应, 若反应物浓度从 1.0 mol·L^{-1} 降到 0.20 mol·L^{-1} 需30 min, 问:

（1）该反应的速率常数 k 是多少?

（2）反应物浓度从 0.20 mol·L^{-1} 降到 0.040 mol·L^{-1} 需用多少分钟?

2-22　From reactions(1)—(5)below, select, without any thermodynamic calculations those reactions which have: (a) large negative standard entropy changes, (b) large positive standard entropy changes, (c) small entropy changes which might be either positive or negative.

(1) $Mg(s) + Cl_2(g) === MgCl_2(s)$

(2) $Mg(s) + I_2(s) === MgI_2(s)$

(3) $C(s) + O_2(g) === CO_2(g)$

(4) $Al_2O_3(s) + 3C(s) + 3Cl_2(g) === 2AlCl_3(g) + 3CO(g)$

(5) $2NO(g) + Cl_2(g) === 2NOCl(g)$

2-23 Calculate the value of the thermodynamic decomposition temperature (T_d) for the reaction $NH_4Cl(s) === NH_3(g) + HCl(g)$ at the standard state.

2-24 Calculate $\Delta_r G_m^{\ominus}$ at 298. 15 K for the reaction $2NO_2(g) \longrightarrow N_2O_4(g)$. Is this reaction spontaneous?

2-25 The following gas phase reaction follows first-order kinetics:

$$FClO_2(g) \longrightarrow FClO(g) + O(g)$$

The activation energy of this reaction is measured to be 186 kJ·mol^{-1}. The value of k at 322 ℃ is determined to be 6. 76×10^{-4} s^{-1}.

(1) What would be the value of k for this reaction at 25 ℃?

(2) At what temperature would this reaction have a k value of 6. 00×10^{-2} s^{-1}?

提高题

2-26 某理想气体在恒定外压(101. 3 kPa)下吸热膨胀,其体积从 80 L 变到 160 L,同时吸收 25 kJ 的热量,试计算系统热力学能的变化。

2-27 蔗糖($C_{12}H_{22}O_{11}$)在人体内的代谢反应为

$$C_{12}H_{22}O_{11}(s) + 12O_2(g) \longrightarrow 12CO_2(g) + 11H_2O(l)$$

假设在标准状态时其反应热有 30% 可转化为有用功,试计算体重为 70 kg 的人登上 3 000 m 高的山(按有效功计算),若其能量完全由蔗糖转换,需消耗多少蔗糖?(已知 $C_{12}H_{22}O_{11}$ 的 $\Delta_f H_m^{\ominus} = -2\ 222$ kJ·mol^{-1})

2-28 人体靠下列一系列反应去除体内酒精影响:$\Delta_f H_m^{\ominus}(CH_3CHO, l) = -192. 2$ kJ·mol^{-1}

$$CH_3CH_2OH(aq) \xrightarrow{O_2} CH_3CHO(aq) \xrightarrow{O_2} CH_3COOH(aq) \xrightarrow{O_2} CO_2(g)$$

计算人体去除 1 mol $C_2H_5OH(l)$ 时各步反应的 $\Delta_r H_m^{\ominus}$ 及总反应的 $\Delta_r H_m^{\ominus}$(温度近似用 $T = 298. 15$ K)。

2-29 Calculate the values of $\Delta_r H_m^{\ominus}$, $\Delta_r S_m^{\ominus}$, $\Delta_r G_m^{\ominus}$ and $K^{\ominus}$ at 298. 15 K for the reaction $NH_4HCO_3(s) === NH_3(g) + H_2O(g) + CO_2(g)$。

2-30 蔗糖在人体中的新陈代谢过程如下:

$$C_{12}H_{22}O_{11}(s) + 12O_2(g) \longrightarrow 12CO_2(g) + 11H_2O(l)$$

若反应的吉布斯函数变 $\Delta_r G_m^{\ominus}$ 只有 30% 能转化为有用功,则一匙蔗糖(约 3. 8 g)在体温 37 ℃时进行新陈代谢,可得多少有用功?(已知 $C_{12}H_{22}O_{11}$ 的 $\Delta_f H_m^{\ominus} = -2\ 222$ kJ·mol^{-1}, $S_m^{\ominus} = 360. 2$ J·mol^{-1}·K^{-1})

2-31 在 2 033 K 和 3 000 K 的温度条件下混合等摩尔的 N_2 和 O_2,发生如下反应:

$$N_2(g) + O_2(g) \rightleftharpoons 2NO(g)$$

平衡混合物中 NO 的体积百分数分别是 0.80% 和 4.5%。计算两种温度下反应的 $K^{\ominus}$，并判断该反应是吸热反应还是放热反应。

2-32 ^{14}C 的半衰期为 5 730 a（a：年的时间单位）。考古测定某古墓木质试样的 ^{14}C 含量为原来的 63.8%。问此古墓距今已有多少年？

2-33 在 301 K 时鲜牛奶大约 4.0 h 变酸，但在 278 K 的冰箱中可保持 48 h 不变酸。假定反应速率与变酸时间成反比，求牛奶变酸反应的活化能。

2-34 已知青霉素 G 的分解反应为一级反应，37 ℃时其活化能为 84.8 kJ·mol^{-1}，指前因子 A 为 4.2×10^{12} h^{-1}，求 37 ℃时青霉素 G 分解反应的速率常数。

2-35 某患者发烧至 40 ℃时，使体内某一酶催化反应的速率常数增大为正常体温（37 ℃）时的 1.25 倍，求该酶催化反应的活化能。

2-36 某二级反应，其在不同温度下的反应速率常数如下：

T/K	645	675	715	750
$k \times 10^3$/(mol^{-1}·L·min^{-1})	6.15	22.0	77.5	250

（1）作 ln$k$-1/T 图计算反应活化能 E_a；

（2）计算 700 K 时的反应速率常数 k。

2-37 It is difficult to prepare many compounds directly from the elements, so $\Delta_f H_m^{\ominus}$ values for these compounds cannot be measured directly. For many organic compounds, it is easier to measure the standard enthalpy of combustion $\Delta_c H_m^{\ominus}$ by reaction of the compounds with excess $O_2(g)$ to form $CO_2(g)$ and $H_2O(l)$. From the following standard enthalpies of combustion at 298.15 K, determine $\Delta_f H_m^{\ominus}$ for the compound.

（1）cyclohexane, $C_6H_{12}(l)$, a useful organic solvent: $\Delta_c H_m^{\ominus} = -3\ 920$ kJ·mol^{-1}.

（2）phenol, $C_6H_5OH(s)$, used as a disinfectant and in the production of thermo-setting plastics: $\Delta_c H_m^{\ominus} = -3\ 053$ kJ·mol^{-1}.

2-38 Tb（铽）的同位素 $^{161}_{65}$Tb 的半衰期 $t_{\frac{1}{2}} = 6.9$ d，求 10 d 后该同位素试样所剩质量分数。

习题参考答案

第三章　物质结构基础

(*The Basis of Substance Structure*)

学习要求

1. 理解原子核外电子运动的特性;了解波函数表达的意义;掌握四个量子数的符号和表示的意义及其取值规律;掌握原子轨道和电子云的角度分布图。

2. 掌握核外电子排布原则及方法;掌握常见元素的电子结构式;理解核外电子排布和元素周期系之间的关系;了解有效核电荷、电离能、电子亲和势、电负性、原子半径的概念。

3. 理解化学键的本质、离子键与共价键的特征及其区别;理解键参数的意义;掌握 O_2 和 F_2 的分子轨道,理解成键轨道、反键轨道、σ 键、π 键的概念及杂化轨道、等性杂化、不等性杂化的概念;掌握价层电子对互斥理论。

4. 了解金属键理论;理解分子间作用力的特征与性质;理解氢键的形成及对物性的影响;了解常见晶体类型、晶格结点间作用力及物性;了解离子晶体晶格能、离子极化作用对物性的影响。

　　在第二章,我们主要从宏观(大量分子、原子的聚集体)角度讨论了化学变化中质量、能量变化的关系,解释了为什么有的反应能自发进行而有的则不行。而从微观的角度上看,化学变化的实质是物质的化学组成、结构发生了变化。在化学变化中,原子核并不发生变化,而只是核外电子运动状态发生了改变。因此要深入理解化学反应中的能量变化,阐明化学反应的本质,了解物质的结构与性质的关系,预测新物质的合成等,首先必须了解原子结构,特别是原子的核外电子层结构的知识及分子结构与晶体结构的有关知识。本章将简要介绍有关物质结构的基础知识。

3.1　核外电子的运动状态

3.1.1　微观粒子(电子)的运动特征

1. 氢原子光谱与玻尔理论

(1) 氢原子光谱

太阳或白炽灯发出的白光,通过三角棱镜的分光作用,可形成红、橙、黄、绿、青、蓝、紫等连续波长的光谱,这种光谱叫连续光谱(continuous spectrum)。而像气体原子(离子)受激发后则产生不同种类的光,这些光经过三角棱镜分光后,得到分立的、彼此间隔的线状光谱(line spectrum),或称原子光谱(atomic spectrum)。相对于连续光谱,原子光谱为不连续光谱(uncontinuous spectrum)。任何原子被激发后都能产生原子光谱,光谱中每条谱线表征光的相应波长和频率。不同的原子有各自不同的特征光谱。氢原子光谱是最简单的原子光谱。人们对原子中电子的分布及运动状态的了解起始于对氢原子光谱的研究。图3-1是氢原子光谱示意图,在抽真空的放电管中充入少量 H_2,通高压电使 H_2 放电发光。此光通过狭缝后经三角棱镜分光,可见光区①在投影屏幕上呈现出四条谱线,如图3-2所示。

氢原子光谱

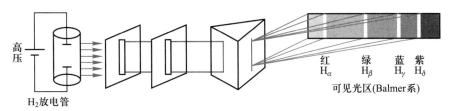

图 3-1　氢原子光谱示意图

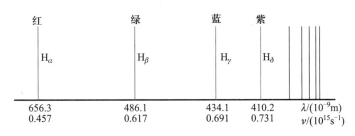

图 3-2　氢原子光谱(Balmer 系)

1885 年瑞士物理学家巴尔末(Balmer J J)发现氢原子光谱可见区四条谱线的频率遵循下面的数学关系(巴尔末公式):

$$\nu = 3.289 \times 10^{15} \left(\frac{1}{2^2} - \frac{1}{n^2} \right) \text{s}^{-1} \tag{3-1}$$

式中: n 为大于 2 的正整数,当 n 分别为 3,4,5,6 时, ν 分别为氢原子光谱在可见光区的四条谱线的频率。

1913 年,瑞典物理学家里德伯(Rydberg J R)提出了应用于氢原子光谱各光区谱线之间普遍关系的通式(里德伯公式):

$$\nu = R_H \left(\frac{1}{n_1^2} - \frac{1}{n_2^2} \right) \tag{3-2}$$

式(3-2)中 n_1, n_2 为正整数,且 $n_2 > n_1$, $R_H = 3.289 \times 10^{15} \text{ s}^{-1}$,称里德伯常量。

---

①　氢原子光谱有紫外区的莱曼(Lyman)系,可见光区的巴尔末(Balmer)系,近红外的帕邢(Paschen)系和远红外的布拉开(Brackett)和普丰德(Pfund)系,按发现者的姓氏命名。

当把 $n_1 = 2$, $n_2 = 3$、4、5、6, 分别代入式（3-2）, 可算出可见光区 4 条谱线的频率。如 $n_2 = 3$ 时：

$$\nu = 3.289 \times 10^{15} \times \left(\frac{1}{2^2} - \frac{1}{3^2} \right) \text{ s}^{-1} = 0.456\,8 \times 10^{15} \text{ s}^{-1}$$

$$\lambda = \frac{c}{\nu} = \frac{2.998 \times 10^8 \text{ m} \cdot \text{s}^{-1}}{0.456\,8 \times 10^{15} \text{ s}^{-1}} = 656.3 \times 10^{-9} \text{ m} = 656.3 \text{ nm}（\text{H}_\alpha \text{线}）$$

当 $n_1 = 1$, $n_2 > 1$ 或 $n_1 = 3$, $n_2 > 3$ 时, 可分别求得氢原子在紫外区和红外区的谱线的频率。

巴尔末公式与里德伯公式是经验公式, 是在实验事实的基础上总结归纳的结果。那么公式中的 n 代表什么? 又如何从理论上解释氢原子光谱能?

（2）玻尔理论

1900 年, 普朗克（Planck M）在研究黑体辐射问题时提出了著名的量子论。该理论认为物质吸收或放出能量是不连续的, 像物质微粒一样, 只能以单个的、一定分量的能量, 一份一份地或按其基本分量的整数倍吸收或放出, 即能量是量子化的。该能量的最小值称能量子, 简称量子（quantum）。

1905 年, 爱因斯坦（Einstein A）引用普朗克的量子论并加以推广, 用于解释光电效应, 提出了光子学说。光子学说认为当能量以光的形式传播时, 其最小单位是光量子（简称光子, photo）。光子的能量与光的频率成正比, 即

$$E = h\nu \tag{3-3}$$

式中：E 是光子的能量, h 称普朗克常量, 等于 6.626×10^{-34} J·s, ν 为光的频率。

1913 年, 玻尔（Bohr N）在普朗克的量子论和爱因斯坦的光子学说的基础上提出了原子结构模型（后人称玻尔模型）, 其主意内容为：

• 氢原子中, 电子可处于多种稳定的能量状态（这些状态叫定态）, 每一种可能存在的定态, 其能量大小必须满足

$$E_n = -2.179 \times 10^{-18} \frac{1}{n^2} \text{ J}^① \tag{3-4}$$

式中：负号表示核对电子的吸引, n 为大于 0 的正整数 1, 2, 3, …, $n = 1$ 即氢原子处于能量最低的状态（称基态）, 其余为激发态。

• n 值越大, 表示电子离核越远, 能量就越高。$n = \infty$ 时, 意即电子不再受原子核产生的势场的吸引, 离核而去, 这一过程叫电离。n 值的大小表示氢原子的能级高低。

• 电子处于定态时的原子并不辐射能量, 电子由一种定态（能级）跃迁到另一种定态（能级）, 在此过程中以电磁波的形式放出或吸收辐射能（$h\nu$）, 辐射能的频率取决于两定态能级之间的能量之差：

$$\Delta E = E_2 - E_1 = h\nu$$

或

$$\nu = \frac{E_2 - E_1}{h} \tag{3-5}$$

玻尔还求得氢原子基态时电子离核距离 $r = 52.9$ pm, 通常称为玻尔半径, 以 a_0 表示。

---

① 玻尔模型中把完全脱离原子核的电子的能量定为零, 即 $E_\infty = 0$ J。

玻尔理论成功地解释了氢原子光谱的产生及光谱的不连续性。氢原子在正常状态时,电子处于基态,因此氢原子不会发光。当氢原子受高压放电激发时,电子由基态跃迁到激发态。处于激发态的电子不稳定,会自发地跃迁回低能量轨道,并以光子的形式释放出能量。因为氢原子轨道的能量是确定的,所以两轨道的能量差 $\Delta E(E_2-E_1)$ 也是定值,因而释放出的光有确定的频率。如氢原子可见光谱(即巴尔末系)就是电子从 $n=3,4,5,6$ 能级跃迁回 $n=2$ 的能级时放出的辐射,见图 3-3。后来又相继发现了氢原子电子从较高能级跃迁回 $n=1$ 时的辐射谱线在紫外区,跃迁回 $n=3,4$ 的谱线在红外区,从理论上阐明了里德伯公式中 n_1,n_2 的含义。总之,由于原子能级的不连续,即量子化,造成了原子光谱为不连续的线状光谱,各谱线具有特定的频率。

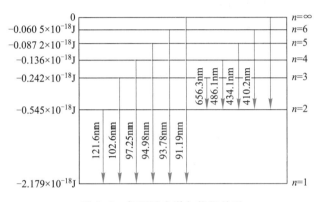

图 3-3　氢原子光谱与能级关系

氢原子光谱与能级关系

但玻尔理论无法解释多电子原子的光谱,也不能解释氢原子光谱的精细结构。例如,氢原子光谱的巴尔末系实际是波长相差很小的双线。玻尔理论的这一局限性源于其虽然引入了普朗克的量子化概念,却没跳出经典力学的范畴,电子在固定轨道上绕核运动的模型不符合微观粒子的运动特性——波粒二象性,微观粒子的这一运动特性是当时玻尔还没认识到的。

2. 微观粒子的波粒二象性

（1）光的波粒二象性

光是波还是微粒的问题,在 17—18 世纪一直争论不休。光的干涉、衍射现象表现出光的波动性,而光压、光电效应则表现出光的粒子性,说明光既具有波的性质又具有微粒的性质,称为光的波粒二象性(wave-particle dualism)。根据爱因斯坦的质能关系式:

$$E=mc^2 \tag{3-6}$$

和式(3-3)及

$$c=\lambda \cdot \nu \tag{3-7}$$

光的波粒二象性可表示为

$$mc=\frac{E}{c}=\frac{h\nu}{c}$$

或

$$p=\frac{h}{\lambda} \tag{3-8}$$

式中:c 为光速,等于 $2.998×10^8 \text{ m} \cdot \text{s}^{-1}$,$p$ 为光子的动量,λ 为光子波长。

（2）德布罗意波

1924 年法国物理学家德布罗意(de Broglia L)在光的波粒二象性启发下,大胆假设微观粒子的波粒二象性是一种具有普遍意义的现象。他认为不仅光具有波粒二象性,所有微观粒子,如电子、原子等实物粒子也具有波粒二象性,并预言具有质量为 m,运动速率为 v 的微观粒子(如电子等)其相应的波长为

$$\lambda = \frac{h}{p} = \frac{h}{mv} \tag{3-9}$$

式中:p 是微观粒子的动量。式(3-9)即为有名的德布罗意关系式,虽然它形式上与式(3-8)相同,但实际上是一个全新的假设,将波粒二象性的概念从光子应用于微观粒子,这种实物微粒所具有的波称为德布罗意波(也叫物质波)。

三年后,即 1927 年,德布罗意的大胆假设即为戴维逊(Davisson C J)和盖革(Geiger H)的电子衍射实验所证实。图 3-4 是电子衍射实验的示意图,他们发现,当经过电势差加速的电子束入射到镍单晶上,观察散射电子束的强度和散射角的关系,结果得到完全类似于单色光通过小圆孔那样的衍射图像。从实验所得的衍射图,可以计算电子波的波长,结果表明动量 p 与波长 λ 之间的关系完全符合式(3-9),说明德布罗意关系式是正确的。

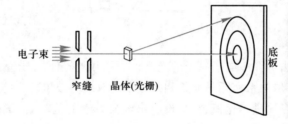

电子衍射原理图　　　　　　　　　　　图 3-4　电子衍射实验示意图

电子衍射实验表明:一个动量为 p 能量为 E 的微观粒子,在运动时表现为一个波长为 $\lambda = \dfrac{h}{mv}$、频率为 $\nu = \dfrac{E}{h}$ 的沿微粒运动方向传播的波(物质波)。因此,电子等实物粒子也具有波粒二象性。

例 3-1　电子的质量为 $9.109\,1×10^{-31} \text{ kg}$,当其速率为 $5.90×10^6 \text{ m} \cdot \text{s}^{-1}$ 时,电子波的波长为多少?

解:根据式(3-9)

$$\lambda = \frac{h}{m_e \cdot v_e} = \frac{6.626×10^{-34} \text{ kg} \cdot \text{m}^2 \cdot \text{s}^{-1}}{9.109\,1×10^{-31} \text{ kg}×5.90×10^6 \text{ m} \cdot \text{s}^{-1}} ①$$

$$= 1.23×10^{-10} \text{ m} = 123 \text{ pm}$$

实验进一步证明,不仅电子,质子、中子、原子等一切微观粒子均具有波动性,都符合式(3-9)的关系。由此可见,波粒二象性是微观粒子运动的特征。因而描述微观粒子的运动不能用经典的牛顿力学,而必须用描述微观世界的量子力学。

———————————

① $1 \text{ J} = 1 \text{ kg} \cdot \text{m}^2 \cdot \text{s}^{-2}$

3. 量子化

由玻尔理论及图 3-3 可知,原子中电子的能量状态不是任意的,而是有一定条件的,它具有微小而分立的能量单位——量子(quantum)($h\nu$)。也就是说,物质吸收或放出能量就像物质微粒一样,只能以单个的、一定分量的能量,一份一份地按照这一基本分量($h\nu$)的整倍数吸收或放出能量,即能量是量子化的。

微观粒子的能量及其他物理量具有量子化的特征是一切微观粒子的共性,是区别于宏观物体的重要特性之一。

4. 统计性

(1)不确定原理

在经典力学中,宏观物体在任一瞬间的位置和动量都可以用牛顿定律正确测定。如太空中的卫星,人们在任何时刻都能同时准确测知其运动速度(或动量)和空间位置。即它的运动轨道是可测知的。

而对具有波粒二象性的微观粒子,它们的运动并不服从牛顿定律,不能同时准确确定它们的速度和位置。1927 年,德国物理学家海森伯(Heisenberg W)经严格推导提出了不确定原理(uncertainty principle)(旧称测不准原理):电子在核外空间所处的位置与电子运动的动量两者不能同时准确地测定,Δx(位置误差)与 Δp(动量误差)的乘积大于等于一定值 $\dfrac{h}{4\pi}$,即

$$\Delta x \cdot \Delta p \geqslant \frac{h}{4\pi} \qquad (3-10)$$

不确定原理表明,核外电子的运动不可能存在一条如玻尔理论所指的固定轨道。必须指出,不确定原理并不意味着微观粒子的运动是不可认识的。实际上,不确定原理正是反映了微观粒子的波粒二象性,是对微观粒子运动规律的认识的进一步深化。

(2)统计性

在图 3-4 的电子衍射实验中,如果电子流的强度很弱,设想射出的电子是一个一个依次射到底板上,则每个电子在底板上只留下一个黑点,显示出其微粒性。但我们无法预测黑点的位置,每个电子在底板上留下的位置都是无法预测的。但在经历了无数个电子后在底板上留下的衍射环与较强电子流在短时间内的衍射图是一致的。表明无论是"单射"还是"连射",电子在底板上的概率分布是一样的,也反映出电子的运动规律具有统计性。底板上衍射强度大的地方,就是电子出现概率大的地方,也是波的强度大的地方,反之亦然。电子虽然没有确定的运动轨道,但其在空间出现的概率可由衍射波的强度反映出来,所以电子波又称概率波。

微观粒子的运动规律可以用量子力学中的统计方法来描述。如以原子核为坐标原点,电子在核外定态轨道上运动,虽然我们无法确定电子在某一时刻会在哪一处出现,但是电子在核外某处出现的概率大小却不随时间改变而变化,电子云就是形象地用来描述概率的一种图示方法。图 3-5 为氢原子处于能量最低的状态时的电子云,图中黑点的疏密程度表示概率密度的相对大小。由图可知:离核越近,概率密度越大;反之,离核越远,概率密度越小。在离核距离(r)相等

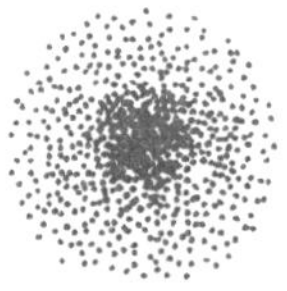

图 3-5 基态氢原子电子云

的球面上概率密度相等,与电子所处的方位无关,因此基态氢原子的电子云是球形对称的。

综上所述,微观粒子运动的主要特征是具有波粒二象性,具体体现在量子化和统计性上。

3.1.2 核外电子运动状态描述

由于微观粒子的运动具有波粒二象性的特征,所以核外电子的运动状态不能用经典的牛顿力学来描述,而需用量子力学来描述,以电子在核外出现的概率密度、概率分布来描述电子运动的规律。

1. 薛定谔方程

既然微观粒子的运动具有波性,所以可以用波函数 ψ 来描述它的运动状态。1926年,奥地利物理学家薛定谔(Schrodinger E)根据电子具有波粒二象性的特征,结合德布罗意关系式和光的波动方程提出了微观粒子运动的波动方程,称为薛定谔方程:

$$\frac{\partial^2 \psi}{\partial x^2}+\frac{\partial^2 \psi}{\partial y^2}+\frac{\partial^2 \psi}{\partial z^2}+\frac{8\pi^2 m}{h^2}(E-V)\psi=0 \tag{3-11}$$

式中:ψ 为波函数,E 是微观粒子的总能量即势能和动能之和,V 是势能,m 是微粒的质量,h 是普朗克常量,x,y,z 为空间坐标。求解薛定谔方程的过程很复杂。无机及分析化学中只要求了解量子力学处理原子结构问题的大致思路和求解薛定谔方程得到的一些重要结论。

不同的体系,在薛定谔方程中主要体现在势能 V 的不同表达式。原子核外电子的势能 V 可由式(3-12)表达:

$$V=-\frac{Ze^2}{4\pi\varepsilon_0 r} \tag{3-12}$$

式中:Z 为核电荷数,ε_0 为真空介电常数,r 为电子与核的距离。若以核的位置为坐标系原点,则

$$r=\sqrt{x^2+y^2+z^2} \tag{3-13}$$

于是势能 V 将涉及全部三个变量。为了有利于薛定谔方程的求解和原子轨道的表示,把直角坐标 (x,y,z) 变换成球极坐标 (r,θ,ϕ),球极坐标系中用三个变量 r,θ,ϕ 表示空间位置,其变换关系见图 3-6。

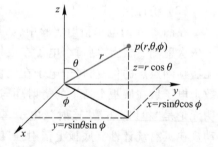

图 3-6 直角坐标与球极坐标的关系

坐标变换后,得到的球极坐标系中的薛定谔方程为

$$\frac{1}{r^2}\cdot\frac{\partial}{\partial r}\left(r^2\frac{\partial \psi}{\partial r}\right)+\frac{1}{r^2\sin^2\theta}\cdot\frac{\partial^2 \psi}{\partial \phi^2}+\frac{1}{r^2\sin\theta}\cdot\frac{\partial}{\partial \theta}\left(\sin\theta\cdot\frac{\partial \psi}{\partial \theta}\right)$$

$$+\frac{8\pi^2 m}{h^2}\left(E+\frac{Ze^2}{4\pi\varepsilon_0 r}\right)\psi=0 \tag{3-14}$$

可以看到,经过变换之后,势能项中,只涉及一个变量 r。

坐标变换之后还要进行变量分离,即将含有三个变量 r,θ,ϕ 的偏微分方程,化成如下三个分别只含一个变量的常微分方程:

$$\frac{1}{R}\frac{\mathrm{d}}{\mathrm{d}r}\left(r^2\frac{\mathrm{d}R}{\mathrm{d}r}\right)+\frac{8\pi^2mr^2}{h^2}(E-V)=\beta \tag{3-15}$$

$$\frac{\sin\theta}{\Theta}\frac{\mathrm{d}}{\mathrm{d}\theta}\left(\sin\theta\frac{\mathrm{d}\Theta}{\mathrm{d}\theta}\right)+\beta\sin^2\theta=\nu \tag{3-16}$$

$$-\frac{1}{\Phi}\frac{\mathrm{d}^2\Phi}{\mathrm{d}\phi^2}=\nu \tag{3-17}$$

以便求解。

在解上面三个常微分方程求 $\Phi(\phi)$，$R(r)$ 和 $\Theta(\theta)$ 的过程中，为了保证解的合理性，需引入三个参数 n，l 和 m，且必须满足下列条件：

$m=0,\pm1,\pm2,\cdots$；$l=0,1,2,\cdots$，且 $l\geqslant|m|$；n 为正整数，且 $n-1\geqslant l$。

由解得的 $\Phi(\phi)$，$R(r)$ 和 $\Theta(\theta)$ 即可求得波函数 $\psi_{n,l,m}(r,\theta,\phi)$

$$\psi_{n,l,m}(r,\theta,\phi)=R_{n,l}(r)\Theta_l(\theta)\Phi_m(\phi) \tag{3-18}$$

令 $$Y_{l,m}(\theta,\phi)=\Theta_l(\theta)\Phi_m(\phi) \tag{3-19}$$

则式(3-18)可以写成如下形式：

$$\psi_{n,l,m}(r,\theta,\phi)=R_{n,l}(r)Y_{l,m}(\theta,\phi) \tag{3-20}$$

式中：$R_{n,l}(r)$ 称为波函数的径向部分，$Y_{l,m}(\theta,\phi)$ 称为波函数的角度部分。

波函数 ψ 是一个三变量 r,θ,ϕ 和三参数 n,l,m 的函数。对应于一组合理的 n,l，m 取值。则有一个确定的波函数 $\psi_{n,l,m}(r,\theta,\phi)$。

2. 波函数（ψ）与电子云（$|\psi|^2$）

处于每一定态（即能量状态一定）的电子就有相应的波函数式。例如，氢原子处于基态（$E_1=-2.179\times10^{-18}$ J）时的波函数为

$$\psi=\sqrt{\frac{1}{\pi a_0^3}}\mathrm{e}^{-\frac{r}{a_0}}$$

那么波函数 $\psi(r,\theta,\phi)$ 代表核外空间 $p(r,\theta,\phi)$ 点的什么性质呢？其意义是不明确的，因此 ψ 本身没有明确的物理意义。只能说 ψ 是描述核外电子运动状态的数学表达式，电子运动的规律受它控制。波函数 ψ 叫做原子轨道（orbital）。它和经典力学中的轨道（orbital）意义不同，它没有物体在运动中走过的轨迹的含义。但是，波函数 ψ 绝对值的平方 $|\psi|^2$ 却有明确的物理意义。它代表核外空间某点电子出现的概率密度（probability density）。量子力学原理指出：在核外空间某点 $p(r,\theta,\phi)$ 附近微体积 $\mathrm{d}\tau$ 内电子出现的概率 $\mathrm{d}p$ 为

$$\mathrm{d}p=|\psi|^2\cdot\mathrm{d}\tau \tag{3-21}$$

即 $$|\psi|^2=\frac{\mathrm{d}p}{\mathrm{d}\tau}$$

所以 $|\psi|^2$ 表示电子在核外空间某点 $p(r,\theta,\phi)$ 附近单位微体积 $\mathrm{d}\tau$ 内出现的概率，即概率密度。

例如，对于基态氢原子其概率密度为

$$|\psi|^2=\frac{1}{\pi a_0^3}\mathrm{e}^{-\frac{2r}{a_0}}$$

如果用点子的疏密来表示 $|\psi|^2$ 值的大小，可得到图 3-5 的基态氢原子的电子云图。

因此电子云是 $|\psi|^2$（概率密度）的形象化描述。因而,人们也把 $|\psi|^2$ 称为电子云,而把描述电子运动状态的 ψ 称为原子轨道。

3. 量子数

在求解薛定谔方程时,数学上可解得许多个 $\psi(r,\theta,\phi)$ 及能量 E,但物理意义上并非都是合理的。为了得到描述电子运动状态的合理解,在求解过程中必须引进 n,l,m 三个量子数。对应于一组合理的 n,l,m 取值。其确定波函数 $\psi_{n,l,m}(r,\theta,\phi)$ 中,n,l,m 称为量子数,因为它们决定着一个波函数所描述的电子及其所在原子轨道的某些物理量的量子化情况。如电子的能量、角动量、原子轨道离原子核的远近、原子轨道的形状和它在空间的取向等,可以由量子数 n,l,m 来说明。

（1）主量子数 n（principal quantum number）

主量子数 n 表示原子中电子出现概率最大的区域离核的远近,是决定电子能量的主要量子数。n 值越大,原子轨道离核越远,能量越高。n 可取的值为 $1,2,3,4,\cdots$ 正整数。对氢原子来说,其原子轨道的能量可用式(3-4)表示:

$$E_n = -2.179 \times 10^{-18} \frac{1}{n^2} \text{ J}$$

在同一原子内,具有相同主量子数的电子几乎在离核距离相同的空间内运动,可看作构成一个核外电子"层"。根据 $n=1,2,3,4,\cdots$,相应称为 K,L,M,N,O,P,Q 层。

（2）轨道角动量量子数 l（orbital angular momentum quantum number）

一般简称为角量子数。l 的取值受制于 n,l 可取的值为 $0,1,2,\cdots,(n-1)$,共可取 n 个,在光谱学中分别用符号 s,p,d,f,$\cdots$ 表示,即 $l=0$ 用 s 表示,$l=1$ 用 p 表示等,相应为 s 亚层、p 亚层、d 亚层和 f 亚层,而处于这些亚层的电子即为 s 电子、p 电子、d 电子和 f 电子。例如,当 $n=1$ 时,l 只可取 0;当 $n=4$ 时,l 分别可取 0,1,2,3。l 反映电子在核外出现的概率密度（电子云）分布随角度 (θ,ϕ) 变化的情况,即决定电子云的形状。当 $l=0$ 时,s 电子云与角度 (θ,ϕ) 无关,所以呈球状对称。在多电子原子中,当 n 相同时,不同的角量子数 l（即不同的电子云形状）也影响电子的能量大小。

（3）磁量子数 m（magnetic quantum number）

m 的量子化条件受 l 值的限制,m 可取的数值为 $0,\pm1,\pm2,\pm3,\cdots\pm l$,共可取 $2l+1$ 个值。m 值反映处于同一亚层的电子云在空间的伸展方向,即取向数目或亚层轨道数。例如,当 $l=0$ 时,按量子化条件 m 只能取 0,即 s 电子云在空间只有球状对称的一种取向,表明 s 亚层只有一个轨道;当 $l=1$ 时,m 依次可取 $-1,0,+1$ 三个值,表示 p 电子云在空间有互成直角的三个伸展方向,分别以 p_x,p_y,p_z 表示,即 p 亚层有三个轨道;类似的,d,f 电子云分别有 5,7 个取向,有 5,7 个轨道。同一亚层内的原子轨道其能量是相同的,称等价轨道或简并轨道。但在磁场作用下,能量会有微小的差异,因而其线状光谱在磁场中会发生分裂。

当一组合理的量子数 n,l,m 确定后,电子运动的波函数 ψ 也随之确定,该电子的能量、核外的概率分布也确定了。通常将原子中单电子波函数称为"原子轨道",注意这只不过是沿袭的术语,而非宏观物体运动所具有的那种轨道的概念。

（4）自旋角动量量子数 s_i（spin angular momentum quantum number）

n,l,m 三个量子数是解薛定谔方程所要求的量子化条件。实验也证明了这些条件与实验的结果相符。但用高分辨率的光谱仪在无外磁场的情况下观察氢原子光谱时发现原先的一条谱线又分裂为两条靠得很近的谱线,反映出电子运动的两种不同的状态。为了解释这一现象,又提出了第四个量子数,叫自旋角动量量子数,用符号 s_i 表示。前面三个量子数决定电子绕核运动的状态,因此,也常称轨道量子数。电子除绕核运动外,其自身还做自旋运动。量子力学用自旋角动量量子数 $s_i = +1/2$ 或 $s_i = -1/2$ 分别表示电子的两种不同的自旋运动状态。通常图示用箭头↑、↓符号表示。两个电子的自旋状态为"↑↑"或"↓↓"时,称为自旋平行;而"↑↓"的自旋状态称为自旋相反。

综上所述,主量子数 n 和轨道角动量量子数 l 决定核外电子的能量;轨道角动量量子数 l 决定电子云的形状;磁量子数 m 决定电子云的空间取向;自旋角动量量子数 s_i 决定电子运动的自旋状态。也就是说,电子在核外运动的状态可以用四个量子数来描述。根据四个量子数可以确定核外电子的运动状态,可以确定各电子层中电子可能的状态数,见表 3-1。

表 3-1 核外电子可能的状态

主量子数 n	1	2		3			4			
电子层符号	K	L		M			N			
轨道角动量量子数 l	0	0	1	0	1	2	0	1	2	3
电子亚层符号	1s	2s	2p	3s	3p	3d	4s	4p	4d	4f
磁量子数 m	0	0	0 ±1	0	0 ±1	0 ±1 ±2	0	0 ±1	0 ±1 ±2	0 ±1 ±2 ±3
亚层轨道数 $(2l+1)$	1	1	3	1	3	5	1	3	5	7
电子层轨道数	1	4		9			16			
自旋角动量量子数 s_i	±1/2									
各层可容纳的电子数	2	8		18			32			

3.1.3 原子轨道和电子云的图像

波函数 $\psi_{n,l,m}(r,\theta,\phi)$ 通过变量分离可表示为

$$\psi_{n,l,m} = R_{n,l}(r) \cdot Y_{l,m}(\theta,\phi) \tag{3-22}$$

式中:波函数 $\psi_{n,l,m}$ 即所谓的原子轨道,$R_{n,l}(r)$ 只与离核半径有关,称为原子轨道的径向部分;$Y_{l,m}(\theta,\phi)$ 只与角度有关,称为原子轨道的角度部分。氢原子若干原子轨道的径向分布与角度分布如表 3-2 所示。原子轨道除了用函数式表示外,还可以用相应的图形表示。现介绍几种主要的图形表示法。

表 3-2 氢原子若干原子轨道的径向分布与角度分布(a_0 为玻尔半径)

原子轨道 $\psi(r,\theta,\phi)$	径向分布 $R(r)$	角度分布 $Y(\theta,\phi)$
1s	$\sqrt{\dfrac{1}{\pi a_0^3}} e^{-\frac{r}{a_0}}$	$2\sqrt{\dfrac{1}{a_0^3}} e^{-\frac{r}{a_0}}$	$\sqrt{\dfrac{1}{4\pi}}$

原子轨道 $\psi(r,\theta,\phi)$	径向分布 $R(r)$	角度分布 $Y(\theta,\phi)$
2s $\dfrac{1}{4}\sqrt{\dfrac{1}{2\pi a_0^3}}\left(2-\dfrac{r}{a_0}\right)\mathrm{e}^{-\frac{r}{2a_0}}$	$\sqrt{\dfrac{1}{8a_0^3}}\left(2-\dfrac{r}{a_0}\right)\mathrm{e}^{-\frac{r}{2a_0}}$	$\sqrt{\dfrac{1}{4\pi}}$
$2\mathrm{p}_z$ $\dfrac{1}{4}\sqrt{\dfrac{1}{2\pi a_0^3}}\left(\dfrac{r}{a_0}\right)\mathrm{e}^{-\frac{r}{2a_0}}\cos\theta$		$\sqrt{\dfrac{3}{4\pi}}\cos\theta$
$2\mathrm{p}_x$ $\dfrac{1}{4}\sqrt{\dfrac{1}{2\pi a_0^3}}\left(\dfrac{r}{a_0}\right)\mathrm{e}^{-\frac{r}{2a_0}}\sin\theta\cos\phi$	$\sqrt{\dfrac{1}{24a_0^3}}\left(\dfrac{r}{a_0}\right)\mathrm{e}^{-\frac{r}{2a_0}}$	$\sqrt{\dfrac{3}{4\pi}}\sin\theta\cos\phi$
$2\mathrm{p}_y$ $\dfrac{1}{4}\sqrt{\dfrac{1}{2\pi a_0^3}}\left(\dfrac{r}{a_0}\right)\mathrm{e}^{-\frac{r}{2a_0}}\sin\theta\sin\phi$		$\sqrt{\dfrac{3}{4\pi}}\sin\theta\sin\phi$

1. 原子轨道的角度分布图

原子轨道角度分布图表示波函数的角度部分 $Y_{l,m}(\theta,\phi)$ 随 θ 和 ϕ 变化的图像。这种图的作法是:从坐标原点(原子核)出发,引出不同 θ,ϕ 角度的直线,按照有关波函数角度分布的函数式 $Y(\theta,\phi)$ 算出 θ 和 ϕ 变化时的 $Y(\theta,\phi)$ 值,使直线的长度为 $|Y|$,将所有直线的端点连接起来,在空间则形成一个封闭的曲面,并给曲面标上 Y 值的正、负号,这样的图形称为原子轨道的角度分布图。

由于波函数的角度部分 $Y_{l,m}(\theta,\phi)$ 只与角量子数 l 和磁量子数 m 有关,因此,只要量子数 l,m 相同,其 $Y_{l,m}(\theta,\phi)$ 函数式就相同,就有相同的原子轨道角度分布图。

例如,所有 $l=0$,$m=0$ 的波函数的角度部分 $Y_{0,0}(\theta,\phi)$ 都和 1s 轨道的相同,为 $Y_s=\sqrt{\dfrac{1}{4\pi}}$,是一个与角度 θ,ϕ 无关的常数,所以它的角度分布图是一个以 $\sqrt{\dfrac{1}{4\pi}}$ 为半径的球面。球面上任意一点的 Y_s 值均为 $\sqrt{\dfrac{1}{4\pi}}$,如图 3-7 所示。

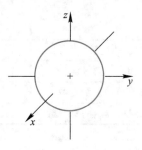

图 3-7   s 轨道的角度分布图

又如所有 p_z 轨道波函数的角度部分为

$$Y_{\mathrm{p}_z}=\sqrt{\dfrac{3}{4\pi}}\cos\theta=C\cdot\cos\theta$$

Y_{p_z} 函数比较简单,它只与 θ 有关而与 ϕ 无关。表 3-3 列出不同 θ 角的 Y_{p_z} 值,由此作 Y_{p_z}-$\cos\theta$ 图,就可得到两个相切于原点的圆,如图 3-8 所示。将图 3-8 绕 z 轴旋转 360°,就可得到两个外切于原点的球面所构成的 p_z 原子轨道角度分布的立体图。球面上任意一点至原点的距离代表在该角度 (θ,ϕ) 上 Y_{p_z} 数值的大小;$x\ y$ 平面上、下的正、负号表示 Y_{p_z} 的值为正值或负值,并不代表电荷,这些正、负号和 Y_{p_z} 的极大值空间取向将在原子

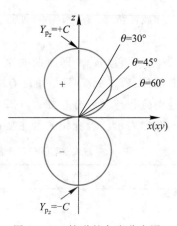

图 3-8 p_z 轨道的角度分布图

形成分子的成键过程中起重要作用。整个球面表示 Y_{p_z} 随 θ 和 ϕ 角度变化的规律。

表 3-3　不同 θ 角的 Y_{p_z} 值

θ	0°	30°	60°	90°	120°	150°	180°
$\cos\theta$	1.00	0.87	0.50	0	-0.50	-0.87	-1.00
Y_{p_z}	$1.00C$	$0.87C$	$0.50C$	0	$-0.50C$	$-0.87C$	$-1.00C$

采用同样方法,根据各原子轨道的 $Y(\theta,\phi)$ 函数式,可作出 p_x,p_y 及五种 d 轨道的角度分布图。

图 3-9 是 s,p,d 原子轨道的角度分布图。从图中看到,三个 p 轨道角度分布的形状相同,只是空间取向不同。它们的 Y_p 极大值分别沿 x,y,z 三个轴取向,所以三种 p 轨道分别称为 p_x,p_y,p_z 轨道。五种 d 轨道中 d_{z^2} 和 $d_{x^2-y^2}$ 两种轨道其 Y 的极大值分别在 z 轴、x 轴和 y 轴的方向上,称为轴向 d 轨道;d_{xy},d_{xz},d_{yz} 三种轨道 Y 的极大值都在两个轴间(x 和 y,x 和 z,y 和 z 轴)45°夹角的方向上,称为轴间轨道。除 d_{z^2} 轨道外,其余四种 d 轨道角度分布的形状相同,只是空间取向不同。

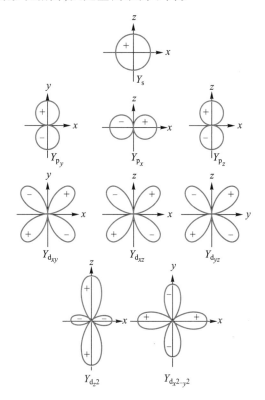

图 3-9　s,p,d 原子轨道的角度分布图

2. 电子云的角度分布图

电子云角度分布图是波函数角度部分函数 $Y(\theta,\phi)$ 的平方 $|Y|^2$ 随 θ,ϕ 角度变化的图形(见图 3-10),反映出电子在核外空间不同角度的概率密度大小。电子云的角度分布图与相应的原子轨道的角度分布图是相似的,它们之间的主要区别在于:

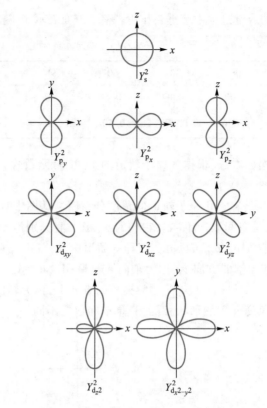

电子云的角度分布图　　　　图 3-10　s,p,d 电子云的角度分布图

● 原子轨道角度分布图中 Y 有正、负之分,而电子云角度分布图中 $|Y|^2$ 则无正、负号,这是由于 $|Y|$ 平方后总是正值;

● 由于 $Y<1$ 时,$|Y|^2$ 一定小于 Y,因而电子云角度分布图要比原子轨道角度分布图稍"瘦"些。

原子轨道、电子云的角度分布图在化学键的形成、分子空间构型的讨论中有重要意义。

3. 电子云的径向分布图

电子云的角度分布图只能反映出电子在核外空间不同角度的概率密度大小,并不反映电子出现的概率密度大小与离核远近的关系,通常用电子云的径向分布图来反映电子在核外空间出现的概率密度离核远近的变化。

考虑一个离核半径为 r,厚度为 dr 的薄球壳(图 3-11)。以 r 为半径的球面面积为 $4\pi r^2$,球壳的体积为 $4\pi r^2 \cdot dr$。据式(3-21),电子在球壳内出现的概率

$$dp = |\psi|^2 \cdot d\tau = |\psi|^2 \cdot 4\pi r^2 \cdot dr = R^2(r) \cdot 4\pi r^2 \cdot dr$$

式中:R 为波函数的径向部分。令

$$D(r) = R^2(r) \cdot 4\pi r^2$$

$D(r)$ 称径向分布函数。以 $D(r)$ 对 r 作图即可得电子云径向分布图。

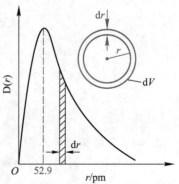

图 3-11　1s 电子云的径向分布图

图 3-11 为 1s 电子云的径向分布图,曲线在 $r = 52.9$ pm 处有一极大值,意指 1s 电子在离核半径 $r = 52.9$ pm 的薄球壳内出现的概率最大。52.9 pm 恰好是玻尔理论中基态氢原子的半径,与量子力学虽有相似之处,但有本质上的区别。玻尔理论中基态氢原子的电子只能在 $r = 52.9$ pm 处运动,而量子力学认为电子只是在 $r = 52.9$ pm 的薄球壳内出现的概率最大。

氢原子电子云的径向分布示意图见图 3-12,从图中可以看出,电子云径向分布曲线上有 $n-l$ 个峰值。例如,3d 电子,$n = 3$,$l = 2$,$n-l = 1$,只出现一个峰值;3s 电子,$n = 3$,$l = 0$,$n-l = 3$,有三个峰值。在角量子数 l 相同、主量子数 n 增大时,如 1s,2s,3s,电子云沿 r 扩展得越远,或者说电子离核的平均距离越来越远;当主量子数 n 相同而角量子数 l 不同时,如 3s,3p,3d,这三个轨道上的电子离核的平均距离则较为接近。因为 l 越小,峰的数目越多,l 小者离核最远的峰虽比 l 大者离核远,但 l 小者离核最近的小峰却比 l 大者最小的峰离核更近。

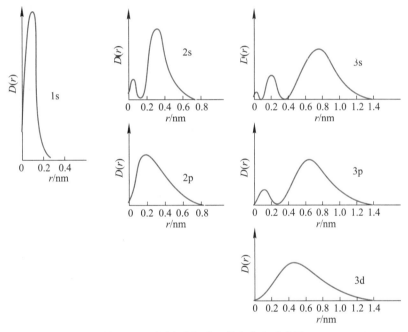

图 3-12　氢原子电子云径向分布示意图

主量子数 n 越大,电子离核平均距离越远;主量子数 n 相同,电子离核平均距离相近。因此,从电子云的径向分布可看出核外电子是按 n 值分层的,n 值决定了电子层数。

必须指出,上述电子云的角度分布图和径向分布图都只是反映电子云的两个侧面,应用时须注意它们的适用范围及不同处理方式所解决的问题,综合认识核外电子的运动状态。

3.2　多电子原子结构

氢原子和类氢原子核外只有一个电子,它只受到核的吸引作用,其薛定谔方程可精确求解,相应的原子轨道的能量只取决于主量子数 n。在主量子数 n 相同的同一电子层内,各亚层的能量是相等的。如 $E_{2s}=E_{2p}$,$E_{3s}=E_{3p}=E_{3d}$,等等。而在多电子原子中,电子不仅受核的吸引,电子与电子之间还存在相互排斥作用,相应的波的薛定谔方程就不能精确求解,此时电子的能量不仅取决于主量子数 n,还与轨道角动量量子数 l 有关。

3.2.1　核外电子排布规则

1. 鲍林近似能级图

鲍林(Pauling L)根据光谱实验数据及理论计算结果,把原子轨道能级按从低到高分为 7 个能级组,如图 3-13 所示(第七组未画出),称为鲍林近似能级图。图中能级次序即为电子在核外的排布顺序。

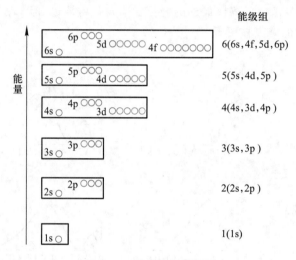

图 3-13　鲍林近似能级图

能级图中每一小圈代表 1 个原子轨道,如 s 亚层只有 1 个原子轨道,p 亚层有 3 个能量相等的原子轨道,d 亚层则有 5 个。量子力学中把能量相同的状态叫简并状态,相应的轨道叫简并轨道。所以,p 亚层有 3 个简并轨道,d 亚层有 5 个简并轨道,而 f 亚层则有 7 个简并轨道。

相邻两个能级组之间的能量差较大,而同一能级组中各轨道能级间的能量差较小或很接近。轨道的 $(n+0.7l)$[①]值越大,其能量越高。从图 3-13 可以得出:

• 当轨道角动量量子数 l 相同时,随着主量子数 n 值的增大,原子轨道的能量依次升高。例如:

$$E_{1s}<E_{2s}<E_{3s}\cdots;E_{2p}<E_{3p}<E_{4p}\cdots;E_{3d}<E_{4d}<E_{5d}\cdots$$

• 当主量子数 n 相同时,随着轨道角动量量子数 l 值的增大,轨道能量升高。例如:

$$E_{ns}<E_{np}<E_{nd}<E_{nf}$$

---

① 由北京大学徐光宪教授提出,利用 $(n+0.7l)$ 值的大小计算各原子轨道相对次序,并将所得值整数部分相同者作为一个能级组。

● 当主量子数 n 和轨道角动量量子数 l 都不同时，有能级交错现象。例如：

$$E_{4s}<E_{3d}<E_{4p}；E_{5s}<E_{4d}<E_{5p}；E_{6s}<E_{4f}<E_{5d}<E_{6p}$$

有了鲍林近似能级图，各元素基态原子的核外电子可按该能级图从低到高顺序填入。

必须指出，鲍林近似能级图仅仅反映了多电子原子中原子轨道能量的近似高低，不能认为所有元素原子的能级高低都是一成不变的。光谱实验和量子力学理论证明，随着元素原子序数的递增（核电荷数增加），原子核对核外电子的吸引作用增强，轨道的能量有所下降。由于不同的轨道下降的程度不同，所以能级的相对次序有所改变[①]。

2. 核外电子排布的一般原则

了解核外电子的排布，有助于对元素性质周期性变化规律的理解，以及对元素周期表结构和元素分类本质的认识。在已发现的 118 种元素中，除氢以外的原子都属于多电子原子。多电子原子核外电子的排布遵循以下三条原则。

① 能量最低原理 "系统的能量越低，系统越稳定"，这是大自然的规律。原子核外电子的排布也服从这一规律。多电子原子在基态时核外电子的排布将尽可能优先占据能量较低的轨道，以使原子能量处于最低，这就是能量最低原理。

② 泡利不相容原理 在同一原子中不可能有四个量子数完全相同的两个电子存在，这就是泡利（Pauli W）不相容原理（Pauli exclusion principle）。或者说在轨道量子数 n,l,m 确定的一个原子轨道上最多可容纳两个电子，而这两个电子的自旋方向必须相反，即自旋角动量量子数 s_i 分别为 $+1/2$ 和 $-1/2$。按照这个原理，s 轨道可容纳 2 个电子，p，d，f 轨道依次最多可容纳 6，10，14 个电子，并可推知每一电子层最多可容纳的电子数为 $2n^2$。

③ 洪德规则 洪德（Hund F）根据大量光谱实验得出：电子在能量相同的轨道（即简并轨道）上排布时，总是尽可能以自旋相同的方式分占不同的轨道，因为这样的排布方式原子的能量最低。这就是洪德规则（Hund's rule）。如图 3-14 氮原子的电子排布式，N 原子的三个 2p 电子分别占据 p_x，p_y，p_z 三个简并轨道，且自旋角动量量子数相同（自旋平行）。此外，作为洪德规则的补充，当亚层的简并轨道被电子半充满（p^3，d^5，f^7）或全充满（p^6，d^{10}，f^{14}）时最为稳定。

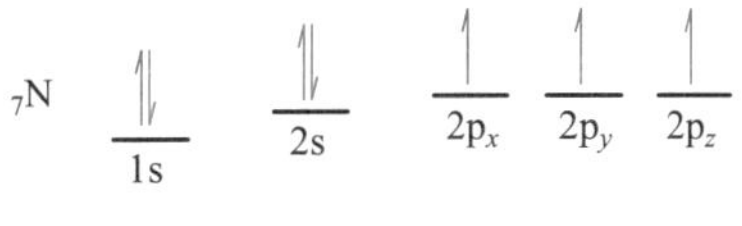

图 3-14 氮原子电子排布式

泡利不相容原理和洪德规则实际也是能量最低原理的具体体现。

3. 原子的核外电子排布式与电子构型

$_7$N 的核外电子排布可写成：$1s^2 2s^2 2p^3$。这种用主量子数 n 的数值和轨道角动量量子数 l 的符号表示的式子称原子的核外电子排布式或电子构型（也称电子组态、电子结构式），右上角的数字是相应轨道中的电子数目。为了表明这些电子的磁量子数和自旋角动量量子数，也可用图 3-14 的图示形式表示，常称轨道排布式。一短横也可用□或○表示 n,l,m 确定的一个轨道，用↑、↓表示电子的两种自旋状态。为了避

---

① 参见有关无机化学教材中的科顿（Cotton F A）原子轨道能级图。

免电子排布式书写过繁,常把电子排布已达到稀有气体结构的内层,以相应稀有气体元素符号外加方括号(称原子实)表示。如钠原子$_{11}$Na 的电子构型 $1s^2 2s^2 2p^6 3s^1$ 也可表示为[Ne]$3s^1$。原子实以外的电子排布称外层电子构型。必须注意,虽然原子中电子是按近似能级图由低到高的顺序填充的,但在书写原子的电子构型时,外层电子构型应按$(n-2)$f,$(n-1)$d,ns,np 的顺序(即按主量子数 n 由小到大的顺序)书写。例如:

$_{22}$Ti 电子构型[Ar]$3d^2 4s^2$ $_{24}$Cr 电子构型[Ar]$3d^5 4s^1$

$_{29}$Cu 电子构型[Ar]$3d^{10} 4s^1$ $_{64}$Gd 电子构型[Xe]$4f^7 5d^1 6s^2$

$_{82}$Pb 电子构型[Xe]$4f^{14} 5d^{10} 6s^2 6p^2$

对绝大多数元素的原子来说,按电子排布规则得出的电子排布式与光谱实验的结论是一致的。然而有些副族元素如$_{74}$W([Xe]$4f^{14} 5d^4 6s^2$)等,不能用上述规则予以完满解释,这种情况在第六、七周期元素中较多,说明电子排布规则还有待发展完善,使它更加符合实际。元素基态原子的电子构型见表3-4。

表 3-4 元素基态原子的电子构型

原子序数	元素	电子构型	原子序数	元素	电子构型	原子序数	元素	电子构型
1	H	$1s^1$	27	Co	[Ar]$3d^7 4s^2$	53	I	[Kr]$4d^{10} 5s^2 5p^5$
2	He	$1s^2$	28	Ni	[Ar]$3d^8 4s^2$	54	Xe	[Kr]$4d^{10} 5s^2 5p^6$
3	Li	[He]$2s^1$	29	Cu	[Ar]$3d^{10} 4s^1$	55	Cs	[Xe]$6s^1$
4	Be	[He]$2s^2$	30	Zn	[Ar]$3d^{10} 4s^2$	56	Ba	[Xe]$6s^2$
5	B	[He]$2s^2 2p^1$	31	Ga	[Ar]$3d^{10} 4s^2 4p^1$	57	La	[Xe]$5d^1 6s^2$
6	C	[He]$2s^2 2p^2$	32	Ge	[Ar]$3d^{10} 4s^2 4p^2$	58	Ce	[Xe]$4f^1 5d^1 6s^2$
7	N	[He]$2s^2 2p^3$	33	As	[Ar]$3d^{10} 4s^2 4p^3$	59	Pr	[Xe]$4f^3 6s^2$
8	O	[He]$2s^2 2p^4$	34	Se	[Ar]$3d^{10} 4s^2 4p^4$	60	Nd	[Xe]$4f^4 6s^2$
9	F	[He]$2s^2 2p^5$	35	Br	[Ar]$3d^{10} 4s^2 4p^5$	61	Pm	[Xe]$4f^5 6s^2$
10	Ne	[He]$2s^2 2p^6$	36	Kr	[Ar]$3d^{10} 4s^2 4p^6$	62	Sm	[Xe]$4f^6 6s^2$
11	Na	[Ne]$3s^1$	37	Rb	[Kr]$5s^1$	63	Eu	[Xe]$4f^7 6s^2$
12	Mg	[Ne]$3s^2$	38	Sr	[Kr]$5s^2$	64	Gd	[Xe]$4f^7 5d^1 6s^2$
13	Al	[Ne]$3s^2 3p^1$	39	Y	[Kr]$4d^1 5s^2$	65	Tb	[Xe]$4f^9 6s^2$
14	Si	[Ne]$3s^2 3p^2$	40	Zr	[Kr]$4d^2 5s^2$	66	Dy	[Xe]$4f^{10} 6s^2$
15	P	[Ne]$3s^2 3p^3$	41	Nb	[Kr]$4d^4 5s^1$	67	Ho	[Xe]$4f^{11} 6s^2$
16	S	[Ne]$3s^2 3p^4$	42	Mo	[Kr]$4d^5 5s^1$	68	Er	[Xe]$4f^{12} 6s^2$
17	Cl	[Ne]$3s^2 3p^5$	43	Tc	[Kr]$4d^5 5s^2$	69	Tm	[Xe]$4f^{13} 6s^2$
18	Ar	[Ne]$3s^2 3p^6$	44	Ru	[Kr]$4d^7 5s^1$	70	Yb	[Xe]$4f^{14} 6s^2$
19	K	[Ar]$4s^1$	45	Rh	[Kr]$4d^8 5s^1$	71	Lu	[Xe]$4f^{14} 5d^1 6s^2$
20	Ca	[Ar]$4s^2$	46	Pd	[Kr]$4d^{10}$	72	Hf	[Xe]$4f^{14} 5d^2 6s^2$
21	Sc	[Ar]$3d^1 4s^2$	47	Ag	[Kr]$4d^{10} 5s^1$	73	Ta	[Xe]$4f^{14} 5d^3 6s^2$
22	Ti	[Ar]$3d^2 4s^2$	48	Cd	[Kr]$4d^{10} 5s^2$	74	W	[Xe]$4f^{14} 5d^4 6s^2$
23	V	[Ar]$3d^3 4s^2$	49	In	[Kr]$4d^{10} 5s^2 5p^1$	75	Re	[Xe]$4f^{14} 5d^5 6s^2$
24	Cr	[Ar]$3d^5 4s^1$	50	Sn	[Kr]$4d^{10} 5s^2 5p^2$	76	Os	[Xe]$4f^{14} 5d^6 6s^2$
25	Mn	[Ar]$3d^5 4s^2$	51	Sb	[Kr]$4d^{10} 5s^2 5p^3$	77	Ir	[Xe]$4f^{14} 5d^7 6s^2$
26	Fe	[Ar]$3d^6 4s^2$	52	Te	[Kr]$4d^{10} 5s^2 5p^4$	78	Pt	[Xe]$4f^{14} 5d^9 6s^1$

原子序数	元素	电子构型	原子序数	元素	电子构型	原子序数	元素	电子构型
79	Au	$[Xe]4f^{14}5d^{10}6s^1$	93	Np	$[Rn]5f^46d^17s^2$	107	Bh	$[Rn]5f^{14}6d^57s^2$
80	Hg	$[Xe]4f^{14}5d^{10}6s^2$	94	Pu	$[Rn]5f^67s^2$	108	Hs	$[Rn]5f^{14}6d^67s^2$
81	Tl	$[Xe]4f^{14}5d^{10}6s^26p^1$	95	Am	$[Rn]5f^77s^2$	109	Mt	$[Rn]5f^{14}6d^77s^2$
82	Pb	$[Xe]4f^{14}5d^{10}6s^26p^2$	96	Cm	$[Rn]5f^76d^17s^2$	110	Ds	$[Rn]5f^{14}6d^87s^2$
83	Bi	$[Xe]4f^{14}5d^{10}6s^26p^3$	97	Bk	$[Rn]5f^97s^2$	111	Rg	$[Rn]5f^{14}6d^{10}7s^1$
84	Po	$[Xe]4f^{14}5d^{10}6s^26p^4$	98	Cf	$[Rn]5f^{10}7s^2$	112	Cn	$[Rn]5f^{14}6d^{10}7s^2$
85	At	$[Xe]4f^{14}5d^{10}6s^26p^5$	99	Es	$[Rn]5f^{11}7s^2$	113	Nh	
86	Rn	$[Xe]4f^{14}5d^{10}6s^26p^6$	100	Fm	$[Rn]5f^{12}7s^2$	114	Fl	
87	Fr	$[Rn]7s^1$	101	Md	$[Rn]5f^{13}7s^2$	115	Mc	
88	Ra	$[Rn]7s^2$	102	No	$[Rn]5f^{14}7s^2$	116	Lv	
89	Ac	$[Rn]6d^17s^2$	103	Lr	$[Rn]5f^{14}6d^17s^2$	117	Ts	
90	Th	$[Rn]6d^27s^2$	104	Rf	$[Rn]5f^{14}6d^27s^2$	118	Og	
91	Pa	$[Rn]5f^26d^17s^2$	105	Db	$[Rn]5f^{14}6d^37s^2$			
92	U	$[Rn]5f^36d^17s^2$	106	Sg	$[Rn]5f^{14}6d^47s^2$			

□框内为过渡金属元素；┆框内为内过渡金属元素,即镧系与锕系元素。

当原子失去电子成为阳离子时,其原子是按 $np \rightarrow ns \rightarrow (n-1)d \rightarrow (n-2)f$ 的顺序失去电子的。如 Fe^{2+} 的电子构型为 $[Ar]3d^64s^0$,而不是 $[Ar]3d^44s^2$。原因是同一元素的阳离子比原子的有效核电荷多,造成基态阳离子的轨道能级与基态原子的轨道能级有所不同。

3.2.2 电子层结构与元素周期律

元素周期律使人们认识到元素之间彼此不是相互孤立的,而是存在着内在的联系,由此对化学元素的认识形成了一个完整的自然体系,使化学成为一门系统的科学。自 20 世纪 30 年代量子力学发展并弄清了各元素原子核外电子分布之后,人们才认识到元素周期律的内在原因是核外电子分布,特别是与外层电子分布密切相关。

1. 能级组与元素周期

原子核外电子分布的周期性是元素周期律的基础,而元素周期表是周期律的具体表现形式。周期表有多种形式,现在常用的是长式周期表(见书后插页)。它将元素分为 7 个周期,横向排列。观察比较周期表与能级组,不难发现,基态原子填有电子的最高能级组的主量子数与原子所处周期数相同,各能级组能容纳的电子数等于相应周期的元素数目,表 3-5 列出了能级组与周期的相应关系。

表 3-5 能级组与周期的关系

周期	周期名称	能级组	能级组内各亚层电子填充次序	起止元素	所含元素个数
1	特短周期	1	$1s^{1\sim2}$	$_1H \sim {_2}He$	2
2	短周期	2	$2s^{1\sim2} \rightarrow 2p^{1\sim6}$	$_3Li \sim {_{10}}Ne$	8

续表

周期	周期名称	能级组	能级组内各亚层 电子填充次序	起止元素	所含元素个数
3	短周期	3	$3s^{1-2} \rightarrow 3p^{1-6}$	$_{11}Na \sim {}_{18}Ar$	8
4	长周期	4	$4s^{1-2} \rightarrow 3d^{1-10} \rightarrow 4p^{1-6}$	$_{19}K \sim {}_{36}Kr$	18
5	长周期	5	$5s^{1-2} \rightarrow 4d^{1-10} \rightarrow 5p^{1-6}$	$_{37}Rb \sim {}_{54}Xe$	18
6	特长周期	6	$6s^{1-2} \rightarrow 4f^{1-14} \rightarrow 5d^{1-10} \rightarrow 6p^{1-6}$	$_{55}Cs \sim {}_{86}Rn$	32
7	未完全周期	7	$7s^{1-2} \rightarrow 5f^{1-14} \rightarrow 6d^{1-10} \rightarrow$ 未完	$_{87}Fr \sim$ 未完	

第一~三周期为短周期,其中第一周期仅两个元素称特短周期。第四~七周期为长周期,其中第六周期为特长周期,共有 32 个元素,而第七周期称未完全周期,因为至今发现的元素只有 118 种。每一周期最后一个元素是稀有气体元素,相应各轨道上的电子都已充满,是一种最稳定的原子结构。从第二周期起,每一周期元素的原子内层都具有上一周期稀有气体元素原子实的结构。

2. 价电子构型与周期表中族的划分

① 价电子构型   价电子是原子发生化学反应时易参与形成化学键的电子,价电子层的电子排布称价电子构型。对主族元素而言,价电子构型就是其最外层电子构型($ns np$);对副族元素而言,其价电子构型不仅包括最外层的 s 电子,还包括$(n-1)d$ 亚层甚至$(n-2)f$ 亚层的电子。

② 主族   在长式元素周期表中元素纵向分为 18 列,其中 1~2 列和 13~18 列共 8 列为主族元素,以符号 Ⅰ A ~ Ⅶ A 表示(最后一族稀有气体习惯上用 0 表示,称零族)。主族元素的最后一个电子填入 ns 或 np 亚层上,价电子总数等于族数。如元素 $_7N$,电子结构式为 $1s^2 2s^2 2p^3$,最后一个电子填入 2p 亚层,价电子总数为 5,因而是 Ⅴ A 元素。其中 0 族元素为稀有气体,最外电子层均已填满,达到 8 电子稳定结构。

③ 副族   周期表中第 3~12 列称副族元素,即 Ⅲ B ~ Ⅱ B,其中 Ⅷ 族元素有 3 列共 9 个元素,副族元素也称过渡元素。Ⅰ B,Ⅱ B 元素的族数等于最外层的 s 电子数,Ⅲ B ~ Ⅶ B 族元素的族数等于最外层 s 电子和次外层 $(n-1)d$ 电子数之和,即价电子数。如元素 $_{22}Ti$,其价电子构型为 $3d^2 4s^2$,价电子数为 4,是 Ⅳ B 元素。Ⅷ 族的情况特殊,其 $(n-1)d$ 电子与 ns 电子之和分别为 8、9 或 10。第 6 周期 Ⅲ B 位置有 $_{57}La$(镧)到 $_{71}Lu$(镥)共 15 个元素称镧系元素[①],并用符号 Ln 表示;Y 和镧系元素统称稀土元素。第七周期 Ⅲ B 位置有 $_{89}Ac$(锕)~ $_{103}Lr$(铹)15 个元素称锕系元素,用符号 An 表示。镧系元素、锕系元素又称内过渡元素,前者为 4f 内过渡元素,后者为 5f 内过渡元素。

---

① 周期表中镧系和锕系元素的划分近年来颇受人们关注,本教材按《无机化学命名原则》划分。目前也有较多教材把 La 到 Yb(57~70 号)14 个元素作为镧系;Ac 到 No(89~102 号)14 个元素作为锕系,71 号 Lu 和 103 号 Lr 作为 Ⅲ B 族。

3. 价电子构型与元素分区

根据元素的价电子构型不同,可以把周期表中元素所在的位置分为 s、p、d、ds、f 五个区,如表 3-6 所示。

表 3-6　元素的价电子构型与元素的分区、族

周期	I A										ⅢA	ⅣA	ⅤA	ⅥA	ⅦA	0
1		ⅡA														
2			ⅢB	ⅣB	ⅤB	ⅥB	ⅦB	Ⅷ	I B	ⅡB						
3																
4	s 区 $ns^{1\sim2}$		d 区 $(n-1)d^{1\sim9}ns^{1\sim2}$						ds 区 $(n-1)d^{10}$ $ns^{1\sim2}$		p 区 $ns^2np^{1\sim6}$					
5																
6																
7																

镧系元素	f 区
锕系元素	$(n-2)f^{0\sim14}(n-1)d^{0\sim2}ns^2$

① s 区　s 区元素最后一个电子填充在 s 轨道,价电子构型为 ns^1 或 ns^2,位于周期表的左侧,包括 I A 和 ⅡA 族,它们在化学反应中易失去电子形成 +1 或 +2 价离子,为活泼金属。

② p 区　p 区元素最后一个电子填充在 p 轨道,价电子构型为 $ns^2np^{1\sim6}$,位于长周期表的右侧,共有 ⅢA ~ 0 六族元素。

s 区和 p 区元素为主族元素,其共同特点是最后一个电子都填入最外电子层,最外层电子总数等于族数。

③ d 区　d 区元素最后一个电子基本填充在次外层(倒数第二层)$(n-1)d$ 轨道(个别例外),它们具有可变氧化态,包括 ⅢB ~ Ⅷ族共六族。d 区元素其价电子构型除 $(n-1)d^x ns^2$ 外,还有 $(n-1)d^{x+1}ns^1$,或 $(n-1)d^{x+2}ns^0$,其中 $x = 1 \sim 8$ 的族数可由最外层 ns 轨道上的电子数(设为 y)与次外层 $(n-1)d$ 轨道上的电子数(设为 x)之和来推断。当 $x+y = 8 \sim 10$ 时为 Ⅷ族,其余 $(x+y)$ 的数值即为相应副族元素所在的族数。

④ ds 区　ds 区元素的价电子构型为 $(n-1)d^{10}ns^{1\sim2}$,与 d 区元素的区别在于它们的 $(n-1)d$ 轨道是全满的;与 s 区元素的区别在于它们有 $(n-1)d^{10}$ 电子层,即它们的次外层 d 轨道已全充满;所以 ds 区元素的性质既不同于 d 区元素也不同于 s 区元素,在周期表中的位置介于 d 区和 p 区之间。ds 区元素的族数等于最外层 ns 轨道上的电子数。

⑤ f 区　f 区元素最后一个电子填充在 f 亚层,价电子构型为 $(n-2)f^{0\sim14}(n-1)$ $d^{0\sim2}ns^2$,包括镧系和锕系元素,位于周期表 ⅢB 族位置,整个过渡系列于周期表下方。

3.2.3 原子性质的周期性

1. 有效核电荷(Z^*)

① 屏蔽效应　在多电子原子中,电子除受到原子核的吸引外,还受到其他电子的排斥,其余电子对指定电子的排斥作用可看成是抵消部分核电荷的作用,从而削弱了核电荷对某电子的吸引力,使作用在某电子上的有效核电荷下降。这种抵消部分核电荷的作用叫屏蔽效应(shielding effect)。屏蔽效应的强弱可用斯莱特(Slater J C)从实验归纳出来的屏蔽常数 σ_i 来衡量。σ_i 是除被屏蔽电子以外的其余每个电子(屏蔽电子)对指定电子(被屏蔽电子)的屏蔽常数 σ 的总和($\sigma_i = \sum \sigma$)。σ_i 为被屏蔽掉的核电荷数,量纲为 1。

在一般情况下屏蔽常数 σ 可粗略的按斯莱特规则计算,其规则如下:

* 将原子中的电子按从左至右分成以下几组:

$(1s)$;$(2s,2p)$;$(3s,3p)$;$(3d)$;$(4s,4p)$;$(4d)$;$(4f)$;$(5s,5p)$;$(5d)$;$(5f)$;$(6s,6p)$等组;位于指定电子右边各组对该电子的屏蔽常数 $\sigma = 0$,可近似看作无屏蔽作用;

* 同组电子间的屏蔽常数 $\sigma = 0.35$(1s 组例外,$\sigma = 0.30$);

* 对 $nsnp$ 组电子,$(n-1)$电子层中的电子对其的屏蔽常数 $\sigma = 0.85$,$(n-2)$电子层及内层屏蔽常数 $\sigma = 1.00$;

* 对 nd 或 nf 组电子,位于它们左边各组电子对其的屏蔽常数 $\sigma = 1.00$。

例 3-2　计算 Sc 原子中 3d 电子的屏蔽常数 σ_i。

解: Sc 原子的电子结构式为: $1s^2 2s^2 2p^6 3s^2 3p^6 3d^1 4s^2$

按斯莱特规则分组为: $(1s)^2 (2s2p)^8 (3s3p)^8 (3d)^1 (4s)^2$

$$\sigma_{3d} = 18 \times 1.00 = 18.00$$

② 有效核电荷　核电荷数(Z)减去屏蔽常数(σ_i)得到有效核电荷(Z^*):

$$Z^* = Z - \sigma_i \tag{3-23}$$

Z^* 被认为是对指定电子产生有效作用的核电荷数。

多电子原子中,每个电子不但受其他电子的屏蔽,而且也对其他电子产生屏蔽作用。某个电子的轨道能量可按式(3-24)估算:

$$E_i = -2.179 \times 10^{-18} \left(\frac{Z^*}{n^*} \right)^2 \text{ J} \quad \text{或} \quad E_i = -1\,312 \left(\frac{Z^*}{n^*} \right)^2 \text{ kJ} \cdot \text{mol}^{-1} \tag{3-24}$$

式中:Z^* 为作用在某一电子上的有效核电荷;n^* 为该电子的有效主量子数,n^* 与主量子数 n 的关系如下:

n	1	2	3	4	5	6
n^*	1.0	2.0	3.0	3.7	4.0	4.2

例 3-3　试计算钠原子 2p 和 3s 电子的有效核电荷和相应电子的能量。

解: Na 原子 $Z = 11$,其基态电子结构式为: $1s^2 2s^2 2p^6 3s^1$

$$Z^*_{2p} = Z - \sigma_i \qquad\qquad Z^*_{3s} = Z - \sigma_i$$

$$= 11 - (2 \times 0.85 + 7 \times 0.35) \qquad = 11 - (2 \times 1.00 + 8 \times 0.85)$$

$$= 6.85 \qquad\qquad\qquad\qquad = 2.2$$

$$E_{2p} = -2.179 \times 10^{-18} \left(\frac{Z^*}{n^*}\right)^2 \text{ J} \qquad\qquad E_{3s} = -2.179 \times 10^{-18} \left(\frac{Z^*}{n^*}\right)^2 \text{ J}$$

$$= -2.179 \times 10^{-18} \left(\frac{6.85}{2.0}\right)^2 \text{ J} \qquad\qquad = -2.179 \times 10^{-18} \left(\frac{2.2}{3.0}\right)^2 \text{ J}$$

$$= -26 \times 10^{-18} \text{ J} \qquad\qquad\qquad = -1.2 \times 10^{-18} \text{ J}$$

很明显 $E_{3s} > E_{2p}$。

例 3-4 试确定 $_{19}K$ 的最后一个电子是填在 3d 还是 4s 轨道?

解:若最后一个电子是填在 3d 轨道,则 K 原子的电子结构式为 $1s^2 2s^2 2p^6 3s^2 3p^6 3d^1$;若最后一个电子是填在 4s 轨道,则 K 原子的电子结构式为 $1s^2 2s^2 2p^6 3s^2 3p^6 4s^1$。此时

$$Z^*_{3d} = 19 - (18 \times 1.00) = 1.00 \qquad Z^*_{4s} = 19 - (10 \times 1.00 + 8 \times 0.85) = 2.2$$

$$E_{3d} = -2.179 \times 10^{-18} \times (1.00/3.0)^2 \text{ J} \qquad E_{4s} = -2.179 \times 10^{-18} \times (2.2/3.7)^2 \text{ J}$$

$$= -0.24 \times 10^{-18} \text{ J} \qquad\qquad\qquad = -0.77 \times 10^{-18} \text{ J}$$

由于 $E_{4s} < E_{3d}$,所以 $_{19}K$ 原子最后一个电子应填入 4s 轨道,电子结构式为 $1s^2 2s^2 2p^6 3s^2 3p^6 4s^1$。

例 3-5 试计算 $_{21}Sc$ 的 E_{3d} 和 E_{4s}。

解:$_{21}Sc$ 的电子结构式为:$1s^2 2s^2 2p^6 3s^2 3p^6 3d^1 4s^2$

$$Z^*_{3d} = 21 - (18 \times 1.00) = 3.00 \qquad Z^*_{4s} = 21 - (10 \times 1.00 + 9 \times 0.85 + 1 \times 0.35) = 3.00$$

$$E_{3d} = -2.179 \times 10^{-18} \times (3.00/3.0)^2 \text{ J} \qquad E_{4s} = -2.179 \times 10^{-18} \times (3.00/3.7)^2 \text{ J}$$

$$= -2.2 \times 10^{-18} \text{ J} \qquad\qquad\qquad = -1.4 \times 10^{-18} \text{ J}$$

由于此时 $E_{4s} > E_{3d}$,所以 $_{21}Sc$ 原子在失电子时先失去 4s 电子,过渡金属原子在失电子时都是先失去外层 s 电子再失去次外层 d 电子的。

Z^* 确定后,就能计算多电子原子中各能级的近似能量。在同一原子中,当原子的轨道角动量量子数 l 相同时,主量子数 n 值越大,相应的轨道能量越高。因而有

$$E_{1s} < E_{2s} < E_{3s} \cdots; \quad E_{2p} < E_{3p} < E_{4p} \cdots; \quad E_{3d} < E_{4d} < E_{5d} \cdots; \quad E_{4f} < E_{5f} \cdots$$

在同一原子中,当原子的主量子数 n 相同时,随着原子的轨道角动量量子数 l 的增大,相应轨道的能量也随之升高,这也可从图 3-12 电子云径向分布示意图理解。例如,主量子数相同的 3s,3p,3d 电子中,轨道角动量量子数 l 最小的 3s 电子不仅径向分布峰的个数最多,而且在最靠近核处有一小峰(即钻得最深),3s 电子受内层电子屏蔽最小,平均受核吸引力最大,其能量最低;而 3p 及 3d 电子钻入内层的程度依次减小,内层电子对其屏蔽作用逐渐增强,故它们的能量相继增大。这种因电子穿过内层钻穿到核附近而使其能量下降的作用称为钻穿效应。因而有

$$E_{ns} < E_{np} < E_{nd} < E_{nf}$$

当 n 和 l 均不相同时,则有可能存在能级交错现象,如 E_{4s} 和 E_{3d} 能级,对 $_{19}K$ 原子 $E_{4s} < E_{3d}$;对 $_{21}Sc$ 原子,$E_{4s} > E_{3d}$,见例 3-4、例 3-5。这时需具体计算出轨道的能量才能确定能级的高低。

表 3-7 列出了部分主族元素、第四周期过渡元素及第六周期镧系元素原子最外层电子上的有效核电荷。从表中可看出,对主族元素,从左到右随着核电荷数的递增有效核电荷 Z^* 明显增大,因为核电荷数增加 1,屏蔽常数只增加 0.35。对过渡元素由于电子填充在 $(n-1)$ 层,屏蔽常数明显增大,所以有效核电荷的递增不如主族元素明显;而镧系元素电子填充在 $(n-2)$ 层,核电荷数的递增几乎与屏蔽常数抵消,所以其有效核电荷基本没什么变化。

表 3-7   元素的有效核电荷 Z^*

第一周期	H							He
Z^*	1							1.70

第二周期	Li	Be	B	C	N	O	F	Ne
Z^*	1.30	1.95	2.60	3.25	3.90	4.55	5.20	5.85

第三周期	Na	Mg	Al	Si	P	S	Cl	Ar
Z^*	2.20	2.85	3.50	4.15	4.80	5.45	6.10	6.75

第一过渡系	Sc	Ti	V	Cr	Mn	Fe	Co	Ni	Cu	Zn
Z^*	3.00	3.15	3.30	2.95	3.60	3.75	3.90	4.05	3.70	4.35

镧系	La	Ce	Pr	Nd	Pm	Sm	Eu	Gd	Tb	Dy	Ho	Er	Tm	Yb	Lu
Z^*	3.00	3.00	2.85	2.85	2.85	2.85	2.85	3.00	2.85	2.85	2.85	2.85	2.85	2.85	3.00

同一族元素由上而下,虽然核电荷数增加较多,但相邻两元素之间依次增加一个电子内层,屏蔽作用也明显增强,因此有效核电荷增加不明显。

有效核电荷的周期性变化见图 3-15。

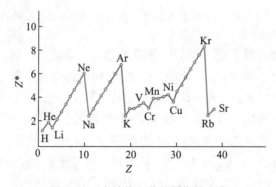

图 3-15   有效核电荷的周期性变化

元素有效核电荷呈现的周期性变化,体现了原子核外电子层的周期性变化,也使得元素的许多基本性质如原子半径、电离能、电子亲和势、电负性等呈现周期性的变化。

2. 原子半径(r)

根据量子力学的观点,原子中的电子在核外运动并无固定轨迹,电子云也无明确的边界,因此原子并不存在固定的半径。但是,现实物质中的原子总是与其他原子为邻的,如果将原子视为球体,那么两原子的核间距离即为两原子球体的半径之和。常将此球体的半径称为原子半径(r)。根据原子与原子间作用力的不同,原子半径的数据一般有三种:共价半径、金属半径和范德华(van der Waals)半径。

① 共价半径   同种元素的两个原子以共价键结合时,它们核间距的一半称为该原子的共价半径(covalent radius)。如 Cl_2 分子,测得两个 Cl 原子核间距离为 198 pm,则 Cl 原子的共价半径为 $r_{Cl} = 99$ pm,见图 3-16。必须注意,同种元素的两个原子以共

价单键、双键或三键结合时,其共价半径也不同。

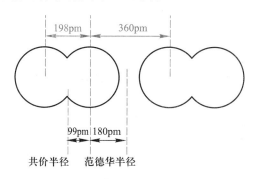

图 3-16 $Cl_2(s)$晶体中的共价半径与范德华半径

② 金属半径 金属晶体中相邻两个金属原子的核间距的一半称为金属半径(metallic radius)。如在锌晶体中,测得两个原子的核间距为 266 pm,则锌原子的金属半径 $r_{Zn} = 133$ pm。

③ 范德华半径 当两个原子只靠范德华力(分子间作用力)互相吸引时,它们核间距的一半称为范德华半径(van der Waals radius)。如稀有气体均为单原子分子,形成分子晶体时,分子间以范德华力相结合,同种稀有气体的原子核间距的一半即为其范德华半径。见图 3-16。

④ 原子半径的周期性 各元素的原子半径见表 3-8。原子半径的大小主要取决于原子的有效核电荷和核外电子层结构。

表 3-8 元素的原子半径* 单位:pm

H																	He
37.1																	122
Li	Be											B	C	N	O	F	Ne
152	111.3											88	77	70	66	64	160
Na	Mg											Al	Si	P	S	Cl	Ar
186	160											143.1	117	110	104	99	191
K	Ca	Sc	Ti	V	Cr	Mn	Fe	Co	Ni	Cu	Zn	Ga	Ge	As	Se	Br	Kr
227.2	197.3	160.6	144.8	132.1	124.9	124	124.1	125.3	124.6	127.8	133.2	122.1	122.5	121	117	114.2	198
Rb	Sr	Y	Zr	Nb	Mo	Tc	Ru	Rh	Pd	Ag	Cd	In	Sn	Sb	Te	I	Xe
247.5	215.1	181	160	142.9	136.2	135.8	132.5	134.5	137.6	144.4	148.9	162.6	140.5	141	137	133.3	217
Cs	Ba	Ln	Hf	Ta	W	Re	Os	Ir	Pt	Au	Hg	Tl	Pb	Bi	Po	At	Rn
265.4	217.3		156.4	143	137.0	137.0	134	135.7	138	144.2	160	170.4	175.0	154.7	167	145	
Fr	Ra	An															
270	220																

	La	Ce	Pr	Nd	Pm	Sm	Eu	Gd	Tb	Dy	Ho	Er	Tm	Yb	Lu
镧系	187.7	182.5	182.8	182.1	181.0	180.2	204.2	180.2	178.2	177.3	176.6	175.7	174.6	194.0	173.4
	Ac	Th	Pa	U	Np	Pu	Am	Cm	Bk	Cf	Es	Fm	Md	No	Lr
锕系	187.8	179.8	160.6	138.5	131	151	184								

*金属原子为金属半径,非金属原子为共价半径(单键),稀有气体为范德华半径。

同一主族元素原子半径从上到下逐渐增大。因为从上到下,原子的电子层数增多起主要作用,所以半径增大。副族元素的原子半径从上到下递变不是很明显;第一过渡系到第二过渡系的递变较明显;而第二过渡系到第三过渡系基本没变,这是由于镧系收缩的结果。

同一周期中原子半径的递变按短周期和长周期有所不同。在同一短周期中,由于有效核电荷的逐渐递增,核对电子的吸引作用逐渐增大,原子半径逐渐减小。在长周期中,过渡元素由于有效核电荷的递增不明显,因而原子半径减小缓慢。

⑤ 镧系收缩   镧系元素从 La 到 Lu 整个系列的原子半径逐渐收缩的现象称为镧系收缩(lanthanide contraction)。由于镧系收缩,镧系以后的各元素如 Hf, Ta, W 等原子半径也相应缩小,致使它们的半径与上一个周期的同族元素 Zr, Nb, Mo 非常接近,相应的性质也非常相似,在自然界中常共生在一起,很难分离。

3. 元素的电离能与电子亲和势

① 电离能(I)   使基态的气态原子失去一个电子形成+1 氧化态气态离子所需要的能量,称为第一电离能(ionization energy),用符号 I_1 表示:

$$M(g) \longrightarrow M^+(g) + e^- \quad I_1 = \Delta E_1 = E_{M^+(g)} - E_{M(g)}$$

从+1 氧化态气态离子再失去一个电子变为+2 氧化态离子所需要的能量叫做第二电离能,符号 I_2,余类推。

由定义可知,电离能为正值。电离能有三种常用单位:kJ·mol^{-1},J 和 eV。以 J,eV[①] 为单位时,是指对一个气态原子而言;以 kJ·mol^{-1} 为单位时,是指对反应进度为 1 mol 的气态原子电离反应而言的。如铝的电离能数据为

电离能	I_1	I_2	I_3	I_4	I_5	I_6
$I_n/(kJ·mol^{-1})$	578	1 817	2 745	11 578	14 831	18 378

由此可以看出:

- $I_1 < I_2 < I_3 < I_4 \cdots$ 这是由于原子失电子后,其余电子受核的吸引力增大的缘故;

- $I_3 \ll I_4 < I_5 < I_6 \cdots$ 这是因为 I_1, I_2, I_3 失去的是铝原子最外层的价电子,即 3s,3p 电子,而从 I_4 起失去的是铝原子的内层电子,要把这些电子电离需要更高的能量,这正是铝常形成 Al^{3+} 的原因,也是核外电子分层排布的有力证据。

电离能可由实验测得,表 3-9 为各元素原子的第一电离能。通常所说的电离能,如果没有特别说明,指的就是第一电离能。

电离能的大小反映了原子失去电子的难易程度,即元素的金属性的强弱。电离能越小,原子越易失去电子,元素的金属性越强。电离能的大小主要取决于原子的有效核电荷,原子半径和原子的核外电子层结构。

元素的电离能随原子序数的递增呈现周期性的变化,参见图 3-17。

---

① eV:名称为电子伏,是我国选定的法定单位;1 电子伏等于 1 个电子经过真空中电势差为 1 V 电场时所获得的能量。1 eV = 1. 602×10^{-19} J。

表 3-9　各元素原子的第一电离能 I_1　　　　　单位：kJ·mol⁻¹

1	2	3	4	5	6	7	8	9	10	11	12	13	14	15	16	17	18
H																	He
1312																	2 372
Li	Be											B	C	N	O	F	Ne
519	900											799	1 096	1 401	1 310	1 680	2 080
Na	Mg											Al	Si	P	S	Cl	Ar
494	736											577	786	1 060	1 000	1 260	1 520
K	Ca	Sc	Ti	V	Cr	Mn	Fe	Co	Ni	Cu	Zn	Ga	Ge	As	Se	Br	Kr
418	590	632	661	648	653	716	762	757	736	745	908	577	762	966	941	1 140	1 350
Rb	Sr	Y	Zr	Nb	Mo	Tc	Ru	Rh	Pd	Ag	Cd	In	Sn	Sb	Te	I	Xe
402	548	636	669	653	694	699	724	745	803	732	866	556	707	833	870	1 010	1 170
Cs	Ba		Hf	Ta	W	Re	Os	Ir	Pt	Au	Hg	Tl	Pb	Bi	Po	At	Rn
376	502		531	760	779	762	841	887	866	891	1010	590	716	703	812	920	1 040

镧系	La	Ce	Pr	Nd	Pm	Sm	Eu	Gd	Tb	Dy	Ho	Er	Tm	Yb	Lu
	540	528	523	530	536	543	547	592	564	572	581	589	597	603	524
锕系	Ac	Th	Pa	U	Np	Pu	Am	Cm	Bk	Cf	Es	Fm	Md	No	Lr
		590	570	590	600	585	578	581	601	608	619	627	635	642	

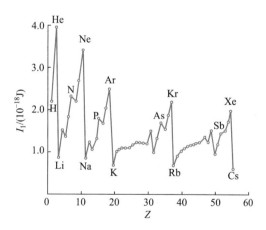

图 3-17　元素第一电离能的周期性变化

　　同一周期：从左到右元素的有效核电荷逐渐增大，原子半径逐渐减小，电离能逐渐增大。稀有气体由于具有 8 电子稳定结构，在同一周期中电离能最大。在长周期中的过渡元素，由于电子加在次外层，有效核电荷增加不多，原子半径减小缓慢，电离能增加不明显。

　　同一主族：从上到下，有效核电荷增加不多，而原子半径则明显增大，电离能逐渐减小。

　　② 电子亲和势（A）　元素的气态原子在基态时获得一个电子成为一价气态阴离子所放出的能量称为该元素的第一电子亲和势（electron affinity），用符号 A_1 表示。A_1

为负值表示放出能量(稀有气体元素原子等少数例外),其单位与电离能相同。

表示式 $\quad\quad\quad X(g)+e^- \longrightarrow X^-$ $\quad\quad\quad$ 第一电子亲和势 A_1

例如: $\quad\quad\quad O(g)+e^- \longrightarrow O^-$ $\quad\quad\quad A_1 = -141\ kJ \cdot mol^{-1}$

$\quad\quad\quad\quad\quad\quad O^-(g)+e^- \longrightarrow O^{2-}$ $\quad\quad\quad A_2 = 844\ kJ \cdot mol^{-1}$

第二电子亲和势是指-1氧化态的气态阴离子再得到一个电子,因为阴离子本身是个负电场,对外加电子有静电斥力,在结合过程中系统需吸收能量,所以 A_2 是正值。一般不加注明,电子亲和势均指第一电子亲和势。

电子亲和势的大小反映了原子得到电子的难易程度,即元素的非金属性的强弱。非金属元素(除稀有气体)的第一电子亲和势总是负值,而金属元素的电子亲和势一般为较小负值或正值。常用 A_1 值(习惯上用 $-A_1$ 值)来比较不同元素原子获得电子的难易程度,$-A_1$ 值愈大表示该原子越容易获得电子,其非金属性越强。由于电子亲和势的测定比较困难,所以目前测得的数据较少,准确性也较差。有些数据还只是计算值。表3-10是一些元素的第一电子亲和势数据。

表3-10　主族元素的电子亲和势 A_1 　　　　　单位:kJ · mol⁻¹

H							He
-72.7							+48.2
Li	Be	B	C	N	O	F	Ne
-59.6	+48.2	-26.7	-121.9	+6.75	-141.0	-328.0	+115.8
Na	Mg	Al	Si	P	S	Cl	Ar
-52.9	+38.6	-42.5	-133.6	-72.1	-200.4	-349.0	+96.5
K	Ca	Ga	Ge	As	Se	Br	Kr
-48.4	+28.9	-28.9	-115.8	-78.2	-195.0	-324.7	+96.5
Rb	Sr	In	Sn	Sb	Te	I	Xe
-46.9	+28.9	-28.9	-115.8	-103.2	-190.2	-295.1	+77.2

* 数据依据 Hotop H and Linederger W C,*J. Phys. chem. Ref. Data*,14,731(1985)。

同一周期,从左到右,元素的电子亲和势逐渐增大,以卤素的电子亲和势为最大。氮族元素由于其价电子构型为 ns^2np^3,p亚层半满,根据洪德规则较稳定,所以电子亲和势较小。又如稀有气体,其价电子构型为 ns^2np^6 的稳定结构,所以其电子亲和势为正值。

必须指出:电子亲和势、电离能只能表征孤立气态原子(或离子)得、失电子的能力。常温下元素的单质在形成水合离子的过程中得、失电子能力的相对大小应用有关电对的电极电势的大小来判断。

4. 元素的电负性

元素的电负性(electronegativity)(χ)是指元素的原子在分子中吸引电子能力的相对大小,即不同元素的原子在分子中对成键电子吸引力的相对大小,它较全面地反映了元素金属性和非金属性的强弱。电负性[①]的概念最早是由鲍林提出来的,他根据热

---

① 常用的电负性有鲍林电负性、密立根(Mulliken)电负性和阿莱-罗周(Allred-Rochow)电负性三套数据,本书采用鲍林电负性。

化学数据和分子的键能提出了以下的经验关系式：

$$E(A—B) = [E(A—A) \times E(B—B)]^{1/2} + 96.5(\chi_A - \chi_B)^2 \qquad (3-25)$$

式中：$E(A—B)$，$E(A—A)$ 和 $E(B—B)$ 分别为分子 A—B，A—A 和 B—B 的键能，单位为 $kJ \cdot mol^{-1}$；χ_A，χ_B 分别表示键合原子 A 和 B 的电负性；96.5 为换算因子，并指定氟的电负性 $\chi_F = 3.98$，这样可依次求出其他元素的电负性。

例 3-6 已知 H_2，Br_2 和 HBr 分子的键能分别为 $436\ kJ \cdot mol^{-1}$，$193\ kJ \cdot mol^{-1}$ 和 $366\ kJ \cdot mol^{-1}$，H 的电负性 $\chi_H = 2.18$，求 Br 的电负性 χ_{Br}。

解： 根据式 (3-25) $E(H—Br) = [E(Br—Br) \times E(H—H)]^{1/2} + 96.5(\chi_{Br} - \chi_H)^2$

$$366 = (193 \times 436)^{1/2} + 96.5(\chi_{Br} - 2.18)^2 \qquad \chi_{Br} = 3.07$$

表 3-11 是鲍林电负性标度的元素电负性（χ_P）。从表中可以看出，金属元素的电负性一般在 2.0 以下，非金属元素的电负性一般在 2.0 以上。因此元素电负性的大小可以衡量元素金属性与非金属性的强弱。

表 3-11　元素电负性 χ_P

H 2.18																	
Li 0.98	Be 1.57											B 2.04	C 2.55	N 3.04	O 3.44	F 3.98	
Na 0.93	Mg 1.31											Al 1.61	Si 1.90	P 2.19	S 2.58	Cl 3.16	
K 0.82	Ca 1.00	Sc 1.36	Ti 1.54	V 1.63	Cr 1.66	Mn 1.55	Fe 1.8	Co 1.88	Ni 1.91	Cu 1.90	Zn 1.65	Ga 1.81	Ge 2.01	As 2.18	Se 2.55	Br 2.96	
Rb 0.82	Sr 0.95	Y 1.22	Zr 1.33	Nb 1.60	Mo 2.16	Tc 1.9	Ru 2.28	Rh 2.2	Pd 2.20	Ag 1.93	Cd 1.69	In 1.73	Sn 1.96	Sb 2.05	Te 2.1	I 2.66	
Cs 0.79	Ba 0.89	La 1.10	Hf 1.3	Ta 1.5	W 2.36	Re 1.9	Os 2.2	Ir 2.2	Pt 2.28	Au 2.54	Hg 2.00	Tl 2.04	Pb 2.33	Bi 2.02	Po 2.0	At 2.2	
Fr 0.7	Ra 0.9	Ac 1.1															

* 引自 Millian M，*Chemical and Physical Data*（1992）。

元素的电负性也呈现周期性的变化：同一周期中，从左到右电负性逐渐增大；同一主族中，从上到下电负性逐渐减小。过渡元素的电负性都比较接近，没有明显的变化规律。

3.3　化学键理论

在自然界中，除了稀有气体元素的原子能以单原子形式稳定出现外，其他元素的原子则以一定的方式结合成分子或以晶体的形式存在。例如，氧分子由两个氧原子结合而成；干冰是众多的 CO_2 分子按一定规律组合形成的分子晶体；而金属铜以众多铜原子结合形成的金属晶体形式存在。本节将在原子结构知识的基础上介绍有关化学键的理论知识。

由于参与化学反应的基本单元是分子,而分子的性质是由其内部结构决定的,所以研究化学键理论是当代化学的一个中心问题。

分子结构主要讨论两个方面的问题:分子中直接相邻的原子间的强相互作用力,即化学键问题,以及分子的空间构型(即几何形状)问题。按照化学键形成方式与性质的不同,化学键可分为三种基本类型:离子键、共价键和金属键。本节主要介绍共价键的成键理论,分子的空间构型见 3.4 节。

3.3.1 离子键理论

1. 离子键

离子键(ionic bond)理论是 1916 年德国化学家柯塞尔(Kossel W)提出的,他认为原子在反应中失去或得到电子以达到稀有气体的稳定结构,由此形成的正离子(positive ion)和负离子(negative ion)以静电引力相互吸引在一起。因而离子键的本质就是正、负离子间的静电吸引作用,其要点如下:

- 当活泼金属原子与活泼非金属原子接近时,它们有得到或失去电子成为稀有气体稳定结构的趋势,由此形成相应的正、负离子。例如:

$$\text{Cs} \cdot + \cdot \ddot{\ddot{F}} \colon \longrightarrow \text{Cs}^+ + \colon \ddot{\ddot{F}} \colon^-$$

- 正、负离子靠静电引力相互吸引而形成离子晶体。

由于离子键是靠正、负离子通过静电吸引形成的,因此离子键的特点是没有方向性和饱和性。正、负离子可近似看作点电荷,所以其作用不存在方向问题。在空间条件许可的情况下,每个离子可吸引尽可能多的异号离子,因此没有饱和性。由于离子键的这两个特点,所以在离子晶体中不存在独立的"分子",整个离子晶体就是一个大分子,即无限分子。如 NaCl 晶体,其化学式仅表示 Na^+ 与 Cl^- 的离子数目之比为 $1:1$,并不是其分子式,整个 NaCl 晶体就是一个大分子。

2. 晶格能

由离子键形成的化合物叫离子型化合物(ionic compound),相应的晶体为离子晶体。离子晶体用晶格能(lattice energy)量度离子键的强弱。离子晶体的晶格能[①]是指由气态离子形成离子晶体时所放出的能量,用符号 U 表示,通常指在标准压力和一定温度下,由气态离子生成离子晶体的反应在反应进度为 1 mol、且 $\nu_B = 1$ 时所放出的能量,单位为 $kJ \cdot mol^{-1}$。由定义可知,U 为负值,但在通常使用及一些手册中都取正值。

晶格能可以根据波恩(Born)-哈伯(Haber)循环来计算。如 NaBr:

---

① 离子晶体的晶格能严格讲应为 0 K 时,从相互远离的气态正、负离子结合形成 1 mol 离子化合物时系统热力学能 U 的变化即 ΔU。波恩-哈伯循环及公式计算所得应为 ΔH,由于 ΔH 与 ΔU 相差不大,所以教材中忽略其差别。

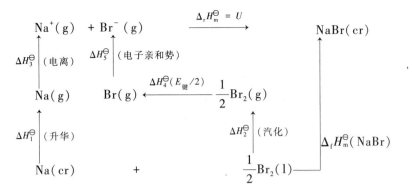

$$\Delta H_1^{\ominus} = 108.8 \ \text{kJ} \cdot \text{mol}^{-1}; \quad \Delta H_2^{\ominus} = 15.0 \ \text{kJ} \cdot \text{mol}^{-1}; \quad \Delta H_3^{\ominus} = 493.3 \ \text{kJ} \cdot \text{mol}^{-1};$$

$$\Delta H_4^{\ominus} = 96.0 \ \text{kJ} \cdot \text{mol}^{-1}; \quad \Delta H_5^{\ominus} = -324.6 \ \text{kJ} \cdot \text{mol}^{-1}; \quad \Delta_f H_m^{\ominus} = -361.1 \ \text{kJ} \cdot \text{mol}^{-1};$$

根据盖斯定律:

$$\Delta_f H_m^{\ominus} = \Delta H_1^{\ominus} + \Delta H_2^{\ominus} + \Delta H_3^{\ominus} + \Delta H_4^{\ominus} + \Delta H_5^{\ominus} + \Delta_r H_m^{\ominus}$$

$$U = \Delta_f H_m^{\ominus} - \Delta H_1^{\ominus} - \Delta H_2^{\ominus} - \Delta H_3^{\ominus} - \Delta H_4^{\ominus} - \Delta H_5^{\ominus}$$

$$= (-361.1 - 108.8 - 15.0 - 493.3 - 96.0 + 324.6) \ \text{kJ} \cdot \text{mol}^{-1}$$

$$= -749.6 \ \text{kJ} \cdot \text{mol}^{-1}$$

根据波恩-哈伯循环得到的晶格能通常称为晶格能实验值。由于电子亲和势的测定比较困难,实验误差也较大,所以常会出现同一晶体的晶格能其实验值有差别。

晶格能也可以从理论计算得到,理论计算的模型是把正、负离子看作点电荷,然后计算这些点电荷之间的库仑作用能,其总和即为晶格能。NaBr 晶体理论计算的晶格能是 $-738.4 \text{kJ} \cdot \text{mol}^{-1}$。与实验值基本一致,说明离子晶体中作用力的本质是静电力,但在离子相互极化(见 3.6 节)显著的情况下,计算值的误差比较大。

晶格能的大小与正、负离子的电荷成正比,电荷越高晶格能越大;与正、负离子的距离成反比,离子半径越大,晶格能越小。晶格能的大小常用来比较离子键的强弱和离子晶体的稳定程度。晶格能越大,离子键越强,离子晶体越稳定,反映在物理性质上则离子晶体的硬度、熔点越高(见表 3-12)。

表 3-12　晶格能与离子晶体的物理性质(298.15 K)

晶体	Z_+, Z_-	$(r_+ + r_-)/\text{pm}$	$U/(\text{kJ} \cdot \text{mol}^{-1})$	熔点/K	硬度*
NaF	$+1, -1$	231	902	1 261	
NaCl	$+1, -1$	276	771	1 074	
NaBr	$+1, -1$	291	733	1 013	
NaI	$+1, -1$	311	684	933	
MgO	$+2, -2$	205	3 889	3 916	6.5
CaO	$+2, -2$	239	3 513	3 476	4.5
SrO	$+2, -2$	253	3 310	3 205	3.5
BaO	$+2, -2$	275	3 152	2 196	3.3

* 莫氏硬度:金刚石为 10。

3.3.2　价键理论

离子键理论很好地说明了如 CsF,NaBr,NaCl 等电负性差值较大的离子型化合物的成键与性质,但无法解释同种元素间形成的单质分子如 H_2,N_2 等,以及电负性接近的非金属元素间形成的大量化合物如 HCl,CO_2,NH_3 和大量的有机化合物。

在德国化学家柯塞尔提出离子键理论的同时,美国化学家路易斯(Lewis G N)提出了共价键(covalent bond)的电子理论。他认为原子结合成分子时,原子间可共用一对或几对电子而使每个原子具有稀有气体的电子构型,形成稳定的分子。通过共用电子对而形成的化学键叫共价键,这是早期的共价键理论。在 20 世纪 30 年代初,随着量子力学的发展,建立了两种化学键理论来解释共价键的形成,这就是价键理论和分子轨道理论。

1927 年英国物理学家海特勒(Heitler W)和德国物理学家伦敦(London F)成功地用量子力学处理 H_2 分子的结构。1931 年美国化学家鲍林和斯莱特将其处理 H_2 分子的方法推广应用于其他分子系统而发展成为价键理论(valence bond theory),简称 VB 理论或电子配对法。

1. 氢分子的形成

氢分子是由两个氢原子构成的。每个氢原子在基态时各有一个 1s 电子,根据泡利不相容原理,一个 1s 轨道上最多可以容纳两个自旋相反的电子,那么每个氢原子的 1s 轨道上都还可以接受一个自旋与之相反的电子。当具有自旋状态相反的未成对电子的两个氢原子相互靠近时,它们之间产生了强烈的吸引作用,自旋相反的未成对电子相互配对,形成了共价键,从而形成了稳定的氢分子。

量子力学处理氢分子的结果从理论上解释了为什么电子配对可以形成共价键。用薛定谔方程处理氢分子的系统时,得到了两个氢原子相互作用能(E)与它们核间距(R)之间的关系,如图 3-18 所示。结果表明,若两个氢原子的电子自旋相反,两个氢原子靠近时两核间的电子云密,系统的能量 E_I 逐渐降低,并低于两个孤立氢原子的能量之和,称为吸引态(图 3-19 I)。当两个氢原子的核间距 $R = 74$ pm 时,其能量达到最低点,$E_I = -436$ kJ·mol^{-1},两个氢原子之间形成了稳定的共价键,氢分子便形成了。此时的能量 $E_I = -436$ kJ·mol^{-1} 实际就是 H_2 分子共价键的键能。若两个氢原子的核外电子自旋平行,两原子靠近时两核间电子的概率密度小,系统能量 E_{II} 始终高于两个孤立氢原子的能量之和,称为排斥态(图 3-19 II),显然此状态不能形成 H_2 分子。

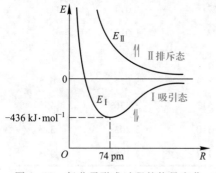

图 3-18　氢分子形成过程的能量变化

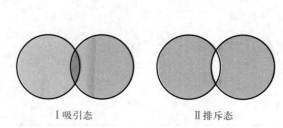

图 3-19　氢分子的两种状态

氢分子的吸引态所以能成键是由于两个氢原子的 1s 原子轨道互相叠加(称为原子轨道的重叠)后使核间的电子的概率密度增大,在两个原子核间出现了一个电子的概率密度较大的区域,这样一方面降低了两核间的正电荷排斥,另一方面又增强了两核对电子的概率密度大的区域的吸引,这都有利于系统势能的降低,有利于形成稳定的化学键。量子力学对氢分子的处理阐明了共价键的本质仍然是电性作用,由于原子轨道的重叠,原子核间电子的概率密度增大,受到两个原子核的共同吸引而形成共价键。

2. 价键理论基本要点

把量子力学处理 H_2 分子的结果推广到其他分子系统,就发展成价键理论,其要点如下。

- 两原子接近时,自旋相反的未成对价电子可以配对,形成共价键。

若 A、B 两原子各有一个自旋相反的未成对电子,可以互相配对形成稳定的共价单键(A—B)。如 HCl 分子,H 原子有一个 1s 未成对电子,Cl 原子有一个未成对的 3p 电子,可以配对形成 H—Cl 单键。又如 He 原子则因为没有未成对电子而不能形成双原子分子。

若 A、B 两原子各有两个或三个自旋相反的未成对电子,则可以形成共价双键(A=B)或共价三键(A≡B)。如 N 原子有 3 个未成对的 2p 电子,可与另一 N 原子的三个自旋相反的未成对电子配对,形成 N≡N 三键分子。共用电子对数目大于一对的共价键称为多重键(multiple bond)。

若 A 原子有两个未成对电子,B 原子只有一个未成对电子,则 A 原子可同时与两个 B 原子结合形成 AB_2 分子,如 H_2O 分子。

若 A 原子有能量合适的空轨道,B 原子有孤电子对,B 原子的孤电子对所占据的原子轨道和 A 原子的空轨道能有效地重叠,则 B 原子的孤电子对可以与 A 原子共享,这样形成的共价键称为共价配键,以符号 A←B 表示。

- 原子轨道叠加时,轨道重叠程度愈大,电子在两核间出现的概率密度愈大,形成的共价键也愈稳定。因此,共价键应尽可能沿着原子轨道最大重叠的方向形成,这就是原子轨道的最大重叠原理。

3. 共价键的特征

从价键理论的两个基本要点可得出共价键的两个特征——饱和性与方向性。

① 饱和性　共价键的饱和性是指每个原子的成键总数或以单键相连的原子数目是一定的。因为每个原子的未成对电子数是一定的,所以形成共用电子对的数目也就一定。如两个 H 原子的未成对电子配对形成 H_2 分子后,若有第三个 H 原子接近该 H_2 分子,则不能形成 H_3 分子。又如 N 原子有三个未成对电子,可与三个 H 原子结合,生成三个共价键,形成 NH_3 分子。

② 方向性　根据原子轨道最大重叠原理,在形成共价键时,原子间总是尽可能沿着原子轨道最大重叠的方向成键。成键电子的原子轨道重叠程度越高,电子在两核间出现的概率密度也越大,形成的共价键就越牢固。除了 s 轨道呈球形对称外,其他的原子轨道(p,d,f)在空间都有一定的伸展方向。因此,在形成共价键的时候,除了 s 轨道和 s 轨道之间在任何方向上都能达到最大程度的重叠外,p,d,f 原子轨道只有沿着

一定的方向才能发生最大程度的重叠。这就是共价键的方向性,此特征也决定了分子的几何构型。

图 3-20 表示的是 H 原子的 1s 轨道与 Cl 原子的 $3p_x$ 轨道的三种重叠情形:

(a) H 原子 1s 轨道沿着 x 轴方向接近 Cl 原子 $3p_x$,达到最大重叠,形成稳定的共价键;

(b) H 原子向 Cl 原子接近时偏离了 x 方向,轨道间的重叠较小,结合不稳定,H 原子有向 x 轴方向移动以达到最大重叠的倾向;

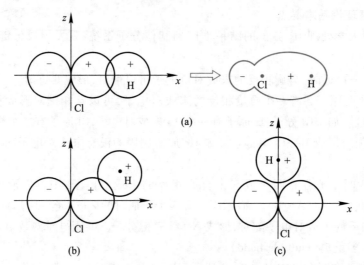

图 3-20 H 原子的 1s 轨道与 Cl 原子的 $3p_x$ 轨道的三种重叠情况

(c) H 原子沿 z 轴方向接近 Cl 原子,两个原子轨道间不发生有效重叠,因而 H 与 Cl 原子在这个方向不能结合形成 HCl 分子。

3.3.3 分子轨道理论

1. 物质的磁性

物质的磁性是指它在磁场中表现出来的性质。根据物质受磁场的影响可分为两大类[①]:一类是反磁性(也称抗磁性)物质,另一类是顺磁性物质。磁力线通过反磁性物质时比在真空中受到的阻力大,外磁场力图把此类物质从磁场中排除出去,即反磁性物质受磁场排斥。而磁力线通过顺磁性物质时比在真空中来得容易,外磁场倾向于把此类物质吸向自己,即顺磁性物质受磁场吸引。

物质的磁性与其内部的电子自旋状态有关。若电子全部偶合成对,电子自旋产生的磁效应彼此抵消,表现出反磁性。反之若有未成对的单电子,电子自旋产生的磁效应不能抵消,表现出顺磁性,未成对电子数愈多,顺磁性愈大。

2. 分子轨道理论的基本要点

价键理论较好地说明了共价键的形成,并能预测分子的空间构型,但也有局限性。如对 O_2,按价键理论应为双键结构 :Ö::Ö:,分子内无未成对电子。但这与事实不符,实

---

① 此外还有一类被磁场强烈吸引的物质称铁磁性物质,如铁、钴、镍及相应的合金。

验测定 O_2 分子具有顺磁性,表明 O_2 分子有未成对电子。又如 H_2^+ 只有一个单电子也能稳定存在。这些价键理论均无法解释。1932 年前后,马利肯(Mulliken R S)、洪德(Hund F)和伦纳德-琼斯(Lennard-Jones J E)等人先后提出了分子轨道理论(molecular orbital theory),简称 MO 法。分子轨道理论成功地说明了 O_2 分子的分子结构,解决了价键理论无法解释的问题。本教材对该理论的介绍仅限于第一、二周期的同核双原子分子,借此介绍该理论的一些基本概念。

分子轨道理论的基本要点如下:

① 分子轨道的概念　分子轨道和原子轨道一样是一个描述核外电子运动状态的波函数 Ψ,两者的区别在于原子轨道是以一个原子的原子核为中心,描述电子在其周围的运动状态,而分子轨道是以两个或更多个原子核作为中心。分子中的电子不再属于某个原子,而属于整个分子,在整个分子范围内运动。

② 原子轨道的线性组合　分子轨道 Ψ 可由分子中原子的原子轨道线性组合[①]得到,组合形成的分子轨道数与此前的原子轨道数目相同,但轨道能量发生变化。如 H_2 分子的两个分子轨道分别是由两个 H 原子的能量相同的 1s 原子轨道 ψ_a,ψ_b 组合后得到两个分子轨道 Ψ_I,Ψ_{II}:

$$\Psi_I = C_a\psi_a + C_b\psi_b$$
$$\Psi_{II} = C_a'\psi_a - C_b'\psi_b$$

式中:C,C' 是两个与原子轨道的重叠有关的参数,对同核双原子分子 $C_a = C_b$,$C_a' = C_b'$。

③ 成键轨道与反键轨道　原子轨道组合成分子轨道后,分子轨道能量低于原先原子轨道的称为成键轨道(bonding orbital);分子轨道能量高于原子轨道的称为反键轨道(antibonding orbital)[②]。如图 3-21 所示,其中 E_a,E_b 为原子轨道的能量,E_I,E_{II} 分别为成键和反键轨道的能量。

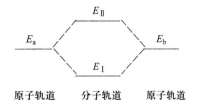

图 3-21　分子轨道的形成

④ 组成有效分子轨道的原则　原子轨道组合成分子轨道须遵循对称性匹配、能量相近和轨道最大重叠三原则,称成键三原则。

所谓对称性匹配原则,是指两个原子轨道具有相同的对称性,且重叠部分的正、负号相同时,才能有效地组成分子轨道,如图 3-22 所示。当参与组成分子轨道的原子轨道能量相近时,可以有效地组成分子轨道;当两个原子轨道能量相差悬殊时,组成的分子轨道则近似于原来的原子轨道即不能有效地组成分子轨道,这就是能量相近原则。由两个原子轨道组成分子轨道时,成键分子轨道的能量下降的多少近似地正比于两原子轨道的重叠程度,为了有效地组成分子轨道,参与成键的原子轨道重叠程度越大越好,这就是轨道最大重叠原则。

在成键三原则中,对称性匹配是首要的,它决定原子轨道能否组成分子轨道,而能量相近和最大重叠则决定组合的效率问题。

---

① 量子力学处理原子轨道组合成分子轨道的方法之一。

② 在异核双原子分子或多原子分子中还存在非键轨道,非键轨道的能量与原子轨道一样,即不成键。

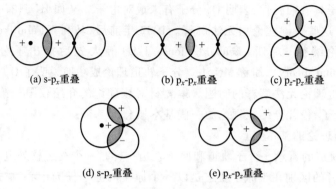

(a) s-p$_x$重叠   (b) p$_x$-p$_x$重叠   (c) p$_z$-p$_z$重叠

(d) s-p$_z$重叠   (e) p$_x$-p$_z$重叠

图 3-22 轨道对称性匹配示例

（a）、（b）、（c）对称性匹配；（d）、（e）不匹配

3. 同核双原子分子的分子轨道能级图

分子轨道的能级顺序目前主要由光谱实验数据确定。将分子轨道按能级的高低排列起来,就可获得分子轨道的能级图。第二周期元素形成的同核双原子分子的分子轨道能级示意图见图 3-23。图 3-23 中(a)、(b)两能级图的差异在于 σ_{2p} 和 π_{2p} 能级次序不同。(a)图中 σ_{2p} 的能级比 π_{2p} 低,该能级图适用于 O_2,F_2 分子。而 N_2,C_2,B_2 等分子的分子轨道能级顺序则如(b)图所示,σ_{2p} 能级比 π_{2p} 能级高。能级图中的一个短横表示一个原子轨道或一个分子轨道。分子轨道的名称(σ,π)与分子轨道的对称性有关。图中分子轨道的符号上带"*"号的是反键轨道,不带"*"号的是成键轨道。注意分子轨道的数目和组成分子的原子轨道的数目相同,如两个 2s 原子轨道组成 σ_{2s} 和 σ_{2s}^* 两个分子轨道,6 个 2p 原子轨道组成的 6 个分子轨道中,2 个是 σ 轨道(即 σ_{2p} 和 σ_{2p}^*),4 个是 π 分子轨道(即 π_{2p_y},π_{2p_z} 和 $\pi_{2p_y}^*$,$\pi_{2p_z}^*$),π_{2p_y} 和 π_{2p_z} 轨道的形状、能量相同,称为简并分子轨道,同样 $\pi_{2p_y}^*$ 和 $\pi_{2p_z}^*$ 也是简并分子轨道。

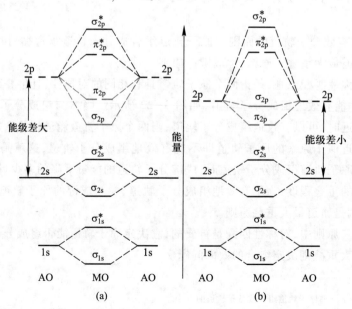

图 3-23 同核双原子分子轨道能级示意图

图 3-24 是由 2s 和 2p 原子轨道形成的各种分子轨道的图形。图中成键轨道为两个原子轨道的 ψ 相加所得的结果,反键轨道则为两个原子轨道的 ψ 相减的结果。分子轨道波函数的平方表示分子中电子出现的概率密度,在成键轨道中核间的概率密度大,所以成键轨道能量下降。而反键轨道核间的概率密度小,以至出现节面(电子概率密度等于零的一个平面)。

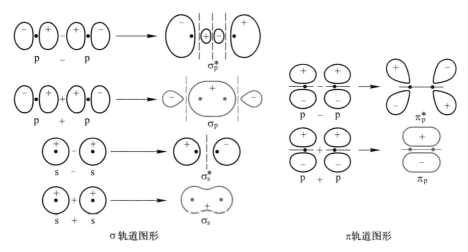

σ轨道图形   π轨道图形

图 3-24 $n=2$ 的原子轨道与分子轨道的示意图

电子在分子轨道上的排布仍然遵循核外电子排布三原则——能量最低原理、泡利不相容原理和洪德规则。例如,H_2 分子由两个 H 原子组成,每个 H 原子的 1s 轨道上有一个 1s 电子,两个 1s 原子轨道组成两个分子轨道,根据电子排入规则,两个 1s 电子进入能量较低的 σ_{1s} 分子轨道,形成了 H_2 分子,如图 3-25 所示。

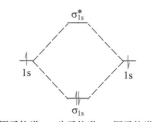

原子轨道   分子轨道   原子轨道

图 3-25 H_2 分子轨道能级示意图

O_2 分子由两个氧原子组成。氧原子核外有 8 个电子,一个 O_2 分子共 16 个电子,按图 3-23(a)中的能级顺序将电子填入 O_2 分子的分子轨道,如图 3-26 所示(内层 σ_{1s} 和 σ_{1s}^* 未画出)。在排满 π_{2p} 的两个成键分子轨道后,还有两个电子,根据洪德规则,两个电子分别排在了两个 π_{2p}^* 反键轨道上,并且自旋平行。O_2 分子里有两个自旋方式相同的未成对电子,这一事实成功地解释了 O_2 分子的顺磁性。不难看出,排在 σ_{2s} 和 σ_{2s}^* 上的电子数相同,成键分子轨道上电子的能量低于电子原来在原子轨道上的能量,反键分子轨道上电子的能量则高于电子原来在原子轨道上的能量,对分子稳定性的贡献互相抵消,真正对成键有贡献的是 $(\sigma_{2p_x})^2$ 和 $(\pi_{2p_y})^2$、$(\pi_{2p_z})^2$,所以 O_2 分子是三键结构,而并非双键结构。但是,由于在 π_{2p}^* 的反键轨道上还各有一个电子,其能量高于 2p 原子轨道,从而抵消了部分 $(\pi_{2p_y})^2$ 和 $(\pi_{2p_z})^2$ 形成的 π 键键能。考虑到这一点 O_2 分子中的 π 键已不同于双电子 π 键,而是由两个成键电子和一个反键电子组成的三电子 π 键,该键不及双电子 π 键牢固。

N_2 分子也是同核双原子分子,共有 14 个电子,依次填入图 3-23(b)中的分子轨道,如图 3-27 所示(内层 σ_{1s} 和 σ_{1s}^* 未画出)。在 N_2 分子中对成键有贡献的是$(\pi_{2p_y})^2$,$(\pi_{2p_z})^2$ 和$(\sigma_{2p_x})^2$ 三对电子,所以 N_2 分子是三键结构。

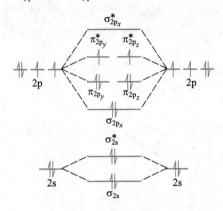

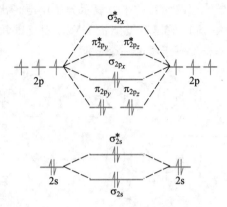

图 3-26　O_2 分子的分子轨道能级示意图　　　　图 3-27　N_2 分子的分子轨道能级示意图

4. 分子轨道电子排布式

分子中电子的排布可以用分子轨道电子排布式(或称电子构型)表示。如 N_2 分子的分子轨道电子排布式为

$$N_2[(\sigma_{1s})^2(\sigma_{1s}^*)^2(\sigma_{2s})^2(\sigma_{2s}^*)^2(\pi_{2p_y})^2(\pi_{2p_z})^2(\sigma_{2p_x})^2]$$

在 N_2 分子中,由于 $n=1$ 时,成键分子轨道和反键分子轨道上的电子都已排满,对分子的成键没有实质上的贡献,可以用组成分子的原子的相应电子层符号表示。如 N_2 分子的分子轨道排布式可表示为:$N_2[KK(\sigma_{2s})^2(\sigma_{2s}^*)^2(\pi_{2p_y})^2(\pi_{2p_z})^2(\sigma_{2p_x})^2]$

例 3-7　写出 O_2,O_2^-,O_2^{2-} 的分子轨道电子排布式,说明它们能否稳定存在,并指出它们的磁性。

解:　　$O_2[(\sigma_{1s})^2(\sigma_{1s}^*)^2(\sigma_{2s})^2(\sigma_{2s}^*)^2(\sigma_{2p_x})^2(\pi_{2p_y})^2(\pi_{2p_z})^2(\pi_{2p_y}^*)^1(\pi_{2p_z}^*)^1]$

从 O_2 分子的分子轨道电子排布式可知,O_2 分子有一个 σ 键,两个三电子 π 键,所以该分子能稳定存在。它有两个未成对的电子,具有顺磁性。

$$O_2^-[(\sigma_{1s})^2(\sigma_{1s}^*)^2(\sigma_{2s})^2(\sigma_{2s}^*)^2(\sigma_{2p_x})^2(\pi_{2p_y})^2(\pi_{2p_z})^2(\pi_{2p_y}^*)^2(\pi_{2p_z}^*)^1]$$

O_2^- 分子离子比 O_2 分子多一个电子,这个电子应分布在 $\pi_{2p_y}^*$ (或简并的 $\pi_{2p_z}^*$)分子轨道上,该分子离子尚有一个 σ 键,一个三电子 π 键,所以能稳定存在。由于仍有一个未成对电子,有顺磁性。

$$O_2^{2-}[(\sigma_{1s})^2(\sigma_{1s}^*)^2(\sigma_{2s})^2(\sigma_{2s}^*)^2(\sigma_{2p_x})^2(\pi_{2p_y})^2(\pi_{2p_z})^2(\pi_{2p_y}^*)^2(\pi_{2p_z}^*)^2]$$

O_2^{2-} 分子离子比 O_2 分子多两个电子,使其 π_{2p}^* 轨道上的电子也都配对,它们与 π_{2p} 轨道上的电子对成键的贡献基本相抵,该分子离子有一个 σ 键,无未成对电子,为反磁性。

3.3.4　共价键的类型

1. 原子轨道和分子轨道的对称性

自然界普遍存在着对称性。利用对称性原理探讨分子的结构和性质,是人们认识分子的重要途经。这里简单介绍原子轨道和分子轨道的 σ 对称性与 π 对称性。

① 原子轨道的对称性　以原子轨道的角度分布图讨论原子轨道的对称性。如前所述,原子轨道的角度分布在空间有一定的伸展方向,可以用角度分布图表示。例如,

3个p轨道在空间分别向 x,y,z 三个方向伸展,若将它们以 x 轴为对称轴旋转180°,便会出现如图 3-28 所示的两种情况:

（a）旋转前后原子轨道正、负号不变（如 p_x）；

（b）旋转前后原子轨道正、负号改变（如 p_y,p_z）；

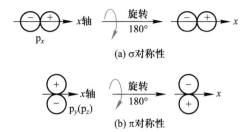

图 3-28　原子轨道的 σ、π 对称性

把第一种情况称该原子轨道具有 σ 对称性。而后一种情况的原子轨道具有 π 对称性。显然,s 原子轨道属 σ 对称。而 d 轨道则与 p 轨道类似,有 σ 对称和 π 对称之分,以 x 轴为对称轴时,d_{z^2},$d_{x^2-y^2}$ 和 d_{yz} 轨道为 σ 对称,d_{xy} 和 d_{xz} 轨道为 π 对称。

② 分子轨道的对称性　以同核双原子分子的核间连线（即键轴）为对称轴（习惯上设为 x 轴）旋转180°,分子轨道正、负号不变的为 σ 对称性,相应的分子轨道称为 σ 分子轨道;分子轨道正、负号改变的为 π 对称性,相应的分子轨道为 π 分子轨道。

原子轨道和分子轨道还有其他对称性,也可能存在其他的对称轴、对称面,这里不再介绍。

2. 共价键的类型

根据分子轨道对称性的不同,一般共价键可分为 σ 键和 π 键。

① σ 键　如果原子轨道沿核间连线方向进行重叠形成共价键,具有以核间连线（键轴）为对称轴的 σ 对称性,则称为 σ 键,如图 3-29 中的(a),(b),(c)。它们的共同特点是:"头碰头"方式达到原子轨道的最大重叠。重叠部分集中在两核之间,对键轴呈圆柱形对称。

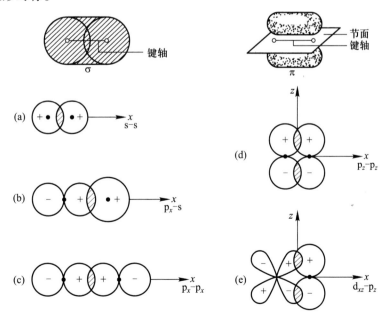

图 3-29　σ 键和 π 键示意图

② π 键 形成的共价键若对键轴呈 π 对称,则称为 π 键,如图 3-29 中的(d),(e)。它们的共同的特点是两个原子轨道"肩并肩"地达到最大重叠,重叠部分集中在键轴的上方和下方,对通过键轴的平面呈镜面反对称(轨道改变正、负号),在此平面上电子的概率密度为零(称为节面)。

*③ 大 π 键 上述 π 键是由两个原子的原子轨道(通常为 p 轨道)"肩并肩"重叠形成的,其 π 电子属两个原子共有,在两个原子间有最大的概率密度,称为定域 π 键。若有三个或三个以上以 σ 键相连的原子处于同一平面,同时每个原子又有一个互相平行的 p 轨道,而这些 p 轨道上的电子总数 m 又小于 p 轨道数 n 的两倍($2n$),这些 p 轨道重叠形成的 π 键称为大 π 键,用符号 Π_n^m 表示(读作 n 中心 m 电子大 π 键)。如 NO_2 分子中,N 原子分别在 xy 平面与两个 O 原子各形成一个 σ 键,三个原子各有一个带一个电子的 p_z 轨道,这些轨道互相"肩并肩"重叠形成 Π_3^3 键。这些大 π 键上的电子属于构成大 π 键的所有原子,并非定域在两原子间,因而称为非定域电子。具有大 π 键的分子很多,如 O_3、SO_2、HNO_3 等分子中存在 Π_3^4。大 π 键在有机化学中应用更广,如苯中存在 Π_6^6 键,丁二烯中有 Π_4^4 键。

两个原子间形成的若是单键,则成键时通常轨道是沿核间连线方向达到最大重叠,所以一般形成的都是 σ 键;若形成双键,两键中有一个是 σ 键,另一个必定是 π 键;若是三键,则其中一个是 σ 键,其余两个都是 π 键,如 N_2 分子(见图 3-30)。

从分子轨道理论看,由一个电子构成的 σ 键叫单电子 σ 键。如 H_2^+ 分子离子中只有一个电子,占据成键 σ_{1s} 分子轨道,形成单电子 σ 键。H_2 分子中有两个电子,都进入成键 σ_{1s} 轨道,形成一个 σ 键。由一对 σ 电子和一个

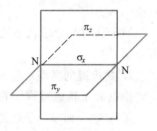

图 3-30 N_2 分子中化学键示意图

σ^* 电子构成的键称为三电子 σ 键,如 He_2^+ 分子离子共有三个电子,其中两个电子占据了 σ_{1s} 轨道,另一个电子则进入 σ_{1s}^* 轨道。同样根据 π 电子数有单电子 π 键(如 B_2 中有两个单电子 π 键)、π 键(双电子键)和三电子 π 键(如 O_2 分子有两个三电子 π 键)等。必须指出,根据分子轨道理论,无论 σ 键还是 π 键都由成键轨道和相应的反键轨道组成,只要电子数 m 小于轨道数 n(成键轨道加反键轨道)的两倍($2n$),其能量就低于原子轨道的能量,可以稳定存在。

3.3.5 共价键参数

共价键的性质可以用一些物理量来描述,如键级、键能、键长、键角等,这些物理量统称为键参数(parameter of bond)。

1. 键级

键级(bond order)是描述键的稳定性的物理量。

在价键理论中,用成键原子间共价单键的数目(即共用电子对的数目)表示键级。如:

Cl—Cl 分子中的键级 = 1; N≡N 分子中的键级 = 3;

在分子轨道理论中键级的定义为

$$键级 = \frac{成键轨道上的电子数 - 反键轨道上的电子数}{2}$$

对于同核双原子分子,由于内层分子轨道电子已填满,成键电子与反键电子作用互相抵消,可以认为内层电子对键的形成没有贡献,所以,键级也可用下式计算:

$$键级 = \frac{外层成键轨道上的电子数 - 外层反键轨道上的电子数}{2}$$

例如:O_2 分子的电子构型为 $\left[KK(\sigma_{2s})^2(\sigma_{2s}^*)^2(\sigma_{2p_x})^2(\pi_{2p_y})^2(\pi_{2p_z})^2(\pi_{2p_y}^*)^1(\pi_{2p_z}^*)^1 \right]$

$$键级 = (8-4)/2 = 2$$

分子的键级越大,表明共价键越牢固,分子也越稳定。稀有气体双原子分子的键级为 0,说明不能稳定存在,所以稀有气体是单原子分子。

例 3-8 分别计算例 3-7 中的分子和离子的键级,并比较它们的键的强弱。

解:
$$O_2 \text{ 分子的键级} = (8-4)/2 = 2$$
$$O_2^- \text{ 分子离子的键级} = (8-5)/2 = 3/2$$
$$O_2^{2-} \text{ 分子离子的键级} = (8-6)/2 = 1$$

键级由大到小的顺序是 O_2, O_2^-, O_2^{2-};键级越大键越强,所以键由强到弱的顺序为 O_2, O_2^-, O_2^{2-}。

2. 键能

键能(bond energy)是从能量因素衡量化学键强弱的物理量。其定义为:在标准状态下,将气态分子 AB(g)解离为气态原子 A(g),B(g)所需要的能量,用符号 E 表示,单位为 $kJ \cdot mol^{-1}$。键能的数值通常用一定温度下该反应的标准摩尔反应焓变表示,如不指明温度,应为 298.15 K。即

$$A—B(g) \longrightarrow A(g) + B(g) \qquad \Delta_r H_m^{\ominus} = E(A—B)$$

A 与 B 之间的化学键可以是单键、双键或三键。例如:

$$HCl(g) \longrightarrow H(g) + Cl(g) \qquad \Delta_r H_m^{\ominus}(HCl) = E(HCl)$$
$$N \equiv N(g) \longrightarrow 2N(g) \qquad \Delta_r H_m^{\ominus}(N_2) = E(N_2)$$

对于双原子分子,键能 $E(A—B)$ 等于键的解离能 $D(A—B)$,可直接从热化学测量中得到。例如,

$$Cl_2(g) \longrightarrow 2Cl(g) \qquad \Delta_r H_m^{\ominus}(298.15\ K, Cl_2) = E(Cl_2) = D(Cl_2) = 247\ kJ \cdot mol^{-1}$$

对于多原子分子,键能主要取决于成键原子的本性,但分子中的其他原子对其也有影响。把一个气态多原子分子分解为组成它的全部气态原子时所需要的能量叫原子化能,应该恰好等于这个分子中全部化学键键能的总和。如果分子中只含有一种键,且都是单键,键能可用键解离能的平均值表示。如 NH_3 含有三个 N—H 键,

$$NH_3(g) \Longrightarrow H(g) + NH_2(g) \qquad D_1 = 433.1\ kJ \cdot mol^{-1}$$
$$NH_2(g) \Longrightarrow NH(g) + H(g) \qquad D_2 = 397.5\ kJ \cdot mol^{-1}$$
$$NH(g) \Longrightarrow N(g) + H(g) \qquad D_3 = 338.9\ kJ \cdot mol^{-1}$$

所以 $NH_3(g)$ 中

$$E(N—H) = \overline{D}(N—H) = (D_1 + D_2 + D_3)/3$$
$$= (433.1 + 397.5 + 338.9)\ kJ \cdot mol^{-1}/3 = 389.8\ kJ \cdot mol^{-1}$$

一般说来键能越大,化学键越牢固。双键的键能比单键的键能大得多,但不等于

单键键能的两倍;同样三键键能也不是单键键能的三倍。表 3-13 中列出了一些共价键的键能值。

表 3-13 某些键能和键长的数据(298.15 K)

共价键	键能/(kJ·mol^{-1})	键长/pm	共价键	键能/(kJ·mol^{-1})	键长/pm
H—H	436.00	74.1	F—F	156.9±9.6	141.2
H—F	568.6±1.3	91.7	Cl—Cl	242.95	198.8
H—Cl	431.4	127.5	Br—Br	193.87	228.1
H—Br	366±2	141.4	I—I	152.55	266.6
H—I	299±1	160.9	C—C	346	154
O—H	462.8	96	C=C	610.0	134
S—H	347	134	C≡C	835.1	120
N—H	391	101.2	O=O	497.31±0.17	120.7
C—H	413	109	S=S	424.6±6	188.9
Si—H	318	148	N≡N	948.9±6.3	109.8
Na—H	201±21	188.7	C≡N	889.5	116

3. 键长

分子中成键原子间的平衡距离叫键长(bond length),用符号 l 表示,单位为 m 或 pm。键长数据可由实验(主要是分子光谱与热化学)测定。由实验结果得知,相同原子在不同分子中形成相同类型的化学键时,键长相近,即共价键的键长有一定的守恒性。通过实验测定各种共价化合物中同类型共价键键长,求出它们的平均值,即为共价键键长数据。一些共价键的键长也列在表 3-13 中。键长数据越大,表明两原子间的平衡距离越远,原子间相互结合的能力越弱。如 H—F,H—Cl,H—Br,H—I 的键长依次增大,键的强度依次减弱,热稳定性也依次下降。

4. 键角

分子中相邻的共价键之间的夹角称为键角(bond angle),通常用符号 θ 表示,单位为"°"、"'"。键角的数据可以用分子光谱和 X 射线衍射法测得。

键角和键长是反映分子空间构型的重要参数。如果知道了某分子内全部化学键的键长和键角的数据,那么这些分子的几何构型便可确定。一些例子列在表 3-14 中。

表 3-14 一些分子的键长、键角和几何构型

分子	键长/pm	键角	分子构型
NO$_2$	120	134°	V 形(或角形)
CO$_2$	116.2	180°	直线形
NH$_3$	100.8	107.3°	三角锥形
CCl$_4$	177	109.5°	正四面体形

3.4 多原子分子的空间构型

3.4.1 价层电子对互斥理论

多原子分子的空间构型是由实验测得的键长、键角确定的。有人对简单无机小分子的空间构型提出了预测的方法,这就是价层电子对互斥理论(valence-shell electron-pair repulsion),简称 VSEPR 理论。该理论最初在 1940 年由西奇维克(Sidgwick N V)和鲍威尔(Powell H M)提出,后经吉利斯皮(Gillespie R J)和尼霍姆(Nyholm R S)的发展而形成,是一种较为简单又能比较正确地判断无机小分子几何构型的理论。

1. VSEPR 理论基本要点

价层电子对互斥理论认为

- 分子或离子的空间构型取决于中心原子周围的价层电子对数。价层电子对是指与中心原子成键的成键电子对(σ 键电子对)及中心原子未成键的孤电子对。
- 价层电子对间尽可能远离以使斥力最小。

在共价分子(或离子)中,中心原子价电子层(简称价层)中的电子对(称价电子对,包括成键电子对和未成键的孤电子对)倾向于尽可能地远离,以使彼此间相互排斥作用为最小。

- VSEPR 理论把分子中中心原子的价电子层视为一个球面,价电子对按能量最低原理排布在球面,从而决定分子的空间构型。价电子对的排布方式见表 3-15。

表 3-15 中心原子价电子对排布方式

价电子对数 VP	2	3	4	5	6
	直线形 AX_2	平面三角形 AX_3	正四面体形 AX_4	三角双锥形 AX_5	正八面体形 AX_6
价电子对 VP 排布方式					

在此最后一列为

- 在考虑价电子对排布时,还应考虑键电子对与孤电子对的区别。键电子对受两个原子核吸引,电子云比较紧缩;而孤电子对只受中心原子的吸引,电子云比较"肥大",对邻近的电子对的斥力就较大。所以不同的电子对之间的斥力(在夹角相同情况下,一般考虑90°夹角)大小顺序为

孤电子对与孤电子对>孤电子对与键电子对>键电子对与键电子对

为使分子处于最稳定的状态,分子构型总是保持价电子对间的斥力为最小。

此外,分子若含有双键、三键,由于重键电子较多,斥力也较大,对分子构型也有影响。

2. 推测 AX_mE_n 分子空间构型的步骤

通常共价分子(或离子)可以通式 AX_mE_n 表示,其中 A 为中心原子,X 为配位原子或含有一个配位原子的基团(同一分子中可有不同的 X),m 为配位原子的个数(即中心原子的键电子对数),E 表示中心原子 A 的价电子层中的孤电子对,n 为孤电子对数。

推测分子或离子的空间构型的具体步骤如下:
- 确定中心原子的价电子对数,判断价电子对的空间排布。

如以 VP 表示中心原子 A 的价电子对数,则

$$VP = m + n$$

式中:m 可由分子式直接得到,n 为中心原子 A 的孤电子对数,可由下式得出

$$n = \frac{\text{中心原子 A 的价电子总数} - m \text{ 个基态配位原子的未成对电子数}}{2} \tag{3-26}$$

若计算结果不为整数,则进为整数。如 NO_2 分子:

$$n = (5 - 2 \times 2)/2 = 1/2 \quad \text{应取 } n = 1$$

若 AX_mE_n 为共价型离子,还需考虑离子电荷,此时

$$n = \frac{\text{中心原子 A 的价电子总数} \pm \frac{\text{负}}{\text{正}} \text{离子电荷数} - m \text{ 个基态配位原子的未成对电子数}}{2} \tag{3-27}$$

确定 m 和 n 值后,就有了确定的 VP 值,再从表 3-15 确定价电子对的空间排布。

- 根据孤电子对数 n 确定分子的空间构型。

如果中心原子 A 没有孤电子对($n = 0$),价电子对的空间排布就是分子的空间构型。若中心原子有孤电子对,则须考虑孤电子对的位置,孤电子对可能会有几种可能的排布方式,对比这些排布方式中电子对排斥作用的大小,选择斥力最小的排布方式,即为分子具有的稳定构型(见例 3-12)。

必须注意,在考虑分子空间构型时,孤电子对不考虑在内。

现将根据 VSEPR 理论推测的 AX_mE_n 型分子的若干种空间构型列于表 3-16。

例 3-9 求 H_3O^+ 和 SO_4^{2-} 的孤电子对数 n 和价电子对数 VP,并推测其空间构型。

解: H_3O^+ $\qquad n = (6 - 1 - 3 \times 1)/2 = 1 \qquad VP = m + n = 3 + 1 = 4$

价电子对 VP 的排布为正四面体形,其中一对为孤电子对,所以分子空间构型为三角锥形。

$\qquad SO_4^{2-}$ $\qquad n = (6 + 2 - 4 \times 2)/2 = 0 \qquad VP = m + n = 4 + 0 = 4$

价电子对 VP 的排布为正四面体形,无孤电子对,所以分子空间构型也是正四面体形。

例 3-10 用 VSEPR 理论预测 CH_4, H_2O, NH_3 分子的空间构型,并判断它们键角的相对大小。

解: CH_4 $\qquad n = (4 - 4 \times 1)/2 = 0 \qquad VP = m + n = 4 + 0 = 4$

CH_4 分子构型为正四面体形。

$\qquad H_2O$ $\qquad n = (6 - 2 \times 1)/2 = 2 \qquad VP = m + n = 2 + 2 = 4$

H_2O 的 VP 排布为正四面体排布,其中两对为孤电子对,所以分子构型为 V 形。

$\qquad NH_3$ $\qquad n = (5 - 3 \times 1)/2 = 1 \qquad VP = m + n = 3 + 1 = 4$

表 3-16 根据 VSEPR 推测的 AX_mE_n 型分子的空间构型

AX_mE_n	m	n	VP	VP 排布	分子构型	实例	AX_mE_n	m	n	VP	VP 排布	分子构型	实例
AX_2	2	0	2	直线形	直线形	$BeCl_2$ HCN	AX_4E	4	1			变形四面体	SF_4
AX_3	3	0	3	平面三角形	平面三角形	NO_3^- SO_3	AX_3E_2	3	2	5	三角双锥形	T 形	ClF_3 BrF_3
AX_2E	2	1			V 形	NO_2	AX_2E_3	2	3			直线形	ICl_2^- I_3^- XeF_2
AX_4	4	0	4	正四面体形	四面体形	CH_4 SO_4^{2-}	AX_6	6	0			八面体形	SF_6 AlF_6^{3-}
AX_3E	3	1			三角锥形	NH_3 SO_3^{2-}	AX_5E	5	1	6	正八面体形	四方锥形	IF_5
AX_2E_2	2	2			V 形	H_2O H_2S	AX_4E_2	4	2			平面四方形	ICl_4^- XeF_4
AX_5	5	0	5	三角双锥形	三角双锥形	PF_5 SF_4O							

　　NH_3 的 VP 排布应为正四面体排布,其中一对为孤电子对,所以分子构型应为三角锥形。

　　CH_4,H_2O,NH_3 分子的 VP 排布均为正四面体形,VP 间的夹角均为 $109.5°$,由于 NH_3 分子有一对孤电子对,H_2O 分子有两对孤电子对,孤电子对对键电子对有较大斥力,使键电子对之间的夹角减小。所以三个分子的键角从大到小的顺序是:CH_4, NH_3,H_2O。

　　例 3-11　试判断 $Cl_2C\!\!=\!\!O$ 分子的空间构型及 $\angle ClCCl$ 和 $\angle ClCO$ 的相对大小。

　　解:$Cl_2C\!\!=\!\!O$ 分子的中心原子为 C 原子。

$$n=(4-2\times1-1\times2)/2=0 \qquad VP=m+n=3+0=3$$

　　因为 $n=0$,所以价电子对排布与分子空间构型一致,为平面三角形。由于 C 和 O 之间是双键,其斥力大于单键斥力,所以 $\angle ClCCl$ 受挤压,角度小于 $120°$,而 $\angle ClCO$ 应大于 $120°$。

　　例 3-12　根据 VSEPR 理论判断 SF_4 的空间构型。

　　解:SF_4　　$n=(6-4\times1)/2=1 \qquad VP=m+n=4+1=5$

　　价电子对排布为三角双锥形,其中有 1 对孤电子对,这对孤电子对有如图所示两种排布方式 (a) 与 (b)。键角越小电子间斥力愈大,两种排布方式中最小夹角为 $90°$,所以考虑 $90°$ 夹角。

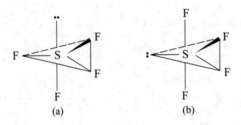

(a)　　　　　　　　(b)

　　（a）孤电子对与键电子对成 $90°$ 有三对$(LP\sim BP=3)$;
　　（b）孤电子对与键电子对成 $90°$ 有两对$(LP\sim BP=2)$

　　因为孤电子对斥力大于键电子对,所以结构(b)能量更低更稳定,SF_4 应为结构(b),为变形四面体。

3.4.2　杂化轨道理论

　　H_2O 分子的空间构型,根据价键理论两个 H—O 键的夹角应该是 $90°$,但实测结果是 $104.5°$。又如 C 原子,其价电子构型为 $2s^2 2p^2$,按电子配对法,只能形成两个共价键,且键角应为 $90°$,显然与实验事实不符。如何解释这种矛盾呢?鲍林和斯莱特于 1931 年提出了杂化轨道理论。

　　1. 杂化轨道理论要点

　　杂化轨道理论认为在原子间相互作用形成分子的过程中,在同一个原子中能量相近的不同类型的原子轨道可以相互叠加,重新组成轨道数目不变、能量完全相同而成键能力更强的新的原子轨道,这些新的原子轨道称为杂化轨道(hybrid orbital)。杂化轨道的形成过程称为杂化(hybridization)。杂化轨道在某些方向上的角度分布更集中,因而杂化轨道比未杂化的原子轨道成键能力增强,使形成的共价键更加稳定。不同类型的杂化轨道有不同的空间取向,从而决定了共价型多原子分子或离子有不同的空间构型。

2. 杂化轨道的类型

参与杂化的原子轨道可以是 s 轨道和 p 轨道,也可以有 d,f 轨道参与。在此介绍由 s 和 p 轨道参与组成的杂化轨道的几种类型。

① sp 杂化　由同一原子的一个 ns 轨道和一个 np 轨道组合的杂化称为 sp 杂化,得到两个 sp 杂化轨道。每个 sp 杂化轨道都包含着 1/2 的 s 成分和 1/2 的 p 成分,两个杂化轨道的夹角为 180°(其剖面图如图 3-31 所示)。

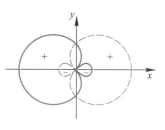

图 3-31　sp 杂化轨道

例如,实验测得 BeH_2 是直线形共价分子,Be 原子位于分子的中心位置,可见 Be 原子应以两个能量相等、成键方向相反的轨道与 H 原子成键,这两个轨道就是 sp 杂化轨道。从基态 Be 原子的电子层结构看($1s^2 2s^2$),Be 原子没有未成对电子,所以,Be 原子首先必须将一个 2s 电子激发到空的 2p 轨道上去,再以一个 2s 原子轨道和一个 2p 原子轨道形成 sp 杂化轨道,与 H 成键:

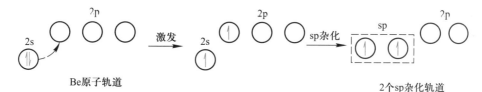

② sp^2 杂化　sp^2 杂化是一个 ns 原子轨道与两个 np 原子轨道的杂化,每个杂化轨道都含 1/3 的 s 成分和 2/3 的 p 成分,轨道夹角为 120°,轨道的伸展方向指向平面三角形的三个顶点[见图 3-32(a)]。BF_3 分子结构就是这种杂化类型的例子。硼原子的电子层结构为 $1s^2 2s^2 2p^1$,为了形成 3 个 σ 键,硼的 1 个 2s 电子要先激发到 2p 的空轨道上去,然后经 sp^2 杂化形成三个 sp^2 杂化轨道:

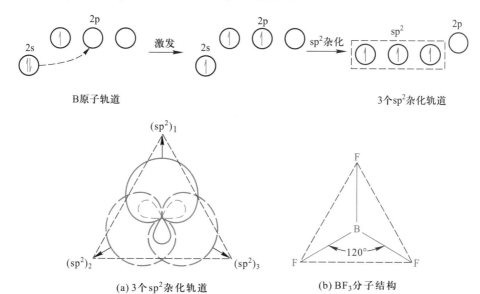

(a) 3 个 sp^2 杂化轨道　　　　(b) BF_3 分子结构

图 3-32　sp^2 杂化轨道与 BF_3 分子结构

硼以三个 sp^2 杂化轨道与氟的 2p 轨道重叠,形成 3 个等价的 σ 键,所以 BF_3 分子的空间构型是平面三角形[见图 3-32(b)]。

③ sp^3 杂化 sp^3 杂化是由一个 ns 原子轨道和三个 np 原子轨道参与杂化的过程。CH_4 中碳原子的杂化就属此种杂化。碳原子的价电子层构型是 $2s^2 2p^2$,和前面的分析一样,碳原子也经历激发、杂化过程,形成了 4 个 sp^3 杂化轨道:

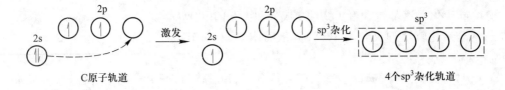

每个 sp^3 杂化轨道都含有 1/4 的 s 成分和 3/4 的 p 成分,这 4 个杂化轨道在空间的分布如图 3-33(a)、(b)所示,轨道之间的夹角为 109.5°。4 个氢原子的 s 轨道分别与碳原子的 4 个 sp^3 杂化轨道形成 4 个等价的 σ(C—H)键,键角为 109.5°,见图 3-33(c)。

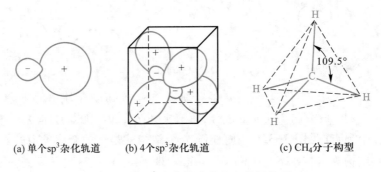

(a) 单个 sp^3 杂化轨道 (b) 4 个 sp^3 杂化轨道 (c) CH_4 分子构型

图 3-33 sp^3 杂化轨道和 CH_4 分子构型

在一些高配位的分子中,还常有部分 d 轨道参加杂化。例如,PCl_5 中 P 的价电子构型是 $3s^2 3p^3$,要形成 5 个 σ 键,就必须将 1 个 3s 电子激发到 3d 空轨道上去,组成 sp^3d 杂化轨道参与成键。有 d 轨道参与的杂化形式在配合物中很普遍。

3. 不等性杂化

上述 sp, sp^2, sp^3 杂化中每个杂化轨道的 s, p 成分均相同,这样的杂化称为等性杂化。当参与杂化的原子轨道含有孤电子对时,形成的杂化轨道间所含的 s, p 成分就会不同,这样的杂化称为不等性杂化。

如 N, O 等原子,在形成分子时通常以不等性杂化轨道参与成键。氮原子的价电子构型为 $2s^2 2p^3$,在形成 NH_3 分子时,氮的 2s 和 2p 轨道首先进行 sp^3 杂化。因为 2s 轨道上有一对孤电子对,因此,有一个 sp^3 杂化轨道包含了较多的 s 成分,与另 3 个含 s 成分较少的杂化轨道不同。由于含孤电子对的杂化轨道对成键轨道的斥力较大,使成键轨道受到挤压,成键后键角小于 109.5°,分子呈三角锥形(见图 3-34)。氮族的氢化物和卤化物也多形成三角锥形的空间结构。

同样,氧原子也是由不等性 sp^3 杂化轨道与两个 H 的 1s 轨道重叠成键,组成

H_2O 分子。由于氧原子的价电子层中有两对孤电子,它们占据的两个 sp^3 杂化轨道含有更多的 s 成分,占有了较大的空间,对成键轨道的斥力更大,使 H_2O 分子的键角减小到 $104.5°$,形成 V 形结构(见图 3-35)。H_2S,OF_2,SCl_2 等分子也都具有类似的结构。

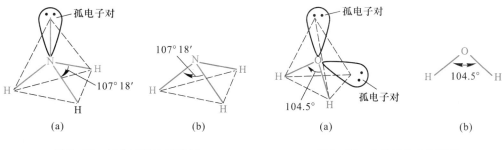

图 3-34   氨分子的空间结构   图 3-35   水分子的空间结构

杂化轨道理论很好地说明了共价分子中形成的化学键及共价分子的空间构型。但是,对于一个新的或人们不熟悉的简单分子,其中心原子的原子轨道的杂化形式往往是未知的,因而就无法判断其分子空间构型。这时,人们往往先用 VSEPR 理论预测其分子空间构型,而后通过价电子对的空间排布确定中心原子杂化类型,再确定其成键状况。

例 3-13 用 VSEPR 理论判断 $HgCl_2$,CO_3^{2-},SO_2,NH_4^+,PCl_3 和 BrF_2^+ 的空间构型,并指出其中心原子的杂化轨道类型:

解:

分子	孤电子对 n	$VP=m+n$	VP 空间排布	杂化轨道类型	分子空间构型
$HgCl_2$	$(2-2\times1)/2=0$	2	直线形	sp	直线形
CO_3^{2-}	$(4+2-3\times2)/2=0$	3	平面三角形	sp^2	平面三角形
SO_2	$(6-2\times2)/2=1$	3	平面三角形	sp^2	V 形
NH_4^+	$(5-1-4\times1)/2=0$	4	正四面体形	sp^3	正四面体形
PCl_3	$(5-3\times1)/2=1$	4	正四面体形	sp^3	三角锥形
BrF_2^+	$(7-1-2\times1)/2=2$	4	正四面体形	sp^3	V 形

3.5   晶体结构

自然界的固体物质按物质组成排列的有序程度分为晶体(crystal)与无定形体(amorphous solid)。晶体具有一定的几何形状,是由组成晶体的质点(原子、离子或分子等)在三维空间周期性地排列而构成的,如氯化钠、金刚石、石英等均为晶体。无定形物质则没有规则的几何形状,其内部的质点排列是没有规律的,如玻璃、石蜡、橡胶等。气态、液态物质和无定形物质在一定条件下也可以转变成晶体,因此对于晶体的研究具有极大的重要性。

常见的晶体中,除离子晶体外,原子晶体、分子晶体和金属晶体中原子之间的相互作用都表现为以共价性为主,但晶体内部质点间的作用力却不相同。原子晶体中质点间的作用力全是共价键,而金属晶体和分子晶体中质点间的作用力分别是金属键和分子间力。

3.5.1 晶体的类型

1. 晶体的特征

晶体内部质点呈有规律排布,并贯穿于整个晶体,为长程有序性。晶体内部的这种长程有序性,使得晶体具有区别于无定形体的一些共同的特征:

• 晶体的特征之一是各向异性(anisotropy),即在晶体的不同方向上具有不同的物理性质。如光学、电学、力学和导热等物理性质在晶体的不同方向上往往是各不相同的。而无定形体则是各向同性(isotropy)的。如石墨特别容易沿层状结构方向断裂成薄片,石墨在与层平行方向的电导率要比与层垂直方向上的电导率高一万倍以上。

• 晶体的另一重要特征是它具有一定的熔点,而无定形体则没有固定的熔点,只有软化温度范围(如玻璃、石蜡、沥青等)。

• 晶体还有一些其他的共性,如晶体具有规则的几何外形;具有均匀性,即一块晶体内各部分的宏观性质(如密度、化学性质等)相同。

此外,还有一些物质如炭黑,虽然无固定形状,但人们发现它是由极微小的晶粒组成的,这些晶粒比一般晶体小千百倍,所以这种物质也叫微晶体。

值得指出,晶体与无定形体之间并无绝对严格的界限,在一定的条件下它们可以相互转化。例如,自然界中的二氧化硅,可形成石英晶体,也可形成无定形体石英玻璃等,若适当改变固化条件,非晶态可转化为晶态。

X 射线研究的结果得知,晶体是由在空间排列得很有规则的结构单元(可以是离子、原子或分子等)组成的。人们把晶体中具体的结构单元抽象为几何学上的点(称结点),把它们连接起来,构成不同形状的空间网格,称晶格,见图 3-36。晶格中的格子都是平行六面体。设想将晶体结构截裁成一个个彼此互相并置而且等同的平行六面体的最基本单元,这些基本单元就是晶胞(unit cell)。换言之,整个晶体就是由这些基本单元(晶胞)在三维空间无间隙地堆砌构成的。所以晶胞是晶格的最小基本单位。晶胞是一个平行六面体,其形状和大小由 6 个晶胞参数决定。这 6 个晶胞参数是平行六面体的三条边长 a,b,c 和三条边之间的夹角 α,β,γ,如图 3-37所示。

2. 晶体的分类

① 按晶体的对称性分类　尽管自然界晶体有成千上万种,但根据晶胞形状即晶胞参数的不同,可归结为 7 大类,即 7 个晶系。表 3-17 列出了 7 个晶系的名称、晶胞参数的特征和一些实例。

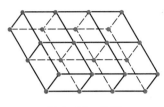

图 3-36 晶格

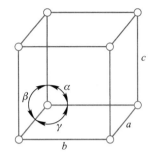

图 3-37 晶胞

表 3-17 七个晶系

晶系	晶胞类型		实例
立方晶系	$a=b=c$	$\alpha=\beta=\gamma=90°$	$NaCl$、$CsCl$、CaF_2、金属 Cu
四方晶系	$a=b\neq c$	$\alpha=\beta=\gamma=90°$	SnO_2、TiO_2、$NiSO_4$、金属 Sn
六方晶系	$a=b\neq c$	$\alpha=\beta=90°$,$\gamma=120°$	AgI、石英(SiO_2)、ZnO、石墨
三方晶系	$a=b$	$\alpha=\beta=90°$,$\gamma=120°$	方解石($CaCO_3$)、Al_2O_3、As、Bi
正交晶系	$a\neq b\neq c$	$\alpha=\beta=\gamma=90°$	HIO_3、$NaNO_2$、$MgSiO_4$、斜方硫
单斜晶系	$a\neq b\neq c$	$\alpha=\gamma=90°\neq\beta$	$KClO_3$、KNO_2、单斜 S
三斜晶系	$a\neq b\neq c$	$\alpha\neq\beta\neq\gamma\neq90°$	$CuSO_4\cdot5H_2O$、$K_2Cr_2O_7$、高岭土

② 按结构单元间作用力分类 晶体的性质不仅和结构单元的排列规律有关,更主要的,还和结构单元间结合力的性质有密切关系。根据晶胞结构单元间作用力性质的不同,又可把晶体分成离子晶体、原子晶体、分子晶体和金属晶体四种基本类型,见表 3-18。

表 3-18 四种基本晶体类型的结构及性能特征

晶体类型		离子晶体	原子晶体	分子晶体		金属晶体
晶格结点上微粒		正、负离子	原子	极性分子	非极性分子	原子、正离子（晶格间隙有自由电子）
结合力		离子键	共价键	分子间力（氢键）	色散力	金属键
物理性质	熔点	高	很高	低	很低	高:W 低:Hg
	硬度	硬	很硬	软	很软	高:Cr 低:Sn
	机械加工性	差	差	脆	很脆	延展性好（Au 最佳）
	导电、导热性	熔融及溶于水导电	一般为非导体(半导体导电)	晶体不导电,溶于水导电	非导体	良导体(Cu,Ag,Au 最佳)

续表

晶体类型	离子晶体	原子晶体	分子晶体		金属晶体
物理性质 溶解性	一般易溶于水,晶格能太大难溶	不溶	易溶于极性溶剂	易溶于非极性溶剂	不溶。Na,K 等能形成汞齐、能与水反应。
晶体实例	NaCl,MgO 等	金刚石,SiO_2,SiC,AlN 等	HCl,H_2O,NH_3 等	CO_2,N_2,CCl_4 等	Na,Cu,Fe,Mn,W 等

3.5.2　金属晶体

1. 金属晶体的特性

金属晶体靠金属键结合。由于金属原子只有少数价电子能用于成键,这样少的价电子不足以使金属原子间形成正常的共价键。因此金属在形成晶体时倾向于组成极为紧密的结构,使每个原子拥有尽可能多的相邻原子,这样原子轨道可以尽可能多的发生重叠,使少量的电子自由地在较多原子、离子之间运动,将这些金属原子或金属离子结合起来。从 X 射线衍射分析证明,大多数金属单质都是具有较简单的等径圆球密堆积结构。这种结构使得每个原子拥有尽可能多的相邻的原子(往往是 8 或 12 个),这样其原子轨道可以取得尽可能多的重叠,从而形成金属键。在金属中最常见的三种密堆积晶格是:配位数为 8 的体心立方密堆积晶格;配位数为 12 的面心立方密堆积晶格和配位数为 12 的六方密堆积晶格,见表 3-19、图 3-38。

表 3-19　常温下一些金属晶体的晶格

晶格	元素	原子空间利用率
体心立方密堆积	碱金属,Ba,Cr,Mo,W,Fe 等	68%
面心立方密堆积	Al,Pb,Cu,Ag,Au,Ni,Pa,Pt 等	74%
六方密堆积	La,Y,Mg,Ti,Co,Zn,Cd 等	74%

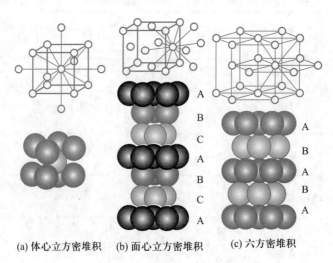

(a) 体心立方密堆积　(b) 面心立方密堆积　(c) 六方密堆积

图 3-38　金属晶体的三种密堆积

金属的物理性质是最丰富多彩的:金属的熔点、沸点一般较高,熔点最高的金属是钨(3 410 ℃),位于第六周期ⅥB族,ⅥB族的其余金属的熔点也都是同周期中最高的。也有部分金属熔点较低,ⅠA族除锂以外的金属熔点都不超过100 ℃,如铯的熔点为28.5 ℃。熔点最低的是汞仅为-38.84 ℃。一般金属的硬度不太大,也有少数金属的硬度很大,如铬的莫氏硬度为9。由于金属晶体内拥有自由电子,所以它具有良好的导电和导热能力,导电能力ⅠB族的铜、银、金最佳。金属也具有很好的机械加工性和延展性,延展性最好的是金。

2. 金属键理论

金属键是一种非定域键,可用分子轨道理论来描述。我们已经知道,分子轨道可由原子轨道线性组合而成,得到的分子轨道数与参与组合的原子轨道数相等。若一个金属晶粒中有 N 个原子,这些原子的每一种能级相同的原子轨道,通过线性组合可得到 N 个分子轨道,它是一组扩展到整块金属的离域轨道。由于 N 数值很大(例如,6 mg 的锂晶体内 $N = 6.02 \times 10^{20}$),所形成的分子轨道之间的能级差就非常微小,实际上这 N 个能级构成一个具有一定上限和一定下限的连续能量带,称能带(energy band)。每个能带具有一定的能量范围,由于原子内层轨道间的有效重叠少,形成的能带较窄,价层原子轨道重叠大,形成的能带(叫价带)也较宽。各能带按照能量的高低排列起来成为能带结构。图 3-39 是金属钠和镁的能带结构示意图。由已充满电子的原子轨道组成的低能量能带,叫做满带;由未充满电子的能级所形成的能带叫做导带;没有填入电子的空能级组成的能带叫空带。在具有不同能量的能带之间通常有较大的能量差,以致电子不能从一个较低能量的能带进入相邻的较高能量的能带,这个能量间隔区称为禁区,又叫禁带,在此区间内不能充填电子。如金属钠的 2p 能带上的电子不能跃迁到 3s 能带上去,因为这两个能带之间有一个禁带。但 3s 能带上的电子却可以在接受外来能量后从能带中较低能级跃迁到较高能级上。

金属中相邻近的能带也可以相互重叠。如镁原子的价电子是 $3s^2$,形成的 3s 能带是一个满带,如果 3s 电子不能越过禁带进入 3p 能带,镁就不会表现出导电性。但由于 3s 能带和 3p 能带发生了重叠,3s 能带上的电子得以进入 3p 能带。一个满带和一个空带相互重叠的结果如同形成了一个范围较大的导带,镁的价电子有了自由活动的空间(图 3-39 右)。所以镁和其他碱土金属都是良导体。根据能带结构中禁带宽度和能带中电子填充状况,可把物质分为导体、绝缘体和半导体(图 3-40)。

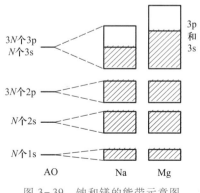

图 3-39 钠和镁的能带示意图

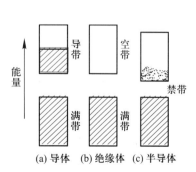

图 3-40 导体、绝缘体和半导体的能带

导体的特征是价带是导带,在外电场作用下,导体中的电子便会在能带内向高能级跃迁,因而导体能导电。绝缘体的能带特征是价带是满带,与能量最低的空带之间有较宽的禁带,能隙 $E_q \geq 8.0 \times 10^{-19}$ J(如金刚石为 9.6×10^{-19} J)。在一般外电场作用下,绝缘体不能将价带的电子激发到空带上去,从而不能使电子定向运动,即不能导电。半导体的能带特征是价带也是满带,但与最低空带之间的禁带则较窄,能隙 $E_q < 4.8 \times 10^{-19}$ J(如硅半导体为 1.7×10^{-19} J)。当温度升高时,通过热激发电子可以较容易地从价带跃迁到空带上,使空带中有了部分电子,成了导带,而价带中电子少了,出现了空穴。在外加电场作用下,导带中的电子从电场负端向正端移动,价带中的电子向空穴运动,留下新空穴,使材料有了导电性。

金属的导电性和半导体的导电性不同,在温度升高时,由于系统内质点的热运动加快,增大了电子运动的阻力,所以温度升高时金属的导电性是减弱的。

能带理论能很好地说明金属的共同物理性质。能带中的电子可以吸收光能,并也能将吸收的能量发射出来,这就解释了金属的光泽。金属的价层能带是导带,所以在外加电场的作用下可以导电,电子也可以传输热能,表现了金属的导热性。由于金属晶体中的电子是非定域的,当给金属晶体施加机械应力时,一些地方的金属键被破坏,而另一些地方又可生成新的金属键,因此金属具有良好的延展性和机械加工性能。

3.5.3 分子晶体

分子晶体中晶格的结构单元是小分子,而粒子间的作用力是分子间存在的弱吸引力——分子间力(包括氢键),如 Cl_2,N_2,CO_2,H_2O 等。分子间力不仅存在于分子晶体中,当分子相互接近到一定程度时,就存在分子间力。气体分子能凝聚成液体、固体主要是靠这种作用力,其作用力虽小,但对物质的物理性质(如熔点、溶解度等)的影响却很大。

1. 分子极性 偶极矩

任何一个分子中都存在一个正电荷中心和一个负电荷中心,根据两个电荷中心是否重合,可以把分子分为极性分子和非极性分子。正、负电荷中心不重合的分子叫极性分子(polar molecule),正、负电荷中心重合的分子叫非极性分子(nonpolar molecule)。

对同核双原子分子,由于两个原子的电负性相同,两个原子之间的化学键是非极性键,分子为非极性分子;如果是异核双原子分子,由于电负性不同,两个原子之间的化学键为极性键,即分子的正电荷中心和负电荷中心不会重合,分子为极性分子,如 HCl,CO 等。

对于复杂的多原子分子来说,如果是相同原子组成的分子,分子中只有非极性键,那么分子通常是非极性分子,单质分子大都属此类,如 P_4,S_8 等。如果组成原子不相同,那么分子的极性不仅与元素的电负性有关,还与分子的空间构型有关。例如,SO_2 和 CO_2 都是三原子分子,都是由极性键组成,但 CO_2 的空间构型是直线形,键的极性相互抵消,分子的正、负电荷中心重合,分子为非极性分子。而 SO_2 的空间构型是角型,正、负电荷中心不重合,分子为极性分子。

分子极性的大小常用偶极矩(dipole moment)μ 来量度。偶极矩的概念是德拜(Debye P J W)在 1912 年提出的。在极性分子中,正、负电荷中心的距离称偶极长,用

符号 d 表示,单位为米(m);正、负电荷所带电量为 $+q$ 和 $-q$,单位库仑(C);系统偶极矩 μ 的大小等于 q 和 d 的乘积(见图 3-41):

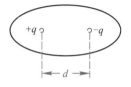

图 3-41 分子的偶极矩

$$\mu = q \cdot d$$

偶极矩的 SI 单位是库仑·米(C·m)。

偶极矩可通过实验测得。根据偶极矩大小可以判断分子有无极性,比较分子极性的大小。$\mu = 0$,为非极性分子;μ 值越大,分子的极性越大。表 3-20 列出了一些分子的偶极矩实验数据。

表 3-20　一些物质分子的偶极矩和分子的空间构型

分子	$\mu/(10^{-30}\,C\cdot m)$	空间构型	分子	$\mu/(10^{-30}\,C\cdot m)$	空间构型
H_2	0.0	直线形	HF	6.4	直线形
N_2	0.0	直线形	HCl	3.4	直线形
CO_2	0.0	直线形	HBr	2.6	直线形
CS_2	0.0	直线形	HI	1.3	直线形
CH_4	0.0	正四面体	H_2O	6.1	角形
CCl_4	0.0	正四面体	H_2S	3.1	角形
CO	0.37	直线形	SO_2	5.4	角形
NO	0.50	直线形	NH_3	4.9	三角锥形

偶极矩还可帮助判断分子可能的空间构型。如 NH_3 和 BCl_3 都是由四个原子组成的分子,可能的空间构型有三角锥形和平面三角形两种。实验测得它们的偶极矩 μ 分别为 5.00×10^{-30} C·m 和 0 C·m。所以 NH_3 应为三角锥形,而 BCl_3 应为平面三角形。

2. 分子变形性　极化率

在外电场作用下,分子内部的电荷分布将发生相应的变化,非极性分子在外电场作用下会产生偶极,成为极性分子;而极性分子在外电场作用下本来就具有的偶极(称固有偶极)会增大,分子极性进一步增大(见图 3-42)。这种在外电场作用下,正、负电荷中心不重合程度增大的现象,称为变形极化。变形极化所致的偶极称为诱导偶极(induced dipole)。电场越强分子变形性越大,诱导出来的偶极矩也越大。若取消外电场,诱导偶极即消失。所以诱导偶极与外电场强度 E 成正比:

$$\mu_{诱导} = \alpha \cdot E$$

式中:α 为比例常数,称为极化率(polarizability)。外电场强度一定时,极化率越大,$\mu_{诱导}$ 越大,分子的变形性也越大,所以极化率可表征分子的变形性。

对于极性分子,它们本身存在的偶极矩称为永久偶极矩(或固有偶极)。当受到外电场作用时,极性分子要顺着电场方向取向,这一现象称为取向极化。同时电场也使分子正、负电荷中心距离增大,发生变形,产生诱导偶极。所以此时分子的偶极为固有偶极和诱导偶极之和。

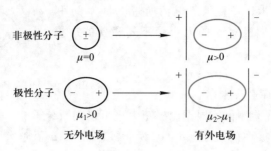

图 3-42 分子在外电场中的变形

3. 分子间的吸引作用

分子的变形不仅在电场中发生,在相邻分子间也会发生。分子的极性和变形性,是产生分子间力的根本原因。分子间力一般包括三种力:色散力、诱导力和取向力。

① 色散力 任何分子由于其电子和原子核的不断运动,常发生电子云和原子核之间的瞬间相对位移,从而产生瞬间偶极(图 3-43)。瞬间偶极之间的作用力称为色散力(dispersion force)。

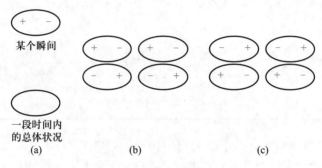

图 3-43 非极性分子间的相互作用

色散力与分子的变形性有关。分子的变形性越大,色散力越大。分子中原子或电子数越多,分子越容易变形,所产生的瞬间偶极矩就越大,相互间的色散力越大。不仅在非极性分子中会产生瞬间偶极,极性分子中也会产生瞬间偶极。因此色散力不仅存在于非极性分子间,同时也存在于非极性分子与极性分子之间和极性分子与极性分子之间。所以色散力是分子间普遍存在的作用力。

② 诱导力 当极性分子与非极性分子相邻时,极性分子就如同一个外电场,使非极性分子发生变形极化,产生诱导偶极。极性分子的固有偶极与诱导偶极之间的这种作用力称为诱导力(induced force)。诱导力的本质是静电引力,极性分子的偶极矩越大,非极性分子的变形性越大,产生的诱导力也越大;而分子间的距离越大,则诱导力越小。

由于极性分子间也会相互诱导产生诱导偶极,所以极性分子间也存在诱导力(图 3-44c)。

③ 取向力 极性分子与极性分子之间,由于同性相斥、异性相吸的作用,使极性分子间按一定方向排列而产生的静电作用力称为取向力(orientation force)[图 3-44(b)]。取向力的本质是静电作用,可根据静电理论求出取向力的大小。偶极矩越大,

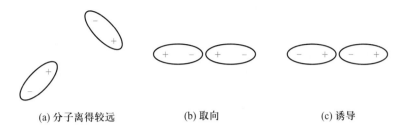

|(a) 分子离得较远 | (b) 取向 | (c) 诱导 |

图 3-44　极性分子间的相互作用

取向力越大;分子间距离越小,取向力越大。

总起来讲,分子间力具有如下特点:

- 极性分子与极性分子之间的作用力由取向力、诱导力和色散力三部分组成;
- 极性分子与非极性分子间只存在诱导力和色散力;
- 非极性分子之间仅存在色散力。

在多数情况下,色散力占分子间力的绝大部分,表 3-21 中的数据证明了这一点。从表中可看到,即使 HCl 这样的强极性分子之间的作用力中,色散力仍占 83%,一般情况下,分子的体积或分子量越大,则分子的极化率(变形性)越大,分子间的色散力也越大,分子间力越大(H_2O,NH_3 和 HF 等强极性分子除外)。

表 3-21　分子间力的组成($T = 298$ K,$d = 500$ pm)

分子式	$\dfrac{\mu}{10^{-30} \text{ C} \cdot \text{m}}$	$\dfrac{\alpha}{10^{-30} \text{ m}^3}$	取向力 10^{-22} J	诱导力 10^{-22} J	色散力 10^{-22} J	总作用力 10^{-22} J	色散力占总作用力百分数/%
He	0.00	0.203	0.00	0.00	0.05	0.05	100
Ar	0.00	1.63	0.00	0.00	2.9	2.9	100
Xe	0.00	4.01	0.00	0.00	18	18	100
CCl_4	0.00	—	0.00	0.00	116	116	100
HI	1.40	5.20	0.021	0.10	33	33	100
HBr	2.67	3.49	0.39	0.28	15	16	94
HCl	3.50	2.56	1.2	0.36	7.8	9.4	83
NH_3	4.94	2.34	5.2	0.63	5.6	11.4	49
H_2O	6.14	1.59	11.9	0.65	2.6	15.2	17

　　分子间力的本质基本上属静电作用,因而它既无方向性,也无饱和性。分子间力是一种永远存在于分子间的作用力,随着分子间距离的增加,分子间力迅速减小,其作用能的大小比化学键小 1~2 个数量级,在几到几百焦耳每摩尔之间。

　　化学键力主要影响物质的化学性质,而分子间力主要影响物质的物理性质,如物质的熔点、沸点等。例如,HX 的分子量依 HCl→HBr→HI 顺序增加,则分子间力(主要是色散力)也依次增加,故其熔沸点依次增高。然而它们化学键的键能依次减小,所以其热稳定性依次减小。此外分子间力越大,它的气体分子越容易被吸附。如防毒面具中利用活性炭的吸引作用,将比空气中氧气重的毒气(如 $COCl_2$,Cl_2 气等)吸附除去,就是因为毒气与活性碳的分子间作用力较 O_2 与活性炭间的作用力大。近年来广泛使用的分析仪器气相色谱,也是利用各种气体的极性与变形性不同而被吸附的情况不同,从而分离、鉴定气体混合物中的各种组分。

4. 氢键

根据上面的讨论可知,分子间力一般随相对分子质量的增大而增大。p 区同族元素氢化物的熔、沸点从上到下升高,而 NH_3,H_2O 和 HF 却例外。如 H_2O 的熔、沸点比 H_2S,H_2Se 和 H_2Te 都要高。H_2O 还有许多反常的性质,如特别大的比热容、密度等。又如实验证明,有些物质的分子不仅在液相,甚至于在气相都处于紧密的缔合状态中。如 HF 分子气相为二聚体 $(HF)_2$,HCOOH 分子气相也为二聚体 $(HCOOH)_2$。根据甲酸二聚体在不同温度的解离度,可求得它的解离能为 $59.0\ kJ \cdot mol^{-1}$,这个数据显然远远大于一般的分子间力。对 $(HF)_2$ 和甲酸二聚体的结构测定表明它们具有如图 3-45 结构。这些反常的现象表明除分子间力外,在这些反常分子间还存在另外一种力——氢键(hydrogen bond)。

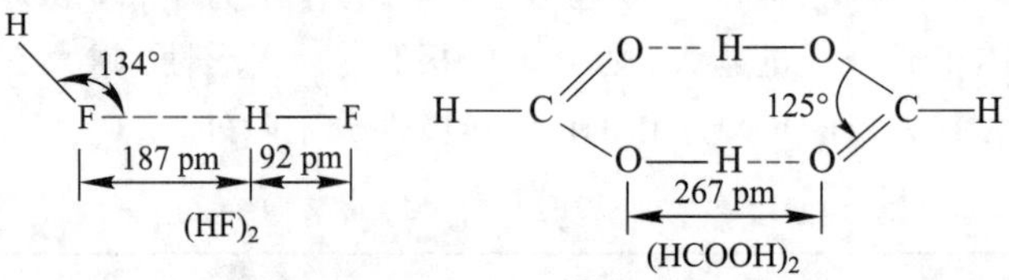

图 3-45 $(HF)_2$ 与 $(HCOOH)_2$ 中的氢键

当氢与电负性很大、半径很小的原子 X(X 可以是 F,O,N 等高电负性元素)形成共价键时,共用电子对强烈偏向于 X 原子,因而氢原子几乎成为半径很小、只带正电荷的裸露的质子。这个几乎裸露的质子能与电负性很大的其他原子(Y)相互吸引,也可以和另一个 X 原子相互吸引,形成氢键。形成氢键的条件是

• 氢原子与电负性很大的原子 X 形成共价键。

• 有另一个电负性很大且具有孤电子对的原子 X(或 Y)。

一般在 X—H⋯X(Y)中,把 H⋯X(Y)之间的键称作氢键。在化合物中,容易形成氢键的元素有 F,O,N,有时还有 Cl,S。氢键的强弱与这些元素的电负性大小、原子半径大小有关,元素的电负性越大,氢键越强;元素的原子半径越小,氢键也越强。氢键的强弱顺序为

$$F—H⋯F>O—H⋯O>N—H⋯N>O—H⋯Cl>O—H⋯S$$

表 3-22 列出了一些常见氢键的键长和键能。

表 3-22   一些无机物中常见氢键的键长和键能

氢键类型	键长/pm	键能/$(kJ \cdot mol^{-1})$	化合物
F—H⋯F	270	28.0	固体 HF
	255	28.0	$(HF)n,n \leqslant 5$ 气态
O—H⋯O	276	18.8	$H_2O(s)$
	285	18.8	$H_2O(l)$

氢键类型	键长/pm	键能/$(kJ \cdot mol^{-1})$	化合物
N—H---F	268	20.9	NH_4F
N—H---N	338	5.4	NH_3
N≡C—H---N	320	13.7	$(HCN)_2$

氢键的键能一般在 40 kJ·mol^{-1} 以下,比化学键的键能小得多,而和范德华力处于同一数量级。但氢键有两个与范德华力不同的特点,那就是它具有饱和性和方向性。氢键的饱和性表示一个 X—H 只能和一个 Y 形成氢键,这是因为氢原子半径比 X、Y 小得多,如果另有一个 Y 原子接近它们,则受到 X 和 Y 原子的排斥力比受氢原子的吸引力大得多,所以 X—H---Y 中的 H 原子不可能再形成第二个氢键。氢键的方向性是指 Y 原子与 X—H 形成氢键时,其方向尽可能与 X—H 键轴在同一方向,即 X—H---Y 尽可能保持 180°。因为这样成键可使 X 与 Y 距离最远,两原子的电子云斥力最小,形成稳定的氢键。

氢键可以分为分子间氢键和分子内氢键两大类。前面的例子都是分子间氢键,HNO_3 分子,以及在苯酚的邻位上有 —NO_2、—COOH、—CHO、—$CONH_3$ 等基团时都可以形成分子内氢键,如图 3-46 所示。分子内氢键由于分子结构原因通常不能保持直线形状。

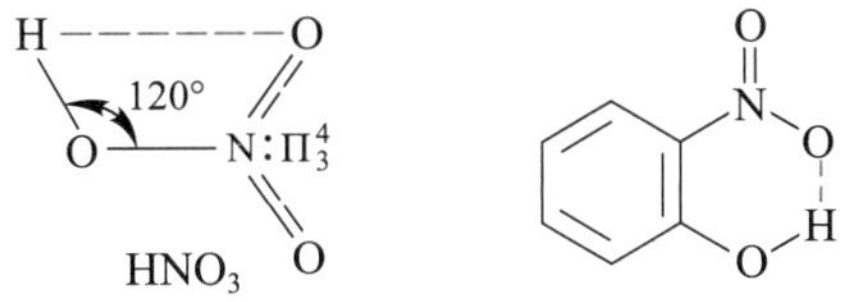

图 3-46 硝酸与邻硝基苯酚中的分子内氢键

冰是分子间氢键的一个典型,由于分子必须按氢键的方向性排列,所以它的排列不是最紧密的,因此冰的密度小于液态水。同时,因为冰有氢键,必须吸收大量的热才能使其断裂,所以其熔点大于同族的 H_2S。

氢键的形成对物质的物理性质有很大影响。分子间形成氢键时,使分子间结合力增强,使化合物的熔点、沸点、熔化热、汽化热、黏度等增大,蒸气压则减小。如 HF 的熔、沸点比 HCl 高,H_2O 的熔、沸点比 H_2S 高,分子间氢键还是分子缔合的主要原因。分子内氢键的形成一般使化合物的熔点、沸点、熔化热、汽化热、升华热减小。氢键的形成还会影响化合物的溶解度。当溶质和溶剂分子间形成氢键时,使溶质的溶解度增大;当溶质分子间形成氢键时,在极性溶剂中的溶解度下降,而在非极性溶剂中的溶解度增大。当溶质形成分子内氢键时,在极性溶剂中的溶解度也下降,而在非极性溶剂中的溶解度则增大。如邻硝基苯酚易形成分子内氢键,比其间、对硝基苯酚在水中的溶解度更小,更易溶于苯中。

此外,氢键在生物大分子如蛋白质、DNA、RNA 及糖类等中有重要作用。蛋白质分子的 α-螺旋结构就是靠羰基(C=O)上的 O 原子和氨基(—NH)上的 H 原子以氢键(C=O---H—N)结合而成。DNA 的双螺旋结构也是靠碱基之间的氢键连接在一起的。氢键在人类和动、植物的生理、生化过程中也起着十分重要的作用。

3.6 离子型晶体

3.6.1 离子的电子层结构

由元素的第一电离能的周期性变化规律可知,稀有气体元素的电离能处于同一周期元素的最大值,表明原子形成完全充满的电子层时,处于最稳定结构,称为八隅体。

实验和理论计算都表明,当金属原子失去电子或非金属原子获得电子时,也都趋于形成八隅体结构。如 I A 族的碱金属,最外电子层构型是 ns^1,在参加化学反应时易失去其 ns^1 电子达到最稳定的八隅体结构,形成带一个正电荷的 M^+;又如ⅦA 族的卤素,最外电子层构型是 ns^2np^5,在参加化学反应时易得到一个电子达到八隅体结构,形成带一个负电荷的 X^-。简单负离子都是稀有气体结构,即八隅体结构,而正离子除八隅体结构以外,还有其他多种结构类型,见表 3–23。

表 3–23 正离子的电子构型

正离子电子构型	外层电子排布	实例	价层电子排布
无电子	$1s^0$	H^+	$1s^0$
2 电子构型	$1s^2$	Li^+,Be^{2+}	$1s^2$
8 电子构型(八隅体)	ns^2np^6	Na^+,Mg^{2+},Al^{3+} K^+,Ca^{2+}	$2s^22p^6$ $3s^23p^6$
18 电子构型	$ns^2np^6nd^{10}$	Cu^+,Zn^{2+},Ga^{3+} Ag^+,Cd^{2+},In^{3+} Au^+,Hg^{2+},Tl^{3+}	$3s^23p^63d^{10}$ $4s^24p^64d^{10}$ $5s^25p^65d^{10}$
(18+2)电子构型	$(n-1)s^2(n-1)$ $p^6(n-1)d^{10}ns^2$	In^+,Sn^{2+},Sb^{3+} Tl^+,Pb^{2+},Bi^{3+}	$4s^24p^64d^{10}5s^2$ $5s^25p^65d^{10}6s^2$
(9~17)电子构型	$ns^2np^6nd^{1\sim9}$	Fe^{3+} Cr^{3+} Pt^{4+}	$3s^23p^63d^5$ $3s^23p^63d^3$ $5s^25p^65d^6$

离子的电子层构型对化合物的性质有一定影响。例如 I A 族碱金属元素和 I B 族铜族元素,都能形成+1 价离子,如 Na^+、K^+、Cu^+、Ag^+ 等,但由于它们的电子层构型不同,Na^+、K^+ 属 8 电子构型。而 Cu^+、Ag^+ 为 18 电子构型,因此它们的化合物在性质上就有显著的不同。如 NaCl 易溶于水,而 CuCl,AgCl 则难溶。

3.6.2 离子晶体

由离子键形成的化合物叫离子型化合物。离子型化合物虽然在气态可以形成离子型分子,但主要还是以晶体状态出现。例如:氯化钠、氯化铯晶体,它们晶格结点上排列的是正离子和负离子,晶格结点间的作用力是离子键。许多离子晶体的结构可以按密堆积结构理解。一般负离子半径较大,可看成是负离子的等径圆球作密堆积,而正离子有序地填在四面体孔隙或八面体孔隙中。最简单的 AB 型离子晶体,有如下三种典型的晶体结构。

1. NaCl 型

如图 3-47(a)所示,NaCl 型晶体属于立方晶系,是 AB 型离子晶体中最常见的一种晶体构型。可看成负离子(Cl^-)的面心立方密堆积与正离子(Na^+)的面心立方密堆积的交错重叠,重叠方式为一个面心立方格子的结点为另一面心立方格子的中点。从图上可以看出,在每个 Na^+ 的周围最接近的有 6 个 Cl^-,而每个 Cl^- 周围最接近的有 6 个 Na^+。通常把分子或晶体中任一原子周围最接近的原子(或离子)数目叫做配位数,那么在 NaCl 晶体中,Na^+ 的配位数是 6,Cl^- 的配位数也是 6,它们的配位比是 6 : 6。

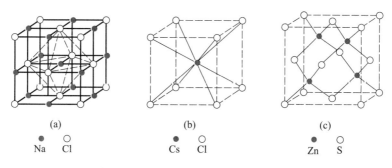

(a)　　　　　　　(b)　　　　　　　(c)

● Na　○ Cl　　　● Cs　○ Cl　　　● Zn　○ S

图 3-47　NaCl,CsCl 和 ZnS(立方)的晶胞

属于 NaCl 型结构的离子晶体有碱金属的大多数卤化物、氢化物和碱土金属的氧化物、硫化物,AgCl 也属此类型。

2. CsCl 型

如图 3-47(b)所示,CsCl 型的晶体结构属于立方晶系。正、负离子均作简单立方堆积,两个简单立方格子平行交错,交错方式为一个简单立方格子的结点位于另一个简单立方格子的体心。配位数比是 8 : 8,每个晶胞中所含的 Cs^+ 离子数与 Cl^- 离子数之比是 1 : 1。

属于 CsCl 型结构的离子晶体有 CsCl,CsBr,CsI,RbCl,ThCl,TlCl,NH_4Cl,NH_4Br 等。

3. ZnS 型

ZnS 的晶体结构有两种形式,立方 ZnS 型和六方 ZnS 型。这两种形式的化学键的性质相同,基本上为共价键型,其晶体应为共价型晶体。但有一些 AB 型离子晶体具有立方 ZnS 型的晶体结构(正离子处于 Zn 的位置,负离子处于 S 的位置),所以结晶化学中以 ZnS 晶体结构作为一种离子晶体构型的代表。Zn 与 S 原子均形成面心立方格子,但平行交错的方式较为复杂,是一个面心立方格子的结点位于另一个面心立方格子的体对角线的 1/4 处,如图 3-47(c);属立方晶系,配位比为 4 : 4。

属立方 ZnS 型的离子晶体有:BeO,BeS,BeSe 等。

4. 离子半径

根据量子力学计算,离子电子云的分布是无限的,因此严格地讲,一个离子没有确定的半径。但是在晶体中相邻正、负离子之间存在着静电吸引作用和离子外层电子的排斥作用,当两种作用达到平衡时,离子间保持一定的接触距离,所以离子可近似看作具有一定半径的弹性球,弹性球的半径即称为离子半径(ionic radius)。两个相互接触的球形离子的半径之和等于核间的平均距离。利用 X 射线我们可以精确测定出此值。推算各种离子的半径是一项比较复杂的问题,目前已有三套数据,因推算方法不同,数据上有些不同。本书引用的离子半径一般是由鲍林推算出的离子半径,表 3-24 是一些常见离子的离子半径。

表 3-24 一些常见离子的离子半径

离子	半径/pm	离子	半径/pm	离子	半径/pm	离子	半径/pm
Li^+	68	Ni^{2+}	72	Ba^{2+}	135	C^{4-}	260
Na^+	95	Sn^{2+}	102	Cu^{2+}	72	N^{5+}	11
K^+	133	Pb^{2+}	120	Zn^{2+}	74	N^{3-}	171
Rb^+	148	Sn^{4+}	71	Fe^{3+}	64	O^{2-}	140
Cs^+	169	Pb^{4+}	84	Cr^{3+}	64	S^{2-}	184
Cu^+	96	Be^{2+}	31	Mn^{2+}	80	F^-	136
Ag^+	126	Mg^{2+}	65	B^{3+}	20	Cl^-	181
Fe^{2+}	76	Ca^{2+}	99	Al^{3+}	50	Br^-	196
Co^{2+}	75	Sr^{2+}	113	C^{4+}	15	I^-	216

周期表中元素的离子半径有以下规律性:

- 周期表中同周期核外电子数相同的正离子半径随正电荷的增加而减小,例如:
$$r(Na^+) > r(Mg^{2+}) > r(Al^{3+})$$

- 周期表 s 区和 p 区各族元素中,同族元素的离子半径自上而下增加。例如:
$$r(Li^+) < r(Na^+) < r(K^+) < r(Rb^+); \quad r(F^-) < r(Cl^-) < r(Br^-) < r(I^-)$$

- 周期表中处于相邻的左上方和右下方对角线上的正离子,半径近似相等。例如:
$$r(Li^+) = 68 \text{ pm} \approx r(Mg^{2+}) = 65 \text{ pm}$$
$$r(Na^+) = 95 \text{ pm} \approx r(Ca^{2+}) = 99 \text{ pm}$$
$$r(Cu^+) = 96 \text{ pm} \approx r(Cd^{2+}) = 97 \text{ pm}$$

- 正离子的半径通常较小,为 10~170 pm。同一元素的正离子半径均小于该元素的原子半径,且随正离子的电荷增加而减小。例如:
$$r(Fe^{3+})(64 \text{ pm}) < r(Fe^{2+})(76 \text{ pm}) < r(Fe)(124 \text{ pm})$$
$$r(Cu^{2+})(72 \text{ pm}) < r(Cu^+)(96 \text{ pm}) < r(Cu)(128 \text{ pm})$$
$$r(Pb^{4+})(84 \text{ pm}) < r(Pb^{2+})(120 \text{ pm}) < r(Pb)(175 \text{ pm})$$

- 同一元素的负离子半径则较该元素的原子半径大,在 130~250pm 之间。例如:

$$r(\mathrm{Cl}^-)(181\,\mathrm{pm}) > r(\mathrm{Cl})(99\;\mathrm{pm})$$

5. 正、负离子半径比与配位数

在离子型晶体中只有当正、负离子完全紧密接触时,晶体才是稳定的。因此,单从静电作用出发,正、负离子的相对大小是决定离子晶体结构的重要因素,对离子的配位数和配位形式起重要作用。以六配位的 NaCl 晶型为例,看一看正、负离子半径比与配位数的关系。

NaCl 晶体中,Na^+ 处于 Cl^- 的八面体空隙中,离子间的接触有三种可能。图 3-48(a)表示正、负离子相互接触,负离子与负离子也相互接触。此时静电吸引与静电排斥达到平衡,晶体稳定。$2(r_+ + r_-)^2 = (2r_-)^2$,即 $r_+/r_- = 0.414$。图 3-48(b)表示正、负离子相互接触,而负离子与负离子互相不接触。很显然,此时静电吸引大于静电排斥,晶体结构稳定,$r_+/r_- > 0.414$。另一方面,在正离子周围的负离子越多,即配位数越大,总静电吸引越强,晶体在这种情况下有增加配位数的倾向,根据计算,当 r_+/r_- 达到 0.732 时,正离子的配位数就可以增至 8 个,正离子进入负离子的立方体空隙中。图 3-48(c)表示负离子与负离子相互接触,而正、负离子之间却不接触,此时 $r_+/r_- <$ 0.414。正、负离子间的静电吸引力小于负离子间的静电排斥力。要改变此种状态,只有减小配位数,才能使晶体稳定。根据计算,必须使配位数降到 4,正离子进入负离子的四面体空隙。

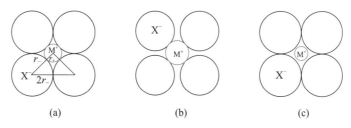

(a)　　　　　　　　(b)　　　　　　　　(c)

图 3-48　八面体配位中正、负离子的接触情况

根据上面的计算与推理,可得表 3-25 所示的正、负离子半径比与配位数之间的关系。

表 3-25　正、负离子半径比与配位数的关系

r_+/r_-	配位数	晶体构型
0.225→0.414	4	ZnS 型
0.414→0.732	6	NaCl 型
0.732→1.00	8	CsCl 型

正、负离子半径比只是影响晶体结构的一种因素,在复杂多样的离子晶体中,还有其他因素影响晶体的结构,如离子的电子层结构、原子间轨道的重叠,还有外界条件的改变等。所以,往往会出现离子半径比与晶型不符的情况。

3.6.3　离子极化作用

当一个离子孤立存在时,可以看成是一个刚球,正、负电荷的中心是重合的。但当

一个离子处于外电场中时,正、负电荷中心也会发生位移,产生诱导偶极,这一过程称为离子的极化。

通常正离子由于带有多余的正电荷,一般其半径较小,它对相邻的负离子会产生诱导作用,使其变形极化;而负离子由于带有负电荷,一般半径较大,易被诱导极化,变形性较大。因此,考虑离子极化作用时,一般考虑正离子对负离子的极化能力大小和负离子在正离子极化作用下的变形性大小。若正离子的极化能力越大、负离子的变形性越大,则离子极化作用越强。

1. 离子的极化能力与变形性

离子极化能力的大小取决于离子的半径、电荷和电子层构型。离子电荷越高,半径越小,极化能力越强。此外,正离子的外层电子构型对极化能力也有影响,其极化能力大小顺序为

$$18、(18+2)及2电子构型 > (9\sim17)电子构型 > 8电子构型$$

离子的半径越大,变形性越大。用极化率 α 表示离子的变形性大小,表3-26列出了一些离子的极化率和离子半径。由表可知:离子半径越大,极化率 α 越大。因为负离子的半径一般比较大,所以负离子的极化率一般比正离子大;正离子的电荷数越高,极化率越小;负离子的电荷数越高,极化率越大。在常见离子中 S^{2-} 和 I^- 是很易被极化的。

表 3-26　离子的极化率　　　　　单位:10^{-40} C·m²·V⁻¹

离子	极化率	半径/pm	离子	极化率	半径/pm
Li^+	0.034	68	Y^{3+}	0.61	93
Na^+	0.199	95	La^{3+}	1.16	104
K^+	0.923	133	C^{4+}	0.001 4	15
Rb^+	1.56	149	Si^{4+}	0.018 4	41
Cs^+	2.69	169	Ti^{4+}	0.206	68
Ag^+	1.91	121	Ce^{4+}	0.81	101
Be^{2+}	0.009	31	F^-	1.16	136
Mg^{2+}	0.105	65	Cl^-	4.07	181
Ca^{2+}	0.52	99	Br^-	5.31	196
Sr^{2+}	0.96	113	I^-	7.90	216
Ba^{2+}	1.72	135	O^{2-}	4.32	140
Hg^{2+}	1.39	110	S^{2-}	11.3	184
B^{3+}	0.003 3	20	Se^{2-}	11.7	198
Al^{3+}	0.058	50	Te^{2-}	15.6	221
Sc^{3+}	0.318	81			

离子的变形性也与离子的电子层构型有关,通常有如下规律:

$$18、(18+2)电子构型 > (9\sim17)电子构型 > 8电子构型$$

如 K^+,Ag^+ 的电荷相同、半径相近,而 Ag^+ 的极化率比 K^+ 的极化率大得多。

在负离子被正离子极化的同时,正离子也有被极化的可能。当负离子被极化后,在一定程度上增强了负离子对正离子的极化作用,结果使正离子也变形极化;正离子被极化后又反过来增强了它对负离子的极化作用。这种加强的极化作用称为附加极化作用。每个离子的总极化作用应是它原来的极化作用和附加极化作用之和。通常离子的 d 电子数越多,电子层数越多,附加极化作用也越大。

在讨论离子的极化作用时,一般情况下,我们只需考虑正离子的极化能力和负离子的变形性。只有在遇到如 Ag^+,Hg^{2+} 等变形性很大的正离子及极化能力较大的负离子时,才考虑离子的附加极化作用。

2. 离子极化对晶体键型的影响

由于电子构型为 18、(18+2)的正离子极化力和变形性都比较大,当它们与变形性较大的负离子结合时,在使负离子变形极化的同时,它们本身又会受到负离子极化而变形,从而产生附加极化作用。如 Ag^+,Cd^{2+},Hg^{2+} 与 I^-,S^{2-} 间的极化作用就很强,以致正、负离子的电子云产生较大变形,发生了电子云的相互重叠,如图 3-49 中右图所示,此时离子键已转变成了共价键,离子晶体转变为共价型晶体。

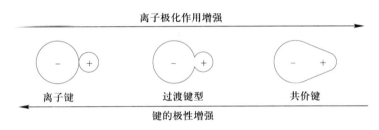

图 3-49　离子的极化

离子发生极化后,正、负离子相互靠近,缩短了两核间的距离,或者说键长缩短了。我们把实测的键长和正、负离子半径之和作一比较,可以大致判断键型的变化。键长与正、负离子半径之和基本一致的是离子型,键长与正、负离子半径之和差别显著的,基本上是共价型,差别不很大的则是过渡型,见表 3-27。

表 3-27　离子型晶体与共价型晶体的判别　　　　　　　　　　单位:pm

晶体	实测键长	离子半径之和	键型	晶体	实测键长	离子半径之和	键型
NaF	231	231	离子型	AgF	246	257	离子型
MgO	210	205	离子型	AgCl	277	302	过渡型
AlN	187	221	共价型	AgBr	288	320	过渡型
SiC	189	301	共价型	AgI	299	337	共价型

由于正、负离子间距缩短,往往也会引起晶体中离子配位数的减少,实际上导致了晶体构型的改变。如 AgI,按正、负离子半径比为 0.56,应属 NaCl 型晶体,而实际晶体属 ZnS 型。又如 $NaCl$,$MgCl_2$,$AlCl_3$,$SiCl_4$ 均为第三周期的氯化物,由于 Na^+,Mg^{2+},Al^{3+},Si^{4+} 的正电荷依次递增而半径减小,离子的极化力依次增强,引起 Cl^- 的变形程度也依次增大,致使 M—Cl 键的共价成分依次增大,Si—Cl 之间的键已是共价键,相应

的晶体类型也由 NaCl 的离子晶体转变为 $MgCl_2$, $AlCl_3$ 的过渡型晶体,最后转变为 $SiCl_4$ 的分子晶体。

3. 离子极化对化合物性质的影响

① 溶解度 离子极化作用的结果使化合物的键型从离子键向共价键过渡。根据相似相溶的原理,离子极化的结果必然导致化合物在水中的溶解度下降。如在卤化银 AgX 中,Ag^+ 为 18 电子构型,极化能力和变形性均很大,而 X^- 随 F^-,Cl^-,Br^-,I^- 顺序离子半径依次增大,变形性也随之增大。所以,除 AgF 为离子化合物溶于水外,AgCl,AgBr,AgI 均为共价化合物,并且共价程度依次增大,水中溶解度依次降低。

② 颜色 在通常情况下,如果组成化合物的两种离子都是无色的,该化合物也无色,如 NaCl,K_2SO_4 等;如果其中一种离子无色,则另一种离子的颜色就是该化合物的颜色,如 K_2CrO_4 呈黄色。但有时无色离子也能形成有色化合物,例如,Ag^+ 和卤素离子都是无色的,但 AgBr,AgI 却是黄色的。又如 Ag_2CrO_4 是砖红色而不是黄色。这都与离子极化作用有关,一般离子极化作用越大,化合物的颜色越深。所以 AgBr 是浅黄,而 AgI 是黄色的。当然引起化合物颜色变化的因素很复杂,离子的极化作用仅是引起离子晶体颜色变化的重要因素之一

③ 熔、沸点 在 $BeCl_2$,$MgCl_2$,$CaCl_2$,$SrCl_2$,$BaCl_2$ 等化合物中,由于 Be^{2+} 离子半径最小,又是 2 电子构型,所以有很大的极化能力,它使 Cl^- 发生显著的变形,Be^{2+} 与 Cl^- 之间的键有很大的共价成分。因而 $BeCl_2$ 具有较低的熔、沸点。ⅡA 碱土金属离子的氯化物随着金属离子半径的逐渐增大,极化能力逐渐下降,化合物的共价成分依次下降,熔、沸点逐渐升高。又如 $HgCl_2$,Hg^{2+} 为 18 电子构型,极化能力与变形性都很大,$HgCl_2$ 中正、负离子的相互极化使其键具有显著的共价性,基本上为共价键型。因此,$HgCl_2$ 的熔、沸点都很低,且容易升华,故又称升汞。

必须指出,离子极化理论在阐明无机化合物的性质方面有一定的作用,是对离子键理论的一种补充。但离子极化理论目前有待进一步的完善与发展。在无机化合物中,离子型化合物也只占一部分,所以在应用这一理论时应注意到它的局限性。即使是离子型化合物,也得考虑是典型离子型化合物还是具有离子极化作用的过渡键型化合物。对典型离子型化合物应用晶格能来判断其物性。如 CaF_2,Ca^{2+} 为 8 电子构型,极化能力很小,而 F^- 离子半径很小,变形性很小,所以不存在离子极化作用,是典型离子晶体。但 CaF_2 在水中又是难溶的,这是因为 CaF_2 的晶格能太大所致。

3.7 多键型晶体

有一些晶体的结构单元之间存在着几种不同的作用力,晶体的结构不再属于某一种基本晶体类型。这类晶体称为多键型晶体(也称混合键型晶体),典型的例子如石墨,图 3-50。石墨为层状结构,同层的每个碳原子以 sp^2 杂化轨道与相邻的三个碳原子形成 σ 共价键,键角为 120°,连接成无限的正六边形的蜂巢状片层结构,键长为 142 pm。此外,每个碳原子 sp^2

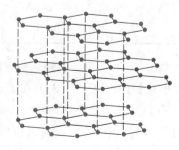

图 3-50 石墨的层状晶体结构

杂化后都还有一个垂直于层平面(sp^2杂化平面)的 p 轨道,每个 p 轨道上都有一个自旋方向相同的单电子。这些 p 轨道相互平行,肩并肩重叠,形成了有多个原子轨道参加的大 π 键。由于大 π 键的形成,这些电子可以在整个石墨晶体的层平面上运动,相当于金属晶体中的自由电子,这是石墨具有金属光泽和导电、导热性的原因。石墨层与层之间的距离远大于 C—C 键长,达 340 pm,它们以分子间力互相结合,这种结合要比同层碳原子间的结合弱得多,所以当石墨晶体受到平行于层结构的外力时,层与层间会发生滑动,这是石墨作为固体润滑剂的原因。在同一层中的碳原子之间是共价键,所以石墨的熔点很高,化学性质很稳定。由此可见,石墨晶体是兼有原子晶体、金属晶体和分子晶体的特征,是一种多键型晶体。

具有多键型结构的晶体还有云母、黑磷、六方氮化硼 BN(石墨型)等。

3.8　配位化合物

配位化合物(coordination compound)简称配合物,是组成复杂、应用广泛的一类化合物,大约 75% 的无机化合物属于配位化合物。1704 年普鲁士人发现了第一个配合物——普鲁士蓝[KFe(Ⅱ)Fe(Ⅲ)(CN)$_6$]。1893 年瑞士人 Werner A 发表了一篇研究分子加合物论文,提出了配位理论,配合物的研究和发展进入了新时期。现代生物化学的研究发现,生物体中能量的转换、传递或电荷转移常与金属离子和有机体生成的配合物所起的作用有关。生物体内的各种酶分子几乎都是以配合物的形态存在的。配位化合物在化学分析,水的软化、医学、染料、催化合成、电镀、金属防腐、湿法冶金等方面都有着重要的应用。目前,配位化学已成为无机化学中十分活跃的领域,是无机化学的一个重要分支。随着科学技术的发展,它将更广泛地渗透到生物化学、有机化学、分析化学、量子化学等领域中去。

3.8.1　配位化合物的组成和命名

1. 配位化合物的组成

在硫酸铜溶液中加入氨水,开始生成蓝色的 Cu(OH)$_2$ 沉淀。当加入过量的氨水时,则蓝色沉淀消失,生成深蓝色溶液:

$$CuSO_4 + 4NH_3 =\!=\!= [Cu(NH_3)_4]SO_4$$

实验证明,在此溶液中主要含有[Cu(NH$_3$)$_4$]$^{2+}$ 和 SO$_4^{2-}$,几乎检查不出有 Cu^{2+} 的存在。在[Cu(NH$_3$)$_4$]$^{2+}$ 中,每个氨分子中的氮原子,提供一对孤电子对,填入 Cu^{2+} 的空轨道,形成四个配位键。现代价键理论把这种化合物称为配位化合物,其中[Cu(NH$_3$)$_4$]$^{2+}$ 部分称为配离子。多数配合物都存在配离子,但有的配合物本身就是一个中性配位分子,如[Co(NH$_3$)$_3$Cl$_3$],氨分子中的氮原子和 Cl$^-$ 各提供一个电子对与 Co^{3+} 形成六个配位键。通常对这两类配合物并不作严格区分,有时把配离子也称配合物。所以配合物包括含有配离子的化合物和电中性配合物。在配合物中,有一个阳离子(或中性原子)位于它们的几何中心,称为形成体。与形成体直接以配位键结合的阴离子或中性分子叫配体。形成体与配位体构成配合物的内界(inner),这是配合物的特征部分,写化学式的时候用方括号括起来。距形成体较远的其他离子称为外界离子,构成配合物

的外界(outer),通常写在方括号外面。如[Cu(NH₃)₄]SO₄:

（1）形成体

中心离子和中心原子统称为形成体,中心离子(central ion)主要是一些过渡金属,如铁、钴、镍、铜、银、金、铂等金属元素的离子。但像硼、硅、磷等一些具有高氧化数的非金属元素也能作为中心离子,如 $Na[BF_4]$ 中的 $B(Ⅲ)$、$K_2[SiF_6]$ 中的 $Si(Ⅳ)$ 和 $NH_4[PF_6]$ 中的 $P(Ⅴ)$。也有不带电荷的原子作形成体的,如[$Ni(CO)_4$],[$Fe(CO)_5$] 中的 Ni,Fe 都是中心原子。

（2）配体和配位原子

在内界中与形成体结合的、含有孤电子对的中性分子或阴离子叫做配体(ligand),如 NH_3,H_2O,CN^-,X^-(卤素阴离子)等。配体围绕着形成体按一定空间构型与形成体以配位键结合。配体中具有孤电子对的,直接与中心离子以配位键结合的原子称为配位原子,它们大多是位于周期表右上方ⅣA、ⅤA、ⅥA、ⅦA族电负性较强的非金属原子。

只以一个配位原子和中心离子(或原子)配位的配体称单齿配体(monodentate ligand)。有两个或两个以上的配位原子同时跟一个中心离子(或原子)配位的配体称多齿配体(polydentate ligand)。常见的配体见表3-28。

表 3-28 常见的配体

类型	配位原子	实例
单齿配体	C	CO,C_2H_2,CN^-,CNR
	N	$NH_3,NCS^-,NH_2^-,NO_2^-,NO,NR_3,RNH,C_5H_5N$(吡啶,简写为 P_y)
	O	$H_2O,OH^-,ONO^-,SO_4^{2-},CO_3^{2-},ROH,R_2O,RCOO^-$
	P	PH_3,PR_3,PX_3,PR_2^-
	S	$R_2S,RSH,S_2O_3^{2-}$
	X	F^-,Cl^-,Br^-,I^-
多齿配体	O	草酸根(ox)
	N	乙二胺(en)
	N	邻菲咯啉 (o-phen)
	N	联吡啶(bpy)

类型	配位原子	实例	
多齿配体	N,O	$\ddot{H}\ddot{O}OCH_2C$＼　　＼CH_2COOH／ 　　$:NCH_2CH_2N:$ $\ddot{H}\ddot{O}OCH_2C$／　　＼CH_2COOH	乙二胺四乙酸（EDTA）

（3）配位数

与形成体直接以配位键结合的配位原子数称为形成体的配位数（coordination number）。如果是单齿配体，那么形成体的配位数就是配体的数目，如$[Cu(NH_3)_4]SO_4$中，配位数就是配体NH_3分子的数目4；若配体是多齿的，那么配位数则是配体的数目与配位原子数的乘积，如乙二胺是双齿配体，在$[Pt(en)_2]^{2+}$中，Pt^{2+}的配位数为$2\times2=4$。

形成体的配位数一般为2，4，6，8等，最常见的是4和6。配位数的多少决定于中心离子和配体的电荷、体积、彼此间的极化作用，以及配合物生成时的条件（如温度、浓度）等。一般说来，中心离子的电荷高，对配体的吸引力较强，有利于形成配位数较高的配合物。比较常见的配位数与中心离子的电荷数有如下的关系：

中心离子的电荷：+1　　　　+2　　　　+3　　　　+4

常见的配位数：　2　　　4（或6）　　6（或4）　6（或8）

中心离子的半径越大，其周围可容纳的配体就越多，配位数越大。如Al^{3+}与F^-可以形成$[AlF_6]^{3-}$配离子，而体积较小的B^{3+}就只能形成$[BF_4]^-$配离子。配体的半径越大，在中心离子周围可容纳的配体数目就越少。例如，Al^{3+}与离子半径大的Cl^-形成$[AlCl_4]^-$，与离子半径小的F^-则形成配位数6的$[AlF_6]^{3-}$。

此外，增大配体浓度，降低反应的温度有利于形成高配位数的配合物。

（4）配离子的电荷

配离子的电荷等于形成体电荷与配体总电荷的代数和。例如：

$$[Co(NH_3)_2(NO_2)_4]^-的配离子电荷数=(+3)+0\times2+(-1)\times4=-1$$

由于配合物必须是中性的，因此也可以从外界离子的电荷来决定配离子的电荷。如$K_2[PtCl_4]$中，外界有2个K^+，所以配离子的电荷一定是-2，从而可推知中心离子是$Pt(Ⅱ)$。

2. 配位化合物的命名

由于配合物的组成比较复杂，它的命名比简单化合物困难得多，名称也较繁琐。现仅介绍一些较简单的配合物命名的一般原则。在含配离子的化合物中，都是阴离子名称在前，阳离子名称在后。若为配阳离子化合物，则叫"某化某"或"某酸某"；若为配阴离子化合物，则在配阴离子与外界之间用"酸"字连接。对于配合物内界配离子的命名方法，通常可照如下顺序：阴离子配体、中性分子配体—合—中心离子（用罗马数字表示氧化数），用二、三、四等数字表示配体数目。如果有几种阴离子或中性分子，一般都按先简单后复杂的顺序命名。在书写时不同配位名称之间常用圆点"·"分开。

阴离子次序为:简单离子—复杂离子—有机酸根离子。

中性分子则按配位原子元素符号的英文字母顺序排列。

下面举一些实例来说明。

(1) 配阴离子配合物

$K_2[SiF_6]$ 六氟合硅(Ⅳ)酸钾

$K[PtCl_5(NH_3)]$ 五氯·一氨合铂(Ⅳ)酸钾

$H_2[SiF_6]$ 六氟合硅(Ⅳ)酸

(2) 配阳离子配合物

$[Co(NH_3)_6]Br_3$ 三溴化六氨合钴(Ⅲ)

$[CoCl_2(NH_3)_3H_2O]Cl$ 一氯化二氯·三氨·一水合钴(Ⅲ)

$[Co(NH_3)_2(en)_2](NO_3)_3$ 硝酸二氨·二(乙二胺)合钴(Ⅲ)

(3) 中性配合物

$[PtCl_2(NH_3)_2]$ 二氯·二氨合铂(Ⅱ)

$[Ni(CO)_4]$ 四羰基合镍(0)

3.8.2 配位化合物的类型和异构化

1. 配位化合物的类型

各种类型的形成体和配体使得配位化合物的范围很广,主要有以下几种类型。

(1) 简单配合物

简单配合物是一类由单齿配体与形成体直接配位形成的配合物,是一类最常见的配合物。如$[Ag(NH_3)_2]^+$、BF_4^-、$[Co(NH_3)_3Cl_3]$等。实际上,大量的水合物也是以水为配体的简单配合物,如$CuSO_4 \cdot 5H_2O$就是配合物$[Cu(H_2O)_4]SO_4 \cdot H_2O$。

(2) 螯合物

螯合物(chelate compound)是由多齿配体与中心离子形成的配合物,具有环状结构特征。乙二胺($H_2N—CH_2—CH_2—NH_2$)具有两个可提供孤电子对的N原子,是一个多齿配体,当Cu^{2+}与en进行配位反应时,就形成了具有环状结构的螯合物:

二(乙二胺)合铜(Ⅱ)离子

在结构式中常用箭头表示金属与配位原子间的配位键。螯合物中,中心离子与螯合剂分子(或离子)数目之比称为螯合比,螯合物的环上有几个原子,就称为几元环。上例螯合物的螯合比为1:2,含有两个五元环。一般螯合物以五元、六元环最稳定。但是,并不是所有的多齿配体均可形成螯合物。多齿配体中两个或两个以上能给出孤电子对的原子应间隔两个或三个其他原子。因为这样才有可能形成稳定的五元环或六元环。如联氨分子$H_2N—NH_2$,虽然有两个配位氮原子,但中间没有间隔其他原子,它与金属离子配位后只能形成一个三元环,环的张力很大故不能形成螯合物。

螯合物与具有相同配位数的简单配合物相比,具有特殊的稳定性。这种特殊稳定

性是由于环状结构的形成而产生的,我们把由于螯合环的形成而使配合物具有的特殊稳定性称为螯合效应。如在下列的反应中:

$$[Ni(H_2O)_6]^{2+}+6NH_3 \rightleftharpoons [Ni(NH_3)_6]^{2+}+6H_2O \tag{1}$$

$$[Ni(H_2O)_6]^{2+}+3en \rightleftharpoons [Ni(en)_3]^{2+}+6H_2O \tag{2}$$

Ni^{2+} 分别与氨和乙二胺形成简单配合物与螯合物,其稳定常数 $K_f^{\ominus}$ 分别为 9.1×10^7 和 3.9×10^{18}。显然形成三个螯合环的 $[Ni(en)_3]^{2+}$ 稳定性大得多。

螯合效应可从螯合物生成过程中系统的熵值增大来解释。根据标准吉布斯函数变和标准平衡常数的关系:

$$\Delta G^{\ominus} = -RT\ln K_f^{\ominus}$$

$$\Delta G^{\ominus} = \Delta H^{\ominus} - T\Delta S^{\ominus}$$

所以

$$\ln K_f^{\ominus} = \frac{\Delta S^{\ominus}}{R} - \frac{\Delta H^{\ominus}}{RT}$$

可见在一定的温度下,稳定常数 $K_f^{\ominus}$ 的大小取决于 $\Delta S^{\ominus}$ 和 $\Delta H^{\ominus}$。$\Delta H^{\ominus}$ 决定于反应前后键能的变化,上述两个反应中都是六个 $O\rightarrow Ni$ 配位键断裂,形成六个 $N\rightarrow Ni$ 配位键,因此 $\Delta H^{\ominus}$ 相差不人。但两个反应熵值变化有很人的差别。金属离子在水溶液中都为水合离子,在一般配合物的形成中,每个配体只取代一个水分子,因此在反应(1)中,六个 NH_3 取代了六个 H_2O,反应前后可自由运动的独立粒子的总数不变,故系统的熵值变化不大。而发生螯合反应(2)时,每个螯合配体可以取代两个水分子,反应后自由运动的粒子总数增加,系统的熵值相应增大,$\Delta S>0$,其稳定常数 $K_f^{\ominus}$ 增大,所以 $[Ni(en)_3]^{2+}$ 比 $[Ni(NH_3)_6]^{2+}$ 稳定得多。螯合物之所以比一般配合物稳定,就是由于螯合反应熵值增加之故,因而螯合效应实际上是熵效应。

（3）多核配合物

含有两个或两个以上的中心离子的配合物称为多核配合物,两个中心离子之间常以配体连接起来。可形成多核配合物的配体一般为 $-OH$,$-NH_2$,$-O-$,$-O_2-$,Cl^- 等。在这些配体中孤电子对数大于 1 的配位原子（O,N,Cl 等）可以和两个或更多的金属原子配位。如 μ-二羟基·八水合二铁（Ⅲ）中,配位原子 O 分别和两个 Fe 配位,该配合物的结构为

（4）羰合物

以 CO 为配体的配合物称为羰基配合物（简称羰合物）,如 $Na[Co(CO)_4]$,$Ni(CO)_4$,$[Mn(CO)_5Br]$ 等。这类配合物的形成体都是低氧化态（-1、1、$+1$）的过渡金属。在形成配合物时,CO 分子中 C 原子上的孤电子对进入金属离子空的 d 轨道形成 σ 配键,见图 3-51(a);CO 中空的 π^* 轨道又可与金属原子中填有电子的 d 轨道相互重叠形成 π 反馈键,图 3-51(b)。这种 σ 配键和 π 反馈键的相互协同作用增强了 $M-C$ 键的稳定性,使羰合物更趋稳定,这种作用称为 σ 配键和 π 反馈键的协同作用。

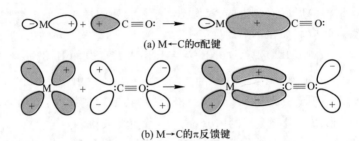

(a) M←C的σ配键

(b) M→C的π反馈键

图 3-51 过渡金属 M 和 CO 间化学键的形成示意图

利用羰合物的分解可制备纯金属,羰合物还可以作为催化剂用于许多有机合成反应。

(5) 原子簇化合物

两个或两个以上的金属原子以金属-金属（M—M 键）直接结合形成的配合物叫原子簇化合物(简称簇合物)。按配体可分为羰基簇、卤素簇等;按金属原子数可分为二核簇、三核簇、四核簇等。图 3-52 为最简单的双核簇合物[Re_2Cl_8]。

某些簇合物具有生物活性,如固氮酶的活性中心——铁钼蛋白即是簇合物。另外某些簇合物具有特殊的催化活性和导电性能,在配位催化、材料科学等领域的应用前景引起人们广泛的兴趣。

(6) 夹心配合物

过渡金属原子和具有离域 π 键的分子(如环戊二烯和苯等)形成的配合物称为夹心配合物。在这类配合物中,中心离子被对称地夹在与键轴垂直的两平行的配体平面之间,具有夹心面包式的结构。双环戊二烯基合铁(Ⅱ),俗称二茂铁的结构见图 3-53。环戊二烯基阴离子的每个碳原子上各有一个垂直于茂环平面的带 1 个单电子的 2p 轨道,由这 5 个 2p 轨道的单电子及一价阴离子的负电荷构成 Π_5^6 键,两个茂环的 Π_5^6 键电子填入铁离子的空轨道形成夹心配合物。Ti,V,Zr,Cr,Mn 等过渡金属也能形成这类夹心配合物。

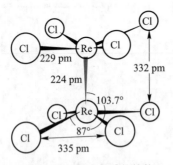

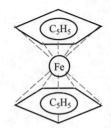

图 3-52 [Re_2Cl_8]的结构   图 3-53 二茂铁的结构示意图

(7) 大环配合物

环状骨架上含有 O,N,S,P 或 As 等多个配位原子的多齿配体所形成的配合物叫大环配合物。大环配合物的配体结构比较复杂,有环状的冠醚、三维空间的穴醚和不同孔径的球醚。冠醚是一类配位能力很强的配体,能和碱金属和碱土金属形成稳定的配合物。冠醚的配合物已经用于许多有机反应,如它们能使 KOH 或 $KMnO_4$ 溶于苯或其他的有机溶剂中。大环配合物还存在于许多生物体中,如人体血液中具有载氧功能的血红素是卟啉的铁的配合物,见图 3-54。在植物光合作用中起光能捕集作用的叶绿素是含有卟啉环的镁配合物。

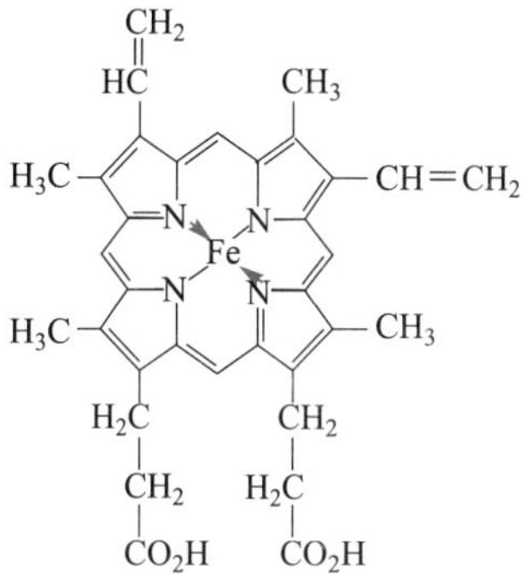

图 3-54 血红素的结构

2. 配位化合物的异构现象

两种或两种以上的化合物,具有相同的原子种类和数目,但结构和性质不同,这种现象叫异构现象。配合物中存在大量的异构现象,通常可分为结构异构和立体异构两大类。

(1)结构异构

由配合物中原子间连接方式不同引起的异构现象叫结构异构,主要有以下几种类型。

① 解离异构 配合物中阴离子在内、外界的位置不同而形成的异构称为解离异构。如 $[CoSO_4(NH_3)_5]Br$(红色)和 $[CoBr(NH_3)_5]SO_4$(紫色),在这两种配合物中,SO_4^{2-} 和 Br^- 在内界和外界的位置刚好相反。

② 键合异构 一些配体以不同的配位原子配位所形成的异构体称为键合异构。例如,$[CoNO_2(NH_3)_5]^{2+}$($—NO_2$,以 N 配位,称为硝基)和 $[CoONO(NH_3)_5]^{2+}$($—ONO$,以 O 配位,称为亚硝酸根)。前者为黄褐色,酸中稳定;后者红褐色,酸中不稳定。能产生键合异构的配体还有—SCN(以 S 配位,称为硫氰酸根)和—NCS(以 N 配位,称为异硫氰酸根)。

③ 水合异构 由水分子在配合物的内、外界的位置不同而形成的结构异构称为水合异构。水合异构体常常具有不同的颜色。如 $[Cr(H_2O)_6]Cl_3$ 为紫色,$[CrCl(H_2O)_5]Cl_2 \cdot H_2O$ 为蓝绿色,而 $[CrCl_2(H_2O)_4]Cl \cdot 2H_2O$ 为绿色。

④ 配位异构 配阳离子和配阴离子的配体相互交换而形成的结构异构叫配位异构,如 $[Co(en)_3][Cr(ox)_3]$ 和 $[Cr(en)_3][Co(ox)_3]$。

(2)立体异构

配合物中由配离子在空间的排布不同而产生的异构称为立体异构,通常可分为顺反异构和对映异构。

① 顺反异构 顺反异构主要发生在配位数为 4 的平面正方形和配位数为 6 的正八面体配合物中。这类配合物的配体可以围绕中心离子占据不同位置,形成顺式(*cis-*)和反式(*trans-*)两种异构体。如果是平面正方形构型,两个相同的配体处于正方形同一边的为顺式异构体,处于对角的为反式异构体。例如,$[Pt(NH_3)_2Cl_2]$ 有顺式和反式两种异构体,它们的物理和化学性质不同,而且具有不同的生理活性。*cis*-$[Pt(NH_3)_2Cl_2]$ 是橙黄色,能抑制 DNA 的复制,阻止癌细胞分裂,有抗癌活性;*trans*-$[Pt(NH_3)_2Cl_2]$ 是亮黄色,不具抗癌活性。

正八面体配合物 $[CoCl_2(NH_3)_4]^+$ 中,当两个 Cl^- 处于八面体的同一条棱时,称为顺式异构体,呈紫色;当两个 Cl^- 处于八面体对角的顶点位置时,称为反式异构体,呈绿色。

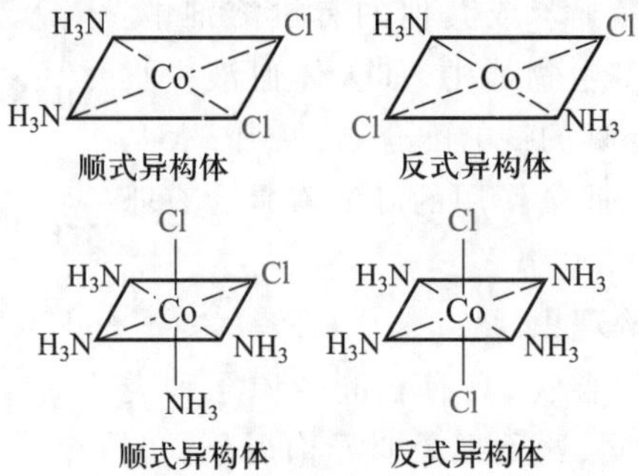

顺式异构体　　　　　　反式异构体

顺式异构体　　　　　　反式异构体

顺反异构

② 对映异构　对映异构体是指两种异构体的对称关系类似于人的左、右手,互成镜像关系。如[$PtBr_2Cl(NH_3)_2H_2O$]的两个对映异构体在镜面上互成镜像,但不能叠合。具有对映异构特性的分子叫手性分子。

具有对映异构的配合物能使平面偏振光发生方向相反的偏转,向左偏转者称为左旋体,用"l"表示,向右偏转者称为右旋体,用"d"表示。等量的左旋体和右旋体混合,旋光性互相抵消,称为外消旋混合物(racemic mixture)。左旋和右旋异构体往往具有不同的生理活性。例如,烟草中的左旋尼古丁有很大的毒性,而人工合成的右旋尼古丁毒性很小。又如二羟基苯基-1-丙氨酸的左旋体是治疗震颤性麻痹症的特效药,而其右旋体却没有药效。因此把两种对映异构体分开,或者寻找只合成某一种指定的对映异构体的"不对称"合成方法引起了许多研究者的兴趣。

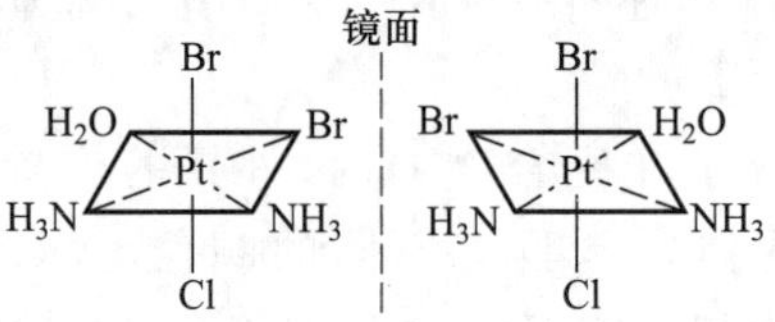

对映异构

3.8.3　配位化合物的化学键理论

在配位化合物中,中心离子和配体间靠什么力量结合在一起? 它们的空间结构怎样? 为什么有的配位化合物稳定,而有的则不稳定? 这类问题促使人们对配位化合物的结构进行研究,从而发展了配位化合物的结构理论。本节将介绍价键理论和晶体场理论。

1. 配位化合物的价键理论

配位化合物的价键理论(valence bond theory)是美国化学家鲍林把杂化轨道理论应用到配合物结构而形成的。价键理论的主要内容如下:

● 配合物的形成体 M 同配体 L 之间以配位键结合。配体提供孤电子对,是电子给体(donor)。形成体提供空轨道,接受配体提供的孤电子对,是电子对的接受体(accepter)。两者之间形成配位键,一般表示为 M←L。如配离子[$Co(NH_3)_6$]$^{3+}$中,就是六个 NH_3 各提供一对孤电子对与 Co^{3+} 形成六个配位键。

• 为了增强成键能力,中心离子用能量相近的轨道(如第一过渡系金属元素的 3d,4s,4p,4d 轨道)杂化,以杂化的空轨道来接受配体提供的孤电子对形成配位键。配离子的空间结构、配位数、稳定性等主要取决于杂化轨道的数目和类型。

一些配合物的杂化轨道和空间构型见表 3-29。

表 3-29 配合物的杂化轨道和空间构型

配位数	杂化轨道类型	空间构型		实例
2	sp	直线形		$[Ag(CN)_2]^-$, $[Cu(NH_3)_2]^+$
3	sp^2	平面三角形		$[HgI_3]^-$, $[CuCl_3]^-$
4	sp^3	正四面体形		$[Zn(NH_3)_4]^{2-}$, $[Co(SCN)_4]^{2-}$
	dsp^2	平面正方形		$[PtCl_4]^{2-}$, $[Cu(NH_3)_4]^{2+}$
5	dsp^3	三角双锥形		$[Fe(CO)_5]$, $[Co(CN)_5]^{3-}$
6	sp^3d^2 d^2sp^3	正八面体形		$[Fe(H_2O)_6]^{2+}$, $[FeF_6]^{3-}$ $[Fe(CN)_6]^{3-}$, $[Cr(NH_3)_6]^{3+}$

① 外轨型和内轨型配合物   有些配合物,其形成体是以 $(n-1)d, ns, np$ 轨道组成杂化轨道的,由于 $(n-1)d$ 是内层轨道,故这种配合物称为内轨型配合物(inner orbital coordination compounds);另一些配合物,其形成体是以 ns, np, nd 轨道组成杂化轨道的,由于 nd 与 ns, np 属于同一外电子层,这类配合物称为外轨型配合物(outer orbital coordination compounds)。配位原子电负性较小,如 C(在 CN^-,CO 中),N(在 NO_2^- 中)等,较易给出孤电子对,对形成体的影响较大,使其结构发生变化,$(n-1)d$ 轨道上的成单电子被强行配对,空出内层能量较低的空轨道来接受配体的孤电子对,形成所谓的内轨型配合物。如 Fe^{3+} 的价层电子结构为

Fe^{3+} 与 CN^- 生成 $[Fe(CN)_6]^{3-}$ 时,由于 CN^- 是一种强的配位剂,给出电子的能力强,当 CN^- 接近 Fe^{3+} 时,迫使 Fe^{3+} 的 3d 轨道中 5 个电子互相成对重排,腾出两个空的 3d 轨道,连同外层的 4s,4p 空轨道形成 d^2sp^3 杂化轨道与 6 个 CN^- 成键,形成内轨型配合物,呈八面体构形。

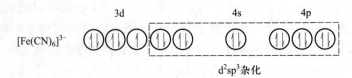

如果配位原子的电负性很大,如卤素、氧等,不易给出孤电子对,则形成体的结构不发生变化,仅用其外层的空轨道 ns,np,nd 与配体结合,形成外轨型配合物。例如,Fe^{3+} 与 F^- 形成 $[FeF_6]^{3-}$ 时,由于 F^- 不是强给电子体,所以 Fe^{3+} 的电子排布没有发生变化,只是其最外层能级相近的 $4s,4p$ 和 $4d$ 空轨道形成了 6 个简并的 sp^3d^2 杂化轨道。当 F^- 沿着正八面体六个顶点的方向接近 Fe^{3+} 时,F^- 的孤电子对所在的轨道与杂化轨道重叠形成配位键,生成外轨型配合物,呈八面体形。

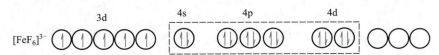

形成内轨型配离子时,配体提供的孤电子对进入到中心离子的内层轨道成键,结合得牢固,因此内轨型配合物的键能大,较稳定,在水中不易解离。而外轨型配合物的键能小,不稳定,在水中易解离。

中心离子利用哪些空轨道进行杂化,还与中心离子的电荷,中心离子的价电子层结构有关。一般来说,中心离子的电荷增多,配位原子孤电子对所受的吸引力就越强,越容易进入到中心离子的内层空轨道成键,形成内轨型配合物。例如,Co^{2+} 和 Co^{3+} 在与 NH_3 形成配离子时,前者形成的是外轨型的 $[Co(NH_3)_6]^{2+}$,而后者则形成内轨型的 $[Co(NH_3)_6]^{3+}$。对于具有 8 电子构型、18 电子构型和(18+2)电子构型的中心离子,由于其内层已为电子充满,其$(n-1)d$ 轨道不能参与杂化成键,故这些构型的离子与配体只能形成外轨型配合物;具有不饱和电子构型的离子,既可能形成内轨型也可能形成外轨型配合物。

② 顺磁性和反磁性　物质的磁性是指它在磁场中表现出来的性质。如果物质的电子全部成对,电子自旋产生的磁效应相互抵消,该物质表现为反磁性。如果物质的正、反自旋电子不相等,即有未成对电子,电子自旋产生的磁效应不能相互抵消,该物质表现为顺磁性。物质磁性的强弱可通过磁矩来表示。原子或离子的磁矩 μ 与其未成对电子数 n 有关,两者之间具有下列近似关系式:

$$\mu=\sqrt{n(n+2)} \tag{3-28}$$

μ 的单位为玻尔磁子(B.M),1 B.M $=9.274\ 078\times10^{-24}$ A·m^2。

配合物的磁性对配合物的结构研究提供了重要的依据,可通过对配合物磁矩的测定来确定配合物的未成对电子数。在形成外轨型配合物时,中心离子的电子层结构在生成配合物后未发生电子的重新配对,未成对单电子数较多,磁矩较大(成单电子多,顺磁性大);而形成内轨型配合物时,中心离子的电子层结构大多发生变化,使未成对单电子数减少,相应的磁矩也变小。如果配合物分子中配体没有未成对电子,则其磁矩为零。将测得磁矩的实验值与理论值比较,就可知道过渡金属离子形成的配离子的未成对电子数,见表 3-30。

表 3-30　磁矩的理论值与未成对电子数的关系

未成对电子数	$\mu/\text{B.M}$	未成对电子数	$\mu/\text{B.M}$
0	0	3	3.87
1	1.73	4	4.90
2	2.83	5	5.92

例如,测得$[\text{FeF}_6]^{3-}$的磁矩为 $5.45\times10^{-23}\ \text{A}\cdot\text{m}^2$,则

$$\mu=\frac{5.45\times10^{-23}\ \text{A}\cdot\text{m}^2}{9.27\times10^{-24}\ \text{A}\cdot\text{m}^2\cdot\text{B.M}^{-1}}=5.88\ \text{B.M}$$

查表 3-30 可知其中心离子有 5 个未成对电子。

又如测得$[\text{Fe}(\text{CN})_6]^{3-}$的磁矩为 $2.13\times10^{-23}\ \text{A}\cdot\text{m}^2$,则

$$\mu=\frac{2.13\times10^{-23}\ \text{A}\cdot\text{m}^2}{9.27\times10^{-24}\ \text{A}\cdot\text{m}^2\cdot\text{B.M}^{-1}}=2.3\ \text{B.M}$$

与相当于 1 个未成对电子的理论值基本相符。Fe^{3+}在 3d 轨道上有 5 个未成对电子,比较后可确定$[\text{FeF}_6]^{3-}$配离子是外轨型的,而$[\text{Fe}(\text{CN})_6]^{3-}$中 Fe^{3+}的 3d 电子进行了重排,只有一个未成对电子,因而是内轨型的。价键理论解释中心离子和配体之间的化学键问题是比较明确的,容易接受,尤其是对中心离子和配体结合力的本质,中心离子的配位数及配合物的几何构型等问题的阐述都比较成功。但该理论仍存在不少缺点,如不能很好地解释配合物的光学性质和稳定性规律等。这些问题在晶体场理论中得到了较好的解释。

2. 晶体场理论简介

1928 年,皮塞首先提出晶体场理论(crystal field theory)。该理论认为过渡金属离子与配体的结合完全是依靠静电引力作用,由带负电荷的配体或极性分子配体(如H_2O,NH_3)对中心离子所产生的静电场叫做晶体场。它在解释配离子的光学、磁学性质方面是很成功的。

(1)晶体场理论的主要内容

中心离子处于带负电荷的配体(阴离子或极性分子)所形成的晶体场时,中心离子与配体之间的结合是完全靠静电作用,不形成共价键。中心离子的 d 轨道在配体静电场的影响下会发生分裂,即原来简并的 5 个 d 轨道会分裂成两组或两组以上的能量不同的轨道。分裂的情况主要决定于中心离子和配体的本质,以及配体的空间分布。

已知 d 轨道有 d_{xy},d_{yz},d_{xz},$d_{x^2-y^2}$,d_{z^2} 5 种。在自由离子状态,这 5 个 d 轨道是简并的。如果该离子处在球形对称的负静电场的球心上,d 电子因受到负电场的排斥使 d 轨道的能量有所增高,由于每个 d 轨道遭受到的斥力是相等的,能级并没有分裂。当配体所形成的晶体场作用于这个离子时,由于配体形成的晶体场并非球形对称,每个 d 轨道的空间分布不同,受到的斥力不相同,因而 d 轨道的能量变化不相同,造成 d 轨道的能级分裂,见图 3-55。

现以配位数为 6,空间构型为八面体形的配合物为例说明。

从图 3-56 可看出,$d_{x^2-y^2}$,d_{z^2}轨道是沿着 x,y,z 轴方向伸展,与配体刚好迎头相

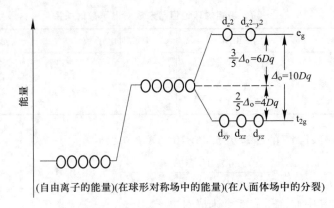

图 3-55   d 轨道在正八面体场内的能级分裂

"顶",在这些轨道上的电子显然受到配体较大的静电排斥作用,能量要升高,即这两个轨道的能级要升高。而对 d_{xy},d_{yz},d_{xz} 轨道,由于它们是沿着轴分角线的方向分布,刚好与配体相错开,显然在这些轨道上的电子受到的斥力比在 $d_{x^2-y^2}$,d_{z^2} 轨道上要小得多,因此这三个轨道的能量升高值比前两个轨道要少,但仍比中心离子处于自由状态时为高。这样五个 d 轨道在八面体场中分裂为两组,一组是能量较高的 $d_{x^2-y^2}$,d_{z^2},称为 e_g[①] 轨道;另一组是能量较低的 d_{xy},d_{yz},d_{xz} 称为 t_{2g}[②] 轨道。

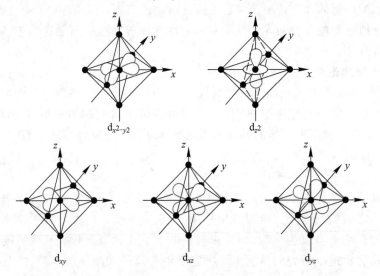

图 3-56   八面体场中的 d 轨道

d 轨道在不同几何构型的配合物中,因为晶体场的对称性不同,其能级分裂的情况也不同。我们将分裂后最高能级 e_g 和最低能级 t_{2g} 之间的能量差叫做晶体场分裂能(crystal field splitting),用 Δ_o 或 $10D_q$ 表示。Δ_o 的 SI 单位为 J(也可用波数表示)。它相当于一个电子由 t_{2g} 轨道跃迁到 e_g 轨道所需要的能量。这个能量通常由配合物的光

---

① e 表示二重简并,脚标 g 表示轨道对八面体的中心呈对称性。
② t 表示三重简并,g 的含义同①。

谱实验来确定。分裂能越大,说明配体对中心离子的影响越大。对于相同的中心离子生成相同构型的配离子而言,不同的配体大致按下列顺序影响 Δ_o 值:

$$I^- < Br^- < Cl^- \sim SCN^- < F^- < OH^- < C_2O_4^{2-} < H_2O < EDTA < NH_3 < SO_3^{2-} < CN^- \sim CO$$

这个顺序称为"光谱化学序",即晶体场强度的顺序。配体场越强,Δ_o 值越大,通常将 CO,CN^- 等称为强场配体,而 I^-,Br^-,Cl^- 等称为弱场配体。对于相同的配体,同一金属原子高价离子的 Δ_o 值要比低价离子的 Δ_o 值大,例如 $[Fe(H_2O)_6]^{3+}$ 和 $[Fe(H_2O)_6]^{2+}$ 的 Δ_o 值分别为 13 700 cm^{-1} 和 10 400 cm^{-1}。

在配体和金属离子的价态相同时,Δ_o 值还与金属离子所在的周期数有关,Δ_o 值按下列顺序增加,第一过渡系元素<第二过渡系元素<第三过渡系元素。

d 电子在分裂的 d 轨道上重新排布,配合物系统能量降低,这个总能量的降低值称为晶体场稳定化能(crystal field stabilization energy),用 CFSE 表示。CFSE 越大,配合物越稳定。根据能量守恒原理,d 轨道在分裂前后的能量应保持不变。以分裂前的球形场中的离子为标准,设其总能量为 0,则在八面体场中两个 e_g 轨道升高的总能量 $2E(e_g)$ 和三个 t_{2g} 轨道降低的总能量 $3E(t_{2g})$ 相等,即

$$2E(e_g) + 3E(t_{2g}) - 0$$

又由于

$$E(e_g) - E(t_{2g}) = \Delta_o$$

解联立方程得

$$E(e_g) = +\frac{3}{5}\Delta_o \qquad E(t_{2g}) = -\frac{2}{5}\Delta_o$$

这表明,在八面体场中,e_g 轨道能量比分裂前升高 $\frac{3}{5}\Delta_o$,而 t_{2g} 轨道能量比分裂前降低了 $\frac{2}{5}\Delta_o$。

根据 e_g 和 t_{2g} 的相对能量和进入其中的电子数,就可计算八面体配合物的晶体场稳定化能。设进入 e_g 的电子数为 n_e,进入 t_{2g} 轨道的电子数为 n_t,则八面体配合物的稳定化能可由下式计算:

$$CFSE(八面体) = -\frac{2}{5}\Delta_o \cdot n_t + \frac{3}{5}\Delta_o \cdot n_e = -(0.4n_t - 0.6n_e)\Delta_o \qquad (3-29)$$

可以看出,八面体配合物的稳定化能,既与 Δ_o 的大小有关,也与 n_t 和 n_e 的大小有关。当 Δ_o 一定时,进入低能轨道的电子数越多,则稳定化能越大,配合物越稳定。d 电子数不同的中心离子在八面体场中的强场和弱场的晶体场稳定化能(见表 3-31)。

(2)晶体场理论的应用

晶体场理论对于过渡金属配合物的许多性质,如磁性、结构、颜色、稳定性等有较好的解释。

① 配合物的磁性　在八面体场中 d^1,d^2,d^3 型离子,按洪德规则,其 d 电子只能分占三个简并的 t_{2g} 低能轨道,即只能有一种 d 电子的排布方式;对于 d^8,d^9 型离子,在八面体场中也只可能有一种排布方式,即六个 d 电子排在三个 t_{2g} 轨道上,另两个或三个 d 电子排在 e_g 轨道上;而 d^4,d^5,d^6,d^7 型离子则有两种电子排布的可能性。现以 d^5 型离子为例说明。

表 3-31 中心离子 d 电子在八面体场中的分布及其对应的晶体场稳定化能

d^n	弱场				强场			
	t_{2g}	e_g	未成对电子数	CFSE	t_{2g}	e_g	未成对电子数	CFSE
d^1	↿		1	$-0.4\Delta_o$	↿		1	$-0.4\Delta_o$
d^2	↿↿		2	$-0.8\Delta_o$	↿↿		2	$-0.8\Delta_o$
d^3	↿↿↿		3	$-1.2\Delta_o$	↿↿↿		3	$-1.2\Delta_o$
d^4	↿↿↿	↿	4	$-0.6\Delta_o$	⇅↿↿		2	$-1.6\Delta_o$
d^5	↿↿↿	↿↿	5	$0.0\Delta_o$	⇅⇅↿		1	$-2.0\Delta_o$
d^6	⇅↿↿	↿↿	4	$-0.4\Delta_o$	⇅⇅⇅		0	$-2.4\Delta_o$
d^7	⇅⇅↿	↿↿	3	$-0.8\Delta_o$	⇅⇅⇅	↿	1	$-1.8\Delta_o$
d^8	⇅⇅⇅	↿↿	2	$-1.2\Delta_o$	⇅⇅⇅	↿↿	2	$-1.2\Delta_o$
d^9	⇅⇅⇅	⇅↿	1	$-0.6\Delta_o$	⇅⇅⇅	⇅↿	1	$-0.6\Delta_o$
d^{10}	⇅⇅⇅	⇅⇅	0	$0.0\Delta_o$	⇅⇅⇅	⇅⇅	0	$0.0\Delta_o$

d^5 离子的 5 个 d 电子在八面体场中有如下两种排布的方式:

高自旋态是指电子尽量分占不同轨道而具有最多自旋平行的成单电子的状态,低自旋态是指电子尽量先进入低能轨道,而且自旋成对使成单电子数处于最少的状态。当一个电子从低能级轨道进入能级较高的轨道时,需要吸收能量,这种能量就是前面所说的分裂能 Δ_o,分裂能越大,电子越不易跃迁到高能级的轨道上去。当一个轨道已有一个电子时,它会对进入该轨道的第二个电子起排斥作用,因此需要供给一定的能量来克服这种排斥作用,第二个电子才能进入同一轨道和第一个电子成对。我们把这种能量叫电子成对能,用符号 P 表示。电子成对能越大,电子越不易成对。所以在形成配离子时,中心离子电子的组态主要取决于 P 和 Δ_o 的相对大小。如果 $P>\Delta_o$,成对需要较高的能量,d 电子不易成对,而尽可能保留较多的平行自旋单电子,形成高自旋配合物;当 $\Delta_o>P$ 时,电子不易从低能级的轨道跃迁到高能级的轨道,电子尽可能配对,结果形成低自旋型的配合物。

弱场配体(如 F^-)的 Δ_o 比较小,而成对需较高的能量,则 $P>\Delta_o$,结果 d 电子尽可能自旋平行先占据各个 t_{2g},e_g 轨道,形成高自旋配合物,往往有较高的顺磁性,$[FeF_6]^{3-}$ 就属此种类型。而 CN^- 的晶体场强度很大,对中心离子影响大,其分裂能 Δ_o 很大,使 $\Delta_o>P$,结果是 d 电子尽可能占有能量较低的 t_{2g} 轨道,形成低自旋配合物,往往有较低的磁矩,$[Fe(CN)_6]^{3-}$ 就属于这种类型。

② 配合物的颜色 金属离子形成的配合物常带有特殊的颜色,这也可用晶体场理论加以解释。可见光是各种波长的复合光,凡是不吸收可见光而将其完全透射的物质为无色;将其全部反射的物质为白色;将可见光全部吸收的物质为黑色;吸收部分可见光,而将其余的反射或透射的物质的颜色为混合色。反射或透射的可见光就是该物

质的颜色,如某物质吸收黄色,透射的光为蓝色,所以我们观察到的颜色主要为蓝色。

含 d^1 到 d^9 的过渡金属离子的配合物一般是有颜色的。如它们中的一些水合离子的颜色分别为

d^1	d^2	d^3	d^4	d^5
$[Ti(H_2O)_6]^{3+}$	$[V(H_2O)_6]^{3+}$	$[Cr(H_2O)_6]^{3+}$	$[Cr(H_2O)_6]^{2+}$	$[Mn(H_2O)_6]^{2+}$
紫红	绿	紫	天蓝	肉红
d^6	d^7	d^8	d^9	
$[Fe(H_2O)_6]^{2+}$	$[Co(H_2O)_6]^{2+}$	$[Ni(H_2O)_6]^{2+}$	$[Cu(H_2O)_4]^{2+}$	
淡绿	粉红	绿	蓝	

晶体场理论认为,这些配离子由于 d 轨道没有全充满,d 电子会吸收光能在 t_{2g} 和 e_g 轨道之间发生电子跃迁,这种跃迁称为 d–d 跃迁。d–d 跃迁所吸收的能量恰好等于 t_{2g} 与 e_g 轨道之间的分裂能,与所吸收的光的波长(λ)、波数(σ)的关系为

$$\Delta_o = E(e_g) - E(t_{2g}) = h\nu = hc/\lambda = hc\sigma$$

式中:$h\nu$ 为吸收的光能,h 为普朗克克常量,c 为光速。因 h 和 c 都是常数,故光能与吸收光的波数(单位为 cm^{-1})成正比。因此,可用波数来表示光能($1~cm^{-1} = 1.986 \times 10^{-23}~J$)。

过渡金属配离子吸收的能量,一般在 $10~000 \sim 30~000~cm^{-1}$,基本上包括在可见光($13~200 \sim 25~000~cm^{-1}$)范围内。如 $[Ti(H_2O)_6]^{3+}$ 在可见光区有一最大的吸收峰,相当于 $20~400~cm^{-1}$。表明它吸收了蓝绿色的光,而对紫色和红色的光吸收最少,因此显紫红色。晶体场理论认为这是由于 $[Ti(H_2O)_6]^{3+}$ 中的 d 电子在吸收光能后,由 t_{2g} 轨道跃迁到 e_g 轨道,这种跃迁所吸收的能量恰好等于 t_{2g} 与 e_g 轨道之间的分裂能 Δ_o。

配合物的颜色变化与 Δ_o 值有关。如对同一种金属离子,当配体相同,但中心离子的价态不同时,由于高价离子的 Δ_o 比低价离子的 Δ_o 大,吸收峰向短波长方向移动,如 $[Fe(H_2O)_6]^{3+}$、$[Fe(H_2O)_6]^{2+}$ 它们的 Δ_o 值分别为 $13~700~cm^{-1}$ 和 $10~400~cm^{-1}$,故在浓度相同时,呈现不同的颜色,前者为淡黄色,后者为淡绿色。

对于同一价态的相同金属离子来说,不同的配体也会引起配离子颜色的变化,这主要是由于不同的配体有着不同的 Δ_o 值。如 $[Cu(H_2O)_4]^{2+}$ 显蓝色,吸收峰约在 $12~600~cm^{-1}$ 处(吸收橙红色光为主),而 $[Cu(NH_3)_4]^{2+}$ 显很深的蓝紫色,吸收峰约在 $15~100~cm^{-1}$ 处(吸收橙黄色光为主)。由光谱化学序可知,NH_3 是比 H_2O 更强的配体,故 $[Cu(NH_3)_4]^{2+}$ 的吸收区向波长较短的黄绿色移动,从而显出更深的蓝紫色。晶体场理论在解释配合物的磁性、稳定性、颜色等方面是非常有说服力的。但由于它忽视了中心离子和配体间存在着一定程度的共价键成分,因此它对直接与共价有关的作用和现象就无法解释,这得用配位场理论加以解释。

 思考题

3–1 试区别:

(1)线状光谱与连续光谱 　　　　(2)基态与激发态

（3）概率与概率密度　　　　　　　（4）电子云与原子轨道

3-2　玻尔理论如何解释氢原子光谱是线状光谱？该理论有何局限性？

3-3　试述下列名词的意义：

（1）能级交错　　（2）量子化　　（3）波粒二象性　　（4）简并轨道

（5）泡利原理　　（6）洪德规则　　（7）屏蔽效应　　（8）电离能

（9）电负性　　　（10）镧系收缩

3-4　电子等实物微粒运动有何特性？电子运动的波粒二象性是通过什么实验得到证实的？

3-5　试述四个量子数的意义及它们的取值规则。

3-6　试述原子轨道与电子云的角度分布的含义有何不同？两种角度分布的图形有何差异？

3-7　多电子原子核外电子的填充依据什么规则？在能量相同的简并轨道上电子如何排布？

3-8　什么叫电离能？它的大小与哪些因素有关？它与元素的金属性有什么关系？

3-9　原子半径通常有哪几种？其大小与哪些因素有关？

3-10　试举例说明元素性质的周期性递变规律？短周期与长周期元素性质的递变有何差异？主族元素与副族元素的性质递变有何差异？

3-11　化学键的本质是什么？一般有几种类型？原子在分子中吸引电子能力的大小用什么来衡量？

3-12　根据元素的电负性及在周期表中的位置,指出哪些元素间易形成离子键,哪些元素间易形成共价键？

3-13　共价键的强度可用什么物理量来衡量？试比较下列各物质的共价键强度,按由强到弱排列：H_2、F_2、O_2、HCl、N_2、C_2、B_2。

3-14　区别下列名词与术语：

（1）孤电子对与键电子对　　　　　（2）有效重叠与无效重叠

（3）原子轨道与分子轨道　　　　　（4）成键轨道与反键轨道

（5）σ键与π键　　　　　　　　　　（6）极性键与非极性键

（7）单键与单电子键　　　　　　　（8）三键与三电子键

（9）共价键与配位键　　　　　　　（10）键能与键级

（11）氢键与化学键　　　　　　　　（12）极性分子与非极性分子

（13）杂化轨道与分子轨道　　　　　（14）偶极矩与极化率

（15）固有偶极、诱导偶极与瞬时偶极　　（16）sp、sp^2、sp^3杂化

3-15　下列叙述是否正确？若不正确则改正。

（1）s电子与s电子间形成的是σ键,p电子与p电子间形成的是π键

（2）sp^3杂化轨道指的是1s轨道和3p轨道混合形成4个sp^3杂化轨道

3-16　常见晶体有哪几种基本类型？各类晶体性质如何？

3-17　AB型离子晶体有哪几种常见构型？用什么方法判断？

3-18　离子键无饱和性和方向性,而离子晶体中每个离子有确定的配位数,二者

有无矛盾？

3-19 什么叫离子极化？离子极化作用对离子晶体的性质有何影响？

3-20 解释下列现象：

(1) 实验测定 AgI 晶体的配位数为 4:4,与其半径比结果不一致

(2) NaCl 晶体易敲碎,而 Al、Ag、Cu 等金属晶体能打成薄片

(3) MgO 可作耐火材料,石墨可作固体润滑剂,Cu(s) 能作导体

(4) $BaSO_4$ 难溶于水,BaI_2 易溶于水,HgI_2 难溶于水,NH_3 易溶于水,CCl_4 难溶于水

(5) HF 沸点高于 HCl,而 HCl 沸点低于 HI

3-21 下列说法是否正确？为什么？

(1) 极性分子之间只存在取向力,极性分子与非极性分子之间只存在诱导力,非极性分子之间只存在色散力

(2) 氢键就是氢与其他元素间形成的化学键

(3) 极性键构成极性分子,非极性键构成非极性分子

(4) 偶极矩大的分子,正、负电荷中心离得远,所以极性大

3-22 从电子排布指出价带、导带、禁带、满带和空带的区别。

3-23 试分析温度对导体和半导体的导电性的影响。

3-24 举例说明下列术语的含义：

(1) 配体与配位原子　　　　　　(2) 配位数与配位比

(3) 单齿配体与多齿配体　　　　(4) 螯合物与螯合剂

3-25 配合物价键理论的要点是什么？该理论如何说明配合物的稳定性和空间构型？举例说明。

3-26 试用晶体场理论说明 $[Cr(NH_3)_6]^{3+}$ 中 $Cr(III)$ 的 d 轨道电子的排布情况？如果用 Br^- 代换 NH_3,情况将如何？分裂能增大还是减小？

 习题

基本题

3-1 计算氢原子核外电子从第三能级跃迁到第二能级时产生的谱线 H_α 的波长与频率。

3-2 计算氢原子的电离能 $I(kJ \cdot mol^{-1})$。

3-3 下列各组量子数哪些是不合理的？为什么？

	n	l	m
(1)	2	1	0
(2)	2	2	-1
(3)	2	3	+2

3-4 量子数为 $n=3,l=2,m=2$ 的能级可允许的最多电子数为多少?

3-5 用合理的量子数表示:

(1) 3d 能级　　　　(2) $4s^1$ 电子　　　　(3) 3p 电子　　　　(4) 5f 电子

3-6 分别写出下列元素基态原子的电子排布式,并分别指出各元素在周期表中的位置。

$_9F$　　$_{10}Ne$　　$_{25}Mn$　　$_{29}Cu$　　$_{24}Cr$　　$_{55}Cs$　　$_{71}Lu$

3-7 以(1)为例,完成下列(2)~(4)题。

(1) $Na(Z=11)$ 　[Ne]$3s^1$　　　(3) _____($Z=24$)　[?]$3d^54s^1$

(2) _____ $1s^22s^22p^63s^23p^3$　　(4) $Kr(Z=$____)　[?]$3d^{10}4s^24p^6$

3-8 写出下列离子的最外层电子排布式。

$$S^{2-}　　K^+　　Pb^{2+}　　Ag^+　　Mn^{2+}　　Co^{2+}$$

3-9 已知某副族元素 A 的原子,电子最后填入 3d 轨道,最高氧化数为 4;元素 B 的原子,电子最后填入 4p 轨道,最高氧化数为 5。

(1) 写出 A、B 元素原子的电子排布式

(2) 根据电子排布,指出它们在周期表中的位置(周期、区、族)

3-10 试完成下表。

原子序数	价电子构型	各层电子数	周期	族	区
11					
21					
35					
48					
60					
82					

3-11 第四周期的 A、B、C 三种元素,其价电子数依次为 1、2、7,其原子序数按 A、B、C 顺序增大。已知 A、B 次外层电子数为 8,而 C 次外层电子数为 18,根据结构判断:

(1) C 与 A 的简单离子是什么?

(2) B 与 C 两元素间能形成何种化合物? 试写出化学式。

3-12 指出第四周期中具有下列性质的元素,并用元素符号表示。

(1) 最大原子半径　　　(2) 最大电离能　　　(3) 最强金属性

(4) 最强非金属性　　　(5) 最大电子亲和势　　(6) 化学性质最不活泼

3-13 元素的原子其最外层仅有一个电子,该电子的量子数是 $n=4,l=0,m=0$, $s_i=+1/2$,问:

(1) 符合上述条件的元素有几种? 原子序数各为多少?

(2) 写出相应元素原子的电子排布式,并指出在周期表中的位置。

3-14 在下面的电子构型中,通常第一电离能最小的原子具有哪一种构型?

(1) ns^2np^3　　(2) ns^2np^4　　(3) ns^2np^5　　(4) ns^2np^6

3-15 某元素的原子序数小于 36,当此元素原子失去 3 个电子后,它的轨道角动量量子数等于 2 的轨道内电子数恰好半满:

(1) 写出此元素原子的电子排布式;

(2) 此元素属哪一周期、哪一族、哪一区? 写出其元素符号。

3-16 写出下列元素中第一电离能最大和最小的元素。

(1) K (2) Ca (3) Na (4) Mg (5) N (6) P (7) Al (8) Si

3-17 已知 $H_2O(g)$ 和 $H_2O_2(g)$ 的 $\Delta_f H_m^{\ominus}$ 分别为 -241.8 kJ·mol^{-1} 和 -136.3 kJ·mol^{-1};$H_2(g)$ 和 $O_2(g)$ 的解离能分别为 436 kJ·mol^{-1} 和 493 kJ·mol^{-1},求 H_2O_2 中 O—O 键的键能。

3-18 已知 $NH_3(g)$ 的 $\Delta_f H_m^{\ominus} = -46$ kJ·mol^{-1},H_2N—$NH_2(g)$ 的 $\Delta_f H_m^{\ominus} = 95$ kJ·mol^{-1},$E(H—H) = 436$ kJ·mol^{-1},$E(N\equiv N) = 946$ kJ·mol^{-1}。计算 $E(N—H)$ 和 $E(H_2N—NH_2)$。

3-19 写出 O_2 分子的分子轨道表达式,据此判断下列双原子分子或离子:O_2^+,O_2,O_2^-,O_2^{2-} 各有多少单电子,将它们按键的强度由强到弱的顺序排列起来,并估算各自的磁性。

3-20 第二周期某元素的单质是双原子分子,键级为 1,是顺磁性物质。

(1) 推断出它的原子序号;

(2) 写出其分子轨道表示式。

3-21 下列双原子分子或离子,哪些可稳定存在? 哪些不可能稳定存在? 请将能稳定存在的双原子分子或离子按稳定性由大到小的顺序排列起来。

H_2 He_2 He_2^+ Be_2 C_2 N_2 N_2^+

3-22 写出下列化合物的结构式,并指出分子中相应的键型(σ,π 键)。

(1) PH_3 (2) H_2S (3) 乙烯 C_2H_4 (4) N_2 (5) O_2

3-23 试用价层电子对互斥理论判断下列分子或离子的空间构型(列表写出 VP,LP,VP 排布,分子构型)。

NH_4^+ CO_3^{2-} BCl_3 $PCl_5(g)$ SiF_6^{2-} H_3O^+ XeF_4 SO_2

3-24 用杂化轨道理论解释为何 PCl_3 是三角锥形,且键角为 101°,而 BCl_3 却是平面三角形的几何构型。

3-25 用价电子对互斥理论和杂化轨道理论指出下列各分子的空间构型和中心原子的杂化轨道类型。

PCl_3 SO_2 NO_2^+ SCl_2 $SnCl_2$ BrF_2^+

3-26 根据电负性差值判断下列各对化合物中键的极性大小。

(1) FeO 和 FeS (2) AsH_3 和 NH_3 (3) NCl_3 和 NF_3 (4) CCl_4 和 $SiCl_4$

3-27 写出下列离子的外层电子排布式,并指出属什么电子构型(2,8,9~17,18,18+2 电子构型)。

Mn^{2+} Hg^{2+} Bi^{3+} Sr^{2+} Be^{2+} B^{3+}

3-28 试由下列各物质的沸点,推断它们分子间力的大小,列出分子间力由大到小的顺序,这一顺序与相对分子质量的大小有何关系?

Cl_2:-34.1 ℃;O_2:-183.0 ℃;N_2:-198.0 ℃;H_2:-252.8 ℃;I_2:181.2 ℃;Br_2:

58.8 ℃

3-29　指出下列各组物质熔点由大到小的顺序。

（1）NaF　KF　CaO　KCl　　　　　（2）SiF_4　SiC　$SiCl_4$

（3）AlN　NH_3　PH_3　　　　　　（4）Na_2S　CS_2　CO_2

3-30　已知 NH_3，H_2S，BeH_2，CH_4 的偶极矩分别为 $4.90×10^{-30}$ C·m，$3.67×10^{-30}$ C·m，0 C·m，0 C·m，试说明下列问题：

（1）分子极性的大小　　　　　　（2）中心原子的杂化轨道类型

（3）分子的几何构型

3-31　下列分子中偶极矩不为零的有哪些？

CS_2　　　　　CO_2　　　　　CH_3Cl　　　　　H_2S　　　　　SO_3

3-32　判断下列各组分子之间存在着什么形式的分子间作用力。

（1）CO_2 与 N_2　　　（2）HBr 蒸气　　　（3）N_2 与 NH_3　　　（4）HF 水溶液

3-33　根据三种典型离子晶体的半径比，推测下列离子晶体属何种类型。

MnS　　　　　CaO　　　　　AgBr　　　　　RbCl　　　　　CuS

3-34　比较下列各对离子极化率的大小，简单说明判断依据。

（1）Cl^-，S^{2-}　　　（2）F^-，O^{2-}　　　（3）Fe^{2+}，Fe^{3+}　　　（4）Mg^{2+}，Cu^{2+}

（5）Cl^-，I^-　　　（6）K^+，Ag^+

3-35　判断下列各组离子的极化能力相对大小，并说明理由。

（1）Li^+，Na^+，K^+，Rb^+　　　　　（2）Na^+，Mg^{2+}，Al^{3+}，Si^{4+}

（3）Ca^{2+}，Fe^{2+}，Zn^{2+}　　　　　　（4）Fe^{2+}，Fe^{3+}

3-36　用离子极化理论讨论下列问题：

（1）AgF 在水中溶解度较大，而 AgCl 则难溶于水

（2）Cu^+ 的卤化物 CuX 的 $r_+/r_- > 0.414$，但它们都是 ZnS 型结构

（3）Pb^{2+}，Hg^{2+}，I^- 均为无色离子，但 PbI_2 呈金黄色，HgI_2 呈朱红色

3-37　列表写出下列配合物的名称、中心离子及其氧化数、配离子的电荷。

$Na_3[Ag(S_2O_3)_2]$　　　$[Cu(CN)_4]^{3-}$　　　$[Co(NH_3)_3Cl_3]$　　　$[Cr(NH_3)_5Cl]^{2+}$

$Na_2[SiF_6]$　　　　　$[Co(C_2O_4)_3]^{3-}$　　　$[Pt(NH_3)_2Cl_4]$　　　$[Zn(NH_3)_4](OH)_2$

3-38　向含有 $[Ag(NH_3)_2]^+$ 的溶液中分别加入下列物质：

（1）稀 HNO_3　　　（2）$NH_3·H_2O$　　　（3）Na_2S 溶液

请判断以下平衡的移动方向：

$[Ag(NH_3)_2]^+ \rightleftharpoons Ag^+ + 2NH_3$

3-39　已知有两种钴的配合物，它们具有相同的分子式 $Co(NH_3)_5BrSO_4$，其间的区别在于第一种配合物的溶液中加入 $BaCl_2$ 时产生 $BaSO_4$ 沉淀，但加 $AgNO_3$ 时不产生沉淀；而第二种配合物则与此相反。写出这两种配合物的化学式，并指出钴的配位数和氧化数。

3-40　根据配合物的价键理论，指出下列配离子其中心离子的电子排布、杂化轨道的类型和配离子的空间构型。

$[Mn(H_2O)_6]^{2+}$　　　$[Ag(CN)_2]^-$　　　$[Cd(NH_3)_4]^{2+}$　　　$[Ni(CN)_4]^{2-}$

$[Co(NH_3)_6]^{3+}$

3-41 试确定下列配合物是内轨型配合物还是外轨型配合物,说明理由,并写出中心离子的电子排布。

（1）$K_4[Mn(CN)_6]$测得磁矩 $\mu = 2.00$ B. M；

（2）$(NH_4)_2[FeF_5(H_2O)]$测得磁矩 $\mu = 5.78$ B. M。

3-42 下列化合物中哪些可能作为有效的螯合剂?

H_2O,过氧化氢(HO—OH)，$H_2N—CH_2CH_2—NH_2$,联氨($H_2N—NH_2$)

3-43 （1）Write the possible values of l when $n = 5$.

（2）Write the allowed number of orbitals（a）with the quantum numbers $n = 4$, $l = 3$;（b）with the quantum numbers $n = 4$;（c）with the quantum numbers $n = 7$, $l = 6$, $m = 6$;（d）with the quantum numbers $n = 6$, $l = 5$.

3-44 How many unpaired electrons are in atoms of Na, Ne, B, Be, Se, and Ti?

3-45 What is electronegativity? Arrange the members of each of the following sets of elements in order of increasing electronegativities:

（1）B, Ga, Al, In （2）S, Na, Mg, Cl

（3）P, N, Sb, Bi （4）S, Ba, F, Si

3-46 Write the electron configuration beyond a noble gas core for (for example, $F[He]2s^2 2p^5$)Rb, La, Cr, Fe^{2+}, Cu^{2+}, Tl, Po, Gd, Sn^{2+}, Ti^{3+} and Lu.

3-47 Predict the geometry of the following species (by VSEPR theory)：$SnCl_2$, I_3^-, $[BF_4]^-$, IF_5, SF_6, SO_4^{2-}, SiH_4, NCl_3, $AsCl_5$, PO_4^{3-}, ClO_4^-.

3-48 Use the appropriate molecular orbital enerry diagram to write the electron configuration for each of the following molecules or ions, calculate the bond order of each, and predict which would exist.

（1）H_2^+ （2）He_2 （3）He_2^+ （4）H_2^-

（5）H_2^{2-}

3-49 Which of these species would you expect to be paramagnetic?

（1）He_2^+ （2）NO （3）NO^+ （4）N_2^{2+}

（5）CO （6）F_2^+ （7）O_2

提高题

3-50 试用斯莱特规则:

（1）分别计算原子序数为 19、20、21、24、26 的各元素中 4s 和 3d 能级的高低;

（2）分别计算这些元素作用于 4s 电子的有效核电荷。

3-51 以 x 轴为对称轴,判断原子轨道 p_x，p_y，p_z，d_{xy}，d_{yz}，d_{xz}，d_{z^2}，$d_{x^2-y^2}$的 σ 对称性与 π 对称性;若以 y 轴为键轴,判断 O_2 分子中各成键、反键轨道的 σ 对称性与 π 对称性。

3-52 下列分子中键角最小的是哪个?

（1）CH_4 （2）NH_3 （3）H_2O （4）BF_3 （5）$HgCl_2$

3-53 利用波恩-哈伯循环计算 NaCl 的晶格能。

3-54 根据下列数据计算氧原子接受两个电子变成 O^{2-} 的电子亲和势 $A(A_1 + A_2)$。

$\Delta_f H_m^{\ominus}(\text{MgO}) = -601.7 \text{ kJ} \cdot \text{mol}^{-1}; D(\text{O}_2) = 497 \text{ kJ} \cdot \text{mol}^{-1}; U(\text{MgO}) = 3\,824 \text{ kJ} \cdot \text{mol}^{-1};$

$I_1 \text{Mg(g)} = 737.7 \text{ kJ} \cdot \text{mol}^{-1}; I_2 \text{Mg(g)} = 1\,451 \text{ kJ} \cdot \text{mol}^{-1}; \text{Mg 的升华热 } \Delta H_s^{\ominus} = 146.4 \text{ kJ} \cdot \text{mol}^{-1}$。

3-55　判断下列分子的几何构型、键角、中心原子的杂化轨道类型,并判断分子的极性。

(1) O_3　　　　(2) BF_4^-　　　　(3) SO_3　　　　(4) CO_2

3-56　试说明石墨的结构是一种多键型的晶体结构。利用石墨作电极或作润滑剂各与它的哪一部分结构有关?

3-57　对下列物质的熔点递变规律予以合理解释。

氯化物	NaCl	MgCl_2	AlCl_3	SiCl_4	PCl_3	SCl_2	Cl_2
mp/℃	801	708	190	-70	-90	-78	-101
氟化物	NaF	MgF_2	AlF_3	SiF_4	PF_5	SF_6	F_2
mp/℃	991	1\,396	1\,040	-90	-94	-56	-220

3-58　一配合物组成为 $\text{CoCl}_3(\text{en})_2 \cdot \text{H}_2\text{O}$,相对分子质量为 330 g·mol^{-1},取 66.0 mg 配合物溶于水,加入到氢型阳离子交换柱中,交换出的酸需 10.00 mL 0.040 00 mol·L^{-1} NaOH 溶液才能中和,试写出配合物的化学式。

3-59　实验室制备出一种铁的八面体配合物,用磁天平测定出该八面体配合物的摩尔磁化率。经计算,得其磁矩为 4.89 B.M.。请估计铁的氧化数,并说明该配合物是高自旋型还是低自旋型。

3-60　试解释下列事实:

(1) 用王水可溶解 Pt、Au 等贵金属,但单独用硝酸、盐酸却不能溶解;

(2) $[\text{Fe(CN)}_6]^{4-}$ 为反磁性,而 $[\text{Fe(CN)}_6]^{3-}$ 为顺磁性;

(3) $[\text{Fe(CN)}_6]^{3-}$ 为低自旋,而 $[\text{FeF}_6]^{3-}$ 为高自旋;

(4) $[\text{Co(H}_2\text{O)}_6]^{3+}$ 的稳定性比 $[\text{Co(NH}_3)_6]^{3+}$ 差得多。

3-61　指出下列配合物之间属于哪种异构现象:

(1) $[\text{CoBr(NH}_3)_5]\text{SO}_4$ 与 $[\text{CoSO}_4(\text{NH}_3)_5]\text{Br}$

(2) $[\text{Cu(NH}_3)_4] \cdot [\text{PtCl}_4]$ 与 $[\text{Pt(NH}_3)_4] \cdot [\text{CuCl}_4]$

(3) $[\text{Cr(SCN)(H}_2\text{O)}_5]^{2+}$ 与 $[\text{Cr(NCS)(H}_2\text{O)}_5]^+$

(4) $[\text{CoCl(H}_2\text{O)(NH}_3)_4]\text{Cl}_2$ 与 $[\text{CoCl}_2(\text{NH}_3)_4]\text{Cl} \cdot \text{H}_2\text{O}$

(5)

(6)

3-62　For each of the following pairs indicate which substance is expected to be:

(1) More covalent:

$MgCl_2$ or $BeCl_2$　　　　$CaCl_2$ or $ZnCl_2$　　　　$CaCl_2$ or $CdCl_2$

$TiCl_3$ or $TiCl_4$　　　　$SnCl_2$ or $SnCl_4$　　　　$CdCl_2$ or CdI_2

ZnO or ZnS　　　　　　NaF or $CuCl$　　　　　$FeCl_2$ or $FeCl_3$

(2) higher melting point:

NaF or $NaBr$　　　　　Al_2O_3 or Fe_2O_3　　　　Na_2O or CaO

3-63　The boiling points of HCl, HBr and HI increase with increasing molecular weight. Yet the melting and boiling points of the sodium halides, NaCl, NaBr, and NaI, decrease with increasing formula weight. Explain why the trends opposite.

3-64　How many unpaired electrons are present in each of the following?

(a) $[CoF_6]^{3-}$ (high-spin); (b) $[Co(en)_3]^{3+}$ (low-spin); (c) $[Mn(CN)_6]^{3-}$ (low-spin); (d) $[Mn(CN)_6]^{4-}$ (low-spin); (e) $[MnCl_6]^{4-}$ (high-spin); (f) $[RhCl_6]^{3-}$ (low-spin)。

3-65　Assume that you have a complex of a transition metal ion with a d^6 configuration. Can you tell weather the complex is octahedral or tetrahedral if measuring the magnetic moment establishes that it has no unpaired electrons?

习题参考答案

第四章　溶液中的化学平衡

(*Chemical Equilibrium in Solution*)

学习要求

1. 掌握强电解质与弱电解质溶液的解离特性,理解活度与活度系数的概念,并能运用上述概念解释电解质平衡中的盐效应。

2. 掌握酸碱理论并判断物质的酸碱性及两性,掌握共轭酸碱对的概念及它们的解离平衡常数相互关系。熟练运用质子平衡式、弱酸弱碱平衡常数各型体分布系数推导弱酸弱碱、两性物质、缓冲溶液的 pH 计算公式,并能根据溶液条件合理运用 pH 计算的近似式和最简式。理解缓冲溶液维持溶液 pH 的原理;了解影响缓冲容量的因素;能根据溶液目标 pH 合理选择缓冲对及配比。

3. 掌握溶解平衡的基本概念、溶度积常数、溶度积与溶解度的相互换算。通过化学热力学和化学平衡基本理论理解溶度积原理,并在此基础上判断沉淀的生成与溶解条件,以及多种离子共存下分步沉淀的方法。掌握离子沉淀的溶液条件控制及相关计算。

4. 掌握配位平衡的基本特点及配位化合物解离平衡常数的表达方法;掌握影响配位平衡移动的因素,特别是酸碱平衡对配位平衡的影响。掌握 EDTA 等氨羧配位剂与金属离子配位的特点及配位平衡的移动,以及 EDTA 自身的解离平衡。

5. 掌握电极电势的基本概念,理解电极电势与物质氧化还原能力的相关性。掌握氧化还原原电池的表达方法和电动势的计算。能运用电极电势及电动势判断氧化还原的方向并计算平衡常数。了解元素电势图及其应用。

4.1　电解质溶液

4.1.1　强电解质与弱电解质

根据阿伦尼乌斯的电离理论,强酸(如 HCl,HNO_3 等)、强碱(如 $NaOH$,KOH 等)及极大部分的盐(如 $NaCl$,KNO_3,$CuSO_4$ 等)在水溶液中完全解离,这些电解质称为强电解质。强电解质在水中溶解后完全是以水合离子形式存在而无溶质分子。

$$NaOH \longrightarrow Na^+(aq) + OH^-(aq)^①$$

$$HCl \longrightarrow H^+(aq)^② + Cl^-(aq)$$

$$CuSO_4 \longrightarrow Cu^{2+}(aq) + SO_4^{2-}(aq)$$

强电解质溶液中的离子浓度是以其完全解离来计算的。如 $0.02 \ mol \cdot L^{-1}$ $Al_2(SO_4)_3$ 溶液中，$c(Al^{3+}) = 0.040 \ mol \cdot L^{-1}$，$c(SO_4^{2-}) = 0.060 \ mol \cdot L^{-1}$。

弱电解质是指在水溶液中解离程度较小的电解质，如弱酸 CH_3COOH（通常写作 HAc），HCN，H_2S，H_3BO_3 等，弱碱 $NH_3 \cdot H_2O$ 等，在水溶液中只有小部分解离成为离子，大部分还是以分子形式存在，未解离的分子同离子之间形成平衡

$$HAc \rightleftharpoons H^+ + Ac^-$$

$$NH_3 \cdot H_2O \rightleftharpoons OH^- + NH_4^+$$

解离度（α）就是电解质在溶液中达到解离平衡时，已解离的分子数占该电解质原来分子总数的百分率。解离度以前称电离度。

$$\alpha = \frac{已解离的分子数}{溶液中原有该弱电解质分子总数} \times 100\%$$

例如，$0.10 \ mol \cdot L^{-1}$ HAc 的解离度是 1.32%，则溶液中

$$c(H^+) = c(Ac^-) = 0.10 \ mol \cdot L^{-1} \times 1.32\% = 0.001 \ 32 \ mol \cdot L^{-1}。$$

（问题：等浓度、等体积的 HCl 溶液与 HAc 溶液分别与过量 CaCO₃ 作用，在相同情况下放出的 CO₂ 体积是否相等？差别在什么地方？）

4.1.2 活度与活度系数

强电解质在水溶液中应该完全解离，但实验测定时却发现它们的解离度并没有达到 100%。这种现象主要是由于带不同电荷的离子之间及离子和溶剂分子之间的相互作用，使得每一个离子的周围都吸引着一定数量带相反电荷的离子，形成了所谓的离子氛（ion atomosphere）。有些正、负离子会形成离子对，从而影响了离子在溶液中的活动性，降低了离子在化学反应中的作用能力，使得离子参加化学反应的有效浓度要比实际浓度低。这种离子在化学反应中起作用的有效浓度称为活度（activity）。活度与浓度有如下关系：

$$a_i = \gamma_i \cdot c_i / c^{\ominus}$$

式中：a_i 表示 i 离子的活度；γ_i 为 i 离子的活度系数（activity coefficient）；c_i 是解离平衡时 i 离子的物质的量浓度。

为了衡量溶液中正、负离子作用情况，人们引入了离子强度（I）的概念。溶液的浓度越大，离子的电荷越高，离子强度也就越大。离子强度越大，离子间相互牵制作用越大，离子活度系数也就越小，相应离子的活度就越低。

严格地讲电解质溶液中的离子浓度应该用活度来代替。当溶液中的离子强度 $I <$ $10^{-4} \ mol \cdot L^{-1}$，离子间牵制作用就降低到极微弱的程度，近似可以忽略，活度系数 $\gamma \approx 1$，

---

① （aq）表示含水或水合，通常情况下省略不写出。

② 水合 H^+ 常写作 H_3O^+，简写为 H^+。

$a \approx c$。所以对于稀溶液(尤其是弱电解质溶液),为了简便起见,通常就用浓度代替活度进行计算。

当离子强度的影响不能忽略时,活度系数 γ 与离子强度的关系可用德拜-休克尔(Debye-Huckel)公式来表示。

4.2   酸碱理论

酸和碱是生活实际、生产实践和科学实验中最重要的两类物质。酸碱反应是一类极重要的化学反应,溶液中许多其余类型的化学反应,如沉淀反应、氧化还原反应、配位反应等,均需在一定的酸碱条件下才能顺利进行。研究溶液中酸碱平衡的规律,对化学、生物学、医学、食品营养科学、土壤科学及生产实践具有重要的意义。本节将以酸碱质子理论为基础,讨论各类酸碱溶液 pH 的计算;溶液 pH 对弱酸、弱碱各种型体分布的影响;缓冲溶液的性质、组成和应用;常见酸碱滴定的方法及其应用。

人们对于酸碱的认识是从实际观察中开始的。如酸有酸味,使石蕊变红等;碱有涩味,使石蕊变蓝,并且能与酸中和等。根据阿伦尼乌斯的酸碱电离理论:凡是在水溶液中能解离生成的正离子全部是 H^+ 的物质叫酸;所生成的负离子全部是 OH^- 的物质叫碱。此理论简单明了,至今仍有应用。但其局限性也很明显,它把酸和碱局限于水溶液中,比如 HCl 气体具有酸性,NH_3 气体具有碱性,它们不仅在水溶液中能生成 NH_4Cl,就是在气体状态下或在苯溶液中,也同样会生成 NH_4Cl。再比如氨水呈碱性,却并不存在 NH_4OH 分子等。为了能解释除水溶剂以外,在其他能解离的溶剂(如液态 NH_3、冰 HAc 等)中进行的酸碱反应,1905 年,富兰克林(Franklin E C)提出了酸碱的溶剂理论。1923 年布朗斯特(Bronsted J N)和劳里(Lowry T M)各自独立地提出了酸碱质子理论,几乎同时,路易斯(Lewis G N)提出了酸碱电子理论。为了解决路易斯酸碱反应方向等问题,1963 年皮尔逊(Pearson R G)根据路易斯酸碱之间授受电子对的难易程度,又提出了所谓"软硬酸碱"的概念。这些都是酸碱理论发展史中的组成部分。

4.2.1   酸碱质子理论

酸碱质子理论认为:凡能给出质子的物质是酸,凡能接受质子的物质是碱。可用简式表示:

$$酸 \Longrightarrow 碱 + 质子$$

例如
$$HCl \Longrightarrow Cl^- + H^+$$
$$HAc \Longrightarrow Ac^- + H^+$$
$$NH_4^+ \Longrightarrow NH_3 + H^+$$
$$[Fe(H_2O)_6]^{3+} \Longrightarrow [Fe(H_2O)_5(OH)]^{2+} + H^+$$
$$H_3PO_4 \Longrightarrow H_2PO_4^- + H^+$$
$$H_2PO_4^- \Longrightarrow HPO_4^{2-} + H^+$$

由上述例子可见,酸碱可以是中性分子、正离子或负离子。酸与其释放 H^+ 后形成的相应碱为共轭酸碱对(conjugated pair of acid-base),如 HCl 和 Cl^-,NH_4^+ 和 NH_3,以

及 $H_2PO_4^-$ 和 HPO_4^{2-} 均互为共轭酸碱对。在 H_3PO_4-$H_2PO_4^-$ 共轭系统中，$H_2PO_4^-$ 是碱，在 $H_2PO_4^-$-HPO_4^{2-} 共轭系统中，$H_2PO_4^-$ 是酸，这种既能给出质子也能接受质子的物质称为两性物质（amphoteric compound）。上述各个共轭酸碱对的质子得失反应，称为酸碱半反应。质子理论认为，酸碱反应的实质是质子的转移（得失）。为了实现酸碱反应，如为了使 HAc 转化为 Ac^-，它给出的质子必须被同时存在的另一物质（碱）接受才行。也就是说，酸碱反应实际上是两个共轭酸碱对共同作用的结果。如 HAc 在水溶液中的解离，由下面两个平衡组成：

$$HAc \rightleftharpoons H^+ + Ac^-$$
$$\text{酸}_1 \qquad\qquad \text{碱}_1$$

$$H_2O + H^+ \rightleftharpoons H_3O^+$$
$$\text{碱}_2 \qquad\qquad \text{酸}_2$$

总反应为
$$HAc + H_2O \rightleftharpoons H_3O^+ + Ac^-$$
$$\text{酸}_1 \quad \text{碱}_2 \qquad \text{酸}_2 \quad \text{碱}_1$$

如果没有作为碱的溶剂水的存在，HAc 就无法实现其在水中的解离。同样，碱在水溶液中接受质子的过程，也必须有溶剂水的参加。例如，NH_3 溶于水：

$$NH_3 + H_2O \rightleftharpoons OH^- + NH_4^+$$
$$\text{碱}_1 \quad \text{酸}_2 \qquad \text{碱}_2 \quad \text{酸}_1$$

同样是两个共轭酸碱对相互作用而达到平衡，其中，溶剂水起了酸的作用。

从质子理论来看，任何酸碱反应都是两个共轭酸碱对之间的质子传递反应。即

$$\text{酸}_1 + \text{碱}_2 \rightleftharpoons \text{碱}_1 + \text{酸}_2$$
$$\underset{}{\overset{}{\vert\ H^+\ \uparrow}}$$

而质子的传递，并不要求反应必须在水溶液中进行，也不要求先生成质子再加到碱上去，只要质子能从一种物质传递到另一种物质上就可以了。因此，酸碱反应可以在非水溶剂、无溶剂等条件下进行。比如 HCl 和 NH_3 的反应，无论是在水溶液中，还是在气相或苯溶液中，其实质都是一样的，都是 H^+ 转移反应：

$$HCl + NH_3 \rightleftharpoons NH_4^+ + Cl^-$$
$$\underset{}{\vert\ H^+\ \uparrow}$$

质子理论大大扩大了酸碱的概念和应用范围，并把水溶液和非水溶液统一起来。同时盐的概念需要重新认识，许多盐类，如 NH_4Cl 中的 NH_4^+ 是酸，而 NaAc 中的 Ac^- 是碱，盐的"水解"其实就是组成它的酸或碱与溶剂水分子间的质子传递过程。根据质子理论，电离理论中所有的酸、碱、盐的离子平衡，都可归结为质子传递反应。例如：

HAc 的解离反应　　　　　$HAc + H_2O \rightleftharpoons H_3O^+ + Ac^-$

HAc 与 NaOH 的中和反应　$HAc + OH^- \rightleftharpoons H_2O + Ac^-$

NaAc 的水解反应　　　　　$H_2O + Ac^- \rightleftharpoons HAc + OH^-$

在酸碱反应过程（即质子传递的过程）中，必然存在着争夺质子的竞争，其结果必然是强碱夺取强酸放出的质子而转化为它的共轭酸——弱酸，强酸放出质子后，转变为它的共轭碱——弱碱。酸碱反应总是由较强的酸与较强的碱作用，向着生成较弱的酸和较弱的碱的方向进行。相互作用的酸、碱越强，反应进行得越完全。

4.2.2 酸碱的相对强弱

1. 水的解离平衡与离子积常数

酸碱强弱不仅取决于酸碱本身释放质子和接受质子的能力,同时也取决于溶剂接受和释放质子的能力,因此,要比较各种酸碱的强度,必须选定同一种溶剂,水是最常用的溶剂。

作为溶剂的纯水,其分子与分子之间也有质子的传递:

$$H_2O + H_2O \Longrightarrow H_3O^+ + OH^-$$

其中一个水分子放出质子作为酸,另一个水分子接受质子作为碱,形成 H_3O^+ 和 OH^-,这种溶剂分子之间存在的质子传递反应称为溶剂自递平衡。对水而言,反应的平衡常数称为水的质子自递常数。以 $K_w^\ominus$ 表示。

$$K_w^\ominus \Longrightarrow [c(H_3O^+)/c^\ominus] \cdot [c(OH^-)/c^\ominus] \tag{4-1}$$

$c^\ominus$ 为标准态浓度($1\ mol \cdot L^{-1}$),为简便起见,本书在平衡常数表示式中常省去 $c^\ominus$,故式(4-1)可简写为

$$K_w^\ominus \Longrightarrow c(H_3O^+) \cdot c(OH^-)$$

$K_w^\ominus$ 也称水的离子积常数(ionization produce of water)。实验测得在室温(22~25 ℃)时纯水中:

$$c(H_3O^+) = c(OH^-) = 1.0 \times 10^{-7}\ mol \cdot L^{-1}$$

则 $$K_w^\ominus = 1.0 \times 10^{-14} \qquad pK_w^\ominus = 14.00$$

$K_w^\ominus$ 随温度升高而变大,但变化不明显。为了方便,一般在室温时可采用 $K_w^\ominus = 1.0 \times 10^{-14}$。

溶液中 H^+ 或 OH^- 浓度的改变能引起水的解离平衡的移动,但 $K_w^\ominus = c(H_3O^+) \cdot c(OH^-)$ 保持不变。

2. 弱酸弱碱的解离平衡及相对大小

在水溶液中,可以通过比较质子转移反应中平衡常数的大小,来比较酸碱的相对强弱。平衡常数越大,酸碱的强度也越大。酸的平衡常数用 $K_a^\ominus$ 表示,称为酸的解离常数,也叫酸常数,$K_a^\ominus$ 越大,酸的强度越大。碱的平衡常数用 $K_b^\ominus$ 表示,称为碱的解离常数,也叫碱常数,$K_b^\ominus$ 越大,碱的强度越大。如 HAc,NH_4^+,HS^- 三种酸与 H_2O 的反应及相应的 $K_a^\ominus$ 值如下:

(1) $$HAc + H_2O \Longrightarrow H_3O^+ + Ac^-$$

$$K_a^\ominus = \frac{c(H_3O^+) \cdot c(Ac^-)}{c(HAc)} = 1.8 \times 10^{-5}$$

(2) $$NH_4^+ + H_2O \Longrightarrow H_3O^+ + NH_3$$

$$K_a^\ominus = \frac{c(H_3O^+) \cdot c(NH_3)}{c(NH_4^+)} = 5.8 \times 10^{-10}$$

(3) $$HS^- + H_2O \Longrightarrow H_3O^+ + S^{2-}$$

$$K_a^\ominus = \frac{c(H_3O^+) \cdot c(S^{2-})}{c(HS^-)} = 1.26 \times 10^{-13}$$

$K_a^{\ominus}$ 值越大、酸性越强,这三种酸的强弱顺序为:$HAc > NH_4^+ > HS^-$。

又如 HAc,NH_4^+,HS^- 的共轭碱分别为 Ac^-,NH_3,S^{2-},它们与 H_2O 的反应及相应的 $K_b^{\ominus}$ 值如下:

(1) $$Ac^- + H_2O \rightleftharpoons OH^- + HAc$$

$$K_b^{\ominus} = \frac{c(HAc) \cdot c(OH^-)}{c(Ac^-)} = 5.6 \times 10^{-10}$$

(2) $$NH_3 + H_2O \rightleftharpoons OH^- + NH_4^+$$

$$K_b^{\ominus} = \frac{c(NH_4^+) \cdot c(OH^-)}{c(NH_3)} = 1.7 \times 10^{-5}$$

(3) $$S^{2-} + H_2O \rightleftharpoons HS^- + OH^-$$

$$K_b^{\ominus} = \frac{c(HS^-) \cdot c(OH^-)}{c(S^{2-})} = 7.7 \times 10^{-2}$$

由 $K_b^{\ominus}$ 的大小,可知这三种碱的强弱顺序为 $S^{2-} > NH_3 > Ac^-$。

质子酸的酸性越强,$K_a^{\ominus}$ 越大,则其相应的共轭碱的碱性越弱,$K_b^{\ominus}$ 值越小。共轭酸碱对的 $K_a^{\ominus}$ 和 $K_b^{\ominus}$ 之间有确定的关系。例如,共轭酸碱对 HAc-Ac^- 的 $K_a^{\ominus}$ 和 $K_b^{\ominus}$ 为

$$K_a^{\ominus} = \frac{c(H_3O^+) \cdot c(Ac^-)}{c(HAc)} \qquad K_b^{\ominus} = \frac{c(HAc) \cdot c(OH^-)}{c(Ac^-)}$$

$$K_a^{\ominus} \times K_b^{\ominus} = \frac{c(H_3O^+) \cdot c(Ac^-)}{c(HAc)} \times \frac{c(HAc) \cdot c(OH^-)}{c(Ac^-)} = c(H_3O^+) \cdot c(OH^-)$$

因此在水溶液中共轭酸碱对的 $K_a^{\ominus}$ 和 $K_b^{\ominus}$ 的关系如下:

$$K_a^{\ominus} \times K_b^{\ominus} = K_w^{\ominus} \qquad\qquad (4-2)$$

因此,只要知道了酸或碱的解离常数,其相应的共轭碱或共轭酸的解离常数就可以通过式(4-2)求得。一些常用的弱酸、弱碱在水溶液中的解离常数见附录Ⅳ。

HCl,$HClO_4$ 等是强酸,在水溶液中能把质子几乎全部转移给水分子,例如:

$$HCl + H_2O \rightleftharpoons H_3O^+ + Cl^-$$

反应强烈地向生成 H_3O^+ 的方向进行,测得反应的平衡常数 $K^{\ominus} \approx 10^8$,在水溶液中几乎没有 HCl 分子形式存在。Cl^- 是 HCl 的共轭碱,它几乎没有夺取质子的能力,其 $K_b^{\ominus}$ 值小到难以测定,因此,是一种极弱的碱。

多元弱酸、弱碱在水溶液中是逐级解离的。如磷酸 H_3PO_4,它是三元酸中的强酸,在水溶液中存在如下平衡:

$$H_3PO_4 + H_2O \rightleftharpoons H_3O^+ + H_2PO_4^- \qquad K_{a_1}^{\ominus} = \frac{c(H^+) \cdot c(H_2PO_4^-)}{c(H_3PO_4)} = 7.5 \times 10^{-3}$$

$$H_2PO_4^- + H_2O \rightleftharpoons H_3O^+ + HPO_4^{2-} \qquad K_{a_2}^{\ominus} = \frac{c(H^+) \cdot c(HPO_4^{2-})}{c(H_2PO_4^-)} = 6.3 \times 10^{-8}$$

$$HPO_4^{2-} + H_2O \rightleftharpoons H_3O^+ + PO_4^{3-} \qquad K_{a_3}^{\ominus} = \frac{c(H^+) \cdot c(PO_4^{3-})}{c(HPO_4^{2-})} = 4.3 \times 10^{-13}$$

磷酸各级共轭碱的解离常数分别为

$$PO_4^{3-} + H_2O \rightleftharpoons OH^- + HPO_4^{2-} \qquad K_{b_1}^{\ominus} = \frac{c(OH^-) \cdot c(HPO_4^{2-})}{c(PO_4^{3-})} = 2.3 \times 10^{-2}$$

$$HPO_4^{2-} + H_2O \rightleftharpoons OH^- + H_2PO_4^- \qquad K_{b_2}^{\ominus} = \frac{c(OH^-) \cdot c(H_2PO_4^-)}{c(HPO_4^{2-})} = 1.6 \times 10^{-7}$$

$$H_2PO_4^- + H_2O \rightleftharpoons OH^- + H_3PO_4 \qquad K_{b_3}^{\ominus} = \frac{c(OH^-) \cdot c(H_3PO_4)}{c(H_2PO_4^-)} = 1.3 \times 10^{-12}$$

碱强度大小为：$PO_4^{3-} > HPO_4^{2-} > H_2PO_4^-$。

总之,共轭酸碱对中酸的解离常数和它对应共轭碱的解离常数,两者的乘积等于水的离子积常数。注意,三元弱酸的解离常数最大的 $K_{a_1}^{\ominus}$,其共轭碱是解离常数最小的 $K_{b_3}^{\ominus}$;而最小的 $K_{a_3}^{\ominus}$,其共轭碱是最大的 $K_{b_1}^{\ominus}$。

例 4-1 已知 H_3PO_4 $K_{a_1}^{\ominus} = 7.5 \times 10^{-3}$,求其共轭碱 $K_{b_3}^{\ominus}$。并判断 NaH_2PO_4 水溶液是呈酸性还是呈碱性。

解：H_3PO_4 的共轭碱是 $H_2PO_4^-$,它们的共轭关系为

$$K_{a_1}^{\ominus} \times K_{b_3}^{\ominus} = K_w^{\ominus}$$

$$K_{b_3}^{\ominus} = K_w^{\ominus}/K_{a_1}^{\ominus} = \frac{1.0 \times 10^{-14}}{7.5 \times 10^{-3}} = 1.3 \times 10^{-12}$$

按酸碱质子理论,$H_2PO_4^-$ 属酸碱两性物质,它在水溶液中存在以下平衡：

酸式解离 $\qquad\qquad H_2PO_4^- + H_2O \rightleftharpoons H_3O^+ + HPO_4^{2-} \qquad K_{a_2}^{\ominus} = 6.3 \times 10^{-8}$

碱式解离 $\qquad\qquad H_2PO_4^- + H_2O \rightleftharpoons OH^- + H_3PO_4 \qquad K_{b_3}^{\ominus} = 1.3 \times 10^{-12}$

由于 $H_2PO_4^-$ 的 $K_{a_2}^{\ominus} > K_{b_3}^{\ominus}$,说明在水溶液中 $H_2PO_4^-$ 给出质子的能力大于得到质子的能力,因此溶液显酸性。

3. 解离度和稀释定律

解离度 α 及弱酸、弱碱的酸常数 $K_a^{\ominus}$、碱常数 $K_b^{\ominus}$,都表示弱酸、弱碱与 H_2O 分子之间质子传递的程度,但二者是有区别的。$K_a^{\ominus}$,$K_b^{\ominus}$ 是弱电解质溶液的一种解离平衡常数,平衡常数不受浓度影响;而且,由于弱酸、弱碱与 H_2O 分子之间质子传递反应的热效应不大,因此,温度对其影响也不大。而解离度 α 是化学平衡中的转化率在弱电解质解离平衡中的一种表现形式,因此,浓度对其有影响。浓度越稀,其解离度越大。所以弱酸、弱碱的解离常数 $K_a^{\ominus}$,$K_b^{\ominus}$ 比解离度 α 能更好地表明弱酸、弱碱的相对强弱。

解离度 α 与弱酸、弱碱的解离常数之间有一定的关系。如果弱电解质 AB 溶液的起始浓度为 c_0,解离度为 α：

$$AB \rightleftharpoons A^+ + B^-$$

起始浓度/($mol \cdot L^{-1}$) $\qquad\qquad c_0 \qquad\quad 0 \qquad 0$

平衡浓度/($mol \cdot L^{-1}$) $\qquad\qquad c_0 - c_0\alpha \quad c_0\alpha \quad c_0\alpha$

$$K_i^{\ominus} = \frac{c_A \cdot c_B}{c_{AB}} = \frac{(c_0\alpha)^2}{c_0 - c_0\alpha} = \frac{c_0\alpha^2}{1-\alpha}$$

当弱电解质的 $\alpha < 5\%$ 时,$1 - \alpha \approx 1$,于是可用以下近似关系式表示：

$$\alpha = \sqrt{\frac{K}{c_0}} \qquad\qquad\qquad (4-3)$$

这个关系式成立的前提是，c_0 不是很小，α 不是很大。它表明了弱电解质的解离常数、解离度和溶液浓度三者之间的关系，称为稀释定律。

例 4-2 氨水是一弱碱，当氨水浓度为 $0.200 \text{ mol} \cdot \text{L}^{-1}$ 时，$NH_3 \cdot H_2O$ 的解离度 α 为 0.946%，问当浓度为 $0.100 \text{ mol} \cdot \text{L}^{-1}$ 时，$NH_3 \cdot H_2O$ 时解离度 α 为多少？

解: 因为解离度 $\alpha < 5\%$，所以可以用式(4-3)计算，即 $c_1\alpha_1^2 = c_2\alpha_2^2 = K_b^{\ominus}$

故
$$\alpha_2 = \sqrt{\frac{c_1\alpha_1^2}{c_2}} = \sqrt{\frac{0.200 \times (0.009\ 46)^2}{0.100}} = 0.013\ 4 = 1.34\%$$

由此可见，浓度减小一半，解离度从 0.946% 增加到 1.34%。

*4.2.3 酸碱电子理论

酸碱质子理论的核心在于分子或离子间的质子转移，显然无法对不涉及质子转移但却具有酸碱特征的反应做出解释。因此在酸碱质子理论提出的同时，1923 年美国化学家路易斯(Lewis G N)提出了酸碱电子理论。该理论认为:酸是电子对的接受体(electron pair acceptor)，是任何可以接受外来电子对的分子或离子(具有可以接受电子对的空轨道);碱是电子对的给予休(electron pair donor)，是可以给出电子对的分子或离子。这样定义的酸和碱常称为路易斯酸和路易斯碱。

酸碱之间以共价配位健相结合，生成酸碱配合物，并不发生电子转移。

可用公式表示为

$$\text{A} \quad + \quad :\text{B} \Longrightarrow \text{A}:\text{B}$$
$$\text{路易斯酸} \qquad \text{路易斯碱} \qquad \text{酸碱加合物}$$

下列反应都为路易斯酸碱反应:

(1) $$H^+ + :OH^- \Longrightarrow H_2O$$

(2) $$HNO_3 + :NR_3(\text{胺}) \Longrightarrow [R_3NH]^+NO_3^-$$

(3) $$Fe + 5:CO \Longrightarrow Fe(CO)_5$$

(4) $$BF_3 + HF: \Longrightarrow HBF_4$$

(5) $$Ag^+ + 2:NH_3 \Longrightarrow [Ag(NH_3)_2]^+$$

(6) $$SO_3 + CaO: \Longrightarrow CaSO_4$$

反应(1)和(2)中，OH^- 和 NR_3 都能提供一对电子给质子，所以是路易斯碱，它们都能接受质子;根据酸碱质子理论也可以定义为碱。因此酸碱质子理论是酸碱电子理论的一种特例。但路易斯将酸的概念扩大了，能接受电子对的物质不仅仅是质子，也可以是原子、金属离子、中性分子等。反应(3)中，Fe 具有空轨道，能接受 :CO 提供的孤电子对;反应(4)中，B 具有空轨道，能接受 :F$^-$ 提供的孤电子对;反应(5)中，Ag^+ 具有空轨道，能接受 :NH$_3$ 提供的孤电子对;反应(6)中，SO_3 中的 S 能提供空轨道，接受 CaO 中 O 提供的孤电子对，因此它们都是路易斯酸。

又如硼酸 H_3BO_3，在水中并不是给出它自身的质子，而是 B(有空轨道)接受了 H_2O 中 O 提供的孤电子对，形成了 $[B(OH)_4]^-$，因此 H_3BO_3 不是质子酸而是路易斯酸:

$$\underset{\substack{|\\OH}}{\overset{\substack{OH\\|}}{HO-B}} (aq) \; + \; :\!\underset{\substack{|\\H}}{\overset{H}{O}} \; (l) \; \Longrightarrow \; \left[\underset{\substack{|\\OH}}{\overset{\substack{OH\\|}}{HO-B}}\!\leftarrow OH\right]^{-} (aq) + H^{+}(aq)$$

通过以上几例简单讨论,说明酸碱电子理论更加扩大了酸碱的范围,也被称为广义的酸碱理论。由于在化合物中配位键普遍存在,因此,无论在固态、液态、气态或溶液中,大多数无机化合物都可以看作是路易斯酸碱的加合物。许多有机化合物也可以解析为酸和碱两个部分,如乙酸乙酯($CH_3COOC_2H_5$),可解析为酸(CH_3-C^+-O)和碱($C_2H_5O^-$)。

在有机反应中,路易斯酸是缺电子的,它易于向反应物的电子云密的部位进攻,所以路易斯酸是一种亲电试剂。路易斯碱是富电子的,它要向反应物的电子云稀的部位进攻,所以路易斯碱是亲核试剂。

酸碱电子理论也有不足之处,主要是路易斯酸碱的强度没有统一的标准。例如,OH^-和NH_3都是路易斯碱,在和质子反应时,碱性$NH_3 < OH^-$;但和Ag^+反应时,$AgOH$在液氨中全部解离,而$[Ag(NH_3)_2]^+$稳定存在,则碱性$NH_3 > OH^-$。因此不能简单地比较酸碱的强弱,而要依据具体的反应来判断。为了弥补这一缺陷,皮尔逊等人提出了"硬软酸碱规则"(rule of hard and soft acids and bases)。总之,人们对酸碱的认识是在不断地深入之中。

4.2.4　溶液酸度的计算

1. 质子平衡式

酸(碱)水溶液是一多重平衡系统,各物种平衡浓度间的数量关系复杂。按照酸碱质子理论,酸碱反应的实质是质子的转移。当反应达到平衡时,碱所得质子的量等于酸失去质子的量,其数学表达式称为质子平衡式(proton balance equation),用 PBE表示。常利用质子平衡式来处理酸碱平衡时溶液酸度的计算。

通常选择在溶液中大量存在并参与质子传递的物质,如溶剂和溶质本身,作为得失质子的参照物,这些物质称为参考水准(reference level)。从参考水准出发,根据得失质子的物质的量相等的原则,即可写出 PBE。

例如,$Na_2C_2O_4$ 水溶液中,大量存在并参与质子传递的物质是 H_2O 和 $C_2O_4^{2-}$,故选择两者为参考水准,其质子传递情况是

$$H_3O^+ \xleftarrow{+H^+} H_2O \xrightarrow{-H^+} OH^-$$

$$HC_2O_4^- \xleftarrow{+H^+} C_2O_4^{2-}$$

$$H_2C_2O_4 \xleftarrow{+2H^+} C_2O_4^{2-}$$

得质子产物　失质子产物

所以 $Na_2C_2O_4$ 水溶液的质子平衡式是

$$c(H^+) + c(HC_2O_4^-) + 2c(H_2C_2O_4) = c(OH^-)$$

其中 $H_2C_2O_4$ 是得两个质子的产物,所以在浓度前乘以 2。

根据 PBE 可求得溶液中 H_3O^+ 浓度和有关组分浓度之间的关系式,用于处理酸碱

平衡中的有关计算。

2. 一元弱酸(碱)溶液酸度的计算

一元弱酸 HA,在水溶液中存在下列的解离平衡:

$$HA+H_2O \rightleftharpoons H_3O^+ + A^-$$

还有水本身的自解离平衡:

$$H_2O+H_2O \rightleftharpoons H_3O^+ + OH^-$$

因此,一元弱酸 HA 的 PBE 为 $\qquad c(H^+) = c(A^-) + c(OH^-)$

由平衡常数式可得 $\qquad c(A^-) = \dfrac{K_a^\ominus \cdot c(HA)}{c(H^+)} \qquad c(OH^-) = \dfrac{K_w^\ominus}{c(H^+)}$

代入 PBE 中得 $\qquad c(H^+) = \dfrac{K_a^\ominus \cdot c(HA)}{c(H^+)} + \dfrac{K_w^\ominus}{c(H^+)}$

或 $\qquad c(H^+) = \sqrt{K_a^\ominus \cdot c(HA) + K_w^\ominus} \qquad\qquad (4-4)$

当 $c(HA) \cdot K_a^\ominus \geqslant 20K_w^\ominus$ 时,$K_w^\ominus$ 可忽略,水解离所产生的 H^+ 可以忽略。因此由式 (4-4)得

$$c(H^+) = \sqrt{K_a^\ominus \cdot c(HA)} \qquad\qquad (4-5)$$

浓度为 c_a 的弱酸 HA 溶液的平衡浓度为

$$c(HA) = c_a - c(H^+)$$

代入式(4-5),可得

$$c(H^+) = \sqrt{K_a^\ominus \cdot [c_a - c(H^+)]} \qquad\qquad (4-6)$$

整理得 $\qquad c(H^+) = \dfrac{-K_a^\ominus + \sqrt{(K_a^\ominus)^2 + 4K_a^\ominus \cdot c_a}}{2} \qquad\qquad (4-7)$

这是计算一元弱酸水溶液酸度的近似式。当 $c_a \cdot K_a^\ominus \geqslant 20K_w^\ominus$,且 $c_a / K_a^\ominus \geqslant 500$ 时,可认为 $c_a - c(H^+) \approx c_a$,由式(4-6)可得

$$c(H^+) = \sqrt{c_a \cdot K_a^\ominus} \qquad\qquad (4-8)$$

这是计算一元弱酸水溶液酸度的最简式,此时计算结果的相对误差为 2%~3%。

当 $c_a \cdot K_a^\ominus < 20K_w^\ominus$,但 $c_a / K_a^\ominus \geqslant 500$ 时,则水的解离不可忽略,但 $c_a - c(H^+) \approx c_a$ 得

$$c(H^+) = \sqrt{c_a \cdot K_a^\ominus + K_w^\ominus} \qquad\qquad (4-9)$$

例 4-3 计算 $0.10\ mol \cdot L^{-1}$ HAc 溶液的 pH 和解离度。已知 $K_a^\ominus = 1.8 \times 10^{-5}$。

解:$c_a \cdot K_a^\ominus \geqslant 20K_w^\ominus$,且 $c_a / K_a^\ominus \geqslant 500$

所以可用最简式(4-8)求算:

$$c(H^+) = \sqrt{c_a \cdot K_a^\ominus} = \sqrt{0.10 \times 1.8 \times 10^{-5}}\ mol \cdot L^{-1} = 1.3 \times 10^{-3}\ mol \cdot L^{-1}$$

$$pH = 2.89$$

$$\alpha = \frac{c(H^+)}{c_a} \times 100\% = \frac{1.3 \times 10^{-3}}{0.10} \times 100\% = 1.3\%$$

例 4-4 计算 $0.10\ mol \cdot L^{-1}$ CHCl$_2$COOH(二氯代乙酸)溶液的 pH。

解:已知 $c_a = 0.10\ mol \cdot L^{-1}$,$K_a^\ominus = 5.0 \times 10^{-2}$

$c_a \cdot K_a^\ominus > 20K_w^\ominus$,但 $c_a/K_a^\ominus < 500$,用近似式(4-6)求算:

$$c(H^+) = \frac{-K_a^\ominus + \sqrt{(K_a^\ominus)^2 + 4K_a^\ominus \cdot c_a}}{2}$$

$$= \frac{-5.0 \times 10^{-2} + \sqrt{(5.0 \times 10^{-2})^2 + 4 \times 5.0 \times 10^{-2} \times 0.10}}{2} \text{ mol} \cdot L^{-1} = 0.050 \text{ mol} \cdot L^{-1}$$

$$pH = 1.30$$

例 4-5 计算 $0.050 \text{ mol} \cdot L^{-1}$ NH_4Cl 溶液的 pH。

解:NH_4^+ 是 NH_3 的共轭酸。已知 NH_3 的 $K_b^\ominus = 1.8 \times 10^{-5}$,

则

$$K_a^\ominus = K_w^\ominus/K_b^\ominus = \frac{1.0 \times 10^{-14}}{1.8 \times 10^{-5}} = 5.6 \times 10^{-10}$$

由于 $c_a \cdot K_a^\ominus \geqslant 20K_w^\ominus$,且 $c_a/K_a^\ominus \geqslant 500$,可用最简式计算,得

$$c(H^+) = \sqrt{K_a^\ominus \cdot c_a} = \sqrt{5.6 \times 10^{-10} \times 0.050} \text{ mol} \cdot L^{-1} = 5.29 \times 10^{-6} \text{ mol} \cdot L^{-1}$$

$$pH = 5.28$$

对于一元弱碱,处理的方法与一元弱酸类似。只需将以上有关公式中的 $K_a^\ominus$ 换成 $K_b^\ominus$,$c(H^+)$ 换成 $c(OH^-)$ 即可。例如,浓度为 c_b 的弱碱溶液的近似式为

$$c(OH^-) = \frac{-K_b^\ominus + \sqrt{(K_b^\ominus)^2 + 4K_b^\ominus \cdot c_b}}{2} \tag{4-10}$$

最简式为

$$c(OH^-) = \sqrt{c_b \cdot K_b^\ominus} \tag{4-11}$$

例 4-6 计算 $0.10 \text{ mol} \cdot L^{-1}$ 氨水溶液的 pH。

解:已知 $c_b = 0.10 \text{ mol} \cdot L^{-1}$,$K_b^\ominus = 1.8 \times 10^{-5}$,由于 $c_b \cdot K_b^\ominus \geqslant 20K_w^\ominus$,且 $c_b/K_b^\ominus \geqslant 500$,故可采用最简式计算,可得

$$c(OH^-) = \sqrt{c_b \cdot K_b^\ominus} = \sqrt{0.10 \times 1.8 \times 10^{-5}} \text{ mol} \cdot L^{-1} = 1.3 \times 10^{-3} \text{ mol} \cdot L^{-1}$$

$$pOH = 2.89$$

$$pH = 14.00 - 2.89 = 11.11$$

例 4-7 计算 $0.10 \text{ mol} \cdot L^{-1}$ NaAc 溶液的 pH。

解:Ac^- 是 HAc 的共轭碱。由 HAc 的 $K_a^\ominus = 1.8 \times 10^{-5}$ 可得

$$Ac^- \text{ 的 } K_b^\ominus = K_w^\ominus/K_a^\ominus = \frac{1.0 \times 10^{-14}}{1.8 \times 10^{-5}} = 5.6 \times 10^{-10}$$

由于 $c_b \cdot K_b^\ominus \geqslant 20K_w^\ominus$,且 $c_b/K_b^\ominus \geqslant 500$,故可采用最简式计算。

$$c(OH^-) = \sqrt{c_b \cdot K_b^\ominus} = \sqrt{0.10 \times 5.6 \times 10^{-10}} \text{ mol} \cdot L^{-1} = 7.5 \times 10^{-6} \text{ mol} \cdot L^{-1}$$

$$pOH = 5.12$$

$$pH = 14.00 - 5.12 = 8.88$$

3. 多元弱酸(碱)溶液酸度的计算

多元弱酸(碱)是分步解离的。一般说来,多元弱酸各级解离常数 $K_{a_1}^\ominus > K_{a_2}^\ominus > \cdots > K_{a_n}^\ominus$。如果 $K_{a_1}^\ominus/K_{a_2}^\ominus > 10^{1.6}$,可以认为溶液中的 H_3O^+ 主要由第一级解离生成,可忽略其他各级解离。因此可按一元弱酸处理。多元弱碱也可以同样处理。

例 4-8 计算 $0.10 \text{ mol} \cdot L^{-1}$ $H_2C_2O_4$ 溶液的 pH。

解：$H_2C_2O_4$ 的 $K_{a_1}^{\ominus} = 5.4 \times 10^{-2}$，$K_{a_2}^{\ominus} = 6.4 \times 10^{-5}$，$K_{a_1}^{\ominus} \gg K_{a_2}^{\ominus}$，可按一元弱酸处理。

又 $c_a \cdot K_a^{\ominus} \geqslant 20 K_w^{\ominus}$，且 $c_a / K_a^{\ominus} < 500$，采用近似式：

$$c(H^+) = \frac{-K_{a_1}^{\ominus} + \sqrt{(K_{a_1}^{\ominus})^2 + 4K_{a_1}^{\ominus} \cdot c}}{2}$$

$$= \frac{-5.4 \times 10^{-2} + \sqrt{(5.4 \times 10^{-2})^2 + 4 \times 5.4 \times 10^{-2} \times 0.10}}{2} \ mol \cdot L^{-1} = 5.1 \times 10^{-2} \ mol \cdot L^{-1}$$

$$pH = 1.29$$

例 4-9 计算 $0.10 \ mol \cdot L^{-1}$ Na_2CO_3 溶液的 pH。

解：Na_2CO_3 溶液是二元碱：

$$K_{b_1}^{\ominus} = K_w^{\ominus} / K_{a_2}^{\ominus} = \frac{1.0 \times 10^{-14}}{5.62 \times 10^{-11}} = 1.8 \times 10^{-4}$$

$$K_{b_2}^{\ominus} = K_w^{\ominus} / K_{a_1}^{\ominus} = \frac{1.0 \times 10^{-14}}{4.17 \times 10^{-7}} = 2.4 \times 10^{-8}$$

由于 $c_b \cdot K_{b_1}^{\ominus} \geqslant 20 K_w^{\ominus}$，且 $c_b / K_{b_1}^{\ominus} \geqslant 500$，故可采用最简式算：

$$c(OH^-) = \sqrt{c_b K_{b_1}^{\ominus}} = \sqrt{0.10 \times 1.8 \times 10^{-4}} \ mol \cdot L^{-1} = 4.2 \times 10^{-3} \ mol \cdot L^{-1}$$

$$pOH = 2.38$$

$$pH = 14.00 - 2.38 = 11.62$$

4. 两性物质溶液

对于那些既能给质子，又能得质子的两性物质，如酸式盐（$NaHCO_3$、NaH_2PO_4）和弱酸弱碱盐（NH_4Ac）及氨基酸等，其酸碱平衡较为复杂，应根据具体情况，针对溶液中的主要平衡进行处理。

（1）酸式盐

以二元弱酸的酸式盐 NaHA 为例，H_2A 的解离常数为 $K_{a_1}^{\ominus}$ 和 $K_{a_2}^{\ominus}$，在水溶液中存在下列平衡：

$$HA^- + H_2O \rightleftharpoons H_2A + OH^-$$

$$HA^- + H_2O \rightleftharpoons H_3O^+ + A^{2-}$$

$$H_2O + H_2O \rightleftharpoons H_3O^+ + OH^-$$

其 PBE 为

$$c(H_3O^+) + c(H_2A) = c(A^{2-}) + c(OH^-)$$

根据有关平衡常数式，可得

$$c(H^+) + \frac{c(H^+) \cdot c(HA^-)}{K_{a_1}^{\ominus}} = \frac{K_{a_2}^{\ominus} \cdot c(HA^-)}{c(H^+)} + \frac{K_w^{\ominus}}{c(H^+)}$$

经整理得

$$c(H^+) = \sqrt{\frac{K_{a_1}^{\ominus}[K_{a_2}^{\ominus} \cdot c(HA^-) + K_w^{\ominus}]}{K_{a_1}^{\ominus} + c(HA^-)}}$$

一般 NaHA 溶液的浓度 c 较大，而其 $K_{a_2}^{\ominus}$ 和 $K_{b_2}^{\ominus}$ 都较小，说明它得失质子能力较弱，可认为 $c(HA^-) \approx c$，得

$$c(H^+) = \sqrt{\frac{K_{a_1}^{\ominus}(K_{a_2}^{\ominus} \cdot c + K_w^{\ominus})}{K_{a_1}^{\ominus} + c}} \tag{4-12}$$

① 若 $c \cdot K_{a_2}^{\ominus} \geqslant 20 K_w^{\ominus}$,则 $K_w^{\ominus}$ 可忽略,可得到计算多元酸的酸式盐 H^+ 浓度的近似公式:

$$c(H^+) = \sqrt{\frac{K_{a_1}^{\ominus} K_{a_2}^{\ominus} \cdot c}{K_{a_1}^{\ominus} + c}} \tag{4-13}$$

② 当 $c \cdot K_{a_2}^{\ominus} \geqslant 20 K_w^{\ominus}$,$c > 20 K_{a_1}^{\ominus}$,则 $K_{a_1}^{\ominus} + c \approx c$,得到最简式:

$$c(H^+) = \sqrt{K_{a_1}^{\ominus} K_{a_2}^{\ominus}} \tag{4-14}$$

对于其他多元酸的酸式盐,可按类似方法进行处理。例如,计算 NaH_2PO_4 和 Na_2HPO_4 溶液中 H^+ 浓度的最简式如下:

NaH_2PO_4 溶液: $\qquad\qquad c(H^+) = \sqrt{K_{a_1}^{\ominus} K_{a_2}^{\ominus}}$

Na_2HPO_4 溶液: $\qquad\qquad c(H^+) = \sqrt{K_{a_2}^{\ominus} K_{a_3}^{\ominus}}$

例 4-10 计算 $0.10\ \text{mol} \cdot \text{L}^{-1}\ NaHCO_3$ 溶液的 pH。

解: H_2CO_3 的 $K_{a_1}^{\ominus} = 4.2 \times 10^{-7}$,$K_{a_2}^{\ominus} = 5.6 \times 10^{-11}$

$c \cdot K_{a_2}^{\ominus} \geqslant 20 K_w^{\ominus}$,$c > 20 K_{a_1}^{\ominus}$,可用最简式计算:

$$c(H^+) = \sqrt{K_{a_1}^{\ominus} K_{a_2}^{\ominus}} = \sqrt{4.2 \times 10^{-7} \times 5.6 \times 10^{-11}}\ \text{mol} \cdot \text{L}^{-1} = 4.8 \times 10^{-9}\ \text{mol} \cdot \text{L}^{-1}$$

$$\text{pH} = 8.32$$

(2) 弱酸弱碱盐溶液

弱酸弱碱盐也是一种两性物质,可以用上面的公式计算。以 $0.10\ \text{mol} \cdot \text{L}^{-1}\ NH_4Ac$ 为例,Ac^- 作为碱,其共轭酸的 $K_a^{\ominus}(HAc)$ 作为 $K_{a_1}^{\ominus}$,NH_4^+ 作为酸,其解离常数 $K_a^{\ominus}(NH_4^+)$ 作为 $K_{a_2}^{\ominus}$。

由于 $cK_{a_2}^{\ominus} = c \dfrac{K_w^{\ominus}}{K_b^{\ominus}(NH_3)} > 20 K_w^{\ominus}$,$c > 20 K_{a_1}^{\ominus}$,所以可以用最简式计算:

$$c(H^+) = \sqrt{K_{a_1}^{\ominus} K_{a_2}^{\ominus}} = \sqrt{K_a^{\ominus}(HAc) \times \frac{K_w^{\ominus}}{K_b^{\ominus}(NH_3)}}$$

$$= \sqrt{\frac{1.8 \times 10^{-5}}{1.8 \times 10^{-5}} \times 10^{-14}}\ \text{mol} \cdot \text{L}^{-1} = 1.0 \times 10^{-7}\ \text{mol} \cdot \text{L}^{-1}$$

因此我们可以得到计算弱酸弱碱盐溶液 H^+ 浓度的最简式:

$$c(H^+) = \sqrt{\frac{K_a^{\ominus}}{K_b^{\ominus}} K_w^{\ominus}} \tag{4-15}$$

式(4-15)说明在一定温度下,$K_a^{\ominus} = K_b^{\ominus}$ 时,溶液呈中性;$K_a^{\ominus} > K_b^{\ominus}$ 时,溶液呈酸性;$K_a^{\ominus} < K_b^{\ominus}$ 时,溶液呈碱性。

例 4-11 计算 $0.10\ \text{mol} \cdot \text{L}^{-1}$ 氨基乙酸(NH_2CH_2COOH)水溶液的 pH。

解: 氨基乙酸在水溶液中存在下列解离平衡,故是一种两性物质。

$$^+H_3NCH_2COOH \rightleftharpoons\ ^+H_3NCH_2COO^- \rightleftharpoons H_2NCH_2COO^-$$

$$K_{a_1}^{\ominus} = 4.5 \times 10^{-3} \qquad K_{a_2}^{\ominus} = 2.5 \times 10^{-10}$$

因 $c \cdot K_{a_2}^{\ominus} > 20 K_w^{\ominus}$,$c > 20 K_{a_1}^{\ominus}$,由最简式得

$$c(H^+) = \sqrt{K_{a_1}^{\ominus} K_{a_2}^{\ominus}} = \sqrt{4.5 \times 10^{-3} \times 2.5 \times 10^{-10}}\ \text{mol} \cdot \text{L}^{-1} = 1.1 \times 10^{-6}\ \text{mol} \cdot \text{L}^{-1}$$

$$\text{pH} = 5.96$$

综上所述,计算酸碱溶液中 H^+ 浓度的一般处理方法是:先由质子条件式和平衡常

数式相结合得出精确表达式;再根据具体条件处理成近似式或最简式。实际运算中最简式用得最多,近似式其次,而精确式几乎不用。

4.2.5 酸碱平衡的移动

酸、碱解离平衡与任何化学平衡一样都是暂时的、相对的动态平衡。当外界条件改变时,平衡就会移动,结果使弱酸、弱碱的解离度增大或减小。

由于酸碱反应大多是在常温常压下的液相中进行,所以只考虑浓度的变化对平衡的影响。

1. 同离子效应和盐效应

在弱电解质溶液中加入与弱电解质含有相同离子的强电解质,使弱电解质的解离度降低的现象称为同离子效应。如在 HAc 溶液中加入强酸或 NaAc,溶液中 H_3O^+ 或 Ac^- 浓度大大增加,使下列平衡

$$HAc+H_2O \Longrightarrow H_3O^+ + Ac^-$$

向左移动,反应逆向进行,从而降低了 HAc 的解离度。又如往氨水中加入强碱或 NH_4Cl,情况也类似。

如果加入的强电解质不具有相同离子,如往 HAc 溶液中加入 NaCl,同样会破坏原有的平衡,但平衡向右移动,使弱酸、弱碱的解离度增大,这种现象叫盐效应。

这是由于强电解质完全解离,大大增大了溶液中离子的总浓度,使得 H_3O^+、Ac^- 被更多的异号离子 Cl^- 或 Na^+ 所包围,离子之间的相互牵制作用增强,大大降低了离子重新结合成弱电解质分子的概率,因此,解离度也相应增大。

当然,存在同离子效应的同时也存在盐效应,但同离子效应比盐效应要大得多,二者共存时,常常忽略盐效应,只考虑同离子效应。

下面通过计算进一步说明同离子效应。

例 4-12 从例 4-3 可知,$0.10 \ mol \cdot L^{-1}$ HAc 溶液的 H^+ 浓度为 $1.3 \times 10^{-3} \ mol \cdot L^{-1}$,解离度为 1.3%,pH 为 2.89。(1) 在其中加入固体 NaAc,使其浓度为 $0.10 \ mol \cdot L^{-1}$,求此混合溶液中 H^+ 浓度和 HAc 的解离度及溶液 pH。(2) 在其中加入 HCl,使其浓度为 $0.10 \ mol \cdot L^{-1}$,计算混合溶液 pH 和解离度。已知:$K_a^{\ominus}(HAc) = 1.8 \times 10^{-5}$。

解:(1) 加入 NaAc 后:

$$HAc+H_2O \Longrightarrow H_3O^+ + Ac^-$$

起始浓度/$(mol \cdot L^{-1})$	0.10	0	0.10
平衡浓度/$(mol \cdot L^{-1})$	$0.10-x \approx 0.10$	x	$0.10+x \approx 0.10$

$$K_a^{\ominus} = \frac{c(H^+) \cdot c(Ac^-)}{c(HAc)} = \frac{x(0.10+x)}{0.10-x} = \frac{0.10x}{0.10} = 1.8 \times 10^{-5}$$

解得,$c(H^+)/(mol \cdot L^{-1}) = x = 1.8 \times 10^{-5}$,pH = 4.74

$$\alpha = \frac{c(H^+)}{c} = \frac{1.8 \times 10^{-5}}{0.10} = 0.018\%$$

(2) 加入 HCl 后:$c(H^+) \approx 0.10 \ mol \cdot L^{-1}$,pH = 1.00

$$HAc + H_2O \Longrightarrow H_3O^+ + Ac^-$$

起始浓度/$(mol \cdot L^{-1})$	0.10	0.10	0
平衡浓度/$(mol \cdot L^{-1})$	$0.10-x \approx 0.10$	$0.10+x \approx 0.10$	x

$$K_a^\ominus = \frac{x(0.10+x)}{0.10-x} = \frac{0.10x}{0.10} = 1.8\times10^{-5}$$

$$c(Ac^-)/(mol\cdot L^{-1}) = x = 1.8\times10^{-5}$$

$$\alpha = \frac{c(Ac^-)}{c} = \frac{1.8\times10^{-5}}{0.10} = 0.018\%$$

可见,在 HAc 溶液中,无论是加 HCl,还是加 NaAc,其作用都是使 HAc 的解离度降低。

2. 同离子效应的应用

利用同离子效应可以控制弱酸或弱碱溶液的 $c(H^+)$ 或 $c(OH^-)$,所以在实际应用中常用来调节溶液的酸碱性。此外,利用同离子效应还可以控制弱酸溶液中的酸根离子浓度(如 $H_2S, H_2C_2O_4, H_3PO_4$ 等溶液中的 $S^{2-}, C_2O_4^{2-}$ 和 PO_4^{3-} 等浓度),从而可使某些或某种金属离子沉淀出来,达到分离、提纯的目的。

在分析化学中,常用可溶性硫化物作为沉淀剂来分离金属离子。

H_2S 是二元弱酸,分步解离平衡如下:

（1）$H_2S+H_2O \rightleftharpoons H_3O^+ +HS^-$　　$K_{a_1}^\ominus = \dfrac{c(H^+)\cdot c(HS^-)}{c(H_2S)} = 1.1\times10^{-7}$

（2）$HS^- +H_2O \rightleftharpoons H_3O^+ +S^{2-}$　　$K_{a_2}^\ominus = \dfrac{c(H^+)\cdot c(S^{2-})}{c(HS^-)} = 1.3\times10^{-13}$

方程式（1）+（2）得:　　　　$H_2S+2H_2O \rightleftharpoons 2H_3O^+ +S^{2-}$

平衡常数为　　　　$K^\ominus = K_{a_1}^\ominus \times K_{a_2}^\ominus = \dfrac{c^2(H^+)\cdot c(S^{2-})}{c(H_2S)} = 1.4\times10^{-20}$

该式体现了平衡系统中 $c(H^+), c(S^{2-})$ 和 $c(H_2S)$ 之间的关系,由此式就可直接调节溶液的酸度来控制溶液中的 $c(S^{2-})$,用来沉淀某些金属离子,达到将不同的金属离子分离的目的。必须注意,上式并不表示一个 H_2S 发生一步解离产生了 2 个 H^+ 和 1 个 S^{2-},也不说明溶液中没有 HS^- 存在。

例 4-13　在 $0.10\ mol\cdot L^{-1}$ 的 HCl 溶液中通 H_2S 至饱和,求溶液中 S^{2-} 的浓度。

解:饱和 H_2S 水溶液浓度为 $0.10\ mol\cdot L^{-1}$,该系统中 $c(H^+) = 0.10\ mol\cdot L^{-1}$,设 $c(S^{2-})$ 浓度为 x

$$K^\ominus = K_{a_1}^\ominus \times K_{a_2}^\ominus = \frac{c^2(H^+)\cdot c(S^{2-})}{c(H_2S)} = \frac{(0.10)^2 x}{0.10} = 1.4\times10^{-20}$$

$$x = c(S^{2-}) = 1.4\times10^{-19}\ mol\cdot L^{-1}$$

计算表明,在 $0.10\ mol\cdot L^{-1}$ 的 HCl 条件下,S^{2-} 浓度是纯净的饱和 H_2S 水溶液中 S^{2-} 浓度的 $1/10^6$。因此可通过调节弱酸(碱)溶液的酸度来改变溶液中共轭酸碱对浓度。反之,如果调节溶液中共轭酸碱对的比值也可控制溶液的酸(碱)度。其应用实例就是缓冲溶液。

4.2.6　溶液酸度的测试

在实际工作中常常采用酸度计、pH 试纸(pH-test paper)或酸碱指示剂(acid indicator)检测溶液的酸度大小。pH 试纸是由多种酸碱指示剂按一定比例配制而成的。本小节仅介绍酸碱指示剂测试的原理。

1. 酸碱指示剂原理

酸碱指示剂一般都是有机弱酸或有机弱碱。例如,酚酞指示剂在水溶液中是一种无色的多元酸,存在以下平衡:

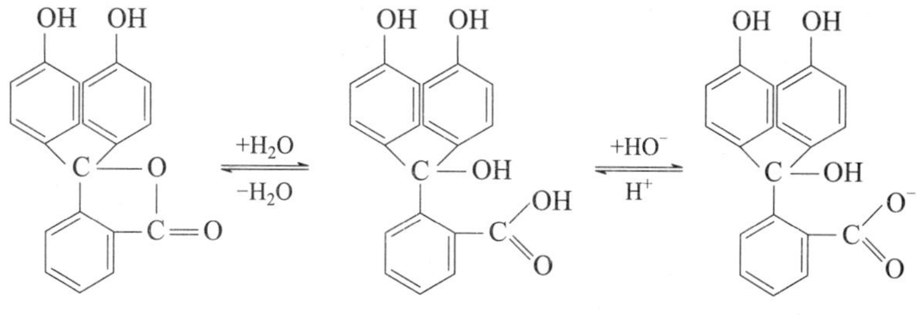

无色分子(内酯式)　　　　　无色分子　　　　　无色离子

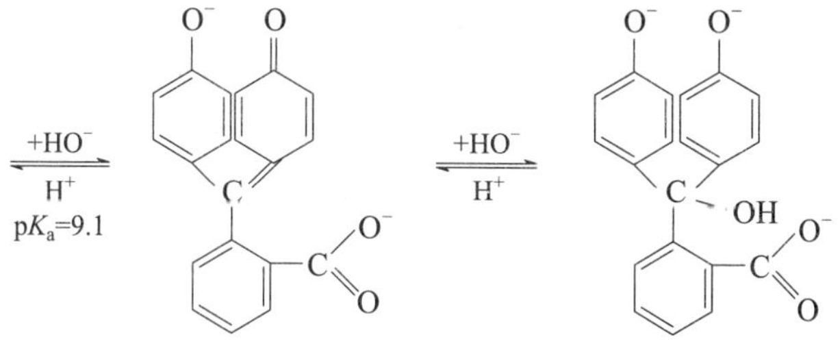

红色离子(醌式)　　　　　无色离子(羟酸盐式)
碱性溶液中

酚酞结构变化的过程也可简单表示为

$$无色分子 \underset{H^+}{\overset{OH^-}{\rightleftharpoons}} 无色离子 \underset{H^+}{\overset{OH^-}{\rightleftharpoons}} 红色离子 \underset{H^+}{\overset{浓碱}{\rightleftharpoons}} 无色离子$$

这个转变过程是可逆的,当溶液 pH 降低时,平衡向反方向移动,酚酞又变成无色分子。因此酚酞在酸性溶液中呈无色,当 pH 升高到一定数值时变成红色,在强碱性溶液中又呈无色。

另一种常用的酸碱指示剂甲基橙则是一种弱的有机碱,在溶液中有如下平衡存在:

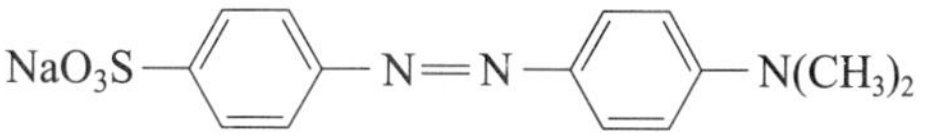

黄色分子(偶氮式)

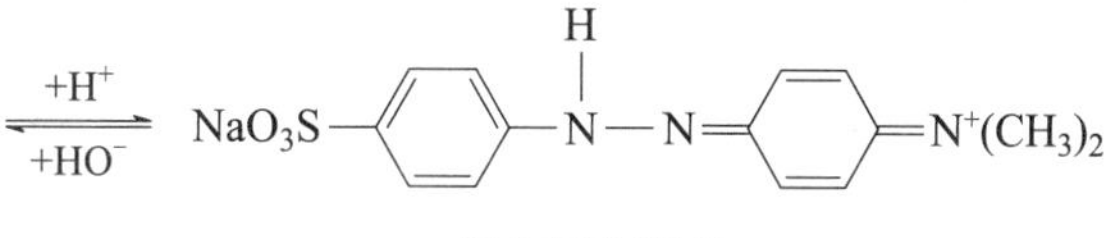

红色离子(醌式)

显然,甲基橙与酚酞相似,在不同的酸度条件下具有不同的结构及颜色。当溶液酸度改变时,平衡发生移动,使得酸碱指示剂从一种结构变为另一种结构,从而使溶液的颜色发生相应的改变。

若以 HIn 表示一种弱酸型指示剂,In⁻ 为其共轭碱,在水溶液中存在以下平衡:

$$HIn \rightleftharpoons H^+ + In^-$$

$$K_a^{\ominus}(HIn) = \frac{c(H^+) \cdot c(In^-)}{c(HIn)}$$

式中：$K_a^{\ominus}(HIn)$ 为指示剂的解离常数，也称为指示剂常数，上式也可写为

$$\frac{c(In^-)}{c(HIn)} = \frac{K_a^{\ominus}(HIn)}{c(H^+)} \qquad (4\text{-}16)$$

对某一种酸碱指示剂来说，$K_a^{\ominus}(HIn)$ 在一定条件下即为一常数，$\dfrac{c(In^-)}{c(HIn)}$ 就只取决于溶液中 $c(H^+)$ 的大小，所以酸碱指示剂能指示溶液酸度。

2. 变色范围及其影响因素

根据式（4-16），当溶液中的 $c(H^+)$ 发生改变时，$c(In^-)$ 和 $c(HIn)$ 的比值也发生改变，溶液的颜色也逐渐改变。$c(In^-) = c(HIn)$ 时为酸碱指示剂的理论变色点，即 pH = $pK_a^{\ominus}(HIn)$。但是，由于人眼辨色能力有限，要觉察出理论变色点附近溶液颜色的变化是较为困难的。一般当 $c(In^-)$ 是 $c(HIn)$ 的 1/10 时，人眼勉强能辨认出碱色，如果 $c(In^-)/c(HIn) < 1/10$ 就看不出碱色；当 $c(In^-)$ 是 $c(HIn)$ 的 10 倍时，人眼也只能勉强辨认出酸色，如果 $c(In^-)/c(HIn)$ 大于 10 就看不出酸色，即：

$\dfrac{c(In^-)}{c(HIn)}$	$<\dfrac{1}{10}$	$=\dfrac{1}{10}$	$= 1$	$= 10$	>10
	酸色	略带碱色	中间色	略带酸色	碱色

因此，酸碱指示剂的变色范围（color change interval）是

$$10 > \frac{c(In^-)}{c(HIn)} > \frac{1}{10}$$

根据式（4-16）可得　　　　　$$pH = pK_a^{\ominus}(HIn) \pm 1$$

由此可见，不同的酸碱指示剂，$pK_a^{\ominus}(HIn)$ 不同，它们的变色范围就不同。所以不同的酸碱指示剂能指示不同的酸度变化。另外，在酸碱指示剂的变色范围内，指示剂所呈现的颜色是酸色和碱色的混合色。表 4-1 列出了一些常见酸碱指示剂的变色范围。

表 4-1　一些常见酸碱指示剂的变色范围

指示剂	变色范围 pH	颜色变化	$pK_a^{\ominus}(HIn)$	常用溶液	10 mL 试液用量/滴
百里酚蓝	1.2~2.8	红~黄	1.7	1 g·L^{-1}的20%乙醇溶液	1~2
甲基黄	2.9~4.0	红~黄	3.3	1 g·L^{-1}的90%乙醇溶液	1
甲基橙	3.1~4.4	红~黄	3.4	0.5 g·L^{-1}的水溶液	1
溴酚蓝	3.0~4.6	黄~紫	4.1	1 g·L^{-1}的20%乙醇溶液或其钠盐水溶液	1
溴甲酚绿	4.0~5.6	黄~蓝	4.9	1 g·L^{-1}的20%乙醇溶液或其钠盐水溶液	1~3
甲基红	4.4~6.2	红~黄	5.2	1 g·L^{-1}的60%乙醇溶液或其钠盐水溶液	1

指示剂	变色范围 pH	颜色变化	$pK_a^\ominus(HIn)$	常用溶液	10 mL 试液 用量/滴
溴百里酚蓝	6.2~7.6	黄~蓝	7.3	1 g·L^{-1}的20%乙醇溶液或 其钠盐水溶液	1
中性红	6.8~8.0	红~黄橙	7.4	1 g·L^{-1}的60%乙醇溶液	1
苯酚红	6.8~8.4	黄~红	8.0	1 g·L^{-1}的60%乙醇溶液或 其钠盐水溶液	1
酚酞	8.0~10.0	无~红	9.1	5 g·L^{-1}的90%乙醇溶液	1~3
百里酚蓝	8.0~9.6	黄~蓝	8.9	1 g·L^{-1}的20%乙醇溶液	1~4
百里酚酞	9.4~10.6	无~蓝	10.0	1 g·L^{-1}的90%乙醇溶液	1~2

从表 4-1 中可以发现,许多酸碱指示剂的变色范围不是 $pH = pK_a^\ominus(HIn) \pm 1$,这是因为实际的变色范围是依靠人眼的观察得到的。影响酸碱指示剂变色范围的因素主要有以下几个方面:

● 人眼对不同颜色的敏感程度不同,不同人员对同一种颜色的敏感程度不同,以及酸碱指示剂两种颜色之间的相互掩盖作用,会导致变色范围的不同。例如,甲基橙的变色范围理应是 $pH = 2.4~4.4$,可表中所列的变色范围 $pH = 3.1~4.4$,这是由于人眼对红色比对黄色敏感,使得酸式一边的变色范围相对变窄。

● 温度、溶剂的变化也会改变酸碱指示剂的变色范围,因为这些因素会影响指示剂的解离常数 $K_a^\ominus(HIn)$ 的大小。例如,甲基橙指示剂在 18 ℃的变色范围为 $pH = 3.1~4.4$,而 100 ℃时为 $pH = 2.5~3.7$。

● 对于单色指示剂,如酚酞,指示剂用量的不同也会影响变色范围,用量过多将会使变色范围朝 pH 低的一方移动。另外,用量过多还会影响酸碱指示剂变色的敏锐程度。

对于需要将酸度控制在较窄区间的反应系统,可以采用混合指示剂(mixed indicator)来指示酸度的变化。

混合指示剂利用颜色的互补来提高变色的敏锐性,可以分为以下两类。

一类是由两种或两种以上的酸碱指示剂按一定的比例混合而成。例如,溴甲酚绿($K_a^\ominus = 4.9$)和甲基红($pK_a^\ominus = 5.2$)两种指示剂,前者酸色为黄色,碱色为蓝色;后者酸色为红色,碱色为黄色。当它们按照一定的比例混合后,由于共同作用的结果,使溶液在酸性条件下显橙红色,碱性条件下显绿色。在 $pH \approx 5.1$ 时,溴甲酚绿的碱性成分较多,显绿色,而甲基红的酸性成分较多,显橙红色,两种颜色互补得到灰色,变色很敏锐。

另一类是由几种酸碱指示剂与一种惰性染料按一定的比例配成。在指示溶液酸度的过程中,惰性染料本身并不发生颜色的改变,只起衬托作用,通过颜色的互补来提高变色敏锐性。

常用的 pH 试纸就是将多种酸碱指示剂按一定比例混合浸制而成,能在不同的 pH 时显示不同的颜色,从而较为准确地确定溶液的酸度。pH 试纸可以分为广范 pH 试纸和精密 pH 试纸两类,其中的精密 pH 试纸就是利用混合指示剂的原理使酸度的确定能控制在较窄的范围内。

4.2.7　缓冲溶液

在共轭酸碱对组成的混合溶液中加入少量强酸或强碱,溶液的 pH 基本上无变化,这种具有保持 pH 相对稳定的性能的溶液,称之为缓冲溶液(buffer solution)。缓冲溶液的特点是在适度范围内既能抗酸,又能抗碱,适当稀释或浓缩,溶液的 pH 都改变很小。

缓冲溶液的重要作用就是通过调节共轭酸碱对的浓度控制溶液的 pH。缓冲溶液具有重要的意义和广泛的应用。例如,人体血液的 pH 需保持在 7.35~7.45,pH 过高或过低都将导致疾病甚至死亡。由于血液中存在着许多缓冲剂,如 $H_2CO_3-HCO_3^-$,$H_2PO_4^--HPO_4^{2-}$,蛋白质、血红蛋白和含氧血红蛋白等,这些缓冲系统可使血液的 pH 稳定在 7.40 左右。植物只有在一定 pH 的土壤中,才能正常生长,大多数植物在 pH<3.5 和 pH>9 的土壤中都不能生长。不同的植物所需要的 pH 也不同,如水稻生长适宜的 pH 为 6~7。土壤中一般含有 $H_2CO_3-HCO_3^-$、腐殖酸及其共轭碱组成的缓冲系统,因此,土壤溶液是很好的缓冲溶液,具有比较稳定的 pH,有利于微生物的正常活动和农作物的发育生长。许多化学反应需要在一定 pH 条件下进行,缓冲溶液就能提供这样的条件。

1. 缓冲作用原理

根据酸碱质子理论,缓冲溶液是一个共轭酸碱对系统。缓冲溶液是由一种酸(质子给予体,用 HB 表示)和它的共轭碱(质子接受体,用 B^- 表示)组成的混合系统。在水溶液中存在以下质子转移平衡:

$$HB \ + \ H_2O \rightleftharpoons H_3O^+ \ + \ B^-$$
$$\text{大量} \qquad\qquad \text{很少} \qquad \text{大量(来自共轭碱)}$$

在缓冲溶液中,HB 和 B^- 的起始浓度很大,即溶液中大量存在的形式主要是 HB 和 B^-。

当加入少量强酸时,H_3O^+ 浓度增加,平衡向左移动,B^- 浓度略有减少,HB 浓度略有增加,H_3O^+ 浓度基本未变,即溶液 pH 基本保持不变。显然溶液中的共轭碱 B^- 起了抗酸的作用。

当加入少量碱时,OH^- 浓度增加,H_3O^+ 浓度略有减少,平衡向右移动,HB 和 H_2O 作用产生 H_3O^+ 以补充其减少的 H_3O^+。这样 HB 浓度略有减少,B^- 浓度略有增加,而 H_3O^+ 浓度几乎未变,pH 基本保持不变。显然,此时 HB 起了抗碱的作用。

由此可知,含有足够大浓度弱酸与其共轭碱的混合溶液具有缓冲作用的原理是由于外加少量酸或碱时,质子在共轭酸碱之间发生转移以维持质子浓度基本不变。

可见,缓冲系统应具备两个条件:一是要具有既能抗碱(弱酸)又能抗酸(共轭碱)的组分;二是弱酸及其共轭碱保证足够大的浓度和适当的浓度比。常见的共轭酸碱对组成的缓冲系统有 $HAc-Ac^-$、$H_2PO_4^--HPO_4^{2-}$、$NH_4^+-NH_3$ 和 $HCO_3^--CO_3^{2-}$ 等。

2. 缓冲溶液 pH 的计算

以弱酸 HB 及其共轭碱 NaB 组成的缓冲溶液为例,设其浓度分别为 c_a 和 c_b。在水溶液中的质子转移平衡为

$$HB+H_2O \rightleftharpoons H_3O^++B^-$$

$$c(H^+) = K_a^{\ominus} \frac{c(HB)}{c(B^-)}$$

$$pH = pK_a^{\ominus}(HB) - \lg \frac{c(HB)}{c(B^-)} \tag{4-17}$$

由于缓冲剂的浓度较大和同离子效应的存在,可以将式(4-17)中的 $c(HB)$ 和 $c(B^-)$ 看作等于起始浓度 c_a 和 c_b,所以(4-17)式可写成下面的形式,这就是缓冲溶液 pH 计算的一般公式:

$$pH = pK_a^{\ominus} - \lg \frac{c_a}{c_b} \tag{4-18}$$

可见,缓冲溶液的 pH,首先取决于 $pK_a^{\ominus}$,即取决于弱酸的解离常数 $K_a^{\ominus}$ 的大小,同时又与 c_b 和 c_a 的比值有关。

若用弱碱及其共轭酸组成缓冲溶液,则其 pOH 可用下式计算:

$$pOH = pK_b^{\ominus} - \lg \frac{c_b}{c_a} \tag{4-19}$$

例 4-14 有 50 mL 含有 0.10 mol·L^{-1} HAc 和 0.10 mol·L^{-1} NaAc 的缓冲溶液,试求:

(1) 该缓冲溶液的 pH;

(2) 加入 0.10 mL 1.0 mol·L^{-1} 的 HCl 后,溶液的 pH。

解:(1) 缓冲溶液的 pH 为

$$pH = pK_a^{\ominus} + \lg \frac{c_b}{c_a} = 4.74 + \lg \frac{0.10}{0.10} = 4.74$$

(2) 加入 0.10 mL 1.0 mol·L^{-1} 的 HCl 后,所解离出的 H^+ 与 Ac^- 结合生成 HAc 分子,溶液中的 Ac^- 浓度降低,HAc 浓度升高,此时系统中:

$$c_a \approx 0.10 + \frac{1.0 \times 0.10}{50.1} = 0.102 \text{ mol·L}^{-1}$$

$$c_b \approx 0.10 - \frac{1.0 \times 0.10}{50.1} = 0.098 \text{ mol·L}^{-1}$$

$$pH = pK_a^{\ominus} - \lg \frac{c_a}{c_b} = 4.74 - \lg \frac{0.102}{0.098} = 4.72$$

从计算结果可知,加入少量盐酸后,溶液的 pH 基本不变。如果在 50 mL pH 为 7.00 的纯水中加入 0.05 mL 1.0 mol·L^{-1} HCl 溶液,则溶液的 pH 由 7.00 降低到 3.00,即 pH 改变了 4 个单位。可见纯水不具有保持 pH 相对稳定的性能。

3. 缓冲容量

任何缓冲溶液的缓冲能力都是有一定限度的。对每一种缓冲溶液,只有在加入的酸碱的量不大时,或将溶液适当稀释时,才能保持溶液的 pH 基本不变或变化不大。缓冲容量(buffer capacity)的大小取决于缓冲系统中共轭酸碱对的浓度及其比值。在浓度较大的缓冲溶液中,当缓冲组分浓度的比值为 1:1 时,缓冲容量最大。当共轭酸碱对浓度比为 1:1 时,共轭酸碱对的总浓度越大,缓冲能力越大,因此,常用的缓冲溶液各组分的浓度一般在 0.1~1.0 mol·L^{-1},共轭酸碱对比值在 1/10~10,其相应的 pH 或 pOH 变化范围为 pH = $pK_a^{\ominus} \pm 1$ 或 pOH = $pK_b^{\ominus} \pm 1$,称为缓冲溶液最有效的缓冲范围,各系统的相应的缓冲范围显然取决于它们的 $K_a^{\ominus}$ 和 $K_b^{\ominus}$。

在实际配制一定 pH 缓冲溶液时,为使共轭酸碱对浓度比接近于 1,则要选用 $pK_a^\ominus$ (或 $pK_b^\ominus$)等于或接近于该 pH(或 pOH)的共轭酸碱对。如要配制 pH = 5 左右的缓冲溶液,可选用 $pK_a^\ominus$ = 4.74 的 HAc-Ac$^-$ 缓冲对;配制 pH = 9 左右的缓冲溶液,则可选用 $pK_a^\ominus$ = 9.26 的 NH_4^+-NH_3 缓冲对。可见 $K_a^\ominus$、$K_b^\ominus$ 值是配制缓冲溶液的主要依据,调节共轭酸碱对的浓度之比,即能得到所需 pH 的缓冲溶液。在实际应用中,大多数缓冲溶液是加 NaOH 到弱酸溶液或加 HCl 到弱碱溶液中配制而成。

4. 重要缓冲溶液

表 4-2 列出最常用的几种标准缓冲溶液,它们的 pH 是经过准确的实验测得的,目前已被国际上规定作为测定溶液 pH 时的标准参照溶液。

表 4-2 pH 标准缓冲溶液

pH 标准溶液	pH 标准值(25 ℃)
饱和酒石酸氢钾(0.034 mol·L^{-1})	3.56
0.05 mol·L^{-1}邻苯二甲酸氢钾	4.01
0.025 mol·L^{-1} KH_2PO_4-0.025 mol·L^{-1} Na_2HPO_4	6.86
0.01 mol·L^{-1}硼砂	9.18

例 4-15 对于 HAc-NaAc、HCOOH-HCOONa 和 H_3BO_3-NaH_2BO_3 的缓冲系统,若要配制 pH = 4.8 的缓冲溶液,问:

(1) 应选择何种系统最好?

(2) 现有 12 mL 6.0 mol·L^{-1} HAc 溶液,欲配成 250 mL 的缓冲溶液,应取固体 NaAc·3H$_2$O 多少克? 已知:$pK_a^\ominus$(HCOOH) = 3.74,$pK_a^\ominus$(HAc) = 4.74,$pK_a^\ominus$(H_3BO_3) = 9.24

解:(1) 根据式(4-18) $pH = pK_a^\ominus - \lg \dfrac{c_a}{c_b}$

为使配制的缓冲溶液的缓冲能力最大,应该选择 $pK_a^\ominus$ 接近或等于 pH 的缓冲对,所以选择 HAc-NaAc 最好。

$$\lg \frac{c_a}{c_b} = pK_a^\ominus - pH = 4.74 - 4.8 = -0.06$$

$$\frac{c_a}{c_b} = 0.87 \approx 1 \text{ 浓度比值接近 1,缓冲能力强}$$

(2) 根据以上选择,若要配制 250 mL pH = 4.8 的缓冲溶液,

$$c_a = c(HAc) = \frac{12 \text{ mL} \times 6.0 \text{ mol·L}^{-1}}{250 \text{ mL}} = 0.288 \text{ mol·L}^{-1}$$

由 $\dfrac{c_a}{c_b} = 0.87$ 得 $c_b = c(NaAc) = \dfrac{0.288 \text{ mol·L}^{-1}}{0.87} = 0.331 \text{ mol·L}^{-1}$

$$m(NaAc·3H_2O) = c_b \times M(NaAc·3H_2O) \times 250 \times 10^{-3} \text{ L}$$

$$= 0.331 \text{ mol·L}^{-1} \times 136 \text{ g·mol}^{-1} \times 250 \times 10^{-3} \text{ L} = 11 \text{ g}$$

所以应称取 NaAc·3H$_2$O 11 g。

4.2.8 弱酸(碱)溶液中各型体的分布

在弱酸弱碱平衡系统中,常常同时存在多种型体,它们的浓度随溶液 H$^+$ 浓度的变化而变化。

某型体的平衡浓度在总浓度 c(也称分析浓度,为各种型体的平衡浓度的总和)中占有的分数称为该型体的分布分数,用符号 δ 表示。分布分数的大小与该酸或碱的性质有关。知道了分布分数和分析浓度,便可求得各种型体的平衡浓度,这在分析化学中是很重要的。

1. 一元弱酸(碱)溶液

　　一元弱酸 HA,在水溶液中有 HA 和 A^- 两种型体。设它们的总浓度为 c,HA 和 A^- 的平衡浓度为 $c(HA)$ 和 $c(A^-)$,即 $c = c(HA) + c(A^-)$。以 δ_{HA} 和 δ_{A^-} 分别代表 HA 和 A^- 的分布分数,则

$$\delta_{HA} = \frac{c(HA)}{c} = \frac{c(HA)}{c(HA)+c(A^-)} = \frac{1}{1+\dfrac{K_a^{\ominus}}{c(H^+)}} = \frac{c(H^+)}{c(H^+)+K_a^{\ominus}}$$

$$\delta_{A^-} = \frac{c(A^-)}{c} = \frac{c(A^-)}{c(HA)+c(A^-)} = \frac{K_a^{\ominus}}{c(H^+)+K_a^{\ominus}}$$

各型体分布分数之和等于 1,即 $\delta_{HA} + \delta_{A^-} = 1$。

　　显然,分布分数 δ 与溶液的 pH 有关。分布分数与溶液 pH 的关系图称为分布曲线。因此,计算出不同 pH 时的 δ_{HAc} 和 δ_{Ac^-} 值,以 pH 为横坐标,δ 为纵坐标,可作 δ-pH 图(见图 4-1)。

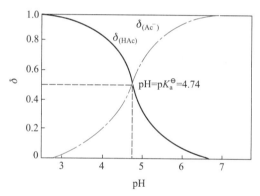

图 4-1　HAc 的 δ-pH 图

　　由图 4-1 可见,当 pH = $pK_a^{\ominus}$ 时,溶液中 HAc 和 Ac^- 两种型体各占 50%;当 pH < $pK_a^{\ominus}$ 时,溶液中 HAc 为主要型体;当 pH > $pK_a^{\ominus}$ 时,Ac^- 为主要型体。

　　例 4-16　计算 pH = 4.00 时,浓度为 0.10 $mol \cdot L^{-1}$ HAc 溶液中,HAc 和 Ac^- 的分布分数和平衡浓度。

　　解:
$$\delta_{HAc} = \frac{c(H^+)}{c(H^+)+K_a^{\ominus}} = \frac{1.0 \times 10^{-4}}{1.0 \times 10^{-4}+1.8 \times 10^{-5}} = 0.85$$

$$\delta_{Ac^-} = \frac{K_a^{\ominus}}{c(H^+)+K_a^{\ominus}} = \frac{1.8 \times 10^{-5}}{1.0 \times 10^{-4}+1.8 \times 10^{-5}} = 0.15$$

$$c(HAc) = \delta_{HAc} \times c = 0.85 \times 0.10 \ mol \cdot L^{-1} = 0.085 \ mol \cdot L^{-1}$$

$$c(Ac^-) = \delta_{Ac^-} \times c = 0.15 \times 0.10 \ mol \cdot L^{-1} = 0.015 \ mol \cdot L^{-1}$$

2. 多元弱酸溶液中各种型体的分布

　　二元弱酸 H_2A 在水溶液中有 H_2A、HA^- 和 A^{2-} 三种型体,它们的总浓度为 c,即 $c =$

$c(H_2A)+c(HA^-)+c(A^{2-})$。则有

$$\delta_{H_2A}=\frac{c(H_2A)}{c}=\frac{1}{1+\dfrac{K_{a_1}^\ominus}{c(H^+)}+\dfrac{K_{a_1}^\ominus \cdot K_{a_2}^\ominus}{c^2(H^+)}}=\frac{c^2(H^+)}{c^2(H^+)+c(H^+)K_{a_1}^\ominus+K_{a_1}^\ominus \cdot K_{a_2}^\ominus}$$

$$\delta_{HA^-}=\frac{c(HA^-)}{c}=\frac{c(H^+) \cdot K_{a_1}^\ominus}{c^2(H^+)+c(H^+)K_{a_1}^\ominus+K_{a_1}^\ominus \cdot K_{a_2}^\ominus}$$

$$\delta_{A^{2-}}=\frac{c(A^{2-})}{c}=\frac{K_{a_1}^\ominus \cdot K_{a_2}^\ominus}{c^2(H^+)+c(H^+)K_{a_1}^\ominus+K_{a_1}^\ominus \cdot K_{a_2}^\ominus}$$

图 4-2 为酒石酸溶液中三种型体的 δ-pH 图。酒石酸的 $pK_{a_1}^\ominus=3.04$，$pK_{a_2}^\ominus=4.37$。以它们为界，可分为三个区域：$pH<pK_{a_1}^\ominus$ 时，以 H_2A 占优势；$pH>pK_{a_2}^\ominus$，以 A^{2-} 型体为主；当 $pK_{a_1}^\ominus<pH<pK_{a_2}^\ominus$ 时，则主要是 HA^- 型体。$pK_{a_1}^\ominus$ 与 $pK_{a_2}^\ominus$ 值相差越小，HA^- 占优势的区域越窄。

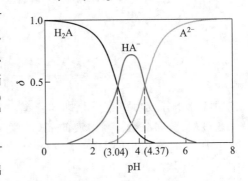

图 4-2 酒石酸的 δ-pH 图

对三元弱酸 H_3A，则 $c=c(H_3A)+c(H_2A^-)+c(HA^{2-})+c(A^{3-})$。同理可推导出各型体的分布分数：

$$\delta_{H_3A}=\frac{c(H_3A)}{c}=\frac{c^3(H^+)}{c^3(H^+)+c^2(H^+) \cdot K_{a_1}^\ominus+c(H^+) \cdot K_{a_1}^\ominus \cdot K_{a_2}^\ominus+K_{a_1}^\ominus \cdot K_{a_2}^\ominus \cdot K_{a_3}^\ominus}$$

$$\delta_{H_2A^-}=\frac{c(H_2A^-)}{c}=\frac{c^2(H^+) \cdot K_{a_1}^\ominus}{c^3(H^+)+c^2(H^+) \cdot K_{a_1}^\ominus+c(H^+) \cdot K_{a_1}^\ominus \cdot K_{a_2}^\ominus+K_{a_1}^\ominus \cdot K_{a_2}^\ominus \cdot K_{a_3}^\ominus}$$

$$\delta_{HA^{2-}}=\frac{c(HA^{2-})}{c}=\frac{c(H^+) \cdot K_{a_1}^\ominus \cdot K_{a_2}^\ominus}{c^3(H^+)+c^2(H^+) \cdot K_{a_1}^\ominus+c(H^+) \cdot K_{a_1}^\ominus \cdot K_{a_2}^\ominus+K_{a_1}^\ominus \cdot K_{a_2}^\ominus \cdot K_{a_3}^\ominus}$$

$$\delta_{A^{3-}}=\frac{c(A^{3-})}{c}=\frac{K_{a_1}^\ominus \cdot K_{a_2}^\ominus \cdot K_{a_3}^\ominus}{c^3(H^+)+c^2(H^+) \cdot K_{a_1}^\ominus+c(H^+) \cdot K_{a_1}^\ominus \cdot K_{a_2}^\ominus+K_{a_1}^\ominus \cdot K_{a_2}^\ominus \cdot K_{a_3}^\ominus}$$

$$\delta_{H_3A}+\delta_{H_2A^-}+\delta_{HA^{2-}}+\delta_{A^{3-}}=1$$

H_3PO_4 的 $pK_{a_1}^\ominus=2.12$，$pK_{a_2}^\ominus=7.20$，$pK_{a_3}^\ominus=12.36$。图 4-3 为 H_3PO_4 的 δ-pH 图。

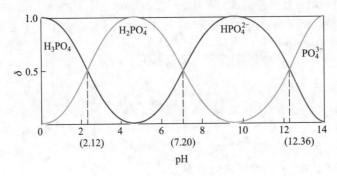

图 4-3 H_3PO_4 的 δ-pH 图

4.3 沉淀溶解平衡

4.3.1 溶度积原理

1. 溶度积常数

各种电解质在水中有不同的溶解度,通常将在 100 g 水中溶解量小于 0.01 g 的电解质称为难溶电解质。难溶电解质在水中会发生一定程度的溶解,当达到饱和溶液时,未溶解的电解质固体与溶液中的离子建立起动态平衡,这种状态称之为难溶电解质的沉淀溶解平衡。例如,将难溶电解质 AgCl 固体放入水中,在极性的水分子作用下,表面上的 Ag^+ 和 Cl^- 不断地由固体表面进入溶液,成为水合离子,这就是 AgCl 溶解(dissolution)的过程。同时,在溶液中的水合 Ag^+、Cl^- 不断地做无规则运动,部分的 Ag^+ 和 Cl^- 又撞击到 AgCl 的表面,受到固体表面的吸引,重新回到固体表面上来,这就是 AgCl 的沉淀(precipitation)过程。

当溶解和沉淀的速率相等时,就建立了 AgCl 固体和溶液中的 Ag^+ 和 Cl^- 之间的动态平衡,此时溶液为 AgCl 饱和溶液(saturated solution)。这是一种多相平衡,它可表示为

$$AgCl(s) \rightleftharpoons Ag^+(aq) + Cl^-(aq)$$

该反应的标准平衡常数为

$$K^\ominus = c(Ag^+) \cdot c(Cl^-) ①$$

对于一般的难溶电解质的沉淀溶解平衡可表示为

$$A_nB_m(s) \rightleftharpoons nA^{m+}(aq) + mB^{n-}(aq)$$

$$K_{sp}^\ominus = c^n(A^{m+}) \cdot c^m(B^{n-}) \tag{4-20}$$

式(4-20)表明,在一定温度时,难溶电解质的饱和溶液中,各离子浓度幂的乘积为常数,该常数称为溶度积常数,简称溶度积(solubility product),用符号 $K_{sp}^\ominus$ 表示。$K_{sp}^\ominus$ 值的大小反映了难溶电解质的溶解程度,其值与温度有关,与浓度无关。一些常见难溶强电解质的 $K_{sp}^\ominus$ 值见附录Ⅵ。

严格地说,溶度积应为沉淀溶解平衡时离子活度的幂的乘积。但因溶液中难溶电解质的离子浓度很低,故离子浓度与离子活度相差很小,在不要求特别精确计算时,可用离子浓度代替活度而不会引起很大的误差。否则,应用离子活度进行计算。

2. 溶度积和溶解度的相互换算

溶度积 $K_{sp}^\ominus$ 和溶解度 s(solubility)都可以用来表示物质的溶解能力。它们之间可以互相换算,可以从溶解度求溶度积,也可以从溶度积求溶解度。溶度积表达式中,离子的浓度用物质的量浓度,而溶解度常用各种不同的量度来表示,所以由溶解度求算溶度积时,先要把溶解度换算成物质的量浓度。

例 4-17 AgCl 在 25 ℃ 时溶解度为 0.000 192 g·(100 g H₂O)⁻¹,求 AgCl 的溶度积常数。

解:因为 AgCl 饱和溶液极稀,可以认为 1 g H₂O 的体积和质量与 1 mL AgCl 溶液的体积和质量

---

① 各离子浓度应除以标准浓度 $c^\ominus$,在本章中均将 $c^\ominus$ 省略。

相同,所以在 1 L AgCl 饱和溶液中含有 AgCl 0.001 92 g,AgCl 的摩尔质量为 143.3 g·mol^{-1},将溶解度用物质的量浓度表示则:

$$s(\text{AgCl}) = \frac{0.001\ 92\ \text{g·L}^{-1}}{143.3\ \text{g·mol}^{-1}} = 1.34 \times 10^{-5}\ \text{mol·L}^{-1}$$

溶解的 AgCl 完全电离,故

$$c(\text{Ag}^+) = c(\text{Cl}^-) = 1.34 \times 10^{-5}\ \text{mol·L}^{-1}$$

$$K_{\text{sp}}^{\ominus}(\text{AgCl}) = c(\text{Ag}^+) \cdot c(\text{Cl}^-) = (1.34 \times 10^{-5})^2 = 1.8 \times 10^{-10}$$

例 4-18 由附录Ⅲ的热力学函数计算 298 K 时 AgCl 的溶度积常数。

解:
$$\text{AgCl(s)} \Longrightarrow \text{Ag}^+(\text{aq}) + \text{Cl}^-(\text{aq})$$

$\Delta_f G_m^{\ominus}(298.15\ \text{K})/(\text{kJ·mol}^{-1})$ -109.8 77.11 -131.2

$$\Delta_r G_m^{\ominus} = \sum_B \nu_B \Delta_f G_m^{\ominus}(\text{B}) = [\ 77.11 - 131.2 - (-109.8)\ ]\ \text{kJ·mol}^{-1}$$

$$= 55.71\ \text{kJ·mol}^{-1}$$

由
$$\Delta_r G_m^{\ominus} = -RT\ln K_{\text{sp}}^{\ominus}$$

得
$$\ln K_{\text{sp}}^{\ominus} = \frac{-\Delta_r G_m^{\ominus}}{RT}$$

$$= -55.71 \times 10^3 / (8.314 \times 298)$$

$$= -22.49$$

$$K_{\text{sp}}^{\ominus} = 1.7 \times 10^{-10}$$

例 4-19 在 25 ℃时,Ag_2CrO_4 的溶解度是 0.021 7 g·L^{-1},试计算 Ag_2CrO_4 的 $K_{\text{sp}}^{\ominus}$。

解:
$$s(\text{Ag}_2\text{CrO}_4) = \frac{m(\text{Ag}_2\text{CrO}_4)}{M(\text{Ag}_2\text{CrO}_4)} = \frac{0.021\ 7\ \text{g·L}^{-1}}{331.7\ \text{g·mol}^{-1}} = 6.54 \times 10^{-5}\ \text{mol·L}^{-1}$$

由 Ag_2CrO_4 的溶解平衡

$$\text{Ag}_2\text{CrO}_4(\text{s}) \Longrightarrow 2\text{Ag}^+(\text{aq}) + \text{CrO}_4^{2-}(\text{aq})$$

平衡浓度/(mol·L^{-1}) $2s$ s

$$K_{\text{sp}}^{\ominus} = c^2(\text{Ag}^+) \cdot c(\text{CrO}_4^{2-}) = (2s)^2 \cdot s = 4s^3 = 4 \times (6.54 \times 10^{-5})^3 = 1.12 \times 10^{-12}$$

例 4-20 在 25 ℃时 AgBr 的 $K_{\text{sp}}^{\ominus} = 5.0 \times 10^{-13}$,试计算 AgBr 的溶解度(以物质的量浓度表示)。

解: AgBr 的沉淀溶解平衡为

$$\text{AgBr(s)} \Longrightarrow \text{Ag}^+(\text{aq}) + \text{Br}^-(\text{aq})$$

设 AgBr 的溶解度为 s,则 $c(\text{Ag}^+) = c(\text{Br}^-) = s$

$$K_{\text{sp}}^{\ominus} = c(\text{Ag}^+) \cdot c(\text{Br}^-) = s^2 = 5.0 \times 10^{-13}$$

$$s = \sqrt{5.0 \times 10^{-13}}\ \text{mol·L}^{-1} = 7.1 \times 10^{-7}\ \text{mol·L}^{-1}$$

即 AgBr 的溶解度为 7.1×10^{-7} mol·L^{-1}。

但应该指出溶解度与溶度积进行相互换算是有条件的。第一,难溶电解质的离子在溶液中应不发生水解、聚合、配位等反应。第二,难溶电解质要一步完全解离。只有符合这两个条件的难溶电解质,s 与 $K_{\text{sp}}^{\ominus}$ 之间才存在以上简单的数学关系。

3. 溶度积规则

难溶电解质溶液中,其离子浓度幂的乘积称为离子积,用 Q_i 表示,对于 A_nB_m 型难溶电解质:

$$Q_i = c^n(\text{A}^{m+}) \cdot c^m(\text{B}^{n-}) \tag{4-21}$$

Q_i 和 $K_{\text{sp}}^{\ominus}$ 的表达式相同,但其意义是有区别的,$K_{\text{sp}}^{\ominus}$ 表示难溶电解质沉淀溶解平衡时饱和溶液中离子浓度的乘积。对某一难溶电解质来说,在一定温度下 $K_{sp}^{\ominus}$ 为一常数。而 Q_i 则表示任意情况下离子浓度的乘积,其值不定。$K_{sp}^{\ominus}$ 只是 Q_i 的一种特殊情况。

对于某一给定的溶液,溶度积 K_{sp} 与离子积之间的关系可能有以下三种情况:

$Q_i > K_{sp}^{\ominus}$ 时,溶液为过饱和溶液。平衡向生成沉淀的方向移动,直到达成新的平衡为止。所以 $Q_i > K_{sp}^{\ominus}$ 是沉淀生成的条件。

$Q_i = K_{sp}^{\ominus}$ 时,溶液为饱和溶液。处于平衡状态,不生成沉淀。若有沉淀存在,其量不增也不减。

$Q_i < K_{sp}^{\ominus}$ 时,溶液为不饱和溶液。若溶液中有难溶电解质固体存在,就会继续溶解,直至饱和为止。所以 $Q_i < K_{sp}^{\ominus}$ 是沉淀溶解的条件。

以上规则称为溶度积原理(solubility product principle)。在实践中常用来判断化学反应中是否有沉淀产生或溶解。

例 4-21 将等体积的 4.0×10^{-3} mol·L^{-1} AgNO$_3$ 和 4.0×10^{-3} mol·L^{-1} K$_2$CrO$_4$ 混合,有无 Ag$_2$CrO$_4$ 沉淀产生?已知 $K_{sp}^{\ominus}(Ag_2CrO_4) = 1.12 \times 10^{-12}$。

解: 等体积混合后,浓度为原来的一半。$c(Ag^+) = 2.0 \times 10^{-3}$ mol·L^{-1},$c(CrO_4^{2-}) = 2.0 \times 10^{-3}$ mol·L^{-1}。

$$Q_i = c^2(Ag^+) \cdot c(CrO_4^{2-})$$
$$= (2.0 \times 10^{-3})^2 \times 2.0 \times 10^{-3}$$
$$= 8.0 \times 10^{-9} > K_{sp}^{\ominus}(Ag_2CrO_4)$$

所以有沉淀析出。

要在溶液中除去某种离子,往往采取使其产生沉淀的方法。因此,必须加入一种有足够浓度的沉淀剂溶液,使难溶电解质的离子积大于溶度积,产生沉淀,然后过滤分离。为了沉淀完全,沉淀剂的用量往往比计算值要大一些,一般加过量 20%~25% 的沉淀剂。

沉淀作用到达平衡时,余留在溶液中的离子浓度幂的乘积等于溶度积。许多难溶电解质的溶度积很小,因此当沉淀作用达到平衡后,余留在溶液中的离子浓度很低,已不能用定性反应检出,也不妨碍其他离子的鉴定,可以认为沉淀已达完全。定量分析中,沉淀反应后,如离子浓度不超过 10^{-6} mol·L^{-1},可认为该离子沉淀完全。对于某一种离子,往往有着许多种沉淀剂,沉淀产生的难溶电解质的溶度积也不一样。我们要选择合适的沉淀剂,使沉淀的溶解度达到最小程度,这样离子去除得比较完全。

4.3.2 沉淀溶解平衡的移动

和弱电解质溶液的解离平衡一样,在难溶电解质的沉淀溶解平衡系统中,加入相同离子、不同离子都会引起多相离子平衡的移动,改变难溶电解质的溶解度。

1. 影响难溶电解质溶解度的因素

(1)同离子效应

在难溶电解质的溶液中加入含有相同离子的强电解质,难溶电解质的多相平衡将发生移动。如在 AgCl 的饱和溶液中加入 NaCl 溶液时,在原来澄清的 AgCl 饱和溶液中仍会有 AgCl 沉淀析出。这是因为 AgCl 饱和溶液中存在着下列平衡:

$$AgCl(s) \rightleftharpoons Ag^+(aq) + Cl^-(aq)$$

当在溶液中加入与 AgCl 含有相同离子的 NaCl 时,溶液中 Cl$^-$ 浓度急剧增大,故出现

$c(Ag^+) \cdot c(Cl^-) > K_{sp}^{\ominus}$ 的情况,平衡将向生成 AgCl 沉淀的方向移动,即有沉淀析出。直到溶液中 $c(Ag^+) \cdot c(Cl^-) = K_{sp}^{\ominus}$,建立新的平衡时沉淀才停止析出。这时 Cl^- 浓度大于 AgCl 溶解在纯水中的 Cl^- 浓度,这是由于加入 NaCl 溶液造成的,而 Ag^+ 浓度则小于 AgCl 溶解在纯水中 Ag^+ 的浓度。AgCl 的溶解度可用达到平衡时的 Ag^+ 的浓度来表示,因此,AgCl 在 NaCl 溶液中的溶解度比在纯水中要小。这种因加入含有相同离子的易溶强电解质,而使难溶电解质的溶解度降低的效应,称为同离子效应,与酸碱平衡中的同离子效应相同。

例 4-22 已知室温下 $BaSO_4$ 在纯水中的溶解度为 1.05×10^{-5} mol·L^{-1},求 $BaSO_4$ 在 0.010 mol·L^{-1} Na_2SO_4 溶液中的溶解度比在纯水中小多少?已知 $K_{sp}^{\ominus}(BaSO_4) = 1.1 \times 10^{-10}$

解:设 $BaSO_4$ 在 0.010 mol·L^{-1} Na_2SO_4 溶液中的溶解度为 x,则溶解平衡时

$$BaSO_4(s) \Longrightarrow Ba^{2+}(aq) + SO_4^{2-}(aq)$$

平衡浓度/(mol·L^{-1}) $\qquad\qquad\qquad x \qquad\qquad 0.010+x$

$$K_{sp}^{\ominus}(BaSO_4) = c(Ba^{2+}) \cdot c(SO_4^{2-}) = x(0.010+x) = 1.1 \times 10^{-10}$$

因为溶解度 x 很小,所以 $\qquad\qquad 0.010+x \approx 0.010$

$$0.010x = 1.1 \times 10^{-10}$$

故 $\qquad\qquad\qquad\qquad x = 1.1 \times 10^{-8}$ mol·L^{-1}

计算结果与 $BaSO_4$ 在纯水中的溶解度相比较,溶解度为原来的 $\dfrac{1.1 \times 10^{-8}}{1.05 \times 10^{-5}}$,即约为 0.1%。

（2）盐效应

实验表明,在一定温度下,AgCl 等难溶电解质在 KNO_3 溶液中的溶解度比在纯水中大,并且 KNO_3 浓度越大,难溶电解质的溶解度也越大。例如,$AgBrO_3$ 在 0.01 mol·L^{-1} KNO_3 溶液中的溶解度要比在纯水中大 15%,这种因加入强电解质使难溶电解质的溶解度增大的效应,称为盐效应。

不但加入不同离子的电解质能使沉淀的溶解度增大,就是加入具有同离子的电解质,在产生同离子效应的同时,也能产生盐效应。但盐效应大都要比同离子效应的影响小得多,所以一般可不考虑盐效应。

2. 沉淀的溶解

降低难溶强电解质饱和溶液中阴离子或阳离子的浓度,使难溶电解质的离子积小于溶度积,则难溶电解质的沉淀就会溶解,直到建立新的平衡状态。通常用来使沉淀溶解的方法有下列几种:

（1）生成弱电解质使沉淀溶解

难溶的弱酸盐、氢氧化物等都能溶于酸而生成弱电解质。例如,在含有固体 $CaCO_3$ 的饱和溶液中加入盐酸后,系统中存在着下列平衡的移动:

$$CaCO_3(s) \Longrightarrow Ca^{2+} + CO_3^{2-}$$
$$+$$
$$HCl \longrightarrow Cl^- + H^+$$
$$\Updownarrow$$
$$HCO_3^- + H^+ \Longrightarrow H_2CO_3 \longrightarrow CO_2 \uparrow + H_2O$$

由于 H^+ 与 CO_3^{2-} 结合生成弱酸 H_2CO_3,后者又分解为 CO_2 和 H_2O,使 $CaCO_3$ 饱和溶液

中的 CO_3^{2-} 浓度大大减少,使 $c(Ca^{2+}) \cdot c(CO_3^{2-}) < K_{sp}^{\ominus}$,因而 $CaCO_3$ 溶解了。这种由于加酸生成弱电解质而使沉淀溶解的方法,称为沉淀的酸溶解。

金属硫化物也是弱酸盐,在酸溶解时,H^+ 和 S^{2-} 先生成 HS^-,HS^- 又进一步和 H^+ 结合成 H_2S 分子,结果 S^{2-} 减少,使 $Q_i < K_{sp}^{\ominus}$,则金属硫化物开始溶解。例如,FeS 的酸溶解可用下列平衡表示:

$$FeS(s) \Longrightarrow Fe^{2+} + S^{2-}$$
$$+$$
$$HCl \longrightarrow Cl^- + H^+$$
$$\Updownarrow$$
$$HS^- + H^+ \Longrightarrow H_2S$$

例 4-23 要使 0.10 mol FeS 完全溶于 1.0 L 盐酸中,求所需盐酸的最低浓度。

解: 当 0.10 mol FeS 完全溶于 1.0 L 盐酸时,$c(Fe^{2+}) = 0.10\ mol \cdot L^{-1}$,$c(H_2S) = 0.10\ mol \cdot L^{-1}$,反应如下:

$$FeS(s) + 2H^+(aq) \Longrightarrow Fe^{2+}(aq) + H_2S(aq)$$

$$K^{\ominus} = \frac{c(Fe^{2+}) \cdot c(H_2S)}{c^2(H^+)} \cdot \frac{c(S^{2-})}{c(S^{2-})} = \frac{K_{sp}^{\ominus}(FeS)}{K_{a_1}^{\ominus}(H_2S) \cdot K_{a_2}^{\ominus}(H_2S)}$$

故

$$c(H^+) = \sqrt{\frac{c(Fe^{2+}) \cdot c(H_2S) \cdot K_{a_1}^{\ominus}(H_2S) \cdot K_{a_2}^{\ominus}(H_2S)}{K_{sp}^{\ominus}(FeS)}}$$

$$= \sqrt{\frac{0.10 \times 0.10 \times 1.1 \times 10^{-7} \times 1.3 \times 10^{-13}}{6.3 \times 10^{-18}}}\ mol \cdot L^{-1}$$

$$= 4.8 \times 10^{-3}\ mol \cdot L^{-1}$$

生成 H_2S 时消耗掉 0.20 mol 盐酸,故所需的盐酸的最初浓度为 $(0.0048 + 0.20)\ mol \cdot L^{-1} \approx 0.205\ mol \cdot L^{-1}$。

难溶的金属氢氧化物,如 $Mg(OH)_2$,$Mn(OH)_2$,$Fe(OH)_3$,$Al(OH)_3$ 等都能溶于酸,这是由于 H^+ 与 OH^- 生成 H_2O,使得 OH^- 不断减少,金属氢氧化物不断溶解。金属氢氧化物溶于强酸的总反应式为

$$M(OH)_n + nH^+ \Longrightarrow M^{n+} + nH_2O$$

反应平衡常数为

$$K^{\ominus} = \frac{c(M^{n+})}{c^n(H^+)} = \frac{c(M^{n+}) \cdot c^n(OH^-)}{c^n(H^+) \cdot c^n(OH^-)} = \frac{K_{sp}^{\ominus}}{(K_w^{\ominus})^n} \tag{4-22}$$

室温时,$K_w^{\ominus} = 10^{-14}$,而一般 MOH 的 $K_{sp}^{\ominus}$ 大于 10^{-14}(即 $K_w^{\ominus}$),$M(OH)_2$ 的 $K_{sp}^{\ominus}$ 大于 10^{-28}(即 $K_w^{\ominus 2}$),$M(OH)_3$ 的 $K_{sp}^{\ominus}$ 大于 10^{-42}(即 $K_w^{\ominus 3}$),所以反应平衡常数都大于 1,表明金属氢氧化物一般都能溶于强酸。

(2)通过氧化还原反应使沉淀溶解

有些金属硫化物的 $K_{sp}^{\ominus}$ 数值特别小,因而不能用盐酸溶解。如 CuS 的 $K_{sp}^{\ominus}$ 为 1.27×10^{-36},如要使其溶解,则 $c(H^+)$ 需达到 $10^6\ mol \cdot L^{-1}$,这是根本不可能的。如果使用具有氧化性的硝酸,则发生下列氧化还原反应:

$$3S^{2-} + 2NO_3^- + 8H^+ \rightleftharpoons 3S \downarrow + 2NO \uparrow + 4H_2O$$

使金属硫化物饱和溶液中 S^{2-} 浓度大大降低,离子积小于溶度积,从而金属硫化物溶解。例如,CuS 溶于硝酸的反应如下:

$$CuS(s) \rightleftharpoons Cu^{2+} + S^{2-}$$
$$+$$
$$HNO_3 \longrightarrow S\downarrow + NO\uparrow + H_2O$$

HgS 的溶度积更小,为 6.44×10^{-53},则需用王水来溶解,即利用浓硝酸的氧化作用使 S^{2-} 降低,同时利用浓盐酸中 Cl^- 的配位作用使 Hg^{2+} 的浓度也降低,反应如下:

$$3HgS + 2HNO_3 + 12HCl \rightleftharpoons 3H_2[HgCl_4] + 3S\downarrow + 2NO\uparrow + 4H_2O$$

（3）生成配合物使沉淀溶解[①]

许多难溶的卤化物不溶于酸,但能生成配离子而溶解,这种以生成配离子而使沉淀溶解的过程叫沉淀的配位溶解。例如,AgCl 不溶于酸,但可溶于 NH_3 溶液,其反应如下:

$$AgCl(s) \rightleftharpoons Ag^+ + Cl^-$$
$$+$$
$$2NH_3 \rightleftharpoons [Ag(NH_3)_2]^+$$

由于 NH_3 和 Ag^+ 结合而生成稳定的配离子 $[Ag(NH_3)_2]^+$,降低了 Ag^+ 的浓度,使 $Q_i < K_{sp}^{\ominus}$,则固体 AgCl 开始溶解。

难溶卤化物还可以与过量的卤素离子形成配离子而溶解,例如:

$$AgI + I^- \rightleftharpoons [AgI_2]^-$$
$$PbI_2 + 2I^- \rightleftharpoons [PbI_4]^{2-}$$
$$HgI_2 + 2I^- \rightleftharpoons [HgI_4]^{2-}$$
$$CuI + I^- \rightleftharpoons [CuI_2]^-$$

两性氢氧化物在强碱性溶液中也能生成羟合配离子而溶解,如 $Al(OH)_3$ 与 OH^- 反应,生成配离子 $[Al(OH)_4]^-$。

4.3.3 多种沉淀之间的平衡

1. 分步沉淀

在实际工作中,溶液中往往同时存在着几种离子。当加入某种沉淀剂时,沉淀是按照一定的先后次序进行的,这种先后沉淀的现象,称为分步沉淀（fractional precipitation）。

例如,在浓度均为 $0.010\ mol\cdot L^{-1}$ 的 I^- 和 Cl^- 溶液中,逐滴加入 $AgNO_3$ 试剂,开始只生成黄色的 AgI 沉淀,加入到一定量的 $AgNO_3$ 时,才出现白色的 AgCl 沉淀。在上述溶液中,开始生成 AgI 和 AgCl 沉淀时所需要的 Ag^+ 浓度分别是

$$AgI: c(Ag^+) > \frac{K_{sp}^{\ominus}(AgI)}{c(I^-)} = \frac{8.3\times10^{-17}}{0.010}\ mol\cdot L^{-1} = 8.3\times10^{-15}\ mol\cdot L^{-1}$$

$$AgCl: c(Ag^+) > \frac{K_{sp}^{\ominus}(AgCl)}{c(Cl^-)} = \frac{1.8\times10^{-10}}{0.010}\ mol\cdot L^{-1} = 1.8\times10^{-8}\ mol\cdot L^{-1}$$

---

① 沉淀与配合物相互转化的定量关系将在第八章中讨论。

计算结果表明,沉淀 I⁻ 所需 Ag⁺ 浓度比沉淀 Cl⁻ 所需 Ag⁺ 浓度小得多,所以 AgI 先沉淀。不断滴入 AgNO₃ 溶液,当 Ag⁺ 浓度刚超过 $1.8×10^{-8}$ mol·L⁻¹ 时 AgCl 开始沉淀,此时溶液中存在的 I⁻ 浓度为

$$c(\text{I}^-) = \frac{K_{\text{sp}}^{\ominus}(\text{AgI})}{c(\text{Ag}^+)} = \frac{8.3×10^{-17}}{1.8×10^{-8}} \text{ mol·L}^{-1} = 4.6×10^{-9} \text{ mol·L}^{-1}$$

可以认为,当 AgCl 开始沉淀时,I⁻ 已经沉淀完全。如果我们能适当地控制反应条件,就可使 Cl⁻ 和 I⁻ 分离。

总之,当溶液中同时存在几种离子时,离子积首先达到溶度积的难溶电解质先生成沉淀,离子积后达到溶度积的后生成沉淀。对于同一类型的难溶电解质,溶度积差别越大,利用分步沉淀就可以分离得越完全。

除碱金属和部分碱土金属外,许多金属氢氧化物的溶解度都比较小。在科研和生产实践中,常根据金属氢氧化物溶解度间的差别,控制溶液的 pH,使某些金属氢氧化物沉淀出来,另一些金属离子仍保留在溶液中,从而达到分离的目的。

例 4-24 在 1.0 mol·L⁻¹ Co²⁺ 溶液中,含有少量 Fe³⁺ 杂质。问应如何控制 pH,才能达到除去 Fe³⁺ 杂质的目的? $K_{\text{sp}}^{\ominus}\{\text{Co(OH)}_2\} = 1.09×10^{-15}$,$K_{\text{sp}}^{\ominus}\{\text{Fe(OH)}_3\} = 4.0×10^{-38}$。

解:(1)计算使 Fe³⁺ 定量沉淀完全时的 pH:

$$\text{Fe(OH)}_3(\text{s}) \Longrightarrow \text{Fe}^{3+} + 3\text{OH}^- \qquad K_{\text{sp}}^{\ominus}\{\text{Fe(OH)}_3\} = c(\text{Fe}^{3+}) \cdot c^3(\text{OH}^-)$$

$$c(\text{OH}^-) \geq \sqrt[3]{\frac{K_{\text{sp}}^{\ominus}\{\text{Fe(OH)}_3\}}{c(\text{Fe}^{3+})}} = \sqrt[3]{\frac{4.0×10^{-38}}{10^{-6}}} = 3.4×10^{-11} \text{ mol·L}^{-1}$$

$$\text{pH} > 14.00 - [-\lg(3.4×10^{-11})] = 3.53$$

(2)计算使 Co²⁺ 不生成 Co(OH)₂ 沉淀的 pH:

$$\text{Co(OH)}_2(\text{s}) \Longrightarrow \text{Co}^{2+} + 2\text{OH}^- \qquad K_{\text{sp}}^{\ominus}\{\text{Co(OH)}_2\} = c(\text{Co}^{2+}) \cdot c^2(\text{OH}^-)$$

不生成 Co(OH)₂ 沉淀的条件是:$c(\text{Co}^{2+}) \cdot c^2(\text{OH}^-) \leq K_{\text{sp}}^{\ominus}\{\text{Co(OH)}_2\}$

即

$$c(\text{OH}^-) \leq \sqrt{\frac{K_{\text{sp}}^{\ominus}\{\text{Co(OH)}_2\}}{c(\text{Co}^{2+})}} = \sqrt{\frac{1.09×10^{-15}}{1.0}} \text{ mol·L}^{-1} = 3.3×10^{-8} \text{ mol·L}^{-1}$$

$$\text{pH} < 14 - [-\lg(3.3×10^{-8})] = 6.52$$

可见 Co(OH)₂ 开始沉淀时的 pH 为 6.52,而 Fe(OH)₃ 沉淀完全时(Fe³⁺ 浓度小于 10⁻⁶ mol·L⁻¹)的 pH 为 3.53。所以控制溶液的 pH 在 3.53～6.52 可除去 Fe³⁺ 而不会引起 Co(OH)₂ 沉淀,这样就可以达到分离 Fe³⁺ 和 Co²⁺ 的目的。

许多金属硫化物的溶解度都很小,但它们的溶度积有一定的差别,并各有特定的颜色。因此,常利用硫化物的这些性质来分离和鉴定某些离子。金属硫化物是弱酸 H₂S 的盐,溶液中能否生成硫化物沉淀,除与金属离子浓度有关外,还与 S²⁻ 浓度有关。而溶液中 S²⁻ 浓度又取决于溶液的 pH,因此控制溶液的 pH,就可以使不同的金属硫化物在适当的条件下分步沉淀出来。

例 4-25 某溶液中 Zn²⁺ 和 Mn²⁺ 的浓度都为 0.10 mol·L⁻¹,向溶液中通入 H₂S 气体,使溶液中的 H₂S 始终处于饱和状态,溶液 pH 应控制在什么范围可以使这两种离子完全分离?

解:根据 $K_{\text{sp}}^{\ominus}(\text{ZnS}) = 1.6×10^{-24}$,$K_{\text{sp}}^{\ominus}(\text{MnS}) = 2.5×10^{-13}$ 可知,ZnS 沉淀比较容易生成。

先计算 Zn²⁺ 沉淀完全时,即 $c(\text{Zn}^{2+}) < 1.0×10^{-6}$ mol·L⁻¹ 时的 $c(\text{S}^{2-})$ 和 $c(\text{H}^+)$。根据式(4-20)

可知：

$$c(S^{2-}) = \frac{K_{sp}^{\ominus}(ZnS)}{c(Zn^{2+})} = \frac{1.6 \times 10^{-24}}{1.0 \times 10^{-6}} \text{ mol} \cdot L^{-1} = 1.6 \times 10^{-18} \text{ mol} \cdot L^{-1}$$

$$c(H^+) = \sqrt{\frac{K_{a_1}^{\ominus} K_{a_2}^{\ominus} c(H_2S)}{c(S^{2-})}} = \sqrt{\frac{1.4 \times 10^{-21}}{1.6 \times 10^{-18}}} \text{ mol} \cdot L^{-1} = 3.0 \times 10^{-2} \text{ mol} \cdot L^{-1}$$

$$pH = 1.52$$

然后计算 Mn^{2+} 开始沉淀时的 pH，

$$c(S^{2-}) = \frac{K_{sp}^{\ominus}(MnS)}{c(Mn^{2+})} = \frac{2.5 \times 10^{-13}}{0.1} \text{ mol} \cdot L^{-1} = 2.5 \times 10^{-12} \text{ mol} \cdot L^{-1}$$

$$c(H^+) = \sqrt{\frac{K_{a_1}^{\ominus} K_{a_2}^{\ominus} c(H_2S)}{c(S^{2-})}} = \sqrt{\frac{1.4 \times 10^{-21}}{2.5 \times 10^{-12}}} \text{ mol} \cdot L^{-1} = 2.4 \times 10^{-5} \text{ mol} \cdot L^{-1}$$

$$pH = 4.62$$

因此，只要将 pH 控制在 1.52~4.62，就能使 ZnS 沉淀完全，而 Mn^{2+} 又没有产生沉淀，从而实现 Zn^{2+} 和 Mn^{2+} 的分离。

2. 沉淀的转化

由一种沉淀转化为另一种沉淀的过程叫沉淀的转化（inversion of precipitate）。有些沉淀既不溶于水也不溶于酸，又不能用配位溶解和氧化还原的方法将它溶解。这时，可以先将难溶强酸盐转化为难溶弱酸盐，然后再用酸溶解。例如，锅炉中的锅垢不溶于酸，常用 Na_2CO_3 处理，使锅垢中的 $CaSO_4$ 转化为疏松的可溶于酸的 $CaCO_3$ 沉淀，这样就可以把锅垢清除掉了。

例 4-26 求 1.00 L 0.100 mol·L^{-1} 的 Na_2CO_3 可使多少克 $CaSO_4$ 转化成 $CaCO_3$？

解： 设平衡时 $c(SO_4^{2-}) = x$ mol·L^{-1}

$$CaSO_4(s) + CO_3^{2-}(aq) \Longrightarrow CaCO_3(s) + SO_4^{2-}(aq)$$

平衡浓度/(mol·L^{-1})　　　　　0.100-x　　　　　　　　　　x

$$K^{\ominus} = \frac{c(SO_4^{2-})}{c(CO_3^{2-})} = \frac{c(SO_4^{2-}) \cdot c(Ca^{2+})}{c(CO_3^{2-}) \cdot c(Ca^{2+})} = \frac{K_{sp}^{\ominus}(CaSO_4)}{K_{sp}^{\ominus}(CaCO_3)} = \frac{9.1 \times 10^{-6}}{2.8 \times 10^{-9}} = 3.3 \times 10^3$$

$$K^{\ominus} = \frac{c(SO_4^{2-})}{c(CO_3^{2-})} = \frac{x}{0.100-x} = 3.3 \times 10^3$$

解得 $x = 0.099\,97 \approx 0.100$，即 $c(SO_4^{2-}) = 0.100$ mol·L^{-1}

故转化掉的 $CaSO_4$ 的质量为 136.14 g·$mol^{-1} \times 1.00$ L$\times 0.100$ mol·$L^{-1} = 13.6$ g。

4.4　配位化合物在溶液中的解离平衡

一般配合物在水溶液中其内界与外界完全解离，例如，$[Cu(NH_3)_4]SO_4 \cdot H_2O$ 固体溶于水中发生如下解离反应：

$$[Cu(NH_3)_4]SO_4 \cdot H_2O \longrightarrow [Cu(NH_3)_4]^{2+} + SO_4^{2-} + H_2O$$

如在溶液中加入少量 NaOH，并不生成 $Cu(OH)_2$ 沉淀；若加入 Na_2S 溶液，则可得到黑色 CuS 沉淀。显然在溶液中存在着少量的 Cu^{2+}。说明在溶液中不仅有 Cu^{2+} 与

NH_3 分子的配位反应,同时还存在着配离子 $[Cu(NHl_3)_4]^{2+}$ 的解离反应,这两种反应最终建立平衡:

$$Cu^{2+} + 4NH_3 \rightleftharpoons [Cu(NH_3)_4]^{2+}$$

这种平衡称为配合物的配位-解离平衡,简称配位平衡(coordination equilibrium)。本节将讨论配合物的稳定性及影响配位平衡的因素。

4.4.1 配位平衡常数

1. 稳定常数

根据化学平衡的原理,Cu^{2+} 与 NH_3 分子形成配离子 $[Cu(NH_3)_4]^{2+}$ 的平衡常数为

$$K_f^{\ominus} = \frac{c\{[Cu(NH_3)_4]^{2+}\}}{c(Cu^{2+}) \cdot c^4(NH_3)} \tag{4-23}$$

式中 $K_f^{\ominus}$ 为配合物的稳定常数[①](stability constant),$K_f^{\ominus}$ 值越大,配离子越稳定。因此配离子的稳定常数是配离子的一种特征常数。一些常见配离子的稳定常数见附录 V。

2. 不稳定常数

除了可用 $K_f^{\ominus}$ 表示配离子的稳定性外,也可从配离了解离的程度来表示其稳定性。如配离子 $[Cu(NH_3)_4]^{2+}$ 在水中的解离平衡为

$$[Cu(NH_3)_4]^{2+} \rightleftharpoons Cu^{2+} + 4NH_3$$

其平衡常数为

$$K_d^{\ominus} = \frac{c(Cu^{2+}) \cdot c^4(NH_3)}{c\{[Cu(NH_3)_4]^{2+}\}} \tag{4-24}$$

式中:$K_d^{\ominus}$ 为配合物的不稳定常数(instability constant)或解离常数。$K_d^{\ominus}$ 值越大表示配离子越容易解离,即越不稳定。很明显,$K_f^{\ominus}$ 与 $K_d^{\ominus}$ 有如下关系:

$$K_f^{\ominus} = \frac{1}{K_d^{\ominus}}$$

3. 逐级稳定常数

金属离子 M 能与配位剂 L 形成 ML_n 型配合物,这种配合物是逐步形成的。因此,每一步都有配位平衡和相应的稳定常数,这类稳定常数称为逐级稳定常数 $K_{f,n}^{\ominus}$(stepwise stability constant)。

$$M + L \rightleftharpoons ML \qquad K_{f_1}^{\ominus} = \frac{c(ML)}{c(M) \cdot c(L)}$$

$$ML + L \rightleftharpoons ML_2 \qquad K_{f_2}^{\ominus} = \frac{c(ML_2)}{c(ML) \cdot c(L)}$$

$$\vdots \quad \vdots \qquad \vdots \qquad \vdots$$

$$ML_{n-1} + L \rightleftharpoons ML_n \qquad K_{f_n}^{\ominus} = \frac{c(ML_n)}{c(ML_{n-1}) \cdot c(L)}$$

一些配离子的逐级稳定常数的对数值见表 4-3。

---

① 又称形成常数(formation constant)。

表 4-3 一些配离子的逐级稳定常数($\lg K_{f_n}^{\ominus}$)

配离子	$\lg K_{f_1}^{\ominus}$	$\lg K_{f_2}^{\ominus}$	$\lg K_{f_3}^{\ominus}$	$\lg K_{f_4}^{\ominus}$	$\lg K_{f_5}^{\ominus}$	$\lg K_{f_6}^{\ominus}$
$[Zn(NH_3)_4]^{2+}$	2.37	2.44	2.50	2.15		
$[Hg(NH_3)_4]^{2+}$	8.8	8.7	1.0	0.78		
$[Zn(en)_3]^{2+}$	5.77	5.05	3.28			
$[Ag(NH_3)_2]^{2+}$	3.24	3.81				
$[Cu(NH_3)_4]^{2+}$	4.31	3.67	3.04	2.30		
$[Cu(en)_2]^{2+}$	10.67	9.33				
$[Ni(NH_3)_6]^{2+}$	2.80	2.24	1.73	1.19	0.75	0.03
$[AlF_6]^{3-}$	6.10	5.05	3.85	2.75	1.62	0.47

由表 4-3 可知,配离子的逐级稳定常数之间一般差别不大。除少数例外,常是均匀地逐级减少,这就使得计算配离子溶液中各种成分的浓度比较复杂。在实际工作中,一般总含有过量的配位剂,这时平衡向生成配合物的方向移动。可以认为这种溶液中绝大部分成分是最高配位数的离子,而将其他低配位数的离子忽略不计。所以在有关计算中,除特殊情况外,一般都用总稳定常数来进行计算。

4. 累积稳定常数

将逐级稳定常数依次相乘,可得到各级累积稳定常数($\beta_n^{\ominus}$)(cumulative stability constant)。

$$\beta_1^{\ominus} = K_{f_1}^{\ominus} = \frac{c(ML)}{c(M) \cdot c(L)}$$

$$\beta_2^{\ominus} = K_{f_1}^{\ominus} \cdot K_{f_2}^{\ominus} = \frac{c(ML_2)}{c(M) \cdot c^2(L)}$$

$$\cdots\cdots\cdots\cdots$$

$$\beta_n^{\ominus} = K_{f_1}^{\ominus} \cdot K_{f_2}^{\ominus} \cdots K_{f_n}^{\ominus} = \frac{c(ML_n)}{c(M) \cdot c^n(L)} \tag{4-25}$$

最后一级累积稳定常数就是配合物的总的稳定常数。一些常见配离子的累积稳定常数见附录 V。

4.4.2 配位平衡的移动

配位平衡与其他化学平衡一样,如果平衡系统的条件(如浓度、酸度等)发生改变,平衡就会发生移动。如向下述平衡系统

$$M^{n+} + xL^- \rightleftharpoons [ML_x]^{(n-x)}$$

中加入某种试剂使金属离子 M^{n+} 生成难溶化合物,或者改变 M^{n+} 的氧化态,都可使平衡向左移动。改变溶液的酸度使配体 L^- 生成难解离的弱酸,同样也可以使平衡向左移动。此外,若加入某种试剂能与 M^{n+} 生成更稳定的配离子时,也可以改变上述平衡,使 $[ML]_x^{(n-x)}$ 遭到破坏。

1. 酸度对配位平衡的影响

在配位平衡中存在着配离子、游离的金属离子和配体,溶液酸度的改变对这些存

在形式都会产生不同程度的改变,因此酸度对配位平衡有较大的影响。从酸碱质子理论的观点来看,一些常见的配体都属于质子碱。例如,常见的 NH_3 和 CN^-、F^- 等,可与 H^+ 结合生成相应的共轭酸。反应的程度取决于配体碱性的强弱,配体碱性越强就越易与 H^+ 结合。当溶液中 H^+ 浓度增加时,配体的浓度会下降,使配位平衡向解离方向移动。如在酸性介质中,F^- 能与 Fe^{3+} 生成 $[FeF_6]^{3-}$ 配离子。但当酸度过大($[c(H^+) > 0.5\ mol \cdot L^{-1}]$ 时),由于 H^+ 与 F^- 结合生成了 HF 分子,降低了溶液中 F^- 浓度,使 $[FeF_6]^{3-}$ 配离子大部分解离,反应如下:

$$Fe^{3+} + 6F^- \Longrightarrow [FeF_6]^{3-}$$
$$+$$
$$6H^+ \Longrightarrow 6HF$$

总反应为

$$[FeF_6]^{3-} + 6H^+ \Longrightarrow Fe^{3+} + 6HF$$

$$K^{\ominus} = \frac{c(Fe^{3+}) \cdot c^6(HF)}{c\{[FeF_6]^{3-}\} \cdot c^6(H^+)} = \frac{c(Fe^{3+}) \cdot c^6(HF)}{c\{[FeF_6]^{3-}\} \cdot c^6(H^+)} \cdot \frac{c^6(F^-)}{c^6(F^-)} = \frac{1}{K_f^{\ominus} \cdot (K_a^{\ominus})^6}$$

显然,$K_f^{\ominus}$ 越小(原配合物稳定性越小)、$K_a^{\ominus}$ 越小(生成的酸越弱),$K^{\ominus}$ 越大。

过渡元素的金属离子,尤其在高氧化态时,都有显著的水解作用。如在 $[FeF_6]^{3-}$ 的配位平衡中,如果 pH 较大时,由于 Fe^{3+} 的水解反应,从而使溶液中游离金属离子浓度降低,使配位平衡朝着解离的方向移动,导致配合物的稳定性降低,这种现象通常称为金属离子的水解效应或羟合效应:

$$[FeF_6]^{3-} \Longrightarrow Fe^{3+} + 6F^-$$
$$+$$
$$3OH^- \Longrightarrow Fe(OH)_3 \downarrow$$

从防止金属离子水解的角度来看,增大溶液的酸度可抑制水解,防止游离金属离子浓度的降低,从而有利于配离子的形成。因此酸度对配位平衡影响是多方面的,既要考虑配体的酸效应,又要考虑金属离子的水解效应,但通常以酸效应为主。

2. 沉淀反应对配位平衡的影响

沉淀反应与配位平衡的关系,可看成是沉淀剂和配位剂共同争夺中心离子的过程。在配合物溶液中加入某种沉淀剂,它可与该配合物中的中心离子生成难溶化合物,该沉淀剂或多或少地导致配离子的解离。

例如,在 $[Cu(NH_3)_4]^{2+}$ 溶液中加入 Na_2S 溶液,就有 CuS 沉淀生成,配离子被破坏,其过程可表示为

$$[Cu(NH_3)_4]^{2+} \Longrightarrow Cu^{2+} + 4NH_3$$
$$+$$
$$S^{2-} \Longrightarrow CuS \downarrow$$

总反应为

$$[Cu(NH_3)_4]^{2+} + S^{2-} \Longrightarrow CuS \downarrow + 4NH_3$$

$$K^{\ominus} = \frac{c^4(NH_3)}{c\{[Cu(NH_3)_4]^{2+}\} \cdot c(S^{2-})} = \frac{c^4(NH_3)}{c\{[Cu(NH_3)_4]^{2+}\} \cdot c(S^{2-})} \cdot \frac{c(Cu^{2+})}{c(Cu^{2+})}$$

$$= \frac{1}{K_f^{\ominus}\{[Cu(NH_3)_4]^{2+}\} \cdot K_{sp}^{\ominus}(CuS)}$$

$$= \frac{1}{2.1 \times 10^{13} \times 6.3 \times 10^{-36}} = 7.6 \times 10^{21}$$

该平衡常数很大,说明反应可以进行得很完全。从 $K^{\ominus} = 1/(K_f^{\ominus} \cdot K_{sp}^{\ominus})$,可知 $K_f^{\ominus}$ 越小,$K_{sp}^{\ominus}$ 越小,则生成沉淀的趋势越大,反之则生成沉淀的趋势越小。

同样,我们也可以用加入配位剂的方法来促使沉淀的溶解。如用浓氨水可将氯化银溶解:

$$AgCl(s) + 2NH_3 \rightleftharpoons [Ag(NH_3)_2]^+ + Cl^-$$

例 4-27　在 1.00 L 氨水中溶解 0.100 mol AgCl,问氨水的最初浓度至少应该是多少?

解: 先求溶解反应 $AgCl + 2NH_3 \rightleftharpoons [Ag(NH_3)_2]^+ + Cl^-$ 的平衡常数 $K^{\ominus}$:

$$K^{\ominus} = \frac{c\{[Ag(NH_3)_2]^+\} \cdot c(Cl^-)}{c^2(NH_3)} = \frac{c\{[Ag(NH_3)_2]^+\} \cdot c(Cl^-) \cdot c(Ag)^+}{c^2(NH_3) \cdot c(Ag^+)} = K_f^{\ominus} \cdot K_{sp}^{\ominus}$$

$$= 10^{7.05} \times 10^{-9.75}$$

$$= 2.00 \times 10^{-3}$$

假定 AgCl 溶解全部转化为 $[Ag(NH_3)_2]^+$,若忽略 $[Ag(NH_3)_2]^+$ 的解离,则平衡时 $[Ag(NH_3)_2]^+$ 的浓度为 0.100 mol·L^{-1},Cl$^-$ 的浓度为 0.100 mol·L^{-1},代入上式得

$$\frac{0.100 \times 0.100}{c^2(NH_3)} = 2.00 \times 10^{-3} \qquad c(NH_3) = 2.24 \text{ mol·L}^{-1}$$

在溶解过程中要消耗氨水的浓度为:2×0.100 mol·L^{-1} = 0.200 mol·L^{-1}

所以氨水的最初浓度为 $(2.24 + 0.200)$ mol·L^{-1} = 2.44 mol·L^{-1}

从例 4-27 中反应常数 $K^{\ominus} = K_f^{\ominus} \cdot K_{sp}^{\ominus}$ 的关系式可看出,如果 $K_f^{\ominus}$,$K_{sp}^{\ominus}$ 越大,则沉淀越容易溶解转化为配离子。显然,配位反应可促进沉淀的溶解,沉淀的生成也可以破坏配合物的形成,二者相互影响、相互制约,沉淀能否被溶解,配合物能否被破坏,主要取决于沉淀的 $K_{sp}^{\ominus}$ 和配合物 $K_f^{\ominus}$ 值的大小,同时还与所加的配位剂和沉淀剂的用量有关。

例 4-28　在 0.10 mol·L^{-1} 的 $[Ag(NH_3)_2]^+$ 配离子溶液中加入 KBr 溶液,使 KBr 浓度达到 0.10 mol·L^{-1},有无 AgBr 沉淀生成?已知 $K_f^{\ominus}\{[Ag(NH_3)_2]^+\} = 1.12 \times 10^7$,$K_{sp}^{\ominus}(AgBr) = 5.0 \times 10^{-13}$。

解: 设 $[Ag(NH_3)_2]^+$ 配离子解离所生成的 $c(Ag^+) = x$ mol·L^{-1},

$$Ag^+ + 2NH_3 \rightleftharpoons [Ag(NH_3)_2]^+$$

平衡浓度/(mol·L^{-1})　　　　x　　$2x$　　　　　$0.10-x$

$$K_f^{\ominus} = \frac{c\{[Ag(NH_3)_2]^+\}}{c^2(NH_3) \cdot c(Ag^+)} = \frac{0.10-x}{x(2x)^2} = 1.12 \times 10^7$$

$[Ag(NH_3)_2]^+$ 稳定性较大,解离度较小,故 $0.10-x \approx 0.10$,解得 $x = 1.3 \times 10^{-3}$ mol·L^{-1}

$$Q = c(Ag^+) \cdot c(Br^-) = 1.3 \times 10^{-3} \times 0.10 = 1.3 \times 10^{-4} > K_{sp}^{\ominus}(AgBr)$$

所以有 AgBr 沉淀产生。

3. 氧化还原反应与配位平衡

在配位平衡系统中若加入能与中心离子发生氧化还原反应的氧化剂或还原剂,降低了金属离子的浓度,从而降低了配离子的稳定性。例如,在含配离子 $[Fe(NCS)_6]^{3-}$ 的溶液中加入 $SnCl_2$ 后,溶液的血红色消失,这是由于 Sn^{2+} 将 Fe^{3+} 还原为 Fe^{2+},Fe^{3+} 浓

度减小,从而引起$[Fe(SCN)_6]^{3-}$的解离:

$$[Fe(SCN)_6]^{3-} \rightleftharpoons 6SCN^- + Fe^{3+}$$
$$+$$
$$Sn^{2+} \rightleftharpoons Fe^{2+} + Sn^{4+}$$

总反应为

$$2[Fe(SCN)_6]^{3-} + Sn^{2+} \rightleftharpoons 2Fe^{2+} + 12SCN^- + Sn^{4+}$$

另外,如果金属离子在溶液中形成了配离子,金属离子的氧化还原性往往会发生变化。如果电对中氧化型金属离子形成较稳定的配离子,由于氧化型金属离子的浓度下降,则电极电势会减小。

例如

$$Fe^{3+} + e^- \rightleftharpoons Fe^{2+} \qquad E^{\ominus}(Fe^{3+}/Fe^{2+}) = 0.771\ V$$
$$I_2 + 2e^- \rightleftharpoons 2I^- \qquad E^{\ominus}(I_2/I^-) = 0.536\ V$$

由电极电势可知,Fe^{3+}可以把I^-氧化为I_2,其反应为

$$Fe^{3+} + I^- \rightleftharpoons Fe^{2+} + \frac{1}{2}I_2$$

如果向该反应系统中加入F^-,Fe^{3+}立即与F^-形成了$[FeF_6]^{3-}$,降低了Fe^{3+}浓度,因而Fe^{3+}/Fe^{2+}电对的电极电势减小,使上述氧化还原平衡向左移动。I_2又被还原成I^-:

$$Fe^{2+} + \frac{1}{2}I_2 + 6F^- \rightleftharpoons [FeF_6]^{3-} + I^-$$

4. 配离子的转化

在配位反应中,一种配离子可以转化成更稳定的另一种配离子。如:

$$[HgCl_4]^{2-} + 4I^- \rightleftharpoons [HgI_4]^{2-} + 4Cl^-$$

$$[Fe(SCN)_6]^{3-} + 6F^- \rightleftharpoons [FeF_6]^{3-} + 6SCN^-$$

血红色   无色

这是由于:$K_f^{\ominus}\{[HgI]^{2-}\} > K_f^{\ominus}\{[HgCl_4]^{2-}\}$;$K_f^{\ominus}\{[FeF_6]^{3-}\} > K_f^{\ominus}\{[Fe(SCN)_6]^{3-}\}$。

例 4-29 计算反应$[Ag(NH_3)_2]^+ + 2CN^- \rightleftharpoons [Ag(CN)_2]^- + 2NH_3$的平衡常数,并判断配位反应进行的方向。

解: 查表得,$K_f^{\ominus}\{[Ag(NH_3)_2]^+\} = 1.12 \times 10^7$;$K_f^{\ominus}\{[Ag(CN)_2]^-\} = 1.26 \times 10^{21}$

$$
\begin{aligned}
K^{\ominus} &= \frac{c\{[Ag(CN)_2]^-\} \cdot c^2(NH_3)}{c\{[Ag(NH_3)_2]^+\} \cdot c^2(CN^-)} \\
&= \frac{c\{[Ag(CN)_2]^-\} \cdot c^2(NH_3)}{c\{[Ag(NH_3)_2]^+\} \cdot c^2(CN^-)} \cdot \frac{c(Ag^+)}{c(Ag^+)} \\
&= \frac{K_f^{\ominus}\{[Ag(CN)_2]^-\}}{K_f^{\ominus}\{[Ag(NH_3)_2]^+\}} = \frac{1.26 \times 10^{21}}{1.12 \times 10^7} = 1.12 \times 10^{14}
\end{aligned}
$$

该平衡常数很大,反应应朝生成$[Ag(CN)_2]^-$的方向进行。

通过以上讨论可以知道,形成配合物后,物质的溶解性、酸碱性、氧化还原性、颜色等都会发生改变。在溶液中,配位解离平衡常与沉淀溶解平衡、酸碱平衡、氧化还原平衡等发生竞争。利用这些关系,使各平衡相互转化,可以实现配合物的生成或解离,以达到科学实验或生产实践的需要。

4.4.3 多元配位剂乙二胺四乙酸在溶液中的解离平衡

EDTA 是一个四元酸,通常用 H_4Y 表示。两个羧基上的 H^+ 转移到氨基氮上,形成双偶极离子。当溶液的酸度较大时,两个羧酸根可以再接受两个 H^+,这时的 EDTA 就相当于六元酸,用 $[H_6Y]^{2+}$ 表示。EDTA 在水中的溶解度很小 $[0.02\ g\cdot(100\ mL\ 水)^{-1}$,22 ℃],故常用溶解度较大的二钠盐 $[Na_2H_2Y\cdot2H_2O, 11.1\ g\cdot(100\ mL\ 水)^{-1}$,22 ℃]作为配位滴定的滴定剂。

$$^-OOCH_2C \underset{HOOCH_2C}{\overset{H}{N^+}} - CH_2 - CH_2 - \underset{CH_2COO^-}{\overset{H}{N^+}} \overset{CH_2COOH}{\underset{CH_2COO^-}{}}$$

其他常见的氨羧配位剂还有氨三乙酸(NTA)、环己烷二胺四乙酸(CyDTA)和乙二醇二乙醚二胺四乙酸(EGTA)等。

在酸度很高的水溶液中,EDTA 存在六级解离平衡:

$$[H_6Y]^{2+} \rightleftharpoons H^+ + [H_5Y]^+ \qquad K_{a_1}^{\ominus} = \frac{c(H^+)\cdot c\{[H_5Y]^+\}}{c\{[H_6Y]^{2+}\}} = 10^{-0.9}$$

$$[H_5Y]^+ \rightleftharpoons H^+ + H_4Y \qquad K_{a_2}^{\ominus} = \frac{c(H^+)\cdot c(H_4Y)}{c\{[H_5Y]^+\}} = 10^{-1.6}$$

$$H_4Y \rightleftharpoons H^+ + [H_3Y]^- \qquad K_{a_3}^{\ominus} = \frac{c(H^+)\cdot c\{[H_3Y]^-\}}{c(H_4Y)} = 10^{-2.0}$$

$$[H_3Y]^- \rightleftharpoons H^+ + [H_2Y]^{2-} \qquad K_{a_4}^{\ominus} = \frac{c(H^+)\cdot c\{[H_2Y]^{2-}\}}{c\{[H_3Y]^-\}} = 10^{-2.67}$$

$$[H_2Y]^{2-} \rightleftharpoons H^+ + [HY]^{3-} \qquad K_{a_5}^{\ominus} = \frac{c(H^+)\cdot c\{[HY]^{3-}\}}{c\{[H_2Y]^{2-}\}} = 10^{-6.16}$$

$$[HY]^{3-} \rightleftharpoons H^+ + Y^{4-} \qquad K_{a_6}^{\ominus} = \frac{c(H^+)\cdot c(Y^{4-})}{c\{[HY]^{3-}\}} = 10^{-10.26}$$

从以上解离式可以看出,EDTA 在水溶液中存在着 $[H_6Y]^{2+}$,$[H_5Y]^+$,$[H_4Y]$,$[H_3Y]^-$,$[H_2Y]^{2-}$,$[HY]^{3-}$,和 Y^{4-} 七种型体。但是在不同的酸度下,各种型体的浓度是不同的,它们的分布系数与溶液 pH 的关系如图 4-4 所示。

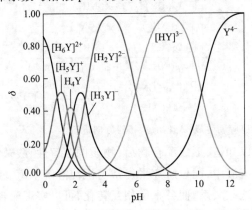

图 4-4 EDTA 各种型体的分布系数与溶液 pH 的关系

图 4-4 可见,在 pH<0.90 的强酸性溶液中,EDTA 主要以 $[H_6Y]^{2+}$ 型体存在;在 pH 为 0.97~1.60 的溶液中,主要存在型体是 $[H_5Y]^+$;在 pH 为 1.60~2.00 溶液中,主要存在型体是 H_4Y;在 pH 为 2.00~2.67 的溶液中,主要存在型体是 $[H_3Y]^-$;在 pH 为 2.67~6.16 的溶液中,主要存在型体是 $[H_2Y]^{2-}$;在 pH 为 6.16~10.26 的溶液中,主要存在型体是 $[HY]^{3-}$;在 pH≥12 的溶液中,主要以 Y^{4-} 型体存在。

4.4.4　乙二胺四乙酸与金属离子的配位平衡

EDTA 分子中含有两个氨基和四个羧基,属于多齿配体,由于具有六个配位原子,它有很强的配位能力,能与绝大多数的金属离子配位,生成具有五个五元环的螯合物。由于多数金属离子配位数不超过 6,所以在一般情况下 EDTA 与中心离子都是以 1:1 的配位比相结合,反应能定量进行。只有少数高价金属离子与 Y^{4-} 螯合时,不是以 1:1 形成螯合物。例如,五价钼形成的螯合物 $[(MoO_2)_2Y]^{2-}$ 是以 2:1 螯合的。图 4-5 为 EDTA 与 Ca^{2+} 形成的螯合物的立体结构图。

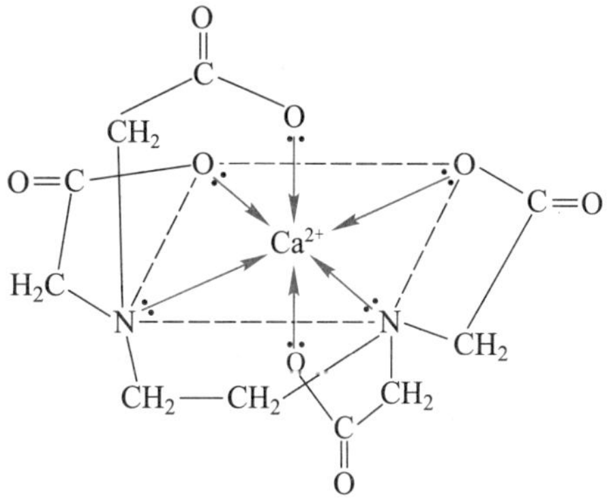

EDTA 与金属离子形成可溶性的配合物。与无色金属离子形成的配合物也是无

图 4-5　EDTA-Ca 螯合物的立体结构

色的;而与有色金属离子形成配合物的颜色一般加深。例如,Cu^{2+} 显浅蓝色,而 $[CuY]^{2-}$ 为蓝色;Ni 显浅绿色,$[NiY]^{2-}$ 为蓝绿色;Co^{2+} 显粉红色,$[CoY]^{2-}$ 为紫红色。

金属离子 M^{n+} 与 Y^{4-} 形成配合物的稳定性大小可由该配合物的稳定常数 $K_f^{\ominus}$ 来表示,略去电荷,配位平衡可简写为

$$M+Y \Longrightarrow MY$$

$$K_f^{\ominus} = \frac{c(MY)}{c(M) \cdot c(Y)} \tag{4-26}$$

一些常见金属离子与 EDTA 的配合物的稳定常数见附录 V。

4.4.5　配合物的条件平衡常数

EDYA 与金属离子所涉及的化学平衡系统是比较复杂的。除了金属离子与 EDTA 的主反应外,还存在许多副反应,使形成的配合物不稳定,它们之间的平衡关系可用下式表示:

主反应　　　　　　M　　　+　　　Y　　$\Longrightarrow$　　MY

　　　　　　OH⁻↙　↓L　　　H⁺↙　↓N　　　H⁺↙　↘OH⁻

副反应　　　M(OH)　ML　　HY　NY　　MHY　MOHY

　　　　　　　⋮　　　⋮　　　⋮

　　　　　　M(OH)$_n$　ML$_n$　H$_6$Y

如果反应的产物 MY 发生副反应,生成酸式配合物 MHY 或碱式配合物 MOHY,这对滴定反应是有利的,但这类副反应的程度很小,一般可忽略不计。金属离子 M 和配

位剂 Y 的副反应都不利于滴定反应。其中起主要作用的是由 H^+ 引起的酸效应和 L 引起的配位效应,现分别讨论如下。

1. 酸效应

在 EDTA 的多种型体中,只有 Y^{4-} 可以与金属离子进行配位。随着酸度的增加,Y^{4-} 的分布系数减小,EDTA 的配位能力减小,这种现象称为酸效应(pH effect)。酸效应的大小用酸效应系数 $\alpha_{Y(H)}$ 来衡量,它是指未参加配位反应的 EDTA 各种存在型体的总浓度 $c(Y')$ 与能直接参与主反应的 Y^{4-} 的平衡浓度 $c(Y^{4-})$ 之比,即

$$\alpha_{Y(H)} = \frac{c(Y')}{c(Y^{4-})}$$

$$= \frac{c(Y^{4-}) + c\{[HY]^{3-}\} + c\{[H_2Y]^{2-}\} + \cdots + c\{[H_6Y]^{2+}\}}{c(Y^{4-})}$$

$$= 1 + \frac{c\{[HY]^{3-}\}}{c(Y^{4-})} + \frac{c\{[H_2Y]^{2-}\}}{c(Y^{4-})} + \cdots + \frac{c\{[H_6Y]^{2+}\}}{c(Y^{4-})} \tag{4-27}$$

$$= 1 + c(H^+)\beta_1 + c^2(H^+)\beta_2 + \cdots + c^6(H^+)\beta_6$$

从式(4-27)可知,随着溶液的酸度升高,酸效应系数 $\alpha_{Y(H)}$ 增大,由酸效应引起的副反应也越大,EDTA 与金属离子的配位能力就越小。表 4-4 列出了 EDTA 在不同 pH 时的酸效应系数。

表 4-4 EDTA 在不同 pH 时的酸效应系数

pH	$\lg\alpha_{Y(H)}$	pH	$\lg\alpha_{Y(H)}$	pH	$\lg\alpha_{Y(H)}$	pH	$\lg\alpha_{Y(H)}$
0.0	23.64	3.8	8.85	7.4	2.88	11.0	0.07
0.4	21.32	4.0	8.44	7.8	2.47	11.5	0.02
0.8	19.08	4.4	7.64	8.0	2.27	11.6	0.02
1.0	18.01	4.8	6.84	8.4	1.87	11.7	0.02
1.4	16.02	5.0	6.45	8.8	1.48	11.8	0.01
1.8	14.27	5.4	5.69	9.0	1.28	11.9	0.01
2.0	13.51	5.8	4.98	9.4	0.92	12.0	0.01
2.4	12.19	6.0	4.65	9.8	0.59	12.1	0.01
2.8	11.09	6.4	4.06	10.0	0.45	12.2	0.005
3.0	10.60	6.8	3.55	10.4	0.24	13.0	0.0008
3.4	9.70	7.0	3.32	10.8	0.11	13.9	0.0001

2. 配位效应

如果滴定系统中存在其他的配位剂 L,这些配位剂可能来自指示剂、掩蔽剂或缓冲剂,它们也能与金属离子发生配位反应。由于其他配位剂 L 与金属离子的配位而使其与 EDTA 配位能力降低的现象叫配位效应(complex effect)。配位效应的大小用配位效应系数 $\alpha_{M(L)}$ 来表示,它是指未与滴定剂 Y^{4-} 配位的金属离子 M 的各种存在型体的总浓度 $c(M')$ 与游离金属离子浓度 $c(M)$ 之比,即

$$\alpha_{M(L)} = \frac{c(M')}{c(M)}$$

$$= \frac{c(M) + c(ML_1) + c(ML_2) + \cdots + c(ML_n)}{c(M)}$$

$$= 1 + \frac{c(ML_1)}{c(M)} + \frac{c(ML_2)}{c(M)} + \cdots + \frac{c(ML_n)}{c(M)} \quad (4\text{-}28)$$

$$= 1 + c(L)\beta_1 + c^2(L)\beta_2 + \cdots + c^n(L)\beta_n$$

在低酸度的情况下,OH^- 的浓度较高,OH^- 也可以看作一种配位剂,能和金属离子形成羟基配合物,而引起副反应,其羟合效应系数 $\alpha_{M(OH)}$ 可表示为

$$\alpha_{M(OH)} = \frac{c(M')}{c(M)}$$

$$= \frac{c(M) + c\{M(OH)_1\} + c\{M(OH)_2\} + \cdots + c\{M(OH)_n\}}{c(M)} \quad (4\text{-}29)$$

$$= 1 + c(OH^-)\beta_1 + c^2(OH^-)\beta_2 + \cdots + c^n(OH^-)\beta_n$$

一些金属离子在不同 pH 的 $\lg\alpha_{M(OH)}$ 值见附录 V。如果溶液中其他的配位剂 L 和 OH^- 同时与金属离子发生副反应,其配位效应系数可表示为

$$\alpha_M = \alpha_{M(L)} + \alpha_{M(OH)} - 1 \quad (4\text{-}30)$$

例 4-30 计算 $pH = 11$,$c(NH_3) = 0.10\ mol\cdot L^{-1}$ 时的 Zn^{2+} 的配位效应系数 α_{Zn} 值。

解: 根据式(4-28)

$$\alpha_{Zn(NH_3)} = 1 + c(NH_3)\beta_1 + c^2(NH_3)\beta_2 + c^3(NH_3)\beta_3 + c^4(NH_3)\beta_4$$

$$= 1 + 10^{2.37-1.0} + 10^{4.81-2.0} + 10^{7.31-3.0} + 10^{9.46-4.0}$$

$$= 1 + 10^{1.37} + 10^{2.81} + 10^{4.31} + 10^{5.46}$$

$$= 10^{5.49}$$

根据附录,$pH = 11$ 时,$\alpha_{Zn(OH)} = 10^{5.4}$

$$\alpha_{Zn} = \alpha_{Zn(NH_3)} + \alpha_{Zn(OH)} - 1$$

$$= 10^{5.49} + 10^{5.4} - 1 \approx 10^{5.7}$$

3. 配合物的条件稳定常数

在配位滴定中,由于副反应的存在,配合物的实际稳定性下降,配合物的标准平衡常数 $K_f^{\ominus}$ 不能真实反映主反应进行的程度。应该用未与滴定剂 Y^{4-} 配位的金属离子 M 的各种存在型体的总浓度 $c(M')$ 来代替式(4-26)中的 $c(M)$,用未参与配位反应的 EDTA 各种存在型体的总浓度 $c(Y')$ 代替 $c(Y)$,此时配合物的稳定性可表示为

$$K_f^{\ominus}{}' = \frac{c(MY)}{c(M')c(Y')} = \frac{c(MY)}{\alpha_{M(L)}c(M)\cdot\alpha_{Y(H)}c(Y)} = \frac{K_f^{\ominus}}{\alpha_{M(L)}\alpha_{Y(H)}} \quad (4\text{-}31)$$

即

$$\lg K_f^{\ominus}{}' = \lg K_f^{\ominus} - \lg\alpha_{M(L)} - \lg\alpha_{Y(H)} \quad (4\text{-}32)$$

在一定条件下,$\alpha_{M(L)}$ 和 $\alpha_{Y(H)}$ 为定值,所以 $K_f^{\ominus}{}'$ 在一定条件下是一常数,称为配合物的条件稳定常数(conditional stability constant)。显然,副反应系数越大,$K_f^{\ominus}{}'$ 越小,说明酸效应和配位效应越大,配合物的实际稳定性越小。

例 4-31 计算在 $pH = 2$ 和 $pH = 5$ 时,ZnY 的条件稳定常数。

解: 已知 $\lg K_f^{\ominus}(ZnY) = 16.36$

查表可知 $pH = 2.0$ $\lg\alpha_{Y(H)} = 13.51$ $\lg\alpha_{Zn(OH)} = 0$

$$\lg K_f^{\ominus}{}'(ZnY) = \lg K_f^{\ominus}(ZnY) - \lg\alpha_{Y(H)} - \lg\alpha_{Zn(OH)} = 16.36 - 13.51 - 0 = 2.85$$

$$K_f^{\ominus}{}'(ZnY) = 10^{2.86}$$

$$pH = 5.0 \qquad \lg\alpha_{Y(H)} = 6.45 \qquad \lg\alpha_{Zn(OH)} = 0$$

$$\lg K_f^{\ominus}{}'(ZnY) = \lg K_f^{\ominus}(ZnY) - \lg\alpha_{Y(H)} - \lg\alpha_{Zn(OH)} = 16.36 - 6.45 - 0 = 9.91$$

$$K_f^{\ominus}{}'(ZnY) = 10^{9.91}$$

4.5　氧化还原平衡

4.5.1　氧化还原反应的基本概念

1. 氧化数

为了便于讨论氧化还原反应,引入元素的氧化数(又称氧化值,oxidation number)的概念。1970 年国际纯粹和应用化学联合会(IUPAC)较严格地定义了氧化数的概念:氧化数是指某元素一个原子的表观电荷数(apparent charge number),这个电荷数的确定,是假设把每一个化学键中的电子指定给电负性更大的原子而求得。

确定氧化数的一般规则如下:

● 在单质中(如 Cu,O_3 等),元素的氧化数为零。

● 在中性分子中各元素的氧化数之和为零。在多原子离子中各元素的氧化数之和等于离子的电荷数。

● 在共价化合物中,共用电子对偏向于电负性大的元素的原子,原子的"形式电荷数"即为它们的氧化数,如 HCl 中 H 的氧化数为+1,Cl 为-1。

● 氧在化合物中的氧化数一般为-2;在过氧化物(如 H_2O_2,Na_2O_2 等)中为-1;在超氧化合物(如 KO_2)中为-1/2;在 OF_2 中为+2。

● 氢在化合物中的氧化数一般为+1,仅在与活泼金属生成的离子型氢化物(如 NaH,CaH_2)中为-1。

● 所有卤化物中卤素的氧化数均为-1。

● 碱金属、碱土金属在化合物中的氧化数分别为+1、+2。

例 4-32 求 NH_4^+ 中 N 的氧化数。

解:已知 H 的氧化数为+1。设 N 的氧化数为 x。

根据多原子离子中各元素氧化数代数和等于离子的电荷数的规则可以列出:

$$x + (+1) \times 4 = +1$$
$$x = -3$$

所以 N 的氧化数为-3。

例 4-33 求 Fe_3O_4 中 Fe 的氧化数。

解:已知 O 的氧化数为-2。设 Fe 的氧化数为 x,则

$$3x + 4 \times (-2) = 0$$
$$x = +\frac{8}{3}$$

所以 Fe 的氧化数为 $+\frac{8}{3}$。

由此可知,氧化数可以是整数,也可以是分数或小数。

必须指出,在共价化合物中,判断元素的氧化数时,不要与共价数(某元素原子形成的共价键的数目)相混淆。例如,在 CH_4,CH_3Cl,CH_2Cl_2,$CHCl_3$ 和 CCl_4 中,碳的共

价数均为 4,但其氧化数则分别为 $-4,-2,0,+2$ 和 $+4$。

2. 氧化与还原

根据氧化数的概念,反应前后元素的氧化数发生变化的一类反应称为氧化还原反应。氧化数升高的过程称为氧化,氧化数降低的过程称为还原。反应中氧化数升高的物质是还原剂(reducing agent),氧化数降低的物质是氧化剂(oxidizing agent)。

3. 氧化还原反应方程式的配平

氧化还原反应往往比较复杂,反应方程式也较难配平。配平这类反应方程式最常用的有半反应法(也叫离子-电子法)、氧化数法等,这里只介绍半反应法。

任何氧化还原反应都由氧化半反应和还原半反应组成。如钠与氯生成 NaCl 的反应的两个半反应为

氧化半反应 $\qquad\qquad 2Na \Longrightarrow 2Na^+ + 2e^-$

还原半反应 $\qquad\qquad Cl_2 + 2e^- \Longrightarrow 2Cl^-$

半反应法是根据对应的氧化剂或还原剂的半反应方程式,再按以下配平原则进行配平。

- 反应过程中氧化剂得到的电子数必须等于还原剂失去的电子数。
- 根据质量守恒定律,反应前后各元素的原子总数相等。

现以 H_2O_2 在酸性介质中氧化 I^- 为例说明配平步骤。

① 找出氧化剂、还原剂及相应的还原产物与氧化产物,并写成离子反应方程式:

$$H_2O_2 + I^- \longrightarrow H_2O + I_2$$

② 再将上述反应分解为两个半反应,并分别加以配平,使每一半反应等式两边的原子数和电荷数相等。

氧化半反应 $\qquad\qquad 2I^- \Longrightarrow I_2 + 2e^-$

还原半反应 $\qquad\qquad H_2O_2 + 2H^+ + 2e^- \Longrightarrow 2H_2O$

对于 H_2O_2 被还原为 H_2O 来说,需要去掉一个 O 原子,为此可在反应式的左边加上 2 个 H^+(因为反应在酸性介质中进行),使 2 个 H 与 1 个 O 结合生成一个 H_2O:

$$H_2O_2 + 2H^+ \longrightarrow 2H_2O$$

然后再根据离子电荷数可确定所得到的电子数为 2。则得

$$H_2O_2 + 2H^+ + 2e^- \Longrightarrow 2H_2O$$

推而广之,在半反应方程式中,如果反应物和生成物内所含的氧原子数目不同,可以根据介质的酸碱性,分别在半反应方程式中加 H^+ 或加 OH^- 或加 H_2O,并利用水的解离平衡使反应式两边的氧原子数目相等。不同介质条件下配平氧原子的经验规则见表 4-5。

表 4-5　配平氧原子的经验规则

介质条件	比较方程式两边氧原子数	配平时左边应加入物质	生成物
酸性	左边 O 多	H^+	H_2O
	左边 O 少	H_2O	H^+
碱性	左边 O 多	H_2O	OH^-
	左边 O 少	OH^-	H_2O
中性(或弱碱性)	左边 O 多	H_2O	OH^-
	左边 O 少	H_2O(中性)	H^+
		OH^-(弱碱性)	H_2O

③ 根据氧化剂得到的电子数和还原剂失去的电子数必须相等的原则,以适当系数乘以氧化半反应和还原半反应,然后将两个半反应相加就得到一个配平了的离子反应方程式。

$$H_2O_2+2H^++2e^- \rightleftharpoons 2H_2O$$

$$+) \qquad\qquad 2I^- \rightleftharpoons I_2+2e^-$$

$$\overline{H_2O_2+2I^-+2H^+ \rightleftharpoons 2H_2O+I_2}$$

4.5.2 电极电势

1. 原电池

如果把一块锌放入 $CuSO_4$ 溶液中,则锌开始溶解,而铜从溶液中析出。其离子反应方程式为

$$Zn(s)+Cu^{2+}(aq) \rightleftharpoons Zn^{2+}(aq)+Cu(s)$$

这是一个可自发进行的氧化还原反应,由于氧化剂与还原剂直接接触,电子直接从还原剂转移到氧化剂,无法产生电流。要将氧化还原反应的化学能转化为电能,必须使氧化剂和还原剂之间的电子转移通过一定的外电路,做定向运动,这就要求反应过程中氧化剂和还原剂不能直接接触,因此需要一种特殊的装置来实现上述过程。

如果在两个烧杯中分别放入 $ZnSO_4$ 和 $CuSO_4$ 溶液,在盛有 $ZnSO_4$ 溶液的烧杯中放入 Zn 片,在盛有 $CuSO_4$ 溶液的烧杯中放入 Cu 片,将两个烧杯的溶液用一个充满电解质溶液(一般用饱和 KCl 溶液,为使溶液不致流出,常用琼脂与 KCl 饱和溶液制成胶冻。胶冻的组成大部分是水,离子可在其中自由移动)的倒置 U 形管作桥梁(称为盐桥,salt bridge),以联通两杯溶液,如图 4-6 所示。这时如果用一个灵敏电流计(A)将两金属片连接起来,我们可以观察到

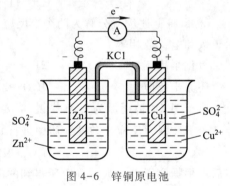

图 4-6 锌铜原电池

- 电流表指针发生偏移,说明有电流发生。
- 在铜片上有金属铜沉积上去,而锌片被溶解。
- 取出盐桥,电流表指针回至零点;放入盐桥时,电流表指针又发生偏移。说明了盐桥起着使整个装置构成通路的作用。这种借助于氧化还原反应使化学能转化为电能的装置,叫做原电池(primary cell)。

在原电池中,组成原电池的导体(如铜片和锌片)称为电极。同时规定电子流出的电极称为负极(negative electrode),负极上发生氧化反应;电子进入的电极称为正极(positive electrode),正极上发生还原反应。例如,在 Cu-Zn 原电池中:

负极(Zn): $\qquad Zn(s) \rightleftharpoons Zn^{2+}(aq)+2e^-$ 发生氧化反应

正极(Cu): $\qquad Cu^{2+}(aq)+2e^- \rightleftharpoons Cu(s)$ 发生还原反应

Cu-Zn 原电池的电池反应为

$$Zn(s)+Cu^{2+}(aq) \rightleftharpoons Zn^{2+}(aq)+Cu(s)$$

在 Cu-Zn 原电池中的电池反应和 Zn 置换 Cu^{2+} 的化学反应是一样的。只是在原电池装置中,氧化剂和还原剂不直接接触,氧化反应和还原反应同时分别在两个不同的区域内进行,电子不是直接从还原剂转移给氧化剂,而是经外电路传递,这正是原电池利用氧化还原反应能产生电流的原因所在。

上述原电池可以用下列电池符号表示:

$$(-)Zn \mid ZnSO_4(c_1) \parallel CuSO_4(c_2) \mid Cu(+)$$

习惯上把负极(-)写在左边,正极(+)写在右边。其中"$\mid$"表示金属和溶液两相之间的相接触界面,"$\parallel$"表示盐桥,c 表示溶液的浓度,当溶液浓度为 $1\ mol \cdot L^{-1}$ 时,可省略。每一个"半电池"都是由同一种元素不同氧化数的两种物质所构成。一种是处于低氧化数的可作为还原剂的物质(称为还原型物质),如锌半电池中的 Zn、铜半电池中的 Cu;另一种是处于高氧化数的可作氧化剂的物质(称为氧化型物质),如锌半电池中的 Zn^{2+}、铜半电池中的 Cu^{2+}。

这种由同一种元素的氧化型物质和其对应的还原型物质的电对构成,称为氧化还原电对(oxidation-reduction couples)。氧化还原电对习惯上常用符号[氧化型]/[还原型]来表示,如氧化还原电对 Cu^{2+}/Cu,Zn^{2+}/Zn 和 $Cr_2O_7^{2-}/Cr^{3+}$ 等。非金属单质及其相应的离子,也可以构成氧化还原电对,如 H^+/H_2,O_2/OH^-。在用 Fe^{3+}/Fe^{2+},Cl_2/Cl^-,O_2/OH^- 等电对作为半电池时,可用金属铂或其他惰性导体作电极。以氢电极为例,可表示为 $H^+(c) \mid H_2 \mid Pt$。

氧化型物质和还原型物质在一定条件下,可以互相转化:

$$氧化型(Ox) + ne^- \Longleftrightarrow 还原型(Red)$$

式中:n 表示互相转化时得失电子数。这种表示氧化型物质和还原型物质之间相互转化的关系式,称为半反应或电极反应。电极反应包括参加反应的所有物质,不仅仅是有氧化数变化的物质。如电对 $Cr_2O_7^{2-}/Cr^{3+}$,对应的电极反应为

$$Cr_2O_7^{2-} + 14H^+ + 6e^- \Longleftrightarrow 2Cr^{3+} + 7H_2O$$

例 4-34 将下列氧化还原反应设计成原电池,并写出它的原电池符号。

(1) $Sn^{2+} + Hg_2Cl_2 \Longleftrightarrow Sn^{4+} + 2Hg + 2Cl^-$

(2) $2Fe^{2+}(0.10\ mol \cdot L^{-1}) + Cl_2(100\ kPa) \Longleftrightarrow 2Fe^{3+}(0.10\ mol \cdot L^{-1}) + 2Cl^-(2.0\ mol \cdot L^{-1})$

解:(1)   氧化反应(负极) $Sn^{2+} \Longleftrightarrow Sn^{4+} + 2e^-$

                        还原反应(正极) $Hg_2Cl_2 + 2e^- \Longleftrightarrow 2Hg + 2Cl^-$

原电池符号:$(-)Pt \mid Sn^{2+}(c_1), Sn^{4+}(c_2) \parallel Cl^-(c_3) \mid Hg_2Cl_2 \mid Hg \mid Pt(+)$

(2)   氧化反应(负极) $Fe^{2+} \Longleftrightarrow Fe^{3+} + e^-$

                        还原反应(正极) $Cl_2 + 2e^- \Longleftrightarrow 2Cl^-$

原电池符号:$(-)Pt \mid Fe^{2+}(0.1\ mol \cdot L^{-1}), Fe^{3+}(0.1\ mol \cdot L^{-1}) \parallel Cl^-(2.0\ mol \cdot L^{-1}) \mid Cl_2(100\ kPa) \mid Pt(+)$

2. 电极电势

在 Cu-Zn 原电池中,把两个电极用导线连接后就有电流产生,可见两个电极之间存在一定的电势差。即构成原电池的两个电极的电势是不相等的。那么电极的电势是怎样产生的呢?

早在 1889 年,德国化学家能斯特(Nernst W H)提出了双电层理论,可以用来说明金属与其盐溶液之间的电势差,以及原电池产生电流的机理。按照能斯特的理论,由

于金属晶体是由金属原子、金属离子和自由电子所组成,因此,如果把金属放在其盐溶液中,与电解质在水中的溶解过程相似。在金属与其盐溶液的接触界面上就会发生两个不同的过程:一个是金属表面的阳离子受极性水分子的吸引而进入溶液的过程;另一个是溶液中的水合金属离子在金属表面,受到自由电子的吸引而重新沉积在金属表面的过程。当这两种方向相反的过程进行的速率相等时,即达到动态平衡:

$$M(s) \rightleftharpoons M^{n+}(aq) + ne^-$$

不难理解,如果金属越活泼或溶液中金属离子浓度越小,金属溶解的趋势就越大于溶液中金属离子沉积到金属表面的趋势,达到平衡时金属表面因聚集了金属溶解时留下的自由电子而带负电荷,溶液则因金属离子进入溶液而带正电荷。这样,由于正、负电荷相互吸引的结果,在金属与其盐溶液的接触界面处就建立起由带负电荷的电子和带正电荷的金属离子所构成的双电层[图 4-7(a)]。相反,如果金属越不活泼或溶液中金属离子浓度越大,金属溶解趋势就越小于金属离子沉淀的趋势,达到平衡时金属表面因聚集了金属离子而带正电荷,而溶液则由于金属离子沉淀带负电荷,

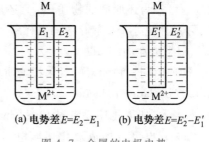

(a) 电势差 $E = E_2 - E_1$ (b) 电势差 $E = E_2' - E_1'$

图 4-7　金属的电极电势

这样,也构成了相应的双电层[图 4-7(b)]。这种双电层之间就存在一定的电势差。

　　金属与其盐溶液接触界面之间的电势差,实际上就是该金属与其盐溶液中相应金属离子所组成的氧化还原电对的电极电势,简称为该金属的电极电势。可以预料,氧化还原电对不同,对应的电解质溶液的浓度不同,它们的电极电势也就不同。因此,若将两种不同电极电势的氧化还原电对以原电池的方式连接起来,则在两极之间就有一定的电势差,因而产生电流。

3. 标准电极电势

（1）标准氢电极

　　事实上,电极电势的绝对值还无法测定,只能选定某一电对的电极电势作为参比标准,将其他电对的电极电势与它比较而求出各电对平衡电势的相对值,犹如海拔高度是把海平面的高度作为参比标准一样。通常选作标准的是标准氢电极(standard hydrogenelectrode,SHE),如图 4-8 所示。其电极可表示为

Pt｜H_2(100 kPa)｜H^+(1 mol·L^{-1})

标准氢电极是将铂片镀上一层蓬松的铂(称铂黑),并把它浸入 H^+ 浓度为 1 mol·L^{-1} 的稀硫酸溶液中,在 298.15 K 时不断通入压力为 100 kPa 的纯氢气流,这时氢被铂黑所吸收,此时被氢饱和了的铂片就像由氢气构成的电极一样。铂片在标准氢电极中只是作为电子的导体和氢气的载体,并未参加反应。

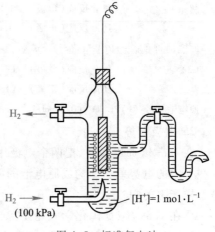

图 4-8　标准氢电池

H_2 电极与溶液中的 H^+ 建立了如下平衡：

$$H_2(g) \rightleftharpoons 2H^+(aq) + 2e^-$$

标准氢电极的电极电势规定为零，即 $E^{\ominus}(H^+/H_2) = 0.000\ 0\ V$。用标准氢电极与其他的电极组成原电池，测得该原电池的电动势就可以计算各种电极的电极电势。如果参加电极反应的物质均处在标准态，这时的电极称为标准电极，对应的电极电势称为标准电极电势，用 $E^{\ominus}$ 表示。所谓的标准态是指组成电极的离子其浓度都为 $1\ mol \cdot L^{-1}$，气体的分压为 $100\ kPa$，液体和固体都是纯净物质。温度可以任意指定，但通常为 $298.15\ K$。如果组成原电池的两个电极均为标准电极，这时的电池称为标准电池，对应的电动势为标准电动势，用 $E^{\ominus}$ 表示。

$$E^{\ominus} = E^{\ominus}_{(+)} - E^{\ominus}_{(-)}$$

标准氢电极要求氢气纯度很高，压力稳定，而且铂在溶液中易吸附其他组分而中毒，失去活性。因此，实际上常用易于制备、使用方便而且电极电势稳定的甘汞电极等作为电极电势的对比参考，称为参比电极（reference electrode）。

（2）甘汞电极

甘汞电极（calomel electrode）是金属汞和 Hg_2Cl_2 及 KCl 溶液组成的电极，其构造如图 4-9 所示。内玻璃管中封接一根铂丝，铂丝插入纯汞中（厚度为 0.5~1 cm），下置一层甘汞（Hg_2Cl_2）和汞的糊状物，外玻璃管中装入 KCl 溶液，即构成甘汞电极。电极下端与待测溶液接触部分是熔结陶瓷芯或玻璃砂芯等多孔物质或是一毛细管通道。

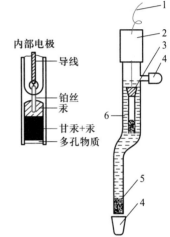

图 4-9　甘汞电极

1—导线；2—绝缘体；3—内部电极；4—橡胶帽；5—多孔物质；6—饱和 KCl 溶液

甘汞电极可以写成　$Hg(l) \mid Hg_2Cl_2(s) \mid KCl(aq)$

电极反应为　$Hg_2Cl_2(s) + 2e^- \rightleftharpoons 2Hg(l) + 2Cl^-(aq)$

当温度一定时，不同浓度的 KCl 溶液使甘汞电极的电极电势具有不同的恒定值。如表 4-6 所示。

表 4-6　甘汞电极的电极电势

KCl 浓度	饱和	$1\ mol \cdot L^{-1}$	$0.1\ mol \cdot L^{-1}$
电极电势 E/V	+0.241 2	+0.280 1	+0.333 7

（3）标准电极电势的测定

电极的标准电极电势可通过实验方法测得。例如，欲测定铜电极的标准电极电势，可组成下列电池：

$$(-)Pt \mid H_2(100\ kPa) \mid H^+(1\ mol \cdot L^{-1}) \parallel Cu^{2+}(1\ mol \cdot L^{-1}) \mid Cu(+)$$

测定时，根据电压表指针偏转方向，可知电流是由铜电极通过导线流向氢电极（电子由氢电极流向铜电极)。所以氢电极是负极,铜电极为正极。测得此电池的电动势($E^\ominus$)为 0.337 V。则

$$E^\ominus = E^\ominus_{(+)} - E^\ominus_{(-)} = E^\ominus(Cu^{2+}/Cu) - E^\ominus(H^+/H_2) = 0.337 \text{ V}$$

因为 $\qquad\qquad\qquad E^\ominus(H^+/H_2) = 0.000\,0 \text{ V}$

所以 $\qquad\qquad\qquad E^\ominus(Cu^{2+}/Cu) = 0.337 \text{ V}$

用类似的方法可以测得一系列电对的标准电极电势,附录Ⅶ列出的是 298.15 K 时一些氧化还原电对的标准电极电势数据。

根据物质的氧化还原能力,对照标准电极电势表,可以看出电极电势代数值越小,电对所对应的还原型物质还原能力越强,氧化型物质氧化能力越弱;电极电势代数值越大,电对所对应的还原型物质还原能力越弱,氧化型物质氧化能力越强。因此,电极电势是表示氧化还原电对所对应的氧化型物质或还原型物质得失电子能力(即氧化还原能力)相对大小的一个物理量。

使用标准电极电势表时应注意以下几点:

• 电极电势是强度性质物理量,没有加合性。即不论半电池反应式的系数乘或除以任何实数,$E^\ominus$ 值保持不变。

• $E^\ominus$ 是水溶液系统的标准电极电势。对于非标准态,非水溶液,不能用 $E^\ominus$ 比较物质氧化还原能力。

4. 原电池电动势的理论计算

根据热力学原理,在恒温恒压条件下,反应系统吉布斯函数变的降低值等于系统所能做的最大有用功,即 $-\Delta G = W_{max}$。而一个能自发进行的氧化还原反应,可以设计成一个原电池,在恒温、恒压条件下,电池所做的最大有用功即为电功。电功($W_电$)等于电动势(E)与电路通过的电量(Q)的乘积:

$$W_电 = E \cdot Q = E \cdot nF$$
$$\Delta G = -E \cdot Q = -nFE \qquad\qquad (4\text{-}33)$$

式中:F 为法拉第(Faraday)常数,等于 96 485 C·mol^{-1}(在具体计算时,通常采用近似值 96 500 C·mol^{-1} 或 96 500 J·V^{-1}·mol^{-1});n 为电池反应中电子转移数。

在标准态下

$$\Delta G^\ominus = -nFE^\ominus = -nF[E^\ominus_{(+)} - E^\ominus_{(-)}] \qquad\qquad (4\text{-}34)$$

由式(4-34)可以看出,如果知道了电池反应的 $\Delta G^\ominus$,即可计算出该电极的标准电极电势。这就为理论上确定电极电势提供了依据。

例 4-35 若把反应

$$Cr_2O_7^{2-} + 6Cl^- + 14H^+ \rightleftharpoons 2Cr^{3+} + 3Cl_2 + 7H_2O$$

设计成电池,求电池的电动势 $E^\ominus$ 及反应的 $\Delta G^\ominus$。

解:正极反应 $\qquad Cr_2O_7^{2-} + 14H^+ + 6e^- \rightleftharpoons 2Cr^{3+} + 7H_2O \qquad E^\ominus_{(+)} = 1.33 \text{ V}$

负极反应 $\qquad Cl_2 + 2e^- \rightleftharpoons 2Cl^- \qquad\qquad\qquad\qquad E^\ominus_{(-)} = 1.36 \text{ V}$

$$E^\ominus = E^\ominus_{(+)} - E^\ominus_{(-)} = 1.33 \text{ V} - 1.36 \text{ V} = -0.03 \text{ V}$$

$$\Delta G^\ominus = -nFE^\ominus = -6 \times 96\,500 \text{ J·V}^{-1}\text{·mol}^{-1} \times (-0.03 \text{ V}) = 1.74 \times 10^4 \text{ J·mol}^{-1}$$

例 4-36 利用热力学函数数据计算 $E^\ominus(Zn^{2+}/Zn)$。

解:利用式(4-34)求算 $E^\ominus(Zn^{2+}/Zn)$,把电对 Zn^{2+}/Zn 与另一电对(最好选择 H^+/H_2)组成原电

池。电池反应式为

$$Zn + 2H^+ \rightleftharpoons Zn^{2+} + H_2$$

$\Delta_f G_m^\ominus / (kJ \cdot mol^{-1})$ 0   0   -147   0

$$\Delta_r G_m^\ominus = -147 \text{ kJ} \cdot mol^{-1}$$

由 $\Delta_r G^\ominus = -nFE^\ominus = -nF[E_{(+)}^\ominus - E_{(-)}^\ominus] = -nF[E^\ominus(H^+/H_2) - E^\ominus(Zn^{2+}/Zn)] = nFE^\ominus(Zn^{2+}/Zn)$

得 $$E^\ominus(Zn^{2+}/Zn) = \frac{\Delta_r G^\ominus}{nF} = \frac{-147 \times 10^3 \text{ J} \cdot mol^{-1}}{2 \times 96\,500 \text{ J} \cdot V^{-1} \cdot mol^{-1}} = -0.762 \text{ V}$$

由上例可见电极电势可利用热力学函数求得,并非一定要用测量原电池电动势的方法得到。

5. 影响电极电势的因素——能斯特方程式

电极电势的高低,不仅取决于电对本性,还与反应温度、氧化型物质和还原型物质的浓度、压力等有关。离子浓度对电极电势的影响可从热力学推导而得出如下结论。

对于一个任意给定的电极,其电极反应的通式为

$$a \text{ 氧化型} + ne^- \rightleftharpoons b \text{ 还原型}$$

$$E = E^\ominus + \frac{RT}{nF} \ln \frac{c(\text{氧化型})^a}{c(\text{还原型})^b} \tag{4-35}$$

在温度为 298.15 K 时,将各常数值代入式(4-35),换底,其相应的浓度对电极电势的影响的通式为

$$E = E^\ominus + \frac{0.059\,2 \text{ V}}{n} \lg \frac{c(\text{氧化型})^a}{c(\text{还原型})^b} \tag{4-36}$$

此方程式称为电极电势的能斯特方程式,简称能斯特方程式。

应用能斯特方程式时,应注意以下问题。

• 如果组成电对的物质为固体或纯液体时,则它们的浓度不列入方程式中。如果是气体物质,用相对分压力 $p/p^\ominus$ 表示。

例如: $$Zn^{2+}(aq) + 2e^- \rightleftharpoons Zn$$

$$E(Zn^{2+}/Zn) = E^\ominus(Zn^{2+}/Zn) + \frac{0.059\,2 \text{ V}}{2} \lg c(Zn^{2+})$$

$$Br_2(l) + 2e^- \rightleftharpoons 2Br^-(aq)$$

$$E(Br_2/Br^-) = E^\ominus(Br_2/Br^-) + \frac{0.059\,2 \text{ V}}{2} \lg \frac{1}{c^2(Br^-)}$$

$$2H^+ + 2e^- \rightleftharpoons H_2(g)$$

$$E(H^+/H_2) = E^\ominus(H^+/H_2) + \frac{0.059\,2 \text{ V}}{2} \lg \frac{c^2(H^+)}{p(H_2)/p^\ominus}$$

• 如果在电极反应中,除氧化型、还原型物质外,还有参加电极反应的其他物质如 H^+,OH^- 存在,则应把这些物质的浓度也表示在能斯特方程式中。

例 4-37 当 Cl^- 浓度为 0.100 $mol \cdot L^{-1}$,$p(Cl_2) = 303.9$ kPa 时,计算组成电对的电极电势。

解: $$Cl_2(g) + 2e^- \rightleftharpoons 2Cl^-(aq)$$

由附录Ⅶ查得 $E^\ominus(Cl_2/Cl^-) = 1.358$ V

$$E(\mathrm{Cl_2/Cl^-}) = E^{\ominus}(\mathrm{Cl_2/Cl^-}) + \frac{0.059\ 2\ \mathrm{V}}{2} \lg \frac{p(\mathrm{Cl_2})/p^{\ominus}}{c^2(\mathrm{Cl^-})}$$

$$= 1.358\ \mathrm{V} + \frac{0.059\ 2\ \mathrm{V}}{2} \lg \frac{303.9/100}{(0.100)^2} = 1.43\ \mathrm{V}$$

例 4-38 已知电极反应

$$\mathrm{NO_3^-(aq)} + 4\mathrm{H^+(aq)} + 3\mathrm{e^-} \Longrightarrow \mathrm{NO(g)} + 2\mathrm{H_2O(l)} \qquad E^{\ominus}(\mathrm{NO_3^-/NO}) = 0.96\ \mathrm{V}$$

求 $c(\mathrm{NO_3^-}) = 1.0\ \mathrm{mol \cdot L^{-1}}$, $p(\mathrm{NO}) = 100\ \mathrm{kPa}$, $c(\mathrm{H^+}) = 1.0 \times 10^{-7}\ \mathrm{mol \cdot L^{-1}}$ 时的 $E(\mathrm{NO_3^-/NO})$。

解：

$$E(\mathrm{NO_3^-/NO}) = E^{\ominus}(\mathrm{NO_3^-/NO}) + \frac{0.059\ 2\ \mathrm{V}}{3} \lg \frac{c(\mathrm{NO_3^-}) \cdot c^4(\mathrm{H^+})}{p(\mathrm{NO})/p^{\ominus}}$$

$$= 0.96\ \mathrm{V} + \frac{0.059\ 2\ \mathrm{V}}{3} \lg \frac{1.0 \times (1.0 \times 10^{-7})^4}{100/100}$$

$$= 0.96\ \mathrm{V} - 0.55\ \mathrm{V} = 0.41\ \mathrm{V}$$

由上例可见，$\mathrm{NO_3^-}$ 的氧化能力随酸度的降低而降低。所以浓 $\mathrm{HNO_3}$ 氧化能力很强，而中性的硝酸盐（如 $\mathrm{KNO_3}$）溶液氧化能力很弱。

例 4-39 298 K 时，在 $\mathrm{Fe^{3+}}$，$\mathrm{Fe^{2+}}$ 的混合溶液中加入 NaOH 时，有 $\mathrm{Fe(OH)_3}$，$\mathrm{Fe(OH)_2}$ 沉淀生成（假设无其他反应发生）。当沉淀反应达到平衡，并保持 $c(\mathrm{OH^-}) = 1.0\ \mathrm{mol \cdot L^{-1}}$，求 $E(\mathrm{Fe^{3+}/Fe^{2+}})$？

解： $$\mathrm{Fe^{3+}(aq)} + \mathrm{e^-} \Longrightarrow \mathrm{Fe^{2+}(aq)}$$

加 NaOH 发生如下反应：

$$\mathrm{Fe^{3+}(aq)} + 3\mathrm{OH^-(aq)} \Longrightarrow \mathrm{Fe(OH)_3(s)}$$

$$K_1^{\ominus} = \frac{1}{K_{sp}^{\ominus}\{\mathrm{Fe(OH)_3}\}} = \frac{1}{c(\mathrm{Fe^{3+}}) \cdot c^3(\mathrm{OH^-})}$$

$$\mathrm{Fe^{2+}(aq)} + 2\mathrm{OH^-(aq)} \Longrightarrow \mathrm{Fe(OH)_2(s)}$$

$$K_2^{\ominus} = \frac{1}{K_{sp}^{\ominus}\{\mathrm{Fe(OH)_2}\}} = \frac{1}{c(\mathrm{Fe^{2+}}) \cdot c^2(\mathrm{OH^-})}$$

平衡时 $c(\mathrm{OH^-}) = 1.0\ \mathrm{mol \cdot L^{-1}}$，

则

$$c(\mathrm{Fe^{3+}}) = \frac{K_{sp}^{\ominus}\{\mathrm{Fe(OH)_3}\}}{c^3(\mathrm{OH^-})} = K_{sp}^{\ominus}\{\mathrm{Fe(OH)_3}\}$$

$$c(\mathrm{Fe^{2+}}) = \frac{K_{sp}^{\ominus}\{\mathrm{Fe(OH)_2}\}}{c^2(\mathrm{OH^-})} = K_{sp}^{\ominus}\{\mathrm{Fe(OH)_2}\}$$

$$E(\mathrm{Fe^{3+}/Fe^{2+}}) = E^{\ominus}(\mathrm{Fe^{3+}/Fe^{2+}}) + 0.059\ 2\ \mathrm{V}\lg \frac{c(\mathrm{Fe^{3+}})}{c(\mathrm{Fe^{2+}})}$$

$$= E^{\ominus}(\mathrm{Fe^{3+}/Fe^{2+}}) + 0.059\ 2\ \mathrm{V}\lg \frac{K_{sp}^{\ominus}\{\mathrm{Fe(OH)_3}\}}{K_{sp}^{\ominus}\{\mathrm{Fe(OH)_2}\}}$$

$$= 0.771\ \mathrm{V} + 0.059\ 2\ \mathrm{V}\lg \frac{4.0 \times 10^{-38}}{8.0 \times 10^{-16}} = -0.55\ \mathrm{V}$$

根据标准电极电势的定义，$c(\mathrm{OH^-}) = 1.0\ \mathrm{mol \cdot L^{-1}}$ 时，$E(\mathrm{Fe^{3+}/Fe^{2+}})$ 就是电极反应 $\mathrm{Fe(OH)_3} + \mathrm{e^-} \Longrightarrow \mathrm{Fe(OH)_2} + \mathrm{OH^-}$ 的标准电极电势 $E^{\ominus}\{\mathrm{Fe(OH)_3/Fe(OH)_2}\}$。即

$$E^{\ominus}\{\mathrm{Fe(OH)_3/Fe(OH)_2}\} = E^{\ominus}(\mathrm{Fe^{3+}/Fe^{2+}}) + 0.059\ 2\ \mathrm{V}\lg \frac{K_{sp}^{\ominus}\{\mathrm{Fe(OH)_3}\}}{K_{sp}^{\ominus}\{\mathrm{Fe(OH)_2}\}}$$

从以上例子可知，氧化型和还原型物质浓度的改变对电极电势有影响。如果电对的氧化型生成沉淀，则电极电势变小；如果还原型生成沉淀，则电极电势变大。若二者同时生成沉淀时，$K_{sp}^{\ominus}$（氧化型）$<K_{sp}^{\ominus}$（还原型），则电极电势变小；反之，则变大。另外，

介质的酸碱性对含氧酸盐氧化性的影响较大,一般说,含氧酸盐在酸性介质中表现出较强的氧化性。

6. 条件电极电势

严格地说,式(4-34)中氧化型和还原型的浓度应以活度表示,而标准电极电势是指在一定温度下(通常为298.15 K),氧化还原半反应中各组分都处于标准状态,即离子或分子的活度等于1 $mol \cdot L^{-1}$(若反应中有气体参加,则分压等于100 kPa)的电极电势。在应用能斯特方程式时为简化起见,往往忽略溶液中离子强度的影响,以浓度代替活度来进行计算,但在离子强度较大时,其影响不可忽略。另外,当氧化型或还原型与溶液中其他组分发生副反应(如沉淀和配合物的形成)时,电对的氧化型和还原型的存在形式也往往随之改变,从而引起电极电势的变化。

因此,用能斯特方程式计算有关电对的电极电势时,如果采用该电对的标准电极电势,则计算的结果与实际情况就会相差较大。例如,计算 HCl 溶液中 Fe(Ⅲ)/Fe(Ⅱ)系统的电极电势时,由能斯特方程式得到

$$E(Fe^{3+}/Fe^{2+}) = E^{\ominus}(Fe^{3+}/Fe^{2+}) + 0.059\ 2\ Vlg\frac{a(Fe^{3+})}{a(Fe^{2+})}$$

$$= E^{\ominus}(Fe^{3+}/Fe^{2+}) + 0.059\ 2\ Vlg\frac{\gamma(Fe^{3+}) \cdot c(Fe^{3+})}{\gamma(Fe^{2+}) \cdot c(Fe^{2+})} \qquad (4-37)$$

Fe^{3+} 易与 H_2O,Cl^- 等发生如下副反应:

$$Fe^{3+} + H_2O \longrightarrow [FeOH]^{2+} + H^+ \xrightarrow{H_2O} [Fe(OH)_2]^+ \cdots$$

$$Fe^{3+} + Cl^- \Longleftrightarrow [FeCl]^{2+} \xrightarrow{Cl^-} [FeCl_2]^+ \cdots$$

Fe^{2+} 也可以发生类似的副反应。因此系统中除存在 Fe^{3+},Fe^{2+} 外,还存在 $[FeOH]^{2+}$,$[FeCl]^{2+}$,$[FeCl_6]^{3-}$,$[FeCl]^+$,$FeCl_2$ 等型体。若用 $c'(Fe^{3+})$ 表示溶液中 Fe^{3+} 的总浓度,$c(Fe^{3+})$ 为 Fe^{3+} 的平衡浓度,则

$$c'(Fe^{3+}) = c(Fe^{3+}) + c\{[FeOH]^{2+}\} + \cdots + c\{[FeCl]^{2+}\} + \cdots$$

$\alpha(Fe^{3+})$ 称为 Fe^{3+} 的副反应系数:

$$\alpha(Fe^{3+}) = \frac{c'(Fe^{3+})}{c(Fe^{3+})} \qquad (4-38)$$

同样 $\alpha(Fe^{2+})$ 称为 Fe^{2+} 的副反应系数:

$$\alpha(Fe^{2+}) = \frac{c'(Fe^{2+})}{c(Fe^{2+})} \qquad (4-39)$$

将式(4-38)和式(4-39)代入式(4-37)得

$$E(Fe^{3+}/Fe^{2+}) = E^{\ominus}(Fe^{3+}/Fe^{2+}) + 0.059\ 2\ Vlg\frac{\gamma(Fe^{3+}) \cdot \alpha(Fe^{2+}) \cdot c'(Fe^{3+})}{\gamma(Fe^{2+}) \cdot \alpha(Fe^{3+}) \cdot c'(Fe^{2+})} \qquad (4-40)$$

式(4-40)是考虑了氧化型和还原型物质发生副反应后的能斯特方程式。但是当溶液的离子强度很大,且副反应很多时,γ 和 α 值不易求得。为此,将式(4-40)改写为

$$E(Fe^{3+}/Fe^{2+}) = E^{\ominus}(Fe^{3+}/Fe^{2+}) + 0.059\ 2\ Vlg\frac{\gamma(Fe^{3+}) \cdot \alpha(Fe^{2+})}{\gamma(Fe^{2+}) \cdot \alpha(Fe^{3+})} + 0.059\ 2\ Vlg\frac{c'(Fe^{3+})}{c'(Fe^{2+})}$$

$$(4-41)$$

当 $c'(Fe^{3+})=c'(Fe^{2+})=1\ mol\cdot L^{-1}$ 或 $c'(Fe^{3+})/c'(Fe^{2+})=1$ 时：

$$E(Fe^{3+}/Fe^{2+})=E^{\ominus}(Fe^{3+}/Fe^{2+})+0.059\ 2\ V\lg\frac{\gamma(Fe^{3+})\cdot\alpha(Fe^{2+})}{\gamma(Fe^{2+})\cdot\alpha(Fe^{3+})} \quad (4\text{-}42)$$

式(4-42)中 γ 和 α 在特定条件下是固定值，因而式(4-42)应为常数，以 $E^{\ominus}{}'$ 表示：

$$E^{\ominus}{}'(Fe^{3+}/Fe^{2+})=E^{\ominus}(Fe^{3+}/Fe^{2+})+0.059\ 2\ V\lg\frac{\gamma(Fe^{3+})\cdot\alpha(Fe^{2+})}{\gamma(Fe^{2+})\cdot\alpha(Fe^{3+})}$$

$E^{\ominus}{}'$ 称为条件电极电势(conditional potential)。它是在特定条件下，氧化型和还原型的总浓度均为 $1\ mol\cdot L^{-1}$ 或它们的浓度比为 1 时的实际电极电势，它在条件一定时为常数。此时式(4-40)可写作：

$$E(Fe^{3+}/Fe^{2+})=E^{\ominus}{}'(Fe^{3+}/Fe^{2+})+0.059\ 2\ V\lg\frac{c'(Fe^{3+})}{c'(Fe^{2+})}$$

对于电极反应 $\quad\quad\quad Ox+ne^-\Longrightarrow Red$

298.15 K 时，其能斯特方程的一般通式为

$$E(Ox/Red)=E^{\ominus}{}'(Ox/Red)+\frac{0.059\ 2\ V}{n}\lg\frac{c'(Ox)}{c'(Red)}$$

条件电极电势的大小，反映了在外界因素影响下，氧化还原电对的实际氧化还原能力。因此，应用条件电极电势比用标准电极电势能更正确地判断氧化还原反应的方向、次序和反应完成的程度。附录Ⅷ列出了部分氧化还原半反应的条件电极电势。在处理有关氧化还原反应的电势计算时，采用条件电极电势是较为合理的。但由于条件电极电势的数据目前还较少，如没有相同条件下的条件电极电势，可采用条件相近的条件电极电势数据，对于没有条件电势的氧化还原电对，则只能采用标准电极电势。

4.5.3　电极电势的应用

电极电势的应用是多方面的。除了比较氧化剂、还原剂的相对强弱外，电极电势主要有下列应用。

1. 计算原电池的电动势

在组成原电池的两个半电池中，电极电势高的半电池是原电池的正极，电极电势低的半电池是原电池的负极。原电池的电动势等于正极的电极电势减去负极的电极电势：

$$\Delta E=E_{(+)}-E_{(-)}$$

例 4-40　计算下列原电池的电动势，并指出正、负极。

$$Zn\mid Zn^{2+}(0.100\ mol\cdot L^{-1})\parallel Cu^{2+}(2.00\ mol\cdot L^{-1})\mid Cu$$

解： 先计算电极电势：

$$E(Zn^{2+}/Zn)=E^{\ominus}(Zn^{2+}/Zn)+\frac{0.059\ 2\ V}{2}\lg c(Zn^{2+})$$

$$=-0.763\ V+\frac{0.059\ 2\ V}{2}\lg(0.100)=-0.793\ V \quad\quad (负极)$$

$$E(Cu^{2+}/Cu)=E^{\ominus}(Cu^{2+}/Cu)+\frac{0.059\ 2\ V}{2}\lg c(Cu^{2+})$$

$$= 0.337 \text{ V} + \frac{0.059\ 2 \text{ V}}{2} \lg 2.00 = 0.346 \text{ V} \qquad \text{（正极）}$$

$$\Delta E = E_{(+)} - E_{(-)} = [\,0.346 - (-0.793)\,] \text{ V} = 1.139 \text{ V}$$

2. 判断氧化还原反应进行的方向

恒温恒压下，氧化还原反应进行的方向可由反应的吉布斯函数变来判断。

根据 $\Delta_r G_m = -nF\Delta E = -nF[\,E_{(+)} - E_{(-)}\,]$ 有

$\Delta_r G_m < 0$	$\Delta E > 0$	$E_{(+)} > E_{(-)}$	反应正向进行
$\Delta_r G_m = 0$	$\Delta E = 0$	$E_{(+)} = E_{(-)}$	反应处于平衡
$\Delta_r G_m > 0$	$\Delta E < 0$	$E_{(+)} < E_{(-)}$	反应逆向进行

如果是在标准状态下，则可用 $E^{\ominus}$ 进行判断。

所以，在氧化还原反应中，使反应物中的氧化剂电对作正极，还原剂电对作负极，比较两电对电极电势值的相对大小，即可判断氧化还原反应的方向。例如：

$$2Fe^{3+}(aq) + Sn^{2+}(aq) \Longrightarrow 2Fe^{2+}(aq) + Sn^{4+}(aq)$$

在标准状态下，反应是从左向右进行还是从右向左进行？可查标准电极电势数据：

$$E^{\ominus}(Sn^{4+}/Sn^{2+}) = 0.151 \text{ V} \qquad E^{\ominus}(Fe^{3+}/Fe^{2+}) = 0.771 \text{ V}$$

反应中 Fe^{3+}/Fe^{2+} 电对是正极，Sn^{4+}/Sn^{2+} 电对是负极，$E^{\ominus}(Fe^{3+}/Fe^{2+}) > E^{\ominus}(Sn^{4+}/Sn^{2+})$，电动势 $E^{\ominus} > 0$，所以反应自左向右自发进行。

由于电极电势 E 的大小不仅与 $E^{\ominus}$ 有关，还与参与电极反应的物质的浓度、分压、酸度等因素有关，因此，如果有关物质的浓度不是 $1 \text{ mol} \cdot L^{-1}$ 时，则须按能斯特方程分别算出氧化剂和还原剂电对的电极电势，然后再根据计算出的电极电势，判断反应进行的方向。但大多数情况下，可以直接用 $E^{\ominus}$ 值来判断，因为一般情况下，$E^{\ominus}$ 值在 E 中占主要部分。当 $E^{\ominus} > 0.2 \text{ V}$ 时，一般不会因浓度变化而使 $E^{\ominus}$ 值改变符号。而 $E^{\ominus} < 0.2$ V 时，氧化还原反应的方向常因参加反应的物质的浓度、分压和酸度的变化而有可能产生逆转。

例 4-41 判断下列反应能否自发进行

$$Pb^{2+}(aq)(0.10 \text{ mol} \cdot L^{-1}) + Sn(s) \Longrightarrow Pb(s) + Sn^{2+}(aq)(1.0 \text{ mol} \cdot L^{-1})$$

解：先计算 $E^{\ominus}$

由附录Ⅲ得 $\qquad Pb^{2+} + 2e^- \Longrightarrow Pb \qquad E^{\ominus}(Pb^{2+}/Pb) = -0.126 \text{ V}$

$$Sn^{2+} + 2e^- \Longrightarrow Sn \qquad E^{\ominus}(Sn^{2+}/Sn) = -0.136 \text{ V}$$

在标准状态时，Pb^{2+} 为较强氧化剂，Sn^{2+} 为较强还原剂，因此

$$E^{\ominus} = E^{\ominus}(Pb^{2+}/Pb) - E^{\ominus}(Sn^{2+}/Sn) = -0.126 \text{ V} - (-0.136) \text{ V} = 0.010 \text{ V}$$

从标准电动势 $E^{\ominus}$ 来看，虽大于零，但数值很小，$E^{\ominus} < 0.2$ V，所以浓度改变很可能改变 E 值符号。在这种情况下，必须计算 E 值，才能判断反应进行的方向。

$$E = \left[E^{\ominus}(Pb^{2+}/Pb) + \frac{0.059\ 2 \text{ V}}{2} \lg c(Pb^{2+}) \right] - \left[E^{\ominus}(Sn^{2+}/Sn) + \frac{0.059\ 2 \text{ V}}{2} \lg c(Sn^{2+}) \right]$$

$$= E^{\ominus} + \frac{0.059\ 2 \text{ V}}{2} \lg \frac{c(Pb^{2+})}{c(Sn^{2+})} = 0.010 \text{ V} + \frac{0.059\ 2 \text{ V}}{2} \lg \frac{0.10}{1.0}$$

$$= -0.020 \text{ V} < 0$$

所以，此时反应逆向进行。

不少氧化还原反应有 H^+ 和 OH^- 参加，因此溶液的酸度对氧化还原电对的电极电势也有影响，从而有可能影响反应的方向。如 I^- 与砷酸的反应为

$$H_3AsO_4 + 2I^- + 2H^+ \Longrightarrow HAsO_2 + I_2 + 2H_2O$$

其电极反应分别为

$$H_3AsO_4 + 2H^+ + 2e^- \Longrightarrow HAsO_2 + 2H_2O \qquad E^\ominus(H_3AsO_4/HAsO_2) = 0.56 \text{ V}$$

$$I_2 + 2e^- \Longrightarrow 2I^- \qquad\qquad\qquad E^\ominus(I_2/I^-) = 0.536 \text{ V}$$

从标准电极电势来看,I_2 不能氧化 $HAsO_2$;相反 H_3AsO_4 能氧化 I^-。但 $H_3AsO_4/HAsO_2$ 电对的半反应中有 H^+ 参与,故溶液的酸度对电极电势的影响很大。如果使溶液的 pH ≈ 8.00,即 $c(H^+)$ 由标准状态时的 1 $mol \cdot L^{-1}$ 降至 1.0×10^{-8} $mol \cdot L^{-1}$,而其他物质的浓度仍为 1 $mol \cdot L^{-1}$,则

$$E(H_3AsO_4/HAsO_2) = E^\ominus(H_3AsO_4/HAsO_2) + \frac{0.0592 \text{ V}}{2}\lg\frac{c(H_3AsO_4) \cdot c^2(H^+)}{c(HAsO_2)}$$

$$= 0.56 \text{ V} + \frac{0.0592 \text{ V}}{2}\lg(1.0 \times 10^{-8})^2 = 0.086 \text{ V}$$

而 $E(I_2/I^-)$ 不受 $c(H^+)$ 的影响。这时 $E(I_2/I^-) > E(H_3AsO_4/HAsO_2)$,$E < 0$,反应自右向左进行,$I_2$ 能氧化 $HAsO_2$。应注意到,由于此反应的两个电极的标准电极电势相差不大,又有 H^+ 参加反应,所以只要适当改变酸度,就能改变反应的方向。

生产实践中,有时对一个复杂反应系统中的某一(或某些)组分要进行选择性地氧化或还原处理,而要求系统中其他组分不发生氧化还原反应。这就要对各组分相关电对的电极电势进行考查和比较,从而选择合适的氧化剂或还原剂。

例 4-42　在含 Cl^-,Br^-,I^- 三种离子的混合溶液中,欲使 I^- 氧化为 I_2,而不使 Br^-,Cl^- 氧化,在常用的氧化剂 $Fe_2(SO_4)_3$ 和 $KMnO_4$ 中,选择哪一种能符合上述要求?

解:由附录Ⅶ查得

$$E^\ominus(I_2/I^-) = 0.536 \text{ V}, \quad E^\ominus(Br_2/Br^-) = 1.087 \text{ V}, \quad E^\ominus(Cl_2/Cl^-) = 1.358 \text{ V}$$

$$E^\ominus(Fe^{3+}/Fe^{2+}) = 0.771 \text{ V}, \quad E^\ominus(MnO_4^-/Mn^{2+}) = 1.51 \text{ V}$$

从上述各电对的 $E^\ominus$ 值可以看出:

$$E^\ominus(I_2/I^-) < E^\ominus(Fe^{3+}/Fe^{2+}) < E^\ominus(Br_2/Br^-) < E^\ominus(Cl_2/Cl^-) < E^\ominus(MnO_4^-/Mn^{2+})$$

如果选择 $KMnO_4$ 作氧化剂,在酸性介质中 $KMnO_4$ 能将 Cl^-,Br^-,I^- 氧化成 Cl_2,Br_2,I_2。而选用 $Fe_2(SO_4)_3$ 作氧化剂则能符合题意要求。

3. 确定氧化还原反应的平衡常数

对任一氧化还原反应:

$$n_2 \text{ 氧化剂}_1 + n_1 \text{ 还原剂}_2 \Longrightarrow n_2 \text{ 还原剂}_1 + n_1 \text{ 氧化剂}_2$$

由式(2-29):

$$\Delta_r G_m^\ominus = -RT\ln K^\ominus = -2.303RT\lg K^\ominus$$

及式(4-34):

$$\Delta_r G_m^\ominus = -nFE^\ominus$$

得

$$\lg K^\ominus = \frac{nFE^\ominus}{2.303RT}$$

当 $T = 298.15$ K 时,有

$$\lg K^\ominus = \frac{nE^\ominus}{\dfrac{2.303 \times 8.314 \text{ J} \cdot mol^{-1} \cdot K^{-1} \times 298.15 \text{ K}}{96\,500 \text{ J} \cdot V^{-1} \cdot mol^{-1}}} = \frac{nE^\ominus}{0.0592 \text{ V}} = \frac{n\left[E_{(+)}^\ominus - E_{(-)}^\ominus\right]}{0.0592 \text{ V}} \qquad (4-43)$$

式中:n 为电池反应的电子转移数。从式(4-43)可以看出,氧化还原反应平衡常数的

大小与 $E_{(+)}^{\ominus} - E_{(-)}^{\ominus}$ 的差值有关。差值越大，$K^{\ominus}$ 值越大，反应进行得越完全。当式(4-43)中的电极电势 $E^{\ominus}$ 改用条件电极电势，则得到条件平衡常数。

例 4-43 计算下列反应：

$$Ag^+(aq) + Fe^{2+}(aq) \rightleftharpoons Ag(s) + Fe^{3+}(aq)$$

(1) 在 298.15 K 时的平衡常数 $K^{\ominus}$；

(2) 如果反应开始时，$c(Ag^+) = 1.0 \text{ mol} \cdot L^{-1}$，$c(Fe^{2+}) = 0.10 \text{ mol} \cdot L^{-1}$，求反应达到平衡时的 $c(Fe^{3+})$。

解：(1) $E_{(+)}^{\ominus} = E^{\ominus}(Ag^+/Ag) = 0.799 \text{ V}$　　$E_{(-)}^{\ominus} = E^{\ominus}(Fe^{3+}/Fe^{2+}) = 0.771 \text{ V}$

$$\lg K^{\ominus} = \frac{n[E_{(+)}^{\ominus} - E_{(-)}^{\ominus}]}{0.059\ 2 \text{ V}} = \frac{0.799 - 0.771}{0.059\ 2} = 0.47$$

$$K^{\ominus} = 3.0$$

(2) 设达平衡时 $c(Fe^{3+}) = x \text{ mol} \cdot L^{-1}$

$$Ag^+(aq) + Fe^{2+}(aq) \rightleftharpoons Ag(s) + Fe^{3+}(aq)$$

| 起始浓度/($\text{mol} \cdot L^{-1}$) | 1.0 | 0.10 | | 0 |
| 平衡浓度/($\text{mol} \cdot L^{-1}$) | 1.0-x | 0.10-x | | x |

$$K^{\ominus} = \frac{x}{(1.0-x)(0.10-x)} = 3.0$$

$$c(Fe^{3+}) = x \text{ mol} \cdot L^{-1} = 0.071 \text{ mol} \cdot L^{-1}$$

通过上述讨论，可以看出由电极电势的相对大小能够判断氧化还原反应自发进行的方向、次序和程度。

例 4-44 当把氧化还原反应应用于滴定分析时，要求反应进行程度达到 99.9% 以上，$E_{(+)}^{\ominus\prime}$ 和 $E_{(-)}^{\ominus\prime}$ 应相差多大呢？

解：对任一滴定反应：

$$n_2 \text{ 氧化型}_1 + n_1 \text{ 还原型}_2 \rightleftharpoons n_2 \text{ 还原型}_1 + n_1 \text{ 氧化型}_2$$

此时 $\left[\dfrac{c(还原型_1)}{c(氧化型_1)}\right]^{n_2} \geqslant \left(\dfrac{99.9}{0.1}\right)^{n_2} \approx 10^{3n_2}$，　同理　$\left(\dfrac{c(氧化型_2)}{c(还原型_2)}\right)^{n_1} \geqslant 10^{3n_1}$

若 $n = n_1 = n_2 = 1$

$$\lg K = \lg\left[\frac{c(氧化型_2) \cdot c(还原型_1)}{c(还原型_2) \cdot c(氧化型_1)}\right] \geqslant \lg(10^3 \times 10^3) = \lg 10^6 = \frac{n[E_{(+)}^{\ominus\prime} - E_{(-)}^{\ominus\prime}]}{0.059\ 2 \text{ V}}$$

所以

$$E_{(+)}^{\ominus\prime} - E_{(-)}^{\ominus\prime} = \frac{0.059\ 2 \text{ V}}{1} \times 6 \approx 0.4 \text{ V}$$

当两个电对的条件电极电势之差大于 0.4 V 时，这样的反应才能用于滴定分析。

4. 计算 $K_{sp}^{\ominus}$ 或溶液的 pH

(1) 计算 $K_{sp}^{\ominus}$

用化学分析方法很难直接测定难溶电解质在溶液中的离子浓度，所以很难应用离子浓度来计算 $K_{sp}^{\ominus}$。但可以设计相应的原电池，通过测定电池的电动势来计算 $K_{sp}^{\ominus}$。例如，要计算难溶盐 AgCl 的 $K_{sp}^{\ominus}$，可设计如下电池：

$$(-)\ Ag \mid AgCl(s) \mid Cl^-(0.010 \text{ mol} \cdot L^{-1}) \parallel Ag^+(0.010 \text{ mol} \cdot L^{-1}) \mid Ag(+)$$

由实验测得该电池的电动势 $E = 0.34 \text{ V}$，根据能斯特方程：

$$E_{(+)} = E^{\ominus}(Ag^+/Ag) + \frac{0.059\ 2 \text{ V}}{n} \lg c(Ag^+)_{(+)}$$

$$E_{(-)} = E^{\ominus}(Ag^+/Ag) + \frac{0.059\ 2\ V}{n}\lg c(Ag^+)_{(-)}$$

$$= E^{\ominus}(Ag^+/Ag) + 0.059\ 2\ V\lg \frac{K_{sp}^{\ominus}(AgCl)}{c(Cl^-)}$$

$$E = E_{(+)} - E_{(-)} = 0.059\ 2\ V\lg \frac{c(Ag^+)_{(+)}}{c(Ag^+)_{(-)}} = 0.059\ 2\ V\lg \frac{0.010 \times 0.010}{K_{sp}^{\ominus}(AgCl)} = 0.34\ V$$

所以
$$K_{sp}^{\ominus}(AgCl) = 1.8 \times 10^{-10}$$

不少难溶电解质的 $K_{sp}^{\ominus}$ 是用这种方法测定的。

（2）计算溶液 pH

例如，设某 H^+ 浓度未知的氢电极为

$$Pt \mid H_2(100\ kPa) \mid HX(0.10\ mol \cdot L^{-1})$$

求算弱酸 HX 溶液的 H^+ 浓度，可将它和标准氢电极组成原电池，测得电池的电动势，即可求得 H^+ 浓度。若测得电池电动势为 0.168 V，即

$$E = E_{(+)} - E_{(-)} = E^{\ominus}(H^+/H_2) - E_{(x)} = 0.000\ 0\ V - E_{(x)} = 0.168\ V$$

而
$$E_{(x)} = E^{\ominus}(H^+/H_2) + \frac{0.059\ 2\ V}{2}\lg \frac{c^2(H^+)}{p(H_2)/p^{\ominus}}$$

$$-0.168\ V = 0.059\ 2\ V\lg c(H^+)$$

$$c(H^+) = 1.4 \times 10^{-3}\ mol \cdot L^{-1} \qquad pH = 2.85$$

4.5.4　元素电势图及其应用

许多元素可以有多种氧化态，讨论它们各种氧化态的物质在水溶液中稳定性及氧化还原能力时经常用图解的方式。

1. 元素电势图

同一元素的不同氧化态的物质氧化或还原能力是不同的。为了突出表示同一元素各种氧化态物质的氧化还原能力及它们相互之间的关系，拉蒂莫尔（Latimer W M）建议把同一元素的不同氧化态物质，按照其氧化数从左到右降低的顺序排列成以下图式，并在元素的两种氧化态之间的连线上标出对应电对的标准电极电势的数值。

例如：

$$E_A^{\ominus}/V: \qquad Fe^{3+} \xrightarrow{0.771} Fe^{2+} \xrightarrow{-0.440} Fe$$

$$E_B^{\ominus}/V: ClO_4^- \xrightarrow{0.36} ClO_3^- \xrightarrow{0.33} ClO_2^- \xrightarrow{0.66} ClO^- \xrightarrow{0.40} Cl_2 \xrightarrow{1.358} Cl^-$$
$$\underset{0.62}{\underline{\hspace{6cm}}}$$

这种表示元素各种氧化态物质之间电极电势变化的关系图，叫做元素标准电极电势图（简称元素电势图）。它清楚地表明了同种元素的不同氧化态其氧化、还原能力的相对大小。其中 $E_A^{\ominus}$ 为 pH＝0 时的标准电极电势，$E_B^{\ominus}$ 为在 pH＝14 时的标准电极电势。

2. 元素电势图的应用

（1）歧化反应

歧化反应（disproportionation）是一种自身氧化还原反应。例如：

$$2Cu^+ \rightleftharpoons Cu + Cu^{2+}$$

在这一反应中,一部分 Cu^+ 被氧化为 Cu^{2+},另一部分 Cu^+ 被还原为金属 Cu。当一种元素处于中间氧化态时,它一部分被氧化,另一部分即被还原,这类反应称为歧化反应。

铜的元素电势图为

$$Cu^{2+} \underset{}{\overset{0.153}{—————}} Cu^+ \underset{}{\overset{0.521}{—————}} Cu$$
$$\underset{0.337}{\big|—————————————\big|}$$

因为 $\qquad\qquad\qquad E^\ominus(Cu^+/Cu) > E^\ominus(Cu^{2+}/Cu^+)$

所以 Cu^+ 在水溶液中能自发歧化为 Cu^{2+} 和 Cu:

$$2Cu^+ \rightleftharpoons Cu + Cu^{2+}$$

歧化反应发生的规律是:当电势图 $M^{2+} \overset{E^\ominus_{左}}{—————} M^+ \overset{E^\ominus_{右}}{—————} M$ 中 $E^\ominus_{右} > E^\ominus_{左}$ 时,M^+ 易发生歧化反应:

$$2M^+ \rightleftharpoons M^{2+} + M$$

反之,当 $E^\ominus_{左} > E^\ominus_{右}$ 时,M^+ 虽处于中间氧化态,也不会发生歧化反应,而其逆向反应则是自发的。

（2）计算标准电极电势

利用元素电势图,根据相邻电对的已知标准电极电势,可以求算任一未知电对的标准电极电势。假设有下列元素电势图:

$$A \underset{n_1}{\overset{E^\ominus_1}{—————}} B \underset{n_2}{\overset{E^\ominus_2}{—————}} C$$
$$\underset{n_3}{\big|\underset{}{\overset{E^\ominus_3}{—————————}}\big|}$$

将这三个电对分别与氢电极组成原电池,电池反应的标准摩尔吉布斯函数变分别为

$$A + \frac{n_1}{2}H_2 = B + n_1 H^+ \qquad\qquad \Delta_r G^\ominus_{m(1)} = -n_1 F E^\ominus_1 \qquad (1)$$

$$B + \frac{n_2}{2}H_2 = C + n_2 H^+ \qquad\qquad \Delta_r G^\ominus_{m(2)} = -n_2 F E^\ominus_2 \qquad (2)$$

$$A + \frac{(n_1+n_2)}{2}H_2 = C + (n_1+n_2)H^+ \qquad \Delta_r G^\ominus_{m(3)} = -(n_1+n_2) F E^\ominus_3 \qquad (3)$$

由于 $\qquad\qquad\qquad\qquad \Delta_r G^\ominus_{m(3)} = \Delta_r G^\ominus_{m(1)} + \Delta_r G^\ominus_{m(2)}$

因此 $\qquad\qquad\qquad\qquad (n_1+n_2)E^\ominus_3 = n_1 E^\ominus_1 + n_2 E^\ominus_2$

$$E^\ominus_3 = \frac{n_1 E^\ominus_1 + n_2 E^\ominus_2}{n_1 + n_2}$$

若有 i 个相邻的电对,则

$$E^\ominus = \frac{n_1 E^\ominus_1 + n_2 E^\ominus_2 + \cdots + n_i E^\ominus_i}{n_1 + n_2 + \cdots + n_i} \qquad (4-44)$$

式中:n_1, n_2, n_i 分别代表各电对内的电子转移数。

例 4-45   根据下面列出的碱性介质中溴的电势图：

$$E_B^{\ominus}/V: \quad BrO_3^- \underset{?}{\overset{0.52}{\underline{\qquad ? \qquad BrO^- \xrightarrow{0.45} Br_2 \xrightarrow{1.09}}}} Br^-$$

求 $E^{\ominus}(BrO_3^-/Br^-)$ 和 $E^{\ominus}(BrO_3^-/BrO^-)$。

解：根据式(4-44)得

$$E^{\ominus}(BrO_3^-/Br^-) = \frac{5 \times E^{\ominus}(BrO_3^-/Br_2) + 1 \times E^{\ominus}(Br_2/Br^-)}{6}$$

$$= \frac{5 \times 0.52 + 1 \times 1.09}{6} = 0.62 \text{ V}$$

$$5E^{\ominus}(BrO_3^-/Br_2) = 4 \times E^{\ominus}(BrO_3^-/BrO^-) + 1 \times E^{\ominus}(BrO^-/Br_2)$$

$$E^{\ominus}(BrO_3^-/BrO^-) = \frac{5 \times E^{\ominus}(BrO_3^-/Br_2) - 1 \times E^{\ominus}(BrO^-/Br_2)}{4}$$

$$= \frac{5 \times 0.52 - 0.45}{4} = 0.54 \text{ V}$$

（3）了解元素的氧化还原特性

根据元素电势图，不仅可以阐明某元素的中间氧化态能否发生歧化反应，还可以全面地描绘出某一元素的一些氧化还原特性。例如，金属铁在酸性介质中的元素电势图为

$$E_A^{\ominus}/V \qquad\qquad Fe^{3+} \xrightarrow{0.771} Fe^{2+} \xrightarrow{-0.440} Fe$$

利用此电势图，可以预测金属铁在酸性介质中的一些氧化还原特性。因为 $E^{\ominus}(Fe^{2+}/Fe)$ 为负值，而 $E^{\ominus}(Fe^{3+}/Fe^{2+})$ 为正值，故在稀盐酸或稀硫酸等非氧化性稀酸中，Fe 主要被氧化为 Fe^{2+} 而非 Fe^{3+}：

$$Fe + 2H^+ \Longrightarrow Fe^{2+} + H_2$$

但是在酸性介质中，Fe^{2+} 是不稳定的，易被空气中的氧所氧化。因为

$$Fe^{3+} + e^- \Longrightarrow Fe^{2+} \qquad\qquad E^{\ominus}(Fe^{3+}/Fe^{2+}) = 0.771 \text{ V}$$

$$O_2 + 4H^+ + 4e^- \Longrightarrow 2H_2O \qquad\qquad E^{\ominus}(O_2/H_2O) = 1.229 \text{ V}$$

所以 $\qquad\qquad\qquad\qquad 4Fe^{2+} + O_2 + 4H^+ \Longrightarrow 4Fe^{3+} + 2H_2O$

由于 $E^{\ominus}(Fe^{2+}/Fe) < E^{\ominus}(Fe^{3+}/Fe^{2+})$，故 Fe^{2+} 不会发生歧化反应，却可以发生逆歧化反应：

$$Fe + 2Fe^{3+} \Longrightarrow 3Fe^{2+}$$

因此，在 Fe^{2+} 盐溶液中，加入少量金属铁，能避免 Fe^{2+} 被空气中的氧气氧化为 Fe^{3+}。

由此可见，在酸性介质中 Fe 最稳定的氧化态是 Fe^{3+}。

4.5.5   氧化还原反应的速率及其影响因素

根据标准电极电势及条件电极电势可以判断氧化还原反应进行的方向、次序和程度，但这只是说明了氧化还原反应进行的可能性，并没考虑反应速率的快慢。实际上，由于氧化还原反应的机理比较复杂，各种反应的反应速率差别很大。有的反应速率较快，有的反应速率较慢。有的反应，虽然从理论上看是可以进行的，但实际上几乎察觉不到反应的进行，例如：

$$O_2 + 4H^+ + 4e^- \rightleftharpoons 2H_2O \qquad E^{\ominus}(O_2/H_2O) = 1.229 \text{ V}$$

$$2H^+ + 2e^- \rightleftharpoons H_2 \qquad E^{\ominus}(H^+/H_2) = 0.0000 \text{ V}$$

从标准电极电势来看,可以发生下列反应:

$$H_2 + \frac{1}{2}O_2 \rightleftharpoons H_2O$$

实际上,在常温下几乎观察不到反应的进行,只有在点火或存在催化剂的条件下,反应才能很快进行。因此,对于氧化还原反应,不仅要从反应的平衡常数来判断反应的可能性,还要从反应速率来考虑反应的现实性。滴定分析要求反应能快速进行,所以必须考虑氧化还原反应的速率。

1. 氧化还原反应的复杂性

氧化还原反应是电子转移的反应,电子的转移往往会遇到阻力,如溶液中的溶剂分子和各种配体的阻碍,物质之间的静电作用力等。而且发生氧化还原反应后,因元素的氧化态发生变化,不仅使原子或离子的电子层结构发生变化,而且化学键的性质和物质组成也会发生变化。例如,$Cr_2O_7^{2-}$ 被还原为 Cr^{3+} 时,从原来带负电荷的含氧酸根离子转化为简单的带正电荷的水合离子,结构发生了很大改变,这可能是造成氧化还原反应速率缓慢的一个主要原因。

另外,氧化还原反应的机理比较复杂,例如,MnO_4^- 和 Fe^{2+} 的反应:

$$MnO_4^- + 5Fe^{2+} + 8H^+ \rightleftharpoons Mn^{2+} + 5Fe^{3+} + 4H_2O$$

化学反应方程式只表示了反应的始态和终态,实际上该反应是分步进行的。在这一系列的反应中,只要有一步反应是慢的,反应的总速率就会受到影响。因为反应一定要有关分子或离子相互碰撞后才能发生,而碰撞的概率和参加反应的分子或离子数有关,所以反应有的快有的慢。例如:

$$Fe^{2+} + Ce^{4+} \rightleftharpoons Fe^{3+} + Ce^{3+}$$

是双分子反应,在 Fe^{2+} 和 Ce^{4+} 相互碰撞后,就可能发生反应,反应的概率比较大。而三分子反应:

$$2Fe^{3+} + Sn^{2+} \rightleftharpoons 2Fe^{2+} + Sn^{4+}$$

要求 2 个 Fe^{3+} 和 1 个 Sn^{2+} 同时碰撞后才可能发生反应,它们在空间某一点上碰撞的概率要比双分子反应小得多,而更多分子和离子之间同时碰撞而发生反应的概率更小。

2. 影响氧化还原反应速率的因素

(1) 浓度

根据质量作用定律,反应速率与反应物浓度幂的乘积成正比。但是许多氧化还原反应是分步进行的,整个反应的速率取决于最慢的一步,所以不能笼统地按总的氧化还原反应方程式中各反应物的计量数来判断其浓度对反应速率的影响程度。但一般说来,增加反应物浓度可以加速反应进行。如用 $K_2Cr_2O_7$ 标定 $Na_2S_2O_3$ 溶液的反应如下:

$$Cr_2O_7^{2-} + 6I^- + 14H^+ \rightleftharpoons 2Cr^{3+} + 3I_2 + 7H_2O \qquad \text{(慢)}$$

$$I_2 + 2S_2O_3^{2-} \rightleftharpoons 2I^- + S_4O_6^{2-} \qquad \text{(快)}$$

以淀粉为指示剂,用 $Na_2S_2O_3$ 溶液滴定到 I_2 与淀粉生成的蓝色消失为止。但因有 Cr^{3+}

存在,干扰终点颜色的观察,所以最好在稀溶液中滴定。但不能过早稀释溶液,因第一步反应较慢,必须在较浓的 $Cr_2O_7^{2-}$ 溶液中,使反应较快进行。经一段时间第一步反应进行完全后,再将溶液冲稀,以 $Na_2S_2O_3$ 滴定。对于有 H^+ 参加的反应,提高酸度也能加速反应。例如,$K_2Cr_2O_7$ 与 KI 的反应,提高 I^- 和 H^+ 的浓度均能加速反应。

（2）温度

温度对反应速率的影响是比较复杂的。对大多数反应来说,升高温度可以提高反应速率。例如,在酸性溶液中,MnO_4^- 和 $C_2O_4^{2-}$ 的反应。

$$2MnO_4^- + 5C_2O_4^{2-} + 16H^+ \Longrightarrow 2Mn^{2+} + 10CO_2 + 8H_2O$$

在室温下,反应速率很慢,加热能加快此反应的进行。但温度不能过高,因 $H_2C_2O_4$ 在高温时会分解,通常将溶液加热至 $75\sim85\ ℃$。所以在升高温度来加快反应速率时,还应注意其他一些不利因素。如 I_2 有挥发性,加热溶液会引起挥发损失;有些物质如 Fe^{2+},Sn^{2+} 等加热时会促进它们被空气中的 O_2 所氧化,从而引起滴定(或分析)误差。

（3）催化剂

催化剂对反应速率有很大的影响。如在酸性介质中,用过二硫酸铵氧化 Mn^{2+} 的反应:

$$2Mn^{2+} + 5S_2O_8^{2-} + 8H_2O \Longrightarrow 2MnO_4^- + 10SO_4^{2-} + 16H^+$$

必须有 Ag^+ 作催化剂,反应才能迅速进行。还有如 MnO_4^- 与 $C_2O_4^{2-}$ 之间的反应,Mn^{2+} 的存在也能催化反应迅速进行。由于 Mn^{2+} 是反应的生成物之一,所以这种反应称为自催化反应(self-catalyzed reaction)。此反应在开始时,由于溶液中无 Mn^{2+},虽然加热到 $75\sim85\ ℃$,反应进行得仍较为缓慢,MnO_4^- 褪色很慢。但反应开始后,一旦溶液中产生了 Mn^{2+},反应速率就大为加快。

（4）诱导作用

在氧化还原反应中,不仅催化剂能影响反应速率,而且有的氧化还原反应也能加速另一种氧化还原反应的进行,这种现象称为诱导作用。

例如,下一反应在一般条件下进行较慢

$$2MnO_4^- + 10Cl^- + 16H^+ \Longrightarrow 2Mn^{2+} + 5Cl_2 + 8H_2O$$

但当有 Fe^{2+} 存在时,Fe^{2+} 与 MnO_4^- 的氧化还原反应可加速此反应:

$$MnO_4^- + 5Fe^{2+} + 8H^+ \Longrightarrow Mn^{2+} + 5Fe^{3+} + 4H_2O$$

Fe^{2+} 和 MnO_4^- 之间的反应称为诱导反应,MnO_4^- 和 Cl^- 的反应称受诱反应。Fe^{2+} 称为诱导体,MnO_4^- 称为作用体,Cl^- 称为受诱体。

诱导反应与催化反应不同。在催化反应中,催化剂参加反应后恢复其原来的状态。而在诱导反应中,诱导体参加反应后变成了其他物质。诱导反应的发生,是由于反应过程中形成的不稳定的中间产物具有更强的氧化能力。如 $KMnO_4$ 氧化 Fe^{2+} 诱导了 Cl^- 的氧化,是由于 MnO_4^- 氧化 Fe^{2+} 的过程中形成了一系列锰的中间产物,如 Mn(Ⅵ),Mn(Ⅴ),Mn(Ⅳ),Mn(Ⅲ)等,它们能与 Cl^- 起反应,因而出现诱导作用。如果在溶液中加入过量的 Mn^{2+},Mn^{2+} 能使 Mn(Ⅶ)迅速转变为 Mn(Ⅲ),而此时又因溶液中有大量 Mn^{2+},降低了 Mn(Ⅲ)/Mn(Ⅱ)电对的电极电势,从而使 Mn(Ⅲ)只能与 Fe^{2+} 起反应而不与 Cl^- 起反应,这样就阻止受诱反应的发生,使 MnO_4^- 不能氧化 Cl^-。

因此,为了使氧化还原反应能按所需方向定量、迅速地进行完全,选择和控制适当的反应条件(包括温度、酸度和添加某些试剂等)是十分重要的。

 习题

基本题

4-1 将 300 mL 0.20 mol·L^{-1} HAc 溶液稀释到多少体积才能使解离度增加一倍。求算 0.20 mol·L^{-1} NH$_3$·H$_2$O 的 $c(OH^-)$ 及解离度。

4-2 奶油腐败后的分解产物之一为丁酸(C_3H_7COOH),有恶臭。今测得 0.20 mol·L^{-1} 丁酸溶液的 pH 为 2.50,求丁酸的 $K_a^\ominus$。

4-3 What is the pH of a 0.025 mol·L^{-1} solution of ammonium acetate at 25℃? p$K_a^\ominus$ of acetic acid at 25℃ is 4.74, p$K_a^\ominus$ of the ammonium ion at 25℃ is 9.25, p$K_w^\ominus$ at 25℃ is 14.00.

4-4 已知下列各种弱酸的 $K_a^\ominus$ 值,求它们的共轭碱的 $K_b^\ominus$ 值,并比较各共轭碱的相对强弱。

(1) $K_a^\ominus(HCN) = 6.2 \times 10^{-10}$ (2) $K_a^\ominus(HCOOH) = 1.8 \times 10^{-4}$

(3) $K_a^\ominus(C_6H_5COOH$ 苯甲酸$) = 6.2 \times 10^{-5}$ (4) $K_a^\ominus(C_6H_5OH$ 苯酚$) = 1.1 \times 10^{-10}$

(5) $K_a^\ominus(HAsO_2) = 6.0 \times 10^{-10}$

(6) $K_{a_1}^\ominus(H_2C_2O_4) = 5.9 \times 10^{-2}$, $K_{a_2}^\ominus = 6.4 \times 10^{-5}$

4-5 用质子理论判断下列哪些物质是酸?并写出它的共轭碱。哪些是碱?也写出它的共轭酸。其中哪些既是酸又是碱?(列表)

$$H_2PO_4^-; CO_3^{2-}; NH_3; NO_3^-; H_2O; HSO_4^-; HS^-; HCl$$

4-6 写出下列化合物水溶液的 PBE:

(1) H_3PO_4 (2) Na_2HPO_4 (3) Na_2S (4) $NH_4H_2PO_4$

(5) Na_2CO_3 (6) NH_4Ac (7) $HCl+HAc$ (8) $NaOH+NH_3$

4-7 某药厂生产光辉霉素过程中,取含 NaOH 的发酵液 45 L(pH = 9.0),欲调节酸度到 pH = 3.0,问需加入 6.0 mol·L^{-1} HCl 溶液多少毫升?

4-8 H_2SO_4 第一级可以认为完全解离,第二级解离常数 $K_{a_2}^\ominus = 1.2 \times 10^{-2}$,计算 0.40 mol·L^{-1} H_2SO_4 溶液中各种离子的平衡浓度。

4-9 求 1.0×10^{-6} mol·L^{-1} HCN 溶液的 pH。(提示:此处不能忽略水的解离)

4-10 计算浓度为 0.12 mol·L^{-1} 的下列物质水溶液的 pH(括号内为 p$K_a^\ominus$ 值):

(1) 苯酚(9.89)

(2) 丙烯酸(4.25)

(3) 氯化丁基铵($C_4H_9NH_3Cl$)(9.39)

(4) 吡啶的硝酸盐($C_5H_5NHNO_3$)(5.25)

4-11 $H_2PO_4^-$ 的 $K_{a_2}^\ominus = 6.3 \times 10^{-8}$,则其共轭碱的 $K_b^\ominus$ 值是多少?如果在溶液中

$c(H_2PO_4^-)$浓度和其共轭碱的浓度相等时,溶液的 pH 将是多少?

4-12 欲配制 250 mL pH=5.0 的缓冲溶液,问在 125 mL 1.0 mol·L^{-1} NaAc 溶液中应加多少 6.0 mol·L^{-1}的 HAc 和多少水?

4-13 现有一份 HCl 溶液,其浓度为 0.20 mol·L^{-1}。

(1)欲改变其酸度到 pH=4.0,应加入 HAc 还是 NaAc?为什么?

(2)如果向该溶液中加入等体积的 2.0 mol·L^{-1} NaAc 溶液,溶液的 pH 是多少?

(3)如果向该溶液中加入等体积的 2.0 mol·L^{-1} HAc 溶液,溶液的 pH 是多少?

(4)如果向该溶液中加入等体积的 2.0 mol·L^{-1} NaOH 溶液,溶液的 pH 是多少?

4-14 人体中的 CO_2 在血液中以 H_2CO_3 和 HCO_3^- 存在,若血液的 pH 为 7.4,求血液中 H_2CO_3,HCO_3^- 的分布分数。

4-15 下列说法是否正确?

(1)PbI_2 和 $CaCO_3$ 的溶度积均近似为 10^{-9},所以在它们的饱和溶液中,前者的 Pb^{2+} 浓度和后者的 Ca^{2+} 浓度近似相等。

(2)$PbSO_4$ 的溶度积 $K_{sp}^{\ominus}=1.6\times10^{-8}$,因此所有含 $PbSO_4$ 固体的溶液中,$c(Pb^{2+})=c(SO_4^{2-})$,而且 $c(Pb^{2+})\cdot c(SO_4^{2-})=1.6\times10^{-8}$。

4-16 设 AgCl 在纯水中、在 0.01 mol·L^{-1} $CaCl_2$ 溶液中、在 0.01 mol·L^{-1} NaCl 溶液中及在 0.05 mol·L^{-1} $AgNO_3$ 溶液中的溶解度分别为 s_1,s_2,s_3 和 s_4,请比较它们溶解度的大小。

4-17 已知 CaF_2 溶解度为 2×10^{-4} mol·L^{-1},求其溶度积 $K_{sp}^{\ominus}$。

4-18 已知 $Zn(OH)_2$ 的溶度积为 1.2×10^{-17}(25 ℃),求其溶解度。

4-19 10 mL 0.10 mol·L^{-1} $MgCl_2$ 溶液和 10 mL 0.010 mol·L^{-1}氨水混合时,是否有 $Mg(OH)_2$ 沉淀产生?

4-20 在 20 mL 0.5 mol·L^{-1} $MgCl_2$ 溶液中加入等体积的 0.10 mol·L^{-1}的 $NH_3\cdot H_2O$ 溶液,问有无 $Mg(OH)_2$ 沉淀生成?为了不使 $Mg(OH)_2$ 沉淀析出,至少应加入多少克 NH_4Cl 固体(设加入 NH_4Cl 固体后,溶液的体积不变)?

4-21 工业废水的排放标准规定 Cd^{2+}降到 0.10 mg·L^{-1}以下即可排放。若用加消石灰中和沉淀法除 Cd^{2+},按理论计算,废水溶液中的 pH 至少应为多少?

4-22 称取氯化物试样 0.135 0 g,加入 30.00 mL 0.112 0 mol·L^{-1}的硝酸银溶液,然后用 0.123 0 mol·L^{-1}的硫氰酸铵溶液滴定过量的硝酸银,用去 10.00 mL。计算试样中 Cl$^-$ 的质量分数。

4-23 下列物质在一定条件下都可以作为氧化剂:$KMnO_4$,$K_2Cr_2O_7$,$CuCl_2$,$FeCl_3$,H_2O_2,I_2,Br_2,F_2,PbO_2。试根据酸性介质中标准电极电势的数据,把它们按氧化能力的大小排列成序,并写出其相应的还原产物。

4-24 Calculate the potential of a cell made with a standard bromine electrode as the anode and a standard chlorine electrode as the cathode.

4-25 Calculate the potential of a cell based on the following reactions at standard conditions.

(1)$2H_2S +H_2SO_3 \longrightarrow 3S +3H_2O$

（2）$2Br^- + 2Fe^{3+} \longrightarrow Br_2 + 2Fe^{2+}$

（3）$Zn + Fe^{2+} \longrightarrow Fe + Zn^{2+}$

（4）$2MnO_4^- + 5H_2O_2 + 6HCl \longrightarrow 2MnCl_2 + 2Cl^- + 8H_2O + 5O_2$

4-26 已知 $MnO_4^- + 8H^+ + 5e^- \rightleftharpoons Mn^{2+} + 4H_2O$ $\quad E^{\ominus} = 1.51$ V

$\qquad\qquad Fe^{3+} + e^- \rightleftharpoons Fe^{2+}$ $\qquad\qquad\qquad E^{\ominus} = 0.771$ V

（1）判断下列反应的方向：

$$MnO_4^- + 5Fe^{2+} + 8H^+ \longrightarrow Mn^{2+} + 4H_2O + 5Fe^{3+}$$

（2）将这两个半电池组成原电池，用电池符号表示该原电池的组成，标明电池的正、负极，并计算其标准电动势。

（3）当氢离子浓度为 10 $mol \cdot L^{-1}$，其他各离子浓度均为 1 $mol \cdot L^{-1}$ 时，计算该电池的电动势。

4-27 已知下列电池 $(-) Zn | Zn^{2+}(x) \| Ag^+(0.10 \ mol \cdot L^{-1}) | Ag(+)$ 的电动势 $E = 1.51$ V，求 Zn^{2+} 的浓度。

4-28 为了测定 $PbSO_4$ 的溶度积，设计了下列原电池：

$$(-)Pb | PbSO_4 | SO_4^{2-}(1.0 \ mol \cdot L^{-1}) \| Sn^{2+}(1.0 \ mol \cdot L^{-1}) | Sn(+)$$

在 25 ℃ 时测得电池电动势 $E^{\ominus} = 0.22$ V，求 $PbSO_4$ 的溶度积常数 K_{sp}。

4-29 根据标准电极电势计算 298 K 时下列电池的电动势及电池反应的平衡常数：

（1）$(-)Pb | Pb^{2+}(0.10 \ mol \cdot L^{-1}) \| Cu^{2+}(0.50 \ mol \cdot L^{-1}) | Cu(+)$

（2）$(-) Sn | Sn^{2+}(0.050 \ mol \cdot L^{-1}) \| H^+(1.0 \ mol \cdot L^{-1}) | H_2(10^5 Pa) | Sn(+)$

（3）$(-)Pt | H_2(10^5 Pa) | H^+(1.0 \ mol \cdot L^{-1}) \| Sn^{4+}(0.50 \ mol \cdot L^{-1}), Sn^{2+}(0.10 \ mol \cdot L^{-1}) | Pt(+)$

（4）$(-)Pt | H_2(10^5 Pa) | H^+(0.010 \ mol \cdot L^{-1}) \| H^+(1.0 \ mol \cdot L^{-1}) | H_2(10^5 Pa) | Pt(+)$

4-30 试根据下列元素电势图回答 $Cu^+, Ag^+, Au^+, Fe^{2+}$ 等离子哪些能发生歧化反应。

$E_A^{\ominus}/V \qquad Cu^{2+} \xrightarrow{\ 0.153\ } Cu^+ \xrightarrow{\ 0.521\ } Cu$

$\qquad\qquad\quad Ag^{2+} \xrightarrow{\ 2.00\ } Ag^+ \xrightarrow{\ 0.799\ 6\ } Ag$

$\qquad\qquad\quad Au^{2+} \xrightarrow{\ 1.29\ } Au^+ \xrightarrow{\ 1.68\ } Au$

$\qquad\qquad\quad Fe^{3+} \xrightarrow{\ 0.771\ } Fe^{2+} \xrightarrow{\ -0.440\ } Fe$

4-31 计算 AgBr 在 1.00 $mol \cdot L^{-1}$ $Na_2S_2O_3$ 溶液中的溶解度，在 500 mL 1.00 $mol \cdot L^{-1}$ $Na_2S_2O_3$ 溶液中可溶解多少克 AgBr？

4-32 计算下列转化反应的平衡常数，并判断转化反应能否进行？

（1）$[Cu(NH_3)_2]^+ + 2CN^- \rightleftharpoons [Cu(CN)_2]^- + 2NH_3$

（2）$[Cu(NH_3)_4]^{2+} + Zn^{2+} \rightleftharpoons [Zn(NH_3)_4]^{2+} + Cu^{2+}$

（3）$[Cu(NH_3)_4]^{2+} + 4H^+ \rightleftharpoons 4NH_4^+ + Cu^{2+}$

（4）$[Ag(S_2O_3)_2]^{3-} + Cl^- \rightleftharpoons AgCl\downarrow + 2S_2O_3^{2-}$

4-33 选择题

(1) 下列电对中, $E^{\ominus}$ 值最大者为( )?

A. Ag^+/Ag 电对   B. $AgCl/Ag$ 电对   C. AgI/Ag 电对

D. $[Ag(NH_3)_2]^+/Ag$ 电对   E. $[Ag(CN)_2]^-/Ag$ 电对

(2) 利用生成配合物而使难溶电解质溶解时,最有利于沉淀的溶解的条件是( )。

A. $lgK^{\ominus}_{MY}$ 愈大, $K^{\ominus}_{sp}$ 愈小   B. $lgK^{\ominus}_{MY}$ 愈大, $K^{\ominus}_{sp}$ 愈大

C. $lgK^{\ominus}_{MY}$ 愈小, $K^{\ominus}_{sp}$ 愈大   D. $lgK^{\ominus}_{MY} \gg K^{\ominus}_{sp}$

4-34 下列化合物中哪些可能作为有效的螯合剂?

H_2O;过氧化氢($HO—OH$);$H_2N—CH_2CH_2—NH_2$;联氨($H_2N—NH_2$)

4-35 回答下列问题

(1) 在含有 $[Ag(NH_3)_2]^+$ 配离子的溶液中滴加盐酸时会发生什么现象?为什么?

(2) $[Co(SCN)_4]^{2-}$ 的稳定性比 $[Co(NH_3)_6]^{2+}$ 小,为什么在酸性溶液中 $[Co(SCN)_4]^{2-}$ 可以存在,而 $[Co(NH_3)_6]^{2+}$ 却不能存在?

提高题

4-36 某一元酸与 36.12 mL 0.1000 mol·L^{-1} NaOH 溶液中和完全后,再加入 18.06 mL 0.1000 mol·L^{-1} HCl 溶液,测得 pH 为 4.92。计算该弱酸的解离常数。

4-37 0.20 mol NaOH 和 0.20 mol NH_4NO_3 溶于足量水中并使溶液最后体积为 1.0 L,问此时溶液 pH 为多少?

4-38 今有三种酸 $(CH_3)_2AsO_2H$,$ClCH_2COOH$,CH_3COOH,它们的标准解离常数分别为 $6.4×10^{-7}$,$1.4×10^{-5}$,$1.74×10^{-5}$。试问:

(1) 欲配制 pH=6.50 的缓冲溶液,用哪种酸最好?

(2) 需要多少克这种酸和多少克 NaOH 以配制 1.00 L 缓冲溶液?其中酸和它的共轭碱的总浓度等于 1.00 mol·L^{-1}。

4-39 What is the pH at 25 ℃ of a solution which is 1.5 mol·L^{-1} with respect to formic acid and 1 mol·L^{-1} with respect to sodium formate? p$K^{\ominus}_a$ for formic acid is 3.75 at 25 ℃.

4-40 Calculate the concentration of sodium acetate needed to produce a pH of 5.0 in a solution of acetic acid(0.1 mol·L^{-1}) at 25 ℃. p$K^{\ominus}_a$ for acetic acid is 4.76 at 25 ℃.

4-41 Calculate the percent ionization in a 0.20 mol·L^{-1} solution of hydrofluoric acid,HF($K^{\ominus}_a = 6.6×10^{-4}$).

4-42 The concentration of H_2S in a saturated aqueous solution at room temperature is approximately 0.1 mol·L^{-1}. Calculate $c(H_3O^+)$,$c(HS^-)$,and $c(S^{2-})$ in the solution.

4-43 Calculate the equilibrium concentration of sulfide ion in a saturated solution of hydrogen sulfide to which enough hydrochloric acid has been added to make the hydronium ion concentration of the solution 0.1 mol·L^{-1} at equilibrium. (The concentration of a saturated H_2S solution is 0.1 mol·L^{-1} in hydrogen sulfide)

4-44 Calculate the hydroxide ion concentration,the percent reaction,and the pH of a 0.050 mol·L^{-1} solution of sodium acetate. For acetic acid,$K^{\ominus}_a = 1.8×10^{-5}$.

4-45 假定 $Mg(OH)_2$ 的饱和溶液完全解离,计算:

（1）$Mg(OH)_2$ 在水中的溶解度；

（2）$Mg(OH)_2$ 饱和溶液中 OH^- 浓度；

（3）$Mg(OH)_2$ 饱和溶液中 Mg^{2+} 的浓度；

（4）$Mg(OH)_2$ 在 $0.010\ mol\cdot L^{-1}$ NaOH 溶液中的溶解度；

（5）$Mg(OH)_2$ 在 $0.010\ mol\cdot L^{-1}$ $MgCl_2$ 溶液中的溶解度。

4-46　由附录Ⅲ的热力学函数计算 298 K 时 CaF_2 的溶度积常数。

4-47　某溶液中含有 CaF_2 和 $CaCO_3$ 的沉淀，若 F^- 的浓度为 $2.0\times10^{-17}\ mol\cdot L^{-1}$，那么 CO_3^{2-} 的浓度为多少？

4-48　放射性示踪物可以方便地对低浓度物质的 $K_{sp}^\ominus$ 进行测量。20.0 mL $0.010\ 0\ mol\cdot L^{-1}$ 的 $AgNO_3$ 溶液含有放射性银，其强度为每毫升每分钟 29 610 个信号，将其与 100 mL $0.010\ 0\ mol\cdot L^{-1}$ 的 KIO_3 溶液混合，并准确稀释至 400 mL。在溶液达到平衡后，过滤除去其中的所有固体。在滤液中发现银的放射性强度变为每毫升每分钟 47.4 个信号。试计算 $AgIO_3$ 的 $K_{sp}^\ominus$。

4-49　某溶液中含有 Fe^{3+} 和 Fe^{2+}，它们的浓度都是 $0.05\ mol\cdot L^{-1}$。如果要求 $Fe(OH)_3$ 沉淀完全而 Fe^{2+} 不生成 $Fe(OH)_2$ 沉淀，问溶液的 pH 应如何控制？

4-50　在 $0.1\ mol\cdot L^{-1}$ $FeCl_2$ 溶液中通入 H_2S，欲使 Fe^{2+} 不生成 FeS 沉淀，溶液的 pH 最高为多少？

4-51　海水中几种阳离子浓度如下：

离子	Na^+	Mg^{2+}	Ca^{2+}	Al^{3+}	Fe^{2+}
浓度/$(mol\cdot L^{-1})$	0.46	0.050	0.01	4×10^{-7}	2×10^{-7}

（1）OH^- 浓度多大时，$Mg(OH)_2$ 开始沉淀？

（2）在该浓度时，会不会有其他离子沉淀？

（3）如果加入足量的 OH^- 以沉淀 50% Mg^{2+}，其他离子沉淀的百分数将是多少？

（4）在（3）的条件下，从 1 L 海水中能得到多少沉淀？

4-52　为了防止热带鱼池中水藻的生长，需使水中保持 $0.75\ mg\cdot L^{-1}$ 的 Cu^{2+}。为避免在每次换池水时溶液浓度的改变，可把一块适当的铜盐放在池底，它的饱和溶液提供了适当的 Cu^{2+} 浓度。假如使用的是蒸馏水，哪一种盐提供的饱和溶液最接近所要求的 Cu^{2+} 浓度？

（1）$CuSO_4$　　（2）CuS　　（3）$Cu(OH)_2$　　（4）$CuCO_3$　　（5）$Cu(NO_3)_2$

4-53　现计划栽种某种常青树，但这种常青树不适宜含过量溶解性 Fe^{3+} 的土壤，下列哪种土壤添加剂能很好地降低土壤地下水中 Fe^{3+} 的浓度？

（1）$Ca(OH)_2(aq)$　　（2）$KNO_3(s)$　　（3）$FeCl_3(s)$　　（4）$NH_4NO_3(s)$

4-54　分别计算下列各反应的平衡常数，并讨论反应的方向。

（1）$PbS+2HAc \Longrightarrow Pb^{2+}+H_2S+2Ac^-$

（2）$Mg(OH)_2+2NH_4^+ \Longrightarrow Mg^{2+}+2NH_3\cdot H_2O$

（3）$Cu^{2+}+H_2S \Longrightarrow CuS+2H^+$

4-55　人牙齿表面有一层釉质，其组成为羟基磷灰石 $Ca_5(PO_4)_3OH$（$K_{sp}^\ominus=6.8\times10^{-37}$）。为了防止蛀牙，人们常使用含氟牙膏，其中的氟化物可使羟基磷灰石转化为

氟磷灰石 $Ca_5(PO_4)_3F$ ($K_{sp}^{\ominus} = 1.0 \times 10^{-60}$)。写出这两种难溶化合物互相转化的离子方程式,并计算相应的标准平衡常数。

4-56 肾结石主要是由 $Ca_3(PO_4)_2$ 组成的。正常人一天的排尿量是 1.4 L,大约含 0.1 g Ca^{2+}。为了不形成 $Ca_3(PO_4)_2$ 沉淀,其中尿液中最大的 PO_4^{3-} 浓度不得高于多少? 医生要求肾结石病人多饮水,请说明其中的原理。

4-57 A solution is 0.010 $mol \cdot L^{-1}$ in both Cu^{2+} and Cd^{2+}. What percentage of Cd^{2+} remains in the solution when 99.9% of the Cu^{2+} has been precipitated as CuS by adding sulfide?

4-58 Calculate the molar solubility of each of the following minerals from its $K_{sp}^{\ominus}$.

(a) Alabandite, MnS: $K_{sp}^{\ominus} = 2.5 \times 10^{-10}$

(b) Anglesite, $PbSO_4$: $K_{sp}^{\ominus} = 1.6 \times 10^{-8}$

(c) Brucite, $Mg(OH)_2$: $K_{sp}^{\ominus} = 1.8 \times 10^{-11}$

(d) Fluorite, CaF_2: $K_{sp}^{\ominus} = 2.7 \times 10^{-11}$

4-59 Consider the titration of 25.00 mL of 0.082 30 $mol \cdot L^{-1}$ KI with 0.051 10 $mol \cdot L^{-1}$ $AgNO_3$. Calculate pAg^+ at the following volumes of $AgNO_3$ added:

(a) 39.00 mL   (b) V_{sp} (c) 44.30 mL

4-60 已知 $Hg_2Cl_2(s) + 2e^- \Longrightarrow 2Hg(l) + 2Cl^-$ $\quad E^{\ominus} = 0.28$ V

$\qquad\qquad Hg_2^{2+} + 2e^- \Longrightarrow 2Hg(l)$ $\qquad\qquad E^{\ominus} = 0.80$ V

求 $K_{sp}^{\ominus}(Hg_2Cl_2)$。(提示:$Hg_2Cl_2(s) \Longrightarrow Hg_2^{2+} + 2Cl^-$)

4-61 已知下列标准电极电势

$$Cu^{2+} + 2e^- \Longrightarrow Cu \qquad E^{\ominus} = 0.34 \text{ V}$$
$$Cu^{2+} + e^- \Longrightarrow Cu^+ \qquad E^{\ominus} = 0.153 \text{ V}$$

(1) 计算反应 $Cu + Cu^{2+} \Longrightarrow 2Cu^+$ 的平衡常数;

(2) 已知 $K_{sp}^{\ominus}(CuCl) = 1.2 \times 10^{-6}$,试计算下面反应的平衡常数:

$$Cu + Cu^{2+} + 2Cl^- \Longrightarrow 2CuCl \downarrow$$

4-62 下列三个反应:

(1) $A + B^+ \Longrightarrow A^+ + B$

(2) $A + B^{2+} \Longrightarrow A^{2+} + B$

(3) $A + B^{3+} \Longrightarrow A^{3+} + B$

的平衡常数值相同,判断下述哪一种说法正确:

(a) 反应(1)的 $E^{\ominus}$ 值最大而反应(3)的 $E^{\ominus}$ 值最小;

(b) 反应(3)的 $E^{\ominus}$ 值最大;

(c) 不明确 A 和 B 性质的条件下,无法比较 $E^{\ominus}$ 值的大小;

(d) 三个反应的 $E^{\ominus}$ 值相同。

4-63 吸取 50.00 mL 含有 IO_3^- 和 IO_4^- 的试液,用硼砂调节溶液 pH,并用过量 KI 处理,使 IO_4^- 转变为 IO_3^-,同时形成的 I_2 消耗 18.40 mL 0.100 0 $mol \cdot L^{-1}$ $Na_2S_2O_3$ 溶液滴定至终点。另取 10.00 mL 试液,用强酸酸化后,加入过量 KI,需 48.70 mL 同浓度的 $Na_2S_2O_3$ 溶液完成滴定。计算试液中 IO_3^- 和 IO_4^- 的浓度。

4-64　Calculate the $\Delta_r G_m^{\ominus}$ at 25 ℃ for the reaction

$$Cd(s) + Pb^{2+}(aq) \longrightarrow Cd^{2+}(aq) + Pb(s)$$

4-65　Calculate the potential at 25 ℃ for the cell

$$(-)Cd \mid Cd^{2+}(2.00 \text{ mol} \cdot L^{-1}) \parallel Pb^{2+}(0.0010 \text{ mol} \cdot L^{-1}) \mid Pb(+)$$

4-66　Calculate the concentration of free copper ion that is present in equilibrium with 1.0×10^{-3} mol·L^{-1} [Cu(NH$_3$)$_4$]$^{2+}$ and 1.0×10^{-1} mol·L^{-1} NH$_3$.

4-67　已知 Ag$^+$ + e$^-$ === Ag 的 $E^{\ominus}$ = 0.799 V, 利用 $K_{MY}^{\ominus}$ 值试计算下列电对的标准电极电势。

（1）[Ag(CN)$_2$]$^-$ + e$^-$ === Ag + 2CN$^-$

（2）[Ag(SCN)$_2$]$^-$ + e$^-$ === Ag + 2SCN$^-$

4-68　50 mL 0.10 mol·L^{-1} 的 AgNO$_3$ 溶液, 加 30 mL 密度为 0.932 g·mL^{-1} 含 NH$_3$ 18.24% 的氨水, 加水稀释到 100 mL, 求这溶液中的 Ag$^+$ 的浓度。

4-69　在上题的混合液中加 10 mL 0.10 mol·L^{-1} 的 KBr 溶液, 有没有 AgBr 沉淀析出？如果欲阻止 AgBr 沉淀析出, 氨的最低浓度是多少？

习题参考答案

第五章　定量分析基础

(The basic of quantitative analysis)

学习要求

1. 了解分析化学的任务和作用。
2. 了解定量分析方法的分类和定量分析的过程。
3. 掌握定量分析误差的分类与消除方法,理解准确度与精密度的关系。
4. 掌握分析结果的数据处理方法。
5. 掌握有效数字及运算规则。
6. 掌握滴定分析法的分类、滴定方式及结果计算。
7. 掌握酸碱滴定、沉淀滴定、氧化还原滴定、配位滴定等化学计量点的计算、指示剂的选择原则、滴定终点的判断及计算、滴定条件的控制。能预测多组分滴定分析中的干扰及提出消除干扰的方法。

5.1　分析化学的任务和作用

分析化学是研究、应用确定物质的化学组成、测量各组成的含量、表征物质的化学结构、形态的各种分析方法及其相关理论的一门科学。

分析化学根据其承担的任务可分为定性分析(qualitative analysis)、定量分析(quantitative analysis)和结构分析(structural analysis)等。定性分析的任务是鉴定物质的化学组成;定量分析的任务是测定物质各组分的含量;结构分析的任务是研究物质的分子结构或晶体结构。现代研究表明元素的形态影响其生物活性,进而影响环境与人类健康,因此元素的形态分析(species analysis),特别是过渡金属及准金属元素的形态分析越来越受到研究工作者的重视。另外,按照分析对象不同,分析化学可分为无机分析、有机分析和生物分析。

分析化学在国民经济建设中有重要意义。在工业生产领域,从原料的选择,中间产品、成品的检验,新产品的开发,到生产过程中的三废(废水、废气、废渣)的处理和综合利用都需要分析化学。在农业生产领域,从土壤成分、肥料、农药的分析至农作物生长过程的研究也都离不开分析化学。在国防和公安领域,从武器装备的生产和研制,到刑事案件的侦破等也都需要分析化学的密切配合。

在科学技术方面,分析化学的作用已经远远超出化学的领域。它不仅对化学各学科的发展起着重要的推动作用,而且对其他许多学科,如生物学、医学、环境科学、材料科学、能源科学、地质学等的发展,都起着重要的作用。几乎任何科学研究,只要涉及化学现象,都需要分析化学为其提供各种信息,以解决科学研究中的问题。

因此,分析化学是人们认识自然、改造自然的工具,是现代科技发展的眼睛,是化学中的信息科学。

5.2 定量分析方法的分类

在对物质进行分析时,通常先进行定性分析确定其组成,再进行定量分析。本教材主要讨论定量分析,定量分析按照分析原理的不同分成化学分析方法(chemical analysis)和仪器分析方法(instrumental analysis)两大类。

5.2.1 化学分析方法

以物质的化学反应为基础的分析方法称为化学分析法。化学分析法是最早采用的分析方法,是分析化学的基础,故又称经典分析法。化学分析法主要有重量分析法(gravimetric analysis)和滴定分析法(titration analysis)。

1. 重量分析法

通过适当的方法如沉淀、挥发、电解等使待测组分转化为另一种纯的、化学组成固定的化合物而与试样中其他组分得以分离,然后称其质量,根据称得的质量计算出待测组分的含量,这样的分析方法称为重量分析法。重量分析法适用于待测组分含量大于1%的常量分析,其特点是准确度高,因此常被用于仲裁分析,但操作麻烦、费时。

2. 滴定分析法

用一种已知准确浓度的溶液,通过滴定器(管)滴加到待测溶液中,使其与待测组分恰好完全反应,根据所加入的已知准确浓度的溶液的体积计算出待测组分的含量,这样的分析方法称为滴定分析法,也称容量分析法(volumetric analysis)。该方法适用于常量分析,具有准确度高、操作简便、快速的特点,因此应用广泛。

5.2.2 仪器分析方法

以物质的物理和物理化学性质为基础的分析方法称物理和物理化学分析法。这类方法都需要较特殊的仪器,通常称为仪器分析方法。最主要的仪器分析方法有以下几种。

1. 光学分析法(optical analysis)

根据物质的光学性质所建立的分析方法。主要包括:分子光谱法,如紫外-可见光度法、红外光谱法、发光分析法、分子荧光及磷光分析法;原子光谱法,如原子发射光谱法、原子吸收光谱法。

2. 电化学分析法(electrochemical analysis)

根据物质的电化学性质所建立的分析方法。主要包括电位分析法、极谱和伏安分析法、电重量和库仑分析法、电导分析法。

3. 色谱分析法(chromatographic analysis)

根据物质在两相(固定相和流动相)中吸附能力、分配系数或其他亲和作用的差异而建立的一种分离、测定方法。这种分析法最大的特点是集分离和测定于一体,是多组分物质高效、快速、灵敏的分析方法。主要包括气相色谱法、液相色谱法。

随着科学技术的发展,许多新的仪器分析方法也得到不断的发展。如质谱法、核磁共振、X射线、电子显微镜分析、毛细管电泳等大型仪器分析方法;作为高效试样引入及处理手段的流动注射分析法和具有微型化、自动化、便携化特点的微流控芯片分析和毛细管分析法等现代分析方法,受到人们的极大关注。

仪器分析法具有操纵简便、快速、高灵敏度等优点,适用于微量或痕量分析。但由于仪器价格较贵,因此有时难以普及。化学分析法和仪器分析法有各自的优缺点和局限性,两者相辅相成。通常要根据被测物质的性质和对分析结果的要求,选择适当的分析方法进行测定。

另外,按照分析时所取的试样量或被测组分在试样中含量的不同,分析化学可分为常量分析、微量分析和痕量分析等,详细分类可见表5-1和表5-2。常量分析允许的相对误差为0.1%~0.2%,一般采用化学分析方法;微量分析和痕量分析一般采用仪器分析法。

表5-1 各种分析方法的试样用量

	常量分析	半微量分析	微量分析	超微量分析
固体试样	≥100 mg	10~100 mg	0.1~10 mg	≤0.1 mg
液体试样	≥10 mL	1~10 mL	0.01~1 mL	≤0.01 mL

表5-2 各种分析方法的被测组分含量

	常量组分分析	微量组分分析	痕量组分分析	超恒量组分分析
被测组分的质量分数	≥1%	0.01%~1%	≤0.01%	约0.0001%

5.3 定量分析的一般过程

5.3.1 定量分析的一般过程

定量分析的任务是确定试样中有关组分的含量。完成一项定量分析任务,通常包括以下步骤。

1. 取样

所谓试样是指在分析工作中被用来进行分析的物质系统,它可以是固体、液体或气体,提取的试样必须具有代表性。液体试样一般按规定取样并混匀即可;气体试样一般可采用直接取样法和富集取样法;固体试样的取样较为复杂,一般包括粉碎、混合和缩分三个步骤,其中最常见的缩分方法为四分法。

2. 试样的预处理

试样在测定前应进行分解和分离富集等预处理。

定量分析一般采用湿法分析,即将试样分解后制成溶液,然后进行测定。正确的分解方法应使试样分解完全,分解过程中待测组分不损失,尽量避免引入干扰组分。分解试样的方法很多,主要有水溶法、酸溶法、碱溶法和熔融法,操作时可根据试样的性质和分析的要求选用适当的分解方法。

实际试样中往往有多种组分共存,当测定其中某一组分时,其他组分可能对其测定产生干扰,因此,必须采用适当的方法消除干扰。加掩蔽剂是常用的消除干扰方法,但并非对任何干扰都能消除。在许多情况下,需要选用适当的分离方法使待测组分与其他干扰组分分离。如果试样中待测组分含量太低,需用适当的方法将待测组分富集后再进行测定。

3. 测定

根据试样的性质和分析要求选择合适的方法进行测定。对标准物和成品的分析,准确度要求较高,应选用标准分析方法如国家标准;对生产过程的中间控制分析要求快速简便,应选用在线分析。

4. 分析结果的计算

根据测定的有关数据计算出待测组分的含量,并对分析结果的可靠性进行分析,最后得出结论。

上述步骤中关于采样与试样预处理的详细方法见第十章。

5.3.2 分析结果的表示方法

固体试样的分析结果,通常以被测物质 B 在试样中所占的质量分数 w_B 表示。

液体试样的分析结果,通常以被测物质 B 的质量分数 w_B、物质的量浓度 c_B 和质量浓度 ρ_B 来表示。

物质 B 的质量浓度 ρ_B 是指单位体积溶液中所含溶质 B 的质量,以 $g \cdot L^{-1}$ 或 $mg \cdot L^{-1}$ 等表示。

气体试样的分析结果,通常以被测气体 B 的体积分数来表示。

5.4 定量分析中的误差

定量分析的目的是准确测定试样中组分的含量,因此分析结果必须具有一定的准确度。在定量分析中,由于受分析方法、测量仪器、所用试剂和分析工作者主观条件等多种因素的限制,使得分析结果与真实值不完全一致。即使采用最可靠的分析方法,使用最精密的仪器,由技术很熟练的分析人员进行测定,也不可能得到绝对准确的结果。同一个人在相同条件下对同一种试样进行多次测定,所得结果也不会完全相同。这表明,在分析过程中,这种测定结果与真实值之间的不一致是客观存在、不可避免的。因此,我们应该了解分析过程中这种差别产生的原因及其出现的规律,以便采取相应的措施减小差别,以提高分析结果的准确度。

5.4.1 误差和偏差的表示方法

分析结果的准确度(accuracy)是指分析结果与真实值的接近程度,分析结果与真实值之间差别越小,则分析结果的准确度越高。准确度的高低用误差(error)来衡量。误差是指测定结果与真实值之间的差值,可分为绝对误差(absolute error)和相对误差(relative error)。

绝对误差(E)表示测定值(x)与真实值(x_T)之差,即

$$E = x - x_T \qquad (5-1)$$

相对误差(E_r)表示绝对误差在真实值中所占的百分率,即

$$E_r = \frac{E}{x_T} \times 100\% \qquad (5-2)$$

例如,分析天平称量两物体的质量分别为 2.175 0 g 和 0.217 5 g,假设两物体的真实值各为 2.175 1 g 和 0.217 6 g,则两者的绝对误差分别为

$$E_1 = (2.175\ 0 - 2.175\ 1)\ g = -0.000\ 1\ g$$

$$E_2 = (0.217\ 5 - 0.217\ 6)\ g = -0.000\ 1\ g$$

两者的相对误差分别为

$$E_{r_1} = \frac{-0.000\ 1\ g}{2.175\ 1\ g} \times 100\% = -0.005\%$$

$$E_{r_2} = \frac{-0.000\ 1\ g}{0.217\ 6\ g} \times 100\% = -0.05\%$$

由此可见,绝对误差相等,相对误差并不一定相等。绝对误差相等时,称量物体质量越大,其相对误差越小。因此,用相对误差来表示测定结果的准确度更为确切。

绝对误差和相对误差都有正负值。正值表示分析结果偏高,负值表示分析结果偏低。

在实际工作中,人们总是在相同条件下对同一试样进行多次平行测定,得到多个测定数据,取其算术平均值,以此作为最后的分析结果。所谓精密度(precision)就是多次平行测定结果相互接近的程度,精密度高表示结果的重复性(repeatability)或再现性(reproducibility)好。精密度的高低用偏差来衡量。偏差(deviation)是指各单次测定结果与多次测定结果的算术平均值之间的差别。几个平行测定结果的偏差如果都很小,则说明分析结果的精密度比较高。

在分析工作中评价一项分析结果的优劣,应该从分析结果的准确度和精密度两个方面考虑。精密度是保证准确度的先决条件。精密度差,所得结果不可靠,也就无法保证高准确度。但是,精密度高并不一定保证准确度高。图 5-1 显示了甲、乙、丙、丁

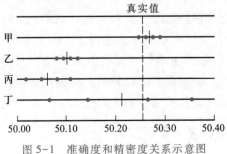

图 5-1　准确度和精密度关系示意图

(●表示个别测定值,│表示平均值)

四人测定同一试样中某组分含量时所得的结果。由图可见,甲所得的结果的准确度和精密度均好,结果可靠;乙的分析结果的精密度虽然很高,但准确度较低;丙的精密度和准确度都很差;丁的精密度很差,平均值虽然接近真实值,但这是由于正、负误差凑巧相互抵消的结果,因此丁的结果也不可靠。

5.4.2 定量分析误差产生的原因

误差按其性质可以分为系统误差(systematic error)和随机误差(random error)两大类。

1. 系统误差

系统误差是指分析过程中由于某些固定的原因所造成的误差。系统误差的特点是具有单向性和重复性,即它对分析结果的影响比较固定,使测定结果系统地偏高或系统地偏低;当重复测定时,它会重复出现。系统误差产生的原因是固定的,它的大小和正负是可测的。只要找到原因,理论上就可以减免系统误差对测定结果的影响,因此系统误差又称可测误差。

根据系统误差产生的原因,可将其分类如下。

① 方法误差 方法误差是由于分析方法本身所造成的误差。例如,试样处理时待测组分挥发或转化;滴定分析中指示剂的变色点与化学计量点不一致;重量分析中沉淀的溶解损失。

其减免方法是,选择误差符合测定要求的分析方法,或采用标样进行分析方法校正。某些由于分析方法引起的系统误差可用其他方法直接校正。如,重量分析法测定水泥熟料中 SiO_2 的含量时,滤液中的硅可用分光光度法测定,然后加到重量法的结果中,这样就可消除由于沉淀的溶解损失而造成的系统误差。

② 仪器误差 仪器误差是由于仪器本身不够精确而造成的误差。例如,天平砝码、容量器皿刻度不准确。

其减免方法是,选择误差符合测定要求的仪器;对仪器进行绝对校准和相对校准。如,在滴定分析过程中,可以对滴定管和砝码进行绝对校准,而对移液管和容量瓶进行相对校准。

③ 试剂误差 试剂误差是由于试剂不够纯净引起的误差。例如,试剂、溶剂含有杂质或待测物质,所用器皿或所处环境不干净等。

其减免方法是,做空白实验或对照实验进行校正、纯化试剂、提高水质、清洁器皿和环境。此外,也可以对同一试样用其他可靠的分析方法与所采用的分析方法进行对照,以检验是否存在系统误差。空白试验,是指不加试样,按照与试样分析相同的操作步骤和条件进行试验,测定结果称为空白值。从试样测定结果中扣去空白值,即可得到较可靠的测定结果。对照试验,是指在相同条件下,用已知准确含量的标准试样与被测试样同时进行测定,通过对标准试样的分析结果与其标准值的比较,可以判断测定是否存在系统误差。

④ 主观误差 又称个人误差,是由于分析人员的主观原因所造成的误差,如试样分解不够完全;进行重量分析称量沉淀时,坩埚及沉淀尚未完全冷却;辨别滴定终点的颜色时偏深或偏浅等。

其减免方法是,加强实验训练,提高实验水平和判断力。

2. 随机误差

随机误差又称偶然误差,是由某些随机的、偶然的原因所造成的。例如,测量时环境温度、气压、湿度、空气中尘埃等的微小波动;个人一时辨别的差异而使读数不一致,如在滴定管读数时,估计的小数点后第二位的数值,几次读数不一致。随机误差的产生是由于一些不确定的偶然原因造成的,因此,其数值的大小、正负都是不确定的,所以随机误差又称不可测误差。随机误差在分析测定过程中是客观存在,不可避免的。整个实验结果最终的精密度取决于每个步骤产生的随机误差。

从表面上看,随机误差的出现似乎很不规律,但如果进行多次测定,则可发现随机误差的分布也是有规律的,它的出现符合正态分布规律:

• 绝对值相等的正误差和负误差出现的概率相同,因而大量等精度测量中各个误差的代数和有趋于零的趋势;

• 绝对值小的误差出现的概率大,绝对值大的误差出现的概率小,绝对值很大的误差出现的概率非常小。

正态分布规律可以用图 5-2 所示的正态分布曲线表示。图中横坐标轴 $x-\mu$ 代表随机误差的大小,纵坐标轴 y 代表随机误差发生的概率密度。

除了系统误差和随机误差外,在分析中还可能会出现由于过失或差错而造成的过失误差。例如,看错砝码,读错读数,记错数据,加错试剂等,这些都属于不应有的过失,实验时必须注意避免。

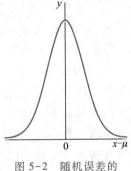

图 5-2　随机误差的
正态分布曲线

5.4.3　提高分析结果准确度的方法

在定量分析中误差是不可避免的,为了获得准确的分析结果,必须选择合适的分析方法,尽可能地减少分析过程中的误差。

1. 选择合适的分析方法

各种分析方法的准确度和灵敏度是不同的,测定时应根据试样的性质和具体要求选择合适的方法。如滴定分析法和重量分析法的准确度高,相对误差仅为千分之几,但其灵敏度相对较低。仪器分析法则刚好相反。因此,对常量组分的测定,通常采用化学分析法;对微量组分的测定应采用高灵敏度的仪器分析法。

2. 减小相对误差

为保证分析结果的准确度,应尽量减小测量的相对误差。例如,万分之一分析天平的绝对误差为 ±0.000 1 g,即每读一次数,有 ±0.000 1 g 误差。因为称量一个试样,需要读数两次,因此可能引起的最大称量误差为 ±0.000 2 g。一般常量分析测定的相对误差小于 ±0.1%,则试剂的称量质量应在一定范围内。

$$相对误差 = \frac{绝对误差}{称样质量} \times 100\%$$

$$称样质量 = \frac{绝对误差}{相对误差} = \frac{\pm 0.000\ 2\ \text{g}}{\pm 0.1\%} = 0.2\ \text{g}$$

因此,在常量分析中试样质量必须在 0.2 g 以上。

在常量的滴定分析中,滴定管有 ±0.01 mL 的绝对误差,在一次滴定中,需要读数两次,可能造成的最大读数误差为 ±0.02 mL,为了使测定的相对误差小于 0.1%,消耗滴定剂的体积应在 20 mL 以上。一般滴定剂的体积控制在 20 ~ 25 mL,这样既减少了测定误差,又节省了试剂。

3. 消除系统误差

从前面的讨论可知,精密度高是准确度高的先决条件,而精密度高并不表示准确度高。在实际工作中,有时遇到这样的情况,几个平行测定的结果非常接近,似乎分析工作没有什么问题了,可是一旦用其他可靠的方法检验,就发现分析结果有严重的系统误差,甚至可能因此而造成严重差错。因此,在分析工作中,必须十分重视系统误差的检验和消除,以提高分析结果的准确度。造成系统误差的原因有多方面,根据具体情况可采用不同的方法加以校正,具体参见前面章节。

4. 增加平行测定次数,减少随机误差

随机误差是由偶然性的不固定的原因造成的,在分析过程中始终存在,是不可消除的,但可以通过增加平行测定次数,减少随机误差。在消除系统误差的前提下,平行测定次数越多,平均值越接近真实值。在化学分析中,对同一试样,通常要求平行测定 3 ~ 4 次,以获得较准确的分析结果。

5.5 分析结果的数据处理

在分析工作中,最后处理分析数据时要用统计方法进行处理:首先对于一些偏差比较大的可疑数据按书中介绍的 Q 检验法进行检验,决定其取舍;然后计算出数据的平均值、各数据对平均值的偏差、平均偏差与标准偏差等;最后按照要求的置信度求出平均值的置信区间。

5.5.1 平均偏差和标准偏差

对某试样进行 n 次平行测定,测定数据为 $x_1, x_2, \cdots, x_n$,则其算术平均值 $\bar{x}$ 为

$$\bar{x} = \frac{1}{n}(x_1 + x_2 + \cdots + x_n) = \frac{1}{n}\sum_{i=1}^{n} x_i \tag{5-3}$$

计算平均偏差 $\bar{d}$ 时,先计算各次测定对于平均值的绝对偏差 d_i:

$$d_i = x_i - \bar{x} \quad (i = 1, 2, \cdots) \tag{5-4}$$

然后计算各次测量偏差的绝对值的平均值,即得平均偏差 $\bar{d}$(average deviation):

$$\bar{d} = \frac{1}{n}\sum_{i=1}^{n} |d_i| = \frac{1}{n}\sum_{i=1}^{n} |x_i - \bar{x}| \tag{5-5}$$

将平均偏差除以算术平均值得相对平均偏差 $\bar{d}_r$(relative average deviation):

$$\bar{d}_r = \frac{\bar{d}}{\bar{x}} \times 100\% \tag{5-6}$$

用平均偏差和相对偏差表示精密度比较简单,但由于在一系列的测定结果中,小

偏差占多数,大偏差占少数,如果按式(5-5)要求计算平均偏差,则少量的大偏差得不到突现,例如,下面 A,B 二组分析数据,通过计算得各次测定的绝对偏差由大到小排列为

$$d_A:+0.39,+0.30,+0.29,+0.20,+0.19,+0.15,0.00,-0.22,-0.28,-0.38$$

$$n=10 \qquad \overline{d}_A=0.24 \qquad 极差=0.77$$

$$d_B:+0.91,+0.12,+0.11,+0.10,0.00,0.00,-0.10,-0.18,-0.19,-0.69$$

$$n=10 \qquad \overline{d}_B=0.24 \qquad 极差=1.60$$

两组测定结果的平均偏差相同,而实际上 B 组数据中出现二个较大偏差(+0.91,-0.69),极差更大,测定结果精密度较差。为了突显这些大差别,需引入标准偏差。

标准偏差(standard deviation)又称均方根偏差,当测定次数趋于无穷大时,标准偏差用 σ 表示:

$$\sigma = \sqrt{\dfrac{\sum\limits_{i=1}^{n}(x_i-\mu)^2}{n}} \tag{5-7}$$

式中:μ 是无限多次测定结果的平均值,称为总体平均值,即

$$\mu = \lim_{n\to\infty}\frac{1}{n}\sum_{i=1}^{n}x_i \tag{5-8}$$

显然,在没有系统误差的情况下,μ 即为真实值。

在一般的分析工作中,只作有限次数的平行测定,这时标准偏差用 s 表示:

$$s = \sqrt{\dfrac{\sum\limits_{i=1}^{n}(x_i-\overline{x})^2}{n-1}} = \sqrt{\dfrac{\sum\limits_{i=1}^{n}d_i^2}{n-1}} \tag{5-9}$$

式中:$n-1$ 称为自由度(freedom),一般用 f 表示。上述两组数据的标准偏差分别为 $s_A=0.28$,$s_B=0.40$,说明 A 组数据的精密度更好,因此采用标准偏差表示精密度比用平均偏差更合理。因为将单次测定的偏差平方后,较大的偏差就能显著地反映出来,因此能更好地反映数据的分散程度。

相对标准偏差(relative standard deviation)也称变异系数(CV),其计算式为

$$CV = \frac{s}{\overline{x}}\times 100\% \tag{5-10}$$

例 5-1 分析某试样中蛋白质的含量(质量分数),其结果为:35.18%,34.92%,35.36%,35.11%,35.19%。计算结果的平均值、平均偏差、标准偏差及变异系数。

解:

$$\overline{x} = \frac{(35.18+34.92+35.36+35.11+35.19)\%}{5} = 35.15\%$$

单次测量的绝对偏差分别为

$$d_1=0.03\%;\quad d_2=-0.23\%;\quad d_3=0.21\%;\quad d_4=-0.04\%;\quad d_5=0.04\%$$

$$\overline{d} = \frac{1}{n}\sum_{i=1}^{n}|d_i| = \frac{(0.03+0.23+0.21+0.04+0.04)\%}{5} = 0.11\%$$

$$s = \sqrt{\dfrac{\sum\limits_{i=1}^{n}d_i^2}{n-1}} = \sqrt{\dfrac{(0.03\%)^2+(0.23\%)^2+(0.21\%)^2+(0.04\%)^2+(0.04\%)^2}{5-1}} = 0.16\%$$

$$CV = \frac{s}{\bar{x}} \times 100\% = \frac{0.16}{35.15} \times 100\% = 0.46\%$$

5.5.2 平均值的置信区间

在实际工作中,通常把测定数据的平均值作为分析结果报出,但测得的少量数据得到的平均值总是带有一定的不确定性,它不能明确地说明测定的可靠性。在准确度要求较高的分析工作中,作出分析报告时,应同时指出结果真实值所在的范围,这一范围就称为置信区间(confidence interval);这一范围里含有真实值的概率,称为置信度或置信水准(confidence level),用符号 P 表示。

图 5-2 中曲线各点的横坐标是 $x-\mu$,其中 x 为单次测定值,μ 为总体平均值,在没有系统误差的前提下 μ 就是真实值,因此 $x-\mu$ 即为误差。曲线上各点的纵坐标表示误差出现的频率,曲线与横坐标从 $-\infty$ 到 $+\infty$ 之间所包围的面积表示误差不同的测定值出现的概率的总和,为 100%。由数学统计计算可知,真实值落在 $\mu \pm \sigma$、$\mu \pm 2\sigma$ 和 $\mu \pm 3\sigma$ 的概率分别为 68.3%,95.5% 和 99.7%。也就是说,在 1 000 次的测定中,只有三次测量值的误差大于 $\pm 3\sigma$。以上是对无限次的测定而言。

对于有限次数的测定,真实值 μ 与平均值 x 之间有如下关系:

$$\mu = \bar{x} \pm \frac{t \cdot s}{\sqrt{n}} \tag{5-11}$$

式中:s 为标准偏差;n 为测定次数;t 为在选定的某一置信度下的概率系数,可根据测定次数从表 5-3 中查得。t 值随测定次数的增加而减小,随置信概率的提高而增大。

式(5-11)表示在一定置信度下,以测定结果的平均值 $\bar{x}$ 为中心,包括总体平均值 μ 的范围,这就叫总体平均值的置信区间。如 $P = 95\%$ 时,$\mu = 47.50\% \pm 0.10\%$,表示在 47.50% ± 0.10% 范围里包含总体平均值的概率为 95%。绝对不能理解为,总体平均值落在 47.50% ± 0.10% 里的概率为 95%,因为总体平均值(即真值)是客观存在的,不随实验结果而变化。如果没有特别说明,通常以 95% 的置信度为检验标准。

表 5-3 不同测定次数及不同置信度下的 t 值

测定次数 n	置信度				
	50%	90%	95%	99%	99.5%
2	1.000	6.314	12.706	63.657	127.32
3	0.816	2.920	4.303	9.925	14.089
4	0.765	2.353	3.182	5.841	7.453
5	0.741	2.132	2.776	4.604	5.598
6	0.727	2.015	2.571	4.032	4.773
7	0.718	1.943	2.447	3.707	4.317
8	0.711	1.895	2.365	3.500	4.029
9	0.706	1.860	2.306	3.355	3.832
10	0.703	1.833	2.262	3.250	3.690
11	0.700	1.812	2.228	3.169	3.581
21	0.687	1.725	2.086	2.845	3.153
∞	0.674	1.645	1.960	2.576	2.807

例 5-2 分析铁矿石中铁的含量,结果的平均值 $\bar{x} = 35.21\%$,$s = 0.06\%$。计算:

(1)若测定次数 $n = 4$,置信度分别为 95% 和 99% 时,平均值的置信区间;

(2)若测定次数 $n = 6$,置信度为 95% 时,平均值的置信区间。

解:(1)$n = 4$,置信度为 95% 时,$t_{95\%} = 3.18$

$$\mu = \bar{x} \pm \frac{t \cdot s}{\sqrt{n}} = (35.21 \pm \frac{3.18 \times 0.06}{\sqrt{4}})\% = (35.21 \pm 0.10)\%$$

置信度为 99% 时,$t_{99\%} = 5.84$

$$\mu = \bar{x} \pm \frac{t \cdot s}{\sqrt{n}} = (35.21 \pm \frac{5.84 \times 0.06}{\sqrt{4}})\% = (35.21 \pm 0.18)\%$$

(2)$n = 6$,置信度为 95% 时,$t_{95\%} = 2.57$

$$\mu = \bar{x} \pm \frac{t \cdot s}{\sqrt{n}} = (35.21 \pm \frac{2.57 \times 0.06}{\sqrt{6}})\% = (35.21 \pm 0.06)\%$$

由上面计算可知,在相同测定次数下,随着置信度由 95% 提高到 99%,平均值的置信区间将从 $(35.21 \pm 0.10)\%$ 扩大至 $(35.21 \pm 0.18)\%$;另外,在一定置信度下,增加平行测定次数可使置信区间缩小,说明测量的平均值越接近总体平均值。

从 t 值表中还可以看出,当测定次数为 20 次以上到测定次数为 ∞ 时,t 值基本接近。这表明当 $n > 20$ 时,再增加测定次数对提高测定结果的准确度已经没有什么意义。因此只有在一定的测定次数范围内,分析数据的可靠性才随平行测定次数的增多而增加。

5.5.3 可疑数据的取舍

在一组平行测定的数据中,往往会出现个别偏差比较大的数据,这一数据称为可疑值(doubtful value)或离群值(divergent value)。如这一数据是由实验过失造成的,则应该将该数据舍弃,否则就不能随便将它舍弃,而必须用统计方法来判断是否取舍。取舍的方法很多,常用的有四倍法、格鲁布斯法和 Q 检验法等,其中 Q 检验法比较严格而且又比较方便,故在此只介绍 Q 检验法。

在一定置信度下,Q 检验法可按下列步骤,判断可疑数据是否应舍去。

(1)先将数据从小到大排列为:$x_1, x_2, \cdots, x_{n-1}, x_n$;

(2)计算出统计量 Q:

$$Q = \frac{|可疑值 - 邻近值|}{最大值 - 最小值} \tag{5-12}$$

也就是说,若 x_1 为可疑值,则统计量 Q 为

$$Q = \frac{x_2 - x_1}{x_n - x_1} \tag{5-13}$$

若 x_n 为可疑值,则统计量 Q 为

$$Q = \frac{x_n - x_{n-1}}{x_n - x_1} \tag{5-14}$$

式中:分子为可疑值与相邻值的差值,分母为整组数据的最大值与最小值的差值,也称之为极值。Q 越大,说明 x_1 或 x_n 离群越远,Q 大至一定值时就应舍去。

(3)根据测定次数和要求的置信度由表 5-4 查得 Q(表值)。

表 5-4　不同置信度下舍弃可疑数据的 Q 值

置信度	测定次数							
	3	4	5	6	7	8	9	10
90%	0.94	0.76	0.64	0.56	0.51	0.47	0.44	0.41
95%	0.98	0.85	0.73	0.64	0.59	0.54	0.51	0.48
99%	0.99	0.93	0.82	0.74	0.68	0.63	0.60	0.57

（4）将 Q 与 Q（表值）进行比较，判断可疑数据的取舍。若 $Q>Q$（表值），则可疑值应该舍去，否则应该保留。

例 5-3　测定某试样中氯的含量时，4 次分析测定结果为 30.34%，30.16%，30.40% 和 30.38%。用 Q 检验法判断 30.16% 是否舍弃？（置信度为 90%）

解：将测定值由小到大排列：30.16%，30.34%，30.38%，30.40%

$$Q=\frac{(30.34-30.16)\%}{(30.40-30.16)\%}=0.75$$

查表 5-4，在确定置信度为 90% 时，当 $n=4$，Q（表值）= 0.76 > Q = 0.75。因此该数值不能舍弃。

5.5.4　分析结果的数据处理与报告

在实际工作中，分析结果的数据处理是非常重要的。在实验和科学研究工作中，必须对试样进行多次平行测定（$n \geqslant 3$），然后进行统计处理并写出分析报告。

如测定某矿石中铁的含量时，获得如下数据：79.58%，79.45%，79.47%，79.50%，79.62%，79.38%，79.90%。若该铁样中铁含量的标准值为 79.53%，说明分析结果是否存在系统误差（置信度为 90%）？

根据数据统计处理过程做如下处理。

（1）用 Q 检验法检验并且判断有无可疑值舍弃。从上列数据看 79.90% 有可能是可疑值，做 Q 检验：

$$Q=\frac{(79.90-79.62)\%}{(79.90-79.38)\%}=0.54$$

由表 5-4 查得，当测定次数 $n=7$ 时，若置信度 $P=90\%$，则 Q（表值）= 0.51，所以 $Q>Q$（表值），79.90% 应该舍去。

（2）根据所有保留值，求出平均值 $\bar{x}$：

$$\bar{x}=\frac{(79.58+79.45+79.47+79.50+79.62+79.38)\%}{6}=79.50\%$$

（3）求出平均偏差 $\bar{d}$：

$$\bar{d}=\frac{(0.08+0.05+0.03+0+0.12+0.12)\%}{6}=0.07\%$$

（4）求出标准偏差 s：

$$s=\sqrt{\frac{(0.08\%)^2+(0.05\%)^2+(0.03\%)^2+(0.12\%)^2+(0.12\%)^2}{6-1}}=0.09\%$$

（5）求出置信度为 90%，$n = 6$ 时，平均值的置信区间

查表 5-3 得 $t = 2.015$

$$\mu = \left(79.50 \pm \frac{2.015 \times 0.09}{\sqrt{6}} \right)\% = (79.50 \pm 0.07)\%$$

因为该置信区间包含了标准值（79.53%），因此分析方法不存在系统误差。

5.6　有效数字及运算规则

为了得到准确的分析结果，不仅要准确地进行测量，还要正确地记录和计算。因为分析化学中记录的数据不仅表示了数值的大小，同时也反映了测量的精确程度。例如，实验时量取一定体积的溶液，记录为 25.00 mL 和 25.0 mL，虽然数值大小相同，但精确程度却相差 10 倍，前者说明是用移液管准确移取或滴定管中放出的，而后者是由量筒量取的。因此，应该按照实际的测量精度记录实验数据，并且按照有效数字的运算规则进行测量结果的计算，报出合理的测量结果。

5.6.1　有效数字

有效数字（significant figures）是指实际能测得的数字。在有效数据中，只有最后一位数字是不确定的。例如，读取滴定管上的刻度时，甲读得是 24.55 mL，乙读得是 24.54 mL，丙读得是 24.53 mL，这三个数据中，前 3 位数字都是很准确的，而第 4 位数字是估计数，是不确定的，因此，不同的人读取时稍有差别。又例如用分析天平称取试样的质量时应记录为 0.2100 g，它表示 0.210 是确定的，最后一位 0 是不确定数，可能有正负一单位的误差，即其实际质量是（0.2100 ± 0.0001）g 范围内的某一值。其绝对误差为 ±0.0001，相对误差为（±0.0001/0.2100）× 100% = ±0.05%。

数据中的"0"是否为有效数字，要看它在数据中的作用，如果作为普通数字使用，它就是有效数字；作为定位用则不是有效数字。如滴定管读数 22.00 mL，其中两个"0"都是测量数字，为四位有效数字。如果改用升表示，写成 0.02200 L，这时前面的两个"0"仅作为定位用，不是有效数字，而后面两个"0"仍是有效数字，此数仍为四位有效数字。如需用尾数"0"小数定位时可用指数形式表示，以防止有效数字的混淆。如 25.0 mg 改写成 μg 时，应写成 2.50×10^4 μg，不能写成 25000 μg。单位可以改变，但有效数字的位数不能任意改变，也就是说不能任意增减有效数字。

5.6.2　有效数字的运算规则

对实验数据进行计算时，涉及的各测量值的有效位数可能不同，因此需要按照一定的规则进行运算。

运算过程中应按有效数字修约的规则进行修约后再计算结果。对数字的修约规则，依照国家标准采取"四舍六入五留双"办法，即当尾数（即第一位多余数字）≤4 时舍弃；尾数 ≥6 时则进入；尾数 = 5 时，若 5 后面的数字为"0"或没有数字，则按 5 前面为偶数者舍弃、为奇数者进入；若 5 后面的数字是不为零的任何数，则不论 5 前面的一个数为偶数或奇数均进入。例如，按照这一规则，将下列测量值修约为四位有效数字，

其结果为

0. 526 64	0. 526 6
0. 362 66	0. 362 7
10. 235 0	10. 24
250. 650	250. 6
198. 85	198. 8
198. 75	198. 8
18. 085 2	18. 09

对有效数字进行修约时,必须一次性修约到所要求的位数,不能分几次进行修约。如将 0.374 6 修约成两位有效数字,不能先修约成 0.375,再修约成 0.38,而应该一次性修约成 0.37。

有效数字的运算分加减和乘除运算两种规则,具体如下:

1. 加减法

几个数据相加减时,有效数字的保留,应以各数据中小数点后位数最少的一个数字为根据。例如:

$$50. 1+1. 45+0. 581 2 = ?$$

由于每个数据的最后一位都有 ±1 的绝对误差,在上述数据中,50.1 的绝对误差最大(±0.1),即小数点后第一位为不定值,为使计算结果只保留一位不定值,所以各数值及计算结果都取到小数点后第一位。因此,在加或减时,其和或差,保留小数点后的位数,决定于数据中绝对误差最大的那个数,即小数点后位数最少的那个数字。

$$50. 1+1. 45+0. 581 2 = 50. 1+1. 4+0. 6 = 52. 1$$

2. 乘除法

在乘除法运算中,有效数字的位数应以各数据中相对误差最大的一个数为根据,通常是根据有效位数最少的数来进行修约,其结果所保留位数与该有效数字的位数相同。例如:

$$2. 187 9×0. 154×60. 06 = 2. 19×0. 154×60. 1 = 20. 3$$

各数的相对误差分别为

$$±\frac{1}{21\ 879}×100\% = ±0. 005\%$$

$$±\frac{1}{154}×100\% = ±0. 6\%$$

$$±\frac{1}{6\ 006}×100\% = ±0. 02\%$$

可见,在上述数据中,有效数字位数最少的是 0.154,三位有效数字,其相对误差最大,因此,计算结果也应该取三位有效数字。

在取舍有效数字位数时,还应注意以下几点。

● 分析化学的计算中,经常会遇到常数、分数或倍数等,这些数不是测量所得到的,因此可看成无限多位有效数字。例如,1 000,1/2,π 等。

● 对于 pH,pM,lg$K$ 等对数数值,其有效数字的位数仅取决于小数部分(尾数)数字的位数,因整数部分仅代表该数的方次。如 pH = 11.30,其有效数字为二位,换算为 H^+ 浓度即 $c(H^+) = 5.0 \times 10^{-12} mol \cdot L^{-1}$。

- 乘除运算时,若某数字有效的首位数字大于 9,则该有效数字的位数可多计算一位。如 9.58,它在乘除运算时的相对误差的绝对值约为 0.1%,与 13.06 等四位有效数字的相对误差绝对值接近,因此 9.58 在乘除运算时可以看作四位有效数字。
- 在运算过程中,有效数字的位数可暂时多保留一位,得到最后结果时,再根据"四舍六入五留双"的规则弃去多余的数字。

使用计算器作连续运算时,运算过程中不必对每一步的计算结果进行修约,但最后结果的有效数字位数必须按照以上规则正确地取舍。

5.6.3　实验报告中有效数字的实例

进行实验数据处理与分析时,含量大于 10% 的组分及常用标准溶液一般保留四位有效数字,含量在 1%~10% 的组分保留三位有效数字,含量低于 1% 的组分保留两位有效数字,各类误差和偏差一般 1~2 位有效数字。以基准物质 $Na_2C_2O_4$ 标定 $KMnO_4$ 标准溶液的实验为例,三次平行测定的原始数据及处理结果如表 5-5 所示。从表 5-5 可以看出,$KMnO_4$ 标准溶液浓度应保留四位有效数字,而相对平均偏差只需保留一位有效数字。

表 5-5　$Na_2C_2O_4$ 标定 $KMnO_4$ 标准溶液的数据及处理结果

	1	2	3
$m_{Na_2C_2O_4}/g$	0.205 4	0.215 3	0.215 4
V_{KMnO_4}/mL	21.50	22.50	22.45
$c_{KMnO_4}/(mol \cdot L^{-1})$	0.028 52	0.028 56	0.028 64
$\bar{c}_{KMnO_4}/(mol \cdot L^{-1})$		0.028 57	
绝对偏差$(d_i)/(mol \cdot L^{-1})$	0.000 05	0.000 01	0.000 07
相对平均偏差$(\bar{d}_r)/\%$		0.2	

由于三次测定的绝对偏差分别为 $0.000\ 05\ mol \cdot L^{-1}$、$0.000\ 01\ mol \cdot L^{-1}$ 和 $0.000\ 07\ mol \cdot L^{-1}$,只有一位有效数字,因此相对平均偏差的结果只能保留一位有效数字。

$$\bar{d}_r = \frac{1}{3} \times \frac{\sum |d_i|}{\bar{c}} \times 100\% = \frac{1}{3} \times \frac{\sum |c_1 - \bar{c}|}{\bar{c}} \times 100\%$$

$$= \frac{1}{3} \times \frac{0.000\ 05 + 0.000\ 01 + 0.000\ 07}{0.028\ 57} \times 100\% = 0.2\%$$

再以乙酰苯胺的合成为例。5.0 mL 苯胺(5.10 g,0.055 mol)和 7.4 mL 乙酸(7.77 g,0.129 mol)反应,制备得到 4.05 g 乙酰苯胺产品,理论产量为 7.46 g。由于产品的质量只有三位有效数字,因此产率也是三位有效数字,即为 54.3%。

5.7 滴定分析法概述

滴定分析法（titration analysis）是最常用的定量化学分析法。在进行滴定分析时，一般先将试样配成溶液，置于锥形瓶中，用一种已知准确浓度的溶液（即标准溶液，也称滴定剂）通过滴定管逐滴地滴加到被测物质的溶液中，直至所加溶液物质的量与被测物物质的量按化学式计量关系恰好反应完全，然后根据所加标准溶液的浓度和所消耗的体积，计算出被测物质含量。

5.7.1 基本概念

① 滴定　通过滴定管滴加滴定剂的操作过程称为滴定（titration）。

② 化学计量点　所加标准溶液与被测物质恰好完全反应的这一点称为化学计量点（stoichiometric point, sp）。

③ 指示剂　在滴定过程中，化学计量点到达时往往没有什么明显的外部特征，一般都需要加入指示剂（indicator），利用指示剂的颜色变化来判断。指示剂一般具有不同的形态，能和滴定剂发生作用，从而产生颜色变化，简单归纳如表 5-6，后面还会具体讨论。

表 5-6　滴定分析指示剂的性质及变色

	酸碱指示剂	沉淀指示剂	氧化还原指示剂	配位指示剂
类别	弱酸或弱碱	沉淀剂	氧化剂或还原剂	配位剂
变色机理	酸型和碱型的颜色不同	自由离子和沉淀的颜色不同	氧化型和还原型的颜色不同	自由离子和配合物的颜色不同
理论变色范围	$pH = pK_a^{\ominus}(HIn) \pm 1$		$E = E_{In}^{\ominus}{}' \pm \dfrac{0.059\,2}{n}\ V$	

④ 滴定终点　指示剂颜色突变时停止滴定，这一点称为滴定终点（end point, ep）。此外，滴定终点还可以根据滴定系统中电势、电导和吸光度的变化来判断，这就需要借助于仪器，分别称为电势滴定、电导滴定和光度滴定。

⑤ 滴定误差　目测的滴定终点与化学计量点不一定恰好一致，往往存在一定的差别，这一差别称为滴定误差（titration error）或终点误差。

⑥ 滴定曲线　滴定过程中溶液的物理量（如 pH, pM 或电势等）随滴定剂加入量变化的关系曲线。滴定曲线可以通过滴定仪直接得到，也可以通过计算绘制。为了简便，可以只计算滴定前、滴定到 99.9%、化学计量点和滴定到 100.1% 这四点法。

⑦ 滴定突跃　当滴定剂的加入量为 99.9%～100.1% 时，滴定曲线发生急剧变化，这个范围称为滴定突越（titration jump）。滴定突跃很重要，可用来选择指示剂。

5.7.2 基准物质和标准溶液

标准溶液（standard solution）是指已知准确浓度的溶液。在滴定分析中，标准溶液起着非常重要的作用,都是利用标准溶液的浓度和体积来计算待测组分的含量。因此,在滴定分析中,必须正确地配制标准溶液和准确地标定标准溶液的浓度。

1. 基准物质

能用于直接配制或标定标准溶液的物质称为基准物质(standard substance)。作为基准物质必须具备下列条件:

- 物质的组成与化学式完全相符,若含结晶水,其含量也应与化学式相符;
- 物质的纯度足够高,一般要求其纯度在 99.9% 以上;
- 性质稳定,在保存或称量过程中其组成不变,如不易吸水、不吸收 CO_2 等;
- 基准物质最好具有较大的摩尔质量,使得所需的称样量更大,从而可减小称量误差。如 $Na_2B_4O_7 \cdot 10H_2O$ 和 Na_2CO_3 作为标定盐酸标准溶液浓度的基准物质,都符合上述前三条要求,但前者相对摩尔质量($M_r = 381.4$)大于后者($M_r = 106.0$),所以选择 $Na_2B_4O_7 \cdot 10H_2O$。

常用的基准物质有纯化合物或纯金属,如 $Na_2B_4O_7 \cdot 10H_2O$,Na_2CO_3,邻苯二甲酸氢钾,$H_2C_2O_4 \cdot 2H_2O$,$K_2Cr_2O_7$,$CaCO_3$,$Na_2C_2O_4$,KIO_3,ZnO,$NaCl$,Ag,Cu 等。

2. 标准溶液的配制

标准溶液的配制可分为直接配制法和间接配制法。

① 直接配制法 准确称取一定量的基准物质,溶于水后定量转入容量瓶中定容,然后根据基准物质质量和溶液体积计算出该标准溶液的准确浓度。例如,准确称取 1.226 g 基准 $K_2Cr_2O_7$,用水溶解后,定量转入 250 mL 的容量瓶中,加水稀释至刻度,即得 0.016 67 mol·L⁻¹ 的 $K_2Cr_2O_7$ 标准溶液。

② 间接配制法 许多化学试剂由于纯度或稳定性不够等原因,不能直接配制成标准溶液。可先将它们配制成近似浓度的溶液,然后再用基准物质或已知准确浓度的标准溶液来标定该标准溶液的准确浓度,这种配制标准溶液的方法称为间接配制法,也称标定法。如欲配制准确浓度的 0.1 mol·L⁻¹ 的 NaOH 标准溶液,可先在普通天平上称取 4 g 的 NaOH,加水溶解后,转入试剂瓶中,稀释至 1 L 左右,然后用基准物质如邻苯二甲酸氢钾或已知浓度的 HCl 标准溶液标定其准确浓度。

3. 标准溶液浓度的表示方法

① 物质的量的浓度 这是最常用的表示方法,标准物质 B 的物质的量的浓度为

$$c_B = \frac{n_B}{V} \tag{5-15}$$

式中:n_B 为物质 B 的物质的量,V 为标准溶液的体积。

② 滴定度 在工业生产的例行分析中,为了简化计算常用滴定度表示标准溶液的浓度。滴定度(T)是指每毫升标准溶液相当于被测物质的质量,常用 $T_{待测物/滴定剂}$ 表示,单位为 g·mL⁻¹。如 $T_{Fe/K_2Cr_2O_7} = 0.005\ 260$ g·mL⁻¹,表示 1 mL $K_2Cr_2O_7$ 标准溶液相当于 0.005 260 g Fe,也就是说 1 mL $K_2Cr_2O_7$ 标准溶液恰好能与 0.005 260 g Fe^{2+} 反应,如果在滴定中消耗该 $K_2Cr_2O_7$ 标准溶液 20.65 mL,则被滴定溶液中含铁的质量为

$$m(Fe) = 0.005\ 260\ \text{g·mL}^{-1} \times 20.65\ \text{mL} = 0.108\ 6\ \text{g}$$

滴定度的优点是根据所消耗的标准溶液的体积可以直接得到被测物质的质量,这在生产单位的批量分析中很方便。

5.7.3 滴定分析法的分类

滴定分析是以化学反应为基础的,根据化学反应的类型不同,滴定分析法一般可分为下列四种。

1. 酸碱滴定法

以酸碱反应为基础的滴定分析法,称为酸碱滴定法。

2. 配位滴定法

以配位反应为基础的滴定分析法称为配位滴定法。如用 EDTA 作为滴定剂,与金属离子的配合反应可表示为

$$M^{n+} + Y^{4-} \Longrightarrow MY^{n-4}$$

3. 沉淀滴定法

以沉淀反应为基础的滴定分析法称为沉淀滴定法。如银量法,其反应可表示为

$$Ag^+ + X^- \Longrightarrow AgX\downarrow \quad (X:Cl^-, Br^-, I^-, CN^-, SCN^-等)$$

4. 氧化还原滴定法

以氧化还原反应为基础的滴定分析法称为氧化还原滴定法。根据标准溶液的不同,氧化还原滴定法可分为多种方法,如高锰酸钾法,重铬酸钾法,碘量法等。

5.7.4 滴定分析法对化学反应的要求和滴定方式

1. 滴定分析法对化学反应的要求

并不是所有的化学反应都可以用来进行滴定分析,用于滴定分析的化学反应必须具备下列条件:

- 反应必须定量完成,即按一定的化学反应方程式进行,无副反应发生。
- 反应完全程度高,至少 99.9% 以上。
- 反应速率要快。对于速率慢的反应,应采取适当措施来提高反应速率,如加热、加催化剂等。
- 有合适的指示剂或仪器分析方法来确定滴定的终点。

2. 滴定方式

常用滴定方式有直接滴定、返滴定、置换滴定和间接滴定四种,具体如下:

① 直接滴定法　　凡能满足上述条件的反应,都可采用直接滴定法(direct titration),即用标准溶液直接滴定被测物质的溶液。如用氢氧化钠标准溶液直接滴定盐酸溶液。直接滴定法是滴定分析中最常用和最基本的滴定方法。

② 返滴定法　　当反应速率较慢或反应物是固体时,被测物质中加入符合化学计量关系的滴定剂后,反应往往不能立即完成。在此情况下,可于被测物质中先加入一定量过量的滴定剂,待反应完成后,再用另一种标准溶液滴定剩余的滴定剂,这种方法称为返滴定法(back titration),也叫剩余量滴定法。例如,用 EDTA 标准溶液测定 Al^{3+} 时,Al^{3+} 与 EDTA 配位反应的速率很慢,故不能用 EDTA 标准溶液直接滴定,可在 Al^{3+} 溶液中先加入一定量过量的 EDTA 标准溶液并加热煮沸,待 Al^{3+} 与 EDTA 完全反应后,再用 Zn^{2+} 标准溶液返滴定剩余的 EDTA。对于固体 $CaCO_3$ 的滴定,可先加入一定量过量的 HCl 标准溶液,待反应完全后,剩余的 HCl 可用 NaOH 标准溶液返滴定。

③ **置换滴定法** 若被测物质与滴定剂的反应不按确定的反应式进行或伴有副反应时,不能采用直接滴定法。可以先用适当的试剂与被测物质反应,使被测物质定量地置换成另外一种物质,再用标准溶液滴定这一物质,从而求出被测物质的含量,这种方法称为置换滴定法(replacement titration)。

例如,Ag^+ 与 EDTA 形成的配合物稳定性较小,不能用 EDTA 直接滴定 Ag^+。若加过量的 $[Ni(CN)_4]^{2-}$ 于含 Ag^+ 的试液中,则发生如下置换反应:

$$2Ag^+ + [Ni(CN)_4]^{2-} \rightleftharpoons 2[Ag(CN)_2]^- + Ni^{2+}$$

此反应进行得很完全,置换出的 Ni^{2+} 可用 EDTA 直接滴定,从而求出 Ag^+ 的含量。

④ **间接滴定法** 有些被测物质不能直接与滴定剂起反应,可以利用间接反应使其转化为可被滴定的物质,再用滴定剂滴定所生成的物质,此过程称为间接滴定法(indirect titration)。如 $KMnO_4$ 标准溶液不能直接滴定 Ca^{2+},先将 Ca^{2+} 沉淀为 CaC_2O_4,用 H_2SO_4 溶解,再用 $KMnO_4$ 标准溶液滴定与 Ca^{2+} 结合的 $C_2O_4^{2-}$,从而间接测定 Ca^{2+}。

5.7.5 滴定分析中的计算

滴定分析中的计算包括标准溶液的配制与标定及分析结果的计算等。当滴定反应

$$aA + bB \rightleftharpoons cC + dD$$

达到反应计量点时,各物质的量之比等于化学方程式中各物质的系数之比。即

$$n_A : n_B = a : b \tag{5-16}$$

$$\frac{c_A V_A}{c_B V_B} = \frac{a}{b} \tag{5-17}$$

$$c_A = \frac{ac_B V_B}{bV_A} = \frac{am_B}{bV_A M_B} \tag{5-18}$$

式(5-18)可用于标准溶液的配制与标定的计算。

若称取试样的质量为 m,则被测组分 A 的质量分数为

$$w_A = \frac{m_A}{m} = \frac{\frac{a}{b}c_B V_B M_A}{m} \tag{5-19}$$

式(5-19)是滴定分析结果的计算通式。对于多步反应的滴定,仍可从各步反应中找出实际参加反应的物质的量之间的关系,再进行计算。

例 5-4 称取草酸($H_2C_2O_4 \cdot 2H_2O$) 0.381 2 g,溶于水后,用 NaOH 溶液滴定至终点,消耗滴定剂 25.60 mL NaOH 溶液,计算 NaOH 溶液的浓度。

解:此滴定的反应式为

$$H_2C_2O_4 + 2NaOH \rightleftharpoons Na_2C_2O_4 + 2H_2O$$
$$n(NaOH) : n(H_2C_2O_4) = 2 : 1$$

根据式(5-18)

$$c(NaOH) = \frac{2m(H_2C_2O_4 \cdot 2H_2O)}{M(H_2C_2O_4 \cdot 2H_2O) \cdot V(NaOH)}$$
$$= \frac{2 \times 0.381\ 2\ g}{126.1\ g \cdot mol^{-1} \times 25.60 \times 10^{-3} L} = 0.236\ 2\ mol \cdot L^{-1}$$

例 5-5 0.3213 g 不纯 $CaCO_3$ 试样,用返滴定法测定其含量。将 $CaCO_3$ 试样溶于 80.00 mL 0.100 0 mol·L^{-1} 的 HCl 标准溶液中,过量的 HCl 用 0.100 0 mol·L^{-1} 的 NaOH 标准溶液滴定,消耗 NaOH 标准溶液 22.74 mL,求试样中 $CaCO_3$ 的质量分数。

解: 这是返滴定法,其滴定反应分两步进行:

$$CaCO_3 + 2HCl \Longrightarrow CaCl_2 + CO_2 + H_2O$$

$$HCl + NaOH \Longrightarrow NaCl + H_2O$$

$$w(CaCO_3) = \frac{\frac{1}{2}[c(HCl) \cdot V(HCl) - c(NaOH) \cdot V(NaOH)] \cdot M(CaCO_3)}{m} \times 100\%$$

$$= \frac{\frac{1}{2}(0.100\ 0\ mol \cdot L^{-1} \times 80.00 \times 10^{-3}\ L - 0.100\ 0\ mol \cdot L^{-1} \times 22.74 \times 10^{-3}\ L) \times 100.1\ g \cdot mol^{-1}}{0.321\ 3\ g} \times 100\%$$

$$= 89.20\%$$

例 5-6 已知每升 $K_2Cr_2O_7$ 标准溶液含 $K_2Cr_2O_7$ 5.442 g,求该 $K_2Cr_2O_7$ 标准溶液对 Fe_3O_4 的滴定度。

解: 由于这是一个氧化还原滴定,因此需对 Fe_3O_4 试样进行预处理,将 Fe^{3+} 全部还原成 Fe^{2+}。涉及的滴定反应为

$$Cr_2O_7^{2-} + 6Fe^{2+} + 14H^+ \Longrightarrow 2Cr^{3+} + 6Fe^{3+} + 7H_2O$$

$$n(Fe^{2+}) = 6n(K_2Cr_2O_7) \qquad n(Fe^{2+}) = 3n(Fe_3O_4)$$

因此

$$n(Fe_3O_4) = 2n(K_2Cr_2O_7)$$

$$T_{Fe_3O_4/K_2Cr_2O_7} = \frac{2m(K_2Cr_2O_7) \cdot M(Fe_3O_4)}{M(K_2Cr_2O_7) \times 1\ 000}$$

$$= \frac{2 \times 5.442\ g \times 231.5\ g \cdot mol^{-1}}{294.2\ g \cdot mol^{-1} \times 1\ 000\ mL} = 0.008\ 564\ g \cdot mL^{-1}$$

5.8 酸碱滴定法

酸、碱或者通过一定的化学反应能转化为酸、碱的物质,都有可能采用酸碱滴定法测定它们的含量。酸碱滴定法所依据的滴定反应实际上是酸、碱解离反应或水的质子自递反应的逆反应。例如,用 NaOH 标准溶液滴定 HAc 溶液,滴定反应为

$$HAc + OH^- \Longrightarrow Ac^- + H_2O$$

用 NaOH 标准溶液滴定 HCl 溶液,滴定反应为

$$H^+ + OH^- \Longrightarrow H_2O$$

酸碱滴定反应能否进行完全,或者说,酸、碱物质能否被准确滴定主要取决于被滴定的酸或碱的解离常数 $K_a^{\ominus}$ 或 $K_b^{\ominus}$ 的大小。

5.8.1 酸碱滴定曲线

下面分别讨论几种常见的酸碱滴定类型。

1. 强碱滴定强酸或强酸滴定强碱

为了能选择合适的指示剂,首先有必要了解在滴定过程中 H^+ 浓度随滴定剂加入量的变化关系。

① 酸碱滴定曲线与滴定突跃 酸碱滴定曲线就是指滴定过程中溶液的 pH 随滴

定剂体积变化的曲线。滴定曲线(titration curve)可以借助酸度计或其他分析仪器测得,也可以通过计算的方式得到。在此以 $0.100\ 0\ mol \cdot L^{-1}$ NaOH 溶液滴定 20.00 mL 相同浓度的 HCl 溶液为例,讨论强碱滴定强酸的滴定曲线。一般可以根据滴定过程的情况,分成几个阶段进行计算。

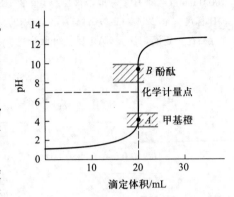

图 5-3 用 $0.100\ 0\ mol \cdot L^{-1}$ NaOH 溶液滴定 20.00 mL 同浓度 HCl 溶液的滴定曲线

- 滴定前 系统的酸度取决于酸的原始浓度。因为起始时 $c(H^+) = 0.100\ 0\ mol \cdot L^{-1}$,所以 pH = 1.00。

- 滴定开始至化学计量点前 溶液的酸度主要取决于剩余酸的浓度。例如,当 NaOH 加入 19.98 mL 时,HCl 溶液尚剩余 0.02 mL,因此

$$c(H^+) = 0.100\ 0\ mol \cdot L^{-1} \times \frac{0.02\ mL}{(19.98+20.00)\ mL} = 5.0 \times 10^{-5}\ mol \cdot L^{-1}$$

$$pH = 4.30$$

- 化学计量点 由于这是强碱滴定强酸,当两者作用完全时形成 NaCl 和 H_2O,$c(H^+) = 1.0 \times 10^{-7}$,化学计量点时,$pH_{sp} = 7.00$。

- 化学计量点后 若理论终点后继续滴加 NaOH,这时形成了 NaCl+NaOH 系统,溶液的酸度主要取决于过量 NaOH 的浓度。例如,当加入 NaOH 20.02 mL,即过量 0.02 mL NaOH 溶液,

$$c(OH^-) = 0.100\ 0\ mol \cdot L^{-1} \times \frac{0.02\ mL}{(20.00+20.02)\ mL} = 5.0 \times 10^{-5}\ mol \cdot L^{-1}$$

$$pOH = 4.3 \qquad pH = 14.00 - 4.30 = 9.70$$

若按以上方式进行较为详细的计算,就可以得到不同 NaOH 加入量时相应溶液的 pH(表 5-7)。以 NaOH 溶液的加入量为横坐标,对应的溶液 pH 为纵坐标作图,就得到图 5-3 所示的滴定曲线。

表 5-7 $0.100\ 0\ mol \cdot L^{-1}$ NaOH 滴定 20.00 mL 同浓度 HCl 溶液 pH 的变化

加入 NaOH 溶液的体积 V/mL	剩余 HCl 溶液的体积 V/mL	过量 NaOH 溶液的体积 V/mL	pH
0.00	20.00		1.00
18.00	2.00		2.28
19.80	0.20		3.30
19.98	0.02		4.30(A)
20.00	0.00		7.00
20.02		0.02	9.70(B)
20.20		0.20	10.70
22.00		2.00	11.68
40.00		20.00	12.52

突跃范围(对应 4.30(A) 至 9.70(B))

从计算结果和滴定曲线可以看出滴定过程中 $c(H^+)$ 随滴定剂加入量的变化情况，特别是从 A 点到 B 点这区间很重要。在 A 点，只不过还剩 0.02 mL HCl 溶液，而 B 点滴定剂仅过量 0.02 mL，两点间 NaOH 溶液加入量只相差 0.04 mL，或者说 A 点 NaOH 还缺 0.1%，B 点 NaOH 仅过量 0.1%，可溶液的 pH 却从 4.30 突然上升至 9.70，增加了 5.4 个 pH 单位，曲线呈现出几乎垂直的段。这一区间，即化学计量点前后 ±0.1% 范围内 pH 的急剧变化为酸碱滴定突跃（titration jump of acid-base），溶液由酸性变为碱性。

② 指示剂的选择　根据以上讨论，用 0.100 0 mol·L^{-1} NaOH 溶液滴定 20.00 mL 同浓度 HCl 溶液的化学计量点 pH = 7.00，滴定突跃 pH = 4.30 ~ 9.70。显然，只要变色范围处于滴定突跃范围内的指示剂，如溴百里酚蓝、苯酚红等，都能正确指示滴定终点。然而实际上，一些变色范围部分处于滴定突跃范围内的指示剂，如甲基橙、酚酞等也能使用。如酚酞，变色范围 pH = 8.0 ~ 10.0，若滴定至溶液由无色刚变粉红色时停止，溶液 pH 略大于 8.0，由图 5-3 可以看出，此时 NaOH 溶液过量还不到 0.02 mL，终点误差不大于 0.1%。因此酸碱滴定中所选择的指示剂一般应使其变色范围处于或部分处于滴定突跃范围之内。另外，还应考虑所选择指示剂在滴定系统中的变色是否易于判断。例如，在这个滴定类型中，甲基橙的变色范围部分处于滴定突跃范围内，可是若用于滴定，颜色变化是由红到黄。由于人眼对红色中略带黄色不易察觉，因而一般甲基橙不用于碱滴酸，常用于酸滴碱。

③ 影响滴定突跃的因素　滴定突跃的大小还与溶液的浓度有关。当溶液浓度改变，虽然化学计量点溶液的 pH 依然不变，但滴定突跃却发生了变化。图 5-4 为不同浓度的 NaOH 溶液滴定不同浓度 HCl 溶液的滴定曲线。由图可见，滴定系统的浓度愈小，滴定突跃就愈小，这样就使指示剂的选择受到限制。因此，浓度的大小是影响滴定突跃的因素之一。除此之外，滴定突跃的大小还与酸、碱本身的强弱有关。

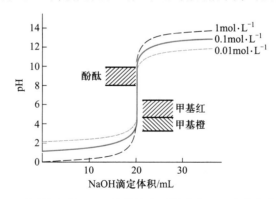

图 5-4　不同浓度的 NaOH 溶液滴定不同浓度 HCl 溶液的滴定曲线

对于强酸滴定强碱，可以参照以上处理办法，首先了解滴定曲线的情况，特别是其中化学计量点、滴定突跃，然后根据滴定突跃选择一种合适的指示剂。

2. 强碱滴定一元弱酸

以 0.100 0 mol·L^{-1} NaOH 溶液滴定 20.00 mL 同浓度 HAc 溶液为例，讨论强碱滴定一元弱酸的滴定曲线及指示剂的选择。

① 滴定曲线与指示剂

• 滴定前 由于被滴定物质为一元弱酸,因此

$$c(\text{H}^+) = \sqrt{cK_a^\ominus} = \sqrt{0.100\ 0 \times 1.8 \times 10^{-5}}\ \text{mol} \cdot \text{L}^{-1} = 1.3 \times 10^{-3}\ \text{mol} \cdot \text{L}^{-1}$$
$$\text{pH} = 2.89$$

• 滴定开始至化学计量点前 这阶段由于 Ac^- 的产生,形成了 $\text{HAc}-\text{Ac}^-$ 缓冲体系,所以 $\text{pH} = pK_a^\ominus - \lg \dfrac{c_a}{c_b}$。当加入 NaOH 溶液 19.98 mL(即 HAc 剩余 0.1%)时

$$c_a = c(\text{HAc}) = \frac{0.02 \times 0.100\ 0}{20.00 + 19.98}\ \text{mol} \cdot \text{L}^{-1} = 5.0 \times 10^{-5}\ \text{mol} \cdot \text{L}^{-1}$$

$$c_b = c(\text{NaAc}) = \frac{19.98 \times 0.100\ 0}{20.00 + 19.98}\ \text{mol} \cdot \text{L}^{-1} = 5.0 \times 10^{-2}\ \text{mol} \cdot \text{L}^{-1}$$

$$\text{pH} = 4.74 + \lg\left(\frac{5.0 \times 10^{-2}}{5.0 \times 10^{-5}}\right) = 7.74$$

• 化学计量点 由于终点体系为 $\text{Ac}^- + \text{H}_2\text{O}$,因而

$$c(\text{OH}^-)_{sp} = \sqrt{c_{sp} K_b^\ominus}$$

$$c_{sp} = \frac{20.00 \times 0.100\ 0}{20.00 + 20.00}\ \text{mol} \cdot \text{L}^{-1} = 5.0 \times 10^{-2}\ \text{mol} \cdot \text{L}^{-1}$$

$$\text{且}\ pK_b^\ominus = 14.00 - pK_a^\ominus = 14.00 - 4.74 = 9.26$$

$$c(\text{OH}^-)_{sp} = \sqrt{5.0 \times 10^{-2} \times 10^{-9.26}} = 10^{-5.28}\ \text{mol} \cdot \text{L}^{-1} \qquad \text{pOH}_{sp} = 5.28$$

$$\text{pH}_{sp} = 14.00 - \text{pOH}_{sp} = 14.00 - 5.28 = 8.72$$

• 化学计量点后 溶液酸度由过量碱的浓度所决定,共轭碱 Ac^- 所提供的 OH^- 可以忽略。当过量 0.02 mL NaOH 溶液时(即 NaOH 过量 0.1%),

$$c(\text{OH}^-) = \frac{0.02 \times 0.100\ 0}{20.00 + 20.01}\ \text{mol} \cdot \text{L}^{-1} = 5.0 \times 10^{-5}\ \text{mol} \cdot \text{L}^{-1} \qquad \text{pH} = 14 - \text{pOH} = 9.70$$

若对整个滴定过程逐一计算并作图,就能得到这一滴定类型的滴定曲线(图 5-5 曲线Ⅰ)。

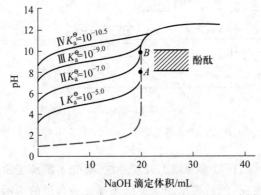

图 5-5 NaOH 溶液滴定不同弱酸溶液的滴定曲线

由结果可见,强碱滴定弱酸的滴定曲线与强碱滴定强酸的滴定曲线(图 5-5 中虚线)相比有以下不同:

- 滴定突跃明显变小。同样的滴定浓度,由于 HA 是弱酸,滴定开始前溶液中 H^+ 浓度就低,所以曲线起点高。滴定突跃只有约 2 个 pH 单位,即 pH = 7.75 ～ 9.70。从图 5-5 还可以看出,被滴定的酸愈弱,滴定突跃就愈小,有些甚至没有明显的突跃。

- 化学计量点前曲线的转折不如前一种类型的明显。这原因主要是缓冲体系的形成。在滴定刚开始,以及接近理论终点时缓冲体系的作用较弱,pH 均上升较快,而在中间一段区域,由于较强的缓冲作用,使得 pH 上升较为缓慢。

- 化学计量点时溶液不是中性,而是弱碱性。这主要是终点产物共轭碱 Ac^- 的解离所造成。

根据这种滴定类型的滴定突跃及 pH_{sp},显然只能选择那些在弱碱性区域内变色的指示剂,如酚酞,变色范围 pH = 8.0 ～ 10.0,滴定由无色→粉红色。也可选择百里酚蓝。

对强酸滴定一元弱碱同样可以参照以上方法处理,滴定曲线的特点与强碱滴定一元弱酸相似,但化学计量点不是弱碱性,而是弱酸性,故应选择在弱酸性区域内变色的指示剂,如甲基橙、甲基红等。

② 直接准确滴定的判据   由于一般滴定是使用指示剂,靠人们的眼睛来判断终点,因而对于酸碱滴定来说,即使指示剂变色点与化学计量点完全一致,在确定终点时仍有 ±0.3 pH 单位的不确定性。根据终点误差公式,若使终点误差在 ±0.2% 以内,就要求突越时 $\Delta pH \geq 0.6$,即 $c \cdot K_a^{\ominus}$(或 $c \cdot K_b^{\ominus}$)$\geq 10^{-8}$,这就是一元弱酸(或弱碱)能否被直接准确滴定的判据。当然,如果允许误差可以放宽,相应判据条件也可降低。

3. 多元酸、混酸及多元碱的滴定

这些滴定类型与前两种滴定类型相比具有不同的特点。① 由于是多元系统,滴定过程的情况较为复杂,涉及能否分步滴定或分别滴定;② 滴定曲线的计算也较复杂,一般均通过实验测得;③ 滴定突跃相对来说也较小,因而一般允许误差也较大。

① 多元酸及混酸的滴定   对于多元酸,由于它们含有多个质子,而且在水中又是逐级解离的,因而首先应根据 $c_0 \cdot K_a^{\ominus} \geq 10^{-8}$ 判断各个质子能否被直接准确滴定,然后根据 $K_{a_n}^{\ominus}/K_{a_{n+1}}^{\ominus} \geq 10^4$(终点误差为 ±1%)来判断能否实现分步滴定,再由终点 pH 选择合适的指示剂。

以 $0.10\ mol \cdot L^{-1}$ NaOH 溶液滴定同浓度的 H_3PO_4 溶液为例,说明多元酸的滴定。H_3PO_4 在水中分三级解离:

$$H_3PO_4 \rightleftharpoons H^+ + H_2PO_4^- \qquad pK_{a_1}^{\ominus} = 2.12$$

$$H_2PO_4^- \rightleftharpoons H^+ + HPO_4^{2-} \qquad pK_{a_2}^{\ominus} = 7.20$$

$$HPO_4^{2-} \rightleftharpoons H^+ + PO_4^{3-} \qquad pK_{a_3}^{\ominus} = 12.36$$

显然,$c_0 \cdot K_{a_3}^{\ominus} \ll 10^{-8}$,所以直接滴定 H_3PO_4 只能进行到 HPO_4^{2-}。其次,$K_{a_1}^{\ominus}/K_{a_2}^{\ominus} > 10^4$,$K_{a_2}^{\ominus}/K_{a_3}^{\ominus} > 10^4$,表明可以实现分步滴定。根据 H_3PO_4 的滴定曲线(见图 5-6),有两个较为明显的滴定突跃。

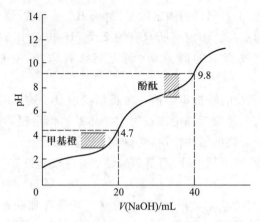

图 5-6　NaOH 溶液滴定 H_3PO_4 溶液的滴定曲线

第一化学计量点时,系统为 NaH_2PO_4 两性物质,

$$pH_{sp_1} = \frac{1}{2}(pK_{a_1}^{\ominus} + pK_{a_2}^{\ominus})$$

$$= \frac{1}{2}(2.12 + 7.20) = 4.66$$

根据分布系数计算或 H_3PO_4 分布曲线图,可知这时

$$\delta(H_2PO_4^-) = 0.994 \qquad \delta(HPO_4^{2-}) = \delta(H_3PO_4) = 0.003$$

这表明当 0.3% 左右的 H_3PO_4 还没有被中和时,已有 0.3% 左右的 $H_2PO_4^-$ 已经被进一步中和为 HPO_4^{2-},显然两步反应有所交叉。

对第一化学计量点,一般可选择甲基橙为指示剂。

第二化学计量点时,体系为 Na_2HPO_4 两性物质,因此

$$pH_{sp_2} = \frac{1}{2}(pK_{a_2}^{\ominus} + pK_{a_3}^{\ominus})$$

$$= \frac{1}{2}(7.20 + 12.36) = 9.78$$

这一终点同样不是太理想,$\delta(HPO_4^{2-}) = 0.995$,反应也有所交叉。如果要求不高,可以选择酚酞(变色点 pH ≈ 9)为指示剂,但最好用百里酚酞指示剂(变色点 pH ≈ 10)。

以上两个终点若采用混合指示剂可适当减小终点误差,但应注意,由于反应的交叉,所以指示的终点准确度也是不高的。

对于混合酸,强酸与弱酸混合的情况较为复杂,而两种弱酸(HA+HB)混合的系统,同样先应分别判断它们能否被直接准确滴定,再根据 $\dfrac{c(HA) \cdot K_a^{\ominus}(HA)}{c(HB) K_a^{\ominus}(HB)} \geqslant 10^4$ 判断能否实现分别滴定。

② 多元碱的滴定　多元碱滴定的处理方法和多元酸相似,只需将相应计算公式、判别式中的 $K_a^{\ominus}$ 换成 $K_b^{\ominus}$。

例如,用 $0.15\ mol \cdot L^{-1}$ HCl 溶液滴定相同浓度 Na_2CO_3 溶液,由 Na_2CO_3 的 $pK_{b_1}^{\ominus} = 3.75$,$pK_{b_2}^{\ominus} = 7.62$ 可知,$c_{0_1} \cdot K_{b_1}^{\ominus}$ 及 $c_{0_2} \cdot K_{b_2}^{\ominus}$($c_{0_1} = 0.15\ mol \cdot L^{-1}$,$c_{0_2} = 0.075\ mol \cdot L^{-1}$)均满

足直接准确滴定的要求,且 $K_{b_1}^{\ominus}/K_{b_2}^{\ominus} \approx 10^4$,基本上能实现分步滴定。从 Na_2CO_3 的滴定曲线图 5-7 看,第一个滴定突跃不太理想,原因与多元酸情况相同,而第二个滴定突跃较为明显。

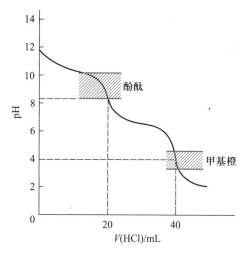

图 5-7　HCl 溶液滴定 Na_2CO_3 溶液的滴定曲线

第一化学计量点时形成 $NaHCO_3$,因此

$$pH_{sp_1} = \frac{1}{2}(pK_{a_1}^{\ominus} + pK_{a_2}^{\ominus})$$

$$= \frac{1}{2}(6.38 + 10.25) = 8.32$$

如果要求不高,可以选用酚酞为指示剂。若希望终点变色明显,可采用甲酚红和百里酚蓝混合指示剂。

第二化学计量点时形成 H_2CO_3 溶液,其饱和溶液的浓度为 $0.040\ mol \cdot L^{-1}$,这时可以把二元酸作为一元酸进行最简处理,$c(H^+)_{sp} = \sqrt{cK_{a_1}^{\ominus}}$,求得 $pH_{sp_2} = 3.89$,可以选用甲基橙为指示剂。需要注意的是,滴定过程中生成的 H_2CO_3 转化为 CO_2 较慢,易形成 CO_2 的过饱和溶液,使溶液酸度增大,终点过早出现。为避免此现象的发生,在滴定临近终点时应剧烈摇动溶液,使 CO_2 尽快逸出。

5.8.2 酸碱标准溶液的配制与标定

酸碱滴定中最常用的标准溶液是 $0.10\ mol \cdot L^{-1}$ HCl 溶液和 $0.10\ mol \cdot L^{-1}$ NaOH 溶液,有时也用 H_2SO_4 溶液和 HNO_3 溶液。

1. 盐酸标准溶液

HCl 标准溶液是不能直接配制的,而是先配成近似浓度,然后用基准物质进行标定。常用的基准物质有无水碳酸钠和硼砂。

① 无水碳酸钠(Na_2CO_3)　易制得纯品,价格便宜,但吸湿性强,因此使用前必须在 $270 \sim 300\ ℃$ 加热干燥约 1 h,然后保存在干燥器中。注意加热温度不要超过 $300\ ℃$,否则将有部分 Na_2CO_3 分解为 Na_2O。标定时,采用甲基橙-靛蓝作指示剂。标定反应为

$$Na_2CO_3 + 2HCl \xrightarrow{\hspace{1cm}} 2NaCl + CO_2\uparrow + H_2O$$

用碳酸钠标定盐酸的主要缺点是其摩尔质量（106.0 g·mol⁻¹）较小，称量造成的误差较大。

② 硼砂（$Na_2B_4O_7 \cdot 10H_2O$） 硼砂水溶液实际上是同浓度的 H_3BO_3 和 $H_2BO_3^-$ 的混合液：

$$B_4O_7^{2-} + 5H_2O \xrightarrow{\hspace{1cm}} 2H_3BO_3 + 2H_2BO_3^-$$

硼砂作为基准物质的主要优点是摩尔质量大（381.4 g·mol⁻¹），称量造成的误差小，且稳定，易制得纯品。其缺点是在空气中易风化失去部分结晶水，因此需要保存在相对湿度为 60%（糖和食盐的饱和溶液）的恒湿器中。H_3BO_3 是很弱的一元酸（$K_a^\ominus = 5.8 \times 10^{-10}$），其共轭碱 $H_2BO_3^-$ 具有较强的碱性（$K_b^\ominus = 1.72 \times 10^{-5}$）。用 0.10 mol·L⁻¹ HCl 溶液滴定 0.05 mol·L⁻¹ $Na_2B_4O_7 \cdot 10H_2O$ 溶液的反应为

$$B_4O_7^{2-} + 2H^+ + 5H_2O \xrightarrow{\hspace{1cm}} 4H_3BO_3$$

在化学计量点时，H_3BO_3 浓度为 0.10 mol·L⁻¹，溶液 pH 可由下式计算得到：

$$c(H^+) = \sqrt{cK_a^\ominus} = \sqrt{5.8 \times 10^{-10} \times 0.1} \text{ mol·L}^{-1} = 7.6 \times 10^{-6} \text{ mol·L}^{-1}$$

$$pH = 5.12$$

因此可选用甲基红作指示剂。

2. 氢氧化钠标准溶液

NaOH 具有很强的吸湿性，又易吸收空气中的 CO_2，因此也不能直接配制标准溶液，而是先配制成近似浓度的溶液，然后进行标定。常用来标定氢氧化钠溶液的基准物质有草酸、邻苯二甲酸氢钾等。

草酸（$H_2C_2O_4 \cdot 2H_2O$）是二元弱酸，其 $K_{a_1}^\ominus = 5.4 \times 10^{-2}$，$K_{a_2}^\ominus = 6.4 \times 10^{-5}$，$K_{a_1}^\ominus / K_{a_2}^\ominus < 10^4$，因此不能分步滴定，只能一次性滴定至 $C_2O_4^{2-}$，选用酚酞作指示剂。

草酸稳定性较高，在相对湿度为 50%~90% 时不风化，也不吸水，可保存于密闭容器中，但因其摩尔质量（126.07 g·mol⁻¹）不太大，为减小称量造成的误差，可以多称一些草酸配成较高浓度的溶液，标定时，移取部分溶液。

邻苯二甲酸氢钾（$KHC_8H_4O_4$）易溶于水，不含结晶水，在空气中不吸水，易保存，摩尔质量较大（204.2 g·mol⁻¹），所以它是标定碱液的良好基准物质。由于它的 $K_{a_2}^\ominus = 3.9 \times 10^{-6}$，滴定产物为邻苯二甲酸钾钠，呈弱碱性，因此采用酚酞作指示剂。

由于 NaOH 强烈吸收空气中的 CO_2，因此在 NaOH 溶液中常含有少量的 Na_2CO_3。用该 NaOH 溶液作标准溶液，若滴定时用甲基橙或甲基红作指示剂，则其中的 Na_2CO_3 被中和至 $CO_2 + H_2O$；若用酚酞作指示剂，则其中的 Na_2CO_3 仅被中和至 $NaHCO_3$。这样就造成滴定误差。

此外，水中也含有 CO_2，形成 H_2CO_3，能与 NaOH 反应，但反应速率不太快。当用酚酞作指示剂时，常使滴定终点不稳定，稍放置，粉红色褪去，这是由于 CO_2 不断转化为 H_2CO_3，直至溶液中 CO_2 转化完毕为止。因此当选用酚酞作指示剂，需将水煮沸以消除 CO_2 的影响。

配制不含 CO_3^{2-} 的 NaOH 标准溶液的最好的方法是：先配制 NaOH 的饱和溶液（约 50%），此时 Na_2CO_3 溶液因溶解度小，作为不溶物下沉于溶液底部，取上层清液，用煮

沸过而除去 CO_2 的蒸馏水稀释至所需浓度。NaOH 标准溶液放置过久,溶液的浓度会发生改变,应重新标定。

5.8.3 酸碱滴定应用示例

水溶剂系统中,可以利用酸碱滴定法直接测定许多酸碱物质,或间接地测定能通过一定的化学反应释放出酸或碱的物质。

1. 直接法

工业纯碱、烧碱及 Na_3PO_4 等产品组成大多都是混合碱,它们的测定方法有多种。如纯碱,其组成形式可能是纯 Na_2CO_3;或是 Na_2CO_3+NaOH;或是 $Na_2CO_3+NaHCO_3$,其组成及其相对含量的测定方法可用例 5-7 说明。

例 5-7 某纯碱试样 1.000 g,溶于水后,以酚酞为指示剂,耗用 0.250 0 mol·L^{-1} HCl 溶液 20.40 mL;再以甲基橙为指示剂,继续用 0.250 0 mol·L^{-1} HCl 溶液滴定至终点,共耗去 HCl 48.86 mL,求试样中各组分的相对含量。

解:该滴定曲线可以参照图 5-7,以酚酞为指示剂时,耗去 HCl 溶液 $V_1 = 20.40$ mL;而用甲基橙为指示剂时,耗用同浓度 HCl 溶液 $V_2 = (48.86-20.40)$ mL $= 28.46$ mL。显然 $V_2 > V_1$,可见试样不会是纯的 Na_2CO_3,否则 $V_1 = V_2$;试样组成也不会是 Na_2CO_3+NaOH,否则 $V_1 > V_2$。因而试样为 $Na_2CO_3+NaHCO_3$,其中 V_1 用于将试样的 Na_2CO_3 作用至 $NaHCO_3$,而 V_2 是将第一步滴定反应所产生的 $NaHCO_3$ 及原试样中的 $NaHCO_3$ 一起作用完全时所消耗的 HCl 溶液体积,因此:

$$w(Na_2CO_3) = \frac{c(HCl) \cdot V_1 \cdot M(Na_2CO_3)}{m}$$

$$= \frac{0.250\ 0\ mol \cdot L^{-1} \times 20.40 \times 10^{-3}\ L \times 106.0\ g \cdot mol^{-1}}{1.000\ g} = 0.540\ 6$$

$$w(NaHCO_3) = \frac{c(HCl) \cdot (V_2 - V_1) \cdot M(NaHCO_3)}{m}$$

$$= \frac{0.250\ 0\ mol \cdot L^{-1} \times (28.46-20.40) \times 10^{-3}\ L \times 84.01\ g \cdot moL}{1.000\ g}$$

$$= 0.169\ 3$$

上例就是混合碱测定中的双指示剂法。

混合碱组成测定的另一种方法为 $BaCl_2$ 法。如含 $NaOH+Na_2CO_3$ 的试样,可以分取两等份试液分别做如下测定。第一份试液,以甲基橙为指示剂,用 HCl 溶液滴定,得到混合碱的总量;第二份试液,加入过量 $BaCl_2$ 溶液,使 Na_2CO_3 形成难解离的 $BaCO_3$,然后以酚酞为指示剂,用 HCl 溶液滴定,得到 NaOH 的量。注意,滴定第二份溶液时,不能用甲基橙作为指示剂,否则终点(pH = 4)时,部分 $BaCO_3$ 会被 HCl 溶解。

2. 间接法

许多不能满足直接滴定条件的酸、碱物质,如 NH_4^+,ZnO,$Al_2(SO_4)_3$ 及许多有机物质,都可以考虑采用间接法测定。

如 NH_4^+,其 $pK_a^{\ominus} = 9.25$,是一种很弱的酸,在水溶剂系统中是不能直接滴定的,但可以采用间接法滴定。测定的方法主要有蒸馏法和甲醛法,其中蒸馏法是根据以下反应进行的:

$$NH_4^+(aq) + OH^-(aq) \xrightarrow{\triangle} NH_3(g) + H_2O(l)$$

$$NH_3(g) + HCl(aq) \longrightarrow NH_4^+(aq) + Cl^-$$

$$NaOH(aq) + HCl(aq)(剩余) \longrightarrow NaCl(aq) + H_2O(l)$$

测定时,在$(NH_4)_2SO_4$或NH_4Cl试样中加入过量NaOH溶液,加热煮沸,蒸馏出来的NH_3用定量过量的H_2SO_4或HCl标准溶液吸收,剩余的酸再以甲基红或甲基橙为指示剂,用NaOH标准溶液滴定,这样就能间接求得$(NH_4)_2SO_4$或NH_4Cl的含量。

又如一些含氮有机物质(如含蛋白质的食品、饲料及生物碱等),表面来看是不能采用酸碱滴定法测定的,但可以通过化学反应将有机氮转化为NH_4^+,再依NH_4^+的蒸馏法进行测定,这种方法称为凯氏(Kjeldahl)定氮法。

测定时,将试样与浓硫酸共煮,进行消化分解,并加入K_2SO_4以提高沸点,促进分解过程,使所含的氮在$CuSO_4$或汞盐催化下成为NH_4^+:

$$C_mH_nN \xrightarrow[\text{CuSO}_4]{\text{H}_2\text{SO}_4, \text{K}_2\text{SO}_4} CO_2 \uparrow + H_2O + NH_4^+$$

溶液以过量NaOH碱化后,再以蒸馏法测定。

例 5-8　将2.000 g黄豆用浓硫酸进行消化处理,得到被测试液,加入过量的NaOH溶液,加热煮沸,释放出来的NH_3用50.00 mL 0.670 0 $mol \cdot L^{-1}$ HCl溶液吸收,剩余的HCl以甲基橙为指示剂,用30.10 mL 0.652 0 $mol \cdot L^{-1}$ NaOH溶液滴定至终点。计算黄豆中氮的质量分数。

解:
$$w(N) = \frac{(c_{HCl} \cdot V_{HCl} - c_{NaOH} \cdot V_{NaOH}) \cdot M_N}{m}$$

$$= \frac{(0.670\ 0\ mol \cdot L^{-1} \times 50.00 \times 10^{-3}\ L - 0.652\ 0\ mol \cdot L^{-1} \times 30.10 \times 10^{-3}\ L) \times 14.01}{2.000}$$

$$= 0.097\ 19$$

5.9　沉淀滴定法

沉淀滴定法(precipitation titration)是利用沉淀反应进行滴定的方法;沉淀反应很多,但能用于沉淀滴定的反应并不多,因为沉淀滴定反应必须满足如下几点要求。

- 反应迅速,不易形成过饱和溶液;
- 沉淀的溶解度要很小,沉淀才能完全;
- 有确定终点的简单方法;
- 沉淀的吸附现象不至于引起显著的误差。

目前应用较广的是生成难溶性银盐的反应,例如:

$$Ag^+ + Cl^- \rightleftharpoons AgCl \downarrow$$

$$Ag^+ + SCN^- \rightleftharpoons AgSCN \downarrow$$

利用生成难溶银盐的沉淀滴定法称为银量法。银量法可以测定Cl^-,Br^-,I^-,Ag^+,SCN^-等,还可以测定经过处理而能定量地产生这些离子的有机氯化物。

银量法主要用于化学工业和冶金工业,如烧碱厂中食盐水的测定,电解液中Cl^-的测定,农业上盐土中Cl^-含量的测定及环境检测中Cl^-的测定。

沉淀滴定法的关键问题是正确确定终点,使滴定终点和理论终点尽可能地一致,以减少滴定误差。下面重点讨论银量法中常用的几种确定终点的方法。

5.9.1 莫尔法

莫尔(Mohr)法是用铬酸钾为指示剂,在中性或弱碱性溶液中,用硝酸银标准溶液直接滴定 Cl^-(或 Br^-)的方法。由于 AgCl 的溶解度小于 Ag_2CrO_4 的溶解度,所以在滴定过程中 AgCl 首先沉淀出来,随着 $AgNO_3$ 不断加入,溶液中的 Cl^- 浓度越来越小。Ag^+ 的浓度则相应地增大,直至 Ag^+ 与 CrO_4^{2-} 的离子积超过 Ag_2CrO_4 的溶度积时,出现砖红色的 Ag_2CrO_4 沉淀,指示滴定终点的到达。莫尔法中最主要的两个问题是滴定剂用量和滴定条件,现讨论如下。

1. 指示剂用量

指示剂铬酸钾用量若过多,则砖红色沉淀过早生成,即终点提前;用量若过少,则终点推迟,都将带来滴定误差。

以硝酸银溶液滴定 Cl^- 为例,根据溶度积可知,化学计量点时

$$c(Ag^+) = c(Cl^-) = \sqrt{K_{sp}^{\ominus}(AgCl)} = \sqrt{1.8 \times 10^{-10}} \ mol \cdot L^{-1} = 1.34 \times 10^{-5} \ mol \cdot L^{-1}$$

指示终点的 Ag_2CrO_4 砖红色沉淀应恰在此时出现,溶液中 CrO_4^{2-} 浓度应为

$$c(CrO_4^{2-}) = \frac{K_{sp}^{\ominus}(Ag_2CrO_4)}{c^2(Ag^+)} = \frac{1.1 \times 10^{-12}}{(1.34 \times 10^{-5})^2} \ mol \cdot L^{-1} = 6.1 \times 10^{-3} \ mol \cdot L^{-1}$$

但若按此用量,溶液黄色($Cr_2O_7^{2-}$ 的颜色)较深,妨碍终点的观察。实验证明,终点时控制 $c(K_2CrO_4) = 5 \times 10^{-3} \ mol \cdot L^{-1}$ 为宜,这样会使终点略推迟。若以 $c(Ag^+) = 0.1 \ mol \cdot L^{-1}$ 的硝酸银溶液滴定 $c(Cl^-) = 0.1 \ mol \cdot L^{-1}$ 的氯化物,其滴定误差约为 $+0.05\%$,在允许误差范围内。若滴定剂和被滴溶液浓度较稀,滴定误差将增大。此外,最好以 K_2CrO_4 为指示剂进行空白实验。

2. 滴定条件

● 滴定应在中性或弱碱性($pH = 6.5 \sim 10.5$)介质中进行。若溶液为酸性时,则 Ag_2CrO_4 将溶解:

$$2Ag_2CrO_4 + 2H^+ \Longrightarrow 4Ag^+ + 2HCrO_4^- \Longrightarrow 4Ag^+ + Cr_2O_7^{2-} + H_2O$$

如果溶液碱性太强,则析出 Ag_2O 沉淀,

$$2Ag^+ + 2OH^- \Longrightarrow Ag_2O \downarrow + H_2O$$

如果溶液碱性太强,可先用稀硝酸中和至甲基红变橙,再滴加稀氢氧化钠至橙色变黄,酸性太强,则用碳酸氢钠或碳酸钙等中和。

● 莫尔法的选择性较差,凡能与 $C_rO_4^{2-}$ 或 Ag^+ 生成沉淀的阳、阴离子均干扰滴定。如 Ba^{2+},Pb^{2+},Hg^{2+} 等阳离子及 PO_4^{3-},AsO_4^{3-},S^{2-},$C_2O_4^{2-}$ 等阴离子均干扰测定。

● 滴定液中不应含有氨,因为易生成 $[Ag(NH_3)_2]^+$ 配离子,而使 AgCl 和 Ag_2CrO_4 溶解度增大,影响测定的结果。

● 莫尔法能测定 Cl^-,Br^-,在测定过程中要剧烈摇动;但不能测定 I^- 和 SCN^-,因为 AgI 或 AgSCN 沉淀强烈吸附 I^- 或 SCN^-,致使终点提早出现。

● 莫尔法不能用 Cl^- 滴定 Ag^+,因为 Ag_2CrO_4 转化成 AgCl 很慢。如要用莫尔法测 Ag^+ 可利用返滴定法,即先加入过量的 NaCl 溶液,待 AgCl 沉淀后,再用 $AgNO_3$ 滴定溶液中剩余的 Cl^-。

5.9.2 福尔哈德法

福尔哈德(Volhard)法是以铁铵矾 $NH_4Fe(SO_4)_2 \cdot 12H_2O$ 作指示剂,在酸性溶液中,用硫氰酸钾或硫氰酸铵标准溶液滴定含 Ag^+ 的溶液,包括直接滴定和返滴定两种。

1. 直接滴定法

在硝酸介质中,以铁铵矾为指示剂,用 NH_4SCN(或 $KSCN$)标准溶液滴定 Ag^+。开始随着 SCN^- 标准溶液的加入,溶液中不断生成白色的 $AgSCN$ 沉淀:

$$Ag^+ \; + \; SCN^- \Longrightarrow AgSCN^- \downarrow$$
$$\text{白色}$$

当 Ag^+ 定量沉淀后,稍过量的 SCN^- 与 Fe^{3+} 生成红色的 $[Fe(SCN)]^{2+}$,从而指示终点的到达:

$$Fe^{3+} \; + \; SCN^- \Longrightarrow [Fe(SCN)]^{2+}$$
$$\text{指示剂} \qquad\qquad\qquad \text{红色}$$

由于 $AgSCN$ 沉淀易吸附溶液中的 Ag^+,使终点提前出现。所以在滴定时必须剧烈摇动溶液,使吸附的 Ag^+ 释放出来。

2. 返滴定法

在含有卤素离子或 SCN^- 的溶液中,加入一定量过量的 $AgNO_3$ 标准溶液,使卤素离子或 SCN^- 生成银盐沉淀,然后以铁铵矾为指示剂,用 NH_4SCN 标准溶液滴定过量的 $AgNO_3$。由于滴定是在硝酸介质中进行,许多弱酸盐如 PO_4^{3-},AsO_4^{3-},S^{2-} 等不干扰卤素滴定,因此这个方法的选择性较高。如测定 Cl^- 时,其反应如下:

$$Cl^- \; + \; Ag^+(\text{过量}) \Longrightarrow AgCl \downarrow$$
$$Ag^+(\text{剩余}) \; + \; SCN^- \Longrightarrow AgSCN \downarrow$$
$$Fe^{3+} \; + \; SCN^- \Longrightarrow [Fe(SCN)]^{2+}$$
$$\text{指示剂} \qquad\qquad\qquad \text{红色}$$

但用此法测 Cl^- 时,终点的判断会遇到困难。这是由于同一溶液中存在着两种溶解度不同的沉淀,而 $AgCl$ 沉淀的溶解度比 $AgSCN$ 的大。在临近化学计量点时,加入的 NH_4SCN 将和 $AgCl$ 发生沉淀的转化反应:

$$AgCl(s) + SCN^- \Longrightarrow AgSCN(s) + Cl^-$$

滴加 NH_4SCN 形成的红色随着溶液的摇动而消失。要得到持久的红色,就必须继续加入 NH_4SCN。这样就多消耗了 NH_4SCN 标准溶液,因而产生了较大的终点误差。为了消除这个误差,可把 $AgCl$ 沉淀滤去,以稀硝酸洗涤沉淀再把洗涤液并入滤液中,然后用 NH_4SCN 返滴定滤液中的 $AgNO_3$。亦可在滴加 NH_4SCN 标准溶液前加入硝基苯,用力摇动后,让硝基苯将 $AgCl$ 包住,使它与溶液隔开,不再与 SCN^- 反应。

用返滴定法测定溴化物或碘化物时,由于 $AgBr$ 和 AgI 的溶解度都比 $AgSCN$ 小,因此不必把沉淀事先滤去或加硝基苯。但需指出,在测定碘化物时,指示剂应在加入过量 $AgNO_3$ 后才能加入,否则将发生下列反应而产生误差:

$$2Fe^{3+} + 2I^- \Longrightarrow 2Fe^{2+} + I_2$$

此外,在应用福尔哈德法时还应注意:

● 滴定应当在酸性介质中进行。一般用硝酸来控制酸度,使 $c(H^+) = 0.2 \sim 1 \text{ mol} \cdot L^{-1}$。

如果酸度较低,Fe^{3+}将水解形成$[Fe(OH)]^{2+}$等深色的配合物,影响终点观察。酸度更低时还会析出$Fe(OH)_3$沉淀。

- 强氧化剂、氮的低价氧化物、汞盐等能与SCN^-起反应,干扰测定,必须预先除去。

5.9.3 法扬斯法

法扬斯(Fajans)法是采用吸附指示剂来确定终点。吸附指示剂(adsorption indicators)是一些有机染料,它们的阴离子在溶液中容易被带正电荷的胶状沉淀所吸附,吸附后其结构发生变化而引起颜色变化,从而指示滴定终点的到达。几种常用吸附指示剂列于表5-8。

表 5-8 常用吸附指示剂

指示剂	被测离子	滴定剂	滴定条件(pH)
荧光黄	Cl^-,Br^-,I	$AgNO_3$	7~10
二氯荧光黄	Cl^-,Br^-,I^-	$AgNO_3$	4~10
曙红	SCN^-,Br^-,I^-	$AgNO_3$	2~10
溴甲酚绿	SCN^-	$AgNO_3$	4~5

例如,用$AgNO_3$标准溶液滴定Cl^-时,常用荧光黄作吸附指示剂,荧光黄是一种有机弱酸,可用HFIn表示。它的解离式如下:

$$HFIn \rightleftharpoons FIn^- + H^+$$

荧光黄阴离子FIn^-呈黄绿色。在化学计量点前,溶液中Cl^-过量,此时AgCl沉淀胶粒吸附Cl^-而带负电荷,形成$AgCl \cdot Cl^-$,FIn^-受排斥而不被吸附,溶液呈黄绿色。在化学计量点时,稍微过量的$AgNO_3$使得AgCl沉淀胶粒吸附Ag^+而带正电荷,形成$AgCl \cdot Ag^+$。这时溶液中的FIn^-被异性电荷粒子所吸附,结构发生了变化,溶液由黄绿色变为粉红色,指示终点的到达。此过程可示意如下:

Cl^-过量时 $AgCl \cdot Cl^- + FIn^-$(黄绿色)

Ag^+过量时 $AgCl \cdot Ag^+ + FIn^- \xrightarrow{吸附} AgCl \cdot Ag^+ FIn^-$(粉红色)

如果用NaCl标准溶液滴定Ag^+时,则颜色的变化刚好相反。为了使终点颜色变化明显,使用吸附指示剂时要注意以下几点:

- 由于颜色的变化发生在沉淀的表面,因此应尽量增大沉淀的比表面。在滴定过程中,尽量使沉淀保持胶体状态,可以加入一些糊精或淀粉溶液保护胶体,以阻止卤化银凝聚。同样道理,溶液中不能有大量电解质存在。
- 溶液的酸度要适当。常用的吸附指示剂大多是有机弱酸,其$K_a^\ominus$值各不相同。如荧光黄($pK_a^\ominus = 7$),只能在中性或弱碱性(pH = 7~10)溶液中使用。若pH较低,则主要以HFIn形式存在,不被沉淀吸附,无法指示终点。
- 溶液的浓度不能太稀,否则沉淀很少,终点观察比较困难。如用荧光黄作指示剂测氯化物时,其浓度$c(Cl^-)$不能低于5×10^{-3} mol·L^{-1}。
- 滴定不能在直接阳光照射下进行。卤化银沉淀对光敏感,易分解出金属银使沉淀变为灰黑色,影响终点观察。

● 指示剂的吸附能力要适当,不要过大或过小,否则终点会提前或推迟。卤化银对卤化物和几种吸附指示剂的吸附的次序为 $I^- > SCN^- > Br^- > $ 曙光红 $ > Cl^- > $ 荧光黄,因此滴定 Cl^- 不能选曙红,而应选荧光黄。

5.10 氧化还原滴定法

氧化还原滴定法(redox titration)是以氧化还原反应为基础的滴定分析法。它的应用很广泛,可以用来直接测定氧化剂和还原剂,也可用来间接测定一些能和氧化剂或还原剂定量反应的物质。

5.10.1 氧化还原滴定曲线

氧化还原滴定中,随滴定剂的加入,系统中氧化型和还原型的浓度逐渐改变,有关电对的电极电势也随之变化。以溶液的电极电势为纵坐标,加入滴定剂的量为横坐标作图,得到的曲线称为氧化还原滴定曲线。

图 5-8 是以 $0.100\ 0\ mol \cdot L^{-1} Ce(SO_4)_2$ 溶液在 $1\ mol \cdot L^{-1} H_2SO_4$ 溶液中滴定 Fe^{2+} 溶液的滴定曲线。滴定反应为

$$Ce^{4+} + Fe^{2+} \rightleftharpoons Ce^{3+} + Fe^{3+}$$

滴定前,溶液中只有 Fe^{2+},因此无法利用能斯特方程式计算电极电势。

滴定开始后,溶液中存在两个电对。根据能斯特方程式,两个电对的电极电势分别为

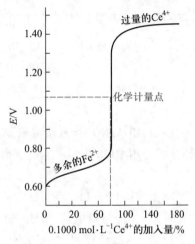

图 5-8 以 $0.100\ 0\ mol \cdot L^{-1}\ Ce^{4+}$ 溶液滴定 $0.100\ 0\ mol \cdot L^{-1}\ Fe^{2+}$ 溶液的滴定曲线

$$E(Fe^{3+}/Fe^{2+}) = E^{\ominus}{'}(Fe^{3+}/Fe^{2+}) + 0.059\ 2\ Vlg\frac{c(Fe^{3+})}{c(Fe^{2+})}$$

$$E(Ce^{4+}/Ce^{3+}) = E^{\ominus}{'}(Ce^{4+}/Ce^{3+}) + 0.059\ 2\ Vlg\frac{c(Ce^{4+})}{c(Ce^{3+})}$$

式中: $E^{\ominus}{'}(Fe^{3+}/Fe^{2+}) = 0.68\ V$ $E^{\ominus}{'}(Ce^{4+}/Ce^{3+}) = 1.44\ V$

在滴定过程中,每加入一定量滴定剂,反应达到一个新的平衡,此时两个电对的电极电势相等。因此,溶液中各平衡点的电极电势可选用便于计算的任何一个电对来计算。

化学计量点前,溶液中存在过量的 Fe^{2+},滴定过程中电极电势的变化可根据 Fe^{3+}/Fe^{2+} 电对计算,此时 $E(Fe^{3+}/Fe^{2+})$ 值随溶液中 $c(Fe^{3+})/c(Fe^{2+})$ 的改变而变化。当 $c(Fe^{2+})$ 剩余 0.1% 时:

$$E = E^{\ominus}{'}(Fe^{3+}/Fe^{2+}) + 0.059\ 2\ Vlg\frac{c(Fe^{3+})}{c(Fe^{2+})}$$

$$= 0.68\ V + 0.059\ 2\ Vlg(99.9/0.1) = 0.86\ V$$

化学计量点时,两电对的电极电势相等,可以通过两个电对的浓度关系来计算。

令化学计量点时的电极电势为 E_{sp}。则

$$E_{sp} = E^{\ominus\prime}(Fe^{3+}/Fe^{2+}) + 0.059\ 2\ V lg\frac{c(Fe^{3+})}{c(Fe^{2+})}$$

$$E_{sp} = E^{\ominus\prime}(Ce^{4+}/Ce^{3+}) + 0.059\ 2\ V lg\frac{c(Ce^{4+})}{c(Ce^{3+})}$$

两式相加,得

$$2E_{sp} = E^{\ominus\prime}(Ce^{4+}/Ce^{3+}) + E^{\ominus\prime}(Fe^{3+}/Fe^{2+}) + 0.059\ 2\ V lg\frac{c(Ce^{4+}) \cdot c(Fe^{3+})}{c(Ce^{3+}) \cdot c(Fe^{2+})}$$

在化学计量点: $\qquad c(Ce^{3+}) = c(Fe^{3+}) \qquad c(Ce^{4+}) = c(Fe^{2+})$

所以 $\qquad E_{sp} = \dfrac{E^{\ominus\prime}(Ce^{4+}/Ce^{3+}) + E^{\ominus\prime}(Fe^{3+}/Fe^{2+})}{2} = \dfrac{1.44 + 0.68}{2}\ V = 1.06\ V$

对一般氧化还原滴定反应:

$$n_2\ 氧化型_1 + n_1\ 还原型_2 \rightleftharpoons n_2\ 还原型_1 + n_1\ 氧化型_2$$

其半反应及标准电极电势(或条件电极电势)分别为

$$氧化型_1 + n_1 e^- \rightleftharpoons 还原型_1, \qquad E_1^{\ominus\prime}$$

$$氧化型_2 + n_2 e^- \rightleftharpoons 还原型_2, \qquad E_2^{\ominus\prime}$$

对于对称电对(即半反应中氧化态和还原态物质系数相同的电对)的氧化还原滴定,其化学计量点的电极电势为

$$E_{sp} = \frac{n_1 E_1^{\ominus\prime} + n_2 E_2^{\ominus\prime}}{n_1 + n_2} \qquad\qquad (5-20)$$

由式(5-20)可知,对称电对的氧化还原滴定的 E_{sp} 与两个电对的浓度无关,仅取决于它们的标准电极电势(或条件电极电势)和电子转移数。若有不对称电对参与氧化还原滴定,其 E_{sp} 与两个电对的浓度有关,不能再采用式(5-20)计算。

化学计量点后,加入了过量的 Ce^{4+},因此可利用 Ce^{4+}/Ce^{3+} 电对来计算系统的电极电势。当 Ce^{4+} 过量 0.1% 时:

$$E = E^{\ominus\prime}(Ce^{4+}/Ce^{3+}) + 0.059\ 2\ V lg\frac{c(Ce^{4+})}{c(Ce^{3+})}$$

$$= 1.44\ V + 0.059\ 2\ V lg(0.1/100) = 1.26\ V$$

由上面的计算可知,从化学计量点前 Fe^{2+} 剩余 0.1% 到化学计量点后 Ce^{4+} 过量 0.1%,电势突越范围为 0.86 V 到 1.26 V,升高了 0.4 V。电势突跃的大小和氧化剂与还原剂两电对的条件电极电势的差值有关。条件电极电势相差愈大,突跃愈大;反之愈小。电势突跃的范围是选择氧化还原指示剂的依据。

氧化还原滴定曲线常因滴定介质的不同而改变其位置和突跃的大小。这主要是由于在不同介质(主要是酸碱性)条件下,相关电极的条件电极电势改变。图 5-9 是用 $KMnO_4$

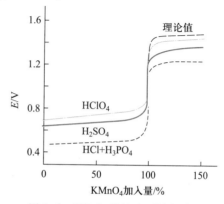

图 5-9　$KMnO_4$ 溶液在不同介质中滴定 Fe^{2+} 的滴定曲线

溶液在不同介质中滴定 Fe^{2+} 的滴定曲线。

(问题：为什么在 HCl 和 H_3PO_4 介质条件下，在化学计量点前，滴定曲线的位置比较低？在化学计量点前后，均低于理论值？提示：MnO_4^-/Mn^{2+} 属于不可逆电对。)

5.10.2 氧化还原指示剂

氧化还原滴定可以用仪器测定系统电势的变化来确定终点，但经常用的还是利用指示剂在化学计量点附近时颜色的改变来指示终点。常用的指示剂有以下几类。

1. 氧化还原指示剂

氧化还原指示剂本身是具有氧化还原性质的有机化合物，它的氧化型和还原型具有不同的颜色。在滴定至计量点附近，指示剂被氧化或还原，伴随着颜色的变化，从而指示滴定终点。例如，常用的氧化还原指示剂二苯胺磺酸钠，它的氧化型呈红紫色，还原型是无色的。当用 $K_2Cr_2O_7$ 溶液滴定 Fe^{2+} 到化学计量点时，稍过量的 $K_2Cr_2O_7$ 即将二苯胺磺酸钠由无色的还原型氧化为红紫色的氧化型，指示终点的到达。

如果用 In_{Ox} 和 In_{Red} 分别表示指示剂的氧化型和还原型，氧化还原指示剂的半反应可用下式表示

$$In_{Ox} + ne^- \rightleftharpoons In_{Red}$$

$$E = E_{In}^{\ominus} + \frac{0.059\ 2\ V}{n} \lg \frac{c(In_{Ox})}{c(In_{Red})}$$

式中：$E_{In}^{\ominus}$ 为指示剂的标准电极电势。当溶液中氧化还原电对的电势改变时，指示剂的氧化型和还原型的浓度比也会随之改变，因而使溶液的颜色发生变化。

与酸碱指示剂的变化情况相似，当 $c(In_{Ox})/c(In_{Red}) \geq 10$ 时，溶液呈现氧化型的颜色，此时

$$E \geq E_{In}^{\ominus} + \frac{0.059\ 2\ V}{n} \lg 10 = E_{In}^{\ominus} + \frac{0.059\ 2\ V}{n}$$

当 $c(In_{Ox})/c(In_{Red}) \leq 1/10$ 时，溶液呈现还原型的颜色，此时

$$E \leq E_{In}^{\ominus} + \frac{0.059\ 2\ V}{n} \lg \frac{1}{10} = E_{In}^{\ominus} - \frac{0.059\ 2\ V}{n}$$

故指示剂变色的电势范围为

$$E_{In}^{\ominus} \pm \frac{0.059\ 2\ V}{n}$$

实际工作中，若有条件电极电势，得到指示剂变色的电势范围为

$$E_{In}^{\ominus\prime} \pm \frac{0.059\ 2\ V}{n}$$

当 $n = 1$ 时，指示剂变色的电势范围为 $E_{In}^{\ominus\prime} \pm 0.059\ 2\ V$；$n = 2$ 时，为 $E_{In}^{\ominus\prime} \pm 0.030\ V$。由于此范围甚小，一般可用指示剂的条件电极电势来估量指示剂变色的电势范围。

表 5-9 列出了一些常用的氧化还原指示剂的条件电极电势及颜色变化。

表 5-9　一些氧化还原指示剂的条件电极电势及颜色变化

指示剂	$E_{In}^{\ominus\prime}/V$ $c(H^+)=1\ mol\cdot L^{-1}$	颜色变化	
		氧化态	还原态
亚甲基蓝	0.52	蓝	无色
二苯胺	0.76	紫	无色
二苯胺磺酸钠	0.84	红紫	无色
邻苯氨基苯甲酸	0.89	红紫	无色
邻二氮杂菲-亚铁	1.06	浅蓝	红

2. 自身指示剂

有些标准溶液或被滴定物质本身具有很深的颜色,而滴定产物为无色或颜色很淡。在滴定时,该种试剂稍一过量就很容易察觉、本身起着指示剂的作用,叫做自身指示剂。如 $KMnO_4$ 本身显紫红色,而其还原产物 Mn^{2+} 几乎无色,所以用 $KMnO_4$ 来滴定无色或浅色还原剂时,一般不必另加指示剂,化学计量点后,MnO_4^- 过量 $2\times10^{-6}\ mol\cdot L^{-1}$ 即使溶液呈粉红色。

3. 专属指示剂

有些物质本身并不具有氧化还原性,但它能与滴定剂或被测物产生特殊的颜色,因而可指示滴定终点。例如,可溶性淀粉与 I_2 生成蓝色的吸附配合物,反应特效而灵敏,蓝色的出现与消失可指示终点。又如以 Fe^{3+} 滴定 Sn^{2+} 时,可用 KSCN 为指示剂,当溶液出现红色,即生成 Fe(Ⅲ) 的硫氰酸配合物时,即为终点。

5.10.3　氧化还原滴定前的预处理

在氧化还原滴定中如果被滴定的某一物质同时存在不同氧化态,必须在滴定前进行预处理,使不同氧化态组分转变为可被滴定的同一氧化态,才能进行测定和定量计算。

1. 预处理氧化剂或还原剂的选择

所选择的预处理剂必须符合以下条件:

- 反应速率快;
- 能将待测组分定量地氧化或还原;
- 反应应具有一定的选择性;
- 过量的预处理剂易于除去。

除去过量预处理剂的方法如下:

- 加热分解:如 $(NH_4)_2S_2O_8$,H_2O_2。可借煮沸分解除去;
- 过滤:如 $NaBiO_3$ 不溶于水,可借过滤除去;
- 利用化学反应:如用 $HgCl_2$ 可除去过量 $SnCl_2$,其反应为

$$SnCl_2+2HgCl_2\Longleftrightarrow SnCl_4+Hg_2Cl_2$$

Hg_2Cl_2 沉淀不被一般滴定剂氧化,不必过滤除去。

2. 常用的预氧化剂及预还原剂

常用的预氧化剂和预还原剂列于表 5-10 及表 5-11。

表 5-10 预氧化时常用的氧化剂

氧化剂	反应条件	主要作用	除去方法
$NaBiO_3$ $NaBiO_3(s)+6H^++2e^- \Longrightarrow$ $Bi^{3+}+Na^++3H_2O$ $E^\ominus = 1.80\ V$	室温,HNO_3 介质 H_2SO_4 介质	$Mn^{2+} \longrightarrow MnO_4^-$ $Ce^{3+} \longrightarrow Ce^{4+}$	过滤
$(NH_4)_2S_2O_8$ $S_2O_8^{2-}+2e^- \Longrightarrow 2SO_4^{2-}$ $E^\ominus = 2.01\ V$	酸 性 Ag 作催化剂	$Ce^{3+} \longrightarrow Ce^{4+}$ $Mn^{2+} \longrightarrow MnO_4^-$ $Cr^{3+} \longrightarrow Cr_2O_7^{2-}$ $VO^{2+} \longrightarrow VO_3^-$	煮沸分解
H_2O_2 $HO_2^-+H_2O+2e^- \Longrightarrow 3OH^-$ $E^\ominus = 0.88\ V$	$NaOH$ 介质 HCO_3^- 介质 碱性介质	$Cr^{3+} \longrightarrow CrO_4^{2-}$ $Co^{2+} \longrightarrow Co^{3+}$ $Mn^{2+} \longrightarrow Mn^{4+}$	煮沸分解,加少量 Ni^{2+} 或 I^- 作催化剂
高锰酸盐	焦磷酸盐和氟化物 Cr^{3+} 存在时	$Ce^{3+} \longrightarrow Ce^{4+}$ $V^{4+} \longrightarrow V^{5+}$	叠氮化钠 或亚硝酸钠
高氯酸	热、浓 $HClO_4$	$V^{4+} \longrightarrow V^{5+}$ $Cr^{3+} \longrightarrow Cr_2O_7^{2-}$	迅速冷却至室温, 用水稀释

表 5-11 预还原时常用的还原剂

还原剂	反应条件	主要作用	除去方法
SO_2 $SO_4^{2-}+4H^++2e^- \Longrightarrow$ SO_2+2H_2O $E^\ominus = 0.200\ V$	$1\ mol \cdot L^{-1}\ H_2SO_4$ (有 SCN^- 共存, 加速反应)	$Fe^{3+} \longrightarrow Fe^{2+}$ $As^{5+} \longrightarrow As^{3+}$ $Sb^{5+} \longrightarrow Sb^{3+}$ $Cu^{2+} \longrightarrow Cu^+$	煮沸,通 CO_2
$SnCl_2$ $Sn^{4+}+2e^- \Longrightarrow Sn^{2+}$ $E^\ominus = 0.151\ V$	酸性,加热	$Fe^{3+} \longrightarrow Fe^{2+}$ $Mo^{6+} \longrightarrow Mo^{5+}$ $As^{5+} \longrightarrow As^{3+}$	快速加入过量的 $HgCl_2$ $Sn^{2+}+2HgCl_2 \Longrightarrow$ $Sn^{4+}+Hg_2Cl_2+2Cl^-$
锌-汞齐还原剂	H_2SO_4 介质	$Cr^{3+} \longrightarrow Cr^{2+}$ $Fe^{3+} \longrightarrow Fe^{2+}$ $Ti^{4+} \longrightarrow Ti^{3+}$ $V^{5+} \longrightarrow V^{3+}$	

3. 有机化合物的除去

试样中存在的有机化合物常常干扰氧化还原滴定,应在滴定前除去。常用方法有干法灰化和湿法灰化等。干法灰化是在高温下使有机化合物氧化破坏。湿法灰化是加入氧化性酸如 HNO_3,H_2SO_4 或 $HClO_4$ 等把有机化合物分解除去。

5.10.4 常用氧化还原滴定方法

氧化还原反应很多,但能用来作为氧化还原滴定的不多,常见的有重铬酸钾法、高锰酸钾法、碘量法、铈量法、溴酸钾法等,下面重点介绍三种最常见的氧化还原滴定方法。

1. 重铬酸钾法

（1）概述

在酸性条件下，$K_2Cr_2O_7$ 是一种常用的氧化剂。酸性溶液中与还原剂作用时，$Cr_2O_7^{2-}$ 被还原成 Cr^{3+}：

$$Cr_2O_7^{2-}+14H^++6e^- \Longleftrightarrow 2Cr^{3+}+7H_2O \qquad E^{\ominus}=1.33\ V$$

实际上，$Cr_2O_7^{2-}/Cr^{3+}$ 电对的条件电极电势比标准电极电势小得多。如在 $1.0\ mol\cdot L^{-1}$ 的高氯酸溶液中，$E^{\ominus}{}'(Cr_2O_7^{2-}/Cr^{3+})=1.025\ V$；在 $1.0\ mol\cdot L^{-1}$ 盐酸溶液中，$E^{\ominus}{}'(Cr_2O_7^{2-}/Cr^{3+})=1.00\ V$，因此重铬酸钾法一般在强酸条件下使用。此法具有一系列优点：

* $K_2Cr_2O_7$ 易于提纯，可以直接准确称取一定质量干燥纯净的 $K_2Cr_2O_7$ 配制 $K_2Cr_2O_7$ 标准溶液；
* $K_2Cr_2O_7$ 溶液很稳定，只要密闭保存，浓度可长期保持不变；
* 不受 Cl^- 还原作用的影响，可在盐酸溶液中进行滴定。

重铬酸钾法有直接法和间接法之分。对于一些有机试样，常加入定量过量的重铬酸钾标准溶液并酸化，再用硫酸亚铁铵标准溶液返滴定。这种间接方法还可以用于腐殖酸肥料中腐殖酸的分析、电镀液中有机化合物的测定。

应用 $K_2Cr_2O_7$ 标准溶液进行滴定时，常用的氧化还原指示剂为二苯胺磺酸钠或邻苯氨基苯甲酸等。注意，$K_2Cr_2O_7$ 废液不能随意排放，以免污染环境。

（2）应用示例

① 铁的测定　重铬酸钾法测定铁利用下列反应：

$$6Fe^{2+}+Cr_2O_7^{2-}+14H^+ \Longleftrightarrow 6Fe^{3+}+2Cr^{3+}+7H_2O$$

试样（铁矿石等）一般用 HCl 溶液加热分解后，用还原剂 $SnCl_2$ 将 Fe^{3+} 还原为 Fe^{2+}：

$$2Fe^{3+}+Sn^{2+} \Longleftrightarrow 2Fe^{2+}+Sn^{4+}$$

过量 $SnCl_2$ 用 $HgCl_2$ 氧化除去：

$$SnCl_2+2HgCl_2 \Longleftrightarrow SnCl_4+Hg_2Cl_2 \downarrow$$

适当稀释后用 $K_2Cr_2O_7$ 标准溶液滴定（为了避免汞的污染，现常用无汞测铁法。）

滴定时需要采用二苯胺磺酸钠作指示剂，终点时溶液由绿色（Cr^{3+} 颜色）突变为紫色或紫蓝色。已知二苯胺磺酸钠的 $E^{\ominus}{}'=0.84\ V$，$E^{\ominus}{}'(Fe^{3+}/Fe^{2+})=0.68\ V$，则滴定至 99.9% 时的电极电势为

$$E(Fe^{3+}/Fe^{2+})=E^{\ominus}{}'(Fe^{3+}/Fe^{2+})+0.059\ 2\ Vlg\frac{c(Fe^{3+})}{c(Fe^{2+})}$$

$$=0.68\ V+0.059\ 2\ Vlg\frac{99.9}{0.1}=0.86\ V$$

可见，当滴定至 99.9% 时，溶液的电极电势已超过指示剂变色的电极电势（0.84 V），使得滴定终点提前到达。为了减小终点误差，可在试液中加入 H_3PO_4，使 Fe^{3+} 生成无色而稳定的 $[Fe(PO_4)_2]^{3-}$ 配离子，降低 Fe^{3+}/Fe^{2+} 电对的电极电势。如在

$1\ mol\cdot L^{-1}$ HCl 与 $0.25\ mol\cdot L^{-1}$ H_3PO_4 溶液中 $E^{\ominus\prime}(Fe^{3+}/Fe^{2+}) = 0.51\ V$,从而避免了过早氧化指示剂。

② Ba^{2+} 和 Pb^{2+} 的测定　Ba^{2+} 和 Pb^{2+} 与 $Cr_2O_7^{2-}$ 反应,定量地沉淀为 $BaCrO_4$ 和 $PbCrO_4$。沉淀经过滤、洗涤、酸溶后,用 Fe^{2+} 标准溶液滴定试液中的 $Cr_2O_7^{2-}$,由滴定所消耗的 Fe^{2+} 的量计算 Ba^{2+} 和 Pb^{2+} 的量。

2. 高锰酸钾法

（1）概述

高锰酸钾是强氧化剂。在强酸性溶液中,$KMnO_4$ 还原为 Mn^{2+}:

$$MnO_4^- + 8H^+ + 5e^- \rightleftharpoons Mn^{2+} + 4H_2O \qquad E^{\ominus} = 1.51\ V$$

在中性或碱性溶液中,$KMnO_4$ 还原为 MnO_2:

$$MnO_4^- + 2H_2O + 3e^- \rightleftharpoons MnO_2\downarrow + 4OH^- \qquad E^{\ominus} = 1.23\ V$$

反应后生成棕褐色 MnO_2 沉淀,妨碍滴定终点的观察,所以高锰酸钾法一般都在强酸性条件下使用。在强碱溶液中,MnO_4^- 被还原为 MnO_4^{2-}:

$$MnO_4^- + e^- \rightleftharpoons MnO_4^{2-} \qquad E^{\ominus} = 0.558\ V$$

在 NaOH 浓度大于 $2\ mol\cdot L^{-1}$ 的碱性溶液中,很多有机化合物能与 $KMnO_4$ 反应,且反应速率比在酸性条件下更快,所以用 $KMnO_4$ 法测定甘油、甲醇、甲酸、葡萄糖、酒石酸等有机化合物一般适宜在碱性条件下进行。

高锰酸钾法分为直接滴定法［如测定 Fe(Ⅱ),H_2O_2,草酸盐等还原性物质］和间接滴定法（如测定 MnO_2,PbO_2,Pb_3O_4,$K_2Cr_2O_7$,H_3VO_4 等氧化性物质）。以 MnO_2 测定为例,可以先加入定量过量的 $Na_2C_2O_4$ 或 $FeSO_4$ 等,酸化后再用 $KMnO_4$ 标准溶液返滴定。

某些物质（Ca^{2+}）虽没有氧化还原性,但能与另一还原剂或氧化剂定量反应,也可以用间接法测定。如将 Ca^{2+} 沉淀为 CaC_2O_4,然后用稀硫酸将所得沉淀溶解,用 $KMnO_4$ 标准溶液滴定溶液中的 $C_2O_4^{2-}$,间接求得 Ca^{2+} 含量。显然,凡是能与 $C_2O_4^{2-}$ 定量沉淀的金属离子（如 Sr^{2+},Ba^{2+},Ni^{2+},Cd^{2+},Zn^{2+},Cu^{2+},Pb^{2+},Hg^{2+},Ag^+,Bi^{3+},Ce^{3+},La^{3+} 等）都能用该法测定。

高锰酸钾法采用自身指示剂,利用化学计量点后稍过量的 MnO_4^- 本身的粉红色来指示终点的到达。

高锰酸钾法的优点是 $KMnO_4$ 氧化能力强,应用广泛。由于可以和很多还原性物质发生作用,故干扰比较严重,反应历程比较复杂,易发生副反应,因此滴定时要严格控制条件。$KMnO_4$ 试剂常含少量杂质,其标准溶液不够稳定。已标定的 $KMnO_4$ 溶液放置一段时间后,应重新标定。

$KMnO_4$ 溶液可用还原性基准物质来标定,如 $H_2C_2O_4\cdot 2H_2O$,$Na_2C_2O_4$,$FeSO_4(NH_4)_2SO_4\cdot 6H_2O$ 等。其中草酸钠不含结晶水,容易提纯,是最常用的基准物质。

在 H_2SO_4 溶液中,MnO_4^- 与 $C_2O_4^{2-}$ 的反应为

$$2MnO_4^- + 5C_2O_4^{2-} + 16H^+ \rightleftharpoons 2Mn^{2+} + 10CO_2\uparrow + 8H_2O$$

为了使此反应能定量地较迅速地进行,应注意下述滴定条件:

① 温度　由于这两个电对均为不可逆电对,氧化型和还原型之间转化的活化能高,使得室温下的反应速率较慢,须将溶液加热至 $75 \sim 85$ ℃;但温度不宜过高,否则在酸性溶液中会使部分 $H_2C_2O_4$ 发生分解:

$$H_2C_2O_4 \rightleftharpoons CO_2 \uparrow + CO \uparrow + H_2O$$

② 酸度　一般滴定开始时的最适宜酸度约为 $c(H^+) = 1 \text{ mol} \cdot L^{-1}$。若酸度过低 MnO_4^- 会部分被还原为 MnO_2 沉淀;酸度过高,又会促使 $H_2C_2O_4$ 分解。为了防止诱导氧化 Cl^- 的反应发生,应当在 H_2SO_4 介质中进行。

③ 滴定速率　由于 MnO_4^- 与 $C_2O_4^{2-}$ 的反应是自催化反应,滴定开始时,加入的第一滴 $KMnO_4$ 溶液褪色很慢,所以开始滴定时速率要慢些,在 $KMnO_4$ 红色未褪去之前,不要加入第二滴。当溶液中产生 Mn^{2+} 后,滴定速率才能逐渐加快。即使这样,也要等前面滴入的 $KMnO_4$ 溶液褪色之后,再滴加,否则部分加入的 $KMnO_4$ 溶液来不及与 $C_2O_4^{2-}$ 反应,此时在热的酸性溶液中会发生分解:

$$4MnO_4^- + 12H^+ \rightleftharpoons 4Mn^{2+} + 5O_2 + 6H_2O$$

导致标定结果偏低。

终点后稍微过量的 MnO_4^- 使溶液呈现粉红色而指示终点的到达。该终点不太稳定,这是由于空气中的还原性气体或尘埃等落入溶液中使 $KMnO_4$ 缓慢被还原,而使粉红色消失,所以经过半分钟不褪色即可认为终点已到。

（2）应用示例

① H_2O_2 的测定　在酸性溶液中,H_2O_2 定量地被 MnO_4^- 氧化,其反应为

$$2MnO_4^- + 5H_2O_2 + 6H^+ \rightleftharpoons 2Mn^{2+} + 5O_2 + 8H_2O$$

反应在室温下进行。反应开始速率较慢,但因 H_2O_2 不稳定,不能加热,随着反应进行,由于生成的 Mn^{2+} 可催化反应,使反应速率加快。

H_2O_2 不稳定,工业用 H_2O_2 中常加入某些有机化合物(如乙酰苯胺等)作为稳定剂,这些有机化合物大多能与 MnO_4^- 反应而干扰测定,此时最好采用碘量法测定 H_2O_2。生物化学中,过氧化氢酶能使 H_2O_2 分解,因此可以间接测定过氧化氢酶的含量:用定量过量的 H_2O_2 与过氧化氢酶作用,剩余的 H_2O_2 在酸性条件下用 $KMnO_4$ 标准溶液返滴定。

② Ca^{2+} 的测定　一些金属离子能与 $C_2O_4^{2-}$ 生成难溶草酸盐沉淀,如果将生成的草酸盐沉淀溶于酸中,再用 $KMnO_4$ 标准溶液来滴定 $H_2C_2O_4$,就可间接测定这些金属离子。Ca^{2+} 就用此法测定,但要选择合适的沉淀条件。

③ 铁的测定　将试样溶解后(通常使用盐酸作为溶剂),生成的 Fe^{3+} (实际上是 $[FeCl_4]^-$,$[FeCl_6]^{3-}$ 等配离子)应先还原为 Fe^{2+}[①],然后用 $KMnO_4$ 标准溶液滴定。在滴定前还应加入硫酸锰、硫酸及磷酸的混合液(俗称硫-磷混合液),其作用是

● 避免产生对 Cl^- 的受诱反应;

● 调节酸度;

---

① 还原的方法和重铬酸钾法测铁相同。

• 使 Fe^{3+} 生成无色的 $[Fe(PO_4)_2]^{3-}$ 配离子,使终点易于观察。

(问题: Fe^{3+} 为什么影响终点正确判断?)

④ 测定某些有机化合物 在强碱性溶液中,MnO_4^- 与有机化合物反应,生成绿色的 MnO_4^{2-},利用这一反应可以用高锰酸钾法测定某些有机化合物。

如测定甘油,在试液中加入定量过量的 $KMnO_4$ 标准溶液,并加入氢氧化钠至溶液呈碱性:

$$\begin{matrix} H_2C{-}OH \\ | \\ HC{-}OH \\ | \\ H_2C{-}OH \end{matrix} +14MnO_4^- +20OH^- \Longrightarrow 3CO_3^{2-}+14MnO_4^{2-}+14H_2O$$

待反应完成后,将溶液酸化,用 Fe^{2+} 标准溶液滴定溶液中所有的高价锰离子。根据 $KMnO_4$ 标准溶液的加入量及 Fe^{2+} 标准溶液的消耗量,即可得到该有机化合物的含量。此法可用于测定甲酸、甲醇、柠檬酸、酒石酸等。

3. 碘量法

(1) 概述

碘量法是利用 I_2 的氧化性和 I^- 的还原性来进行滴定的分析方法。由于固体 I_2 在水中的溶解度很小($0.001\,33\ mol\cdot L^{-1}$),实际应用时通常将 I_2 溶解在 KI 溶液中,此时 I_2 在溶液中以 I_3^-[①] 形式存在:

$$I_2+I^- \Longrightarrow I_3^-$$

半反应为

$$I_3^-+2e^- \Longrightarrow 3I^- \qquad E^{\ominus}(I_2/I^-)=0.536\ V$$

这一电对的标准电极电势处在电极电势表中间,可见 I_2 是一较弱的氧化剂,即凡是电极电势小于 $E^{\ominus}(I_2/I^-)$ 的还原性物质都能被 I_2 氧化。

① 直接碘量法 利用 I_2 标准溶液直接滴定还原性较强的物质的方法称为直接碘量法(iodimetry),也称碘滴定法。直接碘量法还可以测定如 Sn(Ⅱ)、Sb(Ⅲ)、As_2O_3、S^{2-}、SO_3^{2-}、维生素 C 等。如钢铁中硫的测定,将试样在 1 300 ℃的燃烧管中通 O_2 燃烧,使硫转化为 SO_2 后,再用 I_2 标准溶液滴定:

$$I_2+SO_2+2H_2O \Longrightarrow 2I^-+SO_4^{2-}+4H^+$$

直接量碘法受溶液中 H^+ 浓度的影响较大,一般在中性或弱酸性中使用。因为当 pH 较高时,会发生如下副反应:

$$3I_2+6OH^- \Longrightarrow IO_3^-+5I^-+3H_2O$$

由于 I_2 的氧化能力不强,能被 I_2 氧化的物质有限,所以直接碘量法的应用受到一定的限制。

② 间接碘量法 由于 I^- 为一种中等强度的还原剂,能被更强的氧化剂(如 $K_2Cr_2O_7$,$KMnO_4$,H_2O_2,KIO_3 等)定量氧化而析出 I_2,后者用 $Na_2S_2O_3$ 标准溶液滴定,因而可间接测定氧化性物质,这种方法称为间接碘量法(indirect iodometry)。涉及的方程式如下:

---

① 为方便起见,一般仍简写为 I_2。

$$2MnO_4^- + 10I^- + 16H^+ \Longrightarrow 2Mn^{2+} + 5I_2 + 8H_2O$$

$$I_2 + 2S_2O_3^{2-} \Longrightarrow 2I^- + S_4O_6^{2-}$$

凡能与 KI 作用定量地析出 I_2 的氧化性物质及能与过量 I_2 在碱性介质中作用的有机物质,都可用间接碘量法测定。

间接碘量法的基本反应为

$$2I^- - 2e^- \Longrightarrow I_2$$

$$I_2 + 2S_2O_3^{2-} \Longrightarrow 2I^- + S_4O_6^{2-}$$

③ 碘量法的误差来源及注意事项

碘量法可能产生误差的来源有

- I_2 具有挥发性,容易挥发损失;

- 酸性溶液中,I^- 易为空气中氧气所氧化:

$$4I^- + 4H^+ + O_2 \Longrightarrow 2I_2 + 2H_2O$$

此反应在中性溶液中进行极慢,但随着溶液中 H^+ 浓度增加而加快,若受阳光照射,反应速率增加更快。

碘量法的注意事项:

- 在中性或弱酸性溶液中及低温($<25\ ℃$)下进行。I_2 溶液应保存于棕色密闭的试剂瓶中。

- 间接碘法中,氧化析出的 I_2 加大量水稀释,并立即进行滴定,滴定最好在碘量瓶中进行。

- 淀粉指示剂易吸附碘单质,使其不易释出而产生滴定误差,应在临近终点前加入。加淀粉前,做到"快滴慢摇";加淀粉后,做到"慢滴快摇"。

- 蓝色消失后,不要剧烈摇动溶液,以免返色。(*问题:滴定至终点后,再经过几分钟,溶液又会出现蓝色,这是什么原因?*)

- 淀粉溶液应新鲜配制,若放置过久,则与 I_2 形成的配合物不呈蓝色而呈紫或红色。这种红紫色的吸附配合物在用 $Na_2S_2O_3$ 滴定时褪色慢,使得终点不敏锐。

(2) I_2 与硫代硫酸钠的反应

I_2 和 $Na_2S_2O_3$ 的反应是碘量法中最重要的反应,如果酸度和滴定速率控制不当会发生副反应而生成误差。I_2 和 $Na_2S_2O_3$ 的反应须在中性或弱酸性溶液中进行。因为在碱性溶液中,会同时发生如下反应:

$$Na_2S_2O_3 + 4I_2 + 10NaOH \Longrightarrow 2Na_2SO_4 + 8NaI + 5H_2O$$

而使氧化还原过程复杂化。

如果需要在弱碱性溶液中滴定 I_2,应用 $NaAsO_2$ 代替 $Na_2S_2O_3$。

标定 $Na_2S_2O_3$ 溶液的基准物质有:纯碘、KIO_3、$KBrO_3$、$K_2Cr_2O_7$、$K_3[Fe(CN)_6]$、纯铜等。这些物质除纯碘外,都能与 KI 反应析出 I_2:

$$IO_3^- + 5I^- + 6H^+ \Longrightarrow 3I_2 + 3H_2O$$

$$BrO_3^- + 6I^- + 6H^+ \Longrightarrow Br^- + 3I_2 + 3H_2O$$

$$Cr_2O_7^{2-} + 6I^- + 14H^+ \Longrightarrow 2Cr^{3+} + 3I_2 + 7H_2O$$

$$2[Fe(CN)_6]^{3-} + 2I^- \Longrightarrow 2[Fe(CN)_6]^{4-} + I_2$$

$$2Cu^{2+} + 4I^- \Longrightarrow 2CuI \downarrow + I_2$$

析出的 I_2 用 $Na_2S_2O_3$ 标准溶液滴定。

标定时称取一定量的基准物质,在酸性溶液中,与过量 KI 作用,析出的 I_2 以淀粉为指示剂,用 $Na_2S_2O_3$ 溶液滴定。标定时应注意:

● 基准物质(如 $K_2Cr_2O_7$)与 KI 反应时,溶液的酸度越大,反应速率越快,但酸度太大时,I^- 容易被空气中的 O_2 所氧化,所以在开始滴定时,酸度一般以 $0.8 \sim 1.0 \ mol \cdot L^{-1}$ 为宜;

● $K_2Cr_2O_7$ 与 KI 的反应速率较慢,应将溶液在暗处放置一定时间(5 min),待反应完全后再以 $Na_2S_2O_3$ 溶液滴定。KIO_3 与 KI 的反应快,不需要放置。

(3) 应用示例

① 硫酸铜中铜的测定　二价铜盐与 I^- 的反应如下:

$$2Cu^{2+} + 4I^- \Longrightarrow 2CuI \downarrow + I_2$$

析出的碘再用 $Na_2S_2O_3$ 标准溶液滴定,就可计算出铜的含量。

为了促使反应趋于完全,必须加入过量的 KI,但 KI 浓度太大会妨碍终点的观察。同时由于 CuI 沉淀强烈地吸附 I_2,使测定结果偏低。如果加入 KSCN,使 CuI 转化为溶解度更小的 CuSCN 溶液:

$$CuI + KSCN \Longrightarrow CuSCN \downarrow + KI$$

这样不仅可以释放出被吸附的 I_2,而且反应生成的 I^- 可再与未作用的 Cu^{2+} 反应。在这种情况下,可以使用较少的 KI 而能使反应进行得更完全。但 KSCN 只能在接近终点时加入,否则 SCN^- 可直接还原 Cu^{2+} 而使结果偏低:

$$6Cu^{2+} + 7SCN^- + 4H_2O \Longrightarrow 6CuSCN \downarrow + SO_4^{2-} + HCN + 7H^+$$

为了防止 Cu^{2+} 水解,反应必须在酸性溶液中进行(pH = 3~4)。酸度过低,反应速率慢,终点拖长;酸度过高,则 I^- 被空气氧化为 I_2 的反应被 Cu^{2+} 催化而加速,使结果偏高。由于 Cu^{2+} 易于与 Cl^- 形成配位化合物,因此应用 H_2SO_4 而不用 HCl 控制酸度。

测定矿石(铜矿等)、合金、炉渣或电镀液中的铜也可应用碘量法。用适当的溶剂将矿石等固体试样溶解后,再用上述方法测定。但应注意防止其他共存离子的干扰,如试样常含有 Fe^{3+} 能氧化 I^-:

$$2Fe^{3+} + 2I^- \Longrightarrow 2Fe^{2+} + I_2$$

该反应会干扰铜的测定,使结果偏高。若加入 NH_4HF_2,可使 Fe^{3+} 生成稳定的 $[FeF_6]^{3-}$ 配离子,降低 Fe^{3+}/Fe^{2+} 电对的电势,从而防止氧化 I^- 的反应。NH_4HF_2 还可控制溶液的酸度,使 pH = 3~4。

② S^{2-} 或 H_2S 的测定　在酸性溶液中 I_2 能氧化 S^{2-}:

$$S^{2-} + I_2 \Longrightarrow S + 2I^-$$

测定不能在碱性溶液中进行,因为在碱性溶液中

$$S^{2-} + 4I_2 + 8OH^- \Longrightarrow SO_4^{2-} + 8I^- + 4H_2O$$

碱性溶液中 I_2 也会发生歧化反应。

测定硫化物时,可以用 I_2 标准溶液直接测定,也可以加入定量过量碘标准溶液,再用 $Na_2S_2O_3$ 标准溶液返滴定。

③ 葡萄糖含量的测定　葡萄糖分子中所含的醛基,能在碱性条件下被过量 I_2 氧

化成羧基,反应如下:

$$I_2 + 2OH^- \rightleftharpoons IO^- + I^- + H_2O$$

$$CH_2OH(CHOH)_4CHO + IO^- + OH^- \rightleftharpoons CH_2OH(CHOH)_4COO^- + I^- + H_2O$$

剩余的 IO^- 在碱性溶液中进一步歧化成 IO_3^- 和 I^-:

$$3IO^- \rightleftharpoons IO_3^- + 2I^-$$

溶液经酸化后又析出 I_2:

$$IO_3^- + 5I^- + 6H^+ \rightleftharpoons 3I_2 + 3H_2O$$

最后用 $Na_2S_2O_3$ 标准溶液滴定析出的 I_2。

此外,很多具有氧化性的物质都可以用碘量法测定,如过氧化物、臭氧、漂白粉中的有效氯等。

5.10.5 氧化还原滴定结果的计算

氧化还原滴定结果的计算依据是氧化还原反应方程式中的化学计量关系。

例 5-9 用 30.00 mL $KMnO_4$ 溶液恰能氧化一定质量的 $KHC_2O_4 \cdot H_2O$,同样质量 $KHC_2O_4 \cdot H_2O$ 又恰能被 25.20 mL 0.200 0 mol·L^{-1} KOH 溶液中和,求 $KMnO_4$ 溶液的浓度。

解:$KMnO_4$ 与 $KHC_2O_4 \cdot H_2O$ 反应为

$$2MnO_4^- + 5C_2O_4^{2-} + 16H^+ \rightleftharpoons 2Mn^{2+} + 10CO_2 \uparrow + 8H_2O$$

所以

$$n(KMnO_4) = \frac{2}{5}n(KHC_2O_4 \cdot H_2O)$$

$KHC_2O_4 \cdot H_2O$ 与 KOH 反应为

$$HC_2O_4^- + OH^- \rightleftharpoons C_2O_4^{2-} + H_2O$$

$$n(KHC_2O_4 \cdot H_2O) = n(KOH)$$

因两个反应中 $KHC_2O_4 \cdot H_2O$ 质量相等,所以有以下关系式:

$$n(KMnO_4) = \frac{2}{5}n(KOH)$$

$$c(KMnO_4) = \frac{2c(KOH) \cdot V(KOH)}{5V(KMnO_4)} = \frac{2 \times 0.200\ 0 \times 25.20 \times 10^{-3}}{5 \times 30.00 \times 10^{-3}}\ \text{mol} \cdot L^{-1} = 0.067\ 20\ \text{mol} \cdot L^{-1}$$

例 5-10 有一 $K_2Cr_2O_7$ 标准溶液的浓度为 0.016 83 mol·L^{-1},求其对 Fe 和 Fe_2O_3 的滴定度。称取含铁矿样 0.280 1 g,溶解后将溶液中 Fe^{3+} 还原为 Fe^{2+},然后用上述 $K_2Cr_2O_7$ 标准溶液滴定,消耗滴定剂 25.60 mL。求试样中含铁量,分别以 $w(Fe)$ 和 $w(Fe_2O_3)$ 表示。

解:$K_2Cr_2O_7$ 滴定 Fe^{2+} 的反应为

$$Cr_2O_7^{2-} + 6Fe^{2+} + 14H^+ \rightleftharpoons 2Cr^{3+} + 6Fe^{3+} + 7H_2O$$

$$n(K_2Cr_2O_7) = \frac{1}{6}n(Fe)$$

$$T_{Fe/K_2Cr_2O_7} = \frac{m(Fe)}{V(K_2Cr_2O_7)} = \frac{6c(K_2Cr_2O_7) \cdot V(K_2Cr_2O_7) \cdot M(Fe)}{V(K_2Cr_2O_7)}$$

$$= \frac{6 \times 0.016\ 83\ \text{mol} \cdot L^{-1} \times 1 \times 10^{-3}\ L \times 55.85\ \text{g} \cdot \text{mol}^{-1}}{1\ \text{mL}}$$

$$= 5.640 \times 10^{-3}\ \text{g} \cdot \text{mL}^{-1}$$

$$T_{Fe_2O_3/K_2Cr_2O_7} = \frac{3c(K_2Cr_2O_7) \cdot V(K_2Cr_2O_7) \cdot M(Fe_2O_3)}{V(K_2Cr_2O_7)}$$

$$= \frac{3 \times 0.016\ 83\ mol \cdot L^{-1} \times 1 \times 10^{-3}\ L \times 159.70\ g \cdot mol^{-1}}{1\ mL}$$

$$= 8.063 \times 10^{-3}\ g \cdot mL^{-1}$$

$$w(Fe) = \frac{T_{Fe/K_2Cr_2O_7} \cdot V(K_2Cr_2O_7)}{m}$$

$$= \frac{5.640 \times 10^{-3}\ g \cdot mL^{-1} \times 25.60\ mL}{0.280\ 1\ g} = 0.515\ 5$$

$$w(Fe_2O_3) = \frac{T_{Fe_2O_3/K_2Cr_2O_7} \cdot V(K_2Cr_2O_7)}{m}$$

$$= \frac{8.063 \times 10^{-3}\ g \cdot mL^{-1} \times 25.60\ mL}{0.280\ 1\ g} = 0.736\ 9$$

例 5-11　25.00 mL KI 用稀盐酸及 10.00 mL 0.050 00 mol·L⁻¹ KIO₃ 溶液处理,煮沸以挥发除去释出的 I₂,冷却后,加入过量的 KI 溶液与剩余的 KIO₃ 反应。释出的 I₂ 需用 21.14 mL 0.100 8 mol·L⁻¹ Na₂S₂O₃ 溶液滴定,计算 KI 溶液的浓度。

解:加入的 KIO₃ 分两部分分别与待测 $KI_{(1)}$ 和以后加入的 $KI_{(2)}$ 起反应

$$IO_3^- + 5I^- + 6H^+ \Longrightarrow 3I_2 + 3H_2O \tag{1}$$
$$IO_3^- + 5I^- + 6H^+ \Longrightarrow 3I_2 + 3H_2O \tag{2}$$

第(2)步反应生成的 I₂ 又被 Na₂S₂O₃ 滴定:

$$I_2 + 2S_2O_3^{2-} \Longrightarrow 2I^- + S_4O_6^{2-}$$

反应(1)消耗的 KIO₃ 为总的 KIO₃ 量减去反应(2)所消耗的 KIO₃ 量,即

$$n(KIO_{3(1)}) = n(KIO_{3(总)}) - n(KIO_{3(2)})$$

$$= n(KIO_{3(总)}) - \frac{1}{3}n(I_{2(2)})$$

$$= n(KIO_{3(总)}) - \frac{1}{6}n(Na_2S_2O_3)$$

而

$$n(KI_{(1)}) = 5n(KIO_{3(1)}) = 5\left[n(KIO_{3(总)}) - \frac{1}{6}n(Na_2S_2O_3)\right]$$

所以

$$c(KI) = \frac{5\left[c(KIO_3) \cdot V(KIO_3) - \frac{1}{6}c(Na_2S_2O_3) \cdot V(Na_2S_2O_3)\right]}{V(KI)}$$

$$= \frac{5(10.00\ mL \times 0.050\ 00\ mol \cdot L^{-1} - \frac{1}{6} \times 21.14\ mL \times 0.100\ 8\ mol \cdot L^{-1})}{25.00\ mL} = 0.028\ 97\ mol \cdot L^{-1}$$

5.11　配位滴定法

5.11.1　配位滴定法的特点

在配位滴定中,随着滴定剂 EDTA 的不断加入,由于配合物 MY 的生成,溶液中金属离子 M 的浓度逐渐减小,在化学计量点附近,pM 发生急剧变化。如果以 pM 为纵坐

标,以滴定剂 EDTA 的加入量为横坐标作图,则可得到配位滴定曲线。

现以 EDTA 溶液滴定 Ca^{2+} 溶液为例,讨论滴定过程中金属离子浓度的变化情况。已知 $c(Ca^{2+}) = 0.01000 \ mol \cdot L^{-1}$,$V(Ca^{2+}) = 20.00 \ mL$,$c(Y) = 0.01000 \ mol \cdot L^{-1}$,$pH = 10$。假设系统中不存在其他的配位剂,因此计算时只要考虑 EDTA 的酸效应。

查表可知,$\lg K_f^{\ominus}(CaY) = 10.7$,$\lg \alpha_{Y(H)} = 0.45$。

$$\lg K_f^{\ominus\prime}(CaY) = \lg K_f^{\ominus}(CaY) - \lg \alpha_{Y(H)} = 10.7 - 0.45 = 10.25$$
$$K_f^{\ominus\prime}(CaY) = 1.8 \times 10^{10}$$

- 滴定前　$c(Ca^{2+}) = 0.01000 \ mol \cdot L^{-1}$,$pCa = 2.0$
- 滴定开始至化学计量点前　近似地以剩余 Ca^{2+} 浓度来计算 pCa。

加入 EDTA 标准溶液 19.98 mL(即 Ca^{2+} 剩余 0.1%)时:

$$c(Ca^+) = 0.01000 \ mol \cdot L^{-1} \times \frac{0.02 \ mL}{(20.00 + 19.98) \ mL} = 5.0 \times 10^{-6} \ mol \cdot L^{-1}$$
$$pCa = 5.3$$

- 化学计量点　由于 CaY 配合物比较稳定,几乎全部配位成 CaY 配合物:

$$c(CaY') = 0.01000 \ mol \cdot L^{-1} \times \frac{20.00 \ mL}{(20.00 + 20.00) \ mL} = 5.0 \times 10^{-3} \ mol \cdot L^{-1}$$
$$c(Ca^{2+}) = c(Y')$$
$$K_{(CaY)}^{\ominus\prime} = \frac{c(CaY')}{c(Ca) \cdot c(Y')} = \frac{c(CaY')}{c^2(Ca^{2+})}$$
$$c(Ca^{2+}) = \sqrt{\frac{c(CaY')}{K_{CaY}^{\ominus\prime}}} = \sqrt{\frac{0.005000}{1.8 \times 10^{10}}} \ mol \cdot L^{-1} = 5.3 \times 10^{-7} \ mol \cdot L^{-1}$$

- 化学计量点后　当加入 EDTA 标准溶液为 20.02 mL(即 EDTA 过量 0.1%)时,则 EDTA 过量 0.02 mL,其浓度

$$c(Y') = 0.01000 \ mol \cdot L^{-1} \times \frac{(20.02 - 20.00) \ mL}{(20.00 + 20.02) \ mL} = 5.0 \times 10^{-6} \ mol \cdot L^{-1}$$

同时,可近似认为 $c(CaY') = 5.0 \times 10^{-3} \ mol \cdot L^{-1}$

$$c(Ca^{2+}) = \frac{c(CaY)}{K_f^{\ominus\prime}(CaY) c(Y')} = \frac{5.0 \times 10^{-3}}{1.8 \times 10^{10} \times 5.0 \times 10^{-6}} \ mol \cdot L^{-1} = 5.6 \times 10^{-8} \ mol \cdot L^{-1}$$
$$pCa = 7.3$$

如此逐一计算,以 pCa 为纵坐标,加入 EDTA 标准溶液的百分数(或体积)为横坐标作图,即得到用 EDTA 标准溶液滴定 Ca^{2+} 的滴定曲线。同理得到不同 pH 条件下的滴定曲线,如图 5-10 所示。

从图 5-10 可知,滴定曲线的突跃范围随溶液 pH 大小而变化,这是由于 CaY 配合物的条件稳定常数随 pH 而改变的缘故。pH 越大,滴定突跃越大,pH 越小,滴定突跃越小。当 pH = 6 时,$\lg K_f^{\ominus\prime}(CaY) = \lg K_f^{\ominus}(CaY) - \lg \alpha_{Y(H)} = 10.7 - 4.8 = 5.9$,图中滴定曲线就几乎看不出突跃了。

金属离子的起始浓度大小对滴定突跃也有影响,这和酸碱滴定中酸(碱)浓度影响突跃范围相似。金属离子起始浓度越小,滴定曲线的起点越高,其突跃部分就越短(见图 5-11),从而使滴定突跃变小。

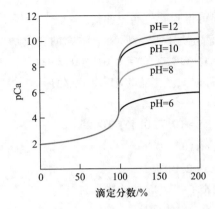

图 5-10 EDTA 滴定 Ca^{2+} 的滴定曲线

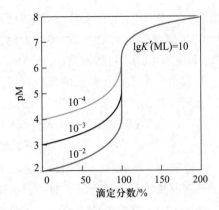

图 5-11 金属离子浓度对滴定曲线的影响

条件一定时,MY 配合物的条件稳定常数越大,滴定的突跃范围也越大,见图 5-12。$\lg K_f^{\ominus}{}'(MY)$ 的大小首先取决于标准稳定常数 $\lg K_f^{\ominus}(MY)$,其次溶液的酸度、其他配位剂的配位作用等也有很大影响。酸效应,配位效应越大,则 $\lg K_f^{\ominus}{}'(MY)$ 值就越小。

由于配位滴定的目测终点与化学计量点的 $\Delta pM >$ 0.2,若允许的滴定误差为 $\pm 0.1\%$,根据有关终点误差公式可以得到:$c(M) \cdot K_f^{\ominus}{}'(MY) \geqslant 10^6$。$c(M) \cdot K_f^{\ominus}{}'(MY) \geqslant 10^6$ 就是能否用配位滴定法对单一金属离子进行直接准确测定的依据。

当金属离子浓度 $c(M) = 0.01\ mol \cdot L^{-1}$ 时,则配合物的条件稳定常数必须等于或大于 10^8,即

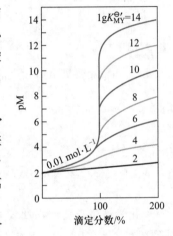

图 5-12 $\lg K_f^{\ominus}{}'$ 对滴定曲线的影响

$$\lg K_f^{\ominus}{}'(MY) \geqslant 8 \tag{5-21}$$

5.11.2 配位滴定所允许的最低 pH 和酸效应曲线

酸度对配位滴定的影响非常大,因为与金属离子直接配位的是 Y^{4-},而溶液酸度的大小控制着 Y^{4-} 的浓度,所以溶液的 pH 是影响 EDTA 配位能力的重要因素。不同金属离子与 Y^{4-} 形成配合物的稳定性是不相同的,配合物稳定性大小又与溶液酸度有关。所以当用 EDTA 滴定不同的金属离子时,对稳定性高的配合物,溶液酸度稍高一点也能准确滴定;但对稳定性稍差的配合物,酸度若高于某一数值时,就不能准确滴定。因此,滴定不同的金属离子,有不同的最高酸度(即最低 pH),小于这一最低 pH,就不能进行直接准确滴定。

若金属离子没有发生副反应,$K_f^{\ominus}{}'(MY)$ 仅决定于 $\alpha_{Y(H)}$,即仅由酸度就可求得滴定的最低 pH。

已知

$$\lg K_f^{\ominus}{}' = \lg K_f^{\ominus} - \lg \alpha_{Y(H)}$$

根据配位滴定对条件稳定常数的要求(式 5-21),$\lg K_f^{\ominus}{}'(MY) \geqslant 8$,代入得

$$\lg K_f^{\ominus} - \lg \alpha_{Y(H)} \geqslant 8$$

$$\lg \alpha_{Y(H)} \leqslant \lg K_f^{\ominus} - 8 \tag{5-22}$$

由式(5-22)可算出各种金属离子的 $\lg \alpha_{Y(H)}$ 值,再查表 4-4 即可查出其相应的 pH,这个 pH 即为滴定某一金属离子所允许的最低 pH。

例如,滴定 $0.01\ \mathrm{mol \cdot L^{-1}}\ Mg^{2+}, Ca^{2+}, Fe^{3+}$ 时:

$\lg K_f^{\ominus}(MgY) = 9.12$ $\lg \alpha_{Y(H)} \leqslant 9.12-8 = 1.12$ 最低 pH 为 10.7

$\lg K_f^{\ominus}(CaY) = 11.0$ $\lg \alpha_{Y(H)} \leqslant 11.0-8 = 3$ 最低 pH 为 7.3

$\lg K_f^{\ominus}(FeY) = 24.23$ $\lg \alpha_{Y(H)} \leqslant 24.23-8 = 16.23$ 最低 pH 为 1.3

若以不同的 $\lg K_f^{\ominus}(MY)$ 值对相应的最低 pH 作图,就得到酸效应曲线,见图 5-13。此曲线可以说明以下几个问题。

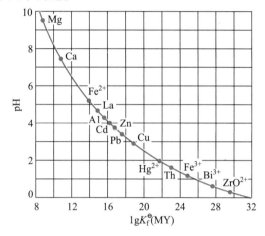

图 5-13 EDTA 的酸效应曲线

● 从曲线上可以找出,单独滴定某一金属离子所需的最低 pH。例如,滴定 Fe^{3+},pH 必须大于 1.3,滴定 Zn^{2+},pH 必须大于 4。

● 从曲线上可以看出,在一定 pH 时,哪些离子可以被滴定,哪些离子有干扰。从而可以利用控制酸度的方法,达到分别滴定或连续滴定的目的。如在 pH 约 3.3 时滴定 Pb^{2+},位于 pH<3.3 以下的离子,如 $Bi^{3+}, Fe^{3+}, Cu^{2+}, Hg^{2+}$ 等均会干扰。位于 pH 稍大于 3.3 的金属离子,如 $Al^{3+}, Zn^{2+}, Cd^{2+}$ 等,也会有一定的干扰。而位于 pH = 3.3 较远的 Ca^{2+}, Mg^{2+} 等就没有干扰了。

在通常情况下,EDTA 可以不同的形式存在于溶液中,因此配位滴定时会不断释放出 H^+,例如:

$$M^{2+} + H_2Y^{2-} \Longrightarrow MY^{2-} + 2H^+$$

这就会使溶液酸度不断增高,从而降低 $K_f^{\ominus'}(MY)$ 值,影响到反应的完全程度。因此,配位滴定中常加入缓冲溶液控制系统的酸度。例如,用 EDTA 滴定 Ca^{2+}, Mg^{2+} 时就要加入 pH 为 10 的 NH_3-NH_4^+ 缓冲溶液。

5.11.3 金属指示剂

1. 金属指示剂的变色原理

配位滴定指示终点的方法很多,其中最常用的是使用金属指示剂(metallochromic

indicator)来指示终点。金属指示剂是一种有机配位剂,它能与金属离子形成与其本身颜色显著不同的配合物而指示滴定终点。金属指示剂的变色可用下式表示(为了书写方便,省略去电荷):

$$M + In \rightleftharpoons MIn$$

金属离子　　(A色)　　　　(B色)

滴定前,先将指示剂加到被测金属离子的溶液中,这时少部分金属离子 M 与指示剂 In 形成配合物 MIn,显 B 色,而大部分金属离子仍处于游离的状态。滴定开始后,随着 EDTA 的滴入,没有与指示剂配位的金属离子首先被配位,当快到化学计量点时,已与指示剂配位的金属离子被 Y^{4-} 夺去,释放出指示剂,引起溶液颜色的变化,由原来 MIn 的 B 色变为指示剂 In 的 A 色,指示终点的到达。其反应为

$$MIn + Y \rightleftharpoons MY + In$$

(B色)　　　　　　　　　　(A色)

金属指示剂应该具备以下条件:

● 金属离子与指示剂形成的配合物的颜色与指示剂的颜色有明显的区别,这样终点变化才明显,便于眼睛观察。

● 金属离子与指示剂生成的配合物应有足够的稳定性,这样才能测定低浓度的金属离子。但其稳定性应小于 Y^{4-} 与金属离子所生成配合物的稳定性,一般 $K_f^{\ominus}$ 值要小二个数量级,这样在接近化学计量点时,Y^{4-} 才能较迅速地夺取与指示剂结合的金属离子,而使指示剂游离出来,溶液显示出指示剂的颜色。

● 指示剂与金属离子的显色反应要灵敏、迅速、有一定的选择性。在一定条件下,只对某一种(或某几种)离子发生显色反应。

此外,指示剂与金属离子配合物应易溶于水,指示剂比较稳定,便于贮藏和使用。

2. 常用的金属指示剂

金属指示剂有很多,下面介绍两种最常见的金属指示剂。

(1) 铬黑 T

铬黑 T 是弱酸性偶氮染料,其化学名称是 1-(1-羟基-2-萘偶氮)-6-硝基-2-萘酚-4-磺酸钠,简称 EBT,结构见图 5-14。铬黑 T 的钠盐为黑褐色粉末,带有金属光泽,用 NaH_2In 表示。EBT 在溶液中存在下列平衡:

$$H_2In^- \underset{+H^+}{\overset{-H^+}{\rightleftharpoons}} HIn^{2-} \underset{+H^+}{\overset{-H^+}{\rightleftharpoons}} In^{3-}$$

(红色)　　　　　　(蓝色)　　　　　　(橙色)

pH<6　　　　　　pH=7~11　　　　pH>12

pH<6 时,指示剂显红色,而它与金属离子所形成的配合物也是红色,使得终点无法判断;pH=7~11,指示剂显蓝色,与红色有极明显的色差,所以用铬黑 T 作指示剂应控制 pH 在此范围内;pH>12 时,则显橙色,与红色的色差也不够明显。实验证明,以铬黑 T 作指示剂,用 EDTA 进行直接滴定时,pH=9~10.5 最合适。

铬黑 T 可作测定 Zn^{2+},Cd^{2+},Mg^{2+},Hg^{2+} 等离子的指示剂,它与金属离子以 1:1 配位。例如,以铬黑 T 为指示剂用 EDTA 滴定 Mg^{2+}(pH=10 时),滴定前溶液显红色:

$$Mg^{2+} + HIn^{2-} \rightleftharpoons MgIn^- + H^+$$

(蓝色)　　　　　(红色)

滴定开始后,Y^{4-}先与游离的Mg^{2+}配位:

$$Mg^{2+}+HY^{3-} \rightleftharpoons MgY^{2-}+H^+$$

滴定终点时,Y^{4-}夺取$MgIn^-$中的Mg^{2+},由$MgIn^-$的红色转变为HIn^{2-}的蓝色:

$$\underset{(红色)}{MgIn^-} \ + \ HY^{3-} \ \rightleftharpoons \ MgY^{2-}+\underset{(蓝色)}{HIn^{2-}}$$

在整个滴定过程中,颜色变化为红色→紫色→蓝色。

因铬黑T水溶液不稳定,很易聚合,一般与固体NaCl以1:100比例相混,配成固体混合物使用,也可配成三乙醇胺溶液使用。

（2）钙指示剂

钙指示剂的化学名称是2-羟基-1-（2-羟基-4-磺酸基-1-萘偶氮)-3-萘甲酸,简称NN,结构见图5-14。此指示剂的水溶液在pH<8时为酒红色,在pH = 8.0 ~ 13.7时为蓝色,而在pH = 12 ~ 13与Ca^{2+}形成酒红色的配合物,可用于Ca^{2+},Mg^{2+}共存时作测Ca^{2+}的指示剂(pH = 12.5)。在pH>12时,Mg^{2+}生成$Mg(OH)_2$沉淀,在Mg^{2+}量不大时,不影响测定结果(应先调节溶液pH≈13,让$Mg(OH)_2$沉淀生成后,再加入钙指示剂)。

钙指示剂纯品为黑紫色粉末,很稳定,但水溶液和乙醇溶液不稳定,一般取固体试剂与干燥NaCl以1:100相混后使用。

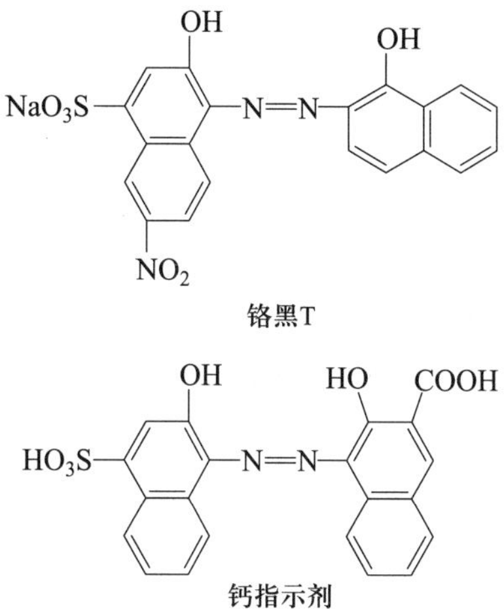

图5-14 铬黑T和钙指示剂的结构

3. 使用指示剂时存在的问题

（1）指示剂的封闭现象

某些金属离子与指示剂形成的配合物(MIn)比相应的金属离子与EDTA的配合物(MY)更稳定,显然此指示剂不能用作滴定该金属离子的指示剂。但在滴定其他金属离子时,若溶液中存在这些金属离子,则溶液一直呈现这些金属离子与指示剂形成的配合物MIn的颜色,即使到了化学计量点也不变色,这种现象称为指示剂的封闭现象(blocking)。如在pH = 10时以铬黑T为指示剂滴定Ca^{2+}、Mg^{2+}总量,Al^{3+},Fe^{3+},Cu^{2+},Co^{2+},Ni^{2+}会封闭铬黑T,使终点无法确定。这时就必须将它们分离或加入少量三乙醇胺(掩蔽Al^{3+},Fe^{3+})和KCN(掩蔽Cu^{2+},Co^{2+},Ni^{2+})以消除干扰。

（2）指示剂的僵化现象

有些指示剂本身或金属离子与指示剂形成的配合物在水中的溶解度太小,使滴定剂与金属-指示剂的配合物交换缓慢,终点拖长,这种现象称为指示剂的僵化。解决办法是加入有机溶剂或加热以增大其溶解度,从而加快反应速率,使终点变色明显。

（3）指示剂的氧化变质现象

金属指示剂大多为含有双键的有色化合物,易被日光、氧化剂、空气所分解,在水溶液中不稳定,日久会变质。如铬黑T在Mn(Ⅳ)、Ce(Ⅳ)存在下,会很快被分解褪色。为了克服这一缺点,常配成固体混合物,加入还原性物质如抗坏血酸、羟胺等,或临用时再配制。

5.11.4 配位滴定的应用

1. 滴定方式和应用实例

配位滴定法主要用于测定各种金属离子的含量,采用不同的滴定方式,不但能提高配位滴定的选择性,而且能扩大配位滴定的应用范围。常用的滴定方式有以下几种。

(1) 直接滴定

当金属离子与 EDTA 的反应满足滴定要求时就可以直接进行滴定。直接滴定法有方便、快速的优点,可能引入的误差也较少。这种方法是将试样溶液调节至所需酸度,加入其他必要的辅助试剂及指示剂,直接用 EDTA 标准溶液滴定,然后根据消耗标准溶液的体帜,计算试样中被测组分的含量。这是配位滴定中最基本的方法。

例如,含有较多钙、镁离子的水称为硬水(hard water)。水的硬度通常用总硬度来表示。总硬度(total hardness)指钙、镁的总量,是将水中的钙、镁均折合为 CaO 来计算的。每升水含 1mgCaO 为 1 度,每升水含 10 mg CaO 为一个德国度。测定时,可调节水样 pH = 10,加铬黑 T 指示剂,用 EDTA 直接滴定,即可得到水中钙、镁总量。

(2) 返滴定

当存在以下任何一种情况时,应采用返滴定法:被测离子与 EDTA 反应缓慢、被测离子在滴定的 pH 下会发生水解、无合适的指示剂、指示剂存在封闭现象。例如,用 EDTA 滴定 Al^{3+} 时,由于 Al^{3+} 与 Y^{4-} 配位缓慢,酸度较低时 Al^{3+} 发生水解 Al^{3+} 又会封闭指示剂,因此不能用直接法滴定,而要采用返滴法测定。先将定量过量的 EDTA 标准溶液加到酸性 Al^{3+} 溶液中,调节 pH = 3.5,煮沸溶液。此时酸度较高,又有过量 EDTA 存在,Al^{3+} 不会水解,煮沸又加速 Al^{3+} 与 Y^{4-} 的配位反应。然后冷却溶液,调节 pH = 5~6,再加入二甲酚橙指示剂,用 Zn^{2+} 标准溶液滴定过量的 EDTA,从而求出被测离子的含量。

(3) 置换滴定

配位滴定的置换滴定法有两类,一类是将被测离子 M 与干扰离子全部与 EDTA 反应完全后,加入选择性高的配位剂 L 夺取被测离子,用金属离子标准溶液滴定等量置换出的 EDTA,即可测得 M 的含量。

例如,测定 Al^{3+}, Zn^{2+} 混合液中的 Al^{3+} 时,可将混合液与 EDTA 反应完全,用 Zn^{2+} 标准溶液滴定过量的 EDTA。然后加入 NH_4F 生成 $[AlF_6]^{3-}$,再用 Zn^{2+} 标准溶液滴定置换出来的 EDTA,就可测得 Al^{3+} 的含量。

另一类以金属离子 N 的配合物作试剂,与被分析离子 M 发生置换反应,置换出的金属离子 N 用 EDTA 滴定,从而计算出 M 的含量。例如,Ag^+ 与 Y^{4-} 的配合物稳定性较小,不能用 EDTA 直接滴定 Ag^+,可用置换滴定法测定。

(4) 间接滴定

有些金属离子(如 Li^+, K^+, Na^+ 等)与 EDTA 形成的配合物不稳定,而非金属离子(如 SO_4^{2-}, PO_4^{3-})则不与 EDTA 形成配合物。在这几种情况下,可用间接滴定法。

例如,K^+ 可沉淀为 $K_2Na[Co(NO_2)_6] \cdot 6H_2O$,沉淀经过滤、洗涤、溶解后,用 EDTA 滴定 Co^{2+},根据分子式求得 K^+ 的量。又如 PO_4^{3-} 可沉淀为 $MgNH_4PO_4 \cdot 6H_2O$,沉淀经洗涤后溶解于 HCl,加定量过量的 EDTA 标准溶液,并调节 pH,用 Mg^{2+} 标准溶液返滴过量的 EDTA。这样通过测定 Mg^{2+},可间接求得 PO_4^{3-} 的量。

2. 提高配位滴定选择性的方法

EDTA(即乙二胺四乙酸)具有非常强的配位能力,能与大多数金属离子生成稳定的配合物。如果溶液中存在着多种金属离子,要用 EDTA 溶液滴定其中的一种离子,其他离子的存在往往干扰比较大。因此,提高选择性是这类滴定中的重要问题。其方法有以下几种。

(1)控制酸度

溶液的酸度对 EDTA 配合物的稳定性有很大影响,因此适当控制酸度常常可以提高滴定的选择性。如 Fe^{3+} 和 Zn^{2+} 共存,可在 pH = 2 时以磺基水杨酸为指示剂,用 EDTA 直接滴定 Fe^{3+},此时 Zn^{2+} 不与 Y^{4-} 形成稳定的配合物。同样的道理 Zn^{2+} 和 Mg^{2+} 共存时,可在 pH = 5~6 时用二甲酚橙作指示剂,用 EDTA 直接滴定 Zn^{2+},此时 Mg^{2+} 也不与 Y^{4-} 形成稳定的配合物。一般二种离子的 $\lg K_f^{\ominus}$ 相差 6 以上,就可以用控制酸度的方法来达到选择性测定某一离子的目的。

(2)掩蔽法

加入一种试剂,使干扰离子生成更为稳定的配合物,或发生氧化还原反应以改变干扰离子的价态,或生成微溶沉淀以消除干扰,这些方法称为掩蔽法(masking method)。加入的试剂称为掩蔽剂(masking agent)。按照所用反应类型不同,掩蔽法可分类如下:

① 配位掩蔽法   利用配位反应降低干扰离子的浓度以消除干扰的方法,称为配位掩蔽法,这是用得最广泛的方法。例如,用 EDTA 测定水中的 Ca^{2+}, Mg^{2+} 时,Fe^{3+},Al^{3+} 等离子的存在对测定有干扰,可加入三乙醇胺作为掩蔽剂,使 Fe^{3+},Al^{3+} 与掩蔽剂生成更稳定的配合物,就可消除它们对 Ca^{2+},Mg^{2+} 测定的干扰。常用的无机掩蔽剂有 NaF、NaCN 等;有机掩蔽剂有柠檬酸、酒石酸、草酸、三乙醇胺、二巯丙醇等;氨羧配位剂本身也可用作掩蔽剂。

② 氧化还原掩蔽法   利用氧化还原反应,改变干扰离子的氧化态,以消除干扰的方法称为氧化还原掩蔽法。例如,$\lg K_f^{\ominus}(FeY^-) = 24.23$,$\lg K_f^{\ominus}(FeY^{2-}) = 14.33$,后者比前者稳定性差得多。在 pH = 1 时滴定 Bi^{3+},如有 Fe^{3+} 存在,就会干扰滴定。此时可用抗坏血酸(维生素 C)等还原剂将 Fe^{3+} 还原为 Fe^{2+},可消除 Fe^{3+} 的干扰。

③ 沉淀掩蔽法   利用沉淀反应降低干扰离子浓度,以消除干扰的方法称为沉淀掩蔽法。例如,在 Ca^{2+},Mg^{2+} 共存的溶液中,加入 NaOH,使溶液的 pH>12。此时 Mg^{2+} 形成 $Mg(OH)_2$ 沉淀。加入钙指示剂,就可以单独滴定 Ca^{2+}。由于一些沉淀反应不够完全,特别是过饱和现象使沉淀效率不高,沉淀会吸附被测离子而影响测定的准确度;一些沉淀颜色深、体积庞大妨碍终点观察;因此只有在以上方法都不适用时才使用沉淀掩蔽法。

（3）解蔽法

所谓解蔽是指被掩蔽物质从其掩蔽形式中释放出来,恢复其参与某一反应的能力。如 Zn^{2+},Mg^{2+} 共存时,可在 pH = 10 的缓冲溶液中加入氰化钾,使 Zn^{2+} 形成 $[Zn(CN)_4]^{2-}$ 配离子而被掩蔽。因此先用 EDTA 单独滴定 Mg^{2+},然后在滴定过 Mg^{2+} 的溶液中加入甲醛溶液,以破坏 $[Zn(CN)_4]^{2-}$ 配离子,使 Zn^{2+} 释放出来而解蔽。其反应如下：

$$[Zn(CN)_4]^{2-}+4HCHO+4H_2O \Longrightarrow Zn^{2+}+4HOCH_2CN+4OH^-$$

反应中释放出来的 Zn^{2+},可用 EDTA 继续滴定。这里 KCN 是 Zn^{2+} 的掩蔽剂,HCHO 是一种解蔽剂。

思考题

5-1　下列情况分别引起什么误差? 如果是系统误差,应如何消除?

（1）砝码被腐蚀;

（2）天平两臂长度不相等;

（3）天平最后一位数字稍有变动;

（4）重量法测定可溶性钡盐中钡含量时,滤液中含有少量的 $BaSO_4$;

（5）滴定管读数时,最后一位数字估计不准;

（6）以含量为 99% 的硼砂作基准物标定盐酸标准溶液;

（7）蒸馏水或试剂中,含有微量被测组分;

（8）试样未分解完全;

（9）直接法配制标准溶液时,烧杯中溶解少量试剂(基准物质),不小心溅出。

5-2　区别准确度与精密度,误差与偏差。

5-3　如何提高分析结果的准确度?

5-4　甲、乙二人同时分析一矿物中的含硫量,每次取样 3.5 g,分析结果分别报告为:

$$甲:0.042\%,0.041\%$$

$$乙:0.041\ 99\%,0.420\ 1\%$$

问哪一份报告合理? 为什么?

5-5　下列数值各有几位有效数字?

$0.372,25.08,6.023×10^{-5},100,9.18,1\ 000.00,1.0×10^8,pH = 5.03$

5-6　什么叫滴定分析? 主要有哪些类型?

5-7　什么是化学计量点? 什么是滴定终点?

5-8　能用于滴定分析的化学反应必须符合哪些条件?

5-9　下列物质中,哪些可以用直接法配制标准溶液? 哪些只能用间接法配制?

H_2SO_4,HCl,NaOH,$KMnO_4$,$K_2Cr_2O_7$,$H_2C_2O_4·2H_2O$,$Na_2S_2O_3·5H_2O$

5-10　若将 $H_2C_2O_4·2H_2O$ 基准物质,长期置于放有干燥剂的干燥器中,用它标定 NaOH 溶液的浓度时,结果是偏高、偏低、还是没有影响? 说明原因。

5-11　试述银量法指示剂的作用原理,并与酸碱滴定法比较。

5-12　Explain how an adsorption indicator works.

5-13　是否条件平衡常数大的氧化还原反应就一定能用于氧化还原滴定? 为什么?

5-14　氧化还原滴定中,为什么可以用氧化剂和还原剂这两个电对中任一个电对的电势计算滴定过程中溶液的电势?

5-15　乙二胺四乙酸与金属离子的配位反应有什么特点? 为什么无机配位剂很少在配位滴定中应用?

5-16　何谓配合物的条件稳定常数? 它是如何通过计算得到的? 它对判断能否准确滴定有何意义?

5-17　酸效应曲线是怎样绘制的? 它在配位滴定中有什么用途?

5-18　何谓金属指示剂? 作为金属指示剂应具备哪些条件? 它们怎样指示配位滴定终点? 举例说明。

5-19　常用的配位滴定法有哪几种? 请举例说明。

 习题

基本题

5-1　在标定 NaOH 时,要求消耗 0.1 mol·L⁻¹ NaOH 溶液体积为 20 ~ 25 mL,问:

（1）称取邻苯二甲酸氢钾基准物质（$KHC_8H_4O_4$）的质量范围是多少?

（2）如果改用草酸（$H_2C_2O_4·2H_2O$）作基准物质,又该称取多少克?

（3）若分析天平的绝对误差为±0.000 1 g,计算以上两种试剂称量的相对误差。

（4）计算结果说明了什么?

5-2　有一铜矿试样,两次测定得到的铜含量分别为 24.87% 和 24.93%,而铜的实际含量为 25.05%。求分析结果的绝对误差和相对误差。

5-3　某试样经分析测得含锰质量分数为 41.24%,41.27%,41.23% 和 41.26%。求分析结果的平均偏差、相对平均偏差、标准偏差和相对标准偏差。

5-4　分析血清中钾的含量,5 次测定结果分别为:0.160 mg·mL⁻¹,0.152 mg·mL⁻¹,0.154 mg·mL⁻¹,0.156 mg·mL⁻¹,0.153 mg·mL⁻¹。计算置信度为95%时,平均值的置信区间。若该血清样品中钾含量的标准值为 0.161 5 mg·mL⁻¹,说明分析结果是否存在系统误差?

5-5　某铜合金中铜的质量分数的测定结果为 20.37%,20.40%,20.36%。计算标准偏差 s 及置信度为90%时平均值的置信区间。

5-6　用某一方法测定矿样中锰含量的标准偏差为 0.12%,含锰量的平均值为 9.56%。设分析结果是根据 4 次、6 次测得的,计算两种情况下的平均值的置信区间（置信度为95%）。

5-7 标定 NaOH 溶液时,得到以下数据:$0.101\ 4\ mol\cdot L^{-1}$,$0.101\ 2\ mol\cdot L^{-1}$, $0.101\ 1\ mol\cdot L^{-1}$,$0.101\ 9\ mol\cdot L^{-1}$。通过 Q 检验法进行检验,0.101 9 是否应该舍弃? (置信度为 90%)

5-8 按有效数字运算规则,计算下列各式:

(1) $2.187\times0.854+9.6\times10^{-2}-0.032\ 6\times0.008\ 14$

(2) $\dfrac{0.010\ 12\times(25.44-10.21)\times26.962}{1.004\ 5\times1\ 000}$

(3) $\dfrac{9.82\times50.62}{0.005\ 164\times136.6}$

(4) pH=4.03,计算 H^+ 浓度

5-9 回答下列问题并说明理由:

(1) 将 $NaHCO_3$ 加热至 270~300 ℃,以制备 Na_2CO_3 基准物质,如果温度超过 300 ℃,部分 Na_2CO_3 分解为 Na_2O,用此基准物质标定 HCl 溶液,对标定结果有否影响? 为什么?

(2) 用 $H_2C_2O_4\cdot2H_2O$ 标定 NaOH 浓度时,如草酸已失去部分结晶水,则标定所得 NaOH 的浓度偏高还是偏低? 为什么?

(3) NH_4Cl 或 NaAc 含量能否分别用碱或酸的标准溶液来直接滴定? 为什么?

(4) NaOH 溶液内含有 CO_3^{2-},如果标定其浓度时用酚酞作指示剂,而在标定后滴定酸性成分含量时用甲基橙作指示剂,讨论其影响情况及确定结果误差的正、负。

5-10 下列酸或碱的溶液能否进行直接准确滴定? 说明理由。

(1) $0.1\ mol\cdot L^{-1}$ HF
(2) $0.1\ mol\cdot L^{-1}$ HCN
(3) $0.1\ mol\cdot L^{-1}$ NH_4Cl
(4) $0.1\ mol\cdot L^{-1}$ 盐酸羟氨
(5) $0.1\ mol\cdot L^{-1}$ 六亚甲基四胺
(6) $0.1\ mol\cdot L^{-1}$ C_5H_5N(吡啶)
(7) $0.1\ mol\cdot L^{-1}$ $C_5H_5NH^+Cl^-$
(8) $0.1\ mol\cdot L^{-1}$ NaAc

5-11 下列多元酸或混合酸的溶液能否被准确进行分步滴定或分别滴定? 说明理由。

(1) $0.1\ mol\cdot L^{-1}$ $H_2C_2O_4$
(2) $0.1\ mol\cdot L^{-1}$ H_2S
(3) $0.1\ mol\cdot L^{-1}$ 柠檬酸
(4) $0.1\ mol\cdot L^{-1}$ 酒石酸
(5) $0.1\ mol\cdot L^{-1}$ 氯乙酸+$0.1\ mol\cdot L^{-1}$ 乙酸
(6) $0.1\ mol\cdot L^{-1}$ H_2SO_4+$0.1\ mol\cdot L^{-1}$ H_3BO_3

5-12 有一在空气中暴露过的氢氧化钾,经分析测定其内含水 7.62%,K_2CO_3 2.38% 和 KOH 90.00%。将此试样 1.000 g 加 $1.000\ mol\cdot L^{-1}$ HCl 溶液 46.00 mL,过量的酸再用 $1.070\ mol\cdot L^{-1}$ KOH 溶液回滴至中性。然后将此溶液蒸干,问可得残渣多少克?

5-13 Consider the titration of 25.00 mL of $0.082\ 30\ mol\cdot L^{-1}$ KI with $0.051\ 10\ mol\cdot L^{-1}$ $AgNO_3$. Calculate pAg^+ at the following volumes of added $AgNO_3$:

(1) 39.00 mL (2) V_{sp} (3) 44.30 mL

5-14 计算在 $1\ mol\cdot L^{-1}$ HCl 溶液中用 Fe^{3+} 滴定 Sn^{2+} 的电势突跃范围。在此滴定中应选用什么指示剂? 若用所选指示剂,滴定终点是否和化学计量点符合?

5-15　将含有 $BaCl_2$ 的试样溶解后,加入 K_2CrO_4 使之生成 $BaCrO_4$ 沉淀,过滤洗涤后将沉淀溶于 HCl 溶液,再加入过量的 KI 溶液,并用 $Na_2S_2O_3$ 溶液滴定析出的 I_2,若试样为 0.439 2 g,滴定时消耗 $0.100\ 7\ mol \cdot L^{-1}$ $Na_2S_2O_3$ 标准溶液 29.61 mL,计算试样中 $BaCl_2$ 的质量分数。

5-16　用 $KMnO_4$ 法测定硅酸盐试样中的 Ca^{2+} 含量。称取试样 0.586 3 g,在一定条件下,将钙沉淀为 CaC_2O_4,过滤、洗涤沉淀,将洗净的 CaC_2O_4 溶解于稀 H_2SO_4 中,用 25.64 mL $0.050\ 52\ mol \cdot L^{-1}$ $KMnO_4$ 标准溶液滴定至终点,计算硅酸盐中 Ca 的质量分数。

5-17　大桥钢梁的衬漆用红丹(Pb_3O_4)作填料。称取 0.100 0 g 红丹加 HCl 处理成溶液,再加入 K_2CrO_4,使定量沉淀为 $PbCrO_4$。将沉淀过滤、洗涤后溶于酸并加入过量的 KI,析出的 I_2 以淀粉作指示剂、用 $0.100\ 0\ mol \cdot L^{-1}$ $Na_2S_2O_3$ 溶液滴定,消耗滴定剂 12.00 mL。求试样中 Pb_3O_4 的质量分数。有关反应方程式如下:

$$Pb_3O_4(s)+8H^++2Cl^- \longrightarrow 3Pb^{2+}+Cl_2+4H_2O$$
$$Pb^{2+}+CrO_4^{2-} =\!=\!= PbCrO_4 \downarrow$$
$$2PbCrO_4(s)+2H^+ \longrightarrow 2Pb^{2+}+Cr_2O_7^{2-}+H_2O$$
$$Cr_2O_7^{2-}+6I^-+14H^+ \longrightarrow 2Cr^{3+}+3I_2+7H_2O$$
$$I_2+2S_2O_3^{2-} \longrightarrow 2I^-+S_4O_6^{2-}$$

5-18　抗坏血酸(摩尔质量为 $176.1\ g \cdot mol^{-1}$)是一种还原剂,能被 I_2 氧化。它的半反应为

$$C_6H_6O_6+2H^++2e^- =\!=\!= C_6H_8O_6$$

如果 10.00 mL 柠檬汁试样用 HAc 酸化,并加入 20.00 mL $0.025\ 00\ mol \cdot L^{-1}$ I_2 溶液,待反应完全后,过量的 I_2 用 10.00 mL $0.010\ 0\ mol \cdot L^{-1}$ $Na_2S_2O_3$ 滴定至终点。计算每毫升柠檬汁中抗坏血酸的质量。

5-19　用 EDTA 滴定 Zn^{2+} 时允许的最高酸度是多少?

5-20　称取分析纯 $CaCO_3$ 0.420 6 g,用 HCl 溶解后,稀释成 500.0 mL,取出 50.00 mL,用钙指示剂在碱性溶液中滴定,消耗 EDTA 38.84 mL,计算 EDTA 标准溶液的浓度。配制该浓度的 EDTA 1.000 L,应称取 $Na_2H_2Y \cdot 2H_2O$ 多少克?

5-21　取水样 100.00 mL,在 pH = 10.0 时,用铬黑 T 为指示剂,用 19.00 mL $0.010\ 50\ mol \cdot L^{-1}$ 的 EDTA 标准溶液滴定至终点,计算水的总硬度。

5-22　称取含磷试样 0.100 0 g,处理成溶液,并把磷沉淀为 $MgNH_4PO_4$。将沉淀过滤洗涤后,再溶解,然后用 $c(H_4Y) = 0.010\ 00\ mol \cdot L^{-1}$ 的标准溶液滴定,共消耗 20.00 mL,求试样中 P_2O_5 的质量分数。

5-23　以 EDTA 滴定法测定石灰石中 CaO($M_{CaO} = 56.08\ g \cdot mol^{-1}$)的含量,采用 $0.02\ mol \cdot L^{-1}$ EDTA 滴定。设试样中含 CaO 约 50%,试样溶解后定容 250 mL,移取 25.00 mL 试样溶液进行滴定,则试样称取量的范围宜为多少?

提高题

5-24　测定某一热交换器中水垢的 P_2O_5 和 SiO_2 的含量如下(已校正系统误差)

$$w(P_2O_5)/\%:8.44,8.32,8.45,8.52,8.69,8.38$$

$$w(SiO_2)\% : 1.50, 1.51, 1.68, 1.20, 1.63, 1.72$$

根据 Q 检验法对可疑数据决定取舍,然后求出平均值、平均偏差、标准偏差、相对标准偏差和置信度分别为 90% 及 99% 时的平均值的置信区间。

5-25　分析不纯 $CaCO_3$(其中不含干扰物质)。称取试样 0.300 0 g,加入浓度为 0.250 0 $mol \cdot L^{-1}$ HCl 溶液 25.00 mL,煮沸除去 CO_2,用浓度为 0.201 2 $mol \cdot L^{-1}$ 的 NaOH 溶液返滴定过量的酸,消耗 5.84 mL。计算试样中 $CaCO_3$ 的质量分数。

5-26　为测定牛奶中蛋白质的含量,称取 1.000 g 试样,用浓硫酸消化,将试样中氮转化为 NH_4HSO_4,加入浓的氢氧化钠并加热,蒸出的 NH_3 用过量的硼酸吸收,然后用 HCl 标准溶液滴定,甲基红作指示剂,消耗 HCl 标准溶液 21.00 mL。另取 0.200 0 g 纯 NH_4Cl,经同样处理,消耗 HCl 标准溶液 20.10 mL。计算此牛奶中蛋白质的质量分数。(已知奶品中的蛋白质含氮的质量分数平均为 15.70%)

5-27　0.500 0 $mol \cdot L^{-1}$ HNO_3 溶液滴定 0.500 0 $mol \cdot L^{-1}$ $NH_3 \cdot H_2O$ 溶液。试计算滴定分数为 0.50 及 1.00 时溶液的 pH。应选用何种指示剂?

5-28　已知某试样可能含有 Na_3PO_4,Na_2HPO_4 和惰性物质。称取该试样 1.000 0 g,用水溶解。试样溶液以甲基橙作指示剂,用 0.250 0 $mol \cdot L^{-1}$ HCl 溶液滴定,消耗滴定剂 32.00 mL。含同样质量的试样溶液以百里酚酞作指示剂,需上述 HCl 溶液 12.00 mL。求试样组成和含量。

5-29　称取 2.000 g 干肉片试样,用浓 H_2SO_4 煮解(以汞为催化剂)直至其中的氮元素完全转化为硫酸氢铵,再用过量 NaOH 处理,放出的 NH_3 吸收于 50.00 mL H_2SO_4(1.00 mL 相当于 0.018 60 g Na_2O)中。过量的 H_2SO_4 需要 28.80 mL 的 NaOH (1.00 mL 相当于 0.126 6 g 邻苯二甲酸氢钾)返滴定。计算干肉片中蛋白质的质量分数。(N 的质量分数乘以因数 6.25 为蛋白质的质量分数)

5-30　称取工业纯碱(混合碱)试样 0.898 3 g,加酚酞指示剂,用 0.289 6 $mol \cdot L^{-1}$ HCl 溶液滴定至终点,消耗滴定剂 31.45 mL。再加甲基橙指示剂,滴定至终点,又消耗滴定剂 24.10 mL。求试样中各组分的质量分数。

5-31　有一个三元酸,其 $pK_{a_1}^{\ominus} = 2.0$,$pK_{a_2}^{\ominus} = 6.0$,$pK_{a_3}^{\ominus} = 12.0$。用氢氧化钠溶液滴定时,第一和第二化学计量点的 pH 分别为多少?两个化学计量点附近有无 pH 突跃?可选用什么指示剂?能否直接滴定至酸的质子全部被作用?

5-32　某一元弱酸(HA)纯品 1.250 g,用水溶解后定容 50.00 mL,用 41.20 mL 0.090 0 $mol \cdot L^{-1}$ NaOH 标准溶液滴定至终点。加入 8.24 mL NaOH 溶液时,溶液 pH 为 4.30。求

(1) 弱酸的摩尔质量($g \cdot mol^{-1}$)　　　　(2) 弱酸的解离常数

(3) 化学计量点的 pH　　　　　　　　　(4) 选用何种指示剂

5-33　用 KIO_3 作基准物质标定 $Na_2S_2O_3$ 溶液。称取 0.200 1 g KIO_3 与过量 KI 作用,析出的碘用 $Na_2S_2O_3$ 溶液滴定,以淀粉作指示剂,消耗滴定剂 27.80 mL。问 $Na_2S_2O_3$ 溶液浓度为多少?每毫升 $Na_2S_2O_3$ 溶液相当于多少克碘?

5-34　A 25.00 mL sample of unknown containing Fe^{3+} and Cu^{2+} required 16.06 mL of 0.050 83 $mol \cdot L^{-1}$ EDTA for complete titration. A 50.00 mL sample of the unknown was treated with NH_4F to protect the Fe^{3+}. Then the Cu^{2+} was reduced and masked by addition of thiourea. Upon addition of 25.00 mL of 0.050 83 $mol \cdot L^{-1}$ EDTA, the Fe^{3+} was liberated from its fluoride complex and formed an EDTA complex. The excess EDTA required 19.77 mL of 0.018 83 $mol \cdot L^{-1}$ Pb^{2+} to reach an endpoint using xylenol orange. Find the concentration of Cu^{2+} in the unknown.

5-35 水中化学耗氧量(COD)是环保中检测水质污染程度的一个重要指标,是指在特定条件下用一种强氧化剂(如 $KMnO_4$,$K_2Cr_2O_7$)定量地氧化水中的还原性物质时所消耗的氧化剂用量[折算为每升多少毫克氧,用 $\rho(O_2)$ 表示,单位为 $mg \cdot L^{-1}$]。今取废水样 100.0 mL,用 H_2SO_4 酸化后,加入 25.00 mL 0.016 67 $mol \cdot L^{-1}$ 的 $K_2Cr_2O_7$ 标准溶液,用 Ag_2SO_4 作催化剂煮沸一定时间,使水样中的还原性物质氧化完全后,以邻二氮菲-亚铁为指示剂,用 0.100 0 $mol \cdot L^{-1}$ 的 $FeSO_4$ 标准溶液返滴定,消耗滴定剂 15.00 mL。计算废水样中的化学耗氧量。(提示:$O_2 + 4H^+ + 4e^- \Longrightarrow 2H_2O$,用 O_2 和 $K_2Cr_2O_7$ 氧化同一还原性物质时,3 mol O_2 相当于 2 mol $K_2Cr_2O_7$)

5-36 称取软锰矿 0.100 0 g,用 Na_2O_2 熔融后,得到 MnO_4^{2-},煮沸除去过氧化物。酸化后,MnO_4^{2-} 歧化为 MnO_4^- 和 MnO_2。滤去 MnO_2,滤液用 21.50 mL 0.100 0 $mol \cdot L^{-1}$ 的 $FeSO_4$ 标准溶液滴定。计算试样中 MnO_2 的质量分数。

5-37 微型音像磁带中的磁性材料的化学组成相当于 $Co_xFe_{3-x}O_{4+x}$。准确称取 0.289 3 g 含钴的铁磁体化合物,加酸溶解后定容至 250 mL 的容量瓶中。移取 25.00 mL 该试样溶液于锥形瓶中,加入 $pH = 2$ 的缓冲溶液,以磺基水杨酸作指示剂,用 0.010 10 $mol \cdot L^{-1}$ EDTA 溶液滴定,消耗滴定剂 29.70 mL。再将溶液 pH 调节至 5 左右,加热至近沸,以 PAN 作指示剂,趁热继续用 EDTA 滴定,消耗滴定剂 5.94 mL。计算试样中钴、铁的质量分数。

5-38 吸取 50.00 mL 含有 IO_3^- 和 IO_4^- 的试液,用硼砂调节溶液 pH,并用过量 KI 处理,使 IO_4^- 转变为 IO_3^-,同时形成的 I_2 消耗 18.40 mL 0.100 0 $mol \cdot L^{-1}$ $Na_2S_2O_3$ 溶液滴定至终点。另取 10.00 mL 试液,用强酸酸化后,加入过量 KI,需 48.70 mL 同浓度的 $Na_2S_2O_3$ 溶液完成滴定。计算试液中 IO_3^- 和 IO_4^- 的浓度。

5-39 分析铜锌合金,称取 0.500 0 g 试样,用容量瓶配成 100.0 mL 试液,吸取 25.00 mL,调至 $pH = 6.0$ 时,以 PAN 作指示剂,用 $c(H_4Y) = 0.050 00$ $mol \cdot L^{-1}$ 的溶液滴定 Cu^{2+} 和 Zn^{2+},用去 37.30 mL。另外吸取 25.00 mL 试液,调至 $pH = 10$,加 KCN,以掩蔽 Cu^{2+} 和 Zn^{2+},用同浓度的 H_4Y 溶液滴定 Mg^{2+},消耗 4.10 mL。然后再加甲醛以解蔽 Zn^{2+},又用同浓度的 H_4Y 溶液滴定,消耗 13.40 mL。计算试样中含 Cu^{2+},Zn^{2+} 和 Mg^{2+} 的含量。

5-40 用 EDTA 配位滴定法测定 Fe^{3+} 与 Zn^{2+},若溶液中 Fe^{3+} 与 Zn^{2+} 的浓度均为 0.01 $mol \cdot L^{-1}$,问:

(1) Fe^{3+} 与 Zn^{2+} 能否用控制酸度的方法进行分步滴定?

(2) 若能分别准确滴定,如何控制酸度。(已知 $lgK_{FeY}^{\ominus} = 25.1$,$lgK_{ZnY}^{\ominus} = 16.5$)

5-41 Four measurements of the weight of an object whose correct weight is 0.102 6 g are 0.102 1 g,0.102 5 g,0.101 9 g,0.102 3 g. Calculate the mean,the average deviation,the relative average deviation(%),the standard deviation,the relative standard deviation

(%) ,the error of the mean,and the relative error of the mean(%).

5-42   A 1. 538 0 g sample of iron ore is dissolved in acid,the iron is reduced to the +2 oxidation state quantitatively and titrated with 43. 50 mL of KMnO$_4$ solution (Fe^{2+} ⟶ Fe^{3+}) ,1. 000 mL of which is equivalent to 11. 17 mg of iron. Express the results of the analysis as(1) $w($ Fe $)$;(2) $w($ Fe$_2$O$_3$ $)$;(3) $w($ Fe$_3$O$_4$ $)$.

习题参考答案

第六章　分子光谱分析

(Molecular Spectroscopic Analysis)

学习要求

1. 了解光谱分析法概论。
2. 掌握分光光度分析中的朗伯-比尔定律。
3. 掌握紫外-可见吸收光谱分析的原理、仪器及应用。
4. 掌握红外吸收光谱分析的原理、仪器及应用。
5. 掌握荧光光谱分析的原理、仪器及应用。

分析化学中,通过仪器测量物质在光、电、磁等作用下的物理性质或性质变化而建立的分析方法称为仪器分析。本章内容在概述光谱分析有关的仪器定量分析的基础上,着重介绍分子光谱分析中的紫外-可见吸收光谱分析、红外吸收光谱分析、荧光光谱分析的基本原理、仪器构造;并通过一些分析实例使读者了解相关分析方法的应用。

6.1　光谱分析法概述

光谱分析法被广泛应用于临床、环境等实验室,特别是可见光区的光谱分析是最广泛使用的分析方法之一,因为许多物质都能被选择性地转化为有色衍生物。目前,光谱分析仪器一应俱全,小型紫外-可见光谱仪价格相对低廉,操作方便。红外光谱一般不适用于定量测量,但相比于紫外-可见光谱分析,其更适合于定性分析或结构解析。荧光光谱分析通常具有较高的灵敏度和选择性,常见于生命物质等微量分析领域。

6.1.1　光学分析

光学分析是基于测量光辐射(即电磁辐射)与物质相互作用后引起辐射信号的变化、或测量物质所发射的电磁辐射,进而进行物质的定性、定量和结构分析的一大类分析方法。光学分析法可分为光谱法和非光谱法。光谱法是在物质与光辐射相互作用时,测量物质内部由于量子化能级跃迁而发生光的发射、吸收、散射,测量光的波长及强度进行分析的方法,如原子发射光谱法、原子吸收光谱法、原子荧光光谱法、紫外-可见吸收光谱法、红外吸收光谱法等;非光谱法是通过测量光与物质相互作用时引起光的折射、散射、干涉、衍射及偏振等物理性质的变化进行分析的方法,如折射法、干涉法、衍射法等。两者的区别在于:前者物质与光作用引起物质热力学能的变化,即伴随着能级跃迁,而后者则没有。

6.1.2 光能量与能级跃迁的关系

光的本质是电磁辐射,具有波粒二象性。光在传播中发生干涉、衍射等现象表明其具有波动性;而光具有光电效应等则表明其具有粒子性,而被称为光子。光子的能量与波长的关系符合普朗克(Planck)定律:

$$E = h\nu = h\frac{c}{\lambda} \tag{6-1}$$

式中:E 为光子能量,用焦耳(J)表示;ν 为光辐射频率(Hz);λ 为光辐射波长(m),c 为光速(真空中为 2.998×10^8 m·s^{-1});h 为普朗克常量(6.626×10^{-34} J·s)。

按波长或频率大小顺序排列的电磁辐射称为电磁波谱。电磁波谱的范围非常宽,涵盖了 γ 射线区、X 射线区、紫外光区、可见光区、红外光区、微波区和无线电波区,它们的波长与对应的光子能量见表 6-1。物质与电磁辐射相互作用时,物质可发生核能级、电子能级、分子振动和转动能级、电子和核自旋能级等多种类型的能级跃迁。表 6-1 也列出了与各光谱区电磁辐射能量相对应的物质能级跃迁的类型。在仪器分析中应用得最多的是紫外光区、可见光区和红外光区。

表 6-1 电磁辐射波谱的有关参数

电磁辐射	波长	能量/eV	能级跃迁类型
γ 射线区	<0.005 nm	>2.5×10^5	核能级
X 射线区	0.005~10 nm	2.5×10^5 ~ 1.2×10^2	内层电子能级
远紫外光区	10~200 nm	1.2×10^2 ~ 6.2	内层电子能级
近紫外光区	200~400 nm	6.2~3.1	外层电子能级
可见光区	400~750 nm	3.1~1.6	外层电子能级
近红外光区	0.75~2.5 μm	1.6~0.50	分子振动能级
中红外光区	2.5~50 μm	0.50~2.5×10^{-2}	分子振动能级
远红外光区	50~1 000 μm	2.5×10^{-2} ~ 1.2×10^{-3}	分子转动能级
微波区	1~300 mm	1.2×10^{-3} ~ 4.1×10^{-6}	分子转动能级
无线电波区	>300 mm	<4.1×10^{-6}	电子和核自旋能级

6.1.3 光谱分类及光谱分析法

按产生光谱的微观粒子类别来区分,光谱可以分为原子光谱(atomic spectrum)和分子光谱(molecular spectrum)。

① 原子光谱 由物质的原子与光辐射作用所产生的光谱。由于原子光谱的产生通常涉及原子内部的电子能级跃迁,因此所产生的原子光谱是一组不连续的狭窄谱线间隔排列的线状光谱。电子能级跃迁所需能量为 1~20 eV,相应的光辐射波长处于紫

外-可见光区。如图 6-1 显示的是一种合金钢空心阴极灯(参见第七章 7.4.2 节)所发射的原子光谱的很小一部分(300 nm 附近约 1 nm 的光谱区域),其间铬、铁、镍原子的光谱线呈线状间隔排列。

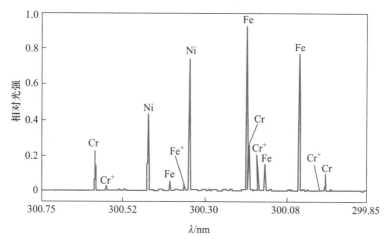

图 6-1　合金钢空心阴极灯的铬、铁、镍原子的发射光谱

② 分子光谱　由物质的分子与光辐射作用所产生的光谱。分子光谱涉及分子内原子的电子能级跃迁、分子内原子间的振动能级跃迁、分子整体的转动能级跃迁,如图 6-2 所示。振动能级跃迁所需能量比电子能级跃迁小(0.05~1 eV),对应的光辐射波长位于近红外及中红外光区;而转动能级跃迁所需能量更小(0.005~0.05 eV),对应的光辐射波长位于远红外光区。分子内部能级跃迁情况远比原子复杂,总有不同类型能级相伴出现的状况。例如,分子内原子的电子能级跃迁总伴随原子间的振动能级跃迁和分子整体的转动能级跃迁,而分子内原子间的振动能级跃迁总伴随着分子整体的转动能级跃迁。因此产生的光谱也比原子光谱复杂,表现在光谱形貌上,分子光谱是带状光谱。如图 6-3 为紫外-可见光区内 $KMnO_4$ 的吸收光谱。

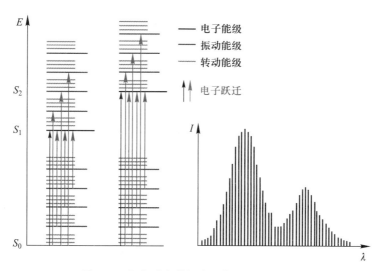

图 6-2　与分子光谱相关的能量变化能级图

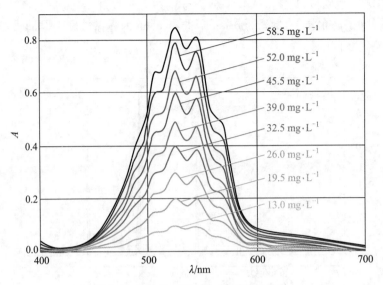

图 6-3　$KMnO_4$ 的紫外-可见吸收光谱

按照电磁辐射与物质相互作用的关系,光谱又可被分为发射光谱、吸收光谱和散射光谱等类型。

① 发射光谱　原子或分子被热、光、化学能等能量激发,从稳定基态跃迁至不稳定的激发态原子或分子,再由激发态经高能级跃迁到低能级时,多余能量以光辐射的形式释放而产生发射光谱(emission spectrum)。不同物质由于内部结构不同,发射的光谱不相同。在发射光谱中,将分子或原子受光辐射而跃迁至激发态,再跃迁到低能级所发光的过程称为光致发光,光致发光所产生的光谱称为荧光光谱(fluorescence spectrum)和磷光光谱(phosphorescence spectrum),参见本章6.5 节。

② 吸收光谱　光辐射与物质作用时,若某些光辐射的能量等于物质内部原子或分子两个量子化能级间的能量差,物质就可以选择性地吸收这些光辐射,从较低的能级跃迁到较高能级产生吸收光谱(absorption spectrum)。不同的物质跃迁所需的能量不相同,吸收光谱也各不相同。

③ 散射光谱　辐射到物质上的光会发生光散射。如果散射时光子与物质分子发生了能量交换,散射光不仅方向与入射光不同,波长也会变化而被称为拉曼散射,对应的光谱称为拉曼散射光谱(Raman scattering spectrum),简称拉曼光谱。拉曼光谱涉及分子的振动和转动能级跃迁,常被用来研究物质的分子结构。

综合光谱产生的物质粒子和作用方式,原子光谱一般有原子发射光谱(atomic emission spectrum)、原子吸收光谱(atomic absorption spectrum)和原子荧光光谱(atomic fluorescence spectrum)等。分子光谱最常见的有紫外-可见吸收光谱(UV-Vis spectrum)、红外吸收光谱(IR spectrum)、荧光光谱(fluorescence spectrum)等。散射光谱中最常见的是拉曼散射光谱(Raman scattering spectrum)。

广义地说,几乎所有的电磁辐射区所产生的光谱都可用于物质的分析。表 6-2列出了一些常见的光谱分析方法及用途。

表 6-2　常见的光谱分析方法及用途

分析方法	光谱类型	主要用途
原子发射光谱法	原子光谱	元素的定性、定量分析
原子吸收光谱法		金属元素的定量分析
原子荧光光谱法		元素的定量分析
紫外-可见吸收光谱法	分子光谱	无机和有机物的定性、定量分析
红外吸收光谱法		有机物的结构分析和定量分析
荧光光谱法		无机和有机物的定性、定量分析
拉曼散射光谱法		有机物的结构分析

6.1.4　物质的颜色与光的关系

互补色光示意图

具有单一波长的光称为单色光(monochromatic light),由两种以上波长组成的光为混合光。白光是由红、橙、黄、绿、青、蓝、紫等各种颜色光按一定比例混合而成的混合光。如果把两种适当颜色的光按一定强度的比例混合得到白光,那么这两种光叫互补色光。

物质的颜色是由物质对不同波长的光具有选择性吸收作用而产生的。例如:硫酸铜溶液因吸收白光中的黄色光而呈蓝色,高锰酸钾溶液因吸收白光中的绿色光而呈紫色。因此,物质呈现的颜色和吸收的光颜色之间是互补关系,如表 6-3 所示。

表 6-3　物质颜色和吸收光颜色的关系

物质颜色	吸收光颜色	吸收光波长/nm
黄绿	紫	400~450
黄	蓝	450~480
橙	绿蓝	480~490
红	蓝绿	490~500
紫红	绿	500~560
紫	黄绿	560~580
蓝	黄	580~600
绿蓝	橙	600~650
蓝绿	红	650~760

以上只粗略地用物质对各种色光的选择性吸收说明物质呈现的颜色。若测定某物质对不同波长单色光的吸收程度,以波长为横坐标、吸光度为纵坐标作图,可得一条曲线,称为吸收光谱(absorption spectrum)或吸收曲线,可清楚地描述物质对光的吸收情况,如图 6-3。

可见,$KMnO_4$ 溶液对波长 525 nm 附近的绿色光吸收最强,而分别对紫色和红色的光吸收弱。光吸收程度最强处的波长为最大吸收波长(用 λ_{max} 表示)。不同浓度 $KMnO_4$ 溶液的吸收曲线都相似,最大吸收波长不变,仅吸光强度(即:光度)不同。这表明有色溶液呈现的颜色是其强吸收色的互补色,吸收愈多,使复合光(白光)比例下降而补色愈深。比较颜色深浅,就是比较溶液对吸收光的强度(即:吸光度)。

　　吸收曲线可作为分光光度分析(即:单色光光强度分析)中波长选择的依据,一般选择最大吸收波长的单色光进行测定。这样对于同一被测物质,测得的吸光度最大,从而使分析灵敏度更高。

6.2　光的吸收定律:朗伯-比尔定律

6.2.1　朗伯-比尔定律

　　朗伯(Lambert)和比尔(Beer)分别于 1760 年和 1852 年研究了光的吸收与液层宽度及浓度的定量关系,二者结合称为朗伯-比尔定律,也称为光的吸收定律。

　　当一束平行的单色光照射到有色溶液,一部分光被溶液中的吸光质点吸收,一部分光透过溶液,还有一部分光被器皿表面反射。由于实际测量时均采用相同质料及宽度的比色皿,因而反射光强度基本不变,故其影响可不予考虑。如图 6-4 所示,设入射光强度为

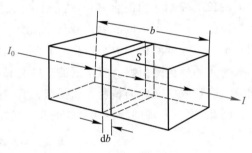

图 6-4　光吸收示意图

I_0,透射光强度为 I_t,溶液的浓度为 c,液层厚度(即:光程)为 b;实验表明,一定浓度范围内的溶液存在如下关系:

$$\lg \frac{I_0}{I_t} = kcb \qquad (6-2)$$

式中:透射光强度 I_t 和入射光强度 I_0 的比值 $\frac{I_t}{I_0}$ 通常称透光度(transmittance),符号为 T,数值一般用百分数表示,即 $T = \frac{I_t}{I_0} \times 100\%$,故又称透光率(percent transmittance)。溶液的透光度越大,表示它对光的吸收越小;而常数 $\lg \frac{I_0}{I_t}$ 称为吸光度(absorbance,用 A 表示,也称光密度 optical density,用 OD 表示)。A 愈大,说明光被吸收得越多,透光率越低;两者对照见图 6-5。

　　式(6-2)最终可写成:

$$A = \lg \frac{I_0}{I_t} = \lg \frac{I_0}{T} = kcb \qquad (6-3)$$

式(6-3)为朗伯-比尔定律的表达式,该式表明:当一束单色光通过有色溶液时,其吸

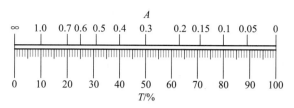

图 6-5　吸光度与透光率的对照图

光度(A)与溶液浓度(c)和光程(b)的乘积成正比;k 是比例系数,与入射光波长、溶液的性质及温度有关。当入射光波长和溶液温度一定时,k 代表单位浓度的有色溶液放在单位光程的比色皿中的吸光度,其值由溶液浓度和宽度采用的单位所决定。k 值随 b 和 c 的单位变化而改变。当 c 的单位为 mol·L^{-1},b 的单位为 cm 时,k 常以 κ 表示,称为摩尔吸收系数(molar absorptivity),其单位为 L·mol^{-1}·cm^{-1};它表示溶液浓度为 1 mol·L^{-1}、光程为 1 cm 时,溶液对光的吸收能力。于是式(6-3)写成:

$$A = \kappa b c_B \tag{6-4}$$

式中:κ 值越大,表示吸光质点对某波长的光吸收能力越强,故分光光度测定的灵敏度越高。因此 κ 是吸光质点特性的重要参数,也是衡量分光光度分析法灵敏度的指标。一般 κ 在 10^3 L·mol^{-1}·cm^{-1} 以上即可进行分光光度法测定,高灵敏度的分光光度法 κ 可达 $10^5 \sim 10^6$ L·mol^{-1}·cm^{-1}。

溶液的组成除用物质的量浓度表示以外,有时也用质量浓度表示。此时,朗伯-比尔定律可表示为

$$A = a b \rho_B$$

式中:ρ_B 的单位为 g·L^{-1},b 的单位为 cm 时,k 通常以 a 表示,称为质量吸收系数(mass absorption coefficient),其单位为 L·g^{-1}·cm^{-1}。

κ 与 a 的关系为

$$\kappa = M_B a$$

式中:M_B 为吸光物质的摩尔质量。

例 6-1　质量浓度为 25.0 μg/50 mL 的 Cu^{2+} 溶液,用双环已酮草酰二腙分光光度法测定,于波长 600 nm 处,用 2.0 cm 比色皿测得 $T = 50.1\%$,求质量吸收系数 a 和摩尔吸收系数 κ。已知 $M(Cu) = 64.0$ g·mol^{-1}。

解:已知 $T = 0.501$,则 $A = -\lg T = 0.300$

$$b = 2.0 \text{ cm},$$

$$\rho_B = \frac{25.0 \times 10^{-6} \text{ g}}{50.0 \times 10^{-3} \text{ L}} = 5.00 \times 10^{-4} \text{ g·L}^{-1}$$

则根据朗伯-比尔定律 $A = a b \rho_B$,

$$a = \frac{A}{b\rho_B} = \frac{0.300}{2.0 \text{ cm} \times 5.00 \times 10^{-4} \text{ g·L}^{-1}}$$

$$= 3.00 \times 10^2 \text{ L·g}^{-1} \cdot \text{cm}^{-1}$$

而

$$\kappa = M_B a$$

$$= 64.0 \text{ g·mol}^{-1} \times 3.00 \times 10^2 \text{ L·g}^{-1} \cdot \text{cm}^{-1}$$

$$= 1.92 \times 10^4 \text{ L·mol}^{-1} \cdot \text{cm}^{-1}$$

例 6-2 100 mL 溶液中包含 1.00 mg 铁离子(硫氰酸化合物),与空白相比,测得透光率为 70.0%。(1)此溶液在该波长的吸光度是多少?(2)如果浓度增加四倍,透光率是多少?

解:(1)$T = 0.70$,$A = -\lg 0.70 = 0.155$

(2)依据朗伯-比尔定律,吸光度与浓度是线性的。如果原始溶液的吸光度是 0.155,浓度为其四倍的溶液的吸光度为 $4 \times 0.155 = 0.620$。

透光率 T:

$$T = 10^{-0.620} = 0.240$$

6.2.2 偏离朗伯-比尔定律的原因

定量分析时,通常溶液光程是相同的,按照朗伯-比尔定律,吸光度与浓度的关系似乎是一条通过原点的直线,即对于所有浓度都适用。但实际上该直线超出一定浓度范围往往弯曲,见图6-6中的虚线。若定量分析在弯曲部分进行,必将产生较大的测定误差。

偏离朗伯-比尔定律的原因很多,但基本上可分为物理方面的原因和化学方面的原因两大类。物理方面的原因主要是入射的单色光不纯所引起的。化学方面的原因主要是溶液本身的化学变化所引起的。

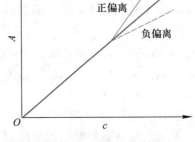

图 6-6 偏离朗伯-比尔定律的情况

(1)单色光不纯所引起的偏离

应用朗伯-比尔定律的基本前提是使用单色光,所得入射光的波长范围越窄,即"单色光"越纯,则偏离越小,标准曲线的弯曲程度也就越小或趋近于零。但在实际工作中,不可能从连续辐射光源中提取纯单色光,即使高质量分光光度仪的入射光仍有一定波长宽度。通常,在光谱曲线峰值(最大吸收波长)附近,一定波长范围内的各波长对应的吸收系数较为相近;而光谱曲线陡峭区域,吸收系数随波长变化而有很快改变;此时的吸光度与浓度并不完全成直线关系,因而导致了对朗伯-比尔定律的偏离。

(2)由于溶液本身的原因所引起的偏离

溶液本身的原因引起的偏离主要有以下几方面:

• 朗伯-比尔定律表达式中的吸收系数 κ 与溶液的折射率 n 有关。溶液的折射率随溶液浓度的改变而变化。实践证明,溶液浓度在 0.01 mol·L^{-1} 或更低时,n 基本上是一个常数,说明朗伯-比尔定律只适用于低浓度的溶液。浓度过高会偏离朗伯-比尔定律。当然若溶液浓度过低,甚至低于检测限,此时分光光度仪无法感知吸光质点量的变化,朗伯-比尔定律当然也不适用。

• 朗伯-比尔定律是建立在均匀、非散射的溶液这个基础上的。如果介质不均匀,呈胶体、乳浊、悬浮状态,则入射光除了被吸收外,还会有反射、散射的损失,因而实际测得的吸光度增大,导致对朗伯-比尔定律的偏离。

• 溶质的解离、缔合、互变异构及化学变化也会引起偏离。其中有色化合物的解离是偏离朗伯-比尔定律的主要化学因素。例如,显色剂 KSCN 与 Fe^{3+} 形成红色配合

物 $Fe(SCN)_3$,存在下列平衡:

$$Fe(SCN)_3 \rightleftharpoons Fe^{3+} + 3SCN^-$$

溶液稀释时,上述平衡向右,解离度增大。所以当溶液体积增大一倍时,$Fe(SCN)_3$ 的浓度不止降低一半,故吸光度降低一半以上,导致偏离朗伯-比尔定律。

6.3 紫外-可见吸收光谱分析

6.3.1 紫外-可见吸收与分子结构

1. 有机化合物的电子能级跃迁类型

有机化合物的紫外-可见吸收光谱是由分子的外层电子跃迁产生的,这些外层电子包括成单键 σ 电子、双键 π 电子和非键 n 电子(孤对电子)。当有机化合物分子吸收紫外或可见光辐射后,其外层电子便会从能量较低的成键或非键轨道(σ,π,n)向能量较高的激发态反键轨道(π^*,σ^*)跃迁,产生 $\sigma \rightarrow \sigma^*$、$\pi \rightarrow \pi^*$、$n \rightarrow \sigma^*$、$n \rightarrow \pi^*$ 4 类跃迁,所需能量大小为 $E_{n \rightarrow \pi^*} < E_{\pi \rightarrow \pi^*} < E_{n \rightarrow \sigma^*} < E_{\sigma \rightarrow \sigma^*}$,图 6-7 表示有机化合物分子中的电子能级跃迁。

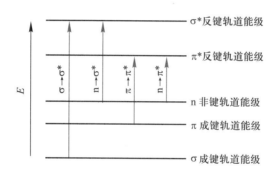

图 6-7 有机化合物分子中的电子能级跃迁

① $\sigma \rightarrow \sigma^*$ 跃迁 所需能量最大,吸收波长最短(<150 nm),处于远紫外光区。饱和烷烃中的 C—C 键和 C—H 键只含有 σ 电子,只能产生 $\sigma \rightarrow \sigma^*$ 跃迁,如甲烷的 $\lambda_{max} = 125$ nm。

② $n \rightarrow \sigma^*$ 跃迁 所需能量略低于 $\sigma \rightarrow \sigma^*$ 跃迁,处于近紫外光区(~200 nm),饱和烷烃的 H 被含孤对电子的杂原子(O,N,S,Cl 等)取代可产生 $n \rightarrow \sigma^*$ 跃迁,跃迁强度很小,如甲醇羟基的 $n \rightarrow \sigma^*$ 跃迁的 $\lambda_{max} = 183$ nm。

③ $\pi \rightarrow \pi^*$ 跃迁 所需能量较低,吸收谱带处于近紫外光区(<200 nm),吸收强度大($\kappa = 10^3 \sim 10^5 \ L \cdot mol^{-1} \cdot cm^{-1}$),不饱和烃、共轭烯烃、芳香烃等均可产生此类跃迁,如单个 C=C 键的 $\lambda_{max} = 170 \sim 200$ nm,单个 C≡C 或 C≡N 键的 $\lambda_{max} < 200$ nm;若几个不饱和键互相共轭,随共轭程度增加,$\pi \rightarrow \pi^*$ 跃迁的吸收带向长波方向移动(**红移**),且吸收强度增大(**增敏**),如乙烯的 $\lambda_{max} = 185$ nm,$\kappa = 10^4 \ L \cdot mol^{-1} \cdot cm^{-1}$,而丁二烯的 $\lambda_{max} = 217$ nm,$\kappa = 2.1 \times 10^4 \ L \cdot mol^{-1} \cdot cm^{-1}$。

④ $n \rightarrow \pi^*$ 跃迁 有机化合物既有不饱和键,又有含孤对电子的杂原子(N,O,S

等),可在 $\pi \rightarrow \pi^*$ 跃迁的同时,伴随 $n \rightarrow \pi^*$ 跃迁;由于 $n \rightarrow \pi^*$ 跃迁所需能量最低,其吸收位于近紫外至可见光区($\lambda_{max} = 200 \sim 700$ nm),但因跃迁概率低,吸收强度很小,通常只有 $\pi \rightarrow \pi^*$ 跃迁吸收强度的 $0.01 \sim 0.001$,如偶氮基 $CH_3N{=}NCH_3$ 的 $n \rightarrow \pi^*$ 跃迁 $\lambda_{max} = 339$ nm,其 $\kappa = 5$ L·mol^{-1}·cm^{-1}。

以上四类跃迁吸收中,$\sigma \rightarrow \sigma^*$ 和 $n \rightarrow \sigma^*$ 跃迁吸收带处在远紫外区,需在真空下才能测定,在实际应用中受到限制。而 $\pi \rightarrow \pi^*$ 和 $n \rightarrow \pi^*$ 跃迁所产生的吸收处在或接近紫外区,其中 $\pi \rightarrow \pi^*$ 跃迁,吸收强度很大,是有机化合物紫外-可见吸收光谱的主要吸收类型。因此有机化合物分子中含 π 电子和 n 电子的不饱和基团,由双键和三键体系构成,如乙烯基、羰基、亚硝基、偶氮基等,被称为生色团(chromophore)。表6-4是一些常见生色团的吸光特征。

表 6-4　常见生色团的吸光特征

生色团	溶剂	λ_{max}/nm	κ/(L·mol^{-1}·cm^{-1})	跃迁类型
烯($C_6H_{13}CH{=}CH_2$)	正庚烷	177	13 000	$\pi \rightarrow \pi^*$
炔($C_5H_{11}C{\equiv}C{-}CH_3$)	正庚烷	178	10 000	$\pi \rightarrow \pi^*$
羰基($CH_3\overset{O}{\overset{\|}{C}}CH_3$)	正己烷	186	1 000	$n \rightarrow \pi^*$
		280	16	$n \rightarrow \sigma^*$
羧基($CH_3\overset{O}{\overset{\|}{C}}OH$)	乙醇	204	41	$n \rightarrow \pi^*$
酰氨基($CH_3\overset{O}{\overset{\|}{C}}NH_2$)	水	214	60	$n \rightarrow \pi^*$
偶氮基($H_3CN{=}NCH_3$)	乙醇	339	5	$n \rightarrow \pi^*$
硝基(CH_3NO_2)	异辛烷	280	22	$n \rightarrow \pi^*$
亚硝基(C_4H_9NO)	乙醚	300	100	$n \rightarrow \pi^*$

2. 影响有机化合物紫外-可见吸收光谱的因素

有机化合物紫外-可见吸收光谱的波长和吸收强度往往受到分子结构、所用溶剂等因素的影响而产生改变。

① 分子结构　生色团是有机化合物产生紫外-可见吸收光谱的结构基础;此外,一些含杂原子 n 孤对电子的基团(如—OH,—NH$_2$,—SH,卤族元素等)单独存在时,并不产生波长>200 nm 的吸收,一旦与相邻生色团形成 $n-\pi$ 共轭,降低了 $\pi \rightarrow \pi^*$ 跃迁的能量,则引起生色团吸收峰向长波长方向移动(红移),且吸收强度增加(增敏),这类基团称为助色团(auxochrome)。如苯环上有助色团取代,由于 $n-\pi$ 共轭效应,会使 $\pi \rightarrow \pi^*$ 吸收红移或增敏,见表6-5。

表 6-5　助色团取代对苯吸收光谱带的影响

取代基团	λ_{max}/nm	$\kappa/(L \cdot mol^{-1} \cdot cm^{-1})$	λ_{max}/nm	$\kappa/(L \cdot mol^{-1} \cdot cm^{-1})$
—H	203	7 400	255	230
—F	204	8 000		
—Cl	209	7 400	263	190
—Br	210	7 900	261	192
—OH	211	6 200	270	1 450
—NH$_2$	230	8 600	280	1 430
—PH$_2$	234	3 500		
—SH	236	8 000		

② 外部环境　有机化合物的光谱与其溶剂相关,采用非极性溶剂,与物质的气态的光谱相似,可观察到孤立分子产生的转动-振动的精细结构;而采用极性溶剂,吸收波长及强度发生变化,并且分子振动受到限制,由振动引起的精细结构随之消失,如图 6-8 显示了对称四嗪在气态、非极性溶剂和极性溶剂中紫外-可见吸收光谱的改变情况;另外,pH 对极性和有酸碱基团的有机化合物的光谱也有影响,这是由于化合物在不同 pH 条件下其解离平衡发生改变。如苯酚在酸性环境中有 210 nm 和 270 nm 的两个吸收峰,而在碱性环境中变为 235 nm 和 287 nm 两个吸收峰。

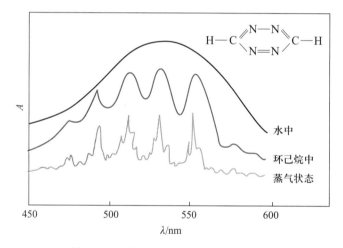

图 6-8　对称四嗪的紫外-可见吸收光谱

6.3.2　紫外-可见吸收光谱仪

测定溶液吸光度(或透光率)所用的紫外-可见吸收光谱仪(又称紫外-可见分光光度仪)包括光源、单色器、吸收池、检测器、信号输出系统等五大部分,见图 6-9。

图 6-9　紫外-可见吸收光谱仪构成框图

① 光源(light source)　光源应在检测波长区域有稳定的辐射。可见光光源常用

石英卤钨灯,可发射 320~2 200 nm 的连续光谱,覆盖可见光区到近红外光区;紫外光源常用氘灯,发射 150~400 nm 的紫外光。光源前装有聚光透镜使光线变成平行光。随着分析仪器向微型化、便携化方向发展,小型光源(发光二极管等)逐渐普及,如白色发光二极管(400~700 nm)和不同波长范围的紫外发光二极管都有使用。

②　单色器(monochromator)　单色器的作用是把光源辐射的复合光分解成按波长顺序排列的单色光。它包括狭缝和色散元件及准直镜三部分。色散元件主要有两种类型:棱镜和衍射光栅;玻璃棱镜仅可用于可见光区,色散波段 360~700 nm,石英棱镜覆盖整个紫外-可见光区,色散波段 200~1 000 nm;棱镜的色散率与波长相关,对短波长效果好,对长波长(尤其到红外区)效果差。因此,较好的分光光度仪采用光栅作色散元件,其特点是工作波段范围宽,适用性强,对各种波长色散率几乎一致,但光强会随波长而变。

③　吸收池(absorption cell)　吸收池又称比色皿,用于盛装试液或参比溶液,形状一般是长方形。在可见光范围内使用玻璃材质,在紫外光范围内使用石英材质。一般分光光度仪都配有一套不同宽度的吸收池,通常有 0.5 cm、1 cm、2 cm、3 cm 和 5 cm,可适用于不同浓度范围的试样测定。同一组吸收池的透光率相差应小于 0.5%,使用时应保护其透光面,不要用手直接接触。

④　检测器(detector)　检测器是把经吸收池的透射光强度转换成电讯号的装置。检测器应具有灵敏度高、对透过光的响应时间短、且响应线性关系好等可靠性。分光光度仪中通常用光电管和光电倍增管等作检测器。光电管是在玻璃或石英管内装有两个电极,阳极通常是镍环或镍片封装于真空管中,阴极为一个半圆形金属片涂上一层光敏物质,其受光照射可放出电子,向阳极流动形成光电流,光电流的大小与光强度成正比。如 GaAs(Cs)是一种铯激发的砷化镓光敏阴极材料,响应范围为 300~930 nm。CsTe 和 CsI 均为"日盲"型阴极材料,对可见光无响应,前者对波长 320 nm 以下、后者对波长 200 nm 以下的紫外光有响应。真空光电管的灵敏度一般是 40~60 μA/lm(lm:光通量单位,流明),由于光电管产生的光电流比较小,所以需要用放大装置将其放大后才能用微安表检测。

目前,较高级的紫外-可见分光光度仪采用光电倍增管(见图 6-10)作检测器,其整个阴极系统由一个起光电转换作用的光敏发射极、一个起光电子聚焦作用的栅极和一组起电子倍增作用的倍增电极(也称打拿极,dynode)所组成,组内的每个倍增电极均比前一个有更高电压(50~90 V)。当发射极受光激发发生光电效应,电子从表面脱

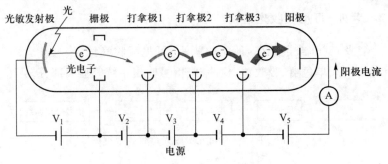

图 6-10　光电倍增管示意图

离即加速向第一个倍增电极运动,撞击该倍增电极引发表面更多电子的释放,进而电子再被加速撞向第二个倍增电极,引起更多电子的释放,如此经过多级(约 10 级)的电子倍增,大量电子最终被阳极收集,从而使光电流得到放大。光电倍增管的灵敏度比光电管高约 200 倍,适用于测量微弱光。

光电二极管阵列是另一类检测器,常用于多波长阵列检测。典型的光电二极管由 p 型硅半导体(Al,Ga 或 In 掺杂)与 n 型硅半导体(N,P 或 As 掺杂)组合而成(想象一下太阳电池),适用波长范围在 400~900 nm,也随半导体材料而变。特殊制造的光电二极管可在 170~1 100 nm 有响应,是光电管/光电倍增管达到的光谱范围(见图 6-11)广度。

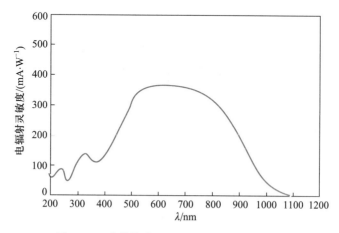

图 6-11　紫外敏感的硅二极管相应光谱曲线

⑤ 显示器　显示器是将检测器检测的信号显示和记录下来的装置。现代分光光度仪多带有微机,能在屏幕上显示操作条件、各项数据并可对光谱图像进行数据处理,测定准确而可靠。

紫外-可见分光光度仪分为单波长和双波长分光光度仪两类。

单波长分光光度仪分为单光束和双光束分光光度仪。单波长单光束分光光度仪因其结构简单、使用方便而被最广泛地应用。单波长双光束分光光度仪原理如图 6-12 所示。它将光源的光束分为两路,并分别射入参比池和试样池,这样消除了单光束受光源强度变化的影响。即

$$A = A_S - A_R = \lg \frac{I_0}{I_S} - \lg \frac{I_0}{I_R} = \lg \frac{I_R}{I_S}$$

可见,A 值与光源强度无关。

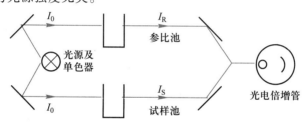

图 6-12　单波长双光束分光光度仪原理图

双波长分光光度仪采用两个单色器,将同一光源的光分为两束,分别经单色器后得到两束不同波长的单色光,经切光器使两束单色光以一定频率交替照射同一试样,然后经过检测器显示出两个波长下的吸光度差值 ΔA;工作原理见图 6-13。

$$\Delta A = A_{\lambda_2} - A_{\lambda_1} = (\kappa_{\lambda_2} - \kappa_{\lambda_1}) b c_B$$

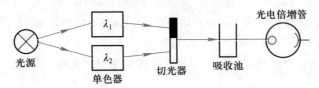

图 6-13 双波长分光光度仪工作原理图

双波长分光光度仪不仅可测多组分混合试样、浑浊试样,而且还可测得导数光谱。测量时使用同一吸收池和同一光源,因而误差小、灵敏度高。

6.3.3 分光光度测定的方法

(1)标准曲线法

标准曲线法是吸收光度法中最经典的定量方法,此法受单色光的纯度影响小。步骤是先配制一系列不同浓度的标准溶液,可加适量显色剂进行显色,然后在一定波长下分别测定吸光度 A。以 A 为纵坐标,浓度 c 为横坐标,绘制 $A-c$ 曲线,若符合朗伯-比尔定律,则可用最小二乘法回归得到一条标准曲线,如图 6-14。然后用相同方法和步骤测定被测溶液的吸光度,便可从标准曲线上找出对应的被测溶液浓度或含量。在仪器、方法和条件都固定的情况下,标准曲线可以多次使用而不必重新制作,因而标准曲线法适用于经常性的大量试样分析。在带有计算机的分光光度仪上,这些工作都能自动完成。

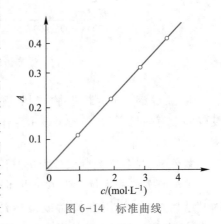

图 6-14 标准曲线

(2)标准对照法

标准对照法又称直接比较法。其方法是将试样溶液和一个标准溶液在相同条件进行显色、定容,分别测出它们的吸光度,按式(6-4)计算被测溶液的浓度。

$$\frac{A_样}{A_标} = \frac{\kappa_样 \, c_样 \, b_样}{\kappa_标 \, c_标 \, b_标}$$

在相同入射光及用同样比色皿测量同一物质时:

$$\kappa_标 = \kappa_样 \qquad b_标 = b_样$$

所以

$$c_样 = \frac{A_样}{A_标} c_标 \tag{6-5}$$

标准对照法要求 A 与 c 线性关系良好,被测试样溶液与标准溶液浓度接近,以减少测定误差。由于该法仅用一份标准溶液即可计算出被测溶液的含量或浓度,这给非经常性分析工作带来方便,操作亦简单。

例 6-3 已知维生素 B_{12} 在 361 nm 条件下 $a_{标} = 20.7$ L·g^{-1}·cm^{-1}。精确称取试样 30 mg,加水溶解稀释至 1 000 mL,在波长 361 nm 下,用 1.00 cm 吸收池测得溶液的吸光度为 0.618,计算试样维生素 B_{12} 的含量。

解: $A = a_{样} b \rho_{样}$,则

$$a_{样} = \frac{A}{b\rho_{样}} = \frac{0.618}{(30 \text{ mg}/1\ 000 \text{ mL}) \times 1 \text{ cm}} = 20.6 \text{ L} \cdot g^{-1} \cdot cm^{-1}$$

$$维生素\ B_{12}\ 的含量 = \frac{20.6 \text{ L} \cdot g^{-1} \cdot cm^{-1}}{20.7 \text{ L} \cdot g^{-1} \cdot cm^{-1}} \times 100\% = 99.5\%$$

6.3.4 显色反应及其影响因素

有些被测物质的溶液没有或仅有很弱的紫外-可见吸收,分光光度仪无法获得足够的响应信号。此时可在被测溶液中加入某些物质,使被测物质的吸收增强,甚至直接转变为有较深颜色(强可见光吸收)的物质。这种将待测物质转变成有色化合物的反应叫显色反应,所加入试剂称为显色剂。

常见的显色反应大多数是生成配合物的反应,少数是氧化还原反应和增加吸光能力的生化反应。应用时应选择合适的反应条件和显色剂,以提高显色反应的灵敏度和选择性。

显色反应一般需满足下列要求:
(1) 选择性好 显色剂仅与被测组分显色而与其他共存组分不显色;
(2) 灵敏度高 生成的有色物质摩尔吸收系数较大($\kappa = 10^4 \sim 10^5$ L·mol^{-1}·cm^{-1});
(3) 有色物质的组成恒定 有色配合物的组成符合一定化学式;
(4) 有色物质稳定性好 显色反应进行得比较完全;
(5) 色差大 有色物质与显色剂间的色差大。

6.3.5 测量条件的选择

(1) 分光光度法的读数误差

在读取吸光度或透光度的时候总会出现一定量的误差或不可再现性。读数中的不确定性将取决于许多的仪器因素、被读的数值范围及浓度。因此,很难精确地测量非常小或非常大的吸光度值。

在分光光度仪中,透光度和吸光度之间是负对数关系。透光度的小误差,将导致在低或高透光度时吸光度的大误差,从而引发浓度产生较大的相对误差,如图 6-15。因此一般来说透光度 T 在 20%~65%(吸光度为 0.2~0.7)时,浓度测量的相对误差都较小,是分光光度分析中比较适宜的测定范围;其中 $T = 36.8\%$

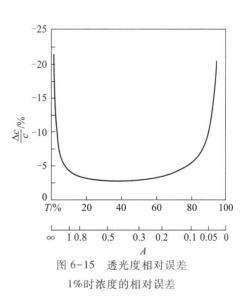

图 6-15 透光度相对误差
1% 时浓度的相对误差

时,浓度相对误差最小。当溶液的吸光度不在此范围时,可以通过改变称样量、溶液稀释倍数及选择不同厚度的比色皿来调节吸光度。

（2）入射光波长的选择

入射光波长选择的依据是光谱吸收曲线,选最大吸收波长 λ_{max} 最常见。因为此波长处的摩尔吸收系数 κ 最大,灵敏度最高,且此波长处吸光度变化平缓,能够减少因单色光不纯而引起的误差,提高测定的准确度。

若被测物质存在干扰物,且干扰物在 λ_{max} 处也有吸收,则根据"吸收大、干扰小"的原则,在干扰最小的条件下选择吸光度最大的波长。有时为了消除其他物质如共存离子的干扰,也常常加入掩蔽剂。

（3）参比溶液的选择

选择参比溶液的总原则是使试液的吸光度能真正反映待测物的浓度。通常利用参比空白来消除因溶剂或器皿对入射光反射和吸收带来的误差。具体有

① 纯溶剂空白 当试液、试剂、显色剂均为无色时,可直接用纯溶剂（或蒸馏水）作参比;

② 试剂空白 试液无色、试剂或显色剂有色时,可在同一显色反应条件下,加入相同量的显色剂和试剂（不加试样溶液）,稀释至同一体积作参比;

③ 试液空白 试剂和显色剂均无色,试液中其他物质如共存离子有色时,可采用不加显色剂的溶液作参比。

6.3.6 紫外-可见光谱分析的应用

紫外-可见光谱分析在许多领域都有广泛的应用。最主要的是利用朗伯-比尔定律开展试样组分的定量分析,其他还可用于测定配合物组成及热力学平衡常数（稳定常数、酸解离常数等）、化学反应的速率常数、催化反应的活化能等。

（1）单组分含量测定

对于在选定波长下只有待测单一组分有吸收的试样,可用 6.3.3 所述的方法测定含量。由于某一组分可用多种显色剂使其显色,因而又会有多种方法测定某一组分。如铁的测定有硫代氰酸盐法、磺基水杨酸法和邻菲咯啉法等。不同方法测定的条件、灵敏度、选择性等是不同的,应根据实际情况选择一种合适的方法。

如:邻菲咯啉法测定微量铁

邻菲咯啉又称邻二氮菲（1,10-二氮杂菲）,是有机配位剂之一。它与 Fe^{2+} 能形成 3:1 的红色配离子:

其最大吸收波长 $\lambda_{max}=512$ nm,κ 为 1.1×10^4 L·mol^{-1}·cm^{-1}。在 pH=3~9 时,反应能迅速完成,且显色稳定。在铁含量 0.5~8 μg·mL^{-1} 范围内,浓度与吸光度符合朗伯-比尔定律。被测溶液用 pH=4.5~5.0 的缓冲溶液保持其酸度,并用盐酸羟胺还原其

中的 Fe^{3+},同时防止 Fe^{2+} 被空气氧化。用标准曲线法进行含量测定。

（2）多组分含量测定

在含有多组分的体系中,各组分对同一波长的光可能都有吸收。这时,溶液的总吸光度等于各组分的吸光度之和:

$$A = A_1 + A_2 + A_3 + \cdots + A_n$$

这就是吸光度的加和性。因此,常在同一溶液中进行多组分含量的测定,其测定的结果往往可以通过计算求得。现以双组分混合物为例,根据吸收峰相互重叠的情况,按下列两种情况进行定量测定:

① 吸收峰互不重叠　如图 6-16(a),A、B 两组分的吸收峰相互不重叠,则可分别在 λ_{max}^A,λ_{max}^B 处用单组分含量测定法测定组分 A 和 B。

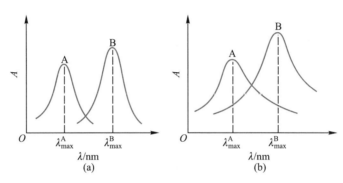

图 6-16　多组分的吸收曲线

② 吸收峰相互重叠　如图 6-16(b),A、B 两组分的吸收峰相互重叠,即 A 在 λ_{max}^B 处,B 在 λ_{max}^A 处也有吸收。这时可分别在 λ_{max}^A 和 λ_{max}^B 处测出 A、B 两组分的总吸光度 A_1 和 A_2,然后根据吸光度的加和性列联立方程:

在 λ_{max}^A 处,　　　　　　$A_1 = \kappa_1^A bc(A) + \kappa_1^B bc(B)$　　　　　　(6-6a)

在 λ_{max}^B 处,　　　　　　$A_2 = \kappa_2^A bc(A) + \kappa_2^B bc(B)$　　　　　　(6-6b)

式中:κ_1^A、κ_1^B 分别为 A 和 B 在波长 λ_{max}^A 处的摩尔吸收系数;κ_2^A、κ_2^B 分别为 A 和 B 在波长 λ_{max}^B 处的摩尔吸收系数

解上述联立方程,即可求得 A、B 两组分的浓度 $c(A)$ 和 $c(B)$。

在实际应用中,常限于 2~3 个组分体系,对于更复杂得多组分体系,需结合计算机数据处理解析测定结果。

6.4　红外光谱分析

6.4.1　红外吸收与分子结构

波长范围在 0.75~1 000 μm 的红外光辐射到物质分子,能引起分子内化学键的振动能级跃迁及整个分子的转动能级跃迁,产生分子的振动-转动吸收光谱即红外吸收光谱。紫外和可见光的波长常用单位是 nm,红外光波长用 μm,但通常用波长的倒数——波数(单位 cm^{-1})表示。

红外光谱是重要的分子的定性分析方法。通常依据红外吸收光谱频率高低,将整个红外吸收光谱划分为近红外、中红外及远红外三个区域(见表6-6),其中中红外区的吸收光谱由化学键振动能级跃迁及伴随分子转动能级跃迁所产生,吸收强度大,吸收谱带的波长及强度与分子基团有很好的对应关系,特征性更强,分析技术成熟,是红外吸收光谱的主要研究和应用区域,通常红外吸收光谱就是指物质分子在该波段产生的吸收光谱。

表 6-6　红外光谱区域的划分

光谱区域	$\lambda/\mu m$	σ/cm^{-1}	主要的能级跃迁吸收类型	光谱特点
近红外区	$0.75 \sim 2.5$	$13\,300 \sim 4\,000$	CH、OH 及 NH 等键振动的倍频吸收	光谱复杂,特征性较差
中红外区	$2.5 \sim 50$	$4\,000 \sim 200$	化学键振动和分子转动的联合吸收	吸收和特征性强,最常用
远红外区	$50 \sim 1\,000$	$200 \sim 10$	分子转动吸收	吸收很弱,少用

并非所有分子振动都会发生能级跃迁,分子发生振动能级跃迁而产生红外吸收需要满足:

① 能量条件　辐照的红外光频率要与分子发生振动能级跃迁的频率相当;

② 耦合条件　分子的振动须引起分子偶极矩的变化,这样红外光可通过与分子的振动耦合,将光能量有效转移给分子,引起分子的振动能级跃迁,成为红外活性分子而发生红外吸收。反之,如果分子振动时不引起偶极矩变化,这样的分子即为非红外活性分子,同核双原子分子(如 O_2,N_2,Cl_2)就是典型的非红外活性分子,因其分子是对称的非极性分子,偶极矩为零。

分子振动是指分子内各原子间的相对振动。分子振动有多种模式,如对称伸缩振动、不对称伸缩振动、面内弯曲振动、面外弯曲振动等,如图 6-17 所示。

图 6-17　分子振动模式示例

这里讨论双原子分子的伸缩振动。伸缩振动近似于弹簧振子的简谐振动,即把双原子分子的两个原子看成两个小球,其间的化学键看成是质量可以忽略的弹簧。如图 6-18所示。

两个原子间的伸缩振动可近似地看成是沿着键轴方向的简谐振动,用弹簧的简谐振动方程描述振动频率:

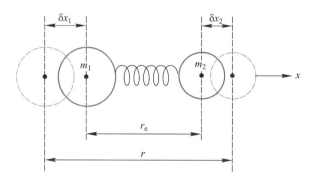

图 6-18 谐振子模型图

$$\nu = \frac{1}{2\pi}\sqrt{\frac{k}{m}} \qquad (6-7)$$

式中：$m = \dfrac{M_1 M_2}{M_1 + M_2}$，为该化学键两端的原子的折合质量；$k$ 为"弹簧"的力常数，对于不同类型的化学键可有不同的数值，一般化学键越强，键的力常数 k 越大。

根据式（6-7）可较方便地计算一些分子官能团的红外吸收频率。如碳碳双键

$\diagdown \!\! C = C \!\! \diagup$ 的伸缩振动，其中力常数 $k \approx 960$ N/m，两个碳原子的折合质量：

$$m = \left(\frac{12 \times 12}{12 + 12} \times 10^{-3} \right) \text{ kg} / (6.023 \times 10^{23}) = 9.962 \times 10^{-27} \text{ kg}$$

则双键的伸缩振动频率：

$$\nu = \frac{1}{2\pi}\sqrt{\frac{k}{m}} = \frac{1}{2\pi}\sqrt{\frac{960}{9.962 \times 10^{-27}}} \text{ s}^{-1} = 4.94 \times 10^{13} \text{ s}^{-1}$$

根据量子力学的观点，振动的能量 E 是量子化的，$E = \left(\nu + \dfrac{1}{2}\right)h\nu$，其中 ν 是振动量子数，$\nu = 0, 1, 2, \cdots$。相邻振动状态之间的能量差：$\Delta E = h\nu$。

用光照射分子，使振动状态从低能级跃迁到相邻的高能级，则分子吸收光能 $h\nu$。被吸收的光的频率为 ν，与分子的振动频率相同。

与分子中的电子能级跃迁会伴随着分子振动和转动能级跃迁一样，分子的每个振动能级的跃迁也会伴随着许多个转动能级的跃迁，因此物质的红外吸收光谱与紫外-可见光吸收光谱类似，也是连续光谱。

红外吸收光谱分析中，若分子吸收一定频率红外光，振动能级由基态跃迁至第一激发态时，所产生的吸收峰称为基频峰；若振动能级由基态跃迁至第二激发态、第三激发态等现象，所产生的峰称为泛频。红外吸收光谱的特征吸收峰，是指能代表某种基团（或化学键）存在的吸收峰，其位置称为基团频率或特征吸收频率。基团频率主要集中在"基团频率区"（又称"官能团区"），可再分为三个区域：① 含氢单键（X—H）伸缩振动频率区：位于 4 000~2 500 cm^{-1}，主要是 C—H，O—H，N—H，S—H 等含氢单键的伸缩振动吸收；② 三键（X≡Y）和累积双键（Y=X=Z）伸缩振动频率区：位于 2 500~1 900 cm^{-1}，主要是 C≡C，C≡N 等三键的伸缩振动及 C=C=C，C=N=O 等累

积双键的伸缩振动吸收;③ X═Y 伸缩振动频率区,位于 1 900～1 300 cm^{-1},主要是 C═C,C═O,C═N 双键伸缩振动吸收,以及苯衍生物中 C—H 和 C═C 弯曲振动的泛频弱吸收峰等。

除上述"基团频率区"外,C—C,C—O,C—N,C—X(X 为卤素)等非含氢单键伸缩振动的基团频率位于 1 300～600 cm^{-1} 的低频区,该区域吸收峰密集复杂、易受干扰,故又被称为"指纹区"。

由于红外吸收光谱的波数位置、波峰的数目及吸收谱带的强度反映了物质分子的结构特点,因此可以用来鉴定物质的结构组成或确定其化学基团,表 6-7 为常见基团的红外吸收光谱特征。

表 6-7　常见基团红外吸收光谱特征

基团	振动	波数/cm^{-1}
—CH$_3$	C—H 对称伸缩振动	2 885～2 860
	C—H 不对称伸缩振动	2 975～2 950
	C—H 弯曲振动	1 385～1 365
═CH$_2$	C—H 对称伸缩振动	2 870～2 845
	C—H 不对称伸缩振动	2 940～2 915
	C—H 弯曲振动	1 480～1 440
C═C	C═C 伸缩振动	1 645～1 640
C≡C—H	C—H 伸缩振动	3 310～3 300
	C≡C 伸缩振动	2 260～2 100
苯环	C—H 伸缩振动	3 080～3 030
	苯环骨架振动	1 600,1 500
C═O	C═O 伸缩振动	1 870～1 635
—NH	N—H 伸缩振动	3 500～3 100
	N—H 弯曲振动	1 650～1 550
—OH	O—H 伸缩振动	3 670～3 230
	C—O 伸缩振动	1 300～1 000

6.4.2　红外吸收光谱仪

红外吸收光谱仪主要有两种类型,一种是色散型红外吸收光谱仪,另一种是干涉型红外吸收光谱仪。

(1) 色散型红外吸收光谱仪的构造和工作原理

色散型红外吸收光谱仪与紫外-可见光谱仪的基本部件类似,主要包括光源、试样池和参比池、单色器、检测器和数据记录处理系统等,图 6-19 为红外光谱仪工作原理示意图。

光源用于发射高强度连续红外辐射;红外辐射本质上是热辐射,因此惰性固体通电加热,如热电丝、灯泡或灼炽陶瓷均可作为光源,发射能量 0.1～2 μm 的电磁辐射并延至中红外区,而红外光谱仪通常分析 2～15 μm 的中红外光区,常用能斯特灯、硅碳棒、热陶瓷等。

吸收池用于安放试样和空白试样,其透光窗片用透红外光的碱金属或碱土金属卤化物晶体,因此使用时需防潮。

单色器由色散元件(光栅)、准直透镜、狭缝等构成。

检测器类型较多,如高真空热电偶(基于温差产生的电位差)、热释电检测器(基于铁电体极化效应)、光电导检测器(基于半导体光电转换)。

红外光谱仪都配有自动记录及控制仪器操作的计算机系统,同时可进行谱图参数设置和检索。

由于受红外谱图的复杂性和仪器稳定性影响,需要对吸收谱图进行实时背景校正,因此色散型红外吸收光谱仪一般采用双光路设计。仪器工作时,光源提供的连续波长红外辐射被分成两束,分别进入试样池和参比池,两束透射光在单色器中被分别色散成单色光,被检测器同时检测及数据记录处理系统处理,通过光楔联动记录装置,扣除空白背景吸收,得到试样的红外吸收谱图。

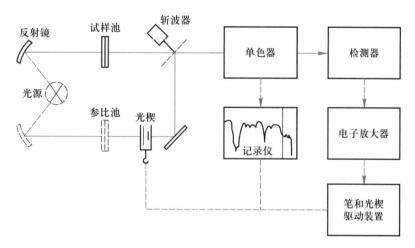

图 6-19　红外光谱仪工作原理示意图

(2)干涉型红外吸收光谱仪的构造和工作原理

干涉型红外吸收光谱仪又叫傅立叶变换红外光谱仪,主要部件包括光源、迈克尔干涉仪、试样吸收室、检测器和数据处理记录系统等,工作原理示意图见图 6-20。核心部件为迈克尔干涉仪,它将光源发出的光分成两光束后,通过调节两束光的光程差后,再将其重新组合,使两束光发生干涉现象,以相干光形式通过试样吸收室,记录经过试样吸收后的相干光强度,得到全波段吸收的相干光强的干涉图,该干涉图包含光源的全部频率及与频率相对应的各强度信息。而理论上干涉图与普通光谱图两组的数值,存在着数学上傅立叶变换和逆变换的换算关系,因此,借助傅立叶变换,可将采集到的干涉图经过傅立叶变换转变为普通的红外光谱图。

色散型红外吸收光谱仪通过单色器将光源复合光分光,使单色光依次通过待测试样,测定各波长的透光率;干涉型红外光谱仪通过干涉仪,使光源复合光分束后形成干涉光,无须分光,采用全波段同时测定、计算机解析不同波长信号强度的技术。干涉型红外吸收光谱仪测定速率明显加快,且无须分光,减少光损失,因而检测灵敏度提高;

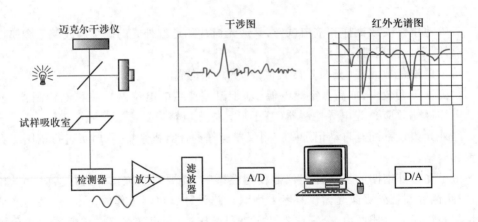

图 6-20   干涉型红外吸收光谱仪工作原理图

同时迈克尔干涉仪体积紧凑,使干涉型红外吸收光谱仪的体积大大小于带庞大单色器的色散型红外吸收光谱仪。因此干涉型红外吸收光谱仪已逐渐取代色散型红外吸收光谱仪,成为红外光谱仪发展的主流。

6.4.3   红外吸收光谱分析应用

（1）定性鉴别和结构分析

因为红外吸收光谱的基团特征性强,用红外吸收光谱法进行有机化合物的定性鉴别比紫外-可见吸收光谱法更可靠。对于鉴定是否为已知化合物,分析中可采用标准物对照法,即在相同条件下,分别测定试样及标准物质的红外吸收光谱,直接比对两张谱图中各吸收峰的位置、相对吸收强度和吸收峰形状进行鉴定;也可采用标准谱图对照法:利用文献或数据库中的标准谱图,在相同条件下测得试样谱图,与标准谱图比对,根据两者的相似程度来判别是否为同一物质。对于分析未知化合物,一般步骤是:① 了解试样来源、纯度和物理化学性质等信息,由试样来源可估计化合物的类别,确定试样纯度以避免杂质干扰,通过熔沸点、溶解度、折射率、旋光度、解离常数、不饱和度等物化参数作为结构分析的旁证;② 记录并解析红外光谱图,由基团频率区的最强谱带入手,根据是否存在某些特征吸收峰推测可能含有的基团;辅以指纹区谱带进一步验证、确认基团的存在;③ 结合其他分析手段,如紫外-可见光谱分析、质谱分析、核磁共振谱分析等进行综合解析;④ 与标准谱图比对,将试样化合物谱图与所推定的化合物标准谱图比对,最终确定化合物的分子结构。

（2）定量分析

选择被测物质的特征吸收,检测吸收峰强度,依据朗伯-比尔定律进行被测物含量测定。可参见紫外-可见分光光度分析,根据试样特性选择采用标准曲线法或标样比较法进行定量分析。红外分光光度法定量分析,是紫外-可见分光光度分析的补充,可用于紫外-可见光谱区域无吸收的化合物的定量分析;且对试样物态无特殊要求,固、液、气态试样均可分析,对测定波长选择余地较大;但红外光的能量较弱,检测灵敏度较低,定量误差比较大。

6.5　荧光光谱分析

当分子吸收紫外-可见区一定波长的电磁辐射后,从基态跃迁到激发态,处于激发态的分子很不稳定,在极短的时间内,又重新跃迁到低能级,同时以光辐射的形式释放出能量,这种现象被称为光致发光。荧光(fluorescence)是光致发光的一种。利用物质分子受紫外-可见光激发后所发出的荧光进行定性、定量分析的方法,称为荧光光谱分析法(spectrofluorimetry),也称为荧光分析法(fluorimetry)。目前,荧光分析法在药物分析、生化分析中广泛应用。

6.5.1　荧光光谱分析基本原理

1. 分子荧光的产生

在室温下分子通常处在基态。当基态分子吸收电磁辐射,发生电子能级跃迁至激发态(又称活化)。而又因激发态的分子不稳定,通过分子间的相互碰撞,激发能量衰退,常以热辐射方式去活化;但有些分子仅有部分能量是以热辐射方式衰退,其余部分能量以发光方式、通过处于高能态电子返回到基态,发射出波长更长、比吸收能量低的电磁辐射方式去活化,这种现象称为分子发光(包括荧光和磷光)。

当讨论分子发光现象时,需要认识电子能级的多重性问题。基态分子中,所有电子都是成对的。占据相同分子轨道的成对电子自旋方向相反,这称为单线态,以 S 表示,基态单线态则为 S_0。单线态中电子都是成对且自旋相反的。如果电子有相同的自旋,则它们不能成对,此时分子中处于三线态,以 T 表示。单线态和三线态指的是分子的多重性。

荧光发射始于荧光官能团吸收光(该过程仅需 10^{-15} s)后激发电子跃迁到高能级(激发态),如图 6-21 所示,室温下大多数有机分子从电子基态的最低振动能级 S_0,跃迁到第一和第二电子激发单线态 S_1 或 S_2 的不同的振动能级($v = 0, 1, 2, 3\cdots$),产生分子紫外-可见吸收光谱(图中的 λ_1 和 λ_2)。

由于激发分子间的碰撞,发生热辐射能量衰退主要有振动弛豫、内转换、系间窜越和外转移。振动弛豫是指电子从同一电子能级的较高振动能级降到较低振动能级的过程,振动弛豫发生的时间极短,约为 10^{-12} s。内转换是指当两个激发态电子能级较接近时,较高电子能级的振动能级与较低电子能级的振动能级有部分重叠,分子碰撞能量衰退发生在不同电子能级的振动能级之间,内转换发生的时间也只有 $10^{-13} \sim 10^{-11}$ s。系间窜越是指当两个激发单线态的振动能级与激发三线态的振动能级有部分重叠时(如图 6-21 中的 S_1 与 T_1),发生电子激发态自旋方向改变的无辐射跃迁,系间窜越发生没内转换容易,需时间约 10^{-6} s。外转移是指激发态分子与溶剂或其他溶质分子碰撞而失活,使荧光或磷光辐射减弱或者消失的过程,通常发生在激发态 S_1 或 T_1 的最低振动能级向基态 S_0 转移的过程,即通常说的荧光(或磷光)猝灭。因为上述能量衰退均非常迅速,所以几乎所有分子发光都发生在最低激发态(S_1 或 T_1)的最低振动能级($v = 0$)与基态不同振动能级之间的跃迁,其中从单线激发态(S_1)回到基态(S_0)发射荧光,而从三线激发态(T_1)回到基态(S_0)发射磷光。因为磷光受

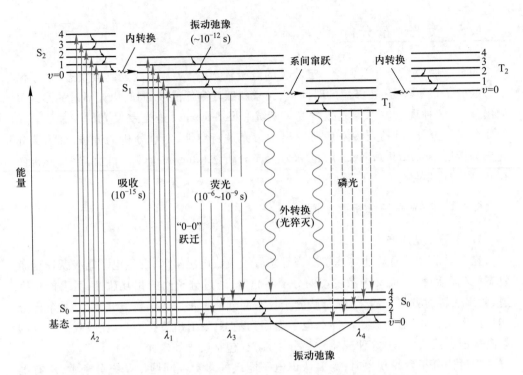

图 6-21   分子的 Jablonski 能级图(光吸收、弛豫和光发射)

电子自旋方向差异导致的"跃迁禁阻"的制约,发生的概率很低,故本节主要讨论荧光光谱。

激发后分子的荧光发射非常迅速($10^{-6} \sim 10^{-9}$ s),因此激发光移除后,眼睛不可能再察觉到荧光。荧光发射具有几个特点:① 因为荧光是由激发态的最低能态产生,所以荧光光谱发出的辐射波长与激发光波长无关;② 荧光强度与激发光的波长和强度相关,并与激发光强度(吸收光子的数量)成正比;③ 最长的激发波长对应于最短的发射波长,是所谓的"0-0 跃迁"(如图 6-21);另外由于激发态 S_1 与基态 S_0 的各振动能级分布相似,因此荧光光谱与吸收光谱成镜像关系(如图 6-22)。

由于室温下绝大多数分子处于基态,所以只要分子具有吸收紫外-可见光的基团,就可吸收紫外-可见光而从基态跃迁到高能级,产生紫外-可见吸收光谱。但处于激发态的分子释放能量回到基态的过程可以有多种选项,是否以光辐射形式释放能量,与上述各种过程间的相互竞争有关。据统计,分子受高能紫外光辐射激发,有 5%～10% 的分子会发射荧光。这就解释了为什么能发荧光的化合物远少于能吸收紫外-可见光的化合物。

2. 激发光谱和发射光谱

根据获得光谱方式的不同,荧光物质可以得到激发光谱和发射光谱两张特征光谱曲线。激发光谱(excitation spectrum)是指固定观察荧光强度的波长,扫描激发光的波长,记录荧光强度对激发光波长 λ_{ex} 的光谱曲线;激发光谱的形状与物质的紫外-可见吸收光谱相当,反映了物质发射的荧光强度与激发光波长的关系。发射光谱(emission spectrum)是指将激发光的波长固定,改变(扫描)观察荧光的波长,得到荧光强度对观

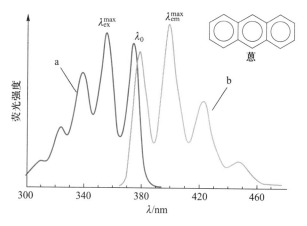

图 6-22　蒽的激发光谱(a)和发射光谱(b)

察波长 λ_{em} 的光谱曲线;发射光谱也称为荧光光谱。图 6-22(a)是蒽的激发光谱,从该光谱可以看到,采用 357 nm 的紫外光作为激发光,蒽所发出的荧光强度最大,357 nm 称之为该化合物的最大激发波长 λ_{ex}^{max}。图 6-22(b)是蒽的发射光谱,可见,采用相同的激发光照射蒽,在 402 nm 处观察到蒽的荧光强度最大,402 nm 即为该化合物的最大发射波长 λ_{em}^{max}。荧光物质的发射光谱具有以下特点:

① 发射峰波长总大于激发峰波长　该现象称为 Stokes 位移。产生 Stokes 位移的原因是:不论物质受光照后跃迁到哪个激发态,在其发射荧光前总是通过振动弛豫、内转换等途径损失一部分能量,迅速到达第一激发态的最低振动能级,再以辐射方式跃迁返回到基态,发出荧光(如图 6-21)。因此辐射跃迁所释放的能量总是小于激发所需的能量。

② 发射光谱形状与激发光波长无关　在获取发射光谱时,通常选择 λ_{ex}^{max} 作为激发光。但是,如果选择其他波长的光作为激发光时,波峰、波谷的位置不变,而且形状与选择 λ_{ex}^{max} 所得到的发射光谱相似,只是荧光强度在整个波长范围内都会降低。

③ 发射光谱与其激发光谱具有一定的镜面对称关系　荧光物质激发光谱和发射光谱上的特征,如 λ_{ex}^{max} 和 λ_{em}^{max}、峰谷的波长、光谱的形状等,可以作为定性分析的参考依据。而进行定量分析时,选用 λ_{ex}^{max} 和 λ_{em}^{max} 可以获得最高灵敏度。由于每种荧光物质都有激发光谱和发射光谱,因此用荧光光谱进行定性分析比紫外光谱更可靠。定量分析时,当待测物的发射光谱与干扰物的光谱重叠,只要激发光谱不重叠,可通过合理选择激发光谱波长,避开干扰物的激发,便可消除干扰。

3. 荧光化合物的分子结构

为衡量物质分子光致荧光的能力,定义荧光量子效率 Φ_f 作为依据:

$$\Phi_f = \frac{发射的光子数}{吸收的光子数} \tag{6-8}$$

Φ_f 在 0~1。荧光量子效率的高低,取决于如前所述的荧光辐射跃迁与非光辐射跃迁之间的竞争,而竞争的优劣在很大程度上与分子自身的结构有关。例如,乙醇化的酸性罗丹明 Φ_f 约为 1;碱性荧光素的 Φ_f 为 0.79,而酚酞则无荧光,Φ_f 为 0。

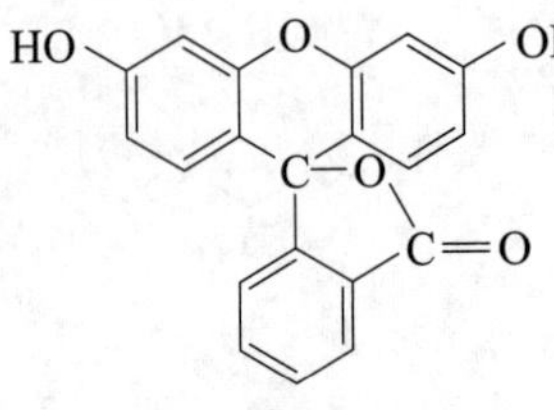

荧光素 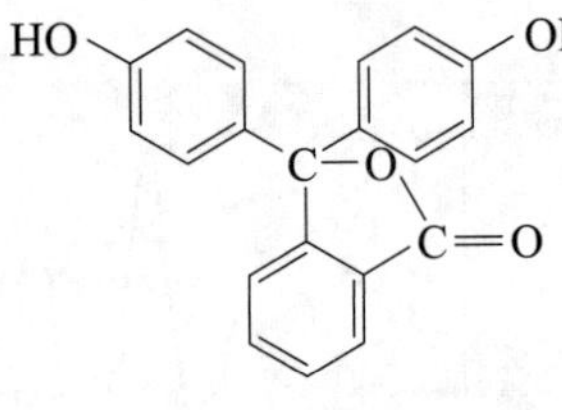   酚酞

有机化合物的分子结构对其荧光强度的关系有以下规律：

① 共轭体系　含有大 π 键共轭体系的芳香化合物有较强荧光，共轭体系越大，量子效率越高，荧光波长也越长。如酞菁荧光染料 Cy-5 分子中有一个大共轭体系，最大激发和发射波长分别为 649 nm、670 nm，能被红色（635 nm）的半导体激光器激发，发射红色荧光。在生化分析中 Cy-5 常用于标记氨基酸和蛋白质。反之，除少数共轭程度较高的分子，脂肪族化合物分子能发荧光的极少。

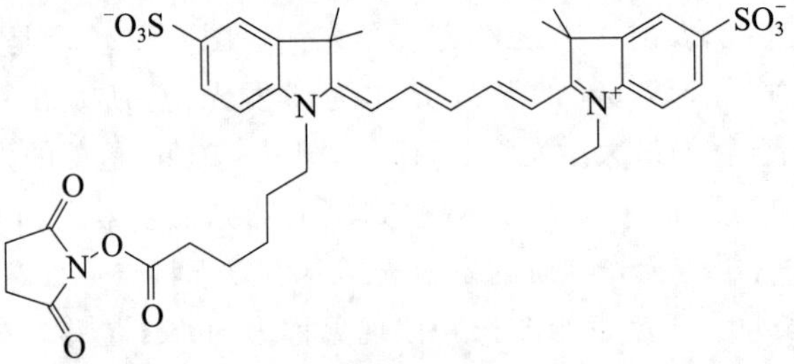

酞菁荧光染料Cy-5

② 刚性平面结构　具有刚性平面结构的分子，其荧光量子效率高。比较上述荧光素和酚酞，虽然两者的共轭体系相差无几，但荧光发射能力完全不同。其分子结构的关键差异在于，荧光素分子两苯环间的氧桥原子使分子形成刚性平面结构，导致激发态分子通过非光辐射途径释放能量的速率降低，更利于通过荧光辐射的途径来释放能量。类似的例子还有：8-羟基喹啉的荧光较弱，但当两分子 8-羟基喹啉与 Zn^{2+} 反应，生成刚性平面的螯合物以后 [见式（6-9）]，荧光强度大大增加。该螯合反应可实现微量锌的荧光测定。

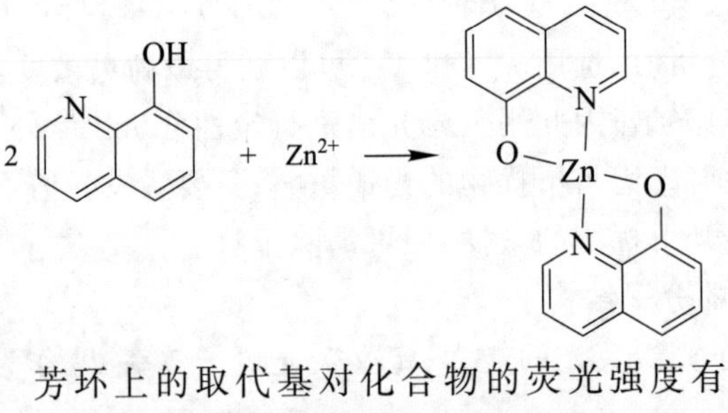

$$2 \quad + \quad Zn^{2+} \longrightarrow \qquad\qquad\qquad (6-9)$$

③ 官能团效应　芳环上的取代基对化合物的荧光强度有较大影响。—OH，—OR，—NH₂，—NHR，—CN 等基团上的孤电子对与苯环产生 n-π 共轭，使荧光增强；—NO₃，—NO，—C＝O，—COOH 等基团上的孤电子对不与苯环 π 电子共平面，而无 n-π 共轭，使荧光减弱。例如，硝基苯为非荧光物质，而苯胺、苯酚的荧光都比苯强。当苯胺在酸性介质中，因原氨基（—NH₂）中 N 原子的孤电子对与苯环的 n-π 共轭被氨基的质子化所破坏，其荧光消失。

4. 荧光强度与浓度及其他因素的关系

溶液中低浓度的荧光组分受激发后,所发荧光强度与该组分浓度的关系为

$$I_f = KI_0 c \tag{6-10}$$

式中:I_0 为激发光的强度;c 为溶液中组分的浓度;K 是与该组分的摩尔吸收系数 κ 和其荧光量子效率 Φ_f 有关的一个常数。可见,保持激发光强度不变时,荧光强度与荧光组分的浓度成正比,这是荧光定量分析的基础。注意:该式仅适用于低浓度荧光物质,浓度过高会导致荧光猝灭和自吸收现象出现,上述的线性关系不再成立。荧光强度与浓度线性关系的范围,可通过标准曲线获得。

溶液的酸度、离子强度、温度、溶剂、荧光猝灭剂/增敏剂等共存物质等,均影响溶液的荧光强度。因此,进行荧光分析时,应注意实验条件的控制。

6.5.2 荧光光谱仪

荧光光谱仪的基本结构见图 6-23。与紫外-可见光谱仪相同,荧光光谱仪需要类似的光源、试样池和检测器;但与紫外-可见光谱仪不同的是:① 荧光光谱仪有两个单色器,分别用于选择激发光波长的激发光单色器和用于选择荧光波长的发射光单色器。② 荧光光谱仪的光源与检测器成正交(直角)分布。这是为了避免光源、试样池和检测器均处于同一直线时,光源光直接进入检测器造成的强背景干扰,对待测物荧光检测的不利影响。③ 荧光光谱仪常采用 300~600 nm 波长内高强度发光的氙灯作连续光源,以提高荧光强度。④ 试样池的四壁均为透光面。

一些简易的荧光光度计也有用滤光片代替单色器的,以含发射线光谱的汞灯或激光器代替连续光源。

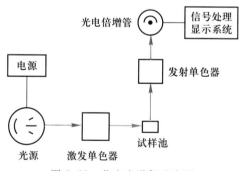

图 6-23 荧光光谱仪示意图

6.5.3 荧光分析法的特点及应用

与紫外-可见光谱法比较,荧光分析法具有以下特点:① 灵敏度高 1~2 个数量级;② 选择性好些;③ 直接能发荧光的化合物少,所以许多化合物的荧光分析,往往要经过一定的化学反应,转化成荧光化合物后再测定。

荧光分析法在药物、食品、化工、生物医学、临床等领域有较为广泛的应用。对于无机元素,一般通过与有机荧光试剂反应后生成具有荧光的化合物后再进行测定,式(6-9)所示的荧光试剂 8-羟基喹啉与 Zn^{2+} 反应生成具有荧光的螯合物就是一个例

子。无机元素中的铍、铝、硼、镓、硒,以及稀土元素等常采用荧光法测定。

具有荧光的有机化合物可以直接测定,如核黄素(维生素 B_2)($\lambda_{ex} = 452$ nm,$\lambda_{em} = 540$ nm)。如果待测化合物本身无荧光,则需要通过衍生反应转换成荧光化合物后再测定。例如,维生素 B_1 本身无荧光,但采用 $K_3[Fe(CN)_6]$ 氧化后,即可生成具有荧光的硫色素:

为避免过量氧化剂 $K_3[Fe(CN)_6]$ 的干扰,一般用异丁醇将生成的硫色素萃取后,在有机相中测定($\lambda_{ex} = 365$ nm,$\lambda_{em} = 435$ nm)。该法常用于维生素添加食品和药物中维生素 B_1 的测定。

荧光分析法在生物医学领域具有广泛的应用。氨基酸、DNA、蛋白质一般均无荧光。测定这些生物大分子时,常使生物大分子与荧光试剂反应后生成荧光化合物后再测定,这个过程被称作荧光标记(fluorescence labeling)。例如,DNA 片段常用荧光试剂溴化乙锭(有毒!)标记。该化合物嵌入双链 DNA 后使 DNA 发荧光,广泛应用于 DNA 的聚合酶链扩增反应(PCR)中。氨基酸和蛋白质可以用荧光素异硫氰酸酯标记后测定。

溴化乙锭   荧光素异硫氰酸酯

思考题

6-1 什么是吸收曲线? 有何实际意义?

6-2 朗伯-比尔定律的物理意义是什么?

6-3 吸光度与透光度有什么关系?

6-4 摩尔吸收系数 κ 的物理意义是什么? 它与哪些因素有关?

6-5 紫外-可见分光光度仪有哪些部件? 各有什么作用?

6-6 紫外-可见分光光度法测定中,参比溶液的作用是什么? 选择参比溶液的原则是什么?

6-7　用于光度测定的显色反应应满足什么要求?

6-8　偏离朗伯-比尔定律的原因主要有哪些?

6-9　什么是标准曲线?有何实际意义?

6-10　物质溶液的颜色与光的吸收有何关系?

6-11　从光谱产生的机理及谱图特征,比较红外吸收光谱与紫外-可见吸收光谱的异同。

6-12　物质分子产生红外吸收光谱的条件是什么?什么是红外非活性振动?

6-13　红外吸收光谱分析对试样有哪些基本要求?

6-14　红外吸收光谱定性分析的基本依据是什么?简述其定性分析的主要步骤。

6-15　何谓基团频率?影响基团频率的主要因素有哪些?

6-16　官能团的基团频率区和指纹区各有什么特点?各在化合物的结构解析中起什么作用?

6-17　在荧光光谱分析中,为何总是采用发光强度高的光源?

6-18　荧光光谱仪与紫外-可见吸收光谱仪的相同与不同有哪些?

 习 题

6-1　某有色溶液置于 1 cm 比色皿中,测得吸光度为 0.30,则入射光强度减弱了多少?若置于 3 cm 比色皿中,入射光强度又减弱了多少?

6-2　用 1.0 cm 比色皿在 480 nm 处测得某有色溶液的透光度 T 为 60%,若用 5.0 cm 比色皿,要获得的透光度同样是 60%,则该溶液的浓度应为原来浓度的多少倍?

6-3　准确称取 1.00 m/mol 指示剂 HIn 5 份,分别溶解于 1.0 L 不同 pH 的缓冲溶液中,用 1.0 cm 比色皿在 615 nm 波长处测得吸光度如下:

pH	1.00	2.00	7.00	10.00	11.00
A	0.00	0.00	0.588	0.840	0.840

试求该指示剂的 pK_a。

6-4　某苦味酸铵试样 0.025 0 g,用 95% 乙醇溶解并配成 1.0 L 溶液,在 380 nm 波长处用 1.0 cm 比色皿测得吸光度为 0.760,试估计该苦味酸铵的分子量为多少? (已知在 95% 乙醇溶液中的苦味酸铵在 380 nm 时的摩尔吸收系数为 $\lg \kappa = 4.13$)

6-5　有一溶液,每毫升含铁 0.056 mg,吸取此试液 2.0 mL 于 50 mL 容量瓶中定容显色,用 1.0 cm 比色皿于 508 nm 处测得吸光度 $A = 0.400$,试计算质量吸收系数 a,摩尔吸收系数 κ 和桑德灵敏度 S。[已知 $M_r(Fe) = 56$]

6-6　称取钢样 0.500 g,溶解后定量转入 100 mL 容量瓶中,用水稀释至刻度。从中移取 10.0 mL 试液置于 50 mL 容量瓶中,将其中的 Mn^{2+} 氧化为 MnO_4^-,用水稀至刻度,摇匀。于 520 nm 处用 2.0 cm 比色皿测得吸光度 A 为 0.50,试求钢样中锰的质量分数。(已知 $\kappa_{520} = 2.3 \times 10^3$ L·mol^{-1}·cm^{-1},$M_r(Mn) = 55$)

6-7 有一化合物在醇溶液中的 λ_{max} 为 240 nm,其 κ 为 1.7×10^4 L·mol^{-1}·cm^{-1},摩尔质量为 314.47 g·mol^{-1},试问配制什么样的浓度(g·L^{-1})范围测定含量最为合适?

6-8 有一 A 和 B 两种化合物混合溶液,已知 A 在波长 282 nm 和 238 nm 处的质量吸收系数 a 分别为 720 L·g^{-1}·cm^{-1} 和 270 L·g^{-1}·cm^{-1};而 B 在上述两波长处吸光度相等,现把 A 和 B 混合液盛于 1 cm 吸收池中,测得 λ_{max} 为 282 nm 处的吸光度为 0.442,在 λ_{max} 238 nm 处的吸光度为 0.278,求 A 化合物的质量浓度(g·L^{-1})。

6-9 用纯品氯霉素($M_r = 323.15$),配制 100 mL 含 2.00 mg 的溶液,以 1 cm 厚的吸收池在其最大吸收波长 278 nm 处测得透光率为 24.3%,试求氯霉素的摩尔吸收系数。

6-10 精密称取 0.050 0 g 试样,置 250 mL 容量瓶中,加入 HCl 溶液,稀释至刻度。准确吸取 2 mL,稀释至 100 mL。以 0.02 mol·L^{-1} HCl 溶液为空白,在 263 nm 处用 1.0 cm 吸收池测得透光率为 41.7%,其 κ 为 12 000 L·mol^{-1}·cm^{-1},被测物摩尔质量为 100.0 g·mol^{-1},试计算 263 nm 处的质量吸收系数 a 和试样的百分含量。

6-11 以下几种分子振动中,哪些是红外活性振动?哪些是红外非活性振动?

(1) $H_3C—CH_3$ 的 C—C 伸缩振动　　(2) $H_3C—CCl_3$ 的 C—C 伸缩振动

(3) SO_2 的对称伸缩振动

(4) $H_2C＝CH_2$ 的 C—H 对称伸缩振动　　(5) $H_2C＝CH_2$ 的 C—H 不对称伸缩振

(6) $H_2C＝CH_2$ 的 CH_2 摆动振动　　(7) $H_2C＝CH_2$ 的 CH_2 扭曲振动

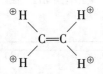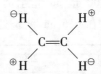

6-12 下面两个化合物中哪一个 $\nu_{C＝O}$ 吸收峰出现在较高频率?为什么?

(1)  —CHO　　(2) $(CH_3)_2N$—〇—CHO

6-13 傅立叶变换红外光谱仪与色散型红外分光光度计在工作原理和仪器结构上的主要差别是什么?前者具有哪些优越性?

6-14 CO 的红外光谱在 2 170 cm^{-1} 处有一振动吸收峰。问

(1) C—O 键的力常数是多少?

(2) ^{14}CO 的对应吸收峰应在多少波数处?

6-15 C＝C 和 C≡C 键的力常数分别是 C—C 键的 1.9 倍和 3.6 倍,若 C—C 的伸缩振动波数为 1 205 cm^{-1},试求 C＝C 和 C≡C 的伸缩振动波数。

6-16 一化合物的分子式为 $C_{10}H_{10}O_2$,其红外吸收光谱在 1 685 cm^{-1} 和 3 360 cm^{-1} 等处有吸收,可能有如下三种结构:

(1)　　　　　　　　(2)　　　　　　　　(3)

其中哪个结构与所得的红外吸收光谱不符合?为什么?

6-17 试叙述荧光分析方法中,检测器受光光路与激发光光路呈 90° 方向的检测优越性。

习题参考答案

第七章　原子光谱分析

(atomic absorption spectrometry)

学习要求

1. 了解原子光谱分析基本概念和分类。
2. 理解原子光谱的形成机理和谱线特征。
3. 掌握原子吸收光谱分析的基本原理。
4. 掌握原子吸收光谱分析仪。
5. 了解原子吸收光谱分析及应用。

　　原子光谱是由原子外电子跃迁所产生的光谱,表现形式为线光谱。本章内容在概述原子吸收光谱分析基本概念和分类的基础上,着重介绍原子光谱的形成机理、光谱特征,以及原子吸收光谱线变宽的原因,原子吸收光谱仪的构造;并通过一些分析实例使读者了解原子吸收光谱分析的应用。

7.1　原子光谱分析概述

　　原子光谱分析是利用原子在气体状态下,发射或吸收特种辐射所产生的光谱进行定性、定量分析的方法,包括原子发射光谱分析(atomic emission spectrometry)、原子吸收光谱分析(atomic absorption spectrometry)和原子荧光光谱分析(atomic fluorescence spectrometry)等。三种分析法的工作装置示意图如图 7-1 所示。

　　原子发射光谱分析是根据元素的原子(或离子)在电(或热)激发下所发射的特征光谱而进行分析的方法。分析过程包括以下三个基本步骤:(1) 将试样引入激发光源,进行蒸发、解离、原子化和激发,产生光辐射;(2) 将包含各种波长的光辐射经单色器进行分光,得到按波长顺序排列的谱线,即光谱;(3) 根据光谱谱线的波长和强度进行定性定量分析。

　　原子吸收光谱分析是基于气态被测元素基态原子对其特征谱线的吸收而进行分析的方法。分析过程包含以下三个基本步骤:(1) 将试样引入原子化器,进行蒸发、解离、原子化;(2) 利用待测元素的特征谱线,记录原子化的试样蒸气在仪器光路中的吸光度;(3) 利用朗伯-比尔定律进行元素定量分析。

　　原子荧光光谱分析是通过测量待测元素的气态原子在特定激发波长下所产生的荧光强度进行分析的方法。它是属于光致激发的原子发射光谱分析法,利用荧光强度与待测元素的量比例关系进行定量分析。

其中,原子吸收光谱分析和原子荧光光谱分析的工作原理与分子吸收光谱分析和荧光光谱分析非常相像,所不同的是分子光谱通常在溶液中进行测定,而原子光谱的测定一般在气相中进行,测量条件常要求高温,这是因为除汞、镉和惰性气体外,大多数元素在室温下并非以单原子气体形式存在。正如其名,因为测量对象是原子,所以原子光谱分析也属于元素分析。事实上,人类对原子光谱分析的实践历史悠久,大家熟知的"焰色反应",其原理就等同于原子发射光谱。

原子光谱分析的特点是:灵敏度高、检出限低、选择性好。可直接测定元素周期表中的绝大多数金属元素,非金属元素有些可直接测定,有的可用间接方法测定。

限于篇幅,本章着重介绍原子吸收光谱分析法。

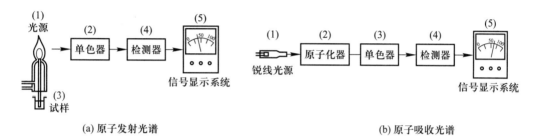

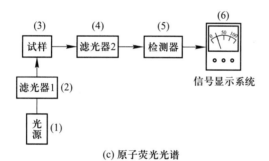

图 7-1　三种常见的原子光谱分析法工作装置示意图

7.2　原子吸收光谱的形成机理和特征

7.2.1　原子光谱的特征与共振线

原子光谱是气态原子(或离子)的外层电子发生能级跃迁而产生的光谱。正常情况下,原子处于基态;当处于基态的气态原子受光辐射,吸收其中特定波长的光,从基态跃迁至激发态,就产生原子吸收光谱。原子吸收光谱通常处于紫外-可见光区。

原子光谱与分子光谱相比,最大的特征是线状光谱。不同元素的外层电子在基态与激发态之间跃迁的能量不同,因而其特定波长的光谱线为元素的共振线,如图 7-2 为钠原子吸收光谱能级和共振线。由基态向第一激发态跃迁的吸收谱线为第一共振线,又称主共振线,由于主共振线具有最小的跃迁能量,因而是最常见、也是吸收最强的谱线,常成为原子吸收光谱分析中的首选谱线,如钠 589.0 nm、钙 422.7 nm、铜 324.8 nm等。

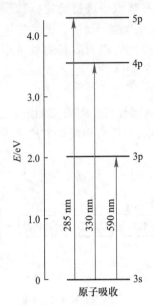

图 7-2 钠原子吸收光谱能级和共振线

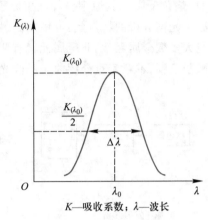

K—吸收系数;λ—波长

图 7-3 吸收谱线轮廓图

7.2.2 吸收谱线轮廓和变宽

原子吸收光谱线的宽度通常用吸收谱线轮廓来描述。吸收谱线轮廓指的是吸收系数对频率或波长变化的分布图,如图 7-3。谱线轮廓图中,中心波长 λ_0 和半宽度 $\Delta\lambda$ 是两个重要参数。中心波长是发射吸收系数最大处所对应的波长,半宽度是峰值一半处所对应的波长范围。原子吸收线的半宽度一般在 $10^{-3} \sim 10^{-2}$ nm 范围,但同一谱线的半宽度,会随温度、气态原子密度等实验条件的变化而不同。

理论上,光辐射的波长与其能量的关系符合 $\lambda = \dfrac{ch}{\Delta E} = \dfrac{ch}{E_2 - E_1}$,$E_1$ 和 E_2 分别对应低、高能级的能量;原子光谱线是有确定单一波长且无宽度的几何线。但实际上,原子所产生的线状光谱并非严格的几何线,而是具有一定宽度的谱线。原子吸收光谱的谱线宽度一般在 $10^{-3} \sim 10^{-2}$ nm 范围。原子吸收光谱谱线具有一定宽度的主要原因有自然宽度、多普勒变宽和碰撞变宽等。

① 自然宽度 自然宽度是由激发态原子寿命的概率分布和量子力学中海森堡不确定原理所致,自然宽度在 $10^{-5} \sim 10^{-4}$ nm 量级。原子谱线的自然宽度比原子吸收谱线宽度小得多,因此它不是谱线宽度的决定因素。

② 多普勒变宽 多普勒变宽是由原子的热运动所致。气态原子都在随机快速地热运动,若运动方向向着检测器,则该原子谱线的检测波长会变短;反之,若运动方向远离检测器,则谱线波长会变长(想象一下迎向火车时与火车远离时,听到火车汽笛声的差异)。而众多原子无规则热运动的总体结果造成谱线的变宽,变宽程度与温度

升高正相关。通常火焰温度(3 000 K以下)时,宽度在$10^{-3}\sim10^{-2}$ nm范围。这是原子谱线变宽的主要原因之一。

③ 碰撞变宽　碰撞变宽是由气态原子与气相中同种原子、异种原子或其他原子团的碰撞,使部分激发态原子失活所致。碰撞变宽与气相中碰撞粒子浓度(压力)有关,因此也称压力变宽。碰撞变宽也与气相温度升高正相关,并与气相介质的组成有关;宽度在$10^{-3}\sim10^{-2}$ nm范围,也是原子谱线变宽的主要原因之一。

7.3　原子吸收分光光度分析

7.3.1　光源问题及解决办法

与紫外-可见分子吸收光谱分析一样,一定范围内的气态基态原子的浓度,与其特征波长共振线的吸光度之间,同样适用于朗伯-比尔定律;其中,单色光的纯度是保证朗伯-比尔定律吸光度与浓度成正比(参见式6-2)的前提。在分子的紫外-可见吸收光谱分析中,因分子光谱曲线可延绵数十至上百纳米,当选择最大吸收波长λ_{max}作为测量波长时,该吸收峰附近的吸收系数平缓区域常有一至几纳米宽,所以采用连续光源经单色器分光的单色光(波长跨度约1 nm)作为入射光,已满足朗伯-比尔定律定量分析对单色光的要求。然而,对于原子吸收光谱分析而言,因原子的特征吸收共振线的宽度仅$10^{-3}\sim10^{-2}$ nm,连续光源经单色器分光所得到的1 nm左右光远大于共振线宽度,已不能满足单色光的条件。如果使用这样的光作为入射光供气态原子吸收,不但会使朗伯-比尔定律的线性关系发生严重偏离,而且由于原子蒸气吸收入射光的比例很小,以至于透过光的光强与入射光相比较几乎没有减弱,导致测定的灵敏度极低[如图7-4(a)]。正是由于在技术上无法通过单色器得到纯度优于10^{-3} nm的单色光,原子吸收光谱分析长期因光源问题无法解决,而影响到在定量分析方面的应用。

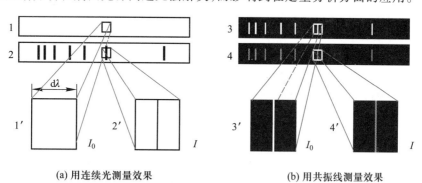

(a) 用连续光测量效果　　　　(b) 用共振线测量效果

图7-4　用分光后的连续光与用共振线进行原子吸收测量的效果

1—连续光源产生的连续光亮背景;2—连续光谱透过原子蒸气后所形成的原子吸收光谱(亮光谱上的暗线);1′和2′—分别表示连续光经过单色器分光后投射在光电倍增管上的入射光(I_0)和透射光(I)强度(图中$d\lambda$表示单色器的通带宽度);3—锐线光源产生的原子共振发射线;4—共振线透过原子蒸气后,谱线强度减弱;

3′和4′—分别表示经单色器分出的一条共振线投射在光电倍增管上的入射光和透射光强度。

1953年,光谱学家沃尔什(Walsh A)巧妙地设想用与待测元素相同的共振发射线作为光源,创新性地解决了上述原子吸收定量分析中的光源问题。以铜测定为例,采用铜元素空心阴极灯(参见 7.4.2),通电后发射出一系列铜元素特征谱线,选择其中强度最大的主共振线铜 324.8 nm。该共振发射线的波长与气态铜原子的共振吸收线的波长完全一致,可被待测铜原子的蒸气吸收。通过控制光源的温度(减小多普勒变宽)、内充气体的压力(减小压力变宽),使铜空心阴极灯发出的共振线的宽度远小于气态铜原子吸收线的宽度,一般共振发射线宽度可控制在共振吸收线宽度的 1/10~1/100。这种发射波长与吸收线相同、半宽度远小于吸收线的特征谱线(共振线)的光源被称为锐线光源。此时,吸收光只占入射光很小比例的问题被避免[如图 7-4(a)],从而满足朗伯-比尔定律对单色光的要求。最终实现原子蒸气对共振线的吸光度 A 与原子蒸气中的基态原子的浓度 N_0 成正比,即

$$A = \lg \frac{I_0}{I} = kLN_0 \tag{7-1}$$

式中:I_0 和 I 分别代表共振发射线的入射强度和透过原子蒸气后的强度,L 代表原子蒸气层的厚度。采用同种元素原子发射共振线作为入射光(即用锐线光源)进行原子吸收测定的原理见图 7-5,原子蒸气对共振线的吸收效果见图 7-4(b)。

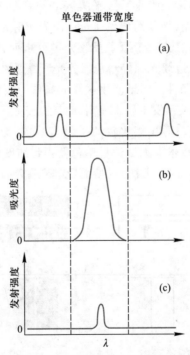

图 7-5 用锐线光源进行原子吸收测定的示意图

(a) 空心阴极灯所辐射的光谱。将单色器的波长选择在待测元素的共振线处,仅使共振线可从单色器的通带宽度内通过,而空心阴极灯发射其他谱线被隔离;(b) 原子化器中待测元素的吸收光谱;
(c) 共振发射线被原子化器中待测元素基态原子吸收后的透射强度

当年,沃尔什认为不可能制作出连续光源的原子吸收光谱仪,理由是单色器不仅需要约 10^{-3} nm 的分辨率,而且即使能够达到如此高分辨率,连续光源经过如此窄的带宽后,其光强也难以达到检测器实现定量分析的需要。有趣的是,目前的光源和单

色器技术已可以实现上述目标。自 2004 年以来,在配备高功率水冷式氙灯,高分辨率阶梯光栅单色器和 CCD 阵列检测器的基础上,连续光源原子吸收光谱仪已商业化。虽然该型原子吸收分光光度仪尚未普及,但从其发展历程可看到人类的进步会超出想象,永远不要低估真正的人类智慧和创造力。

7.3.2 原子蒸气中基态原子占比

虽然原子蒸气中的基态原子量可通过其激发跃迁,产生光度吸收,而通过朗伯-比尔定律进行定量分析,但基态原子的数量能否代替原子蒸气的总量呢? 换句话说,原子蒸气中的基态原子占比是否等于 100%?

答案是令人满意的。由于原子吸收的原子化器温度一般不超过 3 000 K,所以由原子化器产生的原子蒸气中,绝大部分的原子处于基态。表 7-1 是根据统计热力学的 Boltzmann 分布定律计算得到的几种代表性元素的原子在不同温度条件下,激发态原子数 N_i 与基态原子数 N_0 的比值(N_i/N_0):

表 7-1　5 种常见元素共振线在不同温度下的 N_i/N_0

元素	λ/nm	N_i/N_0		
		$T = 2\ 300\ K$	$T = 2\ 950\ K$	$T = 3\ 400\ K$
Na	589.0	4.91×10^{-5}	5.09×10^{-4}	1.87×10^{-3}
Ca	422.7	1.13×10^{-6}	2.94×10^{-5}	1.80×10^{-4}
Cu	324.8	8.65×10^{-9}	6.03×10^{-7}	6.38×10^{-6}
Pb	283.3	7.77×10^{-10}	1.01×10^{-7}	1.50×10^{-6}
Zn	213.9	6.01×10^{-13}	3.78×10^{-10}	1.36×10^{-8}

从表 7-1 可见,在原子化器的工作温度下,激发态原子数 N_i 的比例非常小,也就是说,在原子化器中基态原子数 N_0 几乎占原子总数 N 的 100%。而原子化器中原子总数 N 又与试样溶液中待测元素的总浓度 c 成正比:

$$N_0 \approx N = k'c \tag{7-2}$$

将式(7-2)代入式(7-1)可得

$$A = \lg \frac{I_0}{I} = kLk'c = KLc \tag{7-3}$$

即气态原子对共振线的吸光度与试样溶液中待测元素的浓度成正比。式(7-3)为原子吸收定量分析的基本关系式,其中 K 为比例系数。

7.4　原子吸收光谱仪

7.4.1　原子吸收光谱仪的结构和类型

原子吸收光谱仪又称原子吸收分光光度仪,它由光源、原子化器、单色器、检测器和信号输出系统等五大部件组成,见图 7-6。

与紫外-可见分光光度计相比较,结构上的主要区别有两点:

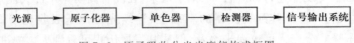

图 7-6   原子吸收分光光度仪构成框图

① 紫外-可见分光光度计中采用发射紫外光或可见光的连续光源,而原子吸收分光光度计采用发射待测元素共振线的锐线光源;

② 紫外-可见分光光度计中的吸收池(比色皿)位于单色器之后,而原子吸收分光光度计中的吸收池(原子化器)位于单色器之前。这样安排是为了使原子化器发出的其他波长的光(如原子化器中的火焰发光)可以被单色器所屏蔽,而不能进入检测器。

图 7-7(a)所示的原子吸收分光光度计是单光束式的。目前生产的原子吸收分光光度计多采用图 7-7(b)所示的双光束式。与单光束相比较,双光束光路将光源发出的光切成两束后交替通过原子蒸气和空气,再交替进入检测器,以两者的强度之比作为透光率。这样的光路,可以自动校正光源发光强度的漂移和检测器不稳定对测定的影响。

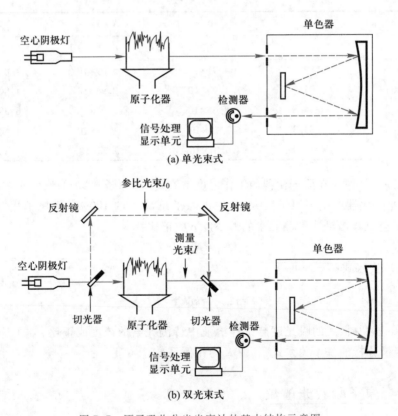

图 7-7   原子吸收分光光度计的基本结构示意图

7.4.2　原子吸收光谱仪的主要部件

1. 光源-空心阴极灯

原子吸收光谱分析中,光源的功能是提供强度高、宽度窄的待测元素的共振线。目前原子吸收分光光度计中最常见的是用空心阴极灯作锐线光源,其构造如图7-8(a),玻璃罩内封装待测元素金属或合金作内衬的圆筒形阴极和钨棒阳极,罩内充有低压(数百帕斯卡)惰性气体,玻璃罩前端用石英做透紫外的光源出射窗。空心阴极灯是一种气体辉光放电灯,工作原理如图7-8(b)所示:空心阴极灯通电后,与电源负极相连的阴极产生阴极放电,发射的热电子飞向阳极的途中与内充气体原子碰撞,使气体原子电离成正离子;气体正离子在电场的作用下轰击阴极内壁,溅射出阴极材料的自由原子;这些溅射出的原子在与其他粒子碰撞后被激发,发出阴极元素的共振线和其他特征谱线,其中的阴极元素共振线可作为同种元素的气态基态原子吸收的光源。

空心阴极灯所发射的共振线强度高,发光稳定性好,控制实验条件可使共振发射线的宽度比吸收线窄,是一种理想的锐线光源。缺点是每一个灯只能发射其阴极元素的特征谱线,最常见单元素灯,也有一些多元素灯。因此测定什么元素就必须用什么元素的灯。

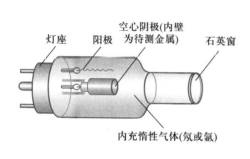

(a) 空心阴极灯构造

(b) 空心阴极灯发光原理

图 7-8　空心阴极灯构造及发光原理

实验中对于共振线选择,一般首选强度最高的主共振线。当采用主共振线遇到干扰时,可以另选其他共振线进行分析。对于空心阴极灯的实验条件,一般灯电流越大,共振线强度越高,检测到的信噪比也越高;但同时灯内温度过高,引起共振线的宽度增大,甚至共振线自吸。

2. 原子化器

原子化器的作用是提供能量,使试样中的待测元素,一般为溶液中的水合离子或金属晶体中的晶格内离子蒸发、解离成气态的基态原子。原子化器性能及工作状态,在很大程度上决定了原子吸收分析法的灵敏度、重现性、受干扰程度。对原子化器的要求:① 有足够高的原子化效率;② 有良好的稳定性和重现性;③ 噪声低和记忆效应小。原子吸收分光光度计中使用的原子化器,主要有火焰原子化器和电热石墨炉原子化器。

火焰原子化器的结构较为简单,由雾化器、预混合室和燃烧头三部分组成,如图7-9所示,再加上乙炔(燃气)钢瓶、空压机、气体流量计等外部设备。其工作原理是将试样溶液雾化成气溶胶后送入火焰,利用高温火焰使待测元素的化合物蒸发并解离成气态基态原子。采用火焰原子化的原子吸收分析称为火焰原子吸收法(flame atomic absorption spectrometry,FAAS)。工作时,助燃气(最常用压缩空气)以高流速通过收缩的雾化器喷嘴时,在液流出口处因Venturi(文丘里)效应而产生负压,该负压可使试样溶液被吸入雾化器,并在高速气流的作用下被分散雾化;液雾进入预混合室后,与混合室内撞击球、扰流片等碰撞后进一步粉碎细化成气溶胶,并与燃气(最常见乙炔)、助燃气充分混合,其中过大的雾粒结集在预混合室的内壁并从下方的废液口排出,而较细的气溶胶则被混合气携带至燃烧头,在燃烧的火焰中干燥、蒸发、熔融、热解,并最终原子化。

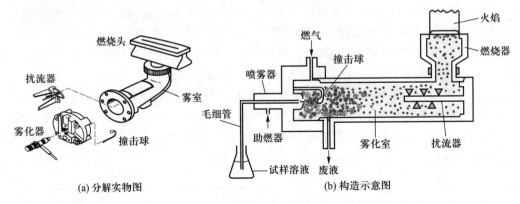

(a) 分解实物图   (b) 构造示意图

图 7-9   火焰原子化器分解实物图和构造示意图

　　火焰是由燃气和助燃气燃烧而致,火焰中的化学环境与燃气、助燃气的混合比例(即燃助比)相关,如图 7-10 所示,可分为贫燃火焰、化学计量火焰和富燃火焰三类:① 贫燃火焰是指燃助比小于化学计量的火焰。该火焰燃烧充分,外观呈浅蓝色,有较强氧化性,但因过量助燃气带走了一些热量,火焰温度也低于化学计量火焰,该火焰有利于易解离、易电离元素的测定,如碱金属。② 化学计量火焰是指燃助比接近火焰燃烧的化学计量关系的火焰。该火焰燃烧充分,其中少有还原性物质,燃烧稳定,温度最高,火焰空白本身对共振线的背景吸收低,适合于大部分元素的测定。③ 富燃火焰是指燃助比大于化学计量时的火焰。该火焰燃烧不完全,外观发亮,含有较多还原性物质,温度低于化学计量火焰,适合测定容易生成难解离氧化物的元素。如铝、钛、钒和钼等会与火焰组分中的 O 和 OH 自由基等反应,生成只能在 $C_2H_2-N_2O$ 火焰中分解的难熔氧化物(和氢氧化物),该火焰通常在还原(富燃焰)气氛下燃烧,具有一个大的红色羽状二次反应区,存在 CN,NH 等还原自由基,可分解和防止耐高温氧化物的生成。

火焰原子化器
的火焰类型

(a) 贫燃火焰   (b) 化学计量火焰   (c) 富燃火焰

图 7-10   火焰原子化器的火焰类型

　　火焰原子化器最常用的火焰是乙炔-空气火焰。这种火焰的温度可达 2 250 ℃ 左右,可用于测定碱金属、碱土金属、贵金属等常见的三十几种金属元素。而乙炔-氧化亚氮(N_2O,助燃气)火焰的温度可达到 2 950 ℃,除可以测定上述元素外,还可用于测定铝、铍、钒、硼、硅和镧系元素等易形成难解离氧化物的元素;但该火焰中的燃烧产物

CN 易造成分子背景吸收,使用时需注意(参见第 7.6 节)。

　　火焰原子化器的特点是结构简单,使用方便,测定的精密度好(相对标准偏差 2 %左右),干扰较少。虽然被吸入雾化器的试样溶液一般在 2 mL 以上,但真正能生成气溶胶而进入火焰的不足 10 %。由于原子化效率不高,因此灵敏度较低,测定的下限一般在 $0.x\sim x$ mg·L^{-1}。另外,实验中除了调控火焰类型,还需要对火焰高度、试样提升速率等条件进行优化。

　　石墨炉原子化器(又称电加热原子化器),其工作原理是利用大功率电路(≤5 000 W)快速加热石墨管产生高温(最高可达 3 300 K),使置于石墨管内的试样在瞬间(约 1 s)转变为原子蒸气的电加热原子化装置。采用石墨炉原子化方式的原子吸收分析称为石墨炉原子吸收法(graphite finance atomic absorption spectrometry, GFAAS)。图 7-11(a)是石墨炉原子化器构造示意图。它的主体为一个内径小于 8 mm、长度小于 30 mm 的石墨管[见图 7-11(b)],管壁中央的小孔是进样孔,直径小于 2 mm。石墨管的周围和内部通有保护性惰性气体 Ar,用来保护高温下的石墨管不被氧化而烧毁;石墨炉的夹套中可通入冷却水,以便一次测定后,通过冷却水循环使石墨管快速冷却至接近室温,为下一次进样做准备。

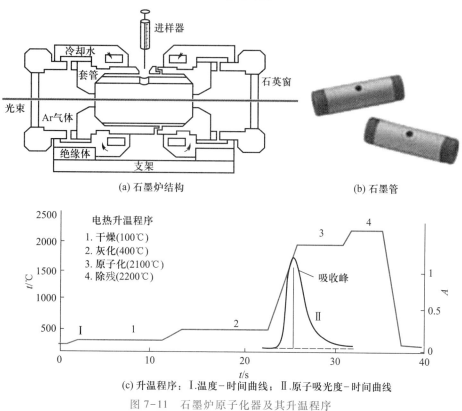

(a) 石墨炉结构　　　　　　　　　　　　(b) 石墨管

(c) 升温程序:Ⅰ.温度-时间曲线;Ⅱ.原子吸光度-时间曲线

图 7-11　石墨炉原子化器及其升温程序

　　用石墨炉原子化器进行测定时,采用自动机械加样装置吸取 5~50 μL 试样溶液加入石墨管中央。然后按预设的升温程序,经过干燥(使溶剂挥发)、灰化(除去易挥发或灰化的干扰物质)、原子化(试样迅速蒸发,在石墨管内形成原子蒸气,直至完全原子化)、除残(除去残留在石墨管中的耐高温物质)的四个步骤[见图 7-11(c)中的曲线 I],完成一次测定。可见,引入石墨管的试样溶液虽然很少,但是由于进样效率达到 100%,原子蒸气在光路中的停留时间比火焰原子化器长,并且没有火焰气体的稀释效应,所以石墨炉原子化具有比火焰原子化高 2~3 个数量级的原子化效率。由于形成的原子蒸气会很快扩散出石墨管,所以石墨炉原子吸收测到的原子吸收信号是一个随时间变化的峰状信号[见图 7-11(c)中的曲线 II]。升温程序中,每一步的升温方式、所保持的温度和延续的时间等均由测定对象和试样的性质所决定。升温程序是石墨炉原子吸收测定的关键实验条件。

电热石墨炉原子化的最大特点是灵敏度高,同时试样消耗少,成为目前高灵敏测定金属元素的常规分析方法之一。但石墨炉原子化器设备复杂,价格昂贵,测定的精密度较火焰原子化逊色(相对标准偏差 3%~5%),而且容易受到共存元素的干扰。另外,实验中需要开展升温程序、试样进样体积等条件加以优化。

3. 分光系统

原子吸收分光光度计的分光系统基本结构与紫外-可见分光光度计相似,主要由入射狭缝、准光镜、光栅、物镜、出射狭缝所组成,可参见图 7-7(b)。其中出射狭缝宽度可决定射出光的通带范围。当共振线附近没有来自光源的其他非共振线时,可以采用较大的狭缝宽度,从而可降低检测器增益,提高信噪比;反之,应采用较小狭缝宽度,以便隔离非共振线的干扰。

4. 检测器和信号输出系统

原子吸收分光光度计的检测系统由光电倍增管(PMT)、信号处理系统和信号显示系统所组成。

现代原子吸收分光光度计均由计算机控制各系统的实验参数和运行程序,并由计算机采集、处理信号和数据,直接给出分析结果。

7.5   定量分析方法

7.5.1   分析方法

(1)标准曲线法

原子吸收分光光度分析中标准曲线法与紫外-可见分光光度分析中的一样,就是配制一系列浓度梯度的被测元素的标液,在与待测试样相同的实验条件下,测定吸光度,并绘制吸光度对浓度的标准工作曲线。测定试样的吸光度,在标准工作曲线上求出待测元素的含量。

(2)标准加入法

当待测试样的基体干扰较大,又难以模拟试样基体配制标准溶液,会出现标准溶液与试样溶液基体不匹配而导致的误差,采用标准加入法可避免此误差干扰。将试样分成等体积的若干份,每份分别加入不同量的被测元素的标液,使加入量的浓度等梯度变化(如图 7-12 中 $0, 1c_0, 2c_0, 3c_0, \cdots$),分别测定各份溶液的吸光度。以加入的标液浓度对应于其吸光度作图,回归后得一标准曲线。将此曲线外推至与浓度轴相交,交点至坐标原点得距离 c_x,即为待测元素经稀释后的浓度。

使用标准加入法应注意:① 该法是建立在吸光度与浓度线性相关的基础上,待测元素的浓度应在线性范围内;② 为得到较为准确的外推结果,标准工作曲线的线性方程至少取四个点进行回归,且加入的标液浓度要适当,最好第一加入量(c_0)产生的吸光度约为待测试样吸光度的一半;③ 该法可消除基态效应的干扰,但不能消除背景吸收的干扰(参见 7.6 节),因此只有扣除背景干扰后,才能得到待测元素的真实含量。

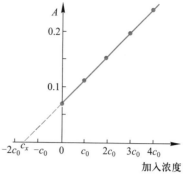

图 7-12 标准加入法

7.5.2 灵敏度和检出限

(1) 灵敏度

仪器分析中,灵敏度(sensitivity)用分析法的标准工作曲线的斜率表示,计算方法如下:

$$S_c = \frac{\Delta A}{\Delta c} \quad 或 \quad S_m = \frac{\Delta A}{\Delta m} \tag{7-4}$$

式中:S_c 和 S_m 分别为浓度灵敏度和质量灵敏度。

在火焰原子吸收光谱法中,常用特征浓度 ρ_c(单位为 $\mu g \cdot mL^{-1}/1\%$)表示某一元素在一定条件下的分析灵敏度。特征浓度是指能产生 1% 吸收(透射比 99%)或 0.004 4吸光度值时,溶液中待测元素的浓度。

$$\rho_c = \frac{0.004\ 4 \times \Delta c}{\Delta A} = \frac{0.004\ 4}{S_c}(\mu g \cdot mL^{-1}/1\%) \tag{7-5}$$

在石墨炉原子吸收光谱法中,常用特征质量 m_c(单位为 $\mu g/1\%$)表示某一元素在一定条件下的分析灵敏度(又称绝对灵敏度)。特征质量是指能产生 1% 吸收(透射比 99%)或 0.004 4 吸光度值时,待测元素的质量。

$$m_c = \frac{0.004\ 4 \times \Delta m}{\Delta A} = \frac{0.004\ 4}{S_c}(\mu g/1\%) \tag{7-6}$$

需要注意的是,无论是特征浓度还是特征质量,都只能表示某一方法中浓度或质量的改变量对信号的影响,不能表示该方法所能测出的某元素的最低浓度或最小质量,后者需要用检出限表示。

(2) 检出限

检出限(limit of detection, D. L)是指在给定的分析条件和某一置信水平下,该分析法能测出某元素的最低浓度(或最小质量)的能力。通常,置信水平取 99.7%,此时的检出限就是指能产生相当于 3 倍噪声水平标准偏差的信号时的浓度(或质量)值,计算方法如下:

$$c_{D.L} = \frac{c_x \times 3\sigma}{\overline{A}} \quad 或 \quad m_{D.L} = \frac{m_x \times 3\sigma}{\overline{A}} \tag{7-7}$$

式中:$c_{D.L}$ 和 $m_{D.L}$ 分别为以浓度和质量表示的检出限,σ 为噪声水平的标准偏差,可以用空白溶液连续 10 次或以上进样测得的吸光度值求得,3 为置信因子(此时的置信度为 99.7%),$\overline{A}$ 为浓度 c_x(或质量为 m_x)的试样多次测定所得的吸光度平均值。不难看出,式(7-7)中 c_x/A 和 m_x/A 实际上是该分析法灵敏度的倒数($1/S_c$ 和 $1/S_m$),σ 则为该分析法的精密度的量度。由此可见,某分析法的检出限取决于该方法的灵敏度和精密度两个因素:灵敏度越高、精密度越小,检出限就越低。需要指出的是,当试样中待测元素的浓度(质量)接近检出限时,所测到的吸收信号受噪声起伏的影响很大,难以进行定量分析。因此,实际工作中还用定量限(limit of quantification,LOQ)表示定量测定的最低浓度(或最小质量),一般指在 3~5 倍的检出限水平。表 7-2 列出了火焰原子吸收光谱法和石墨炉原子吸收光谱法测定常见金属元素的检出限。

表 7-2　两种常见原子吸收光谱法测定金属元素的检出限

单位:ng·mL^{-1}

元素	FAAS	GFAAS*
Ag	3	0.02
Al	30	0.2
Ba	20	0.5
Ca	1	0.5
Cd	1	0.02
Cr	4	0.06
Cu	2	0.1
Fe	6	0.5
K	2	0.1
Mg	0.2	0.004
Mn	2	0.02
Mo	5	1
Na	0.2	0.04
Ni	3	1
Pb	5	0.2
Sn	15	10
V	25	2
Zn	1	0.01

*　进样体积 10 μL。

7.6　干扰和消除

原子吸收光谱分析中的干扰,根据其来源,可分为光谱干扰、化学干扰和物理干扰三类。

7.6.1　光谱干扰

原子吸收共振线很窄,不同元素吸收线几乎不重叠;反之,也可通过更换吸收线来规避。因此,常见的光谱干扰是分子背景吸收。分子背景吸收可能源自火焰气体燃烧产物、未解离的试样分子及其衍生物、试样解离颗粒引起的光散射等;尤其对于溶质含量高的试样溶液,在快速原子化的进程中,难以将试样中的所有分子完全分解,产生分子背景吸收,从而导致待测物浓度被高估,因此,必须加以消除或校正。

分子背景吸收可通过分别测定单独"背景吸收"及"待测物+背景的吸收",计算两者差值进行校正。常用方法是另加一个连续光源,如氘灯(如图7-13所示)。该光源经过原子化器和单色器后,测得的背景吸收是跨越整个狭缝波长范围(通带)的连续光谱吸收;由于此时原子吸收线与这一通带相比非常窄(仅 0.1% ~ 1%,参见7.3节),所以待测物吸收可以忽略,即测得"背景吸收"。另一方面,在使用锐线光源时,测得的是待测原子引起的吸收及此波长下的背景吸收,即"待测物+背景吸收"。

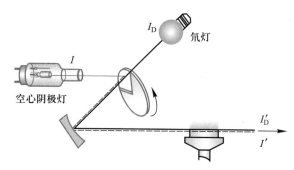

图 7-13 连续光源背景校正示意图

因此两者相减扣除了背景干扰。不过,氘灯在波长大于 330 nm 时能量较弱,因此一些高端原子吸收光谱仪再配置石英卤素灯作为连续光源的补充。尽管该方法存在连续光束与锐线光束在空间及光谱能量分布并不均一、校正不完全的缺点,但此法成本低且使用方便,是最常用的分子背景吸收校正法。此外,还有塞曼(Zeeman)校正、Smith-Hieftje 校正等其他校正方法,皆与精妙的光学理论相关,这里不做展开。

7.6.2 化学干扰

(1)电离干扰

活泼的碱金属、大部分碱土金属和少量其他金属,在极高的火焰温度下电离程度增高。由于原子吸收光谱测定基态原子而非离子,发生电离会使吸光度下降。目前的火焰原子吸收光谱法,常采用极高温火焰,通常会导致易电离元素的部分电离。如果待测元素被电离的比例不改变,即标样和待测试样电离程度一致,那么由这种电离带来误差可通过标准工作曲线加以校正(尽管分析灵敏度和动态线性范围会受影响)。

消除电离干扰的难点在于,一个易电离元素对另一个易电离元素的影响,即标样和待测试样电离程度不同的问题。例如,火焰原子分光光度法测定钙,在用纯钙标样制作工作曲线时,有部分钙电离,工作曲线把这部分电离钙计算在内。而在测定试样时,如试样中含有较多钠元素,钠比钙更易电离,随着火焰中自由钠离子的出现,抑制了钙的电离,使试样中钙原子化率高于标样,从而导致测量的正误差。在这种情况下,需要通过同时向标样和待测试样溶液中加入大量更易电离的元素(如钾或铯),使标液和试样自身的电离均被抑制到极低,从而克服电离干扰。

(2)难熔化合物的形成

试样中可能含有可与待测元素形成难熔(耐高温)化合物的组分。如测定钙时,试样中若含磷酸根离子,则会导致火焰中难分解的焦磷酸钙($Ca_2P_2O_7$)的生成。从而使钙无法完全原子化产生负误差。消除此类干扰最有效方法是化学干预。如针对上述问题可:① 加浓度约 1% 的氯化锶($SrCl_2$)或硝酸镧[$La(NO_3)_3$]。锶或镧更易与磷酸根结合,从而抑制了焦磷酸钙的形成,该试剂被称为释放剂。② 类似地,配位剂

EDTA 也可加到上述溶液与钙形成配合物,从而消除钙与磷酸根结合;而 EDTA-Ca 在火焰中易分解、可解离为游离钙原子,该试剂被称为竞争剂。③ 对于许多较低温度下难分解的化合物,改变火焰温度及火焰类型,如采用 C_2H_2-N_2O 火焰,也可有效地改善原子化效率(参见 7.4.2 节)。

7.6.3 物理干扰

物理干扰主要指一些影响火焰原子化器原子化效率的参数,包括气体流速、因温度或溶剂引起的试样黏度变化、溶质含量较高、火焰温度、试样表面张力影响雾化液滴大小等。这些参数一般可通过多次工作曲线校正、采用标准加入法克服基体效应等实现干扰减免。

 思考题

7-1 名词解释:共振线,光谱通带,特征浓度,检出限。

7-2 为什么原子吸收分光光度分析中总是选用共振线作为分析线?

7-3 原子吸收分光光度计中为什么不用连续光源(如钨灯)作光源而一定要用锐线光源(如空心阴极灯)作为光源?为什么原子吸收测定中,测定某一种金属元素一定要用该元素制备的空心阴极灯作光源?

7-4 简述火焰原子化和电热石墨炉原子化的基本过程,比较它们的分析性能。

7-5 原子吸收测量时,标准曲线法、标准加入法各适合什么条件下使用?

 习题

7-1 原子吸收光谱仪中光源的作用是(　　)。

A. 发射荧光

B. 发射待测元素的特征辐射

C. 提供试样蒸发和激发所需的能量

D. 发射连续光

7-2 原子吸收光谱是测量(　　)对共振线的吸收为基础的分析方法。

A. 溶液中离子 　　　　　　　　B. 固体中原子

C. 气态的基态原子 　　　　　　D. 气态的激发态离子

7-3 火焰原子吸收法测定工业废水中的铜浓度时,采用标准加入法定量。在 5 个 50 mL 容量瓶中分别移入 10.0 mL 水样,分别向各容量瓶中加入不同体积的 $20.0 \ \mathrm{mg \cdot L^{-1}}$ 铜标准溶液后,用蒸馏水稀释到刻度,摇匀后测定各试样溶液的吸光度,见下表:

瓶号	水样体积/mL	标准溶液体积/mL	吸光度
1	10.0	0.0	0.201
2	10.0	5.0	0.293
3	10.0	10.0	0.377
4	10.0	15.0	0.468
5	10.0	20.0	0.543

试计算原水样中铜的浓度。

习题参考答案

第八章 电位分析法

(*potentiometric analysis*)

学习要求

1. 掌握电位分析法的基本原理和装置。
2. 了解电位分析中常见的工作电极和参比电极。
3. 掌握电位分析的典型应用实例。
4. 掌握电位分析的定量方法。
5. 了解电位滴定法的基本原理和装置。

8.1 概述

8.1.1 电位分析法的基本原理和分类

电位分析法是通过测定包括待测物溶液在内的化学电池的电动势,求得溶液中待测组分活(浓)度的一种电化学分析方法。

从第四章已知,半电池反应的电极电势 E 与溶液中对应离子活度的关系服从能斯特方程。例如,对于金属与溶液中对应离子所形成的半电池反应:

$$\text{M}^{n+} + n\text{e}^- \rightleftharpoons \text{M}$$

$$E_{\text{M}^{n+}/\text{M}} = E^{\ominus}_{\text{M}^{n+}/\text{M}} + \frac{RT}{nF}\ln a_{\text{M}^{n+}} \tag{8-1}$$

从式(8-1)可知,如果可以测得该金属电极的电势 E,就可以求得溶液中对应金属离子的活(浓)度。为此,需要有一支电势固定不变的电极(参比电极)与上述待测离子的金属电极(指示电极)及待测溶液一起,组成一个工作电池:

$$\text{参比电极} \parallel \text{待测溶液} \mid \text{指示电极}$$

通过测量该工作电池的电动势:

$$E_{\text{emf}} = E_{\text{M}^{n+}/\text{M}} - E_{\text{参}} \tag{8-2}$$

求得待测离子的金属电极的电势 $E_{\text{M}^{n+}/\text{M}}$,就可求得待测金属离子的活(浓)度。电位分析的基本装置见图 8-1。

电位分析法可以分成两类。通过测量电极电势(电动势),并通过电势与待测离子间的能斯特方程,求得待测离子的活(浓)度的方法称之为直接电势法。另一种方法是通过测量滴定过程中电极电势的变化,进而确定滴定的终点,通过滴定反应的化学计量关系,求得待测离子的浓度。这种方法称之为电位滴定法。

8.1.2　指示电极和参比电极

在电位分析测定中要用到两种功能不同的电极,其中电极电势能响应待测离子活度的电极称为指示电极(indicating electrode),而电极电势固定不变的电极称为参比电极(reference electrode)。

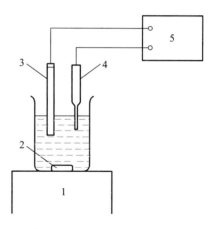

图 8-1　电位分析的基本装置
1—磁力搅拌器;2—搅拌子;3—指示电极;
4—参比电极;5—测量仪表(离子计)

① 指示电极　指示电极的基本要求是其电极电势与试样溶液中待测离子活度之间的关系符合能斯特方程。常用的指示电极有金属基电极和离子选择性膜电极。

金属基指示电极是以金属得失电子为基础的半电池反应来指示相应离子活度的。最基本的金属基指示电极是基于金属与该种金属离子所组成的半电池反应来响应该种金属离子活度的电极。例如,将一根银丝插入 Ag^+ 溶液,就构成了一支能响应溶液中 Ag^+ 离子活度的银指示电极,它的半电池反应和电极电势表达式为

$$Ag^+ + e^- \rightleftharpoons Ag$$

$$E_{Ag^+/Ag} = E^{\ominus}_{Ag^+/Ag} + \frac{RT}{nF}\ln a_{Ag^+} = E^{\ominus}_{Ag^+/Ag} + \frac{2.303RT}{nF}\lg a_{Ag^+} = E^{\ominus}_{Ag^+/Ag} + S\lg a_{Ag^+} \qquad (8-3)$$

式中:S 称为电极反应的斜率,在 25 ℃ 时,对于电子得失数 $n=1$ 的一价离子,$S=0.0592$ V,对于电子得失数 $n=2$ 的二价离子,$S=0.0296$ V,依次类推。这一类金属基指示电极常被称为第一类金属基电极。

金属基电极除了可直接指示该种金属离子的活度外,在适当的条件下还可以指示某些阴离子的活度。例如,在有 $AgCl$ 沉淀存在的 Cl^- 溶液中,银电极就能指示 Cl^- 的活度。其半电池反应和电极电势的能斯特方程关系如下,

$$AgCl + e^- \rightleftharpoons Ag + Cl^-$$

$$E_{AgCl/Ag} = E^{\ominus}_{AgCl/Ag} - S\lg a_{Cl^-} \qquad (8-4)$$

对于由金属、该金属的难溶盐、此难溶盐的阴离子所组成的指示该阴离子的金属基指示电极,电极反应和能斯特响应式可用以下通式表示:

$$M_nX_m + me^- \rightleftharpoons nM + mX^-$$

$$E_{M_nX_m/M} = E^{\ominus}_{M_nX_m/M} - S\lg a_{X^{n-}} \qquad (8-5)$$

这类金属基指示电极常被称为第二类金属基电极。

对于像 $Fe^{3+} + e^- \rightleftharpoons Fe^{2+}$ 的半电池反应,其电极电势指示的是溶液中两种离子的活(浓)度比。这时,可以将一根惰性的铂丝作为电极,插入含有 Fe^{3+},Fe^{2+} 的溶液,它的电极电势为

$$E_{Fe^{3+}/Fe^{2+}} = E_{Fe^{3+}/Fe^{2+}}^{\ominus} + S\lg \frac{a_{Fe^{3+}}}{a_{Fe^{2+}}} \tag{8-6}$$

这类金属基指示电极常称为零类电极。

金属基指示电极结构简单,制作方便,是金属离子和某些阴离子的常用指示电极。

最主要的工作电极为离子选择性电极(ion selective electrode,ISE),有关离子选择性电极的构造和原理,将在 8.2 节中介绍。

② 参比电极 参比电极的基本要求是电极电势恒定,不受试样溶液组成变化的影响。在电化学分析中,最常用的参比电极是甘汞电极。甘汞电极因内充 KCl 溶液的浓度不同而有不同的电势值,常用的甘汞电极内充的 KCl 溶液浓度有 0.1 mol·L^{-1}、1 mol·L^{-1}、饱和溶液三种,其中最常用的是内充饱和 KCl 溶液的饱和甘汞电极(saturated calomel electrode,SCE),它在 25 ℃时的电势值为 0.241 2 V。

Ag-AgCl 电极[见式(8-4)]也是常用的参比电极。在温度较高(>80 ℃)的条件下使用时,Ag-AgCl 电极的电势较甘汞电极稳定。25 ℃时,内充饱和 KCl 溶液的 Ag-AgCl 电极的电势值为 0.199 V。

必须注意,不论是甘汞参比电极还是 Ag-AgCl 参比电极,当温度改变时,它们的电势会有微小的变化。

8.2 离子选择性电极

8.2.1 离子选择性电极和膜电势

离子选择性电极(ISE)是 20 世纪 60 年代后迅速发展起来的一种电位分析法的指示电极。离子选择性电极的响应机理与上述的金属基电极完全不同,电势的产生并不是基于电化学反应过程中的电子得失,而是基于离子在溶液和一片被称为选择性敏感膜之间的扩散和交换,如此产生的电势就称膜电势(membrane potential)。选择性敏感膜可以由对特定离子具有选择性交换能力的材料(如玻璃、晶体、液膜等)制成。国际上,离子选择性电极是按敏感膜材料的性质分类的,例如,用晶体敏感膜制作的晶体电极(如氟化镧单晶制成的氟离子选择性电极,用氯化银多晶制成的氯离子选择性电极),用玻璃膜和流动载体(液膜)制成的非晶体电极(前者如 pH 玻璃电极,后者如流动载体钙离子选择性电极)等。本节以 pH 玻璃电极和氟离子选择性电极为例,介绍离子选择性电极的基本结构和响应原理。

8.2.2 pH 玻璃电极

pH 玻璃电极是对溶液中的 H$^+$ 离子活度具有选择性响应的离子选择性电极,它主要用于测量溶液的酸度。pH 玻璃电极的构造见图 8-2。它的关键部分为电极下部由特殊配方(以摩尔分数表示的组成为:Na$_2$O,0.22;CaO,0.06;SiO$_2$,0.72)制成球泡形玻璃膜,该膜的厚度为 0.03~0.1 mm。在玻璃泡内装有 0.1 mol·L^{-1} HCl 的内部溶液,其中插入一支 Ag-AgCl 参比电极。Ag-AgCl 内参比电极和内部溶液中的 Cl$^-$ 所组成的内参比电极系统与玻璃膜形成了可靠的电接触。pH 玻璃电极对于溶液中 H⁺的选择性响应源于其泡状玻璃膜的内部结构。石英是纯 SiO_2 结构,硅氧以共价键结合成网络状的结构没有可供离子交换的电荷点位。而在掺有 Na_2O 的 SiO_2 玻璃膜中,硅氧网络结构中的一部分硅氧键断裂,成带负电荷的硅-氧骨架,骨架上这些固定的负电荷点位具有离子交换的功能,通常它们与带正电荷的 Na⁺形成静电作用力,溶液中的 H⁺与 Na⁺在动态交换过程中形成双电层,产生内外表面的膜电势(见图 8-3)。

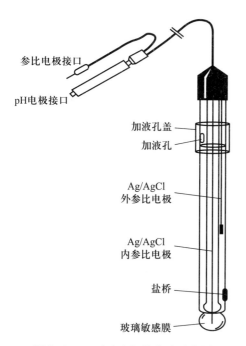

图 8-2　pH 玻璃电极的构造示意图

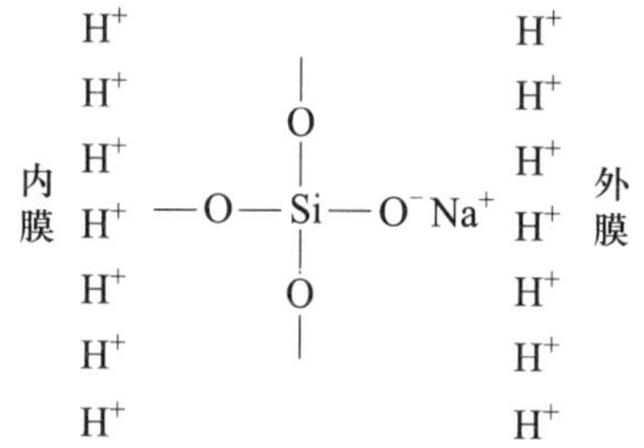

图 8-3　玻璃膜内外的离子交换形成的内外膜电势

pH 玻璃电极在使用前必须在水中浸泡一段时间后才具有响应 H⁺的功能,这一过程称为玻璃膜的水化。水化使玻璃膜的外侧表面形成厚度 $10^{-5} \sim 10^{-4}$ mm 的水化层(玻璃膜的内侧表面由于装有 HCl 溶液,已经形成水化层),其中的 Na⁺与溶液中 H⁺发生离子交换:

$$\equiv SiO^-Na^+_{(表面)} + H^+_{(溶液)} \rightleftharpoons \equiv SiO^-H^+_{(表面)} + Na^+_{(溶液)}$$

由于硅氧骨架上的负电荷点位对于 H⁺具有很大的亲和作用,因此上述反应的平衡常数非常大,即水化层中的负电荷点位几乎全被 H⁺所占据。这时,pH 玻璃电极具备了响应溶液中 H⁺的能力。当浸泡活化后的 pH 玻璃电极插入待测试样时,由于玻璃膜外侧表面水化层中的 H⁺离子活度与待测溶液中的 H⁺离子活度不同,H⁺会向活度低的方向扩散迁移,结果在玻璃外侧和溶液的界面形成一双电层,产生了一定的相间电势。同样对于玻璃膜的内侧表面与内参比溶液的界面,也存在着由于 H⁺离子活度不同而扩散迁移所建立的相间电势。于是,玻璃膜内、外表面的相间电势之和可表示为

$$E_{膜相} = \frac{RT}{F} \ln \frac{a_{H^+,试}}{a_{H^+,内}} \tag{8-7}$$

式中:$a_{H^+,试}$和$a_{H^+,内}$分别代表试样溶液和内参比溶液中的H^+离子活度。因为玻璃泡内所装溶液的H^+离子活度$a_{H^+,内}$是固定的,因此,式(8-7)可改写为

$$E_{膜相} = K + \frac{RT}{F}\ln a_{H^+,试} \tag{8-8}$$

实际上,玻璃膜内部(非水化层)还存在着离子扩散造成的扩散电势。但在玻璃膜结构匀称的情况下,该扩散电势可忽略不计,于是$E_{膜相}$可以近似为横跨整个玻璃膜的膜电势$E_{膜}$。由此可见,膜电势并不是因为得失电子的结果,而是由于待测离子在膜和溶液界面的扩散迁移所造成。

玻璃电极的电势是通过电极内部的Ag-$AgCl$内参比电极测量的,因此,整个pH玻璃电极的电极电势为

$$E_{玻璃} = E_{AgCl/Ag} + E_{膜} = E_{AgCl/Ag} + K + \frac{RT}{F}\ln a_{H^+,试} = K' + \frac{RT}{F}\ln a_{H^+,试}$$

$$E_{玻璃} = K' - \frac{2.303RT}{F}pH_{试} \tag{8-9}$$

在 25 ℃时: $\qquad E_{玻璃} = K' - 0.0592\ V pH_{试} \tag{8-10}$

即,pH玻璃电极的电极电势与待测试样的pH有线性关系。

普通pH玻璃电极测定溶液酸度的适用范围是$pH = 1 \sim 10$。当pH高于10时,测得的pH比实际值要低,见图8-4(C和D)。这种现象称为pH玻璃电极的"碱差"(alkaline error)。碱差的根本原因是玻璃膜并非是一块只响应H^+的"专属性膜",它除了对H^+具有选择性响应的能力之外,对溶液中的其他阳离子(如Na^+,K^+等离子)也会有一定的响应。当被测试样的pH较低时,溶液中H^+有相当的活度,电极响应H^+所产生的膜电势较电极响应Na^+,K^+等离子所产生的膜电势高得多,因此察觉不到这些阳离子干扰。当试液碱度较高(比如$pH > 10$)时,溶液中H^+离子活度相对于Na^+,K^+等其他阳离子已经很低,这种情况下,电极响应Na^+,K^+等离子所产生的膜电势就相

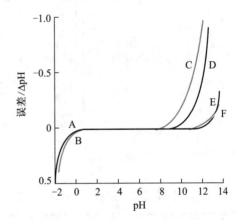

图 8-4 pH 玻璃电极的"碱差"和"酸差"
A—Corning 015 玻璃电极,H_2SO_4;
B—Corning 015 玻璃电极,HCl;
C—Corning 015 玻璃电极,1 mol·L^{-1} Na^+;
D—Beckman-GP 玻璃电极,1 mol·L^{-1} Na^+;
E—L&N Black Dot 玻璃电极,1 mol·L^{-1} Na^+;
F—Beckman Tybe E 玻璃电极,1 mol·L^{-1} Na^+

当可观,表现出来的结果是pH玻璃电极"测到"了比实际上多的H^+离子(比实际pH低)。因此所谓"碱差"是pH玻璃电极在碱度较高的溶液中响应Na^+,K^+等离子的缘故。改变玻璃膜的成分,可以扩大pH玻璃电极在碱性区的使用范围。例如,用Li_2O代替玻璃膜中的绝大部分Na_2O,则可减小膜对Na^+的亲和作用,从而使用范围扩大到$pH = 0 \sim 14$。pH玻璃电极在酸性大($pH < 1$)的溶液中测得的pH会高于实际值,这种误差被称为"酸差"(acid error)。一种对"酸差"的解释是:膜电势只有在水的活度为1时,才符合能

斯特方程。在高酸度下,相当部分的水分子由于质子的溶剂化,使水的活度小于 1,从而使测得的 pH 会高于实际值。(问题:当试样溶液的酸度<1 或>14 时,可用什么方法测定?)

由 pH 玻璃电极的"碱差"现象可知,玻璃膜除了 H^+ 外,还能响应其他阳离子。如果改变玻璃膜的成分,使它对其他阳离子(如 Na^+ 或 K^+)具有较高的选择性,那么该玻璃电极实际上成为一支测定 Na^+(或 K^+)的 pNa(或 pK)玻璃电极。例如,一种商品 pNa 玻璃电极玻璃膜的成分为:Na_2O,0.11;Al_2O_3,0.18;SiO_2,0.71。

8.2.3 氟离子选择性电极

氟离子选择性电极对溶液中的游离 F^- 具有选择性响应能力。它的构造见图 8-5。氟电极的关键部分是电极下部的一片氟化镧(LaF_3)单晶膜。电极内充有含有 $0.1\ mol \cdot L^{-1}$ NaF 和 $0.1\ mol \cdot L^{-1}$ NaCl 的溶液,并通过 Ag-AgCl 内参比电极与外部的测量仪器相连。为降低氟化镧单晶膜的内阻,氟化镧单晶中掺有少量氟化铕 EuF_2。氟化铕的引入破坏了 LaF_3 完整无缺的晶格结构,在晶体内部产生了少量空穴。当氟电极浸入含有 F^- 的待测试液时,溶液中的 F^- 会与氟化镧单晶膜上的 F^- 发生离子交换。如果试样溶液中的 F^- 离子活度较高,溶液中的 F^- 通过扩散迁移进入晶体膜的空穴中;反之,晶体表面的 F^- 扩散转移到溶液,在膜的晶格中留下一个 F^- 点位的空穴。如此,在晶体膜和溶液的相界面上形成了双电层,产生膜电势。

膜电势的大小与试样溶液中 F^- 活度关系符合能斯特方程,

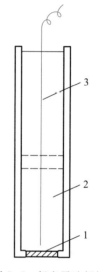

图 8-5 氟离子选择性
电极的结构示意图
1—氟化镧单晶膜;
2—内充液($0.1\ mol \cdot L^{-1}$
NaF 和 $0.1\ mol \cdot L^{-1}$ NaCl);
3—Ag-AgCl 内参比电极

$$E_{膜} = K' - \frac{RT}{F}\ln a_{F^-,试}$$

加上内参比电极的电势,氟离子电极在活度为 $a_{F^-,试}$ 的 F^- 离子试液中的电极电势为

$$E_{氟电极} = K - \frac{RT}{F}\ln a_{F^-,试} \tag{8-11}$$

因此可以通过测量氟离子选择性电极的电势,测定试样溶液中 F^- 的活度。

氟离子选择性电极测定 F^- 的浓度范围一般在 $10^{-5} \sim 1\ mol \cdot L^{-1}$。用氟离子选择性电极测定 F^- 浓度时,溶液的酸度应控制在 pH=5~6。因为当 pH<5 时,溶液中的 H^+ 会与游离的 F^- 结合生成弱酸 HF 和 H_2F^+,它们不会被氟化镧单晶膜响应;当 pH>6 时,溶液中的 OH^- 能与膜表面的 LaF_3 发生反应:

$$LaF_3 + 3OH^- \Longrightarrow La(OH)_3 + F^-$$

由于生成的 $La(OH)_3$ 沉积在晶体膜表面使膜表面性质发生变化,而置换出来的 F^- 又使电极表面附近的试样溶液中 F^- 浓度增大,因此对测定 F^- 浓度产生干扰。

8.3 直接电势法

直接电势法(direct potentiometry)是通过测量指示电极的电极电势,并根据电势与待测离子间的能斯特方程关系,求得待测离子的活(浓)度的方法。

8.3.1 溶液 pH 的测定

最常用的直接电势法是用酸度计测定溶液的 pH。测定时,用 pH 玻璃电极作为指示电极、甘汞电极为参比电极,与待测溶液组成一个测量电池,

$$饱和甘汞电极 \parallel 待测溶液 \mid pH 玻璃电极$$

该电池的电动势

$$E = E_{玻璃} - E_{甘汞}$$

将玻璃电极电势表达式(8-9)代入

$$E = K' - \frac{2.303RT}{F}pH - E_{甘汞}$$

由于甘汞电极的电势在一定条件下是一个常数,可与 K' 合并,得到

$$E = K - \frac{2.303RT}{F}pH \tag{8-12}$$

式(8-12)表明,只要测得电池的电动势,即可求出待测溶液的 pH。

实际测定时,采取与已知 pH 的标准缓冲溶液比较的方法来确定待测溶液的 pH。假如测得标准缓冲溶液的电动势为

$$E_s = K - \frac{2.303RT}{F}pH_s \tag{8-13}$$

测得待测溶液的电动势为

$$E_x = K - \frac{2.303RT}{F}pH_x \tag{8-14}$$

将式(8-14)减去式(8-13)得

$$pH_x = pH_s + \frac{E_s - E_x}{2.303RT/F} \tag{8-15}$$

式(8-15)为与标准 pH 缓冲溶液比较而得到的待测液 pH,称为 pH 的实用定义。

应该注意的是,并不是任何缓冲溶液都可以用作标准缓冲溶液。实验室中最常用的几种标准缓冲溶液的组成及它们在不同温度下的 pH 见表 8-1。

表 8-1 标准缓冲溶液的 pH

$t/℃$	草酸氢钾 (0.05 mol·L^{-1})	酒石酸氢钾 (25 ℃饱和)	邻苯二甲酸氢钾 (0.05 mol·L^{-1})	KH$_2$PO$_4$-Na$_2$HPO$_4$ (各 0.025 mol·L^{-1})	硼砂 (0.01 mol·L^{-1})	氢氧化钙 (25 ℃饱和)
0	1.666	—	4.003	6.984	9.464	13.423
10	1.670	—	3.998	6.923	9.332	13.003
20	1.675	—	4.002	6.881	9.225	12.627
25	1.679	3.557	4.008	6.865	9.180	12.454

$t/\mathrm{℃}$	草酸氢钾 $(0.05\ \mathrm{mol \cdot L^{-1}})$	酒石酸氢 $(25\ ℃饱和)$	邻苯二甲酸氢钾 $(0.05\ \mathrm{mol \cdot L^{-1}})$	$KH_2PO_4\text{-}Na_2HPO_4$ (各 $0.025\ \mathrm{mol \cdot L^{-1}}$)	硼砂 $(0.01\ \mathrm{mol \cdot L^{-1}})$	氢氧化钙 $(25\ ℃饱和)$
30	1.683	3.552	4.015	6.853	9.139	12.289
35	1.688	3.549	4.024	6.844	9.102	12.133
40	1.694	3.547	4.035	6.838	9.068	11.984

为了使 pH 测定更为方便,目前有一种复合 pH 玻璃电极,它实际上是将 pH 玻璃电极和一支 Ag/AgCl 外参比电极组合在一起所形成的。电极的中间是一支 pH 玻璃电极,包在其外部夹层中的是 Ag/AgCl 外参比电极及其所需要的内参比溶液,该参比溶液通过电极底部的一小片多孔材料与待测溶液形成导电通路。

8.3.2　离子浓度的测定

用离子选择性电极测定离子活度时,是以离子选择性电极作为指示电极、以甘汞电极作为参比电极,与待测溶液一起组成一个测量电池,测量其电动势。例如,用氟离子选择性电极测定试样溶液中的 F^- 时,就可以组成以下工作电池:

$$饱和甘汞电极 \parallel 试样溶液 \mid 氟离子选择性电极$$

$$E = E_氟 - E_{甘汞}$$

将式(8-11)代入:

$$E = K' - \frac{2.303RT}{F}\lg a_{F^-} - E_{甘汞} = K - \frac{2.303RT}{F}\lg a_{F^-} \qquad (8\text{-}16)$$

将式(8-16)扩大到更一般的情况,可以写为

$$E = K + \frac{2.303RT}{z_iF}\lg a_i \qquad (8\text{-}17)$$

式中:a_i 为 i 离子的活度,z_i 为 i 离子所带的电荷数,若带一个正电荷,$z_i = 1$;两个正电荷,$z_i = 2$;一个负电荷,$z_i = -1$。依次类推。式(8-17)表示,所测得的电动势与待测离子活度的对数有线性关系,这便是定量分析的基础。应用这个关系式进行定量分析的具体方法有以下几种。

1. 标准曲线法

本法与分光光度法中的标准曲线法相似。配制一系列已知浓度的待测物标准溶液,用相应的离子选择性电极和甘汞电极测定对应的电动势,然后以测得的 E 值对相应的 $\lg c_i$ 作标准曲线。在相同的条件下测出待测试样溶液的 E 值,从标准曲线上查出待测离子的 $\lg c_i$ 值,再换算成待测离子的浓度。

但是,要用标准曲线法定量,还要设法解决浓度与活度之间的差异问题。工作电池的电动势是与待测离子活度(并非浓度)的对数呈线性关系。在有些场合,测定离子的活度确有重要意义。例如,Ca^{2+} 的生理作用就是与其活度有关。但是,在更多场合,要求测定的是浓度而非活度。我们知道,浓度与活度的关系为 $a_i = \gamma_i c_i$,γ_i 是 i 离子的活度系数,是溶液的离子强度的函数。只有在极稀的溶液中,$\gamma_i \approx 1$,这时,离子的浓度和活度才近似相等,而在稍浓一些的溶液中,$\gamma_i < 1$,待测离子的活度总是小于浓

度,加上活度系数与待测离子的浓度间不存在简单的线性关系,于是,用 E 对 $\lg c_i$ 作图时,浓度稍高即会使标准曲线偏离线性(见图 8-6),这就给浓度的测定带来了困难。

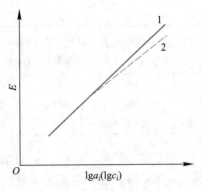

图 8-6　以浓度或活度为变量
的标准曲线的对比
1—以活度为变量;2—以浓度为变量

　　解决这一问题并不是通过求解 γ_i 将标准曲线上的活度校正为浓度,而是设法控制各标准溶液和待测溶液的离子强度为一个确定值,既不受待测离子浓度的影响,也不受试样溶液的组成的影响,从而使活度系数 γ_i 成为一个不随试样变化而变化的常数。离子强度并不只取决于待测离子,而是由溶液中所有的离子所决定的。因此,为了使标准溶液和试样溶液的离子强度保持一致,可以向各标准溶液和试样溶液中加入一种对测定没有干扰的强电解质,所加入的浓度应该一致而且要远高于试样溶液中的背景电解质和待测离子的浓度。这样,不论是标准溶液还是试样溶液,它们的离子强度都为这种外加的、固定浓度的强电解质所控制,从而使各待测溶液中待测组分的活度系数保持一致。此时

$$E = K + \frac{2.303RT}{z_i F}\lg a_i = K + \frac{2.303RT}{z_i F}\lg \gamma_i + \frac{2.303RT}{z_i F}\lg c_i$$

式中:第二个等号右边的第二项成为一个常数,使测得的电动势与待测离子浓度的对数保持线性关系,完全可以通过直线形的标准曲线来定量。这种人为加入的强电解质被称为"离子强度调节剂"。例如,测定茶叶或牙膏中的氟离子含量时,在氟离子标准溶液和试样溶液中加入 $0.1\ \text{mol}\cdot\text{L}^{-1}$ NaCl 溶液作为离子强度调节剂以控制待测溶液的离子强度。

　　在以标准曲线法测定待测离子的浓度时,除了上述离子强度的问题以外,还可能需要对待测溶液的酸度加以控制,对可能存在的干扰离子加以掩蔽。例如,用氟离子选择性电极测定 F^- 离子浓度时,需要用 HAc-NaAc 缓冲液控制试液的 pH 在 5.0 左右;试样中存在的 Fe^{3+},Al^{3+} 等离子(能与 F^- 形成配合物)对测定的干扰需用柠檬酸钠来掩蔽。这种在测定 F^- 浓度时必须加入试液中的,由离子强度调节剂、缓冲剂、掩蔽剂所组成的混合试剂,被称为"总离子强度调节缓冲剂"(total ion strength adjustment buffer,TISAB)。

　　标准曲线法的优点是用一条标准曲线可以对多个试样进行定量,因此操作比较简便。通过加入 TISAB,可以在一定程度上消除由于离子强度、干扰组分等所引起的干扰。因此标准曲线法适用于试样组成较为简单的大批量试样的测定。

2. 标准加入法

　　对于成分较为复杂的试样,难用标准曲线法定量时,可以采用标准加入法定量。标准加入法的基本思路是:向待测的试样溶液中加入一定量的小体积待测离子的标准溶液,通过加入标准溶液前后电动势的变化与加入量之间的关系,对原试样溶液中的待测离子浓度进行定量。

　　设待测试样溶液的体积为 V_x,其中待测离子的浓度为 c_x(此处省略代表离子种类的脚标 i),它在待测溶液中的活度系数为 γ,测得的电动势为

$$E_1 = K + \frac{2.303RT}{zF} \lg \gamma \cdot c_x \qquad (8-18)$$

加入浓度为 c_s（c_s 的浓度最好是 c_x 的 50～100 倍）、体积为 V_s（V_s 最好是 V_x 的 1/50～1/100）的待测离子标准溶液后测得的电动势为

$$E_2 = K + \frac{2.303RT}{zF} \lg \gamma \frac{c_x V_x + c_s V_s}{V_x + V_s} \qquad (8-19)$$

由于所加入的标准溶液的体积很小,对试样溶液组成影响可以忽略不计,因此式(8-18)和式(8-19)中的 K 和 γ 相同,式(8-19)减式(8-18)得

$$\Delta E = E_2 - E_1 = \frac{2.303RT}{zF} \lg \frac{c_x V_x + c_s V_s}{c_x (V_x + V_s)}$$

由于 $V_s \ll V_x$,所以 $V_s + V_x \approx V_x$,代入上式,经变换可得

$$c_x = \frac{c_s V_s}{V_x} (10^{\Delta E/S} - 1)^{-1} \qquad (8-20)$$

式中: $S = \dfrac{2.303RT}{zF}$, ΔE 用两电动势差的绝对值代入。这就是标准加入法的计算式。

标准加入法可以克服由于标准溶液组成与试样溶液不一致所带来的定量困难,也能在一定程度上消除共存组分的干扰。但标准加入法每个试样测定的次数增加了一倍,使测定的工作量增加许多。

3. 直接电势法

直接电势法操作简单,分析速度快,不破坏试样溶液(测定后仍可作它用),可以测定有色甚至浑浊的试样溶液。但是直接电势法的准确度欠高。究其原因,是因为电动势测定的一个微小误差,通过反对数关系传递到浓度后所产生较大的浓度不确定度,而且这种不确定度随着离子所带电荷数的增加而增大。例如,电动势测量 1 mV 的误差,对于带一个电荷的离子,所产生的相对误差约为 4%,而对于带两个电荷的离子,所产生的相对误差约为 8%。

8.4 电位滴定法

电位滴定法(potentiometric titration)是以电势法确定滴定终点的一种滴定分析法。简易的电势滴定装置如图 8-7 所示。用滴定管向盛有待测溶液的烧杯中滴加滴定剂,并用磁力搅拌器自动搅拌溶液。随着滴定剂的滴入,待测离子(或滴定剂所含的与待测离子发生反应的离子)的浓度不断发生变化,所测得的电池电动势(或指示电极的电极电势)也跟着发生变化。在化学计量点附近,电动势发生突跃,指示滴定终点的到达。根据滴定剂的消耗量,求得试样中待测离子的浓度。

8.4.1 电位滴定终点的确定

电位滴定终点的确定是根据滴定过程中电池电动势的变化来确定终点的。一般是每加一次滴定剂后,读一次电动势值,直到明显超过化学计量点为止。这样就可得到一组消耗的滴定剂体积 V 和相应的电动势 E 的数据,见表 8-2。如表中所示,在远离化学

计量点时,每次加入的滴定剂体积可达5~10 mL甚至更大,但在化学计量点前后 1~2 mL 区间内,每次滴入 0.05~0.1 mL 即应读一次电动势值,而且为了方便滴定结束后终点的求算,在这段区间内每次滴入的体积最好相等。滴定终点的确定有三种方法。

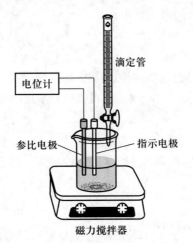

图 8-7　自动电位滴定装置示意图

自动电位滴定仪

表 8-2　以 $AgNO_3$ 溶液滴定 NaCl 溶液的数据

$V(AgNO_3)$/mL	$E(\text{vs. SCE})$/mV	ΔV/mL	ΔE/mV	$\Delta E/\Delta V$/(mV·mL^{-1})	$\Delta^2 E/\Delta V^2$/(mV·mL^{-2})
5.00	62	10.00	23	2.3	
15.00	85	5.00	22	4.4	
20.00	107	2.00	16	8	
22.00	123	1.00	15	15	
23.00	138	0.50	8	16	
23.50	146	0.30	15	50	
23.80	161	0.20	13	65	
24.00	174	0.10	9	90	
24.10	183	0.10	11	110	
24.20	194	0.10	39	390	200
24.30	233	0.10	83	830	2 800
24.40	316	0.10	24	240	4 400
24.50	340	0.10	11	110	-5 900
24.60	351	0.10	7	70	-1 300
24.70	358	0.30	15	50	-400
25.00	373	0.50	12	24	
25.50	385	0.50	11	22	
26.00	396	2.00	30	15	
28.00	426				

　　E-V 曲线法　　以表 8-2 的数据为例,将表中第一栏滴定剂体积为横坐标、第二栏相应的电动势为纵坐标,作 E-V 滴定曲线[见图 8-8(a)],曲线上的拐点即为化学计量点,对应的滴定剂体积可作为终点体积。E-V 曲线法求算终点的方法较为简单。但若终点突跃较小,确定的终点就会有较大的误差。

$\Delta E/\Delta V$-V 曲线法（一级微商法） $\Delta E/\Delta V$ 为加入一次滴定剂后所引起的电动势变化值与所对应的加入滴定剂体积之比。如表 8-2 中，在 24.10 mL 和 24.20 mL 之间

$$\frac{\Delta E}{\Delta V}=\frac{194-183\ \text{mV}}{(24.20-24.10)\ \text{mL}}=110\ \text{mV/mL}$$

与该微商值所对应的滴定剂体积为（24.10 + 24.20）mL/2 = 24.15 mL。依次类推，可以求得一系列对应的 $\Delta E/\Delta V$-V 值，然后以 V 为横坐标、$\Delta E/\Delta V$ 为纵坐标作图，得到两段一级微分曲线，将它们外推相交后的交点可以认为是一级微分曲线的极大点，所对应的滴定剂体积即为终点体积〔见图 8-8（b）〕。

用一级微商法确定终点准确度较高，即使 E-V 曲线上的终点突跃较小，仍能得到满意的结果。计算也不十分复杂，是较为常用的确定终点的方法。

$\Delta^2 E/\Delta V^2$-V 法（二级微商法） 我们知道，一级微商为极大的地方，二级微商值等于零。这样，通过求解二级微商的零点，即可求得滴定终点所对应的滴定剂体积。具体的计算方法如下。对应于滴定至 24.30 mL 时，二级微商值为

$$\frac{\Delta^2 E}{\Delta V^2}=\frac{\left(\dfrac{\Delta E}{\Delta V}\right)_{24.35}-\left(\dfrac{\Delta E}{\Delta V}\right)_{24.25}}{V_{24.35}-V_{24.25}}$$

$$=\frac{(830-390)\ \text{mV}\cdot\text{mL}^{-1}}{(24.35-24.25)\ \text{mL}}$$

$$=4\ 400\ \text{mV}\cdot\text{mL}^{-2}$$

同理，对于 24.40 mL 有

$$\frac{\Delta^2 E}{\Delta V^2}=\frac{(240-830)\ \text{mV}\cdot\text{mL}^{-1}}{(24.45-24.35)\ \text{mL}}=-5\ 900\ \text{mV}\cdot\text{mL}^{-2}$$

由于二级微商值从 24.30 mL 的 +4 400 变化为 24.40 mL 的 -5 900，因此，化学计量点（二级微商值为零）一定在 24.30 mL 和 24.40 mL 之间。在化学计量点附近，我们有理由认为二级微商值对滴定剂体积的关系是线性的，因此可以通过线性插值的方法计算终点的体积。设终点的滴定剂体积为 24.30+x mL，则 x 值可以通过以下比例式求出：

$$\frac{4\ 400-(-5\ 900)}{24.40-24.30}=\frac{4\ 400-0}{(24.30+x)-24.30}$$

$$x=0.10\times\frac{4\ 400}{10\ 300}=0.04$$

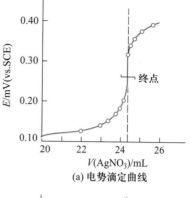

(a) 电势滴定曲线

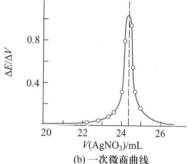

(b) 一次微商曲线

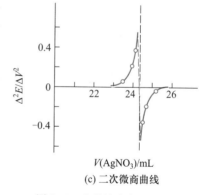

(c) 二次微商曲线

图 8-8 电势滴定相关曲线

所以终点的滴定剂体积应为 24.34 mL。

二级微商法可以克服一级微商需用外推法求终点可能引起的误差。随着计算机的普及,可利用相关软件方便地确定终点。例如,可将滴定剂的体积和相应的电动势数据输入 Excel 表格,利用"插入图表"功能,以"XY 散点图"的方式作电势滴定曲线和一级微商曲线,从而确定终点。

以上介绍的确定终点方法均需经过人工滴定、记录数据、计算和绘制滴定曲线等步骤才能获得,工作量较大而且费时。随着科学技术的发展,目前商品化的自动或半自动的电势滴定仪已大量涌现。电势滴定仪可以自动描绘出滴定曲线以确定终点,有的还具有输出二次微商信号并在二次微商改号时自动停止滴定的功能。采用自动(半自动)电势滴定,还可以采用预设终点的方法,使滴定仪在滴定到预先设定的终点电动势时停止滴定(某个滴定体系的预设终点电动势一般可以通过待测物标准溶液的预滴定试验而得到),在分析大量试样时,较为方便。

8.4.2 电位滴定法的特点及应用

电位滴定法是一种滴定分析法,相比于直接电势法,它的最大优点是准确度高。直接电势法的误差可达到百分之几,而电位滴定法将误差控制在千分之几以内并不困难。需要指出的是,电位滴定法是一种常量分析法,它不适用于微量分析。直接电势法则是一种微量分析法。

与采用指示剂确定终点的滴定分析法相比较,电位滴定法由于采用电势法指示终点,它既不受指示剂的限制,也不受试样溶液是否有色或浑浊的限制。而且,对于某些滴定突跃较小、用指示剂很难确定终点的滴定体系,用电势法确定滴定终点就不那么困难。由于电位滴定法能将滴定曲线直观地记录描绘出来,滴定突跃的大小和区间一目了然,因此它也是研究指示剂滴定法的重要工具。

电位滴定法可应用于各类滴定体系。用于酸碱滴定时,可采用 pH 玻璃电极作为指示电极;氧化还原滴定的指示电极可用金属基零类电极(最常用的是铂电极);用于以银量法为基础的沉淀滴定时,可用金属银电极,也可使用如氯离子、碘离子选择性电极作为指示电极;用作 EDTA 配位滴定时,可以采用金属离子选择性电极(如 Ca^{2+} 选择性电极)等。

 习题

8-1 比较金属电极和离子选择性电极的电极电势的形成机理和工作原理。

8-2 什么是液接电位?用什么办法可以最大程度地减小液接电位?

8-3 什么是指示电极?什么是参比电极?为什么银电极既可以作为 Ag^+ 的指示电极,又可以作为 Cl^- 的指示电极?

8-4 在测量 pH 玻璃电极电位时,在玻璃膜内的标准溶液起什么作用?

8-5 在 pH 大于 9 的碱性溶液中,玻璃电极发生"碱差"的原因是什么?

8-6 氟离子选择性电极内部有 Ag/AgCl 内参比电极和内参比溶液,内参比溶液的组成是什么?

8-7 测量 pH 时,需要用标准 pH 缓冲溶液定位 pH 计的原因是什么?试用公式推导说明。

8-8 电位分析时,采用标准加入法的目的和优点是什么?

8-9 pH 玻璃电极为什么会对溶液中的 H^+ 活度有选择性响应? pH 玻璃电极膜电势的形成是否包含电子得失过程?

8-10 pH 玻璃电极使用前为什么要在水中浸泡一昼夜? pH 玻璃电极测量酸度时的适用范围是多少?

8-11 用氟离子选择性电极测量氟离子浓度需向待测试液中加入 TISAB。TISAB 指的是什么?它由哪些成分组成?加入 TISAB 的目的是什么?除试样溶液中要加入 TISAB 外,标准系列溶液中是否也要加入?

8-12 25 ℃ 时,用下面的电池测量溶液的 pH

$$SCE \parallel H^+ \mid 玻璃电极$$

用 pH = 4.00 的缓冲液测得电动势为 0.209 V。改用未知溶液测得的电动势分别为 0.312 V、0.088 V,试计算未知溶液的 pH。

8-13 25 ℃ 时,用氟离子选择性电极测定水样中的氟。取水样 25.00 mL,加 TISAB 溶液 25 mL,测得氟电极相对于 SCE 的电势(即工作电池的电动势)为 +0.137 2 V;再加入 1.00×10^{-3} mol·L^{-1} 氟标准溶液 1.00 mL,测得其电势为 +0.117 0 V(相对于 SCE)。忽略稀释影响,计算水样中氟离子的浓度。

习题参考答案

第九章　色谱分析基础

(chromatography)

学习要求

1. 理解色谱分析基本概念和分类方法。
2. 理解色谱分析法的理论基础。
3. 掌握气相色谱分析的仪器和特点。
4. 掌握液相色谱分析的仪器和特点。
5. 掌握色谱定性定量分析方法。

色谱分析法(chromatography)是一类针对复杂试样的分离分析技术的总称,是现代分离分析的重要方法之一。以气相色谱和高效液相色谱为代表的色谱分析技术,以其出色且不断拓展的分离分析性能,显著提升分析化学的应用范围,已成为分析实验室应用最广泛的主流技术。本章着重学习色谱分析的基本概念、分类方法、理论基础,掌握气相色谱和液相色谱分析仪器的基本原理和常见定性定量分析方法。

9.1　色谱分析基本概念和分类

色谱分析法(chromatography)是一类针对复杂试样的分离分析技术的总称,是现代分离分析的重要方法之一。1901年,俄罗斯植物学家茨维特(Tswett M)在研究植物色素期间发明了吸附色谱。他将植物叶绿素提取液加入装有碳酸钙、氧化铝和蔗糖颗粒的直立玻璃柱顶部,再加石油醚/乙醇的混合液,通过淋洗的方式分离出了具有不同颜色的叶绿素和胡萝卜素色带。Tswett 随后于1906年将这种技术称为色谱(chromatography,希腊文"颜色 chroma"和"书写 graphein"组成)。

上述实验中,装有碳酸钙、氧化铝和蔗糖颗粒的直立玻璃柱叫色谱柱,其中碳酸钙、氧化铝和蔗糖颗粒固定不动,叫做固定相;用来淋洗的石油醚/乙醇混合液不停流动,叫做流动相。随着色谱技术的发展,至今,固定相已可以是固体,也可以是液体(将液体固定在固态载体或色谱柱管壁上);而流动相可以是液体,也可以气体;分离分析的对象也远不限于有色物质的范畴。

色谱分析的关键是分离,依据混合物中各组分与固定相(或流动相)的分子间作用力的差异,使各组分在柱内随流动相的移动速率产生差异,最终得到分离的结果。色谱分析法可按固定相和流动相的状态、分离机理及固定相外形等不同因素分类。

① 按两相相态分类　根据流动相为气体或液体分别称为气相色谱和液相色谱；进一步根据固定相是液体（固定于固体载体表面的液态有机化合物）还是固体分为气液色谱、气固色谱、液液色谱及液固色谱。

② 按分离机理分类　利用固定相固体对组分分子吸附能力的差异实现分离，称为吸附色谱；借助组分在两相（液体固定相和流动相）中溶解能力的差异而实现分离，称为分配色谱；利用固定相对离子的交换能力差异实现分离，称为离子交换色谱；利用多孔固定相对不同大小（或分子形状）组分分子的排阻作用实现分离，称为体积排阻色谱。

③ 按固定相形状分类　以分离时固定相的形状分为柱色谱和平面色谱，前者是将固定相装于柱内，后者将固定相置于平面；前者又可进一步分为填充柱（固定相颗粒填充在柱中）、毛细管柱（固定相颗粒固定于柱壁上）、整体柱（直接将固定相在柱内整体合成）等类型，而后者则可分为薄层色谱（固定相颗粒涂敷于平板上）和纸色谱（直接以纸纤维作色谱固定相）等。常见色谱分类情况如下，其中柱色谱是最主要的色谱形式。

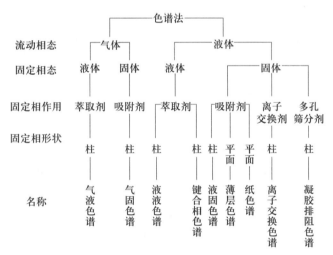

当前，色谱分析法已形成气相色谱、液相色谱、离子色谱、体积排阻色谱、薄层色谱等系列；新色谱分析技术，如超临界流体色谱、亲和色谱、色谱-质谱联用、色谱-光谱联用等也取得长足发展，使谱分析成为分析实验室中应用最广泛的技术之一。色谱分析法的突出特点是有很强的分离能力，但也存在对未知物的定性比较困难的问题。目前，将定性能力很强的检测技术（如光谱分析、质谱分析等）与色谱联用，成为色谱分析发展的重要方向。

9.2　色谱分析的理论基础

在色谱分析中，当流动相携带待测试样通过固定相时，试样组分与固定相相互作用，使组分在流动相和固定相之间进行分配。试样中与固定相作用力越大的组分向前迁移的速率越慢，而与固定相作用力越小的组分向前迁移的速率越快。经过一定距离后，由于反复多次的分配（通常在 $10^3 \sim 10^6$ 次），使性质（如沸点、极性）差异很小的组分可以得到很好的分离。色谱分析中混合物各组分能否分离,以及分离程度如何,受多种因素的影响;主要分为热力学因素和动力学因素,前者包括各分离组分分子与固定相分子和流动相分子间的相互作用力的大小,后者包括分离过程中的传质和扩散等影响因素。本节将讨论色谱分离的基本理论,首先介绍色谱的相关概念和参数。

9.2.1　色谱流出曲线和色谱参数

在色谱分离分析时,所记录的检测器响应信号随时间变化的曲线叫色谱流出曲线,如图 9-1 所示。色谱流出曲线中包含着许多重要信息。

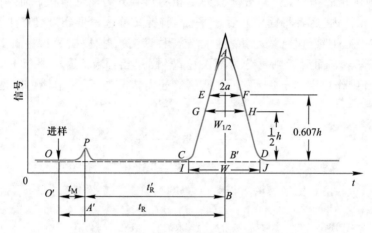

图 9-1　色谱流出曲线及其参数

① 基线　当没有试样组分进入检测器时,记录仪所记录到的信号,称为基线(baseline),如图 9-1 中 O-C 所示的直线部分(小峰 P 除外)。基线反映检测器噪声随时间变化的情况,稳定的基线应是一条直线。

② 色谱峰　当试样组分进入检测器,相应信号随时间变化记录到的峰形曲线,称为色谱峰(也称谱带),如图 9-1 中的 C-A-D 部分。

③ 保留值

保留时间(retention time,t_R)　从进样到出现某组分的色谱峰顶点所需的时间,称为该组分的保留时间,见图 9-1 中 O'-B 段所指代的时间段。保留时间反映了组分在色谱柱内总的滞留时间(包括与固定相中结合的时间及在流动相中的过柱时间)。

死时间(mobile-phase holdup time,t_M)　不与固定相结合的惰性组分(包括流动相分子本身)从进样到出现该组分色谱峰顶点的时间,如图 9-1 中的 O'-A' 指代的时间段。死时间不仅反映惰性组分流经色谱柱所需的时间,也等于非惰性(能与固定相结合的)组分在流动相中的过柱时间。

调整保留时间(adjusted retention time,t_R')　扣除死时间后组分的保留时间:

$$t_R' = t_R - t_M \tag{9-1}$$

调整保留时间等于组分在色谱柱内总滞留时间减去其在流动相中的过柱时间,反映组分被固定相溶解或吸附所保留的净时间,如图 9-1 中的 A'-B 指代的时间段。

④ 峰高(peak heigh,h)　色谱峰顶点与基线之间的垂直距离称为峰高,如图 9-1

中的 $A-B'$ 段。峰高的单位是检测器显示信号的相应物理量,如 mV。

⑤ 峰宽参数　色谱峰的峰宽有三种表示方式:

峰底宽(peak base width,W)　也称基线宽度,为通过色谱峰两侧拐点所作的切线在基线上的截距。如图 9-1 中 I-J 所示。

半峰宽(half peak width,$W_{1/2}$)　峰高一半处色谱峰的宽度,如图 9-1 的 G-H 所示。半峰宽易测量,一般最常用它表示峰宽。

标准偏差(σ)　0.607 倍峰高处色谱峰宽度的一半,如图 9-1 中 E-F 的一半。

各峰宽参数的相互关系为

$$W = 4\sigma = 1.7W_{1/2} \tag{9-2}$$

$$W_{1/2} = 2.354\sigma \tag{9-3}$$

⑥ 分配系数　在一定温度、压力下,当体系达到平衡时,组分在两相间的浓度比为一平衡常数 K,称为分配系数:

$$K = \frac{组分在固定相中的浓度}{组分在流动相中的浓度} = \frac{c_s}{c_m} \tag{9-4}$$

K 除与温度、压力有关外,还与组分、固定相、流动相的热力学性质有关。K 值大小表明组分与固定相相互作用力的大小。K 越大,说明组分与固定相的作用力越大,组分在柱中的保留时间越长,移动速率越慢。因此不同组分分配系数 K 的差异是色谱分离的热力学基础,差异越大,越容易实现分离。

⑦ 分配比(又称容量因子)　同样地,在一定温度、压力下,如果组分在两相间达到分配平衡时,将组分在固定相与在流动相中的量(质量)之比,称为分配比,又称容量因子:

$$k = \frac{组分在固定相中的质量}{组分在流动相中的质量} = \frac{m_s}{m_m} \tag{9-5}$$

比较分配系数和分配比,可得两者的关系如下:

$$K = \frac{c_s}{c_m} = \frac{m_s}{m_m} \cdot \frac{V_m}{V_s} = k \cdot \beta \tag{9-6}$$

式中:V_s、V_m 分别为色谱柱中固定相的体积(如分配色谱固定液体积、排阻色谱的孔体积等)与流动相的体积;β 为相比。

虽然描述色谱分离时,K 与 k 几乎等效,但由于 k 值反映组分在两相中的质量之比,本质上等同于组分在两相停留时间之比,即:

$$k = \frac{m_s}{m_m} = \frac{t'_R}{t_M} = \frac{t_R - t_M}{t_M} \tag{9-7}$$

所以 k 可以更方便地由色谱图参数求得。

⑧ 选择性因子 α(又称相对保留值)　选择性因子是表征两组分在色谱柱上的分离性能的参数,即后出峰的组分 2 的调整保留时间与组分 1 的调整保留时间的比值:

$$\alpha = \frac{t'_{R_2}}{t'_{R_1}} = \frac{k_2}{k_1} = \frac{K_2}{K_1} \tag{9-8}$$

从式(9-8)可以看到,只有 $\alpha \neq 1$ 时,两组分的保留时间才会不等,它们才有可能被分离。因而,两组分在某色谱系统中的分配系数(分配比)的差异是色谱分离的前提。由于分配系数是组分的热力学性质,与组分、流动相、固定相的性质有关,也受分离温度的影响。所以要改善色谱系统对相邻组分的选择性因子,可以通过优化流动相和固定相的组成,或改变分离温度来实现。

9.2.2 经典色谱理论

在色谱分离过程中,不同组分为何能在柱内移动的同时被分离?组分谱带为什么会展宽?这是色谱分离理论需要解决的问题。

1. 塔板理论

1941 年,Martin 和 Synge 等将色谱柱形象地比拟为精馏塔。精馏塔工作原理如下:整个塔由一系列塔板组成,塔内温度呈现由下至上从高到低的温度梯度;精馏时,回流蒸气每经历一层塔板,便进行一次气液平衡分配,平衡后的液体可降至温度更高的下层塔板,而气体则升至温度更低的上层塔板,各自分别在另一个温度的塔板上再进行一次气液分配平衡,如此不断经历一次又一次的分配,不同沸点的组分便逐渐分离在不同温度的塔板上。显然,塔板数越多,气液平衡次数越多,分离组分的能力就越强,所得到的组分就越纯。

色谱塔板理论假定:① 色谱柱是由一连串高度为 H 的塔板所组成,假设塔板高度为常数,则总塔板数 $N=L/H$;② 在每一块塔板上的所有组分,能在固定相和流动相之间瞬间达到分配平衡;③ 流动相采取一个个塔板的跳跃式前进方式,每跳跃一次,携带溶解在流动相中组分进入下一个塔板,进而完成塔板上的一次总组分分配;④ 当通过色谱柱的流动相总体积为 V 时,流动相在整个柱内的塔板间分配(跳跃)总次数为 r:

$$r=\frac{过柱流动相总体积(V)}{单个塔板上流动相体积} \tag{9-9}$$

举例来说,假设总质量为 $W=1$ 的某组分,其在总塔板数 $N=5$ 某色谱柱的两相分配比 $k'=1$,基于塔板理论计算组分在每块塔板(固定相)上的量,可看到经过不同分配(跳跃)次数后,该组分在色谱柱内和柱后的分布情况如表 9-1 所示:

表 9-1　基于塔板理论的组分在色谱柱内和柱后分布表

柱内分配次数 r	塔板位置 N					柱出口
	0	1	2	3	4	
$r=0$	1	0	0	0	0	0
1	0.5	0.5	0	0	0	0
2	0.25	0.5	0.25	0	0	0
3	0.125	0.375	0.375	0.125	0	0
4	0.062	0.25	0.375	0.125	0.063	0
5	0.032	0.157	0.313	0.313	0.157	0.032
6	0.016	0.095	0.235	0.313	0.235	0.079
7	0.008	0.056	0.116	0.275	0.275	0.118

柱内分配次数 r	塔板位置 N					柱出口
	0	1	2	3	4	
8	0.004	0.032	0.086	0.196	0.275	0.138
9	0.002	0.018	0.059	0.141	0.236	0.138
10	0.001	0.010	0.038	0.100	0.189	0.118
11	0	0.005	0.024	0.069	0.145	0.095
12	0	0.002	0.016	0.046	0.107	0.073
13	0	0.001	0.008	0.030	0.076	0.054
14	0	0	0.004	0.019	0.053	0.038
15	0	0	0.002	0.012	0.036	0.026
16	0	0	0.001	0.007	0.024	0.018

以表中"柱出口质量分数 x-分配次数 r"数据作图,便可得该色谱洗脱曲线如图9-2所示。曲线呈峰形,最大浓度出现在 $r=8$ 和9时;但曲线不对称,这是因塔板数很少($N=5$)所致。

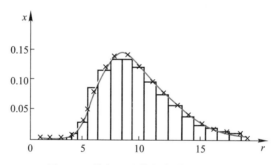

图9-2 塔板理论模拟色谱洗脱曲线

这也类似于用一系列玻璃管充当分液漏斗进行连续萃取,每个萃取完成的玻璃管,其上层液体可被转移到下一个玻璃管,进行下一步萃取。雅典大学的 Efstathiou 教授制作了一个动画,演示两组分如何在经过一系列萃取分配后,实现逐步分离,其中两组分在两相中各自的分配比,可以任意设定。

用塔板理论模拟色谱分离,最终可得到以下结论:

① 组分在色谱柱中经过多次分配平衡后,流出曲线呈峰形;

② 当组分的分配次数(即理论塔板数)大于50以后,色谱峰基本对称。当 $N>1\ 000$,流出曲线近乎正态分布曲线。

③ 当各组分在色谱两相间的分配系数有微小差别,经过反复多次的分配平衡后,可获得良好的分离。

④ 理论塔板数 N 与色谱峰峰宽的实验参数有以下关系:

$$N = \left(\frac{t_R}{\sigma}\right)^2 = 16 \times \left(\frac{t_R}{W}\right)^2 = 5.54 \times \left(\frac{t_R}{W_{1/2}}\right)^2 \qquad (9-10)$$

从式(9-10)可见,在 t_R 一定时,色谱峰越窄,则 N 越大(H 越小),说明理论塔板数 N 和理论塔板高度 H 可作为色谱柱效的量度。

塔板理论从热力学分配平衡的角度出发,推导了组分保留值和峰宽,解释了色谱分离的原理,提出了计算和评价柱效的参数(塔板数 N)等与色谱分离相关的概念和性质,但该理论的某些假设,如流动相携带组分跳跃式依次通过各塔板、组分在任一塔板的两相间瞬间达到平衡等,不完全符合实际;也未涉及分离过程中组分的分子扩散和在两相间的传质等动力学因素,因此塔板理论无法解释谱带扩张的原因,也无法说明色谱操作条件对理论塔板数的影响;例如,在相同色谱分离条件下,不同组分的塔板数的计算结果并不相同,即采用塔板数评价柱效,必须指明组分及色谱分离条件。这说明尽管并不妨碍用塔板数来评价柱效,实际上色谱柱内并不存在塔板这样的客观实体。

另外,因色谱分离时存在组分未参与分配平衡的死时间,尤其对于 k 值都很小(保留能力极弱)的相邻组分,尽管其塔板数较大(谱带很窄),因 t_R 太小,分离也常不理想。这时,若采用组分与固定相中实际被保留时间 t_R' 代替式(9-10)中的 t_R,定义有效理论塔板数 $N_{有效}$ 和有效理论塔板高度 $H_{有效}$ 进行柱效的评价,就更合理。

$$N_{有效} = \left(\frac{t_R'}{\sigma}\right)^2 = 16 \times \left(\frac{t_R'}{W}\right)^2 = 5.54 \times \left(\frac{t_R'}{W_{1/2}}\right)^2 \qquad (9-11)$$

$$H_{有效} = \frac{L}{N_{有效}} \qquad (9-12)$$

如图 9-3 是两组用气液分配色谱分离一对组分的结果。分离条件中,除 a,b,c,d 四支色谱柱的 k 值之比为 $8:4:2:1$(k 值越小出峰越快)外,其余条件均相同。由塔板理论可知:左侧一组中,当理论塔板数 N 相同,有效理论塔板数 $N_{有效}$ 递减时,分离效

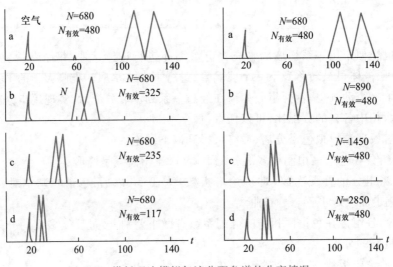

图 9-3   塔板理论模拟气液分配色谱的分离情况

果越来越差；右侧一组中，当组分的有效理论塔板数 $N_{有效}$ 相同，虽然理论塔板数 N 递增，但分离效果却基本不变。可见 $N_{有效}$（或 $H_{有效}$）能更合理地反映出实际柱效的高低。

由式（9-10）和式（9-11），可得 $N_{有效}=\left(\dfrac{k}{1+k}\right)^2 N$。可见当 k 很大时，$N_{有效}$ 和 N 差异很小；而当 k 很小时，$N_{有效}$ 和 N 差异很大；因此当 k 值较小时，k 值的变化对柱效的影响更大。

2. 速率理论

从上述塔板理论可见，该理论模拟色谱分离时，只考虑组分在两相间分配过程的热力学平衡，不考虑其他导致色谱峰（谱带）扩张的动力学因素。

在塔板理论基础上发展起来的速率理论，依然采用虚拟的理论塔板数来描述柱效，但速率理论还从动力学角度出发，充分考虑组分在两相间的扩散和传质，探讨了塔板的新意义，并较好地解释了影响塔板高度的各种因素。由塔板理论导出的色谱流出曲线方程是正态分布方程，而正态分布的标准偏差 σ（参见 9.2.1 节峰宽参数）可作为色谱谱带受动力学因素影响而加宽的指标，这样塔板高度就有了其新意义。

1956 年，van Deemter 等在研究气液分配色谱时，提出了色谱过程动力学理论——色谱速率理论。该理论指出，同时进样的某组分的不同分子，在移动过程中，由于在行走路径、扩散方向、溶入固定相的深度等方面的随机性，使它们不能同时到达柱出口，其在柱内的停留时间就将以保留时间为中心而具有一定的分布，即组分区带在移动过程中将不可避免地增宽。若用谱带的标准偏差 σ（通常用方差 σ^2）来量度分子受上述动力学因素影响导致的谱带增宽程度，则谱带变宽总方差是各种变宽影响因素的方差之和：

$$\sigma^2=\sigma_1^2+\sigma_2^2+\sigma_3^2+\sigma_4^2 \tag{9-13}$$

另外，谱带增宽除了与上述分离条件相关的原因相关外，显然还与组分在色谱柱内的移动距离有关，即 L 越长，σ^2 越大。因此柱效（塔板高度 H）可用单位柱长上色谱谱带的扩张程度来衡量：

$$H=\frac{\sigma^2}{L}=\frac{\sigma_1^2+\sigma_2^2+\sigma_3^2+\sigma_4^2}{L} \tag{9-14}$$

由 van Deemter 提出的速率方程（又称 van Deemter 方程）主要概括了使柱效降低（塔板高度 H 增大）的几个因素，分别是：色谱柱固定相填充的多径性引起的移动距离的偏差；组分在气相中的分子扩散；组分在气相和液相中的传质阻力：

$$H=A+B/u+Cu \tag{9-15}$$

下面分别讨论。

① 涡流扩散项（A 项，也称多径项）　来源于组分分子通过填充柱内长短不同的多种迁移路径而引起的扩散，造成色谱峰的展宽，见图 9-4。A 项与流动相流速无关，只与柱内填充材料及填充状况有关。选用小粒度载体且填充均匀就能减小 A 项。

$$\frac{\sigma_1^2}{L}=A=2\lambda d_p \tag{9-16}$$

式中：λ 反映固定相填充的不均匀程度，d_p 是固定相颗粒的直径。

② 分子扩散项（B/u，也称纵向扩散项）　组分分子在浓度梯度驱动下由组分谱

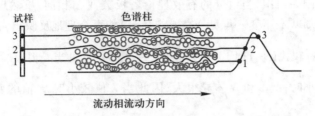

图 9-4   填充柱内的涡流扩散对谱带扩张的影响示意图

带的中心沿着色谱柱的轴向发生扩散,使得谱带增宽。分子扩散导致的谱带增宽与组分在色谱柱内的滞留时间成正比,越往下游移动,经历扩散的时间越长,谱带越宽,见图 9-5。

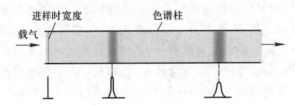

图 9-5   分子扩散对谱带扩张的影响的示意图

$$\frac{\sigma_2^2}{L} = \frac{B}{u} = \frac{2\gamma D_g}{u} \tag{9-17}$$

式中:D_g 为组分分子的气相扩散系数,γ 为固定相的几何因子,反映填充颗粒的空间结构,u 为流动相的线速度。增加流动相的流速会缩短组分在柱内的停留时间,因此分子扩散项对塔板高度的贡献与流动相的线速度成反比。另外,在气相色谱中,组分分子在流动相(气体)中的扩散系数与流动相的分子量有关,流动相的分子量越大,扩散系数越小,表现为 B 值下降,可减小对塔板高度的贡献。

③ 传质阻力项(Cu)   色谱分离过程中,组分分子需在固定相和流动相之间转移。传质过程并非能在瞬间完成,而流动相却不停地在向下游运动。于是有些组分分子未进入固定相就随流动相前进,引起超前;而有些分子则因进入固定相深处(如孔中)未能及时解吸回到流动相,而引发滞后。这种因传质速率限制引起的谱带扩张如图 9-6 所示,它对塔板高度的贡献称为传质阻力项。显然,流动相的流速越快,传质阻力项的贡献越大,表现在传质阻力项与流动相线速成正比。

$$\frac{\sigma_3^2 + \sigma_4^2}{L} = C_1 u + C_g u = Cu \tag{9-18}$$

式中:C_1 和 C_g 分别为液相传质阻力系数和气相传质阻力系数;C_1 与固定液的液膜厚度、组分在液相中的扩散系数等因素相关;C_g 与固定相的平均颗粒直径、组分在气相中的扩散系数等有关;此外,传质过程需要时间,增加流动相的流速将不利于组分两相间的传质。

综合上述三项影响因素,气相色谱塔板高度 H 和流动相线速度 u 的关系如图9-7所示。在低流速时,分子扩散项 B/u 对塔板高度的影响起主导作用,但在高流速时,

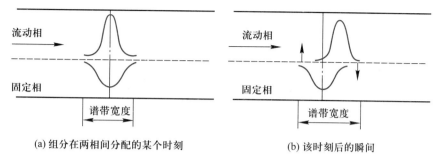

(a) 组分在两相间分配的某个时刻   (b) 该时刻后的瞬间

图 9-6   传质阻力引起的谱带扩张示意图

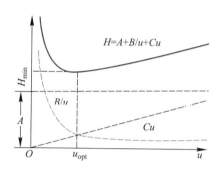

图 9-7   塔板高度与流动相线速度关系图

传质阻力项 Cu 起主要作用。因此载气流速太高或太低都会降低柱效,在 $H-u$ 曲线上有一个最低点,该点的塔板高度最小,对应的线速度为流动相的最佳流速。此时,尽管柱效最高,但分析速度往往较慢,故实际工作中常用稍高于该最佳流速。$H-u$ 曲线可通过实验得到。

9.2.3   分离度及色谱分离方程式

选择性因子体现了色谱分离系统对两个组分的保留作用的差异,注重于分离过程的热力学性质的差异;柱效体现色谱柱的分离效能,即谱带的扩张程度,反映分离过程中动力学因素的影响。事实上两组分能否分离,必须同时兼顾热力学因素和动力学因素。

(1)分离度

分离度(resolution,R)是衡量两个相邻色谱峰的分离程度的综合指标,兼顾了热力学因素和动力学因素,定义为

$$R = \frac{t_{R_2} - t_{R_1}}{(W_2 + W_1)/2} = \frac{2(t_{R_2} - t_{R_1})}{1.7(W_{1/2(2)} + W_{1/2(1)})} = \frac{t_{R_2} - t_{R_1}}{4\sigma} \qquad (9-19)$$

式中:t_{R_1} 和 t_{R_2} 为相邻组分 1 和 2 的保留时间,W_1、W_2、$W_{1/2(1)}$、$W_{1/2(2)}$ 和 σ 分别为谱带的峰底宽、半峰宽和标准偏差。根据上述定义,当 $R = 1.0$ 时,两组分色谱峰顶点间距离为 4σ,理论上此时两峰有 2.3% 的重叠;当 $R < 1.0$ 时两色谱峰重叠更明显;而 $R = 1.5$ 时两峰分离可达 99.9%,被认为达到最佳分离。因而通常将 $R \geqslant 1.5$ 作为完全分离的

标准,实际工作中,要努力使 R 至少达到 1.0。

(2) 色谱分离基本方程

分离度是两相邻组分色谱分离的总体效果。那么它与色谱柱的柱效、分离系统对两组分选择性等参数有怎么样的关系呢? 将理论塔板数的计算式经适当处理后代入式(9-19),可得

$$R = \frac{\sqrt{N}}{4}\left(\frac{\alpha-1}{\alpha}\right)\left(\frac{k}{k+1}\right) \tag{9-20}$$

式(9-20)反映相邻组分分离度与理论塔板数 N、相邻组分选择性因子 α、容量因子 k (k 取组分 2 的容量因子;当两组分难分离 α 趋于 1 时,k 可取两组分容量因子平均值)的关系,被称为色谱分离基本方程。讨论如下:

首先,选择性因子 α 对于相邻组分的分离度有十分重要的影响。例如,当 α 由 1.10 下降为 1.05 或 1.02 时,要保证 $R = 1.5$ 的分离效果,N 需相应增加 3.64 倍与 21.5 倍。由于两组分的 α 值与固定相和流动相的性质直接相关,说明从难分离组分的化学性质出发,合理选择固定相和流动相,增大 α 值,对改善难分离组分分离度很有效。

其次,分离度 R 与理论塔板数 N 的平方根成正比。增加柱长固然可以使理论塔板数 N 增大,但代价是分离时间的延长。因此从改善色谱条件、减小塔板高度 H 着手来增加 N,则比增加柱长更实用。

最后,增大容量因子 k 值能改善分离情况,但同时分离时间也将增长。因为 k 是通过代数式 $\frac{k}{k+1}$ 影响分离度 R 的。可以预见,因此 k 值超过 10 以后,再增大 k 对分离度的影响不再显著,而对分离时间的影响依然明显,所以 k 的取值一般在 2~10。

α、N、k 三参数对分离度的影响效果,可参见图 9-8。

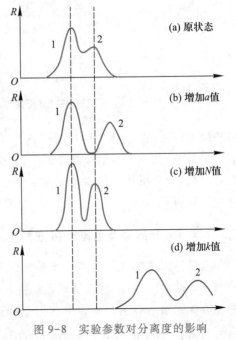

图 9-8 实验参数对分离度的影响

色谱分离理论是色谱学家们在长期经验和实验结果积累的基础上,经过大量数理推导和演绎得到的结论(包括方程和公式),对色谱分离程度及其影响因素给出了具有前瞻性和指导意义的诠释。

9.3 气相色谱分析仪器及特点

气相色谱分析以气体为流动相。由于气体流动相与试样组分分子间的作用非常小,流动相除了起运载作用外对组分几乎没有选择性,所以,气相色谱分离分析主要决定于组分与固定相分子间作用力的差异;而作为流动相的气体往往被称为载气。又由

于气相色谱分离依赖组分在固定相和气体流动相之间的溶解-挥发(或吸附-解吸附)过程,因此该法适合分离沸点低、易气化的物质(沸点小于 300 ℃)。

9.3.1 气相色谱仪

气相色谱仪分析的流程及结构见图 9-9。载气从高压钢瓶经减压阀后以 0.2 ~ 0.5 MPa 的压力输出,经干燥、净化后进入色谱仪,在进样口将气化后的试样携带入色谱柱进行分离,分离后的各组分先后流经检测器后放空。检测器则将试样的浓度或质量信号转变为电信号,经采集后进行放大、记录,形成色谱图。

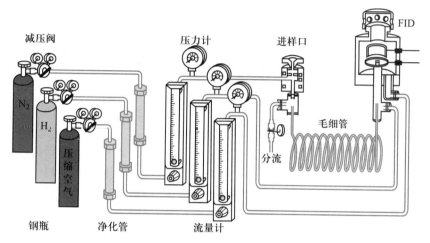

图 9-9　气相色谱仪分析流程和基本结构示意图

根据各部分的功能,气相色谱仪可以分为气路系统、进样系统、分离系统、检测系统、数据处理和仪器控制系统等五部分。

① 气路系统　由气源(钢瓶或气体发生器)、气路控制系统(压力调节器、流量控制器、气体干燥净化器等)组成,将气源的高压气转换成合适压力、除去微量水分和杂质,以稳定的流量进入色谱仪,保证分离分析顺利进行。

② 进样系统　进样系统包括进样器(一般用微量注射器)和气化室,前者将试样定量地引入气化室,后者将液态试样瞬间气化后由载气引入色谱柱。

③ 分离系统　色谱柱,可以分成填充柱和开口毛细管柱两大类,前者常由不锈钢制成,内径 2 ~ 4 mm,长度 1 ~ 4 m,柱内充有颗粒状固定相,填充柱的特点是柱容量(允许进样量)大,但柱效较低;后者由外表面包裹聚酰胺的石英毛细管制成,内径 0.25 ~ 0.53 mm,长度在 10 ~ 60 m,常用的毛细管柱内无固定相填充(所以又称开口管柱),固定相通过化学键合固定在经过去活性处理毛细管内表面,毛细管柱的塔板高度很小、总长度很长,所以柱效比填充柱高 10 ~ 100 倍,但毛细管柱的柱容量小。

由于毛细管柱的柱容量在纳升级水平,无法用微量注射器完成如此小体积的试样进样。通常采用分流进样法,常规微量注射器将微升量级的试样注入气化室后,试样蒸气分两路,绝大部分放空,仅很小部分进入色谱柱分离。另一方面,由于毛细管内径细,柱后载气流量太小,即不易与检测器的工作条件匹配,会在柱出口检测器处造成谱带的重叠,因此柱后一般需加辅助气(尾吹气)。具体示意图参考图 9-10。

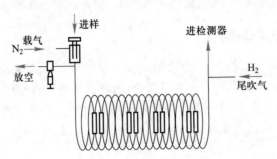

图 9-10　毛细管柱的分流进样和尾吹气装置示意图

填充柱中装填高比表面积的多孔微粒固定相(气固吸附色谱)、或表面涂覆并键合不同极性液体(非挥发分子)的多孔微粒固定相(气液分配色谱)。气固吸附色谱中常用氧化铝或多孔聚合物等固定相材料,只能用于分离小分子量的永久性气体(如 H_2、N_2、CO_2、CO、O_2、NH_3、CH_4 和挥发性烃等),以组分分子量大小在固定相上吸附保留差异得以分离。

气液分配色谱中,作为液体固定相(固定液)载体的固态担体应有大比表面积、化学惰性、热稳定性好、颗粒大小均匀。最常用的担体是海绵状硅材料的硅藻土型担体,品种繁多,主要可分为红色和白色两类,在经过酸洗、硅烷化等表面稳定化处理后,在担体表面进行固定液涂覆键合。新键合固定液的色谱柱需要在连接检测器或其他下游部件之前,在高温下流经载气数小时进行老化,避免工作时流失而导致对检测器等部件的损伤。

气液分配色谱的固定液种类繁多,固定液的选择是色谱实现分离选择性的关键,选择依据是基于待测分子的极性,即依据"相似相溶"的规则选择固定液。极性固定液溶解极性组分分子,反之亦然。对于完全非极性固定液,因组分分子和固定液间的分子间作用力极小,固定液没有选择性,所以分离是以分子的沸点高低排序,低沸点先洗脱(有时甚至采用"程序升温"技术,分阶段逐步升高柱温,使沸程差距大的复杂混合试样得到理想分离)。对于极性固定液,因其与溶质分子存在取向力、诱导力或氢键等相互作用,洗脱与沸点几乎无关。最常见的固定液是聚硅氧烷和聚乙二醇(PEG)。聚硅氧烷的骨架为

$$\left[\!\!-O-\underset{R_2}{\overset{R_1}{Si}}-\!\!\right]_n$$

其中官能团 R 决定固定液极性强弱,有甲基、苯基、丙氰基($-CH_2CH_2CN$)和三氟丙基($-CH_2CH_2CF_3$)等。

毛细管柱开管柱中,常见的管壁涂层开管柱(WCOT)是将薄层液膜涂覆至毛细管内壁。液相稀释溶液缓缓通过色谱柱,在管壁上涂覆并与柱内壁交联,随后通载气将溶剂蒸发,液膜厚度在 $0.1\sim0.5\ \mu m$。管壁涂层开管柱的柱效通常为 5 000 理论塔板数/m,50 m 的色谱柱应具有 25 000 理论塔板数。

④ 检测系统　由检测器、信号放大器、记录器等部件构成,其功能是利用检测器

将组分的浓度转变为易于测量的电信号,经放大后记录为色谱图。气相色谱仪中所采用的检测器主要有热导池检测器、氢火焰离子化检测器等。

热导池检测器(thermal conductivity detector,TCD)适用于无机气体和有机化合物的检测,其结构简单、稳定性好、线性范围较宽,是目前应用广泛的通用型检测器。工作原理是利用待测组分的导热系数与载气导热系数的差异,依靠热敏元件进行检测,其结构见图 9-11。在一块金属块的两个可供载气通过的孔道中各固定一根相同的热敏热丝作为测量元件,其中供柱前载气通过的称为参考臂,供柱后流出的载气通过的称为测量臂。热丝接入惠斯登电桥测量回路,如图 9-12。在电桥回路中,两根热丝电阻 R_1(测量臂)和 R_3(参考臂)与仪器配置的固定电阻 R_2 和 R_4 符合 $R_1 = R_3$,$R_2 = R_4$。当仪器开机后,电桥通过一定量的恒定电流,热丝发热,载气流经热丝时,热量会被载气部分带走。

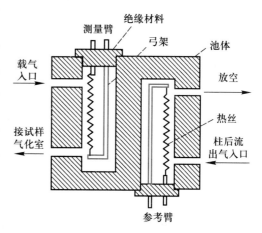

图 9-11 双臂热导池检测器结构图

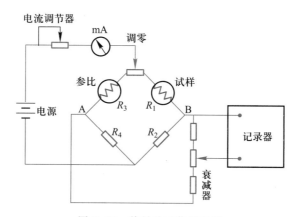

图 9-12 热导池工作原理图

如果参考臂和测量臂均只通过纯净载气(即柱后流出的载气中无待测组分),两热丝表面被带走的热量相同,热丝温度也相同,结果两者的电阻值维持相等。这是因 $R_1 \times R_4 = R_2 \times R_3$,电桥平衡,所以 A、B 两端的电位相同,无电流经过放大器,记录器显示零点(基线)。当含有待测组分的载气进入柱后测量臂,此时参考臂仍通过纯载气,测量臂被带走的热量不同于参考臂,于是 $R_1 \neq R_3$,$R_1 \times R_4 \neq R_2 \times R_3$,电桥失衡,A、B 两端有相应的电压信号输出,在一定范围内此信号与载气中组分的浓度成正比。影响热导池检测器灵敏度的因素主要有载气种类、桥电流和池体温度等。由于不同气体的热导系数不同(见表 9-2),因此热导池检测器对不同组分的灵敏度是不同的。由于有机化合物的导热系数均比较小,采用热导率大的氢气或氦气作载气,灵敏度较高。

表 9-2　一些气体和有机化合物蒸气的导热系数

单位:$J \cdot cm^{-1} \cdot s^{-1} \cdot K^{-1}$

化合物	$\lambda \times 10^5(373\ K)$	化合物	$\lambda \times 10^5(373\ K)$	化合物	$\lambda \times 10^5(373\ K)$
空气	31.4	氢	223.58	氦	174.17
氮	31.4	氧	31.82	一氧化碳	30.14
二氧化碳	22.19	甲烷	45.64	乙烷	30.56
正戊烷	22.19	乙烯	30.98	乙炔	28.47
苯	18.42	甲醇	23.03	乙醇	22.19
丙酮	17.58	氯乙烷	17.17	乙酸甲酯	17.17

　　氢火焰离子化检测器(flame ionization detector,FID)适用于微量有机化合物的检测,灵敏度高、响应快、线性范围宽、稳定性好,是目前气相色谱最常用的检测器。工作原理是依靠有机化合物在检测器中燃烧时会产生少量离子,通过测定离子电流进行检测,结构参见图 9-13。用不锈钢圆筒围成离子化室,内有石英喷嘴(氢火焰的燃烧口)连接的离子发射极(正极)、离子收集极(负极),离子室下部是气体入口;发射极和收集极施加 100～300 V 电压。氢-空气火焰燃烧时的高温热解出微量离子,在直流电场作用下形成微弱离子基流(10^{-12} A);当待测组分由载气携带进入检测器时,有机化合物在火焰中燃烧生成电子和正离子,在外电场作用下向收集极和发射极定向移动,形成信号电流(可达 10^{-7} A 甚至更高),信号电流与引入氢火焰中有机化合物的量成正比。

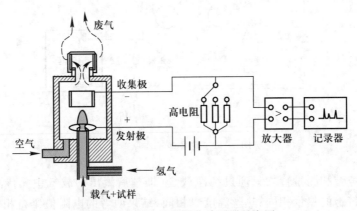

图 9-13　氢火焰离子化检测器示意图

　　上述是两种常见气相色谱检测器的标准配置,其他还有对含磷、硫、卤素、氧等电负性元素的化合物有响应的电子捕获检测器(ECD)、测定含氮含磷组分的热离子检测器(NPD)及测定含硫含磷组分的火焰光度检测器(FPD)等多种专属检测器。可根据需要选配。

　　衡量检测器性能的指标有灵敏度、检测限、线性范围等,一些常用气相色谱检测器的基本性能见表 9-3。

表 9-3 常用气相色谱检测器的基本性能

性能指标	热导池(TCD)	氢火焰(FID)	电子捕获(ECD)	火焰光度(FPD)	氮磷(NPD)
灵敏度	10^4 mV·mL·mg^{-1}	10^{-2} A·s·g^{-1}	800 A·mL·g^{-1}	400 A·s·g^{-1}	20 A·s·g^{-1}
检测限	$10^{-7} \sim 10^{-9}$ mg·mL^{-1}	10^{-13} g·s^{-1}	10^{-14} g·mL^{-1}	10^{-12} g·s^{-1}(P), 10^{-11} g·s^{-1}(S)	$10^{-12} \sim 10^{-14}$ g·s^{-1}
线性范围	10^5	10^7	$10^2 \sim 10^4$	$10^3 \sim 10^5$	10^3
测定对象	无机和有机化合物	有机化合物	含 N、P、S、卤素的有机化合物	含 S、P 的有机化合物	含 P、N 的有机化合物

⑤ 数据处理和仪器控制系统　色谱数据处理器(又称色谱工作站)可自动进行色谱数据的采集、处理、保存、显示和控制色谱峰各种参数,是目前气相色谱仪的普遍配备,大大方便了色谱的定性和定量分析。

9.3.2　气相色谱分析法的特点和应用

气相色谱分析法具有以下特点:① 分离效率高。填充柱的理论塔板数可以达到几千,可用于多组分复杂试样的分离,而毛细管柱的理论塔板数可高达几万到几十万,能分离含上百个组分的复杂物质。② 灵敏度高。可以检测 $10^{-11} \sim 10^{-13}$ g 的痕量组分,可满足环境监测、农药残留等日常检测的需要。③ 分析速度快。几分钟至几十分钟便可完成一次复杂试样的分析。④ 仪器设备相对简单。因用气体作为流动相,操作费用较低,易于普及,且对环境较为友好。

气相色谱分析法适合于分析气体和易气化的成分,对于沸点较高的化合物,除了可以通过化学衍生将它们转化为易挥发物质后再用气相色谱分析以外,更便利的是采用下节所介绍的高效液相色谱法。目前,气相色谱在石油化工、医药卫生、环境监测、食品、刑侦等领域有非常广泛的应用。

9.4　高效液相色谱分析的仪器及特点

高效液相色谱分析(HPLC)是一种现代液相色谱分离分析方法。与早期 Tswett M 发明的经典液相色谱法比较,"高效"首先是指其具有很高的分离效率,原因是其得益于采用粒径为 $5 \sim 10$ μm 的微细颗粒固定相;当然,微细颗粒固定相导致流动相的运动受到极高阻力,因此高效液相色谱仪需要配备高压泵。其次,由于柱效高,高效液相色谱的柱子无须很长,因此分离所需的时间较短,实现了高速分离。最后,由于高效液相色谱的高效和高速分离,减少了组分区带的扩张,色谱峰窄而尖,加上高灵敏度的柱后在线检测,使得高效液相色谱法具有很高的检测灵敏度。高效、高压、高速和高灵敏度四大相互关联的特点,使高效液相色谱成为当今应用得最为广泛的色谱分离分析方法。

与气相色谱法相比,高效液相色谱存在以下特点:① 前者对不同组分的选择性保留仅来源于固定相与组分的相互作用,流动相(载气)仅起运载作用;而后者对组分的选择性保留却来源于流动相和固定相的共同作用。② 从分析对象看,前者只适合于低沸点或易气化的、热稳定性好的小分子量化合物的分析,后者可分析除溶解度极低的气体(永久气体)之外的所有化合物,主要应用于分析分子量较大,沸点较高的各类小分子及离子型化合物,还可用于分析合成高分子和生物高分子化合物。③ 高效液相色谱的仪器成本和操作消耗明显高于气相色谱。

9.4.1 影响高效液相色谱分离的因素

从色谱理论可知,各组分在流动相与固定相之间的分配系数差异及组分区带的动力学扩散过程,决定了各组分能否被色谱柱很好地分离。影响相邻两个色谱峰分离度的因素有柱效(理论塔板数 N)、选择性因子 α、容量因子 k。本小节从柱效、选择性因子及容量因子等方面讨论影响液相色谱分离的主要因素。

(1) 柱效

速率理论中,van Deemter 方程是由气液分配色谱导出。实验表明,对于液相色谱,塔板高度 H 与流动相线速度 u 之间的关系,符合图 9-14 所示的 $H\text{-}u$ 曲线。

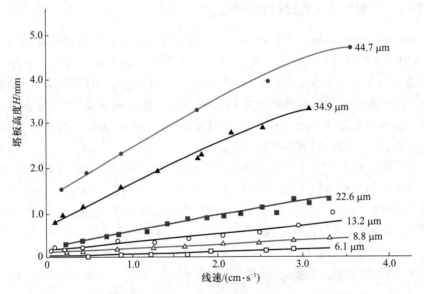

图 9-14 高效液相色谱中各种固定相粒径尺度下的 $H\text{-}u$ 曲线

从图 9-14 中可以看到:① 各条 $H\text{-}u$ 曲线上均未出现类似气相色谱 $H\text{-}u$ 曲线的谷状最低点,表明即使在低流动相线速度时,组分在液体中的分子扩散仍可忽略;因此,适用于液相色谱的范氏方程可表示为:$H=A+Cu$。② 比较图中各条曲线,可见固定相的颗粒度越小柱效越高,而且颗粒度越小,柱效受流速的影响也越小。由于降低颗粒度不但增加柱效,还可使分离在更宽的线速度范围内操作,有利于提高分离速率。因此新近发展起来的超高效液相色谱(UPLC)的固定相颗粒直径已经降低到 1.7 μm,柱效高达 100,000~300,000 理论塔板数/m。

(2) 选择性因子

选择性因子 α 对相邻组分的分离度起着十分关键的作用,α 越大越有利于分离。气相色谱中,由于流动相只起运载作用,只能通过改变固定相、柱温等色谱条件来调节

α的大小。在高效液相色谱中,由于流动相的组成会显著影响组分在两相间的分配系数,进而影响两组分的分配系数之比,而且调整流动相的组成比较方便,因此改变流动相组成成为改善α的最重要手段。

（3）容量因子

类似于气相色谱,高效液相色谱对于待分离组分的容量因子k也应控制在$2\sim10$。可通过改变流动相的组成和固定相种类,改变目标组分的容量因子,即其分配比。另外,柱温因受液体沸点制约,可调幅度较小,对容量因子影响不大,高效液相色谱柱常在室温下工作。

9.4.2 高效液相色谱仪

高效液相色谱仪由流动相输送系统、试样进样系统、色谱柱、检测器、数据处理及记录系统等几部分组成,图9-15为高效液相色谱仪的结构示意图。储液瓶中的流动相由高压泵驱动,试样溶液经进样阀切入流动相,并被流动相载入色谱柱内,试样中的各组分经色谱柱分离后,依次从柱后流出,通过检测器时,组分在流动相中的浓度被转换成电信号传送到数据处理及记录系统,试样中各组分的分析结果以色谱图及数据形式显示和打印出来。

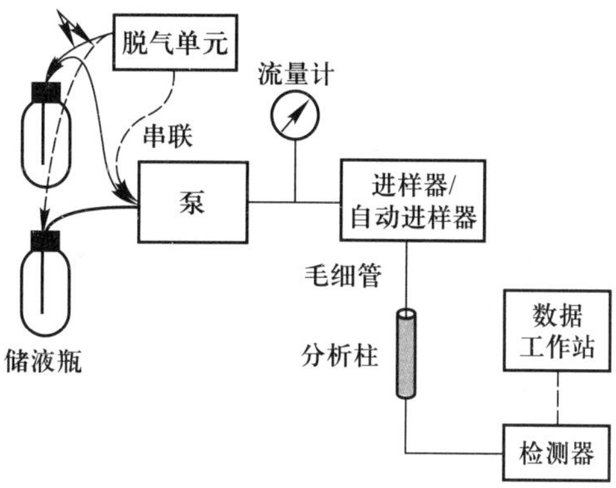

图 9-15　高效液相色谱仪示意图

1. 流动相输送系统

流动相输送系统的关键组成部分是高压泵,其他重要的辅助组件包括入口过滤器、溶剂脱气装置和脉冲阻尼器等。由于流动相的输送需要克服由分离柱所产生的大约数百个大气压的高压,必须使用高压泵。

目前,最常用的高压泵是往复泵,图9-16所示的是一个往复式单活塞泵,包括一个圆柱形的泵腔体、柱塞杆、单向阀及用于驱动柱塞杆往复运动的偏心轮,此外还包括驱动偏心轮的电动机及控制系统。往复式柱塞泵是一种恒流泵,它的优点是腔体体积小,输出压力高(可达70 MPa),能进行梯度洗脱,流速稳定。但是往复式柱塞泵输出的液流具有脉动性,所以目前商品化高压泵通常使用串联式双柱塞泵或并联式双柱塞泵,双泵系统交替输液和吸液,有助于减少流量的脉动。另外,为避免活塞与流动相的接触,有时在柱室间用一不锈钢薄膜隔开活塞和流动相,而依靠活塞腔的油压压迫钢膜而驱动流动相。

现代高效液相色谱仪通常具有多个流动相通道,每个流动相通道都配备一个储液瓶(见图9-15),这样可以实现多组分流动相的自动配制和梯度洗脱。梯度洗脱是高效液相色谱的一种流动相工作模式,是指两种或两种以上的溶剂构成的混合流动相中,各种溶剂的比例随时间的变化而有规律地变化。相比于梯度洗脱模式,常用工作模式是等度洗脱,即采用单一组分的溶剂或比例恒定的溶剂混合物作为流动相。等度

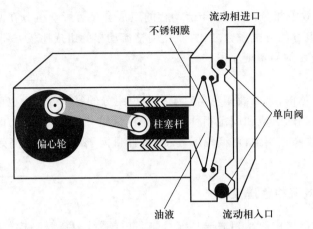

图 9-16 往复式柱塞泵的结构示意图

洗脱模式适合于组成较为简单的试样。而对于组成复杂的试样采用梯度洗脱模式往往可以获得更好的分离效果。

2. 试样进样系统

高效液相色谱内部的高压,使其无法采用注射器进样,所以大多数高效液相色谱仪的进样系统采用六通阀(或与其类似的)进样器,此类进样器由内部圆盘形的"转子"和固定底座的"定子"组成,图 9-17 是从六通阀后部观察的进样原理示意图。当处于载样(Load)位置,试样溶液从 2 号进入,经 1 号口被注入载样环,多余的试样经 4 号口从 3 号口流出,因此进样量受载样环体积的控制。在该状态下,流动相从 6 号口经 5 号口流入色谱柱,此时试样停留在定量管中。当转动转子 60°使六通阀处于进样(inject)位置,这时流动相从 6 号口进入,经 1 号口流入载样环,携带环中的试样流经 4 号后,至 5 号口进入色谱柱,完成高效液相色谱的进样全过程。

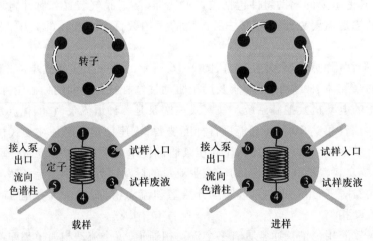

图 9-17 六通阀进样原理示意图

3. 色谱柱和固定相

最常见高效液相色谱柱管是带有抛光内壁的不锈钢直管,耐高压,内径 2.1~4.6 mm,长度在 10~30 cm,一般用于定性、定量分析;而有些直径较大的色谱柱(>6 mm)可以用于制备型分离。普通高效液相色谱柱内填充的固定相为直径在 $5\sim10\ \mu m$ 的均匀球形颗粒,柱效一般在 40 000~60 000 理论塔板数/m。超高压液相色谱柱的固定相颗粒直径小于 $2\ \mu m$,柱效可达 100 000~300 000 理论塔板数/m,但因其柱压极高(40~100 MPa),所以柱长仅在 3~5 cm。

高效液相色谱的固定相应具备以下特点:颗粒度小且均匀(数微米至数十微米);表面孔结构浅,便于迅速传质,提高柱效;机械强度好,可承受高压。以下针对两种最常见的液相色谱类型分别介绍。

① 液液分配色谱固定相　与气液分配色谱固定相有些相似,液液分配色谱的固定相一般也在担体上键合(早期用涂覆)一层固定液。经典的担体有表面多孔型(又称薄壳型)和全多孔型两类。前者是由直径 $30\sim40\ \mu m$ 的实心硅胶内核与厚度 $1\sim2\ \mu m$ 的多孔硅胶表层组成,特点是孔穴浅,利于组分快速传质;但因比表面积小,柱容量低,载样量较小,需配用高灵敏度的检测器,目前的应用已逐渐减小。后者是由硅胶、硅藻土等材料制成的直径 $30\sim50\ \mu m$ 的多孔颗粒,特点是比表面积大,但因组分会进入深孔中扩散,传质阻力增大,因此柱效降低。目前常见将两者优点结合的微粒多孔型担体,特点是颗粒小、孔穴浅、传质快、柱容量与全多孔型担体相当,但柱效比表面多孔型担体高一个数量级。

高效液相色谱中常用的固定液为有机液体,如常见的非极性固定液十八烷、极性固定液为聚乙二醇等。早期将固定液直接涂渍在担体上组成固定相。但实验中发现,尽管选用的流动相并不与固定液互溶,还是能将固定液逐渐冲洗出色谱柱。为了弥补该缺陷,发展了一种新型的化学键合固定相,即通过化学反应,将有机分子键合到担体表面。

化学键合反应通常以硅胶为基体,利用硅胶表面的羟基引入各种基团,其中硅氧烷碳键型的化学键合固定相使用有机氯硅烷与硅胶表面反应,形成硅氧烷涂层,代表性反应如下:

$$
\begin{array}{c}
\quad\quad\quad\quad\quad CH_3 \quad\quad\quad\quad\quad\quad\quad CH_3 \\
\quad\quad\quad\quad\quad | \quad\quad\quad\quad\quad\quad\quad\quad | \\
-Si-OH \ + \ Cl-Si-R \longrightarrow \ -Si-O-Si-R \\
\quad\quad\quad\quad\quad | \quad\quad\quad\quad\quad\quad\quad\quad | \\
\quad\quad\quad\quad\quad CH_3 \quad\quad\quad\quad\quad\quad\quad CH_3
\end{array}
$$

式中:R 是烷基或某种取代烷基,如非极性基团有不同链长的烷烃(C_8 和 C_{18})和苯基,极性基团有丙氨基($-C_3H_6NH_2$)、氰乙基($-C_2H_4CN$)、二醇($-C_3H_6OCH_2CHOHCH_2OH$)、氨基 $[-(CH_2)_2NH_2]$等。这种固定相由于化学键合,没有流失问题,增加了色谱柱的稳定性和使用期限。

类似于气液分配色谱,高效液相色谱固定液的选择也是基于"相似相溶"的原则,即当分离弱极性组分时,选用非极性或弱极性固定液,并用极性流动相溶剂进行洗脱;反之,当分离极性组分时,选用极性或中等极性的固定液,并用非极性流动相溶剂进行洗脱。在液相色谱分析领域中,习惯将流动相极性强于固定相的色谱系统称为"反相色谱",而将流动相极性弱于固定相的色谱系统称为"正相色谱"。

② 液固吸附色谱固定相　液固吸附色谱固定相采用的吸附剂有硅胶、氧化铝、分子筛和活性炭等。也分为表面多孔型(薄壳型)和全多孔型,相当于液液分配色谱的担体直接作为固定相。

4. 检测器

理想的高效液相色谱检测器应具有灵敏度高、稳定性好、死体积小、使用范围广、对流动相的适应性好等优点。本节主要介绍目前应用最为普及的紫外-可见吸收光谱检测器和示差折光检测器。

① 紫外-可见吸收光谱检测器(UV-Vis absorbance detector)   紫外-可见吸收光谱检测器(简称紫外检测器)是目前使用最为广泛的检测器,工作原理是基于被分离的组分具有特定波长的紫外-可见选择性吸收,符合朗伯-比尔定律就能定量检测。该检测器的灵敏度较高,检测限一般可达 $ng \cdot mL^{-1}$ 水平。由于具有紫外-可见吸收的化合物众多,因而它是高效液相色谱的首选检测器。该检测器结构就是一台紫外-可见吸收光谱分析仪。但为了增加光程,提高检测灵敏度,将流通池设计成 Z 形通道结构,见图 9-18,光程长度达 1 cm,池体积仅为 10 μL 左右。

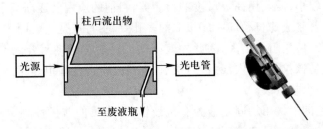

图 9-18   紫外-可见吸收光谱检测器结构示意和实物图

另外,为增强色谱检测器对组分的定性鉴别能力,光电二极管阵列检测器(diode-array detector,简称 DAD)也有较多应用。光电二极管阵列检测器能同时测定特定波长下的二维色谱图(吸光度-时间曲线图)及流出组分的紫外-可见光谱曲线(吸光度-波长曲线)(见图 9-19)。

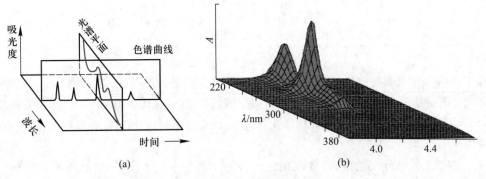

图 9-19   液相色谱光电二极管阵列检测图

② 示差折光检测器(differential refractive index detector,RID)   虽然紫外-可见吸收光谱检测器是液相色谱应用最广泛的检测器,但色谱分析对象中有些分子结构中并不存在紫外发色团,如糖类中的单糖和多糖分析。因此与气相色谱通用的热导检测器一样,高效液相色谱也有通用型检测器,这其中示差折光检测器应用最广。

示差折光检测器是通过检测流通池中流动相折射率的变化来测定组分浓度的检

测器。图 9-20 是偏转式示差折光检测器的光路示意图,光源(钨灯)发出的光,经狭缝、遮光罩调制,透镜准直成平行光,通过流通池。流通池分别有一个参比室和一个试样室,二者之间用玻璃成对角线分开。光线经过参比室和试样室后,由反光镜反射回来,再次穿过流通池。然后光束聚焦于光束分离器上,被分成两束,分别照到光电池 A 和 B 上。若二池内介质折射率相等,则光束分离比为 1∶1。当有试样通过试样池时,光束发生偏移,光束分离比改变,导致两个光电池输出差别信号,它正比于折射率的变化量,在光电检测器上产生与光斑位置成比例的电讯号。检测室和参比室折射率相同或不同时,光偏转角度不同,到达光电检测器上光点位置发生变化,从而产生大小不同的微弱光电流,经放大后记录下来。光学平面镜用来调整光点位置,以便补偿测量开始前流动相的光学零点。

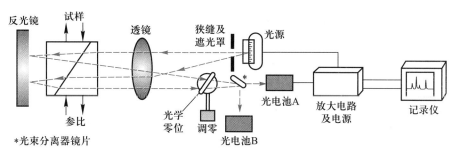

图 9-20 偏转式示差折光检测器光路示意图

除上述两种常见检测器外,高效液相色谱仪还可用荧光检测器、电导检测器、安培检测器、蒸发光散射检测器等多种检测手段。表 9-4 列出了各种高效液相色谱检测器及其性能。因为一种检测器不能完全满足所有试样分析的要求,所以高效液相色谱仪会按使用需要配置几种不同类型的检测器。

表 9-4 各类高效液相色谱检测器的性能比较

检测器	紫外-可见	示差折光	荧光	电导	安培	蒸发光散射
响应对象	有紫外-可见吸收的化合物	通用	具有荧光的化合物	离子	具有电化学活性的化合物	通用
检测限/$(g \cdot mL^{-1})$	10^{-10}	10^{-7}	10^{-13}	10^{-8}	10^{-12}	10^{-10} (g)
线性范围	10^5	10^4	$10 \sim 10^3$	10^6	10^6	
流速敏感性	否	是	否	是	是	否
温度敏感性	否	是	否	是	是	否
梯度洗脱	可以	不可以	可以	有限制	脉冲型可以	可以

9.5 色谱定性定量分析方法

试样经色谱分离得到色谱图,就可利用色谱图所提供的信息,进行定性或定量分析。

9.5.1 定性分析方法

色谱定性分析是确定各色谱峰所代表的组分,最常用的色谱定性方法有保留值定性法、仪器联用定性法等。

（1）利用保留值定性

色谱保留值指的是利用色谱峰的保留时间、相对保留值等保留参数进行定性分析。与已知纯物质色谱峰的比较是保留值定性分析中最常用的。在相同的操作条件下,将试样与标样分别进样分离,然后比较试样与标样在色谱图中相关峰的保留值（或相对保留值）,从而确定试样中是否含有标准品中所含的物质。该法适用于试样组成的大致情况已知的简单体系。因为不同组分在相同的色谱柱上会出现保留值相同的情况,因此该法对于复杂试样中的未知物的定性,是有风险的。

（2）与其他仪器分析结合定性

质谱、光谱（如红外光谱）等分析仪器具有很强的官能团和分子结构的鉴定能力,将气相色谱和这些仪器分析法联用,可对组分进行准确的定性。其中气相色谱与质谱联用技术已经相当成熟,商品化仪器已十分普及。

9.5.2 定量分析方法

1. 定量分析依据

色谱定量分析的依据是色谱峰的峰面积（或峰高）与待测组分的浓度成正比。需要测量色谱峰面积（或峰高）,获得组分的定量校正因子,采用适当校正方法计算试样中待测物的含量。

① 色谱峰的测量 峰面积或峰高是定量分析的基础,准确测量十分重要。现代色谱仪均配有色谱工作站,可通过软件对峰面积进行自动、准确的积分测量。

② 定量校正因子 色谱峰高或峰面积与组分的含量成正比,这是定量分析的依据。但等量的不同物质在同一检测器上响应值会不一样,而同种物质在不同检测器上也会有不同的响应信号。以峰面积作为定量依据为例,为使色谱峰的峰面积与组分的含量建立起确定的数量关系,就需要知道两者之间的比例系数,该比例系数就是定量校正因子 f。

进入检测器中组分 i 的量 m_i 与检测器产生的色谱峰面积 A_i 之间的关系,可用下式表示:

$$m_i = f_i' A_i \quad 或 \quad f_i' = m_i / A_i \tag{9-21}$$

式中:f' 称为该组分的绝对校正因子（即检测灵敏度）。由于实验误差的存在,不同实验室间所测得的绝对校正因子往往不具有可比性。所以实践中普遍采用相对校正因子,它是被考察组分 i 与基准物 s 两个绝对校正因子的比值,以 f_i 表示:

$$f_i = \frac{f_i'}{f_s'} = \frac{m_i A_s}{m_s A_i} \tag{9-22}$$

在实际工作中,相对校正因子往往简称为校正因子。测定相对校正因子时,将已知含量的待测组分 i 和基准物 s 的标准品混合物进行色谱分析,将相关色谱数据按式

（9-22）计算得到组分的相对校正因子。

2. 定量计算方法

① 归一化法　如果试样中所有组分都能流出色谱柱，并在检测器产生相应的信号而得到所有组分的色谱峰时，常采用归一化法定量。归一化法的基本依据是试样中所有组分之和为 100%。据此，对于含有 n 个组分的试样中，组分 i 含量的计算式为

$$c_i\% = \frac{m_i}{\sum_{i=1}^{n} m_i} \times 100\% = \frac{A_i f_i}{\sum_{i=1}^{n} A_i f_i} \times 100\% \tag{9-23}$$

归一化法对进样量的准确度要求不高，且分析操作和计算都比较简单。但它要求试样中所有组分都能出峰。

② 外标法（即标准曲线法）　配制一系列浓度的待测组分标样进行色谱分析，测量各组分峰面积，以峰面积对浓度作图得标准曲线；在相同操作条件下分析未知试样，根据待测组分峰面积在标准曲线上查得相应的浓度，计算被测组分在试样中的含量。外标法中的待测组分与标样是用一种物质，所以无需考虑校正因子，方法简便，适用于批量分析。缺点是操作条件的稳定性、进样重复性等对定量结果影响较大。

③ 内标法　选择性质与待测物比较接近、但在原试样中所不含的化合物为内标物 s，在质量为 m 的试样中，加入质量为 m_s 的内标物，混匀后进样分离，根据待测物和内标物色谱峰的面积比、所加入内标物的质量，求出组分 i 的含量。计算式推导如下：

$$\frac{m_i}{m_s} = \frac{A_i f_i}{A_s f_s}$$

即

$$m_i = \frac{A_i f_i m_s}{A_s f_s} \tag{9-24}$$

式（9-24）两边同时除试样的质量，得

$$c_i\% = \frac{m_i}{m} \times 100\% = \frac{A_i f_i}{A_s f_s} \frac{m_s}{m} \times 100\% \tag{9-25}$$

内标法可弥补物理参数的变化，避免因移液和微升级体积的进样所带来的误差。同时，即使流速不同，相对保留值依然保持不变。内标物通常加入到标液和待测试样溶液中，测定分析物峰面积与内标物峰面积之比，该比值不受进样体积和色谱条件细微变化的影响。

 *思考题*

9-1　从分离机理上分类，气相色谱和 HPLC 有哪些类型，各适合分离哪些物质？

9-2　试辨析分离效能（柱效）和分离度的概念。有人说"在色谱分离中，塔板数越多分配次数就越多，柱效能就越高，两组分的分离就越好"。对吗？

9-3 色谱定量中,峰面积为什么要用校正因子校正?在什么情况下可以不用校正因子?

9-4 比较归一化法、外标法、内标法的特点及适用范围。

9-5 气相色谱中,引起谱带扩张的因素主要有哪些?为什么在气相色谱范氏方程的 $H-u$ 曲线上有一个最低的谷点?

9-6 比较气相色谱仪和高效液相色谱仪的仪器构成。气相色谱的分析对象有何限制?

9-7 试简述热导池检测器、氢火焰离子化检测器的工作原理和适用对象。

9-8 导致 HPLC 的分离效率高的主要原因是什么?为什么在 HPLC 的 $H-u$ 曲线上一般看不到最低的谷点?

9-9 何为气相色谱的程序升温和 HPLC 的梯度洗脱?HPLC 可以采用什么方式实现梯度洗脱?

9-10 HPLC 的紫外-可见吸收光谱检测器、示差折光检测器各适用于哪些测定对象?

 习题

9-1 反相色谱及正相色谱分离组分时的出峰顺序分别有什么规律?流动相极性增大,对组分在上述两种分配色谱中的保留行为有怎样的影响?

9-2 在气相色谱分析中,保留值实际上所反映的是( )分子间的相互作用力。

A. 组分和组分 B. 载气和固定液

C. 组分和固定液 D. 组分和载气

9-3 对进样体积准确度要求高的色谱定量方法为( )。

A. 归一化法 B. 内标法

C. 外标法 D. 以上三项都对

9-4 为使热导池检测器有较高的灵敏度,应选用( )作载气。

A. N_2 B. H_2 C. 空气 D. O_2

9-5 高效液相色谱在分离两个组分时如果分离效果不理想,则应该考虑的首选措施是( )。

A. 换色谱柱 B. 改变流动相的极性

C. 改变柱温 D. 改变流动相流速

9-6 在反相液相色谱法中,若以甲醇-水为流动相,增加流动相中甲醇的比例时,组分的分配比 k 和保留时间 t_R 将有何变化?( )

A. k 与 t_R 减小 B. k 与 t_R 增大

C. k 与 t_R 不变 D. k 增大 t_R 减小

9-7 对不同分子量的高分子化合物进行分离和分析,下列液相色谱分离模式最合适的是( )。

A. 反相分配色谱   B. 离子交换色谱

C. 吸附色谱   D. 体积排阻色谱

9-8 某色谱峰的保留时间是 60 s。如果理论塔板数为 1 000,那么该色谱峰的半峰宽是多少? 如果柱长为 50 cm,那么塔板高度是多少?

9-9 一根以聚乙二醇 400 为固定液的色谱柱,柱长 6 m,测得甲丙酮在该柱上的保留时间为 930.6 s。不被固定相溶解的甲烷在该柱上的保留时间为 87.6 s。量得甲丙酮峰的半宽度为 25.2 s,求该柱对甲丙酮的理论塔板数和塔板高度。

9-10 已知用 2 m 色谱柱对两组分分离时,A 组分的保留时间为 12 min,B 组分的保留时间为 11 min,空气保留时间为 1 min,A、B 组分的基线宽度均为 1 min。试求组分 A 的理论塔板数,两组分的相对保留值,B 组分的分配比,以及要获得分离度为 1.5 所需的塔板数和柱长。

9-11 两根等长的气相色谱柱的 van Deemter 方程的参数列于下表。

气相色谱分析乙苯和二甲苯的混合物色谱数据表

柱号	A/cm	$B/(cm \cdot s^{-1})$	C/s
1	0.18	0.40	0.24
2	0.05	0.50	0.10

通过计算求得

(1) 如果载气线速为 0.50 cm·s^{-1},哪根色谱柱的柱效高(用 H 表示)?

(2) 柱 1 的最佳流速是多少?(提示:将范氏方程对线速求导,导出最佳流速的表达式)

9-12 气相色谱分析乙苯和二甲苯的混合物,色谱数据如下:

组分	乙苯	对二甲苯	间二甲苯	邻二甲苯
峰面积/cm^2	70	90	120	80
校正因子(f)	0.97	1.00	0.96	0.98

计算各组分的质量分数。

9-13 无水乙醇中微量水的测定方法如下:称取已知含水量为 0.221% 的乙醇 45.25 g,加入内标物无水甲醇 0.201 g,混匀后取 5 μL 进样,在 GDX-203 固定相上分离后得到水的峰面积为 42.1 mm^2,甲醇峰面积为 80.2 mm^2。然后取乙醇试样 79.39 g,加入无水甲醇 0.257 g,混匀后取 4 μL 进样,测得水峰面积为 59.8 mm^2,甲醇峰面积为 80.4 mm^2。计算

(1) 水对甲醇的相对质量校正因子;

(2) 试样中水的含量。

9-14 测定试样中一氯甲烷、二氯甲烷、三氯甲烷的含量。称量试样 1.440 g,加入内标物甲苯 0.120 0 g,混匀后,取 1 μL 进样,得到以下数据:

组分	甲苯	一氯甲烷	二氯甲烷	三氯甲烷
峰面积/cm²	1.08	1.48	1.17	1.98
校正因子(f)	1.00	1.15	1.47	1.65

计算各组分的质量分数。

习题参考答案

第十章　采样与试样预处理

(sampling and sample pretreatment)

学习要求

1. 了解采样的一般过程和原则。
2. 了解复杂物质的分离与富集的目的和意义。
3. 掌握各种常用的分离与富集方法的基本原理。

10.1　试样分析流程

一个完整的分析过程通常包括：试样采集、试样预处理、试样检测、数据处理，结果报告等 5 个步骤，其流程可用图 10-1 表示：

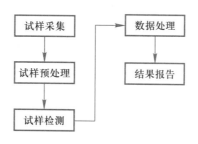

图 10-1　分析过程的一般流程

10.1.1　样本采样方法

在执行一项分析任务时，不可能对分析对象总体（population）进行分析，只能在总体中采集一部分试样，并对这些试样进行有限次的平行测定。如对于矿物、土壤、食品、水体、生物体液等分析对象，都只能从中取一小部分进行分析。从分析对象总体中抽出可供分析的代表性物质的过程就是采样（sampling），这部分代表性物质称为试样（sample）或样品。由此可见，采样是整个分析过程中第一步，而且是极其重要的第一步，所采集的试样是否具有代表性、采样的精密度如何，直接关系到分析结果的准确性。

采样的基本要求就是所采取的试样必须具有代表性，即所采集的试样在物质组成和含量方面必须能代表总体。采样过程还涉及试样的保存问题：当试样从试样总体中取出后，存在着可能被污染或发生化学和物理变化的风险。因此,洁净的采样容器、合适的保存方法是保证采样质量的重要因素。本节简单介绍不同物理状态试样的采集方法。

1. 气体试样

典型的气体试样包括大气、工业废气(包括汽车尾气)、固体或液体的挥发物、压缩气体等。最简单的一种气体试样采集方法是用气泵将气体充入密闭的容器中。这种采样方法的优点是快速,且试样具有较好的代表性。缺点是,气体试样中被测物的浓度较低,容器壁对气体的吸附或试样中存在 O_3,NO_x 等活泼性物质时,试样中待测组分的浓度和形态会发生变化。

气体采样更多地采用吸收法。这种方法用固体吸附剂或液体吸收剂来吸附或吸收气体试样。固体吸附剂主要有硅胶、氧化铝、镁铝酸盐、分子筛等无机化合物,各种合成高分子树脂,以及滤纸、滤膜、脱脂棉、玻璃棉等纤维状物质。液体吸收剂包括水、水溶液、有机溶剂等。如大气中的二氧化硫气体的采集可用甲醛溶液吸收,因为两者反应可生成稳定的羟基甲基磺酸,该产物在碱性条件下与盐酸副玫瑰苯胺作用,生成紫红色化合物,可直接根据颜色深浅进行比色定量分析。用吸收法采集到的气体试样往往比较稳定,便于保存和处理。在分析之前,可以用热脱附,或溶剂萃取的方法将被吸附的待测组分从吸附剂中脱离下来。

2. 液体试样

常见的液体试样包括天然水、工业溶剂、酒等饮料、液体状口服药剂等。对于完全均匀的液体试样可直接用虹吸管或注射器抽取。然而大多数液体试样并非真正的均匀试样。在试样总量不大的情况下,可通过搅拌或摇匀使试样均匀化。对于总量很大的被测对象,如湖泊、工业排放污水等,则必须采用分点、分时采样的方法。如要分析某水体的重金属污染状况,应该在不同的水体区域,不同的深度进行采样。不同部位采集的试样可以被单独分析,以了解水体重金属污染的空间分布,也可以将采集的试样混合均匀后再取一定的量进行分析,这样可以得到水体中重金属离子的平均浓度。而对于工业废水,如需了解污染物随时间的变化状况,则需连续监控排放口流出的污染物浓度,一般可用自动采样机定时采集排放物试样。采自来水时,要将最初放出的部分舍去,收集后续部分的水。

液体试样的储存主要采用玻璃和塑料容器。玻璃容器可用于农药、油脂或油状物、或其他有机液体等。而塑料容器则可用于无机试样的储存,特别是在分析痕量重金属离子时,选择塑料容器更佳,因为玻璃器壁较易吸附重金属离子,而使试样中微量的待测离子损失。

液体试样的化学成分容易发生变化,因此,对于采样后不是立即分析的试样应采取一定的保存措施。常用的保存措施有:控制试样的酸度、加入稳定剂、避光和密封、冷藏或冷冻等。

3. 固体试样

常见的固体试样包括颗粒物(如矿石、土壤、水泥、化肥、药物、谷物等)、片棒状材料(如聚合物薄膜,金属线材和板材等)。固体一般为不均匀体系,为了使采集到的试样具有代表性,合理的采样方法显得尤为重要。由于固体在形态上千差万别,每种类型的固体试样采样方法也会有所不同。对土壤、地质试样、矿样可采取多点、多层次的方法取样,即根据试样分布面积的大小,按一定距离和不同的地层深度采集。采到的粗试样经风干、磨碎后,按四分法(见图10-2)缩分,直到所需的量。对制成的产品(如水泥、化肥),可按不同批号分别进行采集,对同一批号的产品须多次采样后充分混匀。为了减少采样误差,保证试样的代表性,颗粒固体样品的采集量可按以下经验公式计算:

$$Q \geqslant Kd^2 \qquad (10-1)$$

式(10-1)中 Q 为采集试样的最低质量(kg),d 为试样中的最大颗粒直径(mm),K 为试样特性常数。通常在 0.02~1 g,可用实验测得。可见,颗粒状试样的采集量与颗粒物的大

(a) 采集的试样堆积成锥形　　　　(b) 将锥顶压平

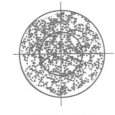

(c) 试样堆的俯视图　　　　(d) 将试样切分四等份,保留其中任一对角的2份

图10-2　四分法示意图

小紧密相关:颗粒物越粗,组分在其中的分布越不均匀,采样量需要得越多。因实际分析所需的试样量很少,所以采集到的原始试样需用机械方法将之粉碎,然后经过筛、混匀、缩分(如四分法)等步骤,制得细而均匀的试样供分析测试。对金属片或丝状试样,剪一部分即可进行分析。但对钢锭和铸铁,由于表面与内部的凝固时间不同,铁和杂质的凝固温度也不一样,表面和内部组成是不均匀的,应用钢钻钻取不同部位深度的碎屑混合。

采集到的固体试样也必须保存在适当的容器中,以避免试样受到外界污染。对于易被氧化的固体试样应作密封处理以隔绝氧气。

4. 生物试样

生物试样中,待测物的组成会因生物体的器官、部位和生理状态,以及采样的季节和时间等因素不同而有很大的差异。因此采样时,应根据分析任务,选取生物体的适当部位,在适当的生长阶段和时间,合理采样。同时,生物试样的物态既有固体(如植物的叶、果实,动物的毛发、脏器、肌肉)、液体(血、尿、唾液、乳汁),还有微生物甚至细胞等。所以,将生物试样的采样单独介绍。

(1)植物试样　植物试样多为固体,采集时应注意其代表性。测定植物中易变化的酚、氰、亚硝酸等污染物,以及瓜果蔬菜试样,宜用鲜样分析。试样采集后,经洗净擦干,切碎混匀后,放入电动捣碎机,打碎使成浆状。含纤维较多的试样,可用不锈钢刀或剪刀切成小碎块混匀供分析用。如果要分析植物体内蛋白质或酶的活性,则应在低温下将组织捣碎,以免蛋白质变性。若需以干样形式分析,试样采集后应尽快洗净、风干(或放在 40~60 ℃ 鼓风干燥箱中烘干),以免发霉腐烂。试样干燥后,去除灰尘杂物,将其剪碎,经磨碎机粉碎和过筛后,储存在磨口瓶中备用。

(2)动物试样

① 血液　血液样一般用注射器抽一定量静脉血后,按不同的用途,不经或经适当处理后使用。不加任何试剂的血液试样称为全血(whole blood)。血液离体后,由于激

活了一系列凝血因子,使血中的纤维蛋白原变成蛋白纤维,血液逐渐凝固,离心分离得到的上层淡黄色澄清液称之为血清(serum)。若采血后,将血液转入涂有抗凝剂(如肝素)的容器中,血液不再凝结,放置后血细胞会缓慢沉降,这样得到的淡黄色上清液称为血浆(plasma)。应该根据不同的分析任务,确定采用何种形式的血液标本。

② 毛发 不同部位的毛发的发龄不同,其中的待测物组成可能也会有差异,因此要注意所采的部位。采样后,用中性洗涤剂处理,去离子水冲洗,再用乙醚或丙酮等洗涤,在室温下充分干燥后装瓶备用。

③ 肌肉和组织 采样后,将目标物与其他组织(如脂肪)分离,将待测部分放在搅拌器搅拌均匀,然后取一定的匀浆物作分析用。

生物试样容易受到微生物的攻击,而其中的生物活性物质也会随时间逐步降解,因此常需低温保存。

10.1.2 试样预处理

采集得到的试样并不一定满足分析方法的要求,往往需要经过试样预处理(sample pretreatment),使之满足分析测试的要求。分析方法对试样的要求包括试样的物理状态、试样中待测物的适宜浓度及干扰物的最高限量等。例如,大多数分析方法要求待测试样必须是溶液(称为湿法分析),因此,对于固体试样就必须首先经过溶解、提取、消化等试样预处理过程,使待测物质进入到溶液之中。又如,每一种分析方法都有一定的检测限,如果试样中待测物质的浓度低于检测限,就需对试样中的待测物质进行富集或浓缩,使其浓度达到分析方法的要求。最后,如果试样中的其他共存物质对待测物质的测定产生干扰,则必须采用一定的分离操作将这些干扰物与待测物质分离,使试样得以"净化"。

在定量分析中,当试样组成比较简单时,将它处理成溶液后,便可直接进行测定。但在实际工作中,常遇到组成比较复杂的试样,测定时各组分之间往往发生相互干扰,这不仅影响分析结果的准确性,有时甚至无法进行测定。因此,必须选择适当的方法来消除其干扰。

控制分析条件或采用适当的掩蔽剂是消除干扰简单而有效的方法,但在很多情况下,仅仅通过控制条件和掩蔽的方法不能完全消除干扰,必须将待测组分与干扰组分分离后才能进行测定。

有时,试样中待测组分含量极微,而测定方法的灵敏度不够,这时必须先将待测组分进行富集,然后进行测定。例如,汞及其化合物属剧毒物质,我国饮用水标准 Hg^{2+} 的含量不能超过 $1~\mu g \cdot L^{-1}$,这样低的含量常低于测定方法的检测限而难以测定,因此,需通过适当的方法分离富集后才能进行测定。富集过程往往也就是分离过程。

在分析化学中,常用的分离(separation)和富集(preconcentration)方法有沉淀分离法、液-液萃取分离法、离子交换分离法、色谱分离法、蒸馏和挥发分离法等。

10.1.3 检测

当试样的状态达到分析要求后,就可以选择适当的分析方法对试样进行检测。各种检测方法的原理及适用对象在前面各章中都已有详细的讨论。

10.1.4 数据处理

定量分析的目标是得到试样中待测物质的浓度信息,因此需将分析仪器所产生的物理信号转化为浓度值。将分析仪器的物理信号转化为待测组分的浓度值时,首先需明确物理信号与浓度值之间的函数关系,然后采用适当的校正方法,对仪器进行校正,最后对得到的定量数据进行统计处理,求出分析结果的平均值、偏差等;对于结构分析,则需对试样谱图的信息与标准图谱进行分析、归纳与比对,这过程需要检索图谱数据库。

10.1.5 分析结果报告

以科学的形式写出分析结果报告。定量分析结果应该以平均值的合理置信区间、或平均值±标准偏差的形式给出,具体方法可参考第五章。

10.2 沉淀分离法

沉淀分离法(precipitation)是利用沉淀反应进行分离的方法。在试液中加入适当的沉淀剂,使待测组分沉淀出来,或将干扰组分沉淀除去,从而达到分离的目的。沉淀分离法的主要依据是溶度积原理。下面讨论几种较重要的沉淀分离方法。

10.2.1 无机沉淀剂沉淀分离法

(1)氢氧化物沉淀分离

多数金属离子都能生成氢氧化物沉淀,由于各种氢氧化物沉淀的溶度积有很大差别,因此可通过控制酸度的方法使某些金属离子形成氢氧化物沉淀而另一些金属离子不形成沉淀,达到分离的目的。氢氧化物沉淀分离时常用下列试剂来控制溶液的酸度:

① 氢氧化钠 通常利用 NaOH 作沉淀剂,使两性金属离子(如 Al^{3+},Zn^{2+},Pb^{2+} 等)与非两性离子进行分离,两性离子形成含氧酸根阴离子留在溶液中,非两性离子则生成氢氧化物沉淀。

② 氨和氨缓冲液 利用它可将溶液的 pH 控制在 9 左右,可使高价金属离子与大部分一、二价金属离子进行分离。此时 Fe^{3+},Al^{3+} 等形成 $Fe(OH)_3$,$Al(OH)_3$ 沉淀,Ag^+,Cu^{2+},Zn^{2+},Cd^{2+},Co^{2+},Ni^{2+} 等与 NH_3 形成稳定的配合物而留在溶液中。

此外,可利用其他缓冲液如醋酸-醋酸钠、六亚甲基四胺及其共轭酸等分别控制一定的 pH,以进行沉淀分离;还可利用某些难溶化合物的悬浮液(如 ZnO,MgO,$CaCO_3$ 等)来调节和控制溶液的 pH,以达到沉淀分离的目的。

氢氧化物沉淀分离法的选择性较差,而且所得的沉淀为胶状沉淀,共沉淀现象较为严重,分离效果较差。为改善沉淀的性能,减少共沉淀现象,常采用"小体积沉淀法",即在尽量小的体积和尽量高的浓度,同时加入大量无干扰作用的盐的情况下进行沉淀。这样形成的沉淀含水分较少,结构紧密,而且大量无干扰作用的盐的加入,减少沉淀对其他组分的吸附,提高分离效率。

(2)硫化物沉淀分离

能形成硫化物沉淀的金属离子有 40 多种,由于各种金属硫化物的溶度积差异较大,因此可通过控制溶液的酸度来控制溶液中 S^{2-} 的浓度,使金属离子彼此分离。硫化氢是硫化物沉淀分离中的主要沉淀剂。强酸条件即 $0.3\ mol\cdot L^{-1}$ HCl 溶液中通入 H_2S 时,Cu^{2+},Pb^{2+},Cd^{2+},Ag^+,Bi^{3+},Hg^{2+},As^{3+} 等能生成硫化物沉淀而与其他离子分离。弱酸性条件下通入 H_2S,除上述离子外,pH 为 2 左右时,Zn^{2+} 等形成硫化物沉淀;pH = 5~6 时,Ni^{2+},Co^{2+},Fe^{2+} 等离子被沉淀。

硫化物沉淀分离的选择性不高,大多数沉淀也是胶状沉淀,共沉淀现象严重,而且有时还存在后沉淀现象。如果用硫代乙酰胺作为沉淀剂,利用其在酸性或碱性条件下水解反应产生的 H_2S 或 S^{2-} 进行均匀沉淀,可使沉淀性质和分离效果得到改善。

10.2.2 有机沉淀剂沉淀分离法

由于利用有机沉淀剂进行沉淀分离具有选择性较好、灵敏度较高、生成的沉淀性能好等优点,因此得到迅速的发展。表 10-1 列举了几种常见的有机沉淀剂及其分离应用。

表 10-1　几种常见的有机沉淀剂及其分离应用

有机沉淀剂	分离应用
草酸	用于 Ca^{2+},Sr^{2+},Ba^{2+},Th(Ⅳ)、稀土金属离子与 Fe^{3+},Al^{3+},Zr(Ⅳ),Nb(Ⅴ),Ta(Ⅴ) 等离子的分离,前者形成草酸盐沉淀,后者生成可溶性配合物。
铜铁试剂(N-亚硝基苯胲铵盐)	用于在 1:9 硫酸介质中沉淀 Fe^{3+},Ti(Ⅳ),V(Ⅴ) 而与 Al^{3+},Cr^{3+},Co^{2+},Ni^{2+} 等离子间的分离。
铜试剂(二乙基胺二硫代甲酸钠)	用于沉淀除去重金属,使其与 Al^{3+}、稀土和碱金属离子分离。

10.2.3 共沉淀分离和富集

在试样中加入某种其他离子,与沉淀剂形成沉淀,利用该沉淀作为载体(carrier),将痕量组分定量地共沉淀下来,然后将沉淀溶解在少量溶剂中,以达到分离和富集的目的,这种方法称为共沉淀(coprecipitation)分离法。常用的共沉淀剂有无机共沉淀剂和有机共沉淀剂两类。无机共沉淀剂主要利用表面吸附作用和生成混晶进行共沉淀。有机共沉淀剂通常是一些大分子,形成的沉淀表面吸附少,选择性高。沉淀剂本身分子量大,分子体积大,形成沉淀的体积也较大,有利于痕量组分的共沉淀。另外,存在于沉淀中的有机共沉淀剂,经灼烧后可除去,不会影响后续的分析。因此,目前分析上经常采用有机共沉淀剂。表 10-2 列出了几种常用的共沉淀剂及其应用。

表 10-2　几种常用的共沉淀剂及其应用

被共沉淀的组分	Pb^{2+}	TiO^{2+}	稀土	Be^{2+},Bi^{3+},In^{3+}	Ni^{2+}	$[Zn(CNS)_4]^{2-}$	Ni^{2+}-丁二酮肟
载体	HgS	$Al(OH)_3$	CaC_2O_4	$Fe(OH)_3$	$Mg(OH)_2$	甲基紫	丁二酮肟二烷酯

10.2.4 常用的生化沉淀分离法

通过加入大量电解质使高分子化合物聚沉的过程称为盐析。盐析法是生物试样制备、分离纯化中常见的方法之一。许多物质如蛋白质、多肽、核酸等都可以用盐析法进行沉淀分离。用于盐析的电解质有硫酸盐、磷酸盐和氯化物等,其中硫酸铵和硫酸钠应用最为广泛。与其他分离法相比较,盐析法具有操作简便、成本低、对许多生物活性物质有稳定作用的特点。

氨基酸、蛋白质、核酸等生物分子都是属于两性电解质,在电中性时溶解度最低,相应的 pH 即为该物质的等电点。不同的两性电解质分子具有不同的等电点,因此可以通过控制溶液 pH 使不同的两性电解质得以沉淀分离,这种分离方法称为等电点沉淀法。但是许多生物试样的等电点比较接近,单独采用等电点沉淀法分离不完全,因此等电点沉淀法常与盐析法、有机溶剂沉淀法等其他分离方法一起使用,以提高分离能力。

10.3 液-液萃取分离法

液-液萃取(liquid-liquid extraction)分离法又称溶剂萃取(solvent extraction)分离法,是应用广泛的分离方法之一。这种方法是利用与水不相溶的有机溶剂,与试液一起振荡,放置分层,这时,一些组分进入有机相,另一些组分仍留在水相中,从而达到分离富集的目的。萃取分离法所需的仪器设备简单、操作快速、分离富集效果好,既能用于大量元素的分离,又能用于微量元素的分离与富集。缺点是费时、工作量较大,而且萃取溶剂往往是有毒、易挥发、易燃的物质,因此在应用上受到一定的限制。

10.3.1 萃取分离的基本原理

1. 萃取过程的本质

根据相似相溶原理,一般无机盐如 $NaCl$、$Ca(NO_3)_2$ 等都是离子型化合物,具有易溶于水而难溶于有机溶剂的性质,这种性质称为亲水性;许多有机化合物如油脂、苯、长链烷烃等,它们是共价化合物,是非极性或弱极性化合物,因此这类化合物具有难溶于水而易溶于有机溶剂的性质,这种性质称为疏水性或亲油性。萃取分离就是基于物质溶解性质的差异,采用与水不混溶的有机溶剂,从水溶液中把无机离子萃取到有机相中以实现分离的目的。

欲从水相中把无机离子等亲水性物质萃取至有机相中,必须设法将其亲水性转化为疏水性。例如,Ni^{2+} 在水溶液中以水合离子形式存在,是亲水的。要使其转化为疏水性必须中和其电荷,并且引入疏水基团取代水合分子,使其形成疏水性的、能溶于有机溶剂的化合物。为此可在 $pH \approx 9$ 的氨性溶液中,加入丁二酮肟,使其形成螯合物。此螯合物不带电荷,而且 Ni^{2+} 被疏水性的丁二酮肟分子包围,因而具有疏水性,能被有机溶剂如氯仿萃取。因此可以说,萃取的本质就是物质由亲水性转化为疏水性。

有时需要把有机相中的物质再转入水相,这个过程称为反萃取(counter extraction)。如上述的 Ni^{2+}-丁二酮肟螯合物,被氯仿萃取后,如果加盐酸于有机相中,当酸的浓度达 $0.5 \sim 1 \ mol \cdot L^{-1}$ 时,螯合物被破坏,Ni^{2+} 又恢复了亲水性,重新返回水相。萃取和反萃取配合使用,能提高萃取分离的选择性。

2. 分配系数和分配比

物质在水相和有机相中都有一定的溶解度。亲水性强的物质在水相中的溶解度较大,而在有机相中溶解度较小;疏水性物质则相反。用有机溶剂从水相中萃取溶质 A 时,溶质 A 就会在两相间进行分配,如果溶质 A 在两相中存在的型体相同,达到分配平衡时在有机相中的平衡浓度 $c_{A,o}$ 和在水相中的平衡浓度 $c_{A,w}$ 之比在一定温度下是一常数,即

$$\frac{c_{A,o}}{c_{A,w}} = K_D \tag{10-2}$$

式(10-2)称为分配定律,K_D 为分配系数(distribution coefficient)。

实际上,萃取过程常常伴随有解离、缔合或配位等多种化学作用,溶质 A 在水相和有机相可能有多种存在形式,这时分配定律就不适用了。于是又引入分配比(distribution ratio)这一参数,它是指溶质在有机相中的各种存在形式的总浓度 c_o 和在水相中的各种存在形式的总浓度 c_w 之比,用 D 表示为

$$D = \frac{c_o}{c_w} \tag{10-3}$$

只有在最简单的萃取体系中,溶质在两相中的存在形式完全相同时,$D = K_D$,而在大多数情况下 $D \neq K_D$。当两相的体积相等时,若 $D > 1$,说明溶质进入有机相的量比留在水相中的量多。在实际工作中,一般要求 D 至少大于 10。

3. 萃取效率

在分析工作中,常用萃取率(percentage extraction)E 表示萃取的完全程度。萃取率是物质被萃取到有机相中的百分率。

$$E = \frac{溶质 A 在有机相中的总量}{溶质 A 的总量} \times 100\% = \frac{c_o V_o}{c_o V_o + c_w V_w} \times 100\% \tag{10-4}$$

如果分子分母同除 $c_w V_o$,则得

$$E = \frac{D}{D + \frac{V_w}{V_o}} \times 100\% \tag{10-5}$$

式中:V_w / V_o 又称相比。该式表明萃取率由分配比和相比决定。一方面,当相比一定时,萃取率仅取决于分配比 D,D 越大,萃取效率越高。例如,用等体积的有机溶剂进行萃取即相比为 1 时,式(10-5)可表示为

$$E = \frac{D}{D+1} \times 100\% \tag{10-6}$$

则不同 D 值的萃取率 $E(\%)$ 如下:

D	1	10	100	1 000
$E/\%$	50	91	99	99.9

若一次萃取要求萃取率达到 99.9% 时,D 值必须大于 1 000。另一方面,如果 D 值一定,则通过减小相比 V_w / V_o,即增加有机溶剂的用量,也可提高萃取效率,但效果不太显著,而且增加有机溶剂的用量,将使萃取后溶质在有机相中的浓度降低,不利于进一步的分离和测定。因此在实际工作中,若 D 值较小,常常采用连续几次萃取的方法提高萃取效率。

设体积为 V_w 的水溶液中含有被萃取的溶质质量 m_0，用体积为 V_o 的有机溶剂萃取，一次萃取后水相中剩余溶质质量 m_1，则进入有机相的质量为 (m_0-m_1)，此时分配比为

$$D = \frac{c_o}{c_w} = \frac{(m_0-m_1)/V_0}{m_1/V_w}$$

则

$$m_1 = m_0 \cdot \frac{V_w}{DV_o+V_w}$$

不难导出，当用体积为 V_o 的有机溶剂萃取 n 次，水相中剩余溶质 m_n 为

$$m_n = m_0 \left(\frac{V_w}{DV_o+V_w} \right)^n \tag{10-7}$$

例 10-1 含 I_2 的水溶液 100 mL，其中含 I_2 10.00 mg，用 90 mL CCl_4 按下述两种方式进行萃取：(1) 90 mL CCl_4 一次萃取；(2) 每次用 30 mL CCl_4，分三次萃取。试比较其萃取效率。（$D=85$）

解：(1) 用 90 mL CCl_4 一次萃取时，

$$m_1 = 10.00 \times \left(\frac{100}{85 \times 90 + 100} \right) \text{ mg} = 0.13 \text{ mg}$$

$$E = \frac{10.00 - 0.13}{10.00} \times 100\% = 98.7\%$$

(2) 每次用 30 mL CCl_4，分三次萃取时，

$$m_3 = 10.00 \times \left(\frac{100}{85 \times 30 + 100} \right)^3 \text{ mg} = 0.000\ 54 \text{ mg}$$

$$E = \frac{10.00 - 0.000\ 54}{10.00} \times 100\% = 99.99\%$$

由此可见，同样量的萃取溶剂，分几次萃取的效率比一次萃取的效率高。

10.3.2 重要的萃取体系

在无机分析中，测定的元素大多以离子状态存在于水溶液中，它们是亲水性的。如果用与水不混溶的有机溶剂将它们萃取分离，必须在水中加入某种试剂，使被萃取物质与该试剂结合，设法将被萃取物质的亲水性转换为疏水性，通常这种试剂称为萃取剂，而用于萃取的有机溶剂称为萃取溶剂。根据被萃取组分与萃取剂间反应类型的不同，萃取体系主要有螯合物萃取体系和离子缔合物萃取体系。

（1）螯合物萃取体系

螯合物萃取中使用的萃取剂（即螯合剂）一般是有机弱酸或弱碱，它们能与待萃取的金属离子形成电中性的螯合物，同时萃取剂本身应含有较多的疏水基团，有利于有机溶剂的萃取。例如，Ni^{2+} 与丁二酮肟反应形成的螯合物不带电荷，而且 Ni^{2+} 被疏水性的丁二酮肟分子所包围，因此整个螯合物具有疏水性，易被 $CHCl_3$，CCl_4 等有机溶剂萃取。常见的螯合剂还有 8-羟基喹啉、双硫腙、乙酰丙酮等。

萃取效率与螯合物的稳定性、螯合物在有机相中的分配系数等有关。萃取剂越容易解离，它与金属离子形成的螯合物越稳定，萃取效率越高；螯合物在有机相的分配系数越大，而萃取剂的分配系数越小，则萃取效率越高。由于不同金属离子所生成的螯合物稳定性不同，螯合物在两相中的分配系数不同，因此选择适当的萃取条件，如萃取剂和萃取溶剂的种类、溶液的酸度等，就可使不同的金属离子通过萃取得以分离。

（2）离子缔合物萃取体系

阴离子和阳离子通过静电引力结合形成的电中性化合物称为离子缔合物（ion-association complexes）。该缔合物具有疏水性，能被有机溶剂萃取。例如，在 6 mol·L^{-1}盐酸介质中，用乙醚萃取 Fe^{3+}时，Fe^{3+}与 Cl$^-$配位形成配阴离子[FeCl$_4$]$^-$，溶剂乙醚与 H$^+$结合形成阳离子[(CH$_3$CH$_2$)$_2$OH]$^+$，该阳离子与配阴离子缔合形成中性分子，可被乙醚萃取：

$$[(CH_3CH_2)_2OH]^+ + [FeCl_4]^- \Longrightarrow [(CH_3CH_2)_2OH]^+[FeCl_4]^-$$

这类萃取体系的特点是溶剂分子也参加到被萃取的分子中去，因此它既是萃取剂又是萃取溶剂。除醚类外，还有如酮类甲基异丁基酮、酯类如乙酸乙酯、醇类如环己醇等。

10.4　离子交换分离法

利用离子交换剂与溶液中离子发生交换反应而使离子分离的方法，称为离子交换分离法（ion exchange）。该方法分离效率高，既能用于带相反电荷离子间的分离，也能用于带相同电荷离子间的分离，尤其是它还能用于性质相近的离子间的分离，以及微量组分的富集和高纯物质的制备。

离子交换剂的种类很多，可分为无机离子交换剂和有机离子交换剂。前者因交换能力低，化学性质不稳定和机械强度差，在应用上受到很大的限制。目前应用较多的是有机离子交换剂，即离子交换树脂。

10.4.1　离子交换树脂的种类和性质

1. 离子交换树脂的种类

离子交换树脂（ion exchange resin）是一类具有网状结构的高分子聚合物，在水、酸和碱中难溶，对一般的有机溶剂、较弱的氧化剂和还原剂等具有一定的稳定性。在网状结构的骨架上有许多可以被交换的活性基团，根据这些活性基团的不同，离子交换树脂可分为

离子交换树脂 ⎰ 阳离子交换树脂 ⎰ 弱酸型阳离子交换树脂
　　　　　　　　　　　　　　　⎱ 强酸型阳离子交换树脂
　　　　　　　⎱ 阴离子交换树脂 ⎰ 弱碱型阴离子交换树脂
　　　　　　　　　　　　　　　⎱ 强碱型阴离子交换树脂
　　　　　　　⎱ 螯合树脂

① 阳离子交换树脂　这类树脂的活性基团为酸性基团，酸性基团上的 H$^+$可以与溶液中的阳离子发生交换作用。根据活性基团的强弱，可分为强酸型和弱酸型两类。强酸型交换树脂含有磺酸基（—SO$_3$H），弱酸型交换树脂含有羧基（—COOH）或酚羟基（—OH）。强酸型阳离子树脂在酸性、碱性和中性溶液中都能使用，因此在分析化学中应用较多。弱酸型阳离子交换树脂在酸性溶液中不能使用，对于 R—COOH 和 R—OH 型树脂分别适用于 pH>4 和 pH>9.5 的溶液，因此应用范围受到一定的限制，但这类树脂的选择性高，可用来分离不同强度的有机碱。以强酸型离子交换树脂为例，其交换和洗脱过程可表示为

$$R—SO_3H + M^+ \underset{\text{洗脱过程}}{\overset{\text{交换过程}}{\rightleftharpoons}} R—SO_3M + H^+$$

溶液中的 M^+ 进入树脂的网状结构中,而 H^+ 则交换进入溶液中。由于交换过程是可逆过程,如果以适当浓度的酸溶液处理已交换的树脂,反应将向逆向进行,树脂中的阳离子 M^+ 又重新被 H^+ 所取代,M^+ 进入溶液,而树脂又恢复原状,这一过程称为洗脱过程或树脂的再生过程。再生后的树脂又可再次使用。

② 阴离子交换树脂　这类树脂的活性基团为碱性基团,碱性基团中的 OH^- 可以与溶液中的阴离子发生交换作用。根据活性基团的强弱,也可分为强碱型和弱碱型两类。强碱型交换树脂含有季氨基 $[-N(CH_3)_3Cl]$,弱碱型交换树脂含有伯氨基 $(-NH_2)$、仲氨基 $[-NH(CH_3)]$、叔氨基 $[-N(CH_3)_2]$。树脂水合后分别成为:$R-N(CH_3)_3^+OH^-$,$R-NH_3^+OH^-$,$R-NH_2(CH_3)+OH^-$,$R-NH(CH_3)_2^+OH^-$,因此,这些树脂中的 OH^- 可以与溶液中的阴离子发生交换,以强碱型离子交换树脂为例,其交换和洗脱过程可表示为

$$R-N(CH_3)_3^+OH^-+X^- \underset{\text{洗脱过程}}{\overset{\text{交换过程}}{\rightleftharpoons}} R-N(CH_3)_3^+X^-+OH^-$$

交换后的树脂经适当浓度的碱溶液处理后,可以再生。

③ 螯合树脂　这类树脂含有特殊的活性基团,可与某些金属离子形成螯合物,在交换过程中能选择性地交换某种金属离子。例如,含有氨羧基 $[-N(CH_2COOH)_2]$ 的螯合树脂,由于该基团与金属离子的反应特性,可估计这种树脂对 Cu^{2+},Co^{2+},Ni^{2+} 等金属离子有很好的选择性。从有机试剂的结构理论出发,可以根据需要,有目的地合成一些新的螯合树脂,有效地解决某些性质相似的离子的分离与富集问题。

2. 离子交换树脂的结构

离子交换树脂是网状结构的高聚物。例如,常用的聚苯乙烯磺酸型阳离子交换树脂,是以苯乙烯和二乙烯苯聚合后经磺化制得的聚合物,见图 10-3。由碳链和苯环组成了树脂的骨架,整个树脂的结构中有可以伸缩的网状结构,树脂上的磺酸基是活性基团,当树脂浸泡在水中时,$-SO_3H$ 中的 H^+ 与溶液中的阳离子发生交换作用。

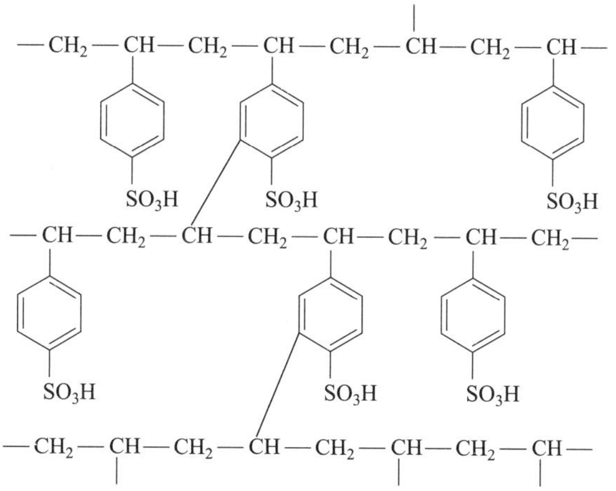

图 10-3　聚苯乙烯磺酸型阳离子交换树脂

3. 交联度和交换容量

交联度(degree of cross-linking)和交换容量(exchange capacity)是树脂的重要性

质。在上述的聚苯乙烯磺酸型阳离子交换树脂中是苯乙烯聚合成长链,而由二乙烯苯将各链状的分子联成网状结构,因此,在这里,二乙烯苯称交联剂(cross-linking reagent)。树脂中所含交联剂的质量分数就是该树脂的交联度。

交联度的大小直接影响树脂的空隙度。交联度大,网眼小,树脂结构紧密,离子难以进入树脂相,交换反应速率慢,但选择性高;相反,交联度小,网眼大,交换反应速率快,但选择性差。在实际工作中,树脂的交联度一般在 4%~14% 为宜。

交换容量是指每克干树脂所能交换的物质的量,通常以 $mmol \cdot g^{-1}$ 表示。它取决于树脂网状结构内所含活性基团的数目。交换容量可通过实验的方法测得,一般树脂的交换容量为 $3\sim6\ mmol \cdot g^{-1}$。

10.4.2　离子交换亲和力

离子在树脂上的交换能力的大小称为离子交换的亲和力(affinity)。这种亲和力的大小与水合离子半径、离子的电荷及离子的极化程度有关。水合离子半径越小、电荷越高、极化度越高,其亲和力越大。实验表明,在常温下,稀溶液中,树脂对离子的亲和力顺序如下:

(1) 强酸型阳离子交换树脂

对不同价态的离子　$Na^+ < Ca^{2+} < Fe^{3+} < Th(Ⅳ)$

对相同价态的离子　$Li^+ < H^+ < Na^+ < NH_4^+ < K^+ < Rb^+ < Cs^+ < Ag^+ < Tl^+$

　　　　　　　　　$Mg^{2+} < Ca^{2+} < Sr^{2+} < Ba^{2+}$

(2) 强碱型阴离子交换树脂

$F^- < OH^- < CH_3COO^- < HCOO^- < Cl^- < NO_2^- < CN^- < Br^- < NO_3^- < HSO_4^- < I^- < CrO_4^{2-} < SO_4^{2-}$

由于树脂对离子的亲和力强弱不同,进行离子交换时,就有一定的选择性。如果溶液中离子的浓度相同,则亲和力大的离子先被交换上去,亲和力小的离子后被交换上去。选用适当的洗脱剂进行洗脱时,后被交换上去的离子就先被洗脱下来,从而使各种离子得以分离。

10.4.3　离子交换分离操作过程

离子交换分离一般都是在交换柱上进行的,其操作过程包括:

(1) 树脂的选择和处理

根据分离的对象和要求,选择适当类型和粒度的树脂。树脂先用水浸泡,再用 $4\sim6\ mol \cdot L^{-1}$ HCl 溶液浸泡以除去杂质,并使树脂溶胀,最后用水冲洗至中性,浸于水中备用。此时,阳离子树脂已处理成 H^+ 型,阴离子树脂已处理成 Cl^- 型。

(2) 装柱

装柱时应注意避免树脂层中出现气泡现象,因此经过处理的树脂应该在柱中充满水的情况下装入柱中。树脂的高度一般约为柱高的 90%,为防止树脂的干裂,树脂的顶部应保持一定的液面。

(3) 交换

将待分离的试液缓慢地倾入柱中,并以适当的流速由上而下流经柱中进行交换。交换完成后,用洗涤液洗去残留的溶液及从树脂中被交换下来的离子。

（4）洗脱

将交换到树脂上的离子,用适当的洗脱剂置换下来。阳离子交换树脂常用 HCl 溶液作洗脱剂,阴离子交换树脂常用 HCl、NaOH 或 NaCl 作洗脱剂。

（5）树脂的再生

把柱内的树脂恢复到交换前的形式,一般地,洗脱过程也就是树脂的再生过程。

10.4.4　离子交换分离法的应用

目前离子交换分离法已成为分析、分离各种无机离子和有机离子及蛋白质、核酸、多糖之类大分子物质的极其重要的工具。它被广泛地应用于科研、生产等方面,已成为生物化学研究中必不可少的一种分离和分析手段。

（1）水的净化

水中常含有可溶性的盐类,可用离子交换法进行净化。如果让自来水先通过 H^+ 型强酸性阳离子交换树脂,则水中的阳离子可被交换除去:

$$n\text{R}—\text{SO}_3\text{H}+\text{M}^{n+} \Longrightarrow (\text{R}—\text{SO}_3)_n\text{M}+n\text{H}^+$$

然后再通过 HO^- 型强碱性阴离子交换树脂,则水中的阴离子可被交换除去:

$$n\text{R}—\text{N}(\text{CH}_3)_3^+\text{OH}^-+\text{X}^{n-} \Longrightarrow [\text{R}—\text{N}(\text{CH}_3)_3]_n+n\text{OH}^-$$

同时交换下来的 H^+ 和 OH^- 结合形成 H_2O:

$$\text{H}^++\text{OH}^- \Longrightarrow \text{H}_2\text{O}$$

因此可方便地得到不含可溶性盐类的纯净水,通过这样得到的水称"去离子水",可以代替蒸馏水使用。

（2）干扰离子的分离

对于不同电荷的离子,用离子交换分离的方法排除干扰最简便。例如,用 $BaSO_4$ 重量法测定黄铁矿中 S 含量时,由于大量 Fe^{3+},Ca^{2+} 的存在,会与 $BaSO_4$ 共沉淀而使 $BaSO_4$ 沉淀严重不纯,影响 S 含量的准确测定。若将待测的酸性溶液通过阳离子交换树脂,则 Fe^{3+},Ca^{2+} 被树脂吸附,HSO_4^- 进入流出液,从而消除 Fe^{3+},Ca^{2+} 的干扰。

对于相同电荷的离子,可以利用树脂对离子的亲和力不同而加以分离或将它们转化为不同电荷的离子后再进行分离。例如,Li^+,Na^+,K^+ 的分离,将含 Li^+,Na^+,K^+ 的混合液通过强酸型阳离子交换树脂,三种离子均被树脂吸附,由于树脂对这三种离子的亲和力大小顺序依次为:$Li^+<Na^+<K^+$,当用稀 HCl 溶液淋洗时,Li^+ 先被洗脱,其次 Na^+,最后是 K^+。因此通过离子交换法同样也可使 Li^+,Na^+,K^+ 得到分离。再如,钢铁中微量铝的测定,Fe^{3+} 的干扰也可用离子交换法消除:将试样溶解后处理成 9 $mol \cdot L^{-1}$ HCl 溶液,此时,溶液中 Fe^{3+} 以 $[FeCl_4]^-$ 形式存在,而 Al^{3+} 仍以阳离子形式存在,因此可通过阴离子树脂除去 $[FeCl_4]^-$,消除 Fe^{3+} 的干扰。

（3）生化分离

在生化分离中,根据各种物质对树脂亲和力的不同,选用适当的洗脱剂,利用离子交换分离法可使多种物质得以分离,如氨基酸混合物、核苷酸混合物、蛋白质等的分离。例如,用强酸性阳离子交换树脂 AG-50W-X$_4$ 可有效地分离 AMP、CMP、GMP 和 UMP 四种核苷酸混合物。

（4）痕量组分的富集

离子交换法不仅可进行干扰组分的分离，而且也是痕量组分富集的有效方法之一。例如，采用含有氨羧基$[—N(CH_2COOH)_2]$的螯合树脂，可将海水中微量的 Zn，Cu，Ni，Co 和 Cd 等金属离子富集到小柱上，用小体积的 $2\ mol \cdot L^{-1}$ 盐酸洗脱后用原子吸收光谱法进行测定。

10.5　色谱分离法

色谱法（chromatography）以前称层析法，这种方法是由一种流动相带着试样经过固定相，物质在两相之间进行反复的分配，由于物质在两相中的分配系数不同，移动的速率也不同，从而达到相互分离的目的。色谱法的最大特点是分离效率高，能将各种性质极相似的组分彼此分离。

色谱分离法具有设备简单、操作简便、分离速率快、效果好等特点，而且试剂用量可多可少，因此既能用于实验室的分离分析，也适用于工业产品的制备与提纯。在有机化合物的剖析，药物、农药残留量和生物大分子等的分离分析、提纯等方面，有广泛的应用。色谱分离法有多种分类方法（详见第九章），其中按其操作方式可分为柱色谱法、纸色谱法和薄层色谱法。

10.5.1　柱色谱法

柱色谱法（column chromatography，CC）是把吸附剂（固定相）装入一柱中，将要分离的试样溶液从柱的顶部加入，然后用一适当的洗脱剂（流动相）进行洗脱。试样中各组分随洗脱剂向下流动。当用洗脱剂洗脱时，试样中各组分在柱内连续地发生溶解、吸附、再溶解、再吸附等过程。由于各组分在两相中的分配系数不同，因此各组分移动的速率和距离也不相同。当淋洗到一定程度时，试样中的各组分即可得到分离，在色谱柱中形成不同的试样带。如果继续淋洗，各组分便先后从柱中流出，承接于相应的容器中即可得不同组分的溶液，可供后续进一步的分析应用。

柱色谱分离中，吸附剂应具有较大的吸附能力和足够的化学稳定性，不与洗脱剂、试样中各组分发生化学反应；不溶于洗脱剂；有一定的粒度而且颗粒均匀。常用的吸附剂有硅胶、氧化铝、$CaCO_3$、聚酰胺等。洗脱剂应不与洗脱剂和试样溶液化学反应；对试样中各组分的溶解度要大；黏度小、易流动。吸附剂和洗脱剂的选择与被分离物质的极性有关。一般地，若被分离物质极性较强，则应选用弱吸附剂和极性较大的洗脱剂，若被分离物质极性较弱，则应选用吸附能力强的吸附剂和弱极性或非极性洗脱剂。

柱色谱分离法分离效率高，不仅可以用于复杂物质的分离分析，也可用于试样的提纯、制备。

10.5.2　纸色谱法

纸色谱法（paper chromatography，PC）是用滤纸作为载体（惰性支持物）的色谱分离方法。滤纸纤维上吸附的水作为固定相，以有机溶剂作为流动相（也称展开剂），利用各组分在两相中的分配比不同而达到分离。

纸色谱装置及其分离过程如图 10-4 所示。把少量的试液滴在滤纸的一端距边缘一定距离处(称为原点),然后将滤纸置于密闭、盛有展开剂的容器中,并使点有试样的一端浸入展开剂中。由于毛细作用,展开剂沿着滤纸由下而上不断地移动,试样中各组分也不断地在两相中进行分配。经过一段时间后,不同组分上升的距离不一样而彼此分开,在滤纸上形成相互分开的斑点。

通常用比移值(R_f)来衡量各组分的分离情况,它是指溶质在固定相上由原点移动至斑点中心的距离(a)与展开剂由原点移动至溶剂前沿的距离(b)之比。根据图 10-5 所示,比移值(R_f)可表示为

$$R_f = \frac{斑点中心至原点的距离}{溶济前沿至原点的距离} = \frac{a}{b} \qquad (10-8)$$

R_f 在 0~1,若 $R_f \approx 0$,表明该组分基本上留在原点不动,该组分在流动相中的分配比非常小;若 $R_f \approx 1$,表明该组分随溶剂一起上升,该组分在流动相中的分配比非常大,而在固定相中的吸附非常小。通常情况下,$0 \leq R_f \leq 1$。根据物质的 R_f,可以判断各组分彼此能否用薄层色谱法分离。一般说,R_f 只要相差 0.02 以上,就能彼此分离。在一定条件下,R_f 是物质的特征值,可以利用 R_f 作为定性分析的依据。但是,由于影响 R_f 的因素很多,进行定性判断时,通常用已知的标准物质作对照。

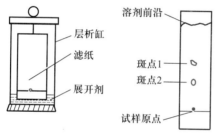

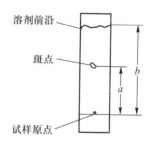

图 10-4　纸色谱装置及分离法示意图　　　　图 10-5　比移值的计算

纸色谱法是一种微量分离方法,可用于性质相似的无机和有机混合物的分离,包括药物、生物制品等的分离分析。但是由于分子扩散严重,流速变化大等原因,影响纸色谱分离效率,必须严格控制色谱条件,才能得到良好的分离效果。

10.5.3　薄层色谱法

薄层色谱分离法(thin-layer chromatography, TLC)是柱色谱法与纸色谱法相结合发展起来的一种新技术。在一块平滑的玻璃板上均匀地涂布一层吸附剂(如硅胶、活性氧化铝、硅藻土、纤维素等)作为固定相,将试样点于薄层板上,展开剂作为流动相渗透流过固定相,使试样各组分展开、分离。

在薄层色谱法中常用的固相吸附剂有硅胶、氧化铝、硅藻土、纤维素等。其中,硅胶是酸性物质、氧化铝是碱性物质,均具有活性,前者可用于吸附和分配色谱,后者主要用于吸附色谱;硅藻土不活泼,而纤维素无活性,可用作分配色谱的载体。吸附剂的粒度一般以 100~250 目较合适。使用时用适当溶剂将吸附剂粉末调制成浆状,然后均匀地涂布在表面平整光洁的玻璃板上。涂布后放置固化约 0.5 h。若用于吸附色谱

的薄层需在 110 ℃下加热活化;而用于分配色谱的薄层,则无需干燥,固化后残留的水分起固定相作用。

薄层色谱法的操作方法和纸色谱法相似。即在薄层板上用铅笔标记原点位置后,用毛细管把浓缩的试样和标准试样点在同一条起点线上。待试样溶剂蒸干后将薄层板放入在底部有展开剂、内部充满展开剂蒸气的密闭玻璃容器中展开。直至溶剂的前沿上升至接近薄层板上端时,停止展开。

薄层色谱的分离程度也可用比移值 R_f 表示。在一定条件下,可以根据比移值进行定性分析。另外,在薄层色谱分离中,通过将试样产生的斑点和标准样斑点,进行斑点面积的大小和斑点颜色的深浅比较对照,进行半定量分析。或者将吸附剂上的斑点刮下,用适当溶剂将其溶解后,再用适当的方法进行定量测定。目前,最好的方法是利用薄层色谱扫描仪,通过荧光和放射对斑点进行测定。这种方法快速、自动而且准确。

10.6 新的分离和富集方法简介

近年来出现了许多新的分离与富集方法,如超临界萃取分离法、固相微萃取分离法、膜分离法、毛细管电泳分离法等,其中超临界萃取分离法和膜分离法是近些年来引起人们高度重视,并发展迅猛的分离方法。下面简单介绍这两种分离方法。

10.6.1 超临界萃取分离法

超临界萃取(supercritical extraction)分离法是利用超临界流体(supercritical fluid)作为萃取剂的一种萃取分离方法。它在 20 世纪 80 年代出现的一种高效率、高选择性的分离技术。

1. 基本原理

图 10-6 是纯物质的相图。根据热力学原理,当物质所处的温度 T 大于其临界温度 T_c[①],同时压力 p 大于其临界压力 p_c[②] 时,该物质即处于超临界状态,在此状态下的流体即称为超临界流体,它是介于气液之间的一种既非气态又非液态的物态。由表 10-3 可见,一方面,超临界流体的密度较大,与液体相近,因此,如同液体一样,它与溶质分子间的作用力很强,溶解能力大;另一方面,它的黏度较小,接近气体,所以传质速率很快,而且表面张力小,渗透容易,因此可实现快速、高效地萃取分离。

超临界流体的密度对温度与压力的变化非常敏感,而其溶解能力在一定压力下与其密度成正比,因此可通过对温度和压力的控制改变物质的溶解度。特别是在临界点附近,T、p 的微小变化可导致溶质溶解度发生几个数量级的变化,这正是超临界萃取的依据。其过程示意图如图 10-7 所示,即在高压条件下是超临界流体与待分离的混合物(可以是固体也可以是液体)接触,控制系统的压力和温度使待分离的组分溶解

---

① 图 10-6 中 TA、TB、TC 线分别表示纯物质气-固平衡的升华曲线、液-固平衡的熔融曲线和气-液平衡饱和液体的蒸气压曲线,T 点为气-液-固三相共存的三相点。当纯物质沿 TC 线升温并达到图中 C 点时,气-液的分界面消失。体系的性质变得均一,小再分为气体和液体,因此 C 点称为临界点。与 C 点相对应的温度即称为临界温度,常用 T_c 表示。

② C 点相对应的压力称为临界压力。常用 p_c 表示。

在其中进行萃取,然后,降低压力,在低压系统中降低超临界流体的密度,使待分离组分与超临界流体进行分离。

表 10-3　液体、气体和超临界流体物理性质的比较

流体类型	密度/$(kg \cdot L^{-1})$	扩散系数/$(m^2 \cdot s^{-1})$	黏度/$(Pa \cdot s)$
气体	10^{-3}	10^{-5}	10^{-8}
超临界流体	$0.3 \sim 0.8$	$10^{-7} \sim 10^{-8}$	$10^{-8} \sim 10^{-7}$
液体	1	$<10^{-9}$	10^{-6}

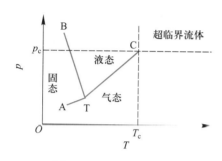

图 10-6　纯物质的相图

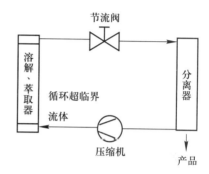

图 10-7　超临界萃取过程示意图

2. 超临界流体的选择

在超临界萃取中萃取剂的选择按萃取对象的不同而改变。超临界流体的选择主要考虑它对被萃取物质的溶解能力,可根据"相似相溶"的原则,即若被萃取物是非极性或弱极性的,则选择极性小的超临界流体,而若被萃取物是极性的,则选择极性大的超临界流体,在其临界温度和临界压力以上的条件下进行超临界萃取。表 10-4 列举了一些常见的萃取剂的临界温度和临界压力。通常用 CO_2 作超临界流体萃取剂萃取分离弱极性和非极性的化合物;用氨作超临界流体萃取剂萃取分离极性较大的化合物。

表 10-4　一些常见萃取剂的临界参数

萃取剂	临界温度 T_c/K	临界压力 p_c/kPa	萃取剂	临界温度 T_c/K	临界压力 p_c/kPa
CO_2	304	7.37	苯	562	4.83
氨	406	11.28	乙烷	305	4.88
水	647	22.05	丙烷	370	4.20
氟利昂-13($CClF_3$)	302	3.92	环己烷	553	4.07
氟利昂-11(CCl_3F)	471	4.41	乙烯	282	5.05
甲苯	592	4.06	丙烯	365	4.56

另外在选择萃取剂时也应考虑被萃取物的用途,若用于医药、食品等,必须选用无毒的超临界流体,如 CO_2 等。

3. 影响超临界萃取的因素

① 温度的影响　温度的改变会影响超临界流体的密度和溶质的蒸气压两个因

素,从而影响萃取能力。通常,在低温区(仍在 T_c 以上),温度升高,流体密度下降,而溶质的蒸气压增加不大,因此,萃取能力降低;当温度进一步升高至高温区时,虽然,超临界流体的密度进一步下降,但溶质的蒸气压迅速增加,而且占主导作用,因此,萃取能力反而提高。

② 压力的影响　在临界点以上,压力稍有增加,超临界流体对溶质的溶解度急骤增加。超临界萃取正是利用这一特性,通过改变超临界流体的压力,把试样中各组分按照它们在流体中溶解度的不同,先后被萃取分离出来。低压下溶解度大的组分先被萃取,随着压力的增加,溶解度小的各组分也先后被萃取分离。

③ 助溶剂的影响　用单一超临界流体作萃取剂时,溶解度和选择性会受到一定的限制,如果在超临界流体中加入少量其他溶剂,可改变超临界流体对溶质的溶解能力,这些溶剂称为助溶剂。例如,用超临界 CO_2 流体萃取萘时,若将丙烷作为助溶剂,添加到超临界 CO_2 流体中,可明显提高其萃取效率。

4. 应用

与一些传统的分离方法相比,超临界萃取分离法具有高效、快速、后处理简单的特点。超临界萃取分离法被广泛应用于从原料中提取少量有效成分,如茉莉花、玫瑰花等鲜花中提取天然香料,医药工业中,维生素、药草、鸦片、吗啡的药物有效成分的提取、浓缩和精制,从油籽中提取油脂,从沙棘果中提取营养价值极高的沙棘油等。也可用于除去少量的杂质或有害成分,如从咖啡、茶叶中脱除对人体有害的兴奋剂——咖啡因,烟叶中脱除尼古丁;啤酒中除苦味素;从石油残渣油中除去沥青等。此外,它也可用于废水处理,如化学废水的空气氧化处理;吸附剂(如活性炭、分子筛)的活化与再生。

超临界萃取的另一特点是它能与其他分析方法联用,实现萃取-分析一体化,如超临界色谱。

10.6.2　膜分离法

膜分离技术近二十几年发展非常迅速,已从早期的脱盐发展到化工、食品、生物工程、医药、电子等工业领域的废水处理、产品分离及高纯水生产等各个领域。与常规分离方法相比较,膜分离具有耗能低、分离效率高、操作过程简单、不污染环境等优点,是解决当代的能源、资源和环境问题的重要高新技术。

膜分离过程是以选择性透过膜为分离介质。当膜两侧存在某种推动力(如浓度差、压力差、电势差等)时,原料侧组分选择性地透过膜,从而达到分离、提纯的目的。实现一个膜分离过程必须具备膜和推动力这两个必要条件。通常膜原料侧称为膜上游,通过侧称为膜下游。不同的目的分离过程推动力不同,选用的膜也不同。

1. 膜的类型

膜(membrane)是膜分离技术的核心,膜材料的化学性质和结构对膜分离的性能起着决定性作用。为成功地进行分离操作,膜的选择是关键,它必须具备以下特性:

● 严格的分子量截断,即膜能截断超过特定大小的所有分子,而让所有的较小分子通过;

● 对小的溶质分子、溶剂有良好的透过率;

- 有良好的热稳定性、化学和生物稳定性,能耐热、耐酸、碱、耐微生物侵蚀和耐氧化等;
- 有良好的机械加工性能,易加工成膜。

膜通常可分为生物膜和人工合成膜,后者是指由有机高分子构成的,是膜分离技术中应用最广的一种膜。按照不同的分类方法,高分子膜可分为多种类型。从分离方法来分,可分为微孔膜、超滤膜、渗透膜、离子交换膜等;从膜的形状分,可分为平板膜、管状膜、螺旋卷膜和中空纤维膜;从膜的物理结构可分为对称膜、非对称膜、复合膜、致密膜、多孔膜、均质膜和非均质膜。下面简单介绍几种较常见的膜种类。

① 微孔膜(microporous membrane) 微孔膜是高分子膜中最简单的一种膜,具有很多孔径分布均匀的微孔,孔径为 1 nm~0.03 μm。其分离作用相当于过滤。孔隙率约为 40%。

② 致密膜(dense membrane) 其结构比较致密,空隙率小于19%,孔径为 0.5~1 nm。

③ 非对称膜(asymmetric membrane) 非对称膜是各向异性的,沿膜厚度方向的内部结构不同,它是由上层极薄的致密的活化层(0.1~2 μm)和下层大孔的支持层(100~200 μm)所组成。其中,支持层起增强膜机械强度的支撑作用。

④ 复合膜(composite membrane) 复合膜是由高选择性的活性超薄层和化学性质稳定、机械性能好的多孔的支撑膜复合而成的一类膜。

⑤ 离子交换膜(ion exchange membrane) 即离子交换树脂膜,是一种膜状的离子交换树脂,其微观结构与离子交换树脂相同,带有活性基团。

2. 常见的膜分离过程及其基本原理

① 微滤(microfiltration)和超滤(ultrafiltration) 微滤和超滤都是在压力差推动作用下进行的筛孔分离过程。如图 10-8 所示,在一定的压力推动作用下,当含有高分子溶质(A)和低分子溶质(B)的混合溶液流过膜表面时,溶剂和低分子溶质(如无机盐)透过膜,进入膜下游,而分子大小大于膜孔的高分子(如蛋白质)被膜截留,仍在膜上游,从而达到小分子、离子与大分子化合物的分离。通常,截留分子量大小为 $500 \sim 10^6$ 的膜分离过程称为超滤,只能截留粒径更大的分子的膜分离过程称为微滤。

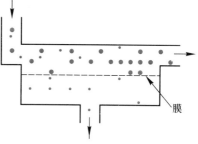

图 10-8 微滤和超滤工作原理示意图

它们被广泛用于医药工业的过滤除菌、食品工业中牛奶脱脂、果汁的澄清等,也可用于高纯水的制备、废水处理等。

② 渗析(dialysis) 渗析也称透析,是最早被发现和研究的膜分离现象。其分离的基础是离子或小分子从半透膜的一侧液相(料液)转入另一侧液相(渗析液)的迁移率之差。起到区分作用的是选择性薄膜,相转移的推动力是膜两侧中组分的浓度梯度。主要是用于诸如蛋白质、激素及酶这一类物质的浓缩、脱盐和纯化。由于它在人工肾开发中的应用,渗析技术近年来重新引起人们的重视。通过渗析将肾衰竭患者血液中的新陈代谢废物排出体外,同时对血液进行水、电解质和酸碱平衡的调节,即为血

液渗析(hemodialysis),这种渗析装置也称人工肾。

③ 电渗析(electrodialysis) 电渗析是利用离子交换膜和直流电场的作用,从水溶液和其他不带电荷组分中分离荷电离子组分的一种电化学分离过程。电渗析过程如图 10-9 所示。阴、阳离子膜被交替排列在两电极之间,接上直流电后,阳离子如 Na^+ 向阴极移动,易通过阳膜却被阴膜阻挡而被截留在 2,4 单元;相反,阴离子如 Cl^- 向阳极移动,易通过阴膜却被阳膜阻挡而被截留在 2,4 单元。结果,在 2,4 单元离子浓度增加,而在 3 单元中流出的水成为淡水。因此,电渗析法被广泛用于咸水脱盐。

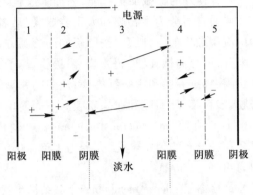

图 10-9 电渗析工作原理示意图

我国西沙永兴岛上的海水淡化站即采用这种方法,日产淡水 20 t。

10.6.3 固相萃取法

固相萃取(solid phase extraction,SPE)是一种基于组分在固相萃取剂上的保留与洗脱实现微/痕量组分预分离与富集的一种比较新颖的方法。图 10-10 为固相萃取小柱的示意图,微粒状固相萃取剂放置于圆盘夹层或柱形管中,两端用多孔材料固定。试样溶液由重力或压力(如注射器、泵)驱动流过固相萃取柱,由于固相萃取剂对待测组分具有选择性保留作用,待测组分被保留于固相萃取材料上,而其他不被保留组分则随溶液一起流出萃取柱。被固相萃取剂所保留的待测组分可用小体积的洗脱剂洗脱并收集。

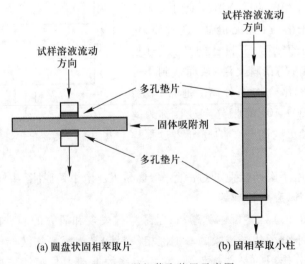

(a) 圆盘状固相萃取片　　(b) 固相萃取小柱

图 10-10 固相萃取装置示意图

从广义上将固相萃取剂对待测物的保留作用有溶解(分配)型、吸附型、离子交换型等。这些固相萃取剂都是将一定类型的化学官能团键合到某种担体上制成(与液相色谱的固定相相似,但粒径粗,一般为数十微米)。目前使用得比较普遍的是硅胶或表面改性硅胶。表 10-5 列出了常见改性硅胶固相萃取剂的表面基团结构及其特性、使用范围。淋洗液应根据分析对象、萃取剂、拟分离的干扰组分的性质进行合理选择,如反相填料的固相萃取柱多采用甲醇(或乙腈)将所富集的待测组分洗脱。目前商品固相萃取小柱多为简易的一次性器件。

表 10-5　常见改性硅胶固相萃取剂的性质和使用范围

萃取类型	表面改性(键合)基团	使用范围
吸附	未改性,表面为硅羟基 —O—Si—O—Si—O— 　　|　　| 　　OH　　OH	从油性基体中吸附低极性和中等极性的化合物(如:脂溶性维生素,类固醇)
分配	丙氰基:—C$_3$H$_6$CN	从水溶液或油性基体中吸附极性化合物(如农药,多肽)
	二醇基: —CH—CH— 　|　　| 　OH　OH	从水溶液或油性基体中吸附极性化合物(如:蛋白质、多肽、杀菌剂)
	十八烷基(C-18),—C$_{18}$H$_{37}$	从水溶液中吸附疏水性物质(如咖啡因、多环芳烃、农药等)
	辛烷基(C-8),—C$_8$H$_{17}$	与 C-18 类似
离子交换	磺酸基,—SO$_3^-$	吸附阳离子
	季铵基团,—N$^+$(C$_2$H$_5$)$_4$	吸附阴离子

相比于液-液萃取技术,固相萃取的相比较大,因此富集倍率高;所用的有机溶剂少,比较环保;分离富集的速率比较快,易于自动化等。目前,在分析化学领域得到越来越广泛的应用。

 思考题

10-1　叙述分离富集在分析化学中的重要意义。

10-2　试样含 Fe^{3+},Al^{3+},Ca^{2+},Mg^{2+},Mn^{2+},Cr^{3+},Cu^{2+} 和 Zn^{2+} 等离子,加入 NH_4Cl 和 $NH_3 \cdot H_2O$ 后,哪些离子以何种型体存在于溶液中?哪些离子以何种型体存在于沉淀中?分离是否完全?

10-3　举例说明共沉淀现象对分析工作的不利因素和有利因素。

10-4　分别说明"分配系数"和"分配比"的物理意义。在溶剂萃取分离中为什么必须引入"分配比"这一参数?

10-5　叙述溶剂萃取过程的本质。举例说明重要的萃取体系。

10-6 如何萃取分离 R—COOH,R—NH$_2$ 和 RCOR′。

10-7 分析中常用的离子交换树脂有哪些类型?

10-8 何谓离子交换树脂的交联度、交换容量?

10-9 用 BaSO$_4$ 重量法测定 SO$_4^{2-}$ 时,大量 Fe^{3+} 会产生共沉淀。试问当分析硫铁矿(FeS$_2$)中的 S 时,如果用 BaSO$_4$ 重量法进行测定,有什么办法可以消除 Fe^{3+} 的干扰?

10-10 简述在分析工作中采用离子交换法制备去离子水的原理。

10-11 比移值 R_f 在薄层色谱分离中有何重要作用?

10-12 试比较微滤、渗析、电渗析等几种膜分离的分离机理,各有何用途?

 习 题

基本题

10-1 有一物质在氯仿和水之间的分配比 D 为 9.6。含有该物质浓度为 0.150 mol·L^{-1} 的水溶液 50.0 mL,用氯仿萃取如下:(1) 50.0 mL 萃取一次;(2) 每次 25.0 mL 萃取两次;(3) 每次 10.0 mL 萃取五次。试计算经不同方式萃取后,留在水溶液中该物质的浓度并比较萃取效率。

10-2 饮用水中常含有痕量氯仿,实验指出,取 100 mL 水,用 1.0 mL 戊烷萃取时的萃取率为 53%。试问取 10 mL 水用 1.0 mL 戊烷萃取率为多少?

10-3 称取 1.200 g H$^+$ 型阳离子交换树脂,装入交换柱后,用 NaCl 溶液冲洗至流出液使甲基橙呈橙色为止。收集所有洗脱液,用甲基橙作指示剂,以 0.100 0 mol·L^{-1} NaOH 标准溶液滴定,用去 22.10 mL,计算树脂的交换容量。

10-4 取 100.0 mL 水样,经过阳离子交换树脂后,Ca^{2+} 和 Mg^{2+} 被交换至树脂上,流出液用 0.100 0 mol·L^{-1} NaOH 标准溶液滴定,用去 10.00 mL,试计算试样中水的硬度。

10-5 称取 Na$_2$CO$_3$ 和 K$_2$CO$_3$ 混合试样 1.000 0 g,溶于水后,通过 H$^+$ 型阳离子交换柱,流出液用 0.500 0 mol·L^{-1} NaOH 溶液滴定,用去 30.00 mL,计算试样中 Na$_2$CO$_3$ 和 K$_2$CO$_3$ 的质量分数。

10-6 用色谱法分离 Fe^{3+},Co^{2+},Ni^{2+},以正丁醇-丙酮-浓 HCl 为展开剂,若展开剂的前沿与原点的距离为 13 cm,斑点中心与原点的距离为 5.2 cm,则 Co^{2+} 的比移值 R_f 为多少?

10-7 有两种性质相似的元素 A 和 B,共存于同一溶液中。用纸色谱法分离时,它们的比移值 R_f 分别为 0.45 和 0.65。欲使分离后斑点中心之间相隔 2 cm。问薄层板至少应有多长?

提高题

10-8 苯甲酸溶液的解离常数 $K_a^{\ominus} = 6.5 \times 10^{-5}$,用等体积的乙醚溶液萃取时,它在乙醚和水中的分配系数 $K_D = 100$,求当溶液的 pH 为 5 时的分配比。

10-9 某溶液含 Fe 10.0 mg,现将它萃取入某有机溶剂中($D = 99$)。当用等体积的该溶剂萃取两次后,水相中剩余的 Fe 多少毫克?若用等体积水将合并后的有机相洗一次,将损失多少毫克的 Fe?

10-10　If the distribution ratio for substance A is 9.0, what is the minimum number of the 5.00 mL portions of ether that must be used in order to extract 99.9% of substance A from 5.00 mL of an aqueous solution that contains 0.040 0 g of substance A? What weight of substance A is removed with each extraction?

10-11　A 100 mL portion of a 0.100 0 mol·L^{-1} aqueous solution of the weak acid HA is extracted with 50.00 mL of CCl$_4$. After the extraction, a 25.0 mL aliquot of the aqueous phase was titrated with 10.00 mL of a 0.100 0 mol·L^{-1} NaOH. Calculate the distribution ratio of HA.

10-12　A 50.00 mL sample of y mol·L^{-1} MgCl$_2$ was passed through a strongly acid cationic resin in the H$^+$ form. The eluent and washing were titrated with 30.70 mL of 0.099 8 mol·L^{-1} NaOH. Calculate the value of y.

习题参考答案

第十一章　化学信息的网络检索

(Chemistry Information Retrieval on Internet)

学习要求

1. 掌握 Internet 信息资源搜索引擎检索信息的方法。
2. 熟悉主要的化学化工专业网站。
3. 掌握科技文献的检索方法。
4. 了解主要的数据库。

　　随着现代科学技术的快速发展,知识更新速度加快,各类信息量大幅增加。化学是信息量特别大的一门学科,20 世纪下半叶以来,由于现代分析仪器的使用,高通量筛选技术在药物设计中的应用,组合化学方法和基因组学、蛋白组学、代谢组学的发展,人类在分子层次上的信息量以指数级的增长。在美国化学文摘(CAS)登录的化学物质已经超过千万种,它们的各种性质,加上多元体系的性质,可以说是一个无边无际的数据海洋。从事化学化工研究的工作人员,经常要在如此巨大的资料海洋中获取自己需要的信息,采用传统的检索方法,往往事倍功半,很难适应现代化学化工发展的新形势。国际互联网 Internet 的出现及其迅猛的发展,使当今世界真正跨入了信息时代。Internet 具有世界上最多的信息资源,包括各种文档、图片图像、声音视频、程序和数据库等。Internet 已成为人们学习、工作和生活的不可缺少的工具。Internet 资源信息量大,内容覆盖面广。要在信息的海洋中,能够以最快的速度在网上索取自己需要的信息和资料,就必须了解并掌握获取这些信息的方法,因此本章将简单介绍化学信息网络检索的几种主要方法。

11.1　Internet 信息资源搜索引擎

　　Internet 信息资源搜索引擎(search engine)是提供信息"检索"服务的网站,提供自动化的搜索工具,只要给出主题词,搜索引擎就可以在数以千万计的网页中筛选出需要的信息的网页。

11.2　专业化学化工网站

　　为更快地获取化学化工信息,还可以通过一些专业的化学化工信息导航系统来搜索需要的资料,这些网站链接许多化学化工信息资源的地址,使用起来比一般的搜索引擎更为方便。目前世界上许多大学、研究机构、专业学会和商业机构建立了具有化学信息站点链接的网站。下面介绍几个主要的专业化学化工网站。

11.2.1 国内专业化学化工网站

（1）化学学科信息门户

该网站是中国国家科学数字图书馆化学学科信息门户网站,
中国科学院知识创新工程科技基础设施建设专项"国家科学数字
图书馆项目"的子项目,化学学科信息门户建设的目标是面向化学

学科,建立并可靠运行专业信息资源和信息服务的门户网站,提供权威和可靠的化学信息导航,整合文献信息资源系统及其检索利用。网站提供的化学信息包括化学数据库、网上化学期刊、网上化学教育资源、化学软件下载、专利信息和化学资源导航等,网站还提供国内外著名化学院系和机构的链接。

（2）中国化工信息网

该网站是中国化工信息中心建立的全国化工综合信息服务网络。网站设有化工商务、化工经济、化工市场、化工期刊、化工科技、化工专题及石油化工等栏目。

（3）中国化工网

该网站主要内容包括交易中心、产品大全、企业大全、产品供求、市场行情、技术市场等。

11.2.2 国外主要的化学专业网站

（1）美国化学学会（American Chemical Society）
（2）英国皇家化学学会（Royal Society of Chemistry）
（3）剑桥大学
（4）牛津大学
（5）斯坦福大学
（6）哈佛大学化学系

11.2.3 和化学学科相关的网站

（1）生物医学大数据中心

生物医学大数据中心由中国科学院上海生命科学研究院信息中心建立,目前已开发和在建的数据库有:蛋白质功能注释系统、核酸序列数据库、生物芯片数据库、蛋白质组学数据库、人类单核苷酸多态性数据库、中国基因研究统计数据库、跨膜蛋白专门数据库、电子克隆专家系统、跨膜蛋白拓扑结构预测的生物信息学分析软件。EMBL的集成化的数据库检索系统 SRS 软件包已顺利安装在中心的服务器上,所附带的一百多个国际著名公开数据库,如 EMBL、NCBI、Swiss-Prot 等已经实现日更新。

（2）中国医药信息网

中国医药信息网由国家食品药品监督管理总局信息中心建立,有期刊资料、数据检索、政策法规等栏目。

（3）中国材料研究学会

中国材料研究学会网站有材料前沿、国内外动态、项目介绍、成果推荐等栏目。

11.3　Internet 上的化学信息资源

Internet 上的化学信息资源数量多、分布广、更新快，具有高度动态的特点。化学信息资源主要可以分为科技文献、专利、数据库和图书杂志，可以通过不同的途径检索。

11.3.1　科技文献的检索

科技文献（论文）是科技工作者展示、交流自己科学研究成果的形式之一，国际上有七八万种科技期刊用于发表论文。科技的进步，导致科技文献的激增。美国化学文摘（CA）和科学引文索引（SCI）收录的文献数平均每 10 年就翻一翻。对于科技工作者来说，要想在众多的科技期刊中及时找到自己需要的科技文献，最好的方法就是利用 Internet 文献数据库检索工具。Internet 中的文献检索系统可根据用户提供的信息（题目、关键词、作者等）检索出相关的文献信息，如论文题目、期刊名称、卷、页、摘要，还可以根据需要阅读或下载全文。目前已有许多文献检索系统，国内外主要文献检索系统如下。

1. CNKI 全文期刊数据库——中国期刊全文数据库

CNKI 为国家知识基础设施（National Knowledge Infrastructure）的简称，CNKI 工程是由清华大学、清华同方发起，始建于 1999 年 6 月。CNKI 系列包含《中国期刊全文数据库》、《中国博士学位全文数据库》、《中国优秀硕士学位论文全文数据库》、《中国重要会议论文全文》、《中国重要报纸全文数据库》等多个数据库。除了可以下载全文外，每篇题目摘要窗口内都有很多链接点，如相关文献、相关期刊、相关机构、相关作者等，通过这些链接点，可以找到很多相关内容。

2. 维普《中文科技期刊数据库》

维普《中文科技期刊数据库》，源于重庆维普资讯有限公司 1989 年创建的《中文科技期刊篇名数据库》，是国内大型综合性数据库，收录我国自然科学、工程技术、农业科学、医药卫生、经济管理、教育科学和图书情报等学科期刊的论文。《中文科技期刊数据库》有全文版和引文版，全文版的数据回溯至 1989 年，引文版的数据回溯至 1999 年。通过引文版可以检索到每篇论文的参考文献和论文被引用情况，引文检索是科学研究中一个很有力的参考工具。

3. Elsevier《期刊全文数据库》

荷兰 Elsevier 公司是全球最大的科技与医学文献出版发行商之一，已有 180 多年的历史。该公司出版的期刊是国际公认的高水平的学术期刊，大多数都被 SCI,EI 所收录。该公司已经将其出版的千余种期刊全部数字化，通过网络向用户提供服务。该数据库涉及数学、物理、化学、天文学、医学、生命科学、商业及经济管理、计算机科学、工程技术、能源科学、环境科学、材料科学等。在网页上可查阅 1995 年至今的全文。目前，Elsevier 公司在清华大学图书馆和上海交通大学图书馆分别设置了两个镜像服务器,可提供 1998 年以来该公司出版的千余种期刊的全文。

4. 美国《化学文摘》

Chemical Abstracts(CA,化学文摘)是美国化学文摘社(Chemical Abstracts Service)于 1907 年创刊,是涉及学科领域最广、收集文献类型最全、检索途径最多的一部著名的检索工具。

SciFinder Scholar 是化学文摘社 CAS 所出版的网络版数据库,是全世界最大、最全面的化学化工及其相关领域的学术信息数据库。SciFinder Scholar 整合了化学文摘 1907 年至今的所有内容、MEDLINE 医学数据库,以及欧洲和美国等 30 多家专利机构的全文专利信息。它涵盖的学科包括应用化学、化学工程、普通化学、物理、生物学、生命科学、医学、聚合体学、材料学、地质学、食品科学和农学等诸多领域。其中的"化学文摘"是化学和生命科学研究领域中不可或缺的参考和研究工具。

5. 美国《科学引文索引》Science Citation Index

Science Citation Index(SCI)是美国科技信息所(Institute for Scientific Information ISI)Web of Science 检索系统中的著名的科学引文索引数据库,历来被公认为世界范围内最权威的科学技术文献的索引工具,能够提供科学技术领域最重要的研究成果。SCI 收录了全世界出版的数、理、化、农、林、医、生命科学、天文、地理、环境、材料、工程技术的重要期刊。SCI 引文检索的体系更是独一无二,不仅可以从文献引证的角度评估文章的学术价值,还可以迅速方便地组建研究课题的参考文献网络。发表的学术论文被 SCI 收录或引用的数量,已被世界上许多大学作为评价学术水平的一个重要标准。

1997 年,ISI 公司推出了 SCI 的网络版数据库——Science Citation Index Expanded,其信息资料更加翔实,收录期刊更多。Science Citation Science Expanded 是一个多学科的综合性的数据库,其所涵盖的学科超过 100 个,主要涉及以下领域:农业、生物及环境科学;工程技术及应用科学;医学与生命科学;物理学及化学;行为科学。在 Web of Knowledge 数据库中还包含了 Current Chemical Reactions 和 IndexChemicus 两个子库,是专门为满足化学与药学研究人员的需求所设计的数据库。收集了全球核心化学期刊和发明专利的所有最新发现或改进的有机合成方法,提供最翔实的化学反应综述和详尽的实验细节,提供化合物的化学结构和相关性质,包括制备与合成方法。用户不仅可以利用书目信息检索,更可以借助"Structure Search"检索方式,用反应物结构式或其亚结构、产物结构式或其亚结构及反应式进行检索,甚至可以用反应条件和化合物参数进行检索。

全文数据库有快速检索或初级检索的功能,快速检索时直接输入关键词即可。使用高级检索功能时可通过限定关键词、题目、作者、全文和刊名等检索项来实现准确检索。同时,也要注意增加检索词,缩小检索范围,提高查准率。对于某篇特定文献的查找,输入前 3 位作者姓名效果最好,据对英文文献的检索统计,此法可使目标文献出现在检索结果的首条或首页的可能性达到 80%。其次可用第一作者加关键词的方式进行检索。在整个检索过程中,尽管各检索工具的搜索结果存在交叉,但由于其搜索数据资源不全相同,它们各具特色,任何一种检索工具尚不能替代其他检索工具,只能是相互补充、相互完善,需要检索者实践中合理搭配、熟练应用及不断探索和积累新的检索途径,才能不断提高查全率和查准率。

11.3.2 专利信息

专利信息是一类重要的信息,由于专利信息与知识产权密切相关,大部分专利信息无法通过技术文献得到;同时快速准确地掌握专利的最新动态,对科学研究、产品开发等工作密切相关,因此查询和利用专利信息显得至关重要。随着 Internet 的发展,可检索的专利数据库及有关的各种信息也越来越多。通过 Internet,可以访问专利管理或专利信息部门的网站,在这些网站的主页上一般有专利的知识介绍、其他专利服务站点的链接、专利检索工具及提供专利服务的方式等信息。通过这些信息,可以方便地进行专利的检索和索取。以下为几个主要的提供专利服务的网站:

(1) 欧洲专利数据库

欧洲专利数据库是由欧洲专利局及其成员国提供的免费专利检索数据库。该数据库收录时间跨度大、涉及的国家多。内容包括了欧洲专利局的专利、世界知识产权组织的专利、世界范围内的专利及日本专利。其中日本专利用英文文摘报道了 1976 年 10 月以来的日本公开专利及自 1980 年以来公开专利的扉页。该数据库更新较快,一般能检索到当年当月的专利文献。

(2) 美国专利数据库

美国专利数据库是由 USPTO(美国专利商标局)建立的官方性网站,免费向互联网用户提供美国专利全文和图像。分为授权专利数据库和申请专利数据库两部分:授权专利数据库提供了 1790 年至今各类授权的美国专利,其中有自 1790 年至今的图像说明书,1976 年至今的全文文本说明书(附图像链接);申请专利数据库只提供了 2001 年 3 月 15 日起申请说明书的文本和图像。数据库提供了多种类型的专利文献,如:Utility,Design,Plant,Reissue,Defensive Pub,SIR(Statutory Invention Registration)。其中 Utility 是被检索最多的一类,相当于中国专利中的发明专利和实用新型。数据库每周更新一次。该数据库设置 quick search(快速检索)、advanced search(高级检索)、patent number search(专利号检索)3 种检索方式。

(3) 日本专利数据库

日本专利数据库是由日本特许厅工业产权数字图书馆(IPDL)在互联网上免费提供的日本专利全文检索系统。该系统收集了各种公报的日本专利(特许和实用新型),有英语和日语两种工作语言,英文版收录自 1993 年至今公开的日本专利题录和摘要,日文版收录 1971 年开始至今的公开特许公报,1885 年开始至今的特许发明明细书,1979 年开始至今的公开特许公报等专利文献。

(4) 中国专利信息中心

中国专利中国专利信息中心是国家知识产权局直属的单位,为国家级大型的专利信息服务机构。该系统提供了自 1985 年以来我国公布的全部中国专利信息,包括发明、实用新型和外观设计三种专利的专利摘要及专利说明书全文等内容,每周更新一次。该检索系统提供 18 个检索入口,分别为申请号、申请日、公开/公告号、公开/公告日、IPC(国际专利)分类号、发明名称、文摘、权项、关键词、发明人、申请人、申请人地址、国省代码、优先权、代理机构、代理人、法律事项、专利种类等。选择填写一项或多项检索入口,进行查询。同时可以运用连接运算行对多项提问的检索结果进行组配,获取更准确的检索结果。

（5）中国知识产权网

中国知识产权网是国家知识产权局知识产权出版社在国家的支持下于1999年6月创建的知识产权综合性服务网站。其宗旨是通过互联网宣传知识产权知识,传播知识产权信息,促进专利技术的推广与应用。网站建有中外专利数据库服务平台、专利信息分析系统和专利技术推荐等栏目。

11.3.3 化学信息数据库

化学所研究的物质种类繁多,这使得化学的知识（信息）量远远超过其他学科。化学理论的发展往往落后于化学实践,使得只有少量的化学知识可以通过理论推理或计算求得,绝大部分只能用"记忆"的方法储存起来。这些知识散布在浩如烟海的各类出版物中,给使用者造成了困难。数据库技术及应用是计算机技术的发展给科学工作者带来的解决问题的重要手段,文献的检索、常数的查找、谱图的分析再也不用去查厚厚的工具书,而只需键盘的输入和鼠标的点击。化学信息数据库的内容包含各种与化学有关的学科知识,其中化学结构数据库在化学元素数据库中占有很高的比例,是化学类数据库中较大型的数据库。常见的化学数据库如下。

（1）化合物物理化学数据及光谱数据库（NIST Chemistry Webbook）

美国国家标准与技术研究院（National Institute of Standards and Technology, NIST）直属美国商务部,从事物理、生物和工程方面的基础和应用研究,以及测量技术和测试方法方面的研究,提供标准、标准参考数据及有关服务,在国际上享有很高的声誉。该数据库可以通过分子式、英文名称、分子量等途径查找。

（2）剑桥结构数据库（Cambridge Structural Data, CSD）

剑桥结构数据库由剑桥大学化学实验室晶体学数据中心建立,提供自1900年以来用 X 射线衍射和 NMR 方法测定的有机化合物和金属有机化合物的相关数据。

（3）蛋白质数据库（RCSB Protein Data Bank）

蛋白质数据库由位于美国纽约的 Bookhaven 国家实验室建立,是用 X 射线衍射和NMR 方法测定的蛋白质、核酸和糖类的三维结构的数据库。

（4）Rutgers 大学核酸数据库（Nucleic Acid Database）

（5）科学数据库

科学数据库由中国科学院计算机网络信息中心建立,为企业、政府机构、科研单位等国内用户提供网上数据信息服务和基于科学数据库的科普信息服务。近50个数据库分为生物与生命科学、材料科学、地球科学、物理与化学、天文与空间、能源环境及其他七大类。

（6）元素及其化合物性质数据库

其网站主页类似一张元素周期表,每个元素都可点击链接进入,描述该元素单质及其化合物的物理性质与化学性质,制备方法,常见的化学反应,以及应用实例。

11.3.4 图书馆网站

通过图书馆网站可检索、查询和获取图书、杂志,是利用网络获取信息的重要途径之一。目前,许多国家和省图书馆、大学图书馆、科研机构图书馆均在 Internet 网上建有自己的主页。在图书馆主页上一般具有该图书馆的介绍、服务指南、图书与文献搜索工具及使用说明、其他图书馆的链接及一些图书馆信息、新书预告等。

　　近年来出现的数字图书馆利用网络创造了一个全新的阅读空间,为广大读者提供了一个多元立体化的知识网络系统,强大的检索功能,使读者能在网上轻松阅读自己所需的图书。解决了传统图书馆在查询文献、浏览图书中造成的时间和资源上的浪费,同时也提高了资源的利用率。

　　下面为一些主要的图书馆:

- 中国国家图书馆
- 国家科技图书文献中心
- 中国科学院文献情报中心(国家科学图书馆)
- 超星数字图书馆

　　利用 Internet 网络检索,分为免费和收费两种方式。一般可免费查看目录与摘要,查看全文则要收费。对于免费系统,可自由地登录和用浏览器访问,获取自己所需要的信息。但对于收费系统只有在交费得到有关帐号和密码才能使用。但 Internet 上的数据库大都已被我国高校图书馆引进或购买,各校园网用户或图书馆读者可以免费检索。

　　Internet 上有着丰富、无限增长的信息资源,已经成为人们获取信息的重要来源之一。但随着信息技术的迅猛发展,网络信息呈几何级数增长,我们如何才能游刃有余地从浩如烟海的信息中快速、准确地获取有用的信息呢? 这需要熟练掌握常用的搜索引擎和文献数据库等信息时代的检索工具的使用方法,更需要在实践中总结经验,不断熟练掌握检索工具的应用技巧。

附录 I　本书采用的法定计量单位

本书采用《中华人民共和国法定计量单位》,现将有关法定计量单位摘录如下。

1. 国际单位制基本单位

量的名称	单位名称	单位符号
长度	米	m
质量	千克	kg
时间	秒	s
电流	安培	A
热力学温度	开尔文	K
物质的量	摩[尔]	mol
光强度	坎德拉	cd

2. 国际单位制导出单位(部分)

量的名称	单位名称	单位符号
面积	平方米	m^2
体积	立方米	m^3
压力	帕斯卡	Pa
能、功、热量	焦耳	J
电量、电荷	库仑	C
电势、电压、电动势	伏特	V
摄氏温度	摄氏度	℃

3. 国际单位制词冠(部分)

倍数	中文符号	国际符号	分数	中文符号	国际符号
10^1	十	da	10^{-1}	分	d
10^2	百	h	10^{-2}	厘	c
10^3	千	k	10^{-3}	毫	m
10^6	兆	M	10^{-6}	微	μ
10^9	吉	G	10^{-9}	纳	n
10^{12}	太	T	10^{-12}	皮	p

4. 我国选定的非国际单位制单位(部分)

	单位名称	单位符号
时间	分	min
	[小]时	h
	天(日)	d
体积	升	L
	毫升	mL
能	电子伏特	eV
质量	吨	t

附录 II   基本物理常量和本书使用的一些常用量的符号与名称

基本物理常量

量	符号	数值	单位
摩尔气体常数	R	8.314 510	$J \cdot mol^{-1} \cdot K^{-1}$
阿伏加德罗常数	N_A	$6.022\ 136\ 7 \times 10^{23}$	mol^{-1}
光速	c	$2.997\ 924\ 58 \times 10^{8}$	$m \cdot s^{-1}$
普朗克常量	h	$6.626\ 075\ 5 \times 10^{-34}$	$J \cdot s$
元电荷	e	$1.602\ 177\ 22 \times 10^{-19}$	C
法拉第常数	F	96 487.309	$C \cdot mol^{-1}$ 或 $J \cdot V^{-1} \cdot mol^{-1}$
热力学温度	T	$\{T\} = \{t\} + 273.15$(正确值)	K

本书使用的一些常用量的符号与名称

符号	名称	符号	名称	符号	名称
a	活度	N_A	阿伏加德罗数	E_a	活化能
A_i	电子亲和势	p	压力(压强)	E	能量、误差、电动势
c	物质的量浓度	Q	热量、电量、反应商	α	副反应系数、极化率
d_i	偏差	r	粒子半径	β	累积平衡常数
D_i	键解离能	s	标准偏差、溶解度	γ	活度系数
G	吉布斯函数	S	熵	Δ	分裂能
H	焓	T	热力学温度、滴定度	θ	键角
I	离子强度、电离能	U	热力学能、晶格能	μ	真值、键矩、磁矩、偶极矩
k	速率常数	V	体积	ρ	密度
K	平衡常数	w	质量分数	ξ	反应进度
m	质量	W	功	σ	屏蔽常数
M	摩尔质量	x_B	摩尔分数、电负性	E	电极电势
n	物质的量	$Y_{l,m}$	原子轨道的角度分布	ψ	波函数、原子(分子)轨道

$$(298.15 \text{ K}, 100 \text{ kPa})$$

物质 B 化学式	状　态	$\dfrac{\Delta_f H_m^{\ominus}}{\text{kJ} \cdot \text{mol}^{-1}}$	$\dfrac{\Delta_f G_m^{\ominus}}{\text{kJ} \cdot \text{mol}^{-1}}$	$\dfrac{S_m^{\ominus}}{\text{J} \cdot \text{mol}^{-1} \cdot \text{K}^{-1}}$
Ag	cr	0	0	42.55
Ag^+	ao	105.579	77.107	72.68
AgBr	cr	−100.37	−96.90	107.1
AgCl	cr	−127.068	−109.789	96.2
$AgCl_2^-$	ao	−245.2	−215.4	231.4
Ag_2CO_3	cr	−505.8	−436.8	167.4
$Ag_2C_2O_4$	cr	−673.2	−584.0	209
Ag_2CrO_4	cr	−731.74	−641.76	217.6
AgF	cr	−204.6	—	—
AgI	cr	61.84	−66.19	115.5
AgI_2^-	ao	—	−87.0	
$AgNO_3$	cr	−124.39	−33.41	140.92
$Ag(NH_3)_2^+$	ao	−111.29	−17.12	245.2
Ag_2O	cr	−31.05	−11.20	121.3
Ag_3PO_4	cr	—	−879	—
Ag_2S	cr(α-斜方)	−32.59	−40.69	144.01
Al	cr	0	0	28.33
Al^{3+}	ao	−531	−485	−321.7
$AlCl_3$	cr	−704.2	−628.8	110.67
AlF_3	cr	−1 504.1	−1 425.0	66.44
AlN	cr	−318.0	−287.0	20.17
AlO_2^-	ao	−930.9	−830.9	−36.8
Al_2O_3	cr(刚玉)	−1 675.7	−1 582.3	50.92
$Al(OH)_4^-$	ao[AlO_2^-(ao)+2H_2O(l)]	−1 502.5	−1 305.3	102.9
$Al_2(SO_4)_3$	cr	−3 440.84	−3 099.94	239.3
As	cr(灰)	0	0	35.1
AsO_4^{3-}	ao	−888.14	−648.41	−162.8
As_4O_6	cr	−1 313.94	−1 152.43	214.2
$HAsO_4^{2-}$	ao	−906.34	−714.60	−1.7
$H_2AsO_4^-$	ao	−909.56	−753.17	117
H_3AsO_4	ao	−902.5	−766.0	184
H_3AsO_3	ao	−742.2	−639.80	195.0
As_2O_5	cr	−924.87	−782.3	105.4
As_2S_3	cr	−169.0	−168.6	163.6
Au	cr	0	0	47.40
AuCl	cr	−34.7	—	—
$AuCl_2^-$	ao	—	−151.12	—

物质 B 化学式	状 态	$\dfrac{\Delta_f H_m^{\ominus}}{\text{kJ} \cdot \text{mol}^{-1}}$	$\dfrac{\Delta_f G_m^{\ominus}}{\text{kJ} \cdot \text{mol}^{-1}}$	$\dfrac{S_m^{\ominus}}{\text{J} \cdot \text{mol}^{-1} \cdot \text{K}^{-1}}$
$AuCl_3$	cr	−117.6	—	—
$AuCl_4^-$	ao	−322.2	−235.14	266.9
B	cr	0	0	5.86
BBr_3	g	−205.64	−232.50	324.24
BCl_3	g	−403.76	−388.72	290.10
BF_3	g	−1 137.00	−1 120.33	254.12
BF_4^-	ao	−1 574.9	−1 486.9	180
B_2H_6	g	35.6	86.7	232.11
BI_3	g	71.13	20.72	349.18
B_2O_3	cr	−1 272.77	−1 193.65	53.97
H_3BO_3	cr	−1 094.33	−968.92	88.83
H_3BO_3	ao	−1 072.32	−968.75	162.3
$B(OH)_4^-$	ao	−1 344.03	−1153.17	102.5
BN	cr	−254.4	−228.4	14.81
Ba	cr	0	0	62.8
Ba^{2+}	ao	−537.64	−560.77	9.6
$BaCl_2$	cr	−858.6	−810.4	123.68
$BaCO_3$	cr	−1 216.3	−1 137.6	112.1
$BaCrO_4$	cr	−1 446.0	−1 345.22	158.6
$Ba(NO_3)_2$	cr	−992.07	−796.59	213.8
BaO	cr	−553.5	−525.1	70.42
$Ba(OH)_2$	cr	−944.7	—	—
BaS	cr	−460	−456	78.2
$BaSO_4$	cr	−1 473.2	−1 362.2	132.2
Be	cr	0	0	9.50
Be	g	324.3	286.6	136.269
Be^{2+}	ao	−382.8	−379.73	−129.7
$BeCl_2$	cr(α)	−490.4	−445.6	82.68
BeO	cr	−609.6	−580.3	14.14
$Be(OH)_2$	cr(α)	−902.5	−815.0	51.9
$BeCO_3$	cr	−1 025	—	—
Bi	cr	0	0	56.74
Bi^{3+}	ao	—	82.8	—
$BiCl_3$	cr	−379.1	−315.0	117.0
Bi_2O_3	cr	−573.88	−493.7	151.5
BiOCl	cr	−366.9	−322.1	120.5
Bi_2S_3	cr	−143.1	−140.6	200.4
Br^-	ao	−121.55	−103.96	82.4
Br_2	l	0	0	152.231
Br_2	ao	−2.59	3.93	130.5

物质 B 化学式	状　态	$\dfrac{\Delta_f H_m^{\ominus}}{kJ \cdot mol^{-1}}$	$\dfrac{\Delta_f G_m^{\ominus}}{kJ \cdot mol^{-1}}$	$\dfrac{S_m^{\ominus}}{J \cdot mol^{-1} \cdot K^{-1}}$
Br_2	g	30. 907	3. 110	245. 436
BrO^-	ao	−94. 1	−33. 4	42
BrO_3^-	ao	−67. 07	18. 60	161. 71
BrO_4^-	ao	13. 0	118. 1	199. 6
HBr	g	−36. 40	−53. 45	198. 695
$HBrO$	ao	−113. 0	−82. 4	142
C	cr(石墨)	0	0	5. 740
C	cr(金刚石)	1. 895	2. 900	2. 377
CH_4	g	−74. 81	−50. 72	186. 264
CH_3OH	g	−200. 66	−161. 96	239. 81
CH_3OH	l	−238. 66	−166. 27	126. 8
CH_2O	g	−115. 9	−110	218. 7
$HCOOH$	ao	−425. 43	−372. 3	163
C_2H_2	g	226. 73	209. 20	200. 94
C_2H_4	g	52. 26	68. 15	219. 56
C_2H_6	g	−84. 68	−32. 82	229. 60
CH_3CHO	g	−166. 19	−128. 86	250. 3
CH_3CHO	l	−192. 2	−127. 6	160. 2
C_2H_5OH	g	−235. 10	−168. 49	282. 70
C_2H_5OH	l	−277. 69	−174. 78	160. 78
C_2H_5OH	ao	−288. 3	−181. 64	148. 5
CH_3COO^-	ao	−486. 01	−369. 31	86. 6
CH_3COOH	l	−484. 5	−389. 9	124. 3
CH_3COOH	ao	−485. 76	−396. 46	178. 7
$(CH_3)_2O$	g	−184. 05	−112. 59	266. 38
$C_6H_5CH_2CH_3$	g		130. 6	
$C_6H_5CHCH_2$	g	147. 9	213. 8	
$C_6H_5CHCH_2$	l	103. 8		
$C_6H_{12}O_6$	s	−1 274. 4	−910. 5	212
$C_{12}H_{22}O_{11}$	s	−2 222		360. 2
$CHCl_3$	l	−134. 47	−73. 66	201. 7
CCl_4	l	−135. 44	−65. 21	216. 40
CN^-	ao	150. 6	172. 4	94. 1
HCN	ao	107. 1	119. 7	124. 7
SCN^-	ao	76. 44	92. 71	144. 3
$HSCN$	ao	—	97. 56	—
CO	g	−110. 525	−137. 168	197. 674
CO_2	g	−393. 509	−394. 359	213. 74
CO_2	ao	−413. 80	−385. 98	117. 6
CO_3^{2-}	ao	−677. 14	−527. 81	−56. 9

物质 B 化学式	状 态	$\dfrac{\Delta_f H_m^{\ominus}}{kJ \cdot mol^{-1}}$	$\dfrac{\Delta_f G_m^{\ominus}}{kJ \cdot mol^{-1}}$	$\dfrac{S_m^{\ominus}}{J \cdot mol^{-1} \cdot K^{-1}}$
HCO_3^-	ao	−691.99	−586.77	91.2
H_2CO_3	ao[CO_2(ao)+H_2O(l)]	−699.65	−623.08	187.4
$C_2O_4^{2-}$	ao	−825.1	−673.9	45.6
$HC_2O_4^-$	ao	−818.4	−698.34	149.4
CS_2	l	89.70	65.27	151.34
Ca	cr	0	0	41.42
Ca^{2+}	ao	−542.83	−553.58	−53.1
CaC_2	cr	−59.8	−64.9	69.96
$CaCl_2$	cr	−795.8	−748.1	104.6
$CaCO_3$	cr(方解石)	−1 206.92	−1 128.79	92.9
CaC_2O_4	cr	−1 360.6	—	—
$CaC_2O_4 \cdot H_2O$	cr	−1 674.86	−1 513.87	156.5
CaH_2	cr	−186.2	−147.2	42.0
CaF_2	cr	−1 219.6	−1 167.3	68.87
CaO	cr	−635.09	−604.03	39.75
$Ca(OH)_2$	cr	−986.09	−898.49	83.39
$Ca_3(PO_4)_2$	cr(β,低温型)	−4 120.8	−3 884.7	236.0
$Ca_3(PO_4)_2$	cr(α,高温型)	−4 109.9	−3 875.5	240.91
$Ca_{10}(PO_4)_6(OH)_2$	cr(羟基磷灰石)	−13 477	−12 677	780.7
$Ca_{10}(PO_4)_6F_2$	cr(氟磷灰石)	−13 744	−12 983	775.7
$CaSO_4 \cdot 2H_2O$	cr(石膏)	−2 022.63	−1 797.28	194.1
Cd	cr	0	0	51.76
Cd^{2+}	ao	−75.9	−77.612	−73.2
$CdCO_3$	cr	−750.6	−669.4	92.5
$Cd(NH_3)_4^{2+}$	ao	−450.2	−226.1	336.4
CdO	cr	−258.2	−228.4	54.8
$Cd(OH)_2$	cr(沉淀)	−560.7	−473.6	96
CdS	cr	−161.9	−156.5	64.9
Ce	cr	0	0	72.0
Ce^{3+}	ao	−696.2	−672.0	−205
Ce^{4+}	ao	−537.2	−503.8	−301
Cl^-	ao	−167.159	−131.228	56.5
Cl_2	g	0	0	223.066
Cl_2	ao	−23.4	6.94	121
ClO^-	ao	−107.1	−36.8	42
ClO_2^-	ao	−66.5	17.2	101.3
ClO_3^-	ao	−103.97	−7.95	162.3
ClO_4^-	ao	−129.33	−8.52	182.0
HCl	g	−92.307	−95.299	186.908
HClO	g	−78.7	−66.1	236.67

物质 B 化学式	状 态	$\dfrac{\Delta_f H_m^{\ominus}}{kJ \cdot mol^{-1}}$	$\dfrac{\Delta_f G_m^{\ominus}}{kJ \cdot mol^{-1}}$	$\dfrac{S_m^{\ominus}}{J \cdot mol^{-1} \cdot K^{-1}}$
HClO	ao	−120.9	−79.9	142
Co	cr(六方)	0	0	30.04
Co^{2+}	ao	−58.2	−54.4	−113
Co^{3+}	ao	92	134	−305
$CoCl_2$	cr	−312.5	−269.8	109.16
$Co(NH_3)_4^{2+}$	ao	—	−189.3	—
$Co(NH_3)_6^{3+}$	ao	−584.9	−157.0	146
$Co(OH)_2$	cr(蓝,沉淀)	—	−450.6	—
$Co(OH)_2$	cr(桃红,沉淀)	−539.7	−454.3	79
$Co(OH)_3$	cr	−716.7	—	—
Cr	cr	0	0	23.77
Cr^{2+}	ao	−143.5	—	—
$CrCl_3$	cr	−556.5	−486.1	123.0
CrO_4^{2-}	ao	−881.15	−727.75	50.21
Cr_2O_3	cr	−1 139.7	−1 058.1	81.2
$Cr_2O_7^{2-}$	ao	−1 490.3	−1 301.1	261.9
Cs	cr	0	0	85.23
Cs^+	ao	−258.28	−292.02	133.05
CsCl	cr	−443.04	−414.53	101.17
CsF	cr	−553.5	−525.5	92.80
Cu	cr	0	0	33.150
Cu^+	ao	71.67	49.98	40.6
Cu^{2+}	ao	64.77	65.49	−99.6
CuBr	cr	−104.6	−100.8	96.11
CuCl	cr	−137.2	−119.86	86.2
$CuCl_2^-$	ao	—	−240.1	—
CuI	cr	−67.8	−69.5	96.7
$Cu(NH_3)_4^{2+}$	ao	−348.5	−111.07	273.6
CuO	cr	−157.3	−129.7	42.63
CuS	cr	−53.1	−53.6	66.5
$CuSO_4$	cr	−771.36	−661.8	109
$CuSO_4 \cdot 5H_2O$	cr	−2 279.65	−1 879.745	300.4
F^-	ao	−332.63	−278.79	−13.8
F_2	g	0	0	202.78
HF	ao	−320.08	−296.82	88.7
HF	g	−271.1	−273.2	173.779
HF_2^-	g	−649.94	−578.08	92.5
Fe	cr	0	0	27.28
Fe^{2+}	ao	−89.1	−78.9	−137.7
Fe^{3+}	ao	−48.5	−4.7	−315.9

物质 B 化学式	状　态	$\dfrac{\Delta_f H_m^{\ominus}}{kJ \cdot mol^{-1}}$	$\dfrac{\Delta_f G_m^{\ominus}}{kJ \cdot mol^{-1}}$	$\dfrac{S_m^{\ominus}}{J \cdot mol^{-1} \cdot K^{-1}}$
$FeCl_2$	cr	−341.79	−302.30	117.95
$FeCl_3$	cr	−399.49	−334.00	142.3
Fe_2O_3	cr(赤铁矿)	−824.2	−742.2	87.4
Fe_3O_4	cr(磁铁矿)	−1 118.4	−1 015.4	146.4
$Fe(OH)_2$	cr(沉淀)	−569.0	−486.5	88
$Fe(OH)_3$	cr(沉淀)	−823.0	−696.5	106.7
$Fe(OH)_4^{2-}$	ao	—	−769.7	—
FeS_2	cr(黄铁矿)	−178.2	−166.9	52.93
$FeSO_4 \cdot 7H_2O$	cr	−3 014.57	−2 509.87	409.2
H^+	ao	0	0	0
H_2	g	0	0	130.684
H_2O	g	−241.818	−228.575	188.825
H_2O	l	−285.830	−237.129	69.91
H_2O_2	g	−136.31	−105.57	232.7
H_2O_2	l	−187.78	−120.35	109.6
H_2O_2	ao	−191.17	−134.03	143.9
Hg	l	0	0	76.02
Hg	g	61.317	31.820	174.96
Hg^{2+}	ao	171.1	164.40	−32.2
Hg_2^{2+}	ao	172.4	153.52	84.5
$HgCl_2$	ao	−216.3	−173.2	155
$HgCl_2$	cr	−224.3	−178.6	146.0
$HgCl_4^{2+}$	ao	−554.0	−446.8	293
Hg_2Cl_2	cr	−265.22	−210.745	192.5
HgI_2	cr(红色)	−105.4	−101.7	180
HgI_4^{2-}	ao	−235.6	−211.7	360
HgO	cr(红色)	−90.83	−58.539	70.29
HgO	cr(黄色)	−90.46	−58.409	71.1
HgS	cr(红色)	−58.2	−50.6	82.4
HgS	cr(黑色)	−53.6	−47.7	88.3
$Hg(NH_3)_4^{2+}$	ao	−282.8	−51.7	335
I^-	ao	−55.19	−51.57	111.3
I_2	cr	0	0	116.135
I_2	g	62.438	19.327	260.69
I_2	ao	22.6	16.40	137.2
I_3^-	ao	−51.5	−51.4	239.3
IO^-	ao	−107.5	−38.5	−5.4
IO_3^-	ao	−221.3	−128.0	118.4
IO_4^-	ao	−151.5	−58.5	222
HI	g	26.48	1.70	206.549

物质 B 化学式	状 态	$\dfrac{\Delta_f H_m^{\ominus}}{kJ \cdot mol^{-1}}$	$\dfrac{\Delta_f G_m^{\ominus}}{kJ \cdot mol^{-1}}$	$\dfrac{S_m^{\ominus}}{J \cdot mol^{-1} \cdot K^{-1}}$
HIO	ao	−138.1	−99.1	95.4
HIO_3	ao	−211.3	−132.6	166.9
K	cr	0	0	64.18
K^+	ao	−252.38	−283.27	102.5
KBr	cr	−393.798	−380.66	95.90
KCl	cr	−436.747	−409.14	82.59
$KClO_3$	cr	−397.73	−296.25	143.1
$KClO_4$	cr	−432.75	−303.09	151.0
KCN	cr	−113.0	−101.86	128.49
K_2CO_3	cr	−1 151.02	−1 063.5	155.52
$KHCO_3$	cr	−963.2	−863.5	115.5
K_2CrO_4	cr	−1 403.7	−1 295.7	200.12
$K_2Cr_2O_7$	cr	−2 061.5	−1 881.8	291.2
KF	cr	−567.27	−537.75	66.57
$K_3[Fe(CN)_6]$	cr	−249.8	−129.6	426.06
$K_4[Fe(CN)_6]$	cr	−594.1	−450.3	418.8
KHF_2	cr(α)	−927.68	−859.68	104.27
KI	cr	−327.900	−324.892	106.32
KIO_3	cr	−501.37	−418.35	151.46
$KMnO_4$	cr	−837.2	−737.6	171.71
KNO_2	cr(正交)	−369.82	−306.55	152.09
KNO_3	cr	−494.63	−394.86	133.05
KO_2	cr	−284.93	−239.4	116.7
K_2O_2	cr	−494.1	−425.1	102.1
K_2O	cr	−361.5	—	—
KOH	cr	−424.764	−379.08	78.9
KSCN	cr	−200.16	−178.31	124.26
K_2SO_4	cr	−1 437.79	−1 321.37	175.56
$K_2S_2O_8$	cr	−1 961.1	−1 697.3	278.7
$KAl(SO_4)_2 \cdot 12H_2O$	cr	−6 061.8	−5 141.0	687.4
La^{3+}	ao	−707.1	−683.7	−217.6
$La(OH)_3$	cr	−1 410.0	—	—
$LaCl_3$	cr	−1 071.1	—	—
Li	cr	0	0	29.12
Li^+	ao	−278.49	−293.31	13.4
Li_2CO_3	cr	−1 215.9	−1 132.06	90.37
LiF	cr	−615.97	−587.71	35.65
LiH	cr	−90.54	−68.05	20.008
Li_2O	cr	−597.94	−561.18	37.57
LiOH	cr	−484.93	−438.95	42.80

续表

物质 B 化学式	状 态	$\dfrac{\Delta_f H_m^{\ominus}}{kJ \cdot mol^{-1}}$	$\dfrac{\Delta_f G_m^{\ominus}}{kJ \cdot mol^{-1}}$	$\dfrac{S_m^{\ominus}}{J \cdot mol^{-1} \cdot K^{-1}}$
Li_2SO_4	cr	−1 436.49	−1 321.70	115.1
Mg	cr	0	0	32.68
Mg^{2+}	ao	−466.85	−454.8	−138.1
$MgCl_2$	cr	−641.32	−591.79	89.62
$MgCO_3$	cr(菱镁矿)	−1 095.8	−1 012.1	65.7
$MgSO_4$	cr	−1 284.9	−1 170.6	91.6
$MgSO_4 \cdot 7H_2O$	cr	−3 388.71	−2 871.5	372
MgO	cr(方镁石)	−606.70	−569.43	26.94
$Mg(OH)_2$	cr	−924.54	−833.51	63.18
Mn	cr(α)	0	0	32.01
Mn^{2+}	ao	−220.75	−228.1	−73.6
$MnCl_2$	cr	−481.29	−440.59	118.24
MnO_2	cr	−520.03	−466.14	53.05
MnO_4^-	ao	−541.4	−447.2	191.2
MnO_4^{2-}	ao	−653	−500.7	59
$Mn(OH)_2$	am	−695.4	−615.0	99.2
MnS	cr(绿色)	−214.2	−218.4	78.2
$MnSO_4$	cr	−1 065.25	−957.36	112.1
Mo	cr	0	0	28.66
MoO_3	cr	−745.09	−667.97	77.74
MoO_4^{2-}	ao	−997.9	−836.3	27.2
N_2	g	0	0	191.61
N_3^-	ao	275.14	348.2	107.9
HN_3	ao	260.08	321.8	146
NH_3	g	−46.11	−16.45	192.45
NH_3	ao	−80.29	−26.50	111.3
NH_4^+	ao	−132.51	−79.31	113.4
N_2H_4	l	50.63	149.34	121.21
N_2H_4	g	95.40	159.35	238.47
N_2H_4	ao	34.31	128.1	138.0
NH_4Cl	cr	−314.43	−202.87	94.6
NH_4HCO_3	cr	−849.4	−665.9	120.9
$(NH_4)_2CO_3$	cr	−333.51	−197.33	104.60
NH_4NO_3	cr	−365.56	−183.87	151.08
$(NH_4)_2SO_4$	cr	−1 180.5	−901.67	220.1
$(NH_4)_2S_2O_8$	cr	−1 648.1	—	—
NH_4Ac	ao	−618.5	−448.6	200.0
NO	g	90.25	86.55	210.761
NO_2	g	33.18	51.31	240.06
NO_2^-	ao	−104.6	−32.0	123.0

物质 B 化学式	状 态	$\dfrac{\Delta_f H_m^{\ominus}}{kJ \cdot mol^{-1}}$	$\dfrac{\Delta_f G_m^{\ominus}}{kJ \cdot mol^{-1}}$	$\dfrac{S_m^{\ominus}}{J \cdot mol^{-1} \cdot K^{-1}}$
NO_3^-	ao	−205.0	−108.74	146.4
HNO_2	ao	−119.2	−50.6	135.6
HNO_3	l	−174.10	−80.71	155.6
N_2O_4	l	−19.50	97.54	209.2
N_2O_4	g	9.16	97.89	304.29
N_2O_5	cr	−43.1	113.9	178.2
N_2O_5	g	11.3	115.1	355.7
$NOCl$	g	51.71	66.08	261.69
Na	cr	0	0	51.21
Na^+	ao	−240.12	−261.905	59.0
$HCOONa$	cr	−666.5	−599.9	103.7
$NaAc$	cr	−708.81	−607.18	123.0
$Na_2B_4O_7$	cr	−3 291.1	−3 096.0	189.54
$Na_2B_4O_7 \cdot 10H_2O$	cr	−6 288.6	−5 516.0	586
$NaBr$	cr	−361.062	−348.983	86.82
$NaCl$	cr	−411.153	−384.138	72.13
Na_2CO_3	cr	−1 130.68	−1 044.44	134.98
$NaHCO_3$	cr	−950.81	−851.0	101.7
NaF	cr	−573.647	−543.494	51.46
NaH	cr	−56.275	−33.46	40.016
NaI	cr	−287.78	−286.06	98.53
$NaNO_2$	cr	−358.65	−284.55	103.8
$NaNO_3$	cr	−467.85	−367.00	116.52
Na_2O	cr	−414.22	−375.46	75.06
Na_2O_2	cr	−510.87	−447.7	95.0
NaO_2	cr	−260.2	−218.4	115.9
$NaOH$	cr	−425.609	−379.494	64.455
Na_3PO_4	cr	−1 917.4	−1 788.80	173.80
NaH_2PO_4	cr	−1 536.8	−1 386.1	127.49
Na_2HPO_4	cr	−1 478.1	−1 608.2	150.50
Na_2S	cr	−364.8	−349.8	83.7
Na_2SO_3	cr	−1 100.8	−1 012.5	145.94
Na_2SO_4	cr(斜方晶体)	−1 387.08	−1 270.16	149.58
Na_2SiF_6	cr	−2 909.6	−2 754.2	207.1
Ni	cr	0	0	29.87
Ni^{2+}	ao	−54.0	−45.6	−128.9
$NiCl_2$	cr	−305.332	−259.032	97.65
NiO	cr	−239.7	−211.7	37.99
$Ni(CN)_4^{2-}$	ao	367.8	472.1	218
$Ni(CO)_4$	g	−602.91	−587.23	410.6

物质 B 化学式	状 态	$\dfrac{\Delta_f H_m^{\ominus}}{\text{kJ} \cdot \text{mol}^{-1}}$	$\dfrac{\Delta_f G_m^{\ominus}}{\text{kJ} \cdot \text{mol}^{-1}}$	$\dfrac{S_m^{\ominus}}{\text{J} \cdot \text{mol}^{-1} \cdot \text{K}^{-1}}$
$Ni(CO)_4$	l	−633.0	−588.2	313.4
$Ni(OH)_2$	cr	−529.7	−447.2	88
$NiSO_4$	cr	−872.91	−759.7	92
$NiSO_4$	ao	−949.3	−803.3	−18.0
$NiSO_4 \cdot 7H_2O$	cr	−2 976.33	−2 461.83	378.49
NiS	cr	−82.0	−79.5	52.97
O	g	249.170	231.731	161.055
O_2	g	0	0	205.138
O_3	g	142.7	163.2	238.9
O_3	ao	125.9	174.6	146
OF_2	g	24.7	41.9	247.43
OH^-	ao	−229.994	−157.244	−10.75
P	cr(白磷)	0	0	41.09
P	cr 红磷(三斜)	−17.6	−121.1	22.80
PF_3	g	−918.8	−897.5	273.24
PF_5	g	−1 595	—	—
PCl_3	g	−287.0	−267.8	311.78
PCl_3	l	−319.7	−272.3	217.1
PCl_5	g	−374.9	−305.0	364.58
PCl_5	cr	−443.5	—	—
PH_3	g	5.4	13.4	210.23
PO_4^{3-}	ao	−1 277.4	−1 018.7	−222
$P_2O_7^{4-}$	ao	−2 271.1	−1 919.0	−117
P_4O_6	cr	−1 640.1	—	—
P_4O_{10}	cr(六方)	−2 984.0	−2 697.7	228.86
HPO_4^{2-}	ao	−1 292.14	−1 089.15	−33.5
$H_2PO_4^-$	ao	−1 296.29	−1 130.28	90.4
H_3PO_4	l	−1 271.9	−1 123.6	150.8
H_3PO_4	cr	−1 279.0	−1 119.1	110.50
H_3PO_4	ao	−1 288.34	−1 142.54	158.2
P_4O_{10}	cr	−2 984.0	−2 697.7	228.86
Pb	cr	0	0	64.81
Pb^{2+}	ao	−1.7	−24.43	10.5
$PbCl_2$	cr	−359.41	−314.10	136.0
$PbCl_3^-$	ao	—	−426.3	—
$PbCO_3$	cr	−699.1	−625.5	131.0
PbI_2	cr	−175.48	−173.64	174.85
PbI_4^{2-}	ao	—	−254.8	—
PbO	cr(黄色)	−217.32	−187.89	68.70
PbO	cr(红色)	−218.9	−188.93	66.5

物质 B 化学式	状 态	$\dfrac{\Delta_f H_m^{\ominus}}{kJ \cdot mol^{-1}}$	$\dfrac{\Delta_f G_m^{\ominus}}{kJ \cdot mol^{-1}}$	$\dfrac{S_m^{\ominus}}{J \cdot mol^{-1} \cdot K^{-1}}$
PbO_2	cr	−277.4	−217.33	68.6
Pb_3O_4	cr	−718.4	−601.2	211.3
$Pb(OH)_3^-$	ao	—	−575.6	—
PbS	cr	−100.4	−98.7	91.2
$PbSO_4$	cr	−919.94	−813.14	148.57
$PbAc^+$	ao	—	−406.2	—
$Pb(Ac)_2$	ao	—	−779.7	—
Rb	cr	0	0	76.78
Rb^+	Ao	−251.17	−283.98	121.50
S	cr(正交)	0	0	31.80
S_8	g	102.3	49.63	430.98
S^{2-}	ao	33.1	85.8	−14.6
HS^-	ao	−17.06	12.08	62.8
H_2S	g	−20.63	−33.56	205.79
H_2S	ao	−39.7	−27.83	121
SF_4	g	−774.9	−731.3	292.03
SF_6	g	−1 209	−1 105.3	291.83
SO_2	g	−296.830	−300.194	248.22
SO_2	ao	−322.980	−300.676	161.9
SO_3	g	−395.72	−371.06	256.76
SO_3^{2-}	ao	−635.5	−486.5	−29
SO_4^{2-}	ao	−909.27	−744.53	20.1
HSO_4^-	ao	−887.34	−755.91	131.8
HSO_3^-	ao	−626.22	−527.73	139.7
H_2SO_3	ao	−608.81	−537.81	232.2
H_2SO_4	l	−831.989	−609.003	156.904
$S_2O_3^{2-}$	ao	−648.5	−522.5	67
$S_4O_6^{2-}$	ao	−1 224.2	−1 040.4	257.3
SCN^-	ao	76.44	92.71	144.3
$SbCl_3$	cr	−382.11	−323.67	184.1
Sb_2S_3	cr(黑)	−174.9	−173.6	182.0
Sc	cr	0	0	34.64
Sc^{3+}	ao	−614.2	−586.6	−255
Sc_2O_3	cr	−1 908.82	−1 819.36	77.0
Se	cr(六方,黑色)	0	0	42.442
Se^{2-}	ao	—	129.3	—
H_2Se	ao	19.2	22.2	163.6
Si	cr	0	0	18.83
$SiBr_4$	l	−457.3	−443.9	277.8
SiC	cr(β-立方)	−65.3	−62.8	16.61

续表

物质 B 化学式	状　态	$\dfrac{\Delta_f H_m^{\ominus}}{kJ \cdot mol^{-1}}$	$\dfrac{\Delta_f G_m^{\ominus}}{kJ \cdot mol^{-1}}$	$\dfrac{S_m^{\ominus}}{J \cdot mol^{-1} \cdot K^{-1}}$
$SiCl_4$	l	−680.7	−619.84	239.7
$SiCl_4$	g	−657.01	−616.98	330.73
SiF_4	g	−1 614.9	−1 572.65	282.49
SiF_6^{2-}	ao	−2 389.1	−2 199.4	122.2
SiH_4	g	34.3	56.9	204.62
SiI_4	cr	−189.5	—	—
SiO_2	α−石英	−910.49	−856.64	41.84
H_2SiO_3	ao	−1 182.8	−1 079.4	109
H_4SiO_4	ao[H_2SiO_3(ao)+H_2O(l)]	−1 468.6	−1 316.6	180
Sn	cr(白色)	0	0	51.55
Sn	cr(灰色)	−2.09	0.13	44.14
Sn^{2+}	ao	−8.8	−27.2	−17
$Sn(OH)_2$	cr	−561.1	−491.6	155
$SnCl_2$	ao	−329.7	−299.5	172
$SnCl_4$	l	−511.3	−440.1	258.6
SnS	cr	−100	−98.3	77.0
Sr	cr(α)	0	0	52.3
Sr^{2+}	ao	−545.80	−559.48	−32.6
$SrCl_2$	cr(α)	−828.9	−781.1	114.85
$SrCO_3$	cr(菱锶矿)	−1 220.1	−1 140.1	97.1
SrO	cr	−592.0	−561.9	54.5
$SrSO_4$	cr	−1 453.1	−1 340.9	117
Ti	cr	0	0	30.63
$TiCl_3$	cr	−720.9	−653.5	139.7
$TiCl_4$	l	−804.2	−737.2	252.34
TiO_2	cr(金红石)	−944.7	−889.5	50.33
Tl	cr	0	0	64.18
Tl^+	ao	5.36	−32.40	125.5
Tl^{3+}	ao	196.6	214.6	−192
$TlCl_3$	ao	−315.1	−274.4	134
UO_2	cr	−1 084.9	−1 031.7	77.03
UO_2^{2+}	ao	−1 019.6	−953.5	−97.5
UF_6	g	−2 147.4	−2 063.7	377.9
UF_6	cr	−2 197.0	−2 068.5	227.6
V	cr	0	0	28.91
VO^{2+}	ao	−486.6	−446.4	−133.9
VO_2^+	ao	−649.8	−587.0	−42.3
V_2O_5	cr	−1 550.6	−1 419.5	131.0
W	cr	0	0	32.64
WO_3	cr	−842.87	−764.03	75.90

物质 B 化学式	状 态	$\dfrac{\Delta_f H_m^{\ominus}}{kJ\cdot mol^{-1}}$	$\dfrac{\Delta_f G_m^{\ominus}}{kJ\cdot mol^{-1}}$	$\dfrac{S_m^{\ominus}}{J\cdot mol^{-1}\cdot K^{-1}}$
WO_4^{2-}	ao	$-1\,075.7$	—	—
Zn	cr	0	0	41.63
Zn^{2+}	ao	-153.89	-147.06	-112.1
$ZnBr_2$	ao	-397.0	-355.0	52.7
$ZnCl_2$	cr	-415.05	-396.398	111.46
$ZnCl_2$	ao	-488.2	-409.5	0.8
$Zn(CO_3)_2$	cr	-812.78	-731.52	82.4
ZnF_2	ao	-819.1	-704.6	-139.7
ZnI_2	ao	-264.3	-250.2	110.5
$Zn(NH_3)_4^{2+}$	ao	-533.5	$-3\,301.9$	301
$Zn(NO_3)_2$	ao	-568.6	-369.6	180.7
$Zn(OH)_2$	cr(β)	-641.91	-553.52	81.2
$Zn(OH)_4^{2-}$	ao	—	-858.52	—
ZnS	闪锌矿	-205.98	-201.29	57.7
$ZnSO_4$	cr	-982.8	-871.5	110.5
$ZnSO_4$	ao	$-1\,063.2$	-891.6	-92.0

注:cr 为结晶固体;am 为非晶态固体;l 为液态;g 为气体;ao 为水溶液,非电离物质,标准状态,$b=1$ mol·kg^{-1} 或不考虑进一步解离时的离子。

数据摘自《NBS 化学热力学性质表》[美国]国家标准局,刘天河,赵梦月译. 中国标准出版社,1998

附录 Ⅳ 一些弱电解质的解离常数(25 ℃)

a. 弱 酸

弱电解质		级数	$K_a^{\ominus}$	$pK_a^{\ominus}$
铝酸	H_3AlO_3	1	6×10^{-12}	11.2
亚砷酸	$HAsO_2$	1	6.0×10^{-10}	9.22
砷酸	H_3AsO_4	1	6.3×10^{-3}	2.20
		2	1.1×10^{-7}	6.96
		3	3.2×10^{-12}	11.49
二甲基砷酸	$(CH_3)_2AsO(OH)$		6.4×10^{-7}	6.19
硼酸	H_3BO_3	1	5.8×10^{-10}	9.24
		2	1.8×10^{-13}	12.74
		3	1.6×10^{-14}	13.80
次溴酸	$HBrO$		2.4×10^{-9}	8.62
氢氰酸	HCN		6.2×10^{-10}	9.21
碳酸	H_2CO_3	1	4.2×10^{-7}	6.38
		2	5.6×10^{-11}	10.25

弱电解质		级数	$K_a^{\ominus}$	$pK_a^{\ominus}$
次氯酸	HClO		3.2×10^{-8}	7.49
亚氯酸	HClO$_2$		1.1×10^{-2}	1.96
铬酸	H$_2$CrO$_4$	1	9.5	-0.98
		2	3.2×10^{-7}	6.49
氢氟酸	HF		6.6×10^{-4}	3.18
次碘酸	HIO		2.3×10^{-11}	10.64
高碘酸	HIO$_4$		2.8×10^{-2}	1.56
氰酸	HOCN		3.5×10^{-4}	3.46
硫氰酸	HSCN		1.4×10^{-1}	0.85
亚硝酸	HNO$_2$		5.1×10^{-4}	3.29
过氧化氢	H$_2$O$_2$	1	2.2×10^{-12}	11.66
次磷酸	H$_3$PO$_2$		1×10^{-11}	11.0
亚磷酸	H$_3$PO$_3$	1	5.0×10^{-2}	1.30
		2	2.5×10^{-7}	6.6
磷酸	H$_3$PO$_4$	1	7.5×10^{-3}	2.12
		2	6.3×10^{-8}	7.20
		3	4.3×10^{-13}	12.36
焦磷酸	H$_4$P$_2$O$_7$	1	3.0×10^{-2}	1.52
		2	4.4×10^{-3}	2.36
		3	2.5×10^{-7}	6.60
		4	5.6×10^{-10}	9.25
氢硫酸	H$_2$S	1	1.07×10^{-7}	6.97
		2	1.3×10^{-13}	12.90
亚硫酸	SO$_2$+H$_2$O	1	1.3×10^{-2}	1.90
		2	6.3×10^{-8}	7.20
硫酸	H$_2$SO$_4$	2	1.2×10^{-2}	1.92
硫代硫酸	H$_2$S$_2$O$_3$	1	2.5×10^{-1}	0.60
		2	1.9×10^{-2}	1.72
偏硅酸	H$_2$SiO$_3$	1	1.7×10^{-10}	9.77
		2	1.6×10^{-12}	11.80
甲酸(蚁酸)	HCOOH		1.8×10^{-4}	3.74
乙酸(醋酸)	CH$_3$COOH(HAc)		1.8×10^{-5}	4.74
乙二酸(草酸)	H$_2$C$_2$O$_4$	1	5.4×10^{-2}	1.27
		2	6.4×10^{-5}	4.19
丙酸	CH$_3$CH$_2$COOH		1.35×10^{-5}	4.87
丙烯酸	CH$_2$CHCOOH		5.5×10^{-5}	4.26
乳酸(丙醇酸)	CH$_3$CHOHCOOH		1.4×10^{-4}	3.85
丙二酸	HOOCCH$_2$COOH	1	1.4×10^{-3}	2.85
		2	2.2×10^{-6}	5.66
正丁酸	C$_3$H$_7$COOH		1.52×10^{-5}	4.82
异丁酸	(CH$_3$)$_2$CHCOOH		1.41×10^{-5}	4.85

弱电解质		级数	$K_a^\ominus$	$pK_a^\ominus$
甘油酸	$HOCH_2CHOHCOOH$		2.29×10^{-4}	3.64
柠檬酸	$HOCOCH_2C(OH)(COOH)CH_2COOH$	1	7.4×10^{-4}	3.13
		2	1.7×10^{-5}	4.77
		3	4.0×10^{-7}	6.40
酒石酸	$HOCOCH(OH)CH(OH)COOH$	1	9.1×10^{-4}	3.04
		2	4.3×10^{-5}	4.37
氯乙酸	$ClCH_2COOH$		1.4×10^{-3}	2.85
二氯乙酸	$Cl_2CHCOOH$		5.0×10^{-2}	1.30
三氯乙酸	Cl_3CCOOH		2.0×10^{-1}	0.70
氨基乙酸	$^+H_3NCH_2COOH$	1	4.5×10^{-3}	2.35
	$^+H_3NCH_2COO^-$	2	2.5×10^{-10}	9.60
谷氨酸	$HOCOCH_2CH_2CH(NH_2)COOH$	1	7.3×10^{-3}	2.13
		2	4.9×10^{-5}	4.31
		3	4.4×10^{-10}	9.36
葡萄糖酸	$CH_2OH(CHOH)_4COOH$		1.4×10^{-4}	3.86
水杨酸	$C_6H_4(OH)COOH$	1	1.05×10^{-3}	2.98
		2	4.17×10^{-13}	12.38
苯酚	C_6H_5OH		1.1×10^{-10}	9.96
苯甲酸	C_6H_5COOH		6.2×10^{-5}	4.21
氯化丁基铵	$C_4H_9NH_3^+Cl^-$		4.1×10^{-10}	9.39
吡啶硝酸盐	$C_5H_5NH^+NO_3^-$		5.6×10^{-6}	5.25
铵离子	NH_4^+	1	5.8×10^{-10}	9.24
EDTA	H_6Y^{2+}	1	1.3×10^{-1}	0.9
	H_5Y^+	2	2.5×10^{-2}	1.6
	H_4Y	3	1.0×10^{-2}	2.0
	H_3Y^-	4	2.1×10^{-3}	2.67
	H_2Y^{2-}	5	6.9×10^{-7}	6.16
	HY^{3-}	6	5.5×10^{-11}	10.26

b. 弱　　碱

弱电解质		级数	$K_b^\ominus$	$pK_b^\ominus$
氢氧化铝	$Al(OH)_3$		1.38×10^{-9}	8.86
氢氧化铍	$Be(OH)_2$	1	1.78×10^{-6}	5.75
	$BeOH^+$	2	2.51×10^{-9}	8.6
氢氧化铅	$Pb(OH)_2$	1	9.55×10^{-4}	3.02
		2	3.0×10^{-8}	7.52
氢氧化锌	$Zn(OH)_2$		9.55×10^{-4}	3.02
氨水	$NH_3\cdot H_2O$		1.8×10^{-5}	4.74
联氨(肼)	$N_2H_4+H_2O$		9.8×10^{-7}	6.01

弱电解质		级数	$K_b^{\ominus}$	$pK_b^{\ominus}$
羟氨	H_2NOH		9.1×10^{-9}	8.04
甲胺	CH_3NH_2		4.17×10^{-4}	3.38
尿素(脲)	$CO(NH_2)_2$		1.5×10^{-14}	13.82
乙胺	$CH_3CH_2NH_2$		4.27×10^{-4}	3.37
乙醇胺	$H_2N(CH_2)_2OH$		3.16×10^{-5}	4.50
乙二胺	$H_2NCH_2CH_2NH_2$	1	8.5×10^{-5}	4.07
		2	7.1×10^{-8}	7.15
吡啶	C_5H_5N		1.5×10^{-9}	8.82
六亚甲基四胺	$(CH_2)_6N_4$		1.4×10^{-9}	8.85
苯胺	$C_6H_5NH_2$		3.98×10^{-10}	9.40
二苯胺	$(C_6H_5)_2NH$		7.94×10^{-14}	13.1

附录 V 一些配位化合物的稳定常数与金属离子的羟合效应系数

a. 一些常见配离子的累级稳定常数

	$lg\beta_1$	$lg\beta_2$	$lg\beta_3$	$lg\beta_4$	$lg\beta_5$	$lg\beta_6$
1. F^-						
Al(Ⅲ)	6.10	11.15	15.00	17.75	19.37	19.84
Be(Ⅱ)	5.1	8.8	11.26	13.10		
Fe(Ⅲ)	5.28	9.30	12.06		15.77	
Th(Ⅲ)	7.65	13.46	17.97			
Ti(Ⅳ)	5.4	9.8	13.7	18.0		
Zr(Ⅳ)	8.80	16.12	21.94			
2. Cl^-						
Ag(Ⅰ)	3.04	5.04		5.30		
Au(Ⅲ)		9.8				
Bi(Ⅲ)	2.44	4.7	5.0	5.6		
Cd(Ⅱ)	1.95	2.50	2.60	2.80		
Cu(Ⅰ)		5.5	5.7			
Fe(Ⅲ)	1.48	2.13	1.99	0.01		
Hg(Ⅱ)	6.74	13.22	14.07	15.07		
Pb(Ⅱ)	1.62	2.44	1.70	1.60		
Pt(Ⅱ)		11.5	14.5	16.0		
Sb(Ⅲ)	2.26	3.49	4.18	4.72		
Sn(Ⅱ)	1.51	2.24	2.03	1.48		
Zn(Ⅱ)	0.43	0.61	0.53	0.20		

	$\lg\beta_1$	$\lg\beta_2$	$\lg\beta_3$	$\lg\beta_4$	$\lg\beta_5$	$\lg\beta_6$
3. Br⁻						
Ag(Ⅰ)	4.38	7.33	8.00	8.73		
Au(Ⅰ)		12.46				
Cd(Ⅱ)	1.75	2.34	3.32	3.70		
Cu(Ⅰ)		5.89				
Cu(Ⅱ)	0.30					
Hg(Ⅱ)	9.05	17.32	19.74	21.00		
Pb(Ⅱ)	1.2	1.9		1.1		
Pd(Ⅱ)				13.1		
Pt(Ⅱ)				20.5		
4. I⁻						
Ag(Ⅰ)	6.58	11.74	13.68			
Cd(Ⅱ)	2.10	3.43	4.49	5.41		
Cu(Ⅰ)		8.85				
Hg(Ⅱ)	12.87	23.82	27.60	29.83		
Pb(Ⅱ)	2.00	3.15	3.92	4.47		
5. CN⁻						
Ag(Ⅰ)		21.1	21.7	20.6		
Au(Ⅰ)		38.3				
Cd(Ⅱ)	5.48	10.60	15.23	18.78		
Cu(Ⅰ)		24.0	28.59	30.30		
Fe(Ⅱ)						35
Fe(Ⅲ)						42
Hg(Ⅱ)					41.4	
Ni(Ⅱ)					31.3	
Zn(Ⅱ)	5.3	11.70	16.70	21.60		
6. NH₃						
Ag(Ⅰ)	3.24	7.05				
Cd(Ⅱ)	2.65	4.75	6.19	7.12	6.80	5.14
Co(Ⅱ)	2.11	3.74	4.79	5.55	5.73	5.11
Co(Ⅲ)	6.7	14.0	20.1	25.7	30.8	35.2
Cu(Ⅰ)	5.93	10.86				
Cu(Ⅱ)	4.31	7.98	11.02	13.32	12.86	
Fe(Ⅱ)	1.4	2.2				
Hg(Ⅱ)	8.8	17.5	18.5	19.28		
Ni(Ⅱ)	2.80	5.04	6.77	7.96	8.71	7.74
Pt(Ⅱ)						35.3
Zn(Ⅱ)	2.37	4.81	7.31	9.46		
7. OH⁻						
Ag(Ⅰ)	2.0	3.99				
Al(Ⅲ)	9.27			33.03		
Be(Ⅱ)	9.7	14.0	15.2			
Bi(Ⅲ)	12.7	15.8		35.2		

	$\lg\beta_1$	$\lg\beta_2$	$\lg\beta_3$	$\lg\beta_4$	$\lg\beta_5$	$\lg\beta_6$
Cd(Ⅱ)	4.17	8.33	9.02	8.62		
Cr(Ⅲ)	10.1	17.8		29.9		
Cu(Ⅱ)	7.0	13.68	17.00	18.5		
Fe(Ⅱ)	5.56	9.77	9.67	8.58		
Fe(Ⅲ)	11.87	21.17	29.67			
Ni(Ⅱ)	4.97	8.55	11.33			
Pb(Ⅱ)	7.82	10.85	14.58		61.0	
Sb(Ⅲ)		24.3	36.7	38.3		
Tl(Ⅲ)	12.86	25.37				
Zn(Ⅱ)	4.40	11.30	14.14	17.60		

8. $P_2O_7^{4-}$

	$\lg\beta_1$	$\lg\beta_2$	$\lg\beta_3$	$\lg\beta_4$	$\lg\beta_5$	$\lg\beta_6$
Ca(Ⅱ)	4.6					
Cd(Ⅱ)	5.6					
Cu(Ⅱ)	6.7	9.0				
Ni(Ⅱ)	5.8	7.4				
Pb(Ⅱ)	7.3	10.15				
Zn(Ⅱ)	8.7	11.0				

9. SCN^-

	$\lg\beta_1$	$\lg\beta_2$	$\lg\beta_3$	$\lg\beta_4$	$\lg\beta_5$	$\lg\beta_6$
Ag(Ⅰ)	4.6	7.57	9.08	10.08		
Au(Ⅰ)		23		42		
Cd(Ⅱ)	1.39	1.98	2.58	3.6		
Co(Ⅱ)	−0.04	−0.70	0	3.00		
Cr(Ⅲ)	1.87	2.98				
Cu(Ⅰ)	12.11	5.18				
Fe(Ⅲ)	2.21	3.64	5.00	6.30	6.20	6.0
Hg(Ⅱ)	9.08	16.86	19.70	21.70		
Ni(Ⅱ)	1.18	1.64	1.81			
Zn(Ⅱ)	1.33	1.91	2.00	1.60		

10. $S_2O_3^{2-}$

	$\lg\beta_1$	$\lg\beta_2$	$\lg\beta_3$	$\lg\beta_4$	$\lg\beta_5$	$\lg\beta_6$
Ag(Ⅰ)	8.82	13.46				
Cd(Ⅱ)	3.92	6.44				
Cu(Ⅰ)	10.27	12.22	13.84			
Hg(Ⅱ)		29.44	31.90	33.24		
Pb(Ⅱ)		5.13	6.35			

11. 草酸 $H_2C_2O_4$

	$\lg\beta_1$	$\lg\beta_2$	$\lg\beta_3$	$\lg\beta_4$	$\lg\beta_5$	$\lg\beta_6$
Ag(Ⅰ)	2.41					
Al(Ⅲ)	7.26	13.0	16.3			
Fe(Ⅱ)	2.9	4.52	5.22			
Fe(Ⅲ)	9.4	16.2	20.2			
Mn(Ⅱ)	3.97	5.80				
Ni(Ⅱ)	5.3	7.64	8.5			
Zn(Ⅱ)	4.89	7.60	8.15			

	$\lg\beta_1$	$\lg\beta_2$	$\lg\beta_3$	$\lg\beta_4$	$\lg\beta_5$	$\lg\beta_6$
12. 乙酸 CH₃COOH						
Ag（Ⅰ）	0.73	0.64				
Pb（Ⅱ）	2.52	4.0	6.4	8.5		
13. 乙二胺 en						
Ag（Ⅰ）	4.70	7.70				
Cd（Ⅱ）	5.47	10.09	12.09			
Co（Ⅱ）	5.91	10.64	13.94			
Co（Ⅲ）	18.7	34.9	48.69			
Cr（Ⅱ）	5.15	9.19				
Cu（Ⅰ）		10.8				
Cu（Ⅱ）	10.67	20.00	21.0			
Fe（Ⅱ）	4.34	7.65	9.70			
Hg（Ⅱ）	14.3	23.3				
Mn（Ⅱ）	2.73	4.79	5.67			
Ni（Ⅱ）	7.52	13.84	18.33			
Zn（Ⅱ）	5.77	10.83	14.11			

b. 一些金属离子的羟合效应系数 $\lg\alpha_{M(OH)}$

金属离子	离子强度	pH													
		1	2	3	4	5	6	7	8	9	10	11	12	13	14
Al^{3+}	2				0.4	1.3	5.3	9.3	13.3	17.3	21.3	25.3	29.3	33.3	
Bi^{3+}	3	0.1	0.5	1.4	2.4	3.4	4.4	5.4							
Ca^{2+}	0.1													0.3	1.0
Cd^{2+}	3								0.1	0.5	2.0	4.5	2.1	12.0	
Co^{2+}	0.1								0.1	0.4	1.1	2.2	4.2	7.2	10.2
Cu^{2+}	0.1								0.2	0.8	1.7	2.7	3.7	4.7	5.7
Fe^{2+}	1									0.1	0.6	1.5	2.5	3.5	4.5
Fe^{3+}	3			0.4	1.8	3.7	5.7	7.7	9.7	11.7	13.7	15.7	17.7	19.7	21.7
Hg^{2+}	0.1			0.5	1.9	3.9	5.9	7.9	9.9	11.9	13.9	15.9	17.9	19.9	21.9
La^{3+}	3										0.3	1.0	1.9	2.9	3.9
Mg^{2+}	0.1											0.1	0.5	1.3	2.3
Mn^{2+}	0.1										0.1	0.5	1.4	2.4	3.4
Ni^{2+}	0.1									0.1	0.7	1.6			
Pb^{2+}	0.1						0.1	0.5	1.4	2.7	4.7	7.4	10.4	13.4	
Th^{4+}	1			0.2	0.8	1.7	2.7	3.7	4.7	5.7	6.7	7.7	8.7	9.7	
Zn^{2+}	0.1									0.2	2.4	5.4	8.5	11.8	15.5

c. 金属−EDTA 配位化合物的稳定常数

M	Ag^+	Al^{3+}	Ba^{2+}	Be^{2+}	Bi^{3+}	Ca^{2+}	Cd^{2+}	Co^{2+}	Co^{3+}	Cr^{3+}
$\lg K_f^{\ominus}$	7.32	16.5	7.78	9.2	27.8	11.0	16.36	16.26	41.4	23.4

M	Cu^{2+}	Fe^{2+}	Fe^{3+}	Hg^{2+}	Mg^{2+}	Mn^{2+}	Ni^{2+}	Pb^{2+}	Sn^{2+}	Zn^{2+}
$\lg K_f^{\ominus}$	18.70	14.27	24.23	21.5	9.12	13.81	18.5	17.88	18.3	16.36

d. 金属−EDTA 配位化合物的条件稳定常数

金属离子(M)和 EDTA(Y)在考虑了各种副反应的影响后得到的稳定常数称条件稳定常数 $K_f^{\ominus\prime}$，或称表观稳定常数。如果忽略酸式或碱式配位化合物的影响，它与稳定常数的关系为：

$$\lg K_f^{\ominus\prime} = \lg K_f^{\ominus} - \lg \alpha_{M(L)} - \lg \alpha_{Y(H)}$$

本表列出的是在不同 pH 时 M−EDTA 配位化合物的条件稳定常数。除 Fe(Ⅲ)，Hg(Ⅱ)和 Al(Ⅲ)的条件稳定常数考虑了碱式或酸式配位化合物的影响外，其余的则只考虑酸效应和羟合效应。

金属离子	pH														
	0	1	2	3	4	5	6	7	8	9	10	11	12	13	14
Ag					0.7	1.7	2.8	3.9	5.0	5.9	6.8	7.1	6.8	5.0	2.2
Al			3.0	5.4	7.5	9.6	10.4	8.5	6.6	4.5	2.4				
Ba						1.3	3.0	4.4	5.5	6.4	7.3	7.7	7.8	7.7	7.3
Bi	1.4	5.3	8.6	10.6	11.8	12.8	13.6	14.0	14.1	14.0	13.9	13.3	12.4	11.4	10.4
Ca					2.2	4.1	5.9	7.3	8.4	9.3	10.2	10.6	10.7	10.4	9.7
Cd		1.0	3.8	6.0	7.9	9.9	11.7	13.1	14.2	15.0	15.5	14.4	12.0	8.4	4.5
Co		1.0	3.7	5.9	7.9	9.7	11.5	12.9	13.9	14.5	14.7	14.0	12.1		
Cu		3.4	6.1	8.3	10.2	12.2	14.0	15.4	16.3	16.6	16.6	16.1	15.7	15.6	15.6
Fe(Ⅱ)		1.5	3.7	5.7	7.7	9.5	10.9	12.0	12.8	13.2	12.7	11.8	10.8	9.8	
Fe(Ⅲ)	5.1	8.2	11.5	13.9	14.7	14.8	14.6	14.1	13.7	13.6	14.0	14.3	14.4	14.4	14.4
Hg(Ⅱ)	3.5	6.5	9.2	11.1	11.3	11.3	11.1	10.5	9.6	8.8	8.4	7.7	6.8	5.8	4.8
La			1.7	4.6	6.8	8.8	10.6	12.0	13.1	14.0	14.6	14.3	13.5	12.5	11.5
Mg					2.1	3.9	5.3	6.4	7.3	8.2	8.5	8.2	7.4		
Mn			1.4	3.6	5.5	7.4	9.2	10.6	11.7	12.6	13.4	13.4	12.6	11.6	10.6
Ni		3.4	6.1	8.2	10.1	12.0	13.8	15.2	16.3	17.1	17.4	16.9			
Pb		2.4	5.2	7.4	9.4	11.4	13.2	14.5	15.2	15.2	14.8	13.0	10.6	7.6	4.6
Sr					2.0	3.8	5.2	6.3	7.2	8.1	8.5	8.6	8.5	8.0	
Zn		1.1	3.8	6.0	7.9	9.9	11.7	13.1	14.2	14.9	13.6	11.0	8.0	4.7	1.0

物　质	溶度积常数 $K_{sp}^{\ominus}$	$pK_{sp}^{\ominus}$	物　质	溶度积常数 $K_{sp}^{\ominus}$	$pK_{sp}^{\ominus}$
AgAc	1.9×10^{-3}	2.72	Be(OH)$_2$(无定形)	1.6×10^{-22}	21.8
Ag$_3$AsO$_4$	1.0×10^{-22}	22.00	BiI$_3$	8.1×10^{-19}	18.09
AgBr	5.0×10^{-13}	12.30	Bi(OH)$_3$	4×10^{-30}	30.4
AgBrO$_3$	5.3×10^{-5}	4.28	BiOBr	3.0×10^{-7}	6.52
AgCN	1.2×10^{-16}	15.92	BiOCl	1.8×10^{-31}	30.75
Ag$_2$CO$_3$	8.1×10^{-12}	11.09	BiO(NO$_2$)	4.9×10^{-7}	6.31
Ag$_2$C$_2$O$_4$	3.4×10^{-11}	10.46	BiO(NO$_3$)	2.8×10^{-3}	2.55
AgCl	1.8×10^{-10}	9.75	BiOOH	4×10^{-10}	9.4
Ag$_2$CrO$_4$	1.1×10^{-12}	11.95	BiPO$_4$	1.3×10^{-23}	22.89
Ag$_2$Cr$_2$O$_7$	2.0×10^{-7}	6.70	Bi$_2$S$_3$	1×10^{-97}	97
AgI	8.3×10^{-17}	16.08	CaCO$_3$	2.8×10^{-9}	8.54
AgIO$_3$	3.0×10^{-8}	7.52	CaC$_2$O$_4$·H$_2$O	4×10^{-9}	8.4
AgNO$_2$	6.0×10^{-4}	3.22	CaCrO$_4$	7.1×10^{-4}	3.15
AgOH	2.0×10^{-8}	7.71	CaF$_2$	2.7×10^{-11}	10.57
Ag$_3$PO$_4$	1.4×10^{-16}	15.84	CaHPO$_4$	1×10^{-7}	7.0
Ag$_2$S	6.3×10^{-50}	49.2	Ca(OH)$_2$	5.5×10^{-6}	5.26
AgSCN	1.0×10^{-12}	12.00	Ca$_3$(PO$_4$)$_2$	2.0×10^{-29}	28.70
Ag$_2$SO$_3$	1.5×10^{-14}	13.82	CaSO$_3$	6.8×10^{-8}	7.17
Ag$_2$SO$_4$	1.4×10^{-5}	4.84	CaSO$_4$	9.1×10^{-6}	5.04
Al(OH)$_3$(无定形)	1.3×10^{-33}	32.9	Ca[SiF$_6$]	8.1×10^{-4}	3.09
AlPO$_4$	6.3×10^{-19}	18.24	CaSiO$_3$	2.5×10^{-8}	7.60
Al$_2$S$_3$	$2.\times10^{-7}$	6.7	Cd(OH)$_2$	5.27×10^{-15}	14.28
AuCl	2.0×10^{-13}	12.7	CdCO$_3$	5.2×10^{-12}	11.28
AuI	1.6×10^{-23}	22.8	CdC$_2$O$_4$·3H$_2$O	9.1×10^{-8}	7.04
AuCl$_3$	3.2×10^{-25}	24.5	Cd$_3$(PO$_4$)$_2$	2.5×10^{-33}	32.6
AuI$_3$	1×10^{-46}	46	CdS	8.0×10^{-27}	26.1
Au(OH)$_3$	5.5×10^{-46}	45.26	CeF$_3$	8×10^{-16}	15.1
BaCO$_3$	5.1×10^{-9}	8.29	CeO$_2$	8×10^{-37}	36.1
BaC$_2$O$_4$	1.6×10^{-7}	6.79	Ce(OH)$_3$	1.6×10^{-20}	19.8
BaCrO$_4$	1.2×10^{-10}	9.93	CePO$_4$	1×10^{-23}	23
BaF$_2$	1.0×10^{-6}	5.98	Ce$_2$S$_3$	6.0×10^{-11}	10.22
BaHPO$_4$	3.2×10^{-7}	6.5	CoCO$_3$	1.4×10^{-13}	12.84
Ba(NO$_3$)$_2$	4.5×10^{-3}	2.35	CoHPO$_4$	2×10^{-7}	6.7
Ba(OH)$_2$	5×10^{-3}	2.3	Co(OH)$_2$(新制备)	1.6×10^{-15}	14.8
Ba$_3$(PO$_4$)$_2$	3.4×10^{-23}	22.47	Co(OH)$_3$	1.6×10^{-44}	43.8
BaSO$_3$	8×10^{-7}	6.1	Co$_3$(PO$_4$)$_2$	2×10^{-35}	34.7
BaSO$_4$	1.1×10^{-10}	9.96	α-CoS	4.0×10^{-21}	20.4
BaS$_2$O$_3$	1.6×10^{-5}	4.79	β-CoS	2.0×10^{-25}	24.7
BeCO$_3$·4H$_2$O	1×10^{-3}	3	CrF$_3$	6.6×10^{-11}	10.18

物　　质	溶度积常数 $K_{sp}^{\ominus}$	$pK_{sp}^{\ominus}$	物　　质	溶度积常数 $K_{sp}^{\ominus}$	$pK_{sp}^{\ominus}$
$Cr(OH)_2$	2×10^{-16}	15.7	$MgCO_3$	3.5×10^{-8}	7.46
$Cr(OH)_3$	6.3×10^{-31}	30.2	MgF_2	6.5×10^{-9}	8.19
$CuBr$	5.3×10^{-9}	8.28	$Mg(OH)_2$	1.8×10^{-11}	10.74
$CuCl$	1.2×10^{-6}	5.92	$MgSO_3$	3.2×10^{-3}	2.5
$CuCN$	3.2×10^{-20}	19.49	$MnCO_3$	1.8×10^{-11}	10.74
CuI	1.1×10^{-12}	11.96	$Mn(OH)_2$	1.9×10^{-13}	12.72
$CuOH$	1×10^{-14}	14.0	$MnS(无定形)$	2.5×10^{-10}	9.6
Cu_2S	2.5×10^{-48}	47.6	$MnS(晶状)$	2.5×10^{-13}	12.6
$CuSCN$	4.8×10^{-15}	14.32	Na_3AlF_6	4.0×10^{-10}	9.39
$CuCO_3$	1.4×10^{-10}	9.86	$NiCO_3$	6.6×10^{-9}	8.18
CuC_2O_4	2.3×10^{-8}	7.64	NiC_2O_4	4×10^{-10}	9.4
$CuCrO_4$	3.6×10^{-6}	5.44	$Ni(OH)_2(新制备)$	2.0×10^{-15}	14.7
$Cu_2[Fe(CN)_6]$	1.3×10^{-16}	15.89	$\alpha-NiS$	3.2×10^{-19}	18.5
$Cu(IO_3)_2$	7.4×10^{-8}	7.13	$\beta-NiS$	1.0×10^{-24}	24.0
$Cu(OH)_2$	2.2×10^{-20}	19.66	$\gamma-NiS$	2.0×10^{-26}	25.7
$Cu_3(PO_4)_2$	1.3×10^{-37}	36.9	$PbAc_2$	1.8×10^{-3}	2.75
CuS	6.3×10^{-36}	35.2	$PbBr_2$	4.0×10^{-5}	4.41
FeS	6.3×10^{-18}	17.2	$PbCO_3$	7.4×10^{-14}	13.13
$Fe(OH)_2$	8.0×10^{-16}	15.1	PbC_2O_4	4.8×10^{-10}	9.32
$FeCO_3$	3.2×10^{-11}	10.50	$PbCl_2$	1.6×10^{-5}	4.79
$Fe(OH)_3$	4×10^{-38}	37.4	$PbCrO_4$	2.8×10^{-13}	12.55
$FePO_4$	1.3×10^{-22}	21.89	PbF_2	2.7×10^{-8}	7.57
Hg_2Br_2	5.6×10^{-23}	22.24	PbI_2	7.1×10^{-9}	8.15
$Hg_2(CN)_2$	5×10^{-40}	39.3	$Pb(IO_3)_2$	3.2×10^{-13}	12.49
Hg_2CO_3	8.9×10^{-17}	16.05	$Pb(OH)_2$	1.2×10^{-15}	14.93
$Hg_2C_2O_4$	2.0×10^{-13}	12.7	$PbOHBr$	2.0×10^{-15}	14.70
Hg_2Cl_2	1.3×10^{-18}	17.88	$PbOHCl$	2×10^{-14}	13.7
Hg_2I_2	4.5×10^{-29}	28.35	$Pb_3(PO_4)_2$	8.0×10^{-43}	42.10
$Hg_2(OH)_2$	2.0×10^{-24}	23.7	PbS	1.3×10^{-28}	27.9
Hg_2S	1.0×10^{-47}	47.0	$Pb(SCN)_2$	2.0×10^{-5}	4.70
$Hg_2(SCN)_2$	2.0×10^{-20}	19.7	$PbSO_4$	1.6×10^{-8}	7.79
Hg_2SO_3	1.0×10^{-27}	27.0	PbS_2O_3	4.0×10^{-7}	6.40
Hg_2SO_4	7.4×10^{-7}	6.13	$Pb(OH)_4$	3.2×10^{-66}	65.5
$Hg(OH)_2$	3.0×10^{-26}	25.52	$Pd(OH)_2$	1.0×10^{-31}	31.0
$HgS(红色)$	4×10^{-53}	52.4	$Sc(OH)_3$	8.0×10^{-31}	30.1
$HgS(黑色)$	1.6×10^{-52}	51.8	$Sn(OH)_2$	1.4×10^{-28}	27.85
$K_2[PtCl_6]$	1.1×10^{-5}	4.96	SnS	1.0×10^{-25}	25.0
K_2SiF_6	8.7×10^{-7}	6.06	$Sn(OH)_4$	1×10^{-56}	56
Li_2CO_3	2.5×10^{-2}	1.60	$SrSO_3$	4×10^{-8}	7.4
LiF	3.8×10^{-3}	2.42	$SrCO_3$	1.1×10^{-10}	9.96
Li_3PO_4	3.2×10^{-9}	8.5	$SrC_2O_4\cdot H_2O$	1.6×10^{-7}	6.80

物　质	溶度积常数 $K_{sp}^{\ominus}$	$pK_{sp}^{\ominus}$	物　质	溶度积常数 $K_{sp}^{\ominus}$	$pK_{sp}^{\ominus}$
$SrCrO_4$	2.2×10^{-5}	4.65	$ZnCO_3$	1.4×10^{-11}	10.84
SrF_2	2.5×10^{-9}	8.61	ZnC_2O_4	2.7×10^{-8}	7.56
$SrSO_4$	3.2×10^{-7}	6.49	$Zn(OH)_2$	1.2×10^{-17}	16.92
$TlCl$	1.9×10^{-4}	3.72	$\alpha-ZnS$	1.6×10^{-24}	23.8
TlI	5.5×10^{-8}	7.26	$\beta-ZnS$	2.5×10^{-22}	21.6
$Tl(OH)_3$	1.5×10^{-44}	43.82			

附录Ⅶ　标准电极电势（298.15 K）

a. 酸性介质（按 $E_A^{\ominus}$ 由小到大排列）

电　极　反　应	$E_A^{\ominus}/V$	电　极　反　应	$E_A^{\ominus}/V$
$Li^++e^-\Longrightarrow Li$	-3.045	$Zn^{2+}+2e^-\Longrightarrow Zn$	-0.763
$K^++e^-\Longrightarrow K$	-2.925	$TlI+e^-\Longrightarrow Tl+I^-$	-0.752
$Rb^++e^-\Longrightarrow Rb$	-2.925	$Cr^{3+}+3e^-\Longrightarrow Cr$	-0.744
$Cs^++e^-\Longrightarrow Cs$	-2.923	$TiO_2(金红石)+4H^++e^-\Longrightarrow Ti^{3+}+2H_2O$	-0.666
$Ra^{2+}+2e^-\Longrightarrow Ra$	-2.916	$TlBr+e^-\Longrightarrow Tl+Br^-$	-0.658
$Ba^{2+}+2e^-\Longrightarrow Ba$	-2.906	$TlCl+e^-\Longrightarrow Tl+Cl^-$	-0.557
$Sr^{2+}+2e^-\Longrightarrow Sr$	-2.888	$Sb+3H^++3e^-\Longrightarrow SbH_3$	-0.510
$Ca^{2+}+2e^-\Longrightarrow Ca$	-2.866	$H_3PO_2+3H^++3e^-\Longrightarrow P(白)+3H_2O$	-0.502
$Na^++e^-\Longrightarrow Na$	-2.714	$TiO_2(金红石)+4H^++2e^-\Longrightarrow Ti^{2+}+2H_2O$	-0.502
$La^{3+}+3e^-\Longrightarrow La$	-2.522	$2CO_2+2H^++2e^-\Longrightarrow H_2C_2O_4$	-0.49
$Ce^{3+}+3e^-\Longrightarrow Ce$	-2.483	$SiO_3^{2-}+6H^++4e^-\Longrightarrow Si+3H_2O$	-0.455
$Y^{3+}+3e^-\Longrightarrow Y$	-2.372	$H_3PO_2+3H^++3e^-\Longrightarrow P(红)+3H_2O$	-0.454
$Mg^{2+}+2e^-\Longrightarrow Mg$	-2.363	$Fe^{2+}+2e^-\Longrightarrow Fe$	-0.440
$H_2+2e^-\Longrightarrow 2H^-$	-2.25	$Cr^{3+}+e^-\Longrightarrow Cr^{2+}$	-0.408
$Sc^{3+}+3e^-\Longrightarrow Sc$	-2.077	$Cd^{2+}+2e^-\Longrightarrow Cd$	-0.403
$Be^{2+}+2e^-\Longrightarrow Be$	-1.847	$Ti^{3+}+e^-\Longrightarrow Ti^{2+}$	-0.368
$Ti^{2+}+2e^-\Longrightarrow Ti$	-1.628	$PbSO_4+2e^-\Longrightarrow Pb+SO_4^{2-}$	-0.359
$Al^{3+}+3e^-\Longrightarrow Al$	-1.622	$Tl^++e^-\Longrightarrow Tl$	-0.336
$Ti^{3+}+3e^-\Longrightarrow Ti$	-1.21	$PbBr_2+2e^-\Longrightarrow Pb+2Br^-$	-0.284
$V^{2+}+2e^-\Longrightarrow V$	-1.186	$Co^{2+}+e^-\Longrightarrow Co$	-0.277
$Mn^{2+}+2e^-\Longrightarrow Mn$	-1.180	$H_3PO_4+2H^++2e^-\Longrightarrow H_3PO_3+H_2O$	-0.276
$Cr^{2+}+2e^-\Longrightarrow Cr$	-0.913	$PbCl_2+2e^-\Longrightarrow Pb+2Cl^-$	-0.268
$BeO_2^{2-}+4H^++2e^-\Longrightarrow Be+2H_2O$	-0.909	$V^{3+}+e^-\Longrightarrow V^{2+}$	-0.256
$H_3BO_3+3H^++3e^-\Longrightarrow B+3H_2O$	-0.870	$Ni^{2+}+2e^-\Longrightarrow Ni$	-0.250
$SiO_2+4H^++4e^-\Longrightarrow Si+2H_2O$	-0.857	$VO_2^++4H^++5e^-\Longrightarrow V+2H_2O$	-0.25
$H_2SiO_3+4H^++4e^-\Longrightarrow Si+3H_2O$	-0.84	$CO_2+2H^++2e^-\Longrightarrow HCOOH$	-0.199
$V^{3+}+3e^-\Longrightarrow V$	-0.835	$CuI+e^-\Longrightarrow Cu+I^-$	-0.185
$SnO_2+4H^++2e^-\Longrightarrow Sn^{2+}+2H_2O$	-0.77	$AgI+e^-\Longrightarrow Ag+I^-$	-0.152

续表

电 极 反 应	$E_A^{\ominus}$/V	电 极 反 应	$E_A^{\ominus}$/V
$Sn^{2+}+2e^- \Longrightarrow Sn$	-0.136	甘汞电极(1 mol KCl)	$0.280\ 1$
$Pb^{2+}+2e^- \Longrightarrow Pb$	-0.126	$2SO_4^{2-}+10H^++8e^- \Longrightarrow S_2O_3^{2-}+5H_2O$	0.29
$CO_2+2H^++2e^- \Longrightarrow CO+H_2O$	-0.12	$Re^{3+}+3e^- \Longrightarrow Re$	0.300
$P(红)+3H^++3e^- \Longrightarrow PH_3(气)$	-0.111	$Cu^{2+}+2e^- \Longrightarrow Cu$	0.337
$SnO_2+2H^++2e^- \Longrightarrow SnO+H_2O$	-0.108	$AgIO_3+e^- \Longrightarrow Ag+IO_3^-$	0.354
$SnO+2H^++2e^- \Longrightarrow Sn+H_2O$	-0.104	$SO_4^{2-}+8H^++6e^- \Longrightarrow S+4H_2O$	0.357
$S+H^++2e^- \Longrightarrow HS^-$	-0.065	$VO^{2+}+2H^++e^- \Longrightarrow V^{3+}+H_2O$	0.359
$Fe_2O_3(\alpha)+6H^++6e^- \Longrightarrow 2Fe+3H_2O$	-0.051	$VO_2^++4H^++3e^- \Longrightarrow V^{2+}+2H_2O$	0.360
$VO^{2+}+e^- \Longrightarrow VO^+$	-0.044	$SbO_3^-+2H^++2e^- \Longrightarrow SbO_2^-+H_2O$	0.363
$Ti^{4+}+e^- \Longrightarrow Ti^{3+}$	-0.04	$Bi_2O_3+6H^++6e^- \Longrightarrow 2Bi+3H_2O$	0.371
$[HgI_4]^{2-}+2e^- \Longrightarrow Hg+4I^-$	-0.038	$SnO_3^{2-}+3H^++2e^- \Longrightarrow HSnO_2^-+H_2O$	0.374
$CuI_2^-+e^- \Longrightarrow Cu+2I^-$	0.0	$[HgCl_4]^{2-}+2e^- \Longrightarrow Hg+4Cl^-$	0.38
$HSO_3^-+5H^++4e^- \Longrightarrow S+3H_2O$	0.0	$[PtI_6]^{2-}+2e^- \Longrightarrow [PtI_4]^{2-}+2I^-$	0.393
$2H^++2e^- \Longrightarrow H_2$	0.000	$2H_2SO_3+2H^++4e^- \Longrightarrow S_2O_3^{2-}+3H_2O$	0.400
$Sn^{4+}+4e^- \Longrightarrow Sn$	0.009	$Co^{3+}+3e^- \Longrightarrow Co$	0.4
$CuBr+e^- \Longrightarrow Cu+Br^-$	0.033	$As_2O_5+10H^++10e^- \Longrightarrow 2As+5H_2O$	0.429
$P(白)+3H^++3e^- \Longrightarrow PH_3(气)$	$0.063\ 7$	$H_2SO_3+4H^++4e^- \Longrightarrow S+3H_2O$	0.450
$AgBr+e^- \Longrightarrow Ag+Br^-$	0.071	$Ru^{2+}+2e^- \Longrightarrow Ru$	0.45
$Si+4H^++4e^- \Longrightarrow SiH_4$	0.102	$S_2O_3^{2-}+6H^++4e^- \Longrightarrow 2S+3H_2O$	0.465
$NiO+2H^++2e^- \Longrightarrow Ni+H_2O$	0.110	$CO+6H^++6e^- \Longrightarrow CH_4+H_2O$	0.497
$CuCl+e^- \Longrightarrow Cu+Cl^-$	0.137	$4H_2SO_3+4H^++6e^- \Longrightarrow S_4O_6^{2-}+6H_2O$	0.51
$S+2H^++2e^- \Longrightarrow H_2S(水)$	0.142	$Cu^++e^- \Longrightarrow Cu$	0.521
$SO_4^{2-}+8H^++8e^- \Longrightarrow S^{2-}+4H_2O$	0.149	$I_2(结晶)+2e^- \Longrightarrow 2I^-$	0.536
$Sb_2O_3+6H^++6e^- \Longrightarrow 2Sb+3H_2O$	0.150	$I_3^-+2e^- \Longrightarrow 3I^-$	0.536
$Sn^{4+}+2e^- \Longrightarrow Sn^{2+}$	0.151	$Cu^{2+}+Cl^-+e^- \Longrightarrow CuCl$	0.538
$Cu^{2+}+e^- \Longrightarrow Cu^+$	0.153	$AgBrO_3+e^- \Longrightarrow Ag+BrO_3^-$	0.546
$BiOCl+2H^++3e^- \Longrightarrow Bi+Cl^-+H_2O$	0.160	$H_3AsO_4+2H^++2e^- \Longrightarrow HAsO_2+2H_2O$	0.56
$SO_4^{2-}+4H^++2e^- \Longrightarrow H_2SO_3+H_2O$	0.172	$CuO+2H^++2e^- \Longrightarrow Cu+H_2O$	0.570
$Bi^{3+}+3e^- \Longrightarrow Bi$	0.2	$[PtBr_4]^{2-}+2e^- \Longrightarrow Pt+4Br^-$	0.58
$2Cu^{2+}+H_2O+2e^- \Longrightarrow Cu_2O+2H^+$	0.203	$Sb_2O_5+6H^++4e^- \Longrightarrow 2SbO^++3H_2O$	0.581
$SbO^++2H^++3e^- \Longrightarrow Sb+H_2O$	0.204	$[PdCl_4]^{2-}+2e^- \Longrightarrow Pd+4Cl^-$	0.591
$AgCl+e^- \Longrightarrow Ag+Cl^-$	0.222	$[PdBr_4]^{2-}+2e^- \Longrightarrow Pd+4Br^-$	0.60
$[HgBr_4]^{2-}+2e^- \Longrightarrow Hg+4Br^-$	0.223	$2HgCl_2+2e^- \Longrightarrow Hg_2Cl_2+2Cl^-$	0.63
$CO_3^{2-}+3H^++2e^- \Longrightarrow HCOO^-+H_2O$	0.227	$Cu^{2+}+Br^-+e^- \Longrightarrow CuBr$	0.640
$SO_3^{2-}+6H^++6e^- \Longrightarrow S^{2-}+3H_2O$	0.231	$Ag_2SO_4+2e^- \Longrightarrow 2Ag+SO_4^{2-}$	0.654
$As_2O_3+6H^++6e^- \Longrightarrow 2As+3H_2O$	0.234	$PbO_2+4H^++4e^- \Longrightarrow Pb+2H_2O$	0.666
$Sb^{3+}+3e^- \Longrightarrow Sb$	0.24	$VO_2^++4H^++2e^- \Longrightarrow V^{3+}+2H_2O$	0.668
饱和甘汞电极(饱和 KCl 溶液)	$0.241\ 2$	$[PtCl_6]^{2-}+2e^- \Longrightarrow [PtCl_4]^{2-}+2Cl^-$	0.68
$PbO+2H^++2e^- \Longrightarrow Pb+H_2O$	0.248	$O_2+2H^++2e^- \Longrightarrow H_2O_2$	0.682
$N_2+8H^++6e^- \Longrightarrow 2NH_4^+$	0.26	$2SO_3^{2-}+6H^++4e^- \Longrightarrow S_2O_3^{2-}+3H_2O$	0.705
$Hg_2Cl_2+2e^- \Longrightarrow 2Hg+2Cl^-$	0.268	$Tl^{3+}+3e^- \Longrightarrow Tl$	0.71

电 极 反 应	$E_A^{\ominus}/V$	电 极 反 应	$E_A^{\ominus}/V$
$SbO_2^+ + 2H^+ + 2e^- \rightleftharpoons SbO^+ + H_2O$	0.720	$[RhCl_6]^{2-} + e^- \rightleftharpoons [RhCl_6]^{3-}$	1.2
$SbO_3^- + 4H^+ + 2e^- \rightleftharpoons SbO^+ + 2H_2O$	0.720	$ClO_3^- + 3H^+ + 2e^- \rightleftharpoons HClO_2 + H_2O$	1.21
$[PtCl_4]^{2-} + 2e^- \rightleftharpoons Pt + 4Cl^-$	0.73	$O_2 + 4H^+ + 4e^- \rightleftharpoons 2H_2O$	1.229
$Fe^{3+} + e^- \rightleftharpoons Fe^{2+}$	0.771	$MnO_2 + 4H^+ + 2e^- \rightleftharpoons Mn^{2+} + 2H_2O$	1.23
$Hg_2^{2+} + 2e^- \rightleftharpoons 2Hg$	0.788	$2NO_3^- + 12H^+ + 10e^- \rightleftharpoons N_2 + 6H_2O$	1.24
$Ag^+ + e^- \rightleftharpoons Ag$	0.799	$Tl^{3+} + 2e^- \rightleftharpoons Tl^+$	1.25
$NO_3^- + 2H^+ + e^- \rightleftharpoons NO_2 + H_2O$	0.80	$VO_4^{3-} + 6H^+ + 2e^- \rightleftharpoons VO^+ + 3H_2O$	1.256
$Rh^{3+} + 3e^- \rightleftharpoons Rh$	0.80	$2HNO_2 + 4H^+ + 4e^- \rightleftharpoons N_2O + 3H_2O$	1.29
$AuBr_4^- + 2e^- \rightleftharpoons AuBr_2^- + 2Br^-$	0.82	$Cr_2O_7^{2-} + 14H^+ + 6e^- \rightleftharpoons 2Cr^{3+} + 7H_2O$	1.33
$Hg^{2+} + 2e^- \rightleftharpoons Hg$	0.854	$HBrO + H^+ + 2e^- \rightleftharpoons Br^- + H_2O$	1.33
$Cu^{2+} + I^- + e^- \rightleftharpoons CuI$	0.86	$ClO_4^- + 8H^+ + 7e^- \rightleftharpoons 1/2Cl_2 + 4H_2O$	1.34
$HNO_2 + 7H^+ + 6e^- \rightleftharpoons NH_4^+ + 2H_2O$	0.864	$2NO_2^- + 8H^+ + 8e^- \rightleftharpoons N_2 + 4H_2O$	1.35
$NO_3^- + 10H^+ + 8e^- \rightleftharpoons NH_4^+ + 3H_2O$	0.864	$Cl_2(气) + 2e^- \rightleftharpoons 2Cl^-$	1.358
$AuBr_4^- + 3e^- \rightleftharpoons Au + 4Br^-$	0.87	$ClO_4^- + 8H^+ + 8e^- \rightleftharpoons Cl^- + 4H_2O$	1.38
$2Hg^{2+} + 2e^- \rightleftharpoons Hg_2^{2+}$	0.920	$Au^{3+} + 2e^- \rightleftharpoons Au^+$	1.40
$AuCl_4^- + 2e^- \rightleftharpoons AuCl_2^- + 2Cl^-$	0.926	$IO_4^- + 8H^+ + 8e^- \rightleftharpoons I^- + 4H_2O$	1.4
$NO_3^- + 3H^+ + 2e^- \rightleftharpoons HNO_2 + H_2O$	0.934	$2HNO_2 + 6H^+ + 6e^- \rightleftharpoons N_2 + 4H_2O$	1.44
$AuBr_2^- + e^- \rightleftharpoons Au + 2Br^-$	0.956	$BrO_3^- + 6H^+ + 6e^- \rightleftharpoons Br^- + 3H_2O$	1.44
$V_2O_5 + 6H^+ + 2e^- \rightleftharpoons 2VO^{2+} + 3H_2O$	0.958	$BrO_3^- + 5H^+ + 4e^- \rightleftharpoons HBrO + 2H_2O$	1.45
$NO_3^- + 4H^+ + 3e^- \rightleftharpoons NO + 2H_2O$	0.96	$ClO_3^- + 6H^+ + 6e^- \rightleftharpoons Cl^- + 3H_2O$	1.45
$Pb_3O_4 + 2H^+ + 2e^- \rightleftharpoons 3PbO + H_2O$	0.972	$2HIO + 2H^+ + 2e^- \rightleftharpoons I_2 + 2H_2O$	1.45
$2MnO_2 + 2H^+ + 2e^- \rightleftharpoons Mn_2O_3 + H_2O$	0.98	$PbO_2 + 4H^+ + 2e^- \rightleftharpoons Pb^{2+} + 2H_2O$	1.455
$Pd^{2+} + 2e^- \rightleftharpoons Pd$	0.987	$ClO_3^- + 6H^+ + 5e^- \rightleftharpoons 1/2Cl_2 + 3H_2O$	1.47
$HIO + H^+ + 2e^- \rightleftharpoons I^- + H_2O$	0.99	$HClO + H^+ + 2e^- \rightleftharpoons Cl^- + H_2O$	1.494
$VO_2^+ + 2H^+ + e^- \rightleftharpoons VO^{2+} + H_2O$	0.999	$Au^{3+} + 3e^- \rightleftharpoons Au$	1.498
$AuCl_4^- + 3e^- \rightleftharpoons Au + 4Cl^-$	1.00	$Mn^{3+} + e^- \rightleftharpoons Mn^{2+}$	1.51
$HNO_2 + H^+ + e^- \rightleftharpoons NO + H_2O$	1.00	$MnO_4^- + 8H^+ + 5e^- \rightleftharpoons Mn^{2+} + 4H_2O$	1.51
$NO_2 + 2H^+ + 2e^- \rightleftharpoons NO + H_2O$	1.03	$O_3 + 6H^+ + 6e^- \rightleftharpoons 3H_2O$	1.511
$VO_4^{2-} + 6H^+ + 2e^- \rightleftharpoons VO^{2+} + 3H_2O$	1.031	$BrO_3^- + 6H^+ + 5e^- \rightleftharpoons 1/2Br_2 + 3H_2O$	1.52
$N_2O_4 + 4H^+ + 4e^- \rightleftharpoons 2NO + 2H_2O$	1.035	$2NO + 2H^+ + 2e^- \rightleftharpoons N_2O + H_2O$	1.59
$N_2O_4 + 2H^+ + 2e^- \rightleftharpoons 2HNO_2$	1.065	$HClO + H^+ + e^- \rightleftharpoons 1/2Cl_2 + H_2O$	1.63
$Br_2(液) + 2e^- \rightleftharpoons 2Br^-$	1.065	$IO_4^- + 2H^+ + 2e^- \rightleftharpoons IO_3^- + H_2O$	1.653
$NO_2 + H^+ + e^- \rightleftharpoons HNO_2$	1.07	$NiO_2 + 4H^+ + 2e^- \rightleftharpoons Ni^{2+} + 2H_2O$	1.678
$IO_3^- + 6H^+ + 6e^- \rightleftharpoons I^- + 3H_2O$	1.085	$2NO + 4H^+ + 4e^- \rightleftharpoons N_2 + 2H_2O$	1.68
$Br_2(水) + 2e^- \rightleftharpoons 2Br^-$	1.087	$PbO_2 + SO_4^{2-} + 4H^+ + 2e^- \rightleftharpoons PbSO_4 + 2H_2O$	1.682
$HVO_3 + 3H^+ + e^- \rightleftharpoons VO^{2+} + 2H_2O$	1.1	$Pb^{4+} + 2e^- \rightleftharpoons Pb^{2+}$	1.69
$2NO_3^- + 10H^+ + 8e^- \rightleftharpoons N_2O + 5H_2O$	1.116	$Au^+ + e^- \rightleftharpoons Au$	1.691
$AuCl_2^- + e^- \rightleftharpoons Au + 2Cl^-$	1.15	$MnO_4^- + 4H^+ + 3e^- \rightleftharpoons MnO_2 + 2H_2O$	1.692
$AuCl + e^- \rightleftharpoons Au + Cl^-$	1.17	$BrO_4^- + 2H^+ + 2e^- \rightleftharpoons BrO_3^- + H_2O$	1.763
$ClO_4^- + 2H^+ + 2e^- \rightleftharpoons ClO_3^- + H_2O$	1.19	$N_2O + 2H^+ + 2e^- \rightleftharpoons N_2 + H_2O$	1.77
$2IO_3^- + 12H^+ + 10e^- \rightleftharpoons I_2 + 6H_2O$	1.195	$H_2O_2 + 2H^+ + 2e^- \rightleftharpoons 2H_2O$	1.776

电 极 反 应	$E_A^{\ominus}/V$	电 极 反 应	$E_A^{\ominus}/V$
$NaBiO_3+4H^++2e^- \Longrightarrow BiO^++Na^++2H_2O$	>1.8	$O_3+2H^++2e^- \Longrightarrow O_2+H_2O$	2.07
$Co^{3+}+e^- \Longrightarrow Co^{2+}$	1.808	$S_2O_8^{2-}+2H^++2e^- \Longrightarrow 2HSO_4^-$	2.123
$Ag^{2+}+e^- \Longrightarrow Ag^+$	1.98	$MnO_4^-+4H^++2e^- \Longrightarrow MnO_2+2H_2O$	2.257
$S_2O_8^{2-}+2e^- \Longrightarrow 2SO_4^{2-}$	2.01	$F_2+2H^++2e^- \Longrightarrow 2HF$	3.035

b. 碱性介质（按 $E_B^{\ominus}$ 由小到大排列）

电 极 反 应	$E_B^{\ominus}/V$	电 极 反 应	$E_B^{\ominus}/V$
$Al(OH)_3+3e^- \Longrightarrow Al+3OH^-$	−2.30	$PbCO_3+2e^- \Longrightarrow Pb+CO_3^{2-}$	−0.509
$SiO_3^{2-}+3H_2O+4e^- \Longrightarrow Si+6OH^-$	−1.697	$[Ni(NH_3)_6]^{2+}+2e^- \Longrightarrow Ni+6NH_3$	−0.49
$Mn(OH)_2+2e^- \Longrightarrow Mn+2OH^-$	−1.55	$NiO_2+2H_2O+2e^- \Longrightarrow Ni(OH)_2+2OH^-$	−0.490
$[Fe(CN)_6]^{4-}+2e^- \Longrightarrow Fe+6CN^-$	−1.5	$S+2e^- \Longrightarrow S^{2-}$	−0.48
$Cr(OH)_2+2e^- \Longrightarrow Cr+2OH^-$	−1.41	$2S+2e^- \Longrightarrow S_2^{2-}$	−0.476
$ZnS+2e^- \Longrightarrow Zn+S^{2-}$	−1.405	$[Cu(CN)_2]^-+e^- \Longrightarrow Cu+2CN^-$	−0.429
$Cr(OH)_3+3e^- \Longrightarrow Cr+3OH^-$	−1.34	$Cu_2O+H_2O+2e^- \Longrightarrow 2Cu+2OH^-$	−0.358
$[Zn(CN)_4]^{2-}+2e^- \Longrightarrow Zn+4CN^-$	−1.26	$Ag(CN)_2^-+e^- \Longrightarrow Ag+2CN^-$	−0.31
$Zn(OH)_2+2e^- \Longrightarrow Zn+2OH^-$	−1.245	$Cu(OH)_2+2e^- \Longrightarrow Cu+2OH^+$	−0.224
$ZnO_2^{2-}+2H_2O+2e^- \Longrightarrow Zn+4OH^-$	−1.216	$NO_3^-+2H_2O+3e^- \Longrightarrow NO+4OH^-$	−0.14
$N_2+4H_2O+4e^- \Longrightarrow N_2H_4+4OH^-$	−1.15	$CrO_4^{2-}+4H_2O+3e^- \Longrightarrow Cr(OH)_3+5OH^-$	−0.13
$NiS(\gamma)+2e^- \Longrightarrow Ni+S^{2-}$	−1.04	$[Cu(NH_3)_2]^++e^- \Longrightarrow Cu+2NH_3$	−0.12
$[Zn(NH_3)_4]^{2+}+2e^- \Longrightarrow Zn+4NH_3$	−1.04	$[Cu(NH_3)_4]^{2+}+2e^- \Longrightarrow Cu+4NH_3$	−0.05
$FeS+2e^- \Longrightarrow Fe+S^{2-}$	−0.95	$MnO_2+2H_2O+2e^- \Longrightarrow Mn(OH)_2+2OH^-$	−0.05
$SO_4^{2-}+H_2O+2e^- \Longrightarrow SO_3^{2-}+2OH^-$	−0.93	$[Cu(NH_3)_4]^{2+}+e^- \Longrightarrow [Cu(NH_3)_2]^++2NH_3$	−0.01
$PbS+2e^- \Longrightarrow Pb+S^{2-}$	−0.93	$NO_3^-+H_2O+2e^- \Longrightarrow NO_2^-+2OH^-$	0.01
$HSnO_2^-+H_2O+2e^- \Longrightarrow Sn+3OH^-$	−0.909	$Ag(S_2O_3)_2^{3-}+e^- \Longrightarrow Ag+2S_2O_3^{2-}$	0.017
$CoS(\alpha)+2e^- \Longrightarrow Co+S^{2-}$	−0.90	$S_4O_6^{2-}+2e^- \Longrightarrow 2S_2O_3^{2-}$	0.08
$Fe(OH)_2+2e^- \Longrightarrow Fe+2OH^-$	−0.877	$[Co(NH_3)_6]^{3+}+e^- \Longrightarrow [Co(NH_3)_6]^{2+}$	0.108
$SnS+2e^- \Longrightarrow Sn+S^{2-}$	−0.87	$Mn(OH)_3+e^- \Longrightarrow Mn(OH)_2+OH^-$	0.15
$NiS(\alpha)+2e^- \Longrightarrow Ni+S^{2-}$	−0.83	$Co(OH)_3+e^- \Longrightarrow Co(OH)_2+OH^-$	0.17
$[Co(CN)_6]^{3-}+e^- \Longrightarrow [Co(CN)_6]^{4-}$	−0.83	$2IO_3^-+6H_2O+10e^- \Longrightarrow I_2+12OH^-$	0.21
$2H_2O+2e^- \Longrightarrow H_2+2OH^-$	−0.828	$PbO_2+H_2O+2e^- \Longrightarrow PbO+2OH^-$	0.247
$CuS+2e^- \Longrightarrow Cu+S^{2-}$	−0.76	$IO_3^-+3H_2O+6e^- \Longrightarrow I^-+6OH^-$	0.26
$Ni(OH)_2+2e^- \Longrightarrow Ni+2OH^-$	−0.72	$MnO_4^-+4H_2O+5e^- \Longrightarrow Mn(OH)_2+6OH^-$	0.34
$HgS(黑)+2e^- \Longrightarrow Hg+S^{2-}$	−0.69	$[Fe(CN)_6]^{3-}+e^- \Longrightarrow [Fe(CN)_6]^{4-}$	0.356
$SbO_2^-+2H_2O+3e^- \Longrightarrow Sb+4OH^-$	−0.675	$[Ag(NH_3)_2]^++e^- \Longrightarrow Ag+2NH_3$	0.373
$AsO_4^{3-}+2H_2O+2e^- \Longrightarrow AsO_2^-+4OH^-$	−0.67	$O_2+2H_2O+4e^- \Longrightarrow 4OH^-$	0.401
$Ag_2S+e^- \Longrightarrow 2Ag+S^{2-}$	−0.66	$2BrO^-+2H_2O+2e^- \Longrightarrow Br_2+4OH^-$	0.45
$SO_3^{2-}+3H_2O+4e^- \Longrightarrow S+6OH^-$	−0.66	$Ag_2CrO_4+2e^- \Longrightarrow 2Ag+CrO_4^{2-}$	0.464
$Au(CN)_2^-+e^- \Longrightarrow Au+2CN^-$	−0.611	$IO^-+H_2O+2e^- \Longrightarrow I^-+2OH^-$	0.485
$PbO+H_2O+2e^- \Longrightarrow Pb+2OH^-$	−0.58	$ClO^-+H_2O+e^- \Longrightarrow 1/2Cl_2+2OH^-$	0.49
$2SO_3^{2-}+3H_2O+4e^- \Longrightarrow S_2O_3^{2-}+6OH^-$	−0.571	$BrO_3^-+2H_2O+4e^- \Longrightarrow BrO^-+4OH^-$	0.54

电 极 反 应	$E_B^{\ominus}/V$	电 极 反 应	$E_B^{\ominus}/V$
$MnO_4^- + e^- \Longrightarrow MnO_4^{2-}$	0.558	$BrO^- + H_2O + 2e^- \Longrightarrow Br^- + 2OH^-$	0.761
$ClO_4^- + 4H_2O + 8e^- \Longrightarrow Cl^- + 8OH^-$	0.56	$ClO^- + H_2O + 2e^- \Longrightarrow Cl^- + 2OH^-$	0.89
$MnO_4^{2-} + 2H_2O + 2e^- \Longrightarrow MnO_2 + 4OH^-$	0.603	$Cu^{2+} + 2CN^- + e^- \Longrightarrow [Cu(CN)_2]^-$	1.12
$BrO_3^- + 3H_2O + 6e^- \Longrightarrow Br^- + 6OH^-$	0.61	$MnO_4^- + 2H_2O + 3e^- \Longrightarrow MnO_2 + 4OH^-$	1.23
$ClO_3^- + 3H_2O + 6e^- \Longrightarrow Cl^- + 6OH^-$	0.63	$O_3 + H_2O + 2e^- \Longrightarrow O_2 + 2OH^-$	1.24
$FeO_4^{2-} + 4H_2O + 3e^- \Longrightarrow Fe(OH)_3 + 5OH^-$	0.72	$F_2 + 2e^- \Longrightarrow 2F^-$	2.866

附录VIII 条件电极电势

电 极 反 应	$E^{\ominus'}/V$	介 质
$Ag^+ + e^- \Longrightarrow Ag$	0.792	$1\ mol \cdot L^{-1}\ HClO_4$
	0.228	$1\ mol \cdot L^{-1}\ HCl$
	0.59	$1\ mol \cdot L^{-1}\ NaOH$
$H_3AsO_4 + 2H^+ + 2e^- \Longrightarrow H_3AsO_3 + H_2O$	0.577	$1\ mol \cdot L^{-1}\ HCl, HClO_4$
	0.07	$1\ mol \cdot L^{-1}\ NaOH$
	−0.16	$5\ mol \cdot L^{-1}\ NaOH$
$Au^{3+} + 2e^- \Longrightarrow Au^+$	1.27	$0.5\ mol \cdot L^{-1}\ H_2SO_4$(氧化金饱和)
	1.26	$1\ mol \cdot L^{-1}\ HNO_3$(氧化金饱和)
	0.93	$1\ mol \cdot L^{-1}\ HCl$
$Au^{3+} + 3e^- \Longrightarrow Au$	0.30	$7\sim8\ mol \cdot L^{-1}\ NaOH$
$Ce^{4+} + e^- \Longrightarrow Ce^{3+}$	1.70	$1\ mol \cdot L^{-1}\ HClO_4$
	1.71	$2\ mol \cdot L^{-1}\ HClO_4$
	1.75	$4\ mol \cdot L^{-1}\ HClO_4$
	1.82	$6\ mol \cdot L^{-1}\ HClO_4$
	1.87	$8\ mol \cdot L^{-1}\ HClO_4$
	1.61	$1\ mol \cdot L^{-1}\ HNO_3$
	1.62	$2\ mol \cdot L^{-1}\ HNO_3$
	1.61	$4\ mol \cdot L^{-1}\ HNO_3$
	1.56	$8\ mol \cdot L^{-1}\ HNO_3$
	1.44	$1\ mol \cdot L^{-1}\ H_2SO_4$
	1.44	$0.5\ mol \cdot L^{-1}\ H_2SO_4$
	1.43	$2\ mol \cdot L^{-1}\ H_2SO_4$
	1.28	$1\ mol \cdot L^{-1}\ HCl$
$Co^{3+} + e^- \Longrightarrow Co^{2+}$	1.84	$3\ mol \cdot L^{-1}\ HNO_3$
$Cr^{3+} + e^- \Longrightarrow Cr^{2+}$	−0.40	$5\ mol \cdot L^{-1}\ HCl$
$Cr_2O_7^{2-} + 14H^+ + 6e^- \Longrightarrow Cr^{3+} + 7H_2O$	0.93	$0.1\ mol \cdot L^{-1}\ HCl$
	0.97	$0.5\ mol \cdot L^{-1}\ HCl$
	1.00	$1\ mol \cdot L^{-1}\ HCl$
	1.05	$2\ mol \cdot L^{-1}\ HCl$

电 极 反 应	$E^{\ominus\prime}/V$	介　　质
	1.08	$3\ mol\cdot L^{-1}\ HCl$
	1.15	$4\ mol\cdot L^{-1}\ HCl$
	0.92	$0.1\ mol\cdot L^{-1}\ H_2SO_4$
	1.08	$0.5\ mol\cdot L^{-1}\ H_2SO_4$
	1.10	$2\ mol\cdot L^{-1}\ H_2SO_4$
	1.15	$4\ mol\cdot L^{-1}\ H_2SO_4$
	0.84	$0.1\ mol\cdot L^{-1}\ HClO_4$
	1.10	$0.2\ mol\cdot L^{-1}\ HClO_4$
	1.025	$1\ mol\cdot L^{-1}\ HClO_4$
	1.27	$1\ mol\cdot L^{-1}\ HNO_3$
$CrO_4^{2-}+2H_2O+3e^-\rightleftharpoons CrO_2^-+4OH^-$	−0.12	$1\ mol\cdot L^{-1}\ NaOH$
$Cu^{2+}+e^-\rightleftharpoons Cu^+$	−0.09	$pH=14$
$Fe^{3+}+e^-\rightleftharpoons Fe^{2+}$	0.73	$0.1\ mol\cdot L^{-1-3}\ HCl$
	0.72	$0.5\ mol\cdot L^{-1-3}\ HCl$
	0.70	$1\ mol\cdot L^{-1-3}\ HCl$
	0.69	$2\ mol\cdot L^{-1-3}\ HCl$
	0.68	$3\ mol\cdot L^{-1-3}\ HCl$
	0.64	$5\ mol\cdot L^{-1-3}\ HCl$
	0.68	$0.1\ mol\cdot L^{-1-3}\ H_2SO_4$
	0.674	$0.5\ mol\cdot L^{-1-3}\ H_2SO_4$
	0.68	$4\ mol\cdot L^{-1-3}\ H_2SO_4$
	0.735	$0.1\ mol\cdot L^{-1-3}\ HClO_4$
	0.732	$1\ mol\cdot L^{-1-3}\ HClO_4$
	0.46	$2\ mol\cdot L^{-1-3}\ H_3PO_4$
	0.70	$1\ mol\cdot L^{-1-3}\ HNO_3$
	−0.68	$10\ mol\cdot L^{-1}\ NaOH$
	0.51	$1\ mol\cdot L^{-1}\ HCl+0.5\ mol\cdot L^{-1}\ H_3PO_4$
$2Hg^{2+}+2e^-\rightleftharpoons Hg_2^{2+}$	0.920	$1\ mol\cdot L^{-1}\ HClO_4$
	0.28	$1\ mol\cdot L^{-1}\ HCl$
$Hg_2^{2+}+2e^-\rightleftharpoons 2Hg$	0.33	$0.1\ mol\cdot L^{-1}\ KCl$
	0.28	$1\ mol\cdot L^{-1}\ KCl$
	0.25	饱和 KCl
	0.66	$4\ mol\cdot L^{-1}\ HClO_4$
	0.274	$1\ mol\cdot L^{-1}\ HCl$
$I_3^-+2e^-\rightleftharpoons 3I^-$	0.544 6	$0.5\ mol\cdot L^{-1}\ H_2SO_4$
$I_2(aq)+2e^-\rightleftharpoons 2I^-$	0.627 6	$0.5\ mol\cdot L^{-1}\ H_2SO_4$
$Mn^{3+}+e^-\rightleftharpoons Mn^{2+}$	1.50	$7.5\ mol\cdot L^{-1}\ H_2SO_4$
$MnO_4^-+8H^++5e^-\rightleftharpoons Mn^{2+}+4H_2O$	1.45	$1\ mol\cdot L^{-1}\ HClO_4$
$O_2+2H_2O+4e^-\rightleftharpoons 4OH^-$	0.41	$1\ mol\cdot L^{-1}\ NaOH$
$Sb^{5+}+2e^-\rightleftharpoons Sb^{3+}$	0.82	$6\ mol\cdot L^{-1}\ HCl$
	0.75	$3.5\ mol\cdot L^{-1}\ HCl$

电 极 反 应	$E^{\ominus\prime}/V$	介 质
$Sn^{4+}+2e^-\Longrightarrow Sn^{2+}$	0.14	$1\ mol\cdot L^{-1}\ HCl$
	0.13	$2\ mol\cdot L^{-1}\ HCl$
	−0.16	$1\ mol\cdot L^{-1}\ HClO_4$
$SnCl_4^{2-}+2e^-\Longrightarrow Sn+4Cl^-$	−0.19	$1\ mol\cdot L^{-1}\ HCl$
$SnCl_6^{2-}+2e^-\Longrightarrow SnCl_4^{2-}+2Cl^-$	0.14	$1\ mol\cdot L^{-1}\ HCl$
	0.10	$5\ mol\cdot L^{-1}\ HCl$
	0.07	$0.1\ mol\cdot L^{-1}\ HCl$
	0.40	$4.5\ mol\cdot L^{-1}\ H_2SO_4$
$Ti^{4+}+e^-\Longrightarrow Ti^{3+}$	−0.05	$1\ mol\cdot L^{-1}\ H_3PO_4$
	−0.15	$5\ mol\cdot L^{-1}\ H_3PO_4$
	−0.24	$0.1\ mol\cdot L^{-1}\ KSCN$
	−0.01	$0.2\ mol\cdot L^{-1}\ H_2SO_4$
	0.12	$2\ mol\cdot L^{-1}\ H_2SO_4$

注：附录Ⅳ～Ⅷ数据主要源于"*CRC Handbook of Chemistry and Physics 82th*"。

郑重声明

高等教育出版社依法对本书享有专有出版权。任何未经许可的复制、销售行为均违反《中华人民共和国著作权法》，其行为人将承担相应的民事责任和行政责任；构成犯罪的，将被依法追究刑事责任。为了维护市场秩序，保护读者的合法权益，避免读者误用盗版书造成不良后果，我社将配合行政执法部门和司法机关对违法犯罪的单位和个人进行严厉打击。社会各界人士如发现上述侵权行为，希望及时举报，我社将奖励举报有功人员。

反盗版举报电话　（010）58581999　58582371

反盗版举报邮箱　dd@hep.com.cn

通信地址　北京市西城区德外大街 4 号　高等教育出版社法律事务部

邮政编码　100120

读者意见反馈

为收集对教材的意见建议，进一步完善教材编写并做好服务工作，读者可将对本教材的意见建议通过如下渠道反馈至我社。

咨询电话　400-810-0598

反馈邮箱　hepsci@pub.hep.cn

通信地址　北京市朝阳区惠新东街 4 号富盛大厦 1 座

　　　　　高等教育出版社理科事业部

邮政编码　100029

防伪查询说明

用户购书后刮开封底防伪涂层，使用手机微信等软件扫描二维码，会跳转至防伪查询网页，获得所购图书详细信息。

防伪客服电话

（010）58582300